Peter Deuflhard, Martin Weiser
Numerische Mathematik 3
De Gruyter Studium

Weitere empfehlenswerte Titel

Numerische Mathematik 1. Eine algorithmisch orientierte Einführung
Peter Deuflhard, Andreas Hohmann, 2019
ISBN 978-3-11-061421-3, e-ISBN (PDF) 978-3-11-061432-9

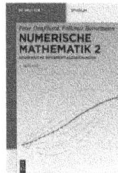

Numerische Mathematik 2. Gewöhnliche Differentialgleichungen
Peter Deuflhard, Folkmar Bornemann, 2013
ISBN 978-3-11-031633-9, e-ISBN (PDF) 978-3-11-031636-0

Inside Finite Elements
Martin Weiser, 2016
ISBN 978-3-11-037317-2, e-ISBN (PDF) 978-3-11-037320-2

Numerik gewöhnlicher Differentialgleichungen.
Band 1: Anfangswertprobleme und lineare Randwertprobleme
Martin Hermann, 2017
ISBN 978-3-11-050036-3, e-ISBN (PDF) 978-3-11-049888-2

Numerik gewöhnlicher Differentialgleichungen.
Band 2: Nichtlineare Randwertprobleme
Martin Hermann, 2018
ISBN 978-3-11-051488-9, e-ISBN (PDF) 978-3-11-051558-9

Peter Deuflhard, Martin Weiser

Numerische Mathematik 3

Adaptive Lösung partieller Differentialgleichungen

2. Auflage

DE GRUYTER

Mathematics Subject Classification 2010
Primary: 65Mxx, 65Nxx; Secondary: 65L06, 65J15

Autor
Dr. Martin Weiser
Konrad-Zuse-Zentrum
für Informationstechnik Berlin
Takustr. 7
14195 Berlin
Deutschland
weiser@zib.de

ISBN 978-3-11-069168-9
e-ISBN (PDF) 978-3-11-068965-5
e-ISBN (EPUB) 978-3-11-068971-6

Library of Congress Control Number: 2020942042

Bibliografische Information der Deutschen Nationalbibliothek
Die Deutsche Nationalbibliothek verzeichnet diese Publikation in der Deutschen
Nationalbibliografie; detaillierte bibliografische Daten sind im Internet über
http://dnb.dnb.de abrufbar.

www.degruyter.com

Vorwort

Der vorliegende Band 3 behandelt das Thema *Numerik partieller Differentialgleichungen* im Stil der beiden vorangegangenen Bände. Der Schwerpunkt liegt auf elliptischen und parabolischen Systemen; hyperbolische Erhaltungsgleichungen werden nur auf elementarer Ebene betrachtet. Band 1 sollte als Vorbereitung weitestgehend ausreichen; etwas anspruchsvollere mathematische Theorie, die wir im Text benötigen, haben wir in einem Anhang kurz zusammengefasst.

Drei Grundlinien ziehen sich durch das gesamte Buch:

(I)   detaillierte Herleitung und Analyse *effizienter adaptiver Algorithmen*, eine zugehörige Softwareliste findet sich am Ende des Buches;

(II) klare Orientierung auf *Scientific Computing*, also auf komplexe Probleme aus Naturwissenschaft, Technik und Medizin;

(III) möglichst elementare, aber nicht zu elementare *mathematische Theorie*, wobei mit Blick auf (I) und (II) das traditionelle Feld bewusst ausgedünnt wurde zu Gunsten neuerer Themen, die in diesem Zusammenhang wichtig sind.

Das Buch richtet sich an Studierende der angewandten Mathematik sowie an bereits im Beruf stehende Mathematiker, Physiker, Chemiker und Ingenieure, die mit einer *effizienten* numerischen Lösung komplexer Anwendungsprobleme konfrontiert sind. Es ist als Lehrbuch konzipiert, sollte aber auch zum Selbststudium und als Hintergrundbuch geeignet sein. Bei der Darstellung haben wir uns bewusst an das berühmte Diktum von Gauß gehalten, die Mathematik sei „eine Wissenschaft für das Auge"[1] und deshalb zahlreiche Abbildungen und Illustrationsbeispiele zur Erläuterung komplexer Sachverhalte eingefügt. Darüber hinaus haben wir drei nichttriviale Anwendungsprobleme (Nanotechnologie, Chirurgie, Physiologie) ausgearbeitet, um zu zeigen, wie weit die vorgestellten theoretischen Konzepte in der Praxis tragen.

Danksagung

Der Inhalt dieses Buchs hat in vielfältiger Hinsicht profitiert von intensiven fachlichen Diskussionen mit den Kollegen Ralf Kornhuber (FU Berlin), Harry Yserentant (TU Berlin) und Carsten Gräser (FU Berlin) über adaptive Mehrgittermethoden, Rupert Klein (FU Berlin) zur numerischen Strömungsdynamik, Jens Lang (TU Darmstadt) zur adaptiven Zeitschichtenmethode, Ulrich Maas (KIT Karlsruhe) zur adaptiven Linienmethode, Alexander Ostermann (U Innsbruck) zur Ordnungsreduktion bei Einschrittverfahren, Iain Duff (CERFACS) zu direkten Sparselösern, Volker Mehrmann (TU Berlin) zu Methoden der numerischen linearen Algebra, Wolfgang Dahmen (RWTH Aachen) und

---

1 „Mein hochgeehrter Lehrer, der vor wenigen Jahren verstorbene Geheime Hofrath *Gauß* in Göttingen, pflegte in vertraulichem Gespräche häufig zu äußern, die Mathematik sei weit mehr eine Wissenschaft für das Auge als eine für das Ohr..." publiziert in: Kronecker's Werke, Band 5, S. 391.

https://doi.org/10.1515/9783110689655-201

Angela Kunoth (U Paderborn) zu Beweisen für adaptive Finite-Elemente-Methoden, Gabriel Wittum (U Frankfurt) zum Vergleich von additiven und multiplikativen Mehr-gittermethoden, Michael Wulkow (CIT) zur adaptiven Zeitschichtenmethode, sowie den ZIB-Kollegen Frank Schmidt zur Modellierung und Numerik der optischen Glei-chungen, Lin Zschiedrich zur Rayleigh-Quotienten-Minimierung, Anton Schiela zum theoretischen Hintergrund, Bodo Erdmann zur Elektrokardiologie, Stefan Zachow zur Mund-Kiefer-Gesichts-Chirurgie, Ulrich Nowak zur Adaptivität bei Linienmethoden und Felix Lehman zum Löservergleich. Für wertvolle Literaturhinweise bedanken wir uns herzlich bei Christoph Schwab (ETH Zürich), Nick Trefethen (U Oxford), Zhiming Chen (Academia Sinica Peking), Kunibert Siebert (U Duisburg-Essen), Ernst Hairer (U Genf) und Gerhard Wanner (U Genf).

Ein ganz besonderer Dank geht an unseren ZIB-Kollegen Rainer Roitzsch, ohne dessen fundierte TEX-Kenntnisse, stetige Mithilfe bei den teilweise subtilen Abbildun-gen sowie – bis zum Abgabetermin – unermüdliche Wächterfunktion über Inkonsis-tenzen des Manuskripts der Inhalt dieses Buch nie seine Form hätte finden können. Darüber hinaus bedanken wir uns herzlich bei Frau Erlinda Cadano-Körnig und Frau Regine Kossick für vielfältige Hilfe im Hintergrund sowie bei den vielen Kollegen, die beim Korrekturlesen des Manuskripts geholfen haben.

Berlin   Peter Deuflhard und Martin Weiser
im November 2010

Vorwort zur zweiten Auflage

Zu meinem größten Bedauern ist mein Lehrer und Koautor Peter Deuflhard während der Vorbereitung der zweiten Auflage unerwartet verstorben. Mit ihm ist uns ein kreativer Visionär, herausragender Mathematiker und großartiger Mensch verloren gegangen. Die gemeinsam begonnene Arbeit habe ich in seinem Geiste fortgesetzt.

In den Text sind alle inhaltlichen Änderungen aus der englischen Fassung von 2012 sowie gesammelte Fehlerkorrekturen aufgenommen worden. An einigen Stellen ist die Darstellung leicht überarbeitet worden, um Verständlichkeit und Klarheit zu verbessern. Wesentlich erweitert wurde das Kapitel 9 zur Zeitintegration durch den Ausbau der spektralen Defektkorrekturmethoden, was einerseits ein vertieftes Verständnis des komplexen Konvergenzverhaltens ermöglicht und andererseits einen neuen Blickwinkel auf die Verbindung von Adaptivität in Ort und Zeit eröffnet. Darüber hinaus ist der zuvor recht knappen Realisierung von Dirichlet-Randbedingungen im Finite-Elemente-Kontext deutlich mehr Raum gewidmet worden.

Weiterhin wird zwar auf die Algorithmik eingegangen, konkrete Implementierungen jedoch nicht behandelt. Diese bleiben dem Begleitbuch [230] von 2016 vorbehalten, das dafür weitgehend auf Theorie verzichtet. Auf diese Ergänzung wird jetzt an passenden Stellen verwiesen.

Mein besonderer Dank gilt Felix Binkowski für die kritische Durchsicht der Ergänzungen.

Berlin   Martin Weiser
im Juni 2020

https://doi.org/10.1515/9783110689655-202

Inhalt

Überblick

Dieses Buch behandelt die numerische Lösung elliptischer und parabolischer Systeme, während die numerische Lösung hyperbolischer Erhaltungsgleichungen nur angerissen wird. Der Schwerpunkt liegt auf der Herleitung *effizienter* Algorithmen, die *Adaptivität* bezüglich *Raum- und Zeitdiskretisierung* realisieren, wobei auch weitere Spielarten von Adaptivität hinzukommen. Bei der Darstellung der mathematischen Theorie wird besonderer Wert auf Einfachheit gelegt, was nicht heißen kann, um schwierigere Themen einen Bogen zu machen. Zur Erläuterung komplexer Sachverhalte haben wir zahlreiche Abbildungen eingefügt. Am Ende jedes Teilkapitels wird die Fortsetzung der jeweiligen Thematik angerissen und auf weiterführende Literatur hingewiesen. Wie in den beiden vorigen Bänden wird die historische Entwicklung mit eingeflochten. Am Ende jedes Kapitels sind Übungsaufgaben aufgeführt; Programmieraufgaben haben wir bewusst keine gestellt, weil sie zu eng mit der jeweiligen Software-Umgebung verbunden sind.

Das Buch enthält neun allgemein methodische Kapitel, einen Anhang zu theoretischem Hintergrundwissen und einen Softwarenachweis.

Die ersten beiden Kapitel führen in *Modelle* partieller Differentialgleichungen ein.

In **Kapitel 1** beginnen wir – zum Kennenlernen des Gebiets – mit einer Reihe von elementaren partiellen Differentialgleichungen. Zunächst stellen wir die Klassiker vor: Laplace- und Poisson-Gleichung unter Einschluss von Robin-Randbedingungen, die sich auch als roter Faden durch das Buch ziehen. Bereits hier diskutieren wir das „unsachgemäß gestellte" elliptische Anfangswertproblem und geben ein Beispiel aus der Medizin an, wo das Problem trotzdem auftritt. Die frühe Einführung des Laplaceschen Eigenwertproblems erweist sich in folgenden Kapiteln als äußerst hilfreich. Daran anschließend behandeln wir Diffusions- und Wellengleichung. Schließlich führen wir die Schrödinger-Gleichung und die Helmholtz-Gleichung ein, womit wir schon die gängige Unterteilung in elliptische, parabolische und hyperbolische Differentialgleichungen verlassen.

In **Kapitel 2** zeigen wir, dass die im ersten Kapitel gewählten Beispiele in Naturwissenschaft und Technik tatsächlich auftreten. Unter den zahlreichen hierzu denkbaren Anwendungsgebieten wählen wir Elektrodynamik, Strömungsdynamik und Elastomechanik aus. In allen drei Fällen stellen wir die gängigen Modellhierarchien überblickshaft dar. Die numerische Lösung der strömungsdynamischen Differentialgleichungen wird in diesem Buch nicht vertieft. Zur Elektrodynamik und Elastomechnik geben wir jedoch später nichttriviale Anwendungsbeispiele.

Die beiden folgenden Kapitel beschäftigen sich mit der *Diskretisierung* von elliptischen Problemen.

In **Kapitel 3** arbeiten wir zunächst *Differenzenmethoden* auf äquidistanten Gittern aus. Für den Poisson-Modellfall leiten wir die traditionelle Approximationstheorie her, zuerst in der L^2-Norm und der Energienorm, dann in der L^∞-Norm. Anschließend

https://doi.org/10.1515/9783110689655-203

zeigen wir für nichtäquidistante Gitter die unterschiedlichen algorithmischen Strategien auf und weisen auf deren jeweilige Schwachstellen hin. Insbesondere krumme Randgeometrien und stark lokalisierte Phänomene bereiten Schwierigkeiten.

In **Kapitel 4** behandeln wir *Galerkin-Methoden* als Alternative, und zwar sowohl globale *Spektralmethoden* als auch *Finite-Elemente-Methoden* (FEM). Zunächst entwickeln wir die abstrakte Theorie aus einfachen geometrischen Konzepten im Hilbertraum. Darauf aufbauend leiten wir die jeweiligen Approximationseigenschaften her, bei FEM für den Fall uniformer Gitter, und zwar sowohl für Rand- wie für Eigenwertprobleme. Für Fourier–Galerkin-Methoden geben wir eine adaptive Variante an, bei der die benötigte Dimension der Basis automatisch angepasst wird. Für FEM gehen wir etwas mehr ins Detail der algorithmischen Realisierung, in 2D und 3D ebenso wie für höhere Ordnung der lokalen Polynome. Bei nichtuniformen FE-Netzen spielt eine Winkelbedingung eine wichtige Rolle, die wir im einfachen Fall herleiten und die uns in Kapitel 6.2.2 nützlich sein wird.

Die nächsten drei Kapitel beschreiben *Algorithmen* zur numerischen Lösung linearer elliptischer Rand- und Eigenwertprobleme.

In **Kapitel 5** behandeln wir *diskrete elliptische* Randwertprobleme, bei denen ein vorab festgelegtes Gitter existiert, so dass nur noch elliptische Gittergleichungssysteme fester Dimension zu lösen sind. Hierfür gibt es als algorithmische Alternativen entweder *direkte Sparse-Löser* oder *iterative Methoden*, jeweils für symmetrisch positiv definite Matrizen. Für direkte Löser diskutieren wir die zugrundeliegenden Prinzipien der symbolischen Faktorisierung und Frontenlösung. Unter den iterativen Lösern führen wir die klassischen Matrixzerlegungsalgorithmen (Jacobi- und Gauß–Seidel-Verfahren) sowie die Methode der konjugierten Gradienten (CG-Verfahren) an, letztere inklusive Vorkonditionierung und adaptivem Abbruchkriterium in der *Energienorm* – eine nicht allgemein bekannte Methodik, auf die wir in nachfolgenden Kapiteln wiederholt zurückgreifen. Darüber hinaus arbeiten wir eine Variante des CG-Verfahrens für die Minimierung des Rayleigh-Quotienten aus. Anschließend diskutieren wir die genannten iterativen Methoden unter dem Gesichtspunkt der Fehlerglättung und leiten über zu einer elementaren Darstellung von Mehrgittermethoden und Hierarchische-Basis-Methoden, zunächst auf vorgegebenen hierarchischen Gittern. Für Mehrgittermethoden bieten wir den klassischen Konvergenzbeweis an, der jedoch nur bis zu W-Zyklen trägt. Tiefergehende Beweise haben wir auf das nachfolgende Kapitel 7 verschoben.

In **Kapitel 6** legen wir die Basis für die effiziente Konstruktion adaptiver hierarchischer Gitter. Zunächst behandeln wir die gängigen a-posteriori-Fehlerschätzer unter Einschluss der oft vernachlässigten hierarchischen Fehlerschätzer. Die Darstellung liefert sowohl eine einheitliche Theorie als auch Details der algorithmischen Realisierung, speziell im Kontext finiter Elemente. In hinreichendem Detail gehen wir auch auf Gitterverfeinerung ein. Die *hp*-Verfeinerung sparen wir hingegen aus, weil wir uns im Wesentlichen auf finite Elemente niedriger Ordnung einschränken. Für eine Modellverfeinerung geben wir einen Konvergenzsatz an. Danach wird die Anwendung dieser Fehlerschätzer zur näherungsweisen Äquilibrierung von Diskretisierungsfehlern theoretisch wie algorithmisch (lokale Extrapolation) ausgearbeitet. Die Theorie wird an einem elementaren Beispiel über einem Gebiet mit einspringenden Ecken illustriert. Auf der Basis adaptiver Gitter lassen sich sowohl effiziente direkte oder iterative Löser der numerischen linearen Algebra als auch iterative Mehrgittermethoden realisieren. Für ersteren Fall geben wir ein quadratisches Eigenwertproblem für den Entwurf eines Plasmon-Polariton-Wellenleiters als nichttriviales Beispiel an. Dabei nutzen wir Vorwissen über optische Wellenleiter aus Kapitel 2.1.2.

In **Kapitel 7** gehen wir *kontinuierliche* Randwertprobleme direkt als Probleme im Funktionenraum an, d. h. durch eine Kombination aus Finite-Elemente-Diskretisierungen, Mehrgittermethoden und adaptiven hierarchischen Gittern. Als Basis für die Konvergenztheorie für Mehrgittermethoden legen wir zunächst das abstrakte Rüstzeug von sequentiellen und parallelen Unterraum-Korrekturmethoden bereit. Im Vorbeigehen wenden wir es auch auf Gebietszerlegungsmethoden und auf FEM höherer Ordnung an. Auf diesem theoretischen Hintergrund sind wir in der Lage, multiplikative und additive Mehrgitterzugänge (HB- und BPX-Vorkonditionierung) auch für den adaptiven Fall vergleichend zu analysieren. Als algorithmisch besonders einfachen Kompromiss zwischen multiplikativen und additiven Mehrgittermethoden arbeiten wir auch kaskadische Mehrgittermethoden aus. Hierzu arbeiten wir einen neuen Vorschlag zur Aufteilung der Diskretisierungsfehler in Raum- und Zeitanteile aus. Abschließend stellen wir zwei Arten von adaptiven Mehrgittermethoden zur Lösung linearer Eigenwertprobleme vor, eine lineare Mehrgittermethode und eine Variante der Rayleigh-Quotienten-Minimierung.

Die letzten beiden Kapitel erweitern die bis dahin auf stationäre lineare Probleme eingeschränkte Darstellung auf *nichtlineare elliptische* und auf *nichtlineare parabolische* Probleme.

In **Kapitel 8** stellen wir *affin-konjugierte* Newton-Methoden für *nichtlineare elliptische Randwertprobleme* vor. Auch hier betrachten wir zunächst Methoden auf fest vorgegebenen räumlichen Gittern, d. h. diskrete Newton-Methoden für elliptische Gittergleichungssysteme, bei denen Adaptivität sich lediglich auf Dämpfungsstrategien und Abbruchkriterien für innere PCG-Iterationen bezieht. Daran anschließend stellen wir *volladaptive Newton-Mehrgitter-Methoden* vor, bei denen noch die Konstruktion geeigneter adaptiver hierarchischer Gitter unter zusätzlicher Berücksichtigung der Nichtlinearität hinzukommt. Ein Problem ohne Lösung dient zur Illustration des Unterschieds zwischen diskreten und kontinuierlichen Newton-Methoden. Als nichttriviales Beispiel fügen wir abschließend eine Methode zur Operationsplanung in der Mund-Kiefer-Gesichts-Chirurgie an. Dabei greifen wir auf Vorwissen zur nichtlinearen Elastomechanik aus Kapitel 2.3 zurück. Es zeigt sich, dass wir in diesem Beispiel das Feld der konvexen Minimierung verlassen müssen. Für diesen Spezialfall skizzieren wir einen algorithmischen Zugang.

In **Kapitel 9** behandeln wir *zeitabhängige Differentialgleichungen vom parabolischen Typ*. Die derzeit im Schwange befindlichen diskontinuierlichen Galerkin-Methoden klammern wir aus, da sie sich eher für hyperbolische als für parabolische Probleme eignen. Quasi als Schnelldurchgang durch Band 2 stellen wir ein Wiederholungskapitel über steife gewöhnliche Differentialgleichungen an den Anfang. Über Band 2 hinaus richten wir unser spezielles Augenmerk auf spektrale Defektkorrekturmethoden und die bei der Diskretisierung parabolischer Differentialgleichungen auftretende *Ordnungsreduktion*. Wie bei den stationären Problemen (Kapitel 5 und 8.1) behandeln wir auch hier zunächst den Fall fest vorgegebener Raumgitter, die klassische Linienmethode mit adaptiver Zeitschrittsteuerung. Sodann diskutieren wir ihre etwas schwierige Erweiterung in Richtung auf mitbewegte räumliche Gitter, eine Methode, die sich allenfalls in einer Raumdimension bewährt. Als Alternative stellen wir die *volladaptive Zeitschichtenmethode* (auch: *Rothe-Methode*) vor, bei der räumliche und zeitliche Adaptivität in natürlicher Weise gekoppelt werden können; dazu leiten wir eine leicht verbesserte adaptive Strategie her und betrachten die Verschränkung von Gitterverfeinerung und Defektkorrekturlösern. Als nichttriviales Beispiel geben wir Resultate zur numerischen Simulation eines Modells der elektrischen Erregung des Herzmuskels an, sowohl für den gesunden Herzschlag als auch für den Prozess des Kammerflimmerns (Fibrillation).

1 Elementare partielle Differentialgleichungen

Gewöhnliche Differentialgleichungen (engl. *ODEs, ordinary differential equations*) sind Gleichungen zwischen Funktionen *einer* unabhängigen Variablen und deren Ableitung nach dieser Variablen; in Problemen aus Naturwissenschaft und Technik wird die unabhängige Variable etwa eine Zeitvariable oder eine Ortsvariable sein. Gewöhnliche Differentialgleichungen treten als Anfangswertprobleme oder als Randwertprobleme auf, letztere als „zeitartige" und „raumartige", die wir etwa in Band 2 unterschieden und dargestellt haben. Partielle Differentialgleichungen (engl. *PDEs, partial differential equations*) sind Gleichungen zwischen Funktionen *mehrerer* unabhängiger Variablen und deren *partiellen* Ableitungen nach diesen Variablen; in Naturwissenschaft und Technik werden solche Variablen etwa Zeit- und Raumvariablen sein. Auch hier existieren wieder Anfangswertprobleme oder Randwertprobleme. Wie wir jedoch im Folgenden sehen werden, gibt es, im Unterschied zu gewöhnlichen Differentialgleichungen, eine enge Kopplung zwischen der Struktur „sinnvoller" Anfangs- oder Randbedingungen und der partiellen Differentialgleichung. Dies ist auch der Grund, warum wir in dieser Darstellung nicht vom Allgemeinen ins Konkrete gehen, sondern uns von vornherein auf einzelne Problemklassen einschränken.

Die mathematische Modellierung unserer Wirklichkeit durch partielle Differentialgleichungen ist extrem reich und vielgestaltig: Sie beschreiben Phänomene des Mikrokosmos (z. B. Materialwissenschaften, Chemie, Systembiologie) ebenso wie des Makrokosmos (z. B. Meteorologie, Klimawissenschaften, Kosmologie), der Technik (z. B. Baustatik, Flugzeugentwurf, Medizintechnik), der Bildverarbeitung oder der Finanzwissenschaften. Wollten wir diesen Reichtum in einem einzigen allgemeinen Zugang behandeln, so würde uns dabei gerade das Wesentliche „durch das Raster" fallen. Um erst einmal unsere mathematische Intuition zu schärfen, wollen wir deshalb in diesem Kapitel zunächst einige wichtige Spezialfälle kennenlernen. Sie ordnen sich unter der Kategorie *skalare partielle Differentialgleichungen 2. Ordnung* ein [62].

1.1 Laplace- und Poisson-Gleichung

In gewisser Weise das Herzstück von partiellen Differentialgleichungen und der Prototyp sogenannter *elliptischer* Differentialgleichungen ist die nach dem französischen Mathematiker und Physiker Pierre-Simon Marquis de Laplace (1749–1827) benannte

Laplace-Gleichung
Sie lautet

$$\Delta u(x) = 0, \quad x \in \Omega \subset \mathbb{R}^d \tag{1.1}$$

für eine Funktion $u : \Omega \to \mathbb{R}$ über einem *Gebiet*, also einer offenen, nichtleeren und zusammenhängenden Menge. Dabei ist Δ der Laplace-Operator; für $d = 2$ ist er, in

https://doi.org/10.1515/9783110689655-001

euklidischen Koordinaten $(x, y) \in \mathbb{R}^2$, definiert

$$\Delta u = u_{xx} + u_{yy} = \frac{\partial^2 u}{\partial x^2} + \frac{\partial^2 u}{\partial y^2}.$$

Die Übertragung auf den allgemeinen Fall $d > 2$ versteht sich von selbst. Die in der Praxis oft benötigte Darstellung dieses Operators in Zylinder- oder Kugelkoordinaten geben wir als Übungsaufgaben (siehe Aufgaben 1.1 und 1.2).

Poisson-Gleichung

Eine inhomogene Variante der Laplace-Gleichung ist die nach dem französischen Mathematiker und Physiker Siméon Denis Poisson (1781–1840) benannte Gleichung

$$\Delta u = f \quad \text{in } \Omega \subset \mathbb{R}^d. \tag{1.2}$$

Sie wird uns als Modellproblem über weite Strecken dieses Buches begleiten.

1.1.1 Randwertprobleme

Die Differentialgleichungen (1.1) und (1.2) treten in Kombination mit folgenden *Rand-bedingungen* auf:

- Dirichlet-Randbedingungen,[1] benannt nach dem deutschen Mathematiker Peter Gustav Lejeune Dirichlet (1805–1859) in *inhomogener* Form

$$u|_{\partial \Omega} = \phi,$$

- *homogene* Neumann-Randbedingungen, benannt nach dem Leipziger Mathematiker Carl Gottfried Neumann (1832–1925)

$$\frac{\partial u}{\partial n}\Big|_{\partial \Omega} = n^T \nabla u = 0,$$

- Robin-Randbedingungen, benannt nach dem französischen Mathematiker Victor Gustave Robin (1855–1897)

$$n^T \nabla u + \alpha(x) u = \beta(x), \quad x \in \partial \Omega,$$

wobei n derjenige Vektor ist, der orthogonal (normal) auf dem Gebietsrand $\partial \Omega$ steht, nach außen zeigt und auf Länge 1 normiert ist (*Normaleneinheitsvektor*, siehe auch Definition (A.1) im Anhang A.2).

---

[1] Die nach ihm benannten Randbedingungen wurden von Dirichlet nie publiziert, sondern nur in seinen Göttinger Vorlesungen vorgetragen.

Bemerkung 1.1. Ist die Dirichlet-Randbedingung (wie oben) inhomogen, so lässt sie sich durch Ausnutzung der Linearität homogenisieren. Dazu wird, sofern möglich, die Randfunktion ϕ erweitert auf eine Funktion $\bar{\phi}$, die über dem Abschluss $\overline{\Omega}$ des ganzen Gebiets definiert ist, also

$$\bar{\phi} \in C^2(\overline{\Omega}), \quad \bar{\phi}|_{\partial\Omega} = \phi.$$

Die Existenz einer solchen Erweiterung $\bar{\phi}$ hängt natürlich von der Regularität der Randwerte ϕ ab. Zerlegen wir nun die Lösung gemäß $u = v + \bar{\phi}$, so ergibt sich für v die folgende Poisson-Gleichung

$$\Delta v = \Delta u - \Delta\bar{\phi} = f - \Delta\bar{\phi} =: \bar{f}$$

mit dazugehöriger *homogener* Dirichlet-Randbedingung

$$v|_{\partial\Omega} = u|_{\partial\Omega} - \bar{\phi}|_{\partial\Omega} = \phi - \phi = 0.$$

Daher genügt es, wenn wir im Folgenden die Laplace- und die Poisson-Gleichung nur mit *homogenen* Dirichlet-Randbedingungen betrachten.

Eindeutigkeit der Lösung

Wir nehmen nun an, dass für eine gegebene Poisson-Gleichung zumindest eine Lösung existiert. (Mit dem Beweis der Existenz wollen wir uns hier nicht näher beschäftigen, siehe dazu etwa das Lehrbuch [236] von D. Werner.)

Satz 1.2. *Seien Funktionen $\phi \in C(\partial\Omega)$ und $f \in C(\Omega)$ gegeben. Es existiere eine Lösung $u \in C^2(\Omega) \cap C(\overline{\Omega})$ des Dirichletschen Randwertproblems*

$$\Delta u = f \quad in\ \Omega, \qquad u = \phi \quad auf\ \partial\Omega.$$

Dann ist diese Lösung eindeutig.

Beweis. Seien $u, v \in C^2(\Omega) \cap C(\overline{\Omega})$ zwei verschiedene Lösungen der obigen partiellen Differentialgleichung zu gegebener inhomogener Dirichlet-Randbedingung. Dann ist $u - v$ Lösung der Laplace-Gleichung mit homogener Dirichlet-Randbedingung

$$(u - v)|_{\partial\Omega} = 0.$$

Aus der Energie-Identität A.9, angewendet auf die Differenz $u - v$, folgt

$$\int_{\Omega} |\nabla(u - v)|^2 \mathrm{d}x = 0 \quad \Rightarrow \quad u - v = \mathrm{const}$$

und mit der obigen homogenen Dirichlet-Randbedingung schließlich $u - v \equiv 0$ in ganz Ω. $\qquad\square$

Den Eindeutigkeitsbeweis für Robin-Randbedingungen haben wir als Aufgabe 1.4 formuliert. Für Neumann-Randbedingungen gilt hingegen keine Eindeutigkeit, wie der folgende Satz zeigt.

Satz 1.3. *Seien* $g \in C(\partial\Omega), f \in C(\Omega)$. *Es existiere eine Lösung* $u \in C^2(\Omega) \cap C(\overline{\Omega})$ *des Neumannschen Randwertproblems*

$$\Delta u = f \quad \text{in } \Omega, \qquad n^T \nabla u = g \quad \text{auf } \partial\Omega.$$

Dann existiert eine einparametrige Lösungsschar $v = u + \text{const}$ *und die Randdaten g genügen der Kompatibilitätsbedingung*

$$\int_{\partial\Omega} g \, ds = \int_{\Omega} f \, dx. \tag{1.3}$$

Beweis. Aus $n^T \nabla(u - v) = 0$ und der Energie-Identität (A.9) folgt $u - v \equiv \text{const}$. Dies ist die behauptete einparametrige Lösungsschar. Die notwendige Bedingung (1.3) ist eine direkte Konsequenz des Gaußschen Integralsatzes A.3. $\qquad\square$

Punktweise Kondition

Nach der Eindeutigkeit der Lösung ist die Kondition eines Problems zu untersuchen, d. h. es ist zu klären, wie sich Störungen der Eingabedaten eines Problems auf Störungen der Resultate auswirken. Dieses Prinzip haben wir in Band 1 (vergleiche etwa die Herleitung des Konditionsbegriffs in Kapitel 2.2) und in Band 2 durchgehend verfolgt; es soll auch hier als Leitgedanke dienen. In diesem Zusammenhang ist vorab zu entscheiden, in welcher Weise (in welchem mathematischen Raum, in welcher Norm) Fehler zu charakterisieren sind.

In Anhang A.4 haben wir Punktstörungen der rechten Seite f in der Poisson-Gleichung (1.2) über einen Diracschen Nadelimpuls, eine sogenannte δ-Distribution, mathematisch beschrieben. Wie dort hergeleitet, führt dies in natürlicher Weise auf die *Greensche Funktion*

$$G_P(x, x_0) := \psi(\|x - x_0\|)$$

mit

$$\psi(r) = \begin{cases} \dfrac{\log r}{2\pi}, & d = 2, \\ -\dfrac{1}{\omega_d(d-2)r^{d-2}}, & d > 2. \end{cases} \tag{1.4}$$

Für diese Funktion gilt

$$\Delta_x G_P(x, x_0) = \delta(x - x_0),$$

wobei wir Δ_x für die Ableitungen nach x geschrieben haben. Legen wir den allgemeinen Konditionsbegriff von Band 1, Kapitel 2.2, zugrunde, so repräsentiert sie also die punktweise Kondition als *Verhältnis von punktweisen Resultatfehlern zu punktweisen Eingabefehlern* einer rechten Seite f in der Poisson-Gleichung.

Wir können hier noch etwas genauer werden. Dazu setzen wir in den 2. Greenschen Integralsatz (A.8) für u die Lösung der Poisson-Gleichung (1.2) und für v die Greensche Funktion G_P ein. Die linke Seite von (A.8) lässt sich dann umformen gemäß

$$\int_\Omega (u\Delta G_P - G_P \Delta u)\, dx = \int_\Omega (u\delta(x - x_0) - G_P f)\, dx = u(x_0) - \int_\Omega G_P f\, dx.$$

Damit erhalten wir

$$u(x_0) = \int_\Omega G_P(x - x_0)f(x)dx + \int_{\partial\Omega} (un^T \nabla G_P - G_P n^T \nabla u)ds.$$

Offenbar haben punktweise Störungen lediglich einen *quantitativ lokalen* Effekt, der mit zunehmender Entfernung vom Störungspunkt x_0 rasch gedämpft wird, und zwar umso rascher, je höher die Raumdimension ist. Diese Eigenschaft der Greenschen Funktion ist die Basis für eine effiziente numerische Lösung von Gleichungen dieses Typs, insbesondere für die Konstruktion *adaptiver* Raumgitter, vergleiche Kapitel 6. Qualitativ ist der Effekt von Störungen aber global – jeder Punkt im Gebiet Ω ist von einer Störung betroffen.

Maximumprinzip

Der Laplace-Operator hat eine erstaunliche Eigenschaft (siehe etwa [141]), die bei der numerischen Lösung (siehe Kapitel 3.2.2) eine wichtige Rolle spielt.

Satz 1.4. *Sei $u \in C^2(\Omega) \cap C(\overline{\Omega})$ über einem beschränkten Gebiet $\Omega \subset \mathbb{R}^d$. Es gelte*

$$\Delta u \geq 0 \quad in\ \Omega.$$

Dann folgt:

$$\max_{\overline{\Omega}} u = \max_{\partial\Omega} u.$$

Beweis. Der Beweis erfolgt in zwei Schritten.

(I) Wir nehmen zunächst an, dass $\Delta u > 0$ im Gebiet Ω und dass u ein Maximum $\xi \in \Omega$ hat. Dann gilt:

$$\frac{\partial^2 u}{\partial x_k^2}(\xi) \leq 0 \quad \text{für } k = 1, \dots, d \quad \Rightarrow \quad \Delta u(\xi) \leq 0,$$

was in offensichtlichem Widerspruch zu unserer Annahme steht.

(II) Sei also nun $\Delta u \geq 0$ angenommen. Wir definieren die Hilfsfunktion $v := \|x\|_2^2$, für die offenbar $\Delta v = 2d > 0$ in Ω gilt. Für alle $\epsilon > 0$ ist

$$u + \epsilon v \in C^2(\Omega) \cap C(\overline{\Omega})$$

und $\Delta(u + \epsilon v) > 0$, womit wir wieder im obigen Fall (I) zurück sind. Somit folgt

$$\max_{\overline{\Omega}} u \le \max_{\overline{\Omega}}(u + \epsilon v) = \max_{\partial\Omega}(u + \epsilon v) \le \max_{\partial\Omega} u + \epsilon \max_{\partial\Omega} v,$$

und mit $\epsilon \to 0$ schließlich die Behauptung. $\qquad\qquad\square$

Natürlich erhält man mit umgekehrtem Vorzeichen $\Delta u \le 0$ ein *Minimumprinzip*. In zahlreichen Problemen der Naturwissenschaften ist eine Vorzeichenbedingung $\Delta u \ge 0$ bzw. $\Delta u \le 0$ erfüllt. Man beachte, dass die obige Voraussetzung $u \in C^2(\Omega) \cap C(\overline{\Omega})$ auch Gebiete mit einspringenden Ecken einschließt.

1.1.2 Anfangswertproblem

Bisher haben wir nur Randwertprobleme für die Laplace-Gleichung studiert. Betrachten wir nun ein Anfangswertproblem im $\mathbb{R}^2$ von folgender Gestalt:

$$\Delta u = u_{xx} + u_{tt} = 0, \qquad u(x, 0) = \phi(x), \qquad u_t(x, 0) = \psi(x),$$

wobei wir die Funktionen ϕ, ψ als gegebene *analytische* Funktionen annehmen. Dann gibt es den Satz von Cauchy–Kowalewskaya, siehe etwa [136], der die Existenz einer *eindeutigen analytischen* Lösung $u(x, t)$ zeigt.

Beispiel 1.5. Diese Beispiel stammt von dem französischen Mathematiker Jacques Hadamard (1865–1963). Wir nehmen an, dass die gegebenen Funktionen geringfügig gestört werden:

$$\delta u(x, 0) = \delta\phi = \frac{\epsilon}{n^2}\cos(nx) \quad \text{oder} \quad \delta u_t(x, 0) = \delta\psi = \frac{\epsilon}{n}\cos(nx).$$

Offenbar sind die beiden Störungen „klein" für große n:

$$|\delta u(x, 0)| \le \frac{\epsilon}{n^2}, \quad |\delta u_t(x, 0)| \le \frac{\epsilon}{n}. \tag{1.5}$$

Wegen der Linearität der Laplace-Gleichung können wir die entsprechenden Störungen δu der Lösung u einfach analytisch berechnen und erhalten (wegen der Eindeutigkeit der Lösung reicht Nachrechnen durch Einsetzen)

$$\delta u(x, t) = \frac{\epsilon}{n^2}\cos(nx)\cosh(nt) \quad \text{oder} \quad \delta u(x, t) = \frac{\epsilon}{n^2}\cos(nx)\sinh(nt),$$

woraus in beiden Fällen

$$|\delta u(x, t)| \sim \frac{\epsilon}{n^2}\exp(nt) \tag{1.6}$$

folgt. Vergleich von (1.5) und (1.6) zeigt:

$$n \to \infty: \quad |\delta u(x, 0)| \to 0, \quad |\delta u(x, t)| \to \infty \quad \text{für } t > 0.$$

Die Störung der Lösung hängt also *unstetig* von der Störung der Eingangsdaten ab.

Solche Probleme nannte Hadamard *schlechtgestellt* (engl. *ill-posed*) und forderte konsequenterweise zusätzlich zur Existenz und Eindeutigkeit einer Lösung, dass diese auch noch stetig von den Eingabedaten abhängen solle. Hier ging er allerdings einen Schritt zu weit: In der Tat gibt es eine ganze Reihe von „schlechtgestellten" Problemen aus der Praxis, die dennoch in gewisser Weise „vernünftig gestellt" erscheinen, wie wir durch eine etwas genauere Analyse einsehen können.

Offenbar wird eine Störung der „Frequenz" n mit einem Faktor

$$\kappa_n(t) \sim \exp(nt)$$

verstärkt, den wir (im Rückgriff auf Band 1, Kapitel 2.2) als *Kondition* des Laplaceschen Anfangswertproblems erkennen. Die Verstärkung ist umso schlimmer, je höher die Frequenz ist; sie ist sogar unbegrenzt, wenn wir beliebig große Frequenzen in der Störung zulassen. Zugleich zeigt sich, wie wir solche Probleme dennoch „sinnvoll" behandeln können: Wir müssen *Störungen höherer Frequenz abschneiden*. Mathematisch heißt das: Wir müssen den *Raum möglicher Lösungen geeignet einschränken*. Mit anderen Worten: Wir müssen das Problem *regularisieren*. Dies sei an dem folgenden Beispiel aus der Medizin illustriert.

Identifikation der Infarktgröße am Herzmuskel

Die rhythmische Bewegung des Herzmuskels, abwechselnd Kontraktion und Entspannung, wird durch ein Wechselspiel von elastischen und elektrischen Vorgängen erzeugt, siehe auch Kapitel 9.3. Im Fall eines Infarktes entstehen auf der Oberfläche des Herzmuskels „elektrisch tote Zonen", die sich allerdings nicht direkt messen lassen. Stattdessen misst man das elektrische Potential u auf der Oberfläche des Brustkorbes und versucht ins Innere rückzurechnen [92]. Die geometrischen Verhältnisse sind in Abb. 1.1 dargestellt.

Sei $\partial\Omega_H$ die Oberfläche des Herzmuskels im Innern des Körpers und $\partial\Omega_L$ die Grenzfläche des Brustkorbs zur Luft. In dem Gebiet dazwischen gilt die Laplace-Gleichung (keine Ladungen, vergleiche Kapitel 2.1.1). Als Randbedingung an Luft gilt

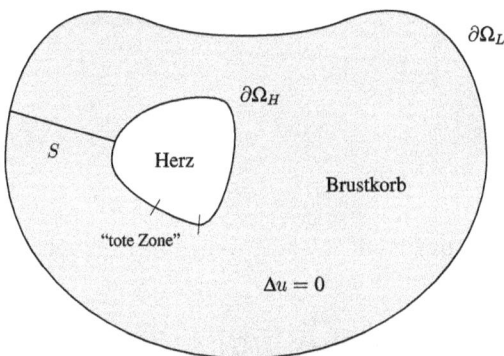

Abb. 1.1: Querschnitt durch menschlichen Brustkorb: Messung des Potentials auf der Oberfläche, Identifikation des Potentials am Herzen.

die Neumann-Bedingung

$$n^T \nabla u = 0 \quad \text{auf } \partial\Omega_L.$$

Beim „direkten" Problem ist dann zusätzlich das Potential auf dem Herzmuskel vorgegeben, also

$$u|_{\partial\Omega_H} = V_H.$$

Beim „inversen" Problem hingegen ist das Potential auf dem Brustkorb gemessen, also

$$u|_{\partial\Omega_L} = V_L,$$

und das Potential V_H auf dem Herzmuskel gesucht.

Im vorliegenden Fall ist die Laplace-Gleichung auf dem zweifach zusammenhängenden Gebiet zu berechnen. Dazu schneiden wir das Gebiet orthogonal zu einem Rand auf (siehe Abb. 1.1): Am Schlitz S setzen wir periodische Randbedingungen an. In Abb. 1.2, links, sehen wir, dass das direkte Problem ein Laplacesches Randwertproblem ist, also wohlgestellt. Rechts hingegen erkennen wir, dass das inverse Problem ein Laplacesches Anfangswertproblem ist, also „schlechtgestellt". Um dieses Problem dennoch zu lösen, muss man es „regularisieren", d. h. höhere Frequenzen sowohl in den Anfangsbedingungen als auch in der Lösung „abschneiden".

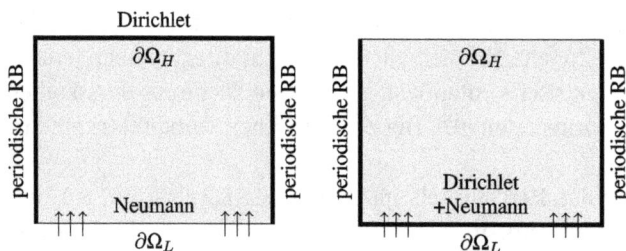

Abb. 1.2: Abrollung des zweifach zusammenhängenden Gebietes aus Abb. 1.1 durch periodische Randbedingungen. *Links:* Wohlgestelltes Randwertproblem. *Rechts:* Schlechtgestelltes Anfangswertproblem.

1.1.3 Eigenwertproblem

Das Eigenwertproblem zur Laplace-Gleichung im $\mathbb{R}^d$ mit homogenen Dirichlet- Randbedingungen lautet

$$-\Delta u = \lambda u \quad \text{in } \Omega \subset \mathbb{R}^d, \qquad u = 0 \quad \text{auf } \partial\Omega. \tag{1.7}$$

Der Operator $-\Delta$ ist selbstadjungiert und positiv, sein Spektrum ist diskret, reell positiv und hat einen Häufungspunkt im Unendlichen, d. h. es gilt

$$0 < \lambda_1 < \lambda_2 < \cdots \to \infty. \tag{1.8}$$

Zu jedem Eigenwert λ_k existiert eine Eigenfunktion u_k, d. h.

$$-\Delta u_k = \lambda_k u_k \quad \text{für } k = 1, 2, \dots. \tag{1.9}$$

Die Gesamtheit der Eigenfunktionen $\{u_k\}$, $k \in \mathbb{N}$, bildet ein *Orthogonalsystem*. Führen wir das innere Produkt (L^2-Produkt)

$$\langle u, v \rangle = \int_\Omega u(x) v(x) \, dx$$

und das Kronecker-Symbol

$$\delta_{jk} = \begin{cases} 1, & j = k, \\ 0, & j \neq k \end{cases}$$

ein, so erhält man zu der speziellen Normierung

$$\langle u_j, u_k \rangle = \delta_{jk} \tag{1.10}$$

ein *Orthonormalsystem*. Formal kann jede beliebige Lösung der Laplace-Gleichung durch eine Entwicklung nach Eigenfunktionen

$$u(x) = \sum_k \alpha_k u_k(x) \tag{1.11}$$

dargestellt werden. Sowohl die Eigenwerte als auch die Eigenfunktionen hängen von den Randbedingungen und dem Gebiet Ω ab.

Modellproblem
Sei als Gebiet das Einheitsquadrat

$$\Omega = \,]0, 1[\times \,]0, 1[\, \subset \mathbb{R}^2$$

gewählt. Gesucht sind die Eigenwerte und Eigenfunktionen zur Laplace-Gleichung mit homogenen Dirichlet-Randbedingungen. Wegen der besonders einfachen Form des Gebietes können wir hier den *Fourier-Ansatz*

$$u(x, y) = \sum_{k,l=1}^\infty \alpha_{k,l} \sin(k\pi x) \sin(l\pi y) \tag{1.12}$$

machen, der wegen

$$u(0, y) = u(1, y) = u(x, 0) = u(x, 1) = 0$$

die Randbedingungen automatisch erfüllt. Wir differenzieren nun

$$u_{xx} = \sum_{k,l=1}^{\infty} \alpha_{k,l}(-k^2\pi^2) \sin(k\pi x) \sin(l\pi y),$$

$$u_{yy} = \sum_{k,l=1}^{\infty} \alpha_{k,l}(-l^2\pi^2) \sin(k\pi x) \sin(l\pi y)$$

und setzen diese Ausdrücke in das Laplacesche Eigenwertproblem (1.7) ein:

$$\sum_{k,l=1}^{\infty} \alpha_{k,l}(k^2 + l^2)\pi^2 \sin(k\pi x) \sin(l\pi y) = \lambda \sum_{k,l=1}^{\infty} \alpha_{k,l} \sin(k\pi x) \sin(l\pi y).$$

Anwendung von (1.10) stanzt die Summanden einzeln heraus und liefert somit

$$(k^2 + l^2)\pi^2\alpha_{k,l} = \lambda\alpha_{k,l}.$$

Falls die Koeffizienten $\alpha_{k,l}$ nicht verschwinden, kann man sie wegkürzen und erhält so die Eigenwerte

$$\lambda_{k,l} = (k^2 + l^2)\pi^2, \quad k,l = 1,\dots,\infty. \tag{1.13}$$

Offenbar spiegeln diese speziellen Eigenwerte genau die Eigenschaften (1.8) wider. Physikalisch lässt sich der Ansatz (1.12) interpretieren als Überlagerung *stehender ebener Wellen*.

Rayleigh-Quotient

Wir nehmen jetzt homogene Dirichlet- oder Neumann-Randbedingungen an, in allgemeiner Form als

$$\int_{\partial\Omega} u\, n^T \nabla u \, ds = 0.$$

Dann liefert Anwendung der Energie-Identität (A.9)

$$\langle u, -\Delta u \rangle = \langle \nabla u, \nabla u \rangle > 0.$$

Setzt man hier für u speziell eine Eigenfunktion u_j ein und nutzt die Definition (1.9), so erhält man

$$\lambda_j = \frac{\langle \nabla u_j, \nabla u_j \rangle}{\langle u_j, u_j \rangle} > 0. \tag{1.14}$$

Diese Formel ist nur von geringem Wert, weil man auf diese Weise den Eigenwert erst berechnen kann, wenn man die Eigenfunktion schon kennt – was jedoch meist umgekehrt ist. Allerdings existiert eine interessante Erweiterung dieser Darstellung.

Satz 1.6. *In den Bezeichnungen wie hier eingeführt gilt für den kleinsten Eigenwert*

$$\lambda_1 = \min_u \frac{\langle \nabla u, \nabla u \rangle}{\langle u, u \rangle}. \tag{1.15}$$

Das Minimum wird erreicht durch die zugehörige Eigenfunktion $u = u_1$.

Beweis. Wir gehen aus von der Darstellung (1.11) für ein beliebiges u. Daraus folgt dann

$$\nabla u = \sum_k \alpha_k \nabla u_k,$$

woraus wir durch Einsetzen die folgende Doppelsumme erhalten:

$$\langle \nabla u, \nabla u \rangle = \sum_{k,l} \alpha_k \alpha_l \langle \nabla u_k, \nabla u_l \rangle.$$

Anwendung des 1. Integralsatzes von Green (A.7) liefert sodann

$$\langle \nabla u, \nabla u \rangle = \sum_{k,l} \alpha_k \alpha_l \langle u_k, -\Delta u_l \rangle = \sum_{k,l} \alpha_k \alpha_l \langle u_k, \lambda_l u_l \rangle$$

und mit der Orthogonalitätsrelation (1.10) schließlich

$$\langle \nabla u, \nabla u \rangle = \sum_k \alpha_k^2 \lambda_k, \qquad \langle u, u \rangle = \sum_k \alpha_k^2.$$

Da λ_1 der kleinste der Eigenwerte ist, können wir $\lambda_k \geq \lambda_1$ benutzen und erhalten so

$$\frac{\langle \nabla u, \nabla u \rangle}{\langle u, u \rangle} = \frac{\sum_k \alpha_k^2 \lambda_k}{\sum_k \alpha_k^2} \geq \lambda_1.$$

Wenn wir für u die erste Eigenfunktion u_1 einsetzen, so ist mit (1.14) der Satz insgesamt bewiesen. □

Der Quotient auf der rechten Seite von (1.15) heißt *Rayleigh-Quotient*. Es gibt eine nützliche Verallgemeinerung auf weitere niedrige Eigenwerte $\lambda_2, \ldots, \lambda_j$.

Korollar 1.7. *Bezeichne $U_{j-1}^\perp$ den Unterraum orthogonal zu dem invarianten Unterraum $U_{j-1} = \text{span}\{u_1, \ldots, u_{j-1}\}$. Dann gilt*

$$\lambda_j = \min_{u \in U_{j-1}^\perp} \frac{\langle \nabla u, \nabla u \rangle}{\langle u, u \rangle}. \tag{1.16}$$

Das Minimum wird erreicht durch die zugehörige Eigenfunktion $u = u_j$.

Die Formel (1.15) ist konstruktiv, weil sie die Berechnung des Eigenwertes durch zunächst nicht spezifizierte Funktionen u (ohne Normierung) gestattet. Dies gilt für Formel (1.16) in eingeschränkter Weise analog, wenn es gelingt, die geschachtelten Unterräume $U_1^\perp \supset \cdots \supset U_j^\perp$ algorithmisch zu erfassen. Beide Formeln werden uns bei der effizienten *numerischen* Approximation von Eigenwerten und Eigenfunktionen gute Dienste leisten, siehe Kapitel 4.1.3, 5.3.4 und 7.4.2.

1.2 Diffusionsgleichung

Die einfachste zeitabhängige Erweiterung der Laplace-Gleichung ist die Diffusions-
oder Wärmeleitungsgleichung

$$u_t(x,t) = \sigma \Delta u(x,t), \quad (x,t) \in Z, \quad \sigma > 0 \tag{1.17}$$

auf dem Raum-Zeit-Zylinder

$$Z = \Omega \times {]0, T[} \subset \mathbb{R}^d \times \mathbb{R}.$$

Dabei treten im Laplace-Operator nur Ortsableitungen auf. Für eine eindeutige Lösbarkeit müssen Zusatzbedingungen gefordert werden. Wir betrachten hier zunächst
nur Dirichlet-Randbedingungen

$$u(x,t) = g(x,t), \quad x \in \partial\Omega, \quad t \in {]0, T[}, \tag{1.18}$$

sowie Anfangswerte

$$u(x,0) = \phi(x), \quad x \in \Omega. \tag{1.19}$$

Um Randbedingungen und Anfangsbedingungen stetig aneinanderzufügen, benötigen wir noch Verträglichkeitsbedingungen der Form

$$g(x,0) = \phi(x), \quad \text{für } x \in \partial\Omega.$$

Anstelle der Dirichlet-Bedingungen (1.18) könnten ebenso gut Neumann- oder Robin-
Randbedingungen auf $\partial\Omega \times {]0, T[}$ vorgeschrieben werden.

Fourier-Entwicklung von Anfangs-Randwertproblemen

Die Struktur der Lösungen sehen wir uns an einem besonders einfachen eindimensionalen Beispiel an. Sei $\Omega = {]0, \pi[}$ und $g(x,t) = 0$ für alle $t > 0$. Dann können wir die
Lösung und die Anfangswerte in Fourierreihen entwickeln:

$$u(x,t) = \sum_{k\in\mathbb{Z}} A_k(t)e^{ikx}, \quad \phi(x) = \sum_{k\in\mathbb{Z}} B_k e^{ikx}. \tag{1.20}$$

Dass die Eigenfunktionen des Laplace-Operators auf Intervallen gerade die trigonometrischen Funktionen sind, ist der tiefere Grund für den Erfolg der Fourieranalyse
bei der Behandlung der Diffusionsgleichung. Wir setzen nun die obige Lösungsdarstellung in die Diffusionsgleichung (1.17) ein und erhalten

$$\begin{aligned}
0 = u_t - \sigma u_{xx} &= \sum_{k\in\mathbb{Z}} A_k'(t)e^{ikx} - \sigma \sum_{k\in\mathbb{Z}} A_k(t)(-k^2)e^{ikx} \\
&= \sum_{k\in\mathbb{Z}} (A_k'(t) + \sigma k^2 A_k(t))e^{ikx}
\end{aligned}$$

für alle x und t. Die Fourierkoeffizienten sind eindeutig und genügen daher den gewöhnlichen Differentialgleichungen

$$A_k'(t) = -\sigma k^2 A_k(t).$$

Ebenfalls wegen der Eindeutigkeit der Fourierkoeffizienten folgen aus (1.20) für $t = 0$ die Anfangswerte $A_k(0) = B_k$. Somit gilt

$$A_k(t) = e^{-\sigma k^2 t} B_k.$$

Fassen wir alle Zwischenresultate zusammen, so erhalten wir

$$u(x,t) = \sum_{k \in \mathbb{Z}} B_k e^{-\sigma k^2 t} e^{ikx}.$$

Diese Darstellung lässt sich wie folgt interpretieren. Die Lösung u ist eine Überlagerung von „stehenden Wellen", die in der Zeit um so stärker gedämpft werden ($\sim k^2$), je höher die räumliche Frequenz k ist. Jede dieser „gedämpften stehenden Wellen" bildet ein charakteristisches räumlich-zeitliches Lösungsmuster, das im Englischen als *mode* bezeichnet wird – eine Sprechweise, die sich inzwischen auch im Deutschen einbürgert hat. Mit σk^2 als *Dämpfungsfaktor* wird $\tau = (\sigma k^2)^{-1}$ oft als *Relaxationszeit* der entsprechenden „Mode" bezeichnet. Das Langzeitverhalten $u(x,t) \to 0$ für $t \to \infty$ heißt *asymptotische Stabilität*.

Bemerkung 1.8. Selbst bei unstetigen Anfangsbedingungen und Randwerten existiert eine Lösung u, die auf jedem Kompaktum $K \subset Z$ beliebig oft differenzierbar ist. Der Existenzbeweis wird über eine Koordinatentransformation $\xi = x/\eta, \eta = \sqrt{\sigma t}$ mit Glättung der Unstetigkeit und nachfolgendem Grenzübergang geführt (Duhamel-Transformation).

Punktweise Kondition

Wie bei der (stationären) Poisson-Gleichung interessieren wir uns für die Auswirkung von punktweisen Störungen der Eingabedaten auf die Lösung der (instationären) Diffusionsgleichung. Als Eingabedaten kommen hier insbesondere die Anfangswerte $\phi(x)$ in Frage. Die zugehörige Greensche Funktion für Raumdimension d ist (siehe Anhang A.4)

$$G_D(x,t) = \frac{e^{-x^2/(4\sigma t)}}{\sqrt{2\pi}(2\sigma t)^{d/2}}.$$

Zum genaueren Verständnis holen wir die definierende Gleichung (A.14) aus Anhang A.4 her:

$$(G_D)_t = \sigma \Delta G_D \quad \text{in } \mathbb{R}^d \times \mathbb{R}_+ , \qquad G_D(x) = \delta(x) \quad \text{für } t = 0 .$$

Hier ist abzulesen, dass G_D gerade die „Antwort" auf Störungen $\delta\phi = \delta(x - x_s)$ der Anfangswerte ϕ darstellt. Wie bei elliptischen Problemen fällt die Auswirkung einer Störung recht schnell mit wachsendem räumlichen und zeitlichen Abstand ab, überdeckt aber auch für beliebig kleine Zeit $t > 0$ das ganze Gebiet. Bezüglich der Zeit wirken sich Störungen der Randdaten im Punkt (x_s, t_s) natürlich asymmetrisch aus: Für $t < t_s$ bleibt die Lösung unverändert, für $t > t_s$ ist sie jedoch auf dem gesamten Gebiet betroffen.

Zur begrifflichen Konkretisierung definieren wir den *Einflussbereich* $\Omega_E(x, t) \subset Z$ als die Menge aller Punkte, in denen die Lösung von einer Punktstörung in (x, t) betroffen ist. Umgekehrt ist der *Abhängigkeitsbereich* $\Omega_A(x, t) \subset \partial Z$ jene Teilmenge des Randes, auf der die vorgegebenen Anfangs- und Randdaten die Lösung im Punkt (x, t) beeinflussen. Der *Bestimmtheitsbereich* $\Omega_B(\Omega_0) \subset Z$ schließlich umfasst alle Punkte, in denen die Lösung durch die Rand- und Anfangsdaten auf $\Omega_0 \subset \partial Z$ eindeutig bestimmt sind. Diese Bereiche sind in Abb. 1.3 dargestellt.

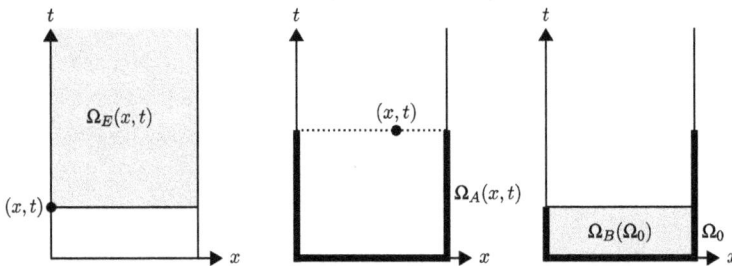

Abb. 1.3: *Parabolisches Anfangs-Randwertproblem:* Einflussbereich Ω_E, Abhängigkeitsbereich Ω_A und Bestimmtheitsbereich Ω_B.

End-Randwertprobleme

Bei diesem Problemtyp werden zur Diffusionsgleichung (1.17) und zu den Randdaten (1.18) Endwerte anstelle der Anfangswerte (1.19) vorgeschrieben:

$$u(x, T) = \phi(x), \quad x \in \Omega.$$

Durch Umkehrung der Zeitvariablen vermöge $\tau = T - t$ kann dieses Problem wieder in ein Anfangs-Randwertproblem überführt werden, wobei sich die partielle Differentialgleichung transformiert zu

$$u_\tau = -u_t = -\sigma\Delta u.$$

Ein *End*-Randwertproblem entspricht also gerade einem *Anfangs*-Randwertproblem mit *negativem Diffusionskoeffizienten*. Sei wiederum zur Illustration $\Omega = {]}0, \pi{[}$. Wir verwenden wieder den gleichen Fourier-Ansatz (1.20) wie oben und erhalten diesmal die Lösung

$$u(x, t) = \sum_{k \in \mathbb{Z}} e^{\sigma k^2 t} e^{ikx}.$$

Offenbar sind jetzt die Eigenmoden nicht gedämpft, sondern wachsen exponentiell. Wie das elliptische Anfangswertproblem aus Kapitel 1.1.2 ist also auch das parabolische End-Randwertproblem schlechtgestellt, da das beliebig schnelle Anwachsen räumlich hochfrequenter Störungen die Lösung unstetig von den Enddaten abhängen lässt. Auch hier gilt wieder, dass eine Reihe praktisch relevanter Identifizierungsprobleme auf End-Randwertprobleme führen und durch geeignete *Regularisierung* behandelt werden müssen.

1.3 Wellengleichung

Die (lineare) Wellengleichung lautet

$$u_{tt} - c^2 \Delta u = 0, \tag{1.21}$$

worin die Konstante c die *Ausbreitungsgeschwindigkeit* der Wellen bezeichnet. Für diesen Typ von partiellen Differentialgleichungen gibt es eine Reihe unterschiedlicher Anfangswertprobleme, die wir weiter unten am einfachsten Fall, für eine Raumkoordinate x und die Zeitkoordinate t, darstellen wollen:

$$u_{tt} - c^2 u_{xx} = 0. \tag{1.22}$$

Auf den ersten Blick sieht diese partielle Differentialgleichung aus, als hätte man lediglich das Vorzeichen der Laplace-Gleichung im $\mathbb{R}^2$ umgekehrt. Wie sich jedoch zeigen wird, bedeutet dieser Wechsel eine grundlegende Änderung.

Anfangswertproblem (Cauchy-Problem)
Für dieses Problem sind Anfangswerte für die Funktion und ihre Zeitableitung vorgegeben:

$$u(x, 0) = \phi(x), \quad u_t(x, 0) = \psi(x).$$

Das so gestellte Anfangswertproblem lässt sich geschlossen analytisch lösen. Dazu verwenden wir die auf den französischen Mathematiker und Physiker Jean Baptiste le Rond d'Alembert (1717–1783) zurückgehende klassische Variablentransformation

$$\xi = x + ct, \quad \eta = x - ct,$$

mit der Rücktransformation

$$x = \frac{1}{2}(\xi + \eta), \quad t = \frac{1}{2c}(\xi - \eta).$$

Dies definiert die Transformation der gesuchten Lösung gemäß

$$u(x(\xi, \eta), t(\xi, \eta)) = w(\xi, \eta).$$

Der Einfachheit halber wählen wir $c = 1$ in allen Zwischenrechnungen. Dann transformieren sich die partiellen Ableitungen, wie folgt:

$$u_x = w_\xi \xi_x + w_\eta \eta_x = w_\xi + w_\eta,$$

$$u_{xx} = w_{\xi\xi} \xi_x + w_{\xi\eta} \eta_x + w_{\eta\xi} \xi_x + w_{\eta\eta} \eta_x = w_{\xi\xi} + 2w_{\xi\eta} + w_{\eta\eta},$$

$$u_t = w_\xi - w_\eta,$$

$$u_{tt} = w_{\xi\xi} - 2w_{\xi\eta} + w_{\eta\eta}.$$

Einsetzen führt, sofern man die Vertauschbarkeit der Ableitungen $w_{\xi\eta} = w_{\eta\xi}$ voraussetzt, auf die folgende Differentialgleichung in w:

$$4w_{\xi\eta} = u_{xx} - u_{tt} = 0.$$

Um sie zu lösen, integrieren wir zunächst über η und erhalten $w_\xi = \text{const}(\xi)$, anschließend integrieren wir über ξ, was uns auf $w = \alpha(\xi) + \text{const}(\eta)$ führt. Zusammenfassung der beiden Teilresultate ergibt

$$w(\xi, \eta) = \alpha(\xi) + \beta(\eta) \quad \Rightarrow \quad u(x, t) = \alpha(x + t) + \beta(x - t).$$

Vergleich mit den Anfangswerten liefert

$$u(x, 0) = \alpha(x) + \beta(x) = \phi(x), \quad u_t(x, 0) = \alpha'(x) - \beta'(x) = \psi(x).$$

Die zweite Gleichung oben lässt sich integrieren gemäß

$$\alpha(x) - \beta(x) = \underbrace{\int^x \psi(s)\, ds}_{\Psi(x)} + \text{const}. \tag{1.23}$$

Aus der ersten Gleichung oben und (1.23) erhält man

$$\alpha(x) = \frac{1}{2}(\phi(x) + \Psi(x) + \text{const}) \quad \text{und} \quad \beta(x) = \frac{1}{2}(\phi(x) - \Psi(x) - \text{const}),$$

und schließlich die Lösung (nach Rückkehr zu $c \neq 1$)

$$u(x, t) = \frac{1}{2}(\phi(x + ct) + \phi(x - ct)) + \frac{1}{2c}(\Psi(x + ct) - \Psi(x - ct))$$

$$= \frac{1}{2}(\phi(x + ct) + \phi(x - ct)) + \frac{1}{2c} \int_{x-ct}^{x+ct} \psi(s)\, ds. \tag{1.24}$$

Offensichtlich spielen die Geradenscharen

$$x + ct = \text{const}, \quad x - ct = \text{const}$$

eine zentrale Rolle. Sie heißen *Charakteristiken*, die zugehörigen Koordinaten ξ und η heißen *charakteristische Koordinaten*.

Aus der obigen analytischen Darstellung lassen sich die in Abb. 1.4 dargestellten Einfluss-, Abhängigkeits- und Bestimmtheitsbereiche direkt ablesen.

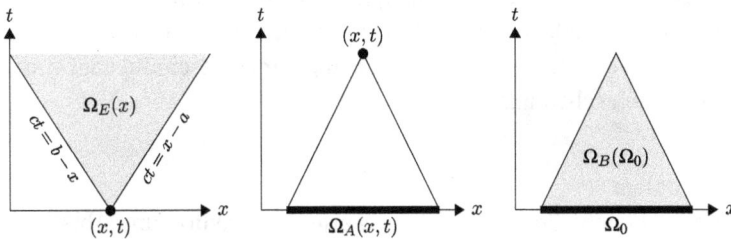

Abb. 1.4: *Anfangswertproblem der Wellengleichung (Cauchy-Problem):* Einflussbereich Ω_E, Abhängigkeitsbereich Ω_A und Bestimmtheitsbereich Ω_B.

Kondition

Die Wirkung von Störungen der Eingangsdaten $\delta\phi$, $\delta\psi$ auf Störungen des Resultats δu ist aus der Darstellung (1.24) unmittelbar abzulesen. Definieren wir die Störungen in den mathematischen Räumen

$$\delta\phi(x) \in C[a, b], \quad \delta\psi \in L_1(\mathbb{R}),$$

so erhalten wir

$$\delta u(x, t) \in C[a, b], \quad t > 0.$$

Offenbar ist dieser Problemtyp *wohlgestellt*. Auch unstetige Störungen $\delta\phi$ und δ-Distributionen $\delta\psi$ würden sich entlang der Charakteristiken ausbreiten.

Charakteristisches Anfangswertproblem (Riemann-Problem)

Dieses Problem definiert sich durch die Vorgabe von Anfangswerten (ohne Zeitableitung)

$$u(x, 0) = \phi(x), \quad x \in [a, b],$$

sowie zusätzlich die Vorgabe der Randwerte entlang einer Charakteristik, siehe dazu Abb. 1.5. Dies führt ebenfalls zu einem wohlgestellten Anfangswertproblem. Um eine

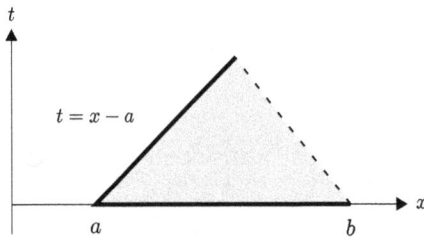

Abb. 1.5: *Riemann-Problem der Wellengleichung:* Abhängigkeitsbereich ($c = 1$).

geschlossene Darstellung der Lösung zu erhalten, führt die Anwendung des Ansatzes von d'Alembert wieder zum Ziel, was wir jedoch in Aufgabe 1.7 ausgelagert haben. Wie beim Cauchy-Problem existiert auch hier die Lösung nur eingeschränkt auf einen Abhängigkeitsbereich, siehe ebenfalls Abb. 1.5.

Anfangs-Randwertproblem

Hierbei sind, wie beim Cauchy-Problem, Anfangswerte für Funktion und Ableitung gegeben:

$$u(x, 0) = \phi(x), \quad u_t(x, 0) = \psi(x), \qquad x \in [a, b].$$

Zusätzlich sind jedoch noch *Randbedingungen* vorgeschrieben:

$$u(a, t) = g_a(t), \quad u(b, t) = g_b(t).$$

Damit sich Anfangs- und Randbedingungen stetig aneinanderfügen, müssen darüber hinaus *Verträglichkeitsbedingungen* gelten

$$\phi(a) = g_a(0), \quad \phi(b) = g_b(0).$$

Im Unterschied zu den anderen Anfangswertproblemen (Cauchy, Riemann) ist hier die Lösung über einem unendlichen Streifen (Abhängigkeitsbereich) definiert, der in Abb. 1.6 dargestellt ist. Die Lösung in diesem Streifen kann man sukzessive aufbauen,

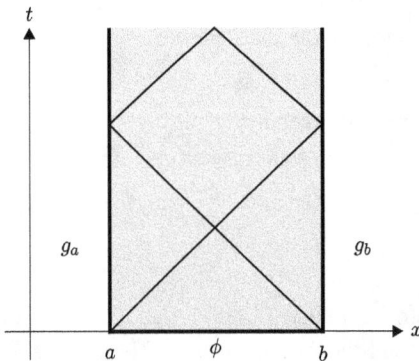

Abb. 1.6: *Anfangs-Randwertproblem der Wellengleichung:* Abhängigkeitsbereich als unendlicher Streifen. Eine mögliche Konstruktion führt über Cauchy- und Riemann-Probleme für die einzelnen Teilgebiete, wie dargestellt.

indem man mit dem Cauchy-Problem mit dreieckigem Bestimmtheitbereich über $[a, b]$ beginnt, dann über je ein Riemann-Problem auf die zwei anschließenden Dreiecksgebiete erweitert, und so Stück für Stück den ganzen Streifen pflastert.

Wir wollen jedoch hier eine andere, globale Darstellung herleiten, die diesem Problemtyp angemessener erscheint. Dabei orientieren wir uns am Vorgehen bei der Diffusionsgleichung (Kapitel 1.2), die ja ebenfalls über einem Streifen definiert ist.

Fourierdarstellung

Wie in Kapitel 1.2 starten wir mit einem Separationsansatz (den wir dann nachträglich auf der Grundlage des Eindeutigkeitsresultats aus obiger Pflasterungskonstruktion verifizieren können):

$$u(x, t) = \sum_{k \in \mathbb{Z}} \alpha_k(t) u_k(x). \tag{1.25}$$

Als Basis wählen wir, mit Blick auf die allgemeine Form (1.21), die Eigenfunktionen des Laplace-Operators. Für die 1D-Wellengleichung (1.22) sind die Eigenwerte des 1D-Laplace-Operators gerade $\lambda_k = k^2 > 0$, vergleiche (1.13), und die zugehörigen Eigenfunktionen (in komplexer Schreibweise)

$$u_k = c_k e^{ikx} + d_k e^{-ikx}.$$

Einsetzen der allgemeinen Darstellung (1.25) in (1.22) ergibt

$$u_{tt} = \sum_{k \in \mathbb{Z}} \alpha_k'' u_k = c^2 u_{xx} = -\sum_{k \in \mathbb{Z}} c^2 k^2 \alpha_k u_k \quad \Rightarrow \quad \sum_{k \in \mathbb{Z}} [\alpha_k'' + c^2 k^2 \alpha_k] u_k = 0.$$

Aus der Orthogonalität der u_k folgt dann

$$\alpha_k'' = -c^2 k^2 \alpha_k \quad \Rightarrow \quad \alpha_k(t) = a_k e^{ikct} + b_k e^{-ikct}.$$

Zusammenfassend erhalten wir demnach eine Entwicklung der Form

$$u(x, t) = \sum_{k \in \mathbb{Z}} (a_k e^{ikct} + b_k e^{-ikct})(c_k e^{ikx} + d_k e^{-ikx}). \tag{1.26}$$

Auch hier tauchen wieder die Charakteristiken auf, diesmal jedoch als spezielle Eigenschaft der trigonometrischen Funktionen. Die in der Darstellung (1.26) auftretenden „Moden"

$$e^{\pm ik(x \pm ct)}$$

sind physikalisch interpretierbar als *ungedämpfte ebene Wellen* mit Ausbreitungsgeschwindigkeit c.

1.4 Schrödinger-Gleichung

Die nach dem Wiener Physiker Erwin Schrödinger (1887–1961) benannte Gleichung

$$i\hbar\Psi_t = H\Psi \tag{1.27}$$

mit Anfangsbedingungen

$$\Psi(x, 0) = \Psi_0(x)$$

ist die grundlegende partielle Differentialgleichung der physikalischen *Quantenmechanik*. Hierin ist Ψ die sogenannte *Wellenfunktion*, H der (selbstadjungierte) *Hamilton-Operator*, h das Plancksche Wirkungsquantum und $\hbar = h/(2\pi)$ eine daraus abgeleitete übliche Bezeichnung. Für ein sogenanntes *freies Teilchen* der Masse m reduziert sich die Schrödinger-Gleichung auf

$$i\hbar\Psi_t = -\frac{1}{2m}\Delta\Psi.$$

Wenn wir in der Gleichung (1.27) alle Konstanten geeignet umskalieren, so erhalten wir für die dimensionslose Größe u die Modellgleichung

$$iu_t = -\Delta u, \quad u(x, 0) = \phi. \tag{1.28}$$

Sie sieht ganz ähnlich aus wie die Diffusionsgleichung (1.17) für $\sigma = 1$, allerdings bis auf die imaginäre Einheit i als unterscheidendes Merkmal. Wie dort, könnten wir zunächst eine Fourierreihe als Ansatz für eine Lösung versuchen. Allerdings ist die Schrödinger-Gleichung im Allgemeinen über einem unbeschränkten Gebiet, in der Regel ganz $\mathbb{R}^d$, definiert. Entsprechend sind Randbedingungen im Endlichen untypisch. Ein Ansatz mit Eigenmoden der Bauart

$$u(x, t) = \sum_{k=-\infty}^{\infty} \alpha_k(t)e^{ikx}$$

würde daher in der Regel nicht zu befriedigenden Resultaten führen.

Als alternatives mathematisches Hilfsmittel anstelle der Fourieranalyse bietet sich die *Fouriertransformation* (zur Analyse eines *kontinuierlichen Spektrums*, vergleiche Anhang A.1) an:

$$u(x, t) \rightarrow \hat{u}(k, t) = \frac{1}{\sqrt{2\pi}} \int_{\mathbb{R}^d} u(x, t)e^{-ik^T x} \, dx.$$

Der passende Syntheseschritt in Rückrichtung erfolgt mit der *inversen Fouriertransformation*

$$u(x, t) = \frac{1}{\sqrt{2\pi}} \int_{\mathbb{R}^d} \hat{u}(k, t)e^{ik^T x} \, dk.$$

Der dazu gehörige Ansatz für die Schrödinger-Gleichung lautet dementsprechend

$$iu_t + \Delta u = \int_{\mathbb{R}^d} e^{ik^T x}(i\hat{u}_t - |k|^2\hat{u})\,dk = 0.$$

Definieren wir nun die Fouriertransformierte für die Anfangswerte gemäß

$$\phi(x) \to \hat{\phi}(k) = \frac{1}{\sqrt{2\pi}} \int_{\mathbb{R}^d} \phi(x)e^{-ik^T x}\,dx,$$

so gilt für die Rücktransformation

$$\hat{u}(k,t) = \hat{\phi}(k)e^{i|k|^2 t}.$$

Damit erhalten wir die Darstellung der zeitabhängigen Lösung in der Form

$$u(x,t) = \frac{1}{\sqrt{2\pi}} \int_{\mathbb{R}^d} \hat{\phi}(k)e^{i(k^T x + |k|^2 t)}\,dk.$$

Diese Integraldarstellung gestattet die folgende Interpretation: Die Lösung ist eine kontinuierliche Überlagerung von ungedämpften Wellen, deren Frequenzen in Ort (k) und Zeit ($|k|^2$) jedoch – im Unterschied zur Wellengleichung im vorigen Kapitel – verschieden sind; die unterschiedliche Abhängigkeit von k heißt auch *Dispersion*. Man beachte allerdings, dass hier keine isolierten Wellen als „Moden" vorliegen, weil die Überlagerung kontinuierlich ist, sondern „Wellenpakete". Darüber hinaus sind im Sinne der Quantenmechanik nicht die Funktionen u selbst von Interesse, sondern abgeleitete Größen wie „Aufenthaltswahrscheinlichkeiten" $\|u\|^2_{L^2(\Omega)}$ in einer Teilmenge $\Omega \subset \mathbb{R}^d$. Zur Illustration geben wir ein einfaches Beispiel.

Zerfließen von Wellenpaketen
Als Anfangswert wählen wir eine Gauß-Verteilung im Ort:

$$\phi(x) = Ae^{-\frac{|x|^2}{2\sigma^2}}e^{ik_0^T x}.$$

Im Sinne der Quantenmechanik beschreibt dies eine „Aufenthaltswahrscheinlichkeit" im Ort zur Zeit $t = 0$ durch eine Verteilungsdichte von der Form einer Gauß-Verteilung, d. h. ein Wellenpaket

$$|\phi(x)|^2 = A^2 e^{-\frac{|x|^2}{\sigma^2}}.$$

Die explizite Lösung über die Fouriertransformation (Zwischenrechnung hier weglassen) führt auf

$$|u(x,t)|^2 = \frac{\sigma^2}{\alpha(t)^2}A^2 \exp\left(-\frac{|x - k_0 t|^2}{\alpha(t)^2}\right) \tag{1.29}$$

mit einer zeitabhängigen „Standardbreite"

$$\alpha(t) = \sqrt{\sigma^2 + t}.$$

Formel (1.29) ist interpretierbar als zeitabhängige Aufenthaltswahrscheinlichkeits-dichte für das Wellenpaket. Wegen $\alpha(t) \to \infty$ für $t \to \infty$ *zerfließt das Wellenpaket mit der Zeit*. Eine graphische Darstellung ist in Abb. 1.7 gegeben. Eine gute numerische Approximation muss ebendiesen Effekt berücksichtigen.

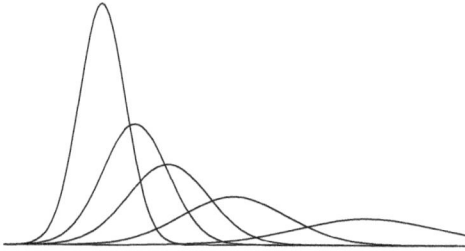

Abb. 1.7: Aufenthaltswahrscheinlichkeit eines „freien" Teilchens: Zerfließen eines Wellenpakets für wachsende Zeit t, siehe (1.29).

Eindeutigkeit

Für die Schrödinger-Gleichung existiert, auch über dem unbeschränkten Gebiet, eine formale Lösung

$$u(x, t) = e^{-i\Delta t}\phi(x),$$

wobei die Schreibweise $e^{-i\Delta t}$ für die „Halbgruppe" steht, welche die Resolvente der einfachen Modellgleichung (1.28) darstellt.

Kondition

Wegen der Interpretation der Wellenfunktion als Aufenthaltswahrscheinlichkeit gilt die Normierung $\|u\|^2_{L^2(\mathbb{R}^d)} = 1$, weshalb die Wahl der L^2-Norm kanonisch ist. Mit der Eingabe ϕ und einer Störung $\delta\phi$ ergibt sich

$$\begin{aligned}
\|\delta u(x, t)\|_{L^2(\mathbb{R}^d)} &= \|e^{-i\Delta t}\phi - e^{-i\Delta t}(\phi + \delta\phi)\|_{L^2(\mathbb{R}^d)} \\
&= \|e^{-i\Delta t}\delta\phi\|_{L^2(\mathbb{R}^d)} = \|\delta\phi\|_{L^2(\mathbb{R}^d)},
\end{aligned}$$

da $e^{-i\Delta t}$ ein unitärer Operator ist. Die Kondition bezüglich der L^2-Norm ist demzufolge 1. In diese Betrachtung geht nicht der *Phasenfehler* für die einzelne Funktion u ein. Dieser ist bei quantenmechanischen Berechnungen von Mittelwerten der Observablen entscheidend, wie z. B. bei $\langle \psi, H\psi \rangle$ für die Energie.

1.5 Helmholtz-Gleichung

Dieser Typ partieller Differentialgleichungen hat die Gestalt

$$\Delta u + k^2 u = f, \tag{1.30}$$

worin k die *Wellenzahl* bezeichnet und u unter Umständen auch komplexwertig sein kann. Mit dem positiven Vorzeichen vor k^2 spricht man vom *kritischen* Fall (der uns hier allein interessiert), bei negativem Vorzeichen vom *unkritischen* Fall. Formal ähnelt Gleichung (1.30) der Poisson-Gleichung (1.1). Dennoch verhält sich ein Teil der Lösungen der Helmholtz-Gleichung gänzlich anders als die der Poisson-Gleichung. Einen ersten Einblick in die geänderte Struktur gibt das Eigenwertproblem für die Helmholtz-Gleichung mit Dirichlet-Randbedingungen:

$$\Delta u + k^2 u + \lambda u = 0.$$

Es hat offenbar die gleichen Eigenfunktionen wie das Laplacesche Eigenwertproblem (1.7), allerdings mit um k^2 verschobenem Spektrum

$$-k^2 < \lambda_1 < \cdots < \lambda_m \leq 0 < \lambda_{m+1} < \cdots \tag{1.31}$$

für ein von k^2 abhängiges m. Die m negativen Eigenwerte heißen *kritische* Eigenwerte; offensichtlich existieren sie nur im kritischen Fall.

1.5.1 Randwertprobleme

Wir wenden uns zunächst den Randwertproblemen zu. Wie bei der Poisson-Gleichung kann man auch hier Randbedingungen vom Dirichlet-, Neumann- oder Robin-Typ vorschreiben. Zum direkten Vergleich mit der Poisson-Gleichung beschränken wir uns auf homogene Dirichlet-Randbedingungen, wodurch die komplexe Helmholtz-Gleichung (1.30) in zwei unabhängige reelle Gleichungen für Real- und Imaginärteil zerfällt.

Existenz und Eindeutigkeit
Wählen wir wie in (1.11) als Ansatz für Lösung und Anregung

$$u = \sum_{n \in \mathbb{N}} \alpha_n u_n, \quad f = \sum_{n \in \mathbb{N}} \beta_n u_n \tag{1.32}$$

der Helmholtz-Gleichung die Entwicklung in Eigenfunktionen u_n des Laplace-Operators, so erhalten wir aus (1.30) die Gleichungen

$$(-\lambda_n + k^2)\alpha_n = \beta_n, \quad n \in \mathbb{N}. \tag{1.33}$$

Eine Lösung existiert offenbar genau dann, wenn für alle n mit $\lambda_n = k^2$ auch $\beta_n = 0$ gilt. Ähnlich wie bei reinen Neumann-Problemen der Poisson-Gleichung hängt die Existenz einer Lösung somit von der Kompatibilität der Anregung f ab, zusätzlich aber auch noch vom Wert der Wellenzahl k. Tritt ein Eigenwert $\lambda_n = k^2$ auf, so ist die Lösung, wie beim reinen Neumann-Problem, nicht mehr eindeutig.

Kondition

Die punktweise Abhängigkeit der Lösung von lokalen Störungen wird wie zuvor von der Greenschen Funktion beschrieben. Für die Helmholtz-Gleichung nimmt sie die Gestalt

$$G_H(x) = \begin{cases} \sin(k|x|)/(2k), & d = 1, \\ Y_0(k\|x\|)/4, & d = 2, \\ -\cos(k\|x\|)/(4\pi\|x\|), & d = 3, \end{cases}$$

an (siehe Anhang A.4). Mit Ausnahme von $d = 1$ weist die Greensche Funktion dasselbe asymptotische Abfallverhalten für $\|x\| \to \infty$ auf wie die Greensche Funktion (1.4) der Poisson-Gleichung, so dass die punktweise Kondition $|G_H(x)|$ im Wesentlichen übereinstimmt. Interessiert man sich nicht nur für die absolute Größe $|G_H(x)|$, sondern auch für ihre Ableitung $|\nabla G_H(x)|$, so offenbart sich ein deutlicher Unterschied zwischen Poisson- und Helmholtz-Gleichung. Während bei ersterer der Gradient der Greenschen Funktion noch schneller abfällt, ist das bei der Helmholtz-Gleichung nicht der Fall:

$$|\nabla G_P(x)| = \frac{1}{4\pi\|x\|^2}, \quad |\nabla G_H(x)| = \left| \frac{k\|x\| \sin k\|x\| - \cos k\|x\|}{4\pi\|x\|^2} \right|.$$

Insbesondere wächst die Ableitung der Greenschen Funktion mit der Wellenzahl k.

Zum besseren Verständnis der praktisch relevanten Unterschiede zwischen Poisson- und Helmholtz-Gleichung betrachten wir noch zwei weitere Fehlerkonzepte: die Abhängigkeit der Lösung vom *Ort* einer punktweisen Störung und von der Wellenzahl k. Bei Verschiebung der Störung $\delta(x)$ der rechten Seite um ξ zu $\delta(x - \xi)$ verschiebt sich die Störung der Lösung genauso zu $G_H(x - \xi)$. Die Änderung der Störung ist in erster Näherung durch $\xi^T \nabla G_H(x)$ gegeben. Hier zeigt sich die Bedeutung des unterschiedlichen Verhaltens der Ableitungen der Greenschen Funktionen G_P und G_H. Insbesondere führt die oszillatorische Struktur von G_H schnell zu einem *Phasenfehler*: Eine Verschiebung um $\|\xi\| = \pi/k$ führt schon zur vollständigen Umkehrung der Störung.

Die Wellenzahl k beeinflusst nicht nur die Auswirkung von Störungen der rechten Seite, sondern auch direkt die Lösung. Aus der Gleichung (1.33) für die Koeffizienten der Entwicklung nach Eigenfunktionen wird deutlich, dass für $k^2 \approx \lambda_n$ die Lösung sehr stark von β_n und k selbst abhängt. Die Kondition bezüglich Störung der u_n-Komponente der rechten Seite ist $|-\lambda_n + k^2|^{-1}$, bezüglich Störung von k dagegen $2k|\beta_n|(-\lambda_n + k^2)^{-2}$.

1.5.2 Zeitharmonische Differentialgleichungen

Die Helmholtz-Gleichung (1.30) ergibt sich in natürlicher Weise aus einer Betrachtung zeitabhängiger partieller Differentialgleichungen, bei denen man sich für das Verhalten bei periodischer Anregung durch Randwerte oder Quellterme interessiert. Bei linearen Gleichungen führen *zeitharmonische* Anregungen, d. h. solche, die nur eine einzige Frequenz ω enthalten, auf zeitharmonische Lösungen, die sich dann durch eine Fourierreihe einfach darstellen lassen. Wir suchen in diesem Zusammenhang also reelle Lösungen der Struktur

$$\hat{u}(x,t) = \Re\left(e^{i\omega t}u(x)\right) = \frac{1}{2}\left(e^{i\omega t}u(x) + e^{-i\omega t}\overline{u(x)}\right), \quad \omega \geq 0, \tag{1.34}$$

wobei u formal auch komplexwertig sein darf.

Zeitharmonische Wellengleichung
Als erstes Beispiel setzen wir (1.34) in eine Wellengleichung mit periodischer Anregung ein, d. h.

$$\hat{u}_{tt} = c^2 \Delta \hat{u} - \hat{f} \quad \text{mit} \quad \hat{f}(x,t) = \Re\left(e^{i\omega t}f(x)\right), \tag{1.35}$$

und erhalten daraus

$$\omega^2(e^{i\omega t}u + e^{-i\omega t}\overline{u}) + c^2\Delta(e^{i\omega t}u + e^{-i\omega t}\overline{u}) = e^{i\omega t}f + e^{-i\omega t}\overline{f}.$$

Da dies für alle $t \in \mathbb{R}$ gelten soll, gelangen wir, nach Trennung in Real- und Imaginärteil, jeweils zu der Gleichung

$$\omega^2 u + c^2 \Delta u = f,$$

also einer Helmholtz-Gleichung (1.30) mit Wellenzahl $k = \omega/c > 0$.

Resonanz. Existiert mindestens ein Eigenwert $\lambda_n = k^2$, so ist der Anteil α_n der zugehörigen Eigenfunktion nicht eindeutig bestimmt. Das zeitabhängige Ausgangssystem (1.35) kann also mit beliebiger Amplitude dauerhaft ohne Anregung schwingen. Diesen Fall nennt man *Resonanz*. Liegt Resonanz mit $\lambda_n = k^2$ vor und verschwindet der Anregungskoeffizient β_n in (1.32) nicht, so existiert zwar keine periodische Lösung der Form (1.34), aber eine unbeschränkt linear anwachsende Lösung von (1.35).

Zeitharmonische Diffusionsgleichung
Der reell zeitharmonische Ansatz (1.34) für die inhomogene Diffusionsgleichung $\hat{u}_t = \Delta \hat{u} - \hat{f}$ führt auf

$$i\omega(e^{i\omega t}u - e^{i\omega t}\overline{u}) = e^{i\omega t}(\Delta u - f) + e^{-i\omega t}(\Delta\overline{u} - \overline{f}) \quad \text{für alle } t \in \mathbb{R},$$

weshalb u die komplexe Helmholtz-Gleichung

$$\Delta u - \mathrm{i}\omega u = f \tag{1.36}$$

erfüllt. Anders als bei der zeitharmonischen Wellengleichung sind Real- und Imaginärteil hier durch die Gleichung selbst und nicht nur durch die Randbedingungen gekoppelt. Die Eigenwerte sind nicht mehr reell, sondern im Vergleich zum Laplace-Operator in Richtung der imaginären Achse verschoben. Die Darstellung des homogenen Dirichlet-Problems wie zuvor in (1.32) führt auf algebraische Gleichungen für die Koeffizienten:

$$(-\lambda_n - \mathrm{i}\omega)\alpha_n = \beta_n, \quad n \in \mathbb{N}.$$

Wegen $|\lambda_n + \mathrm{i}\omega| > 0$ für alle n sind Existenz und Eindeutigkeit unabhängig von $\omega \geq 0$ gegeben. Die Kondition bezüglich Störungen der Koeffizienten β_n der rechten Seite ist

$$|\lambda_n + \mathrm{i}\omega|^{-1} = \frac{1}{\sqrt{\lambda_n^2 + \omega^2}},$$

es werden also sowohl räumlich hochfrequente (λ_n groß) als auch zeitlich hochfrequente (ω groß) Anregungen stark gedämpft. Die komplexe Helmholtz-Gleichung vom Typ (1.36) ist daher der Poisson-Gleichung deutlich ähnlicher als die reelle Helmholtz-Gleichung (1.30).

Dennoch sind die Lösungen schwach oszillatorisch, was aus der Gestalt der Greenschen Funktion

$$G_H(x) = \begin{cases} \frac{1}{k}(\sin(k\|x\|) + \mathrm{i}\cos(k\|x\|)), & d = 1, \\ \frac{1}{4}(Y_0(k\|x\|) + \mathrm{i}J_0(k\|x\|)), & d = 2, \\ -\frac{1}{4\pi\|x\|}(\cos(k\|x\|) - \mathrm{i}\sin(k\|x\|)), & d = 3, \end{cases}$$

ersichtlich ist (Herleitung siehe Anhang A.4).

Zusammenhang mit Schrödinger-Gleichung

Anders als bei der Wellen- und der Diffusionsgleichung erwarten wir keine reellen zeitharmonischen Lösungen der Schrödinger-Gleichung (1.28). Der komplexe Ansatz

$$\hat{u}(x,t) = \mathrm{e}^{-\mathrm{i}\omega t}u(x), \quad \omega \in \mathbb{R}$$

führt auf

$$\omega \mathrm{e}^{-\mathrm{i}\omega t}u = -\mathrm{e}^{-\mathrm{i}\omega t}\Delta u$$

für alle t, daher genügt u der Gleichung

$$\Delta u + \omega u = 0.$$

Für $\omega > 0$ erhalten wir die von der Wellengleichung schon bekannte Helmholtz-Gleichung (1.30) mit Wellenzahl $k = \sqrt{\omega}$.

Mit umgekehrtem Vorzeichen $\omega \leq 0$ dagegen erhalten wir ein der Poisson-Gleichung ähnliches Lösungsverhalten: Die Eigenwerte zum homogenen Dirichlet-Problem sind reell und negativ, Existenz und Eindeutigkeit sind unabhängig von $\omega \leq 0$ gesichert und räumlich wie zeitlich hochfrequente Anregungen werden stark gedämpft. Die Greensche Funktion ist ähnlich derjenigen des Poisson-Problems nichtoszillatorisch.

1.6 Klassifikation

Bis hier haben wir in diesem einführenden Kapitel lediglich historische Beispiele von partiellen Differentialgleichungen zweiter Ordnung aufgeführt, d. h. von Differentialgleichungen mit Ableitungen bis zur maximal zweiten Ordnung. Hier wollen wir nun den allgemeinen Typus (exemplarisch im $\mathbb{R}^2$ mit euklidischen Koordinaten x, y)

$$L[u] := au_{xx} + 2bu_{xy} + cu_{yy} = f$$

etwas genauer untersuchen. Die Koeffizienten a, b, c seien nur abhängig von den Koordinaten (x, y), nicht von der Lösung u. Die Wahl der Koordinaten ist zunächst willkürlich, weswegen wir auch eine beliebige bijektive C^2-Transformation der Koordinaten

$$\xi = \xi(x, y), \quad \eta = \eta(x, y), \quad \xi_x \eta_y - \xi_y \eta_x \neq 0$$

durchführen können. Nach etwas Zwischenrechnung erhalten wir daraus die transformierte Gleichung

$$\Lambda[u] := \alpha u_{\xi\xi} + 2\beta u_{\xi\eta} + \gamma u_{\eta\eta} = \varphi,$$

wobei gilt:

$$\alpha = a\xi_x^2 + 2b\xi_x\xi_y + c\xi_y^2,$$
$$\gamma = a\eta_x^2 + 2b\eta_x\eta_y + c\eta_y^2,$$
$$\beta = a\xi_x\eta_x + b(\xi_x\eta_y + \xi_y\eta_x) + c\xi_y\eta_y.$$

Hierin hängen die Koeffizienten a, b, c von den durch Rücktransformation erhaltenen Koordinaten $(x(\xi, \eta), y(\xi, \eta))$ ab, alle übrigen Differentiationsterme (niedrigerer Ordnung) und f sind in φ zusammengezogen.

Der Differentialoperator L transformiert sich in Λ wie eine quadratische Form. Deren Diskriminanten genügen der Beziehung

$$\beta^2 - \alpha\gamma = (b^2 - ac)(\xi_x\eta_y - \xi_y\eta_x)^2.$$

Offenbar bleibt das *Vorzeichen der Diskriminante* unter Koordinatentransformation erhalten, ist also eine *Invariante*. Aus der Klassifikation von quadratischen Formen erhält man so die folgenden *Normalformen* für Differentialgleichungen:

(I)   *Elliptischer* Fall: $\Lambda[u] = \alpha(u_{\xi\xi} + u_{\eta\eta})$.
      Beispiele: *Laplace-Gleichung* oder *Poisson-Gleichung*.
(II) *Parabolischer* Fall: $\Lambda[u] = \alpha u_{\xi\xi}$.
      Beispiel: *Diffusionsgleichung*.
(III) *Hyperbolischer* Fall: $\Lambda[u] = \alpha(u_{\eta\eta} - u_{\xi\xi})$ oder $\Lambda[u] = 2\beta u_{\xi\eta}$.
      Beispiel: *Wellengleichung*.

Sie beziehen sich jeweils auf die Terme höchster Differentiationsordnung.

Der Laplace-Operator $-\Delta$ hat unendlich viele positive Eigenwerte, der Wellenoperator hingegen unendlich viele positive und negative Eigenwerte; diese Struktur des Spektrums lässt sich ebenso zur Klassifikation benutzen wie obige Diskriminante. Allerdings fallen einige wichtige Beispiele durch das Raster der obigen Klassifikation. So haben wir die *Schrödinger-Gleichung* (Kapitel 1.4) nicht unter dem parabolischen Fall aufgezählt: sie gehört zwar formal in diese Klasse, hat aber ganz andere Eigenschaften als die Diffusionsgleichung (keine Dämpfung von Anfangsstörungen). Desgleichen haben wir die *Helmholtz-Gleichung* (Kapitel 1.5) nicht unter dem elliptischen Fall eingeordnet: auch sie passt nicht in das obige Schema, da sie im kritischen Fall einige positive und unendlich viele negative Eigenwerte besitzt, also quasi einen Zwitter zwischen dem elliptischen und dem hyperbolischen Fall darstellt.

Auch die Art der Randbedingungen geht in die Klassifikation nicht ein, so dass die Wohl- oder Schlechtgestelltheit und die Kondition von Problemen daraus nicht ablesbar ist. Im allgemeinen Sprachgebrauch wird die Klassifikation aber für die jeweils wohlgestellten Probleme verwendet.

1.7 Übungsaufgaben

Aufgabe 1.1. In Kapitel 1.1 haben wir den Laplace-Operator im $\mathbb{R}^2$ in euklidischen Koordinaten (x, y) angegeben. In den Naturwissenschaften treten jedoch häufig *radialsymmetrische* Probleme bzw. im $\mathbb{R}^3$ *zylindersymmetrische* Probleme auf. Zu ihrer mathematischen Beschreibung bieten sich dann *Polarkoordinaten* (r, ϕ)

$$(x, y) = (r \cos\phi, r \sin\phi)$$

an. Leiten Sie die dazu gehörige Darstellung des Laplace-Operators

$$\Delta u = \frac{1}{r}\frac{\partial}{\partial r}\left(r\frac{\partial u}{\partial r}\right) + \frac{1}{r^2}\frac{\partial^2 u}{\partial \phi^2}$$

her. Welche Lösungsdarstellungen ergeben sich in natürlicher Weise für ein kreisförmiges Gebiet Ω?

Hinweis: Separationsansatz $u = v(r)w(\phi)$. Dadurch zerfällt das Problem in zwei gewöhnliche Differentialgleichungen. Für v erhält man eine nach Bessel benannte Differentialgleichung, deren „innere" Lösungen die Bessel-Funktionen J_k sind.[2]

Aufgabe 1.2. In Kapitel 1.1 haben wir den Laplace-Operator im $\mathbb{R}^3$ in euklidischen Koordinaten (x, y, z) angegeben. Für fast *kugelsymmetrische* Probleme bietet sich eine Formulierung in *Kugelkoordinaten* (r, θ, ϕ)

$$(x, y, z) = (r \cos \phi \sin \theta, r \sin \phi \sin \theta, r \cos \theta)$$

an. Leiten Sie die Darstellung des Laplace-Operators

$$\Delta u = \frac{1}{r^2} \frac{\partial}{\partial r} \left(r^2 \frac{\partial u}{\partial r} \right) + \frac{1}{r^2 \sin \theta} \frac{\partial}{\partial \theta} \left(\sin \theta \frac{\partial u}{\partial \theta} \right) + \frac{1}{r^2 \sin^2 \theta} \frac{\partial^2 u}{\partial \phi^2} \tag{1.37}$$

in Kugelkoordinaten her. Welche Lösungsdarstellungen ergeben sich in natürlicher Weise?

Hinweis: Separationsansatz $u = v(r)p(\phi)q(\theta)$. Dadurch zerfällt das Problem in drei gewöhnliche Differentialgleichungen. Für v erhält man, wie in Aufgabe 1.1, die Besselsche Differentialgleichung, für q eine nach Legendre benannte Differentialgleichung. Der gesamte Winkelanteil $p(\phi)q(\theta)$ führt auf Kugelfunktionen $Y_k^l(\theta, \phi)$ mit einer radialen l-abhängigen Multiplikatorfunktion.[3]

Aufgabe 1.3. Lösen Sie auf dem Gebiet

$$\Omega = \{rz : 0 < r < 1, z \in \Gamma\} \quad \text{mit} \quad \Gamma = \{e^{i\phi} \in \mathbb{C} \simeq \mathbb{R}^2 : 0 < \phi < \alpha\}$$

das Poisson-Problem

$$\Delta u = 0 \quad \text{in } \Omega, \quad u(e^{i\phi}) = \sin(\phi \pi / \alpha) \quad \text{auf } \Gamma, \quad u = 0 \quad \text{auf } \partial\Omega \setminus \Gamma.$$

Für welche $\alpha \in \,]0, 2\pi[$ ist $u \in C^2(\Omega) \cap C(\overline{\Omega})$?

Hinweis: Verwenden Sie den Ansatz $u = z^\alpha$.

Aufgabe 1.4. Zeigen Sie analog zu Satz 1.2 die Eindeutigkeit einer gegebenen Lösung $u \in C^2(\Omega) \cap C(\overline{\Omega})$ des Robin-Randwertproblems

$$\Delta u = f \quad \text{in } \Omega, \quad n^T \nabla u + \alpha u = \beta \quad \text{auf } \partial\Omega.$$

Welcher Bedingung muss α dafür genügen?

---

2 Zur Auswertung der daraus entstehenden Reihen kann die adjungierte Summation für Bessel-Funktionen aus Band 1, Kapitel 6.3.2, verwendet werden.

3 Zur Auswertung der Reihen kann die adjungierte Summation für Kugelfunktionen aus Band 1, Kapitel 6.3.1, verwendet werden.

Aufgabe 1.5. Sei $\Omega \subset \mathbb{R}^2$ ein beschränktes Gebiet mit hinreichend glattem Rand. Zeigen Sie, dass der Laplace-Operator Δ bezüglich des inneren L^2-Produkts

$$(v, w) = \int_{\Omega} vw \, dx$$

nur dann *selbstadjungiert* ist, wenn auf dem Rand eine der Bedingungen

$$vn^T \nabla u = un^T \nabla v \quad \text{oder} \quad n^T \nabla u + \alpha u = 0 \quad \text{mit} \quad \alpha > 0$$

erfüllt ist. Offenbar beschreibt die erste gerade homogene Dirichlet- oder Neumann-Randbedingungen, die zweite Robin-Randbedingungen.

Aufgabe 1.6. Leiten Sie analog zum Vorgehen bei der Diffusionsgleichung in Kapitel 1.2 eine Eigenmodendarstellung für die Lösung des Cauchy-Problems der Wellengleichung auf dem Gebiet $\Omega = \,]{-}\pi, \pi[$ her. Bestimmen Sie die Fourierkoeffizienten aus einer Fourierdarstellung der Anfangswerte $u(x, 0)$ und $u_t(x, 0)$.

Entwickeln Sie jeweils die Punktstörungen $u(x, 0) = \delta(x - \xi)$ und $u_t(x, 0) = \delta(x - \xi)$ in Fourierreihen und berechnen Sie die daraus entstehenden Lösungen. Welche Gestalt haben die Abhängigkeitsbereiche?

Aufgabe 1.7. Betrachtet werde das charakteristische Anfangswertproblem für die Wellengleichung, auch als Riemann-Problem bezeichnet. Zur Vorgabe von Rand- und Anfangswerten siehe Abb. 1.5. Benutzen Sie den Ansatz von d'Alembert, um eine geschlossene Darstellung der Lösung zu erhalten.

Aufgabe 1.8. Zeichnen Sie analog zu Abb. 1.3 und 1.4 die Einfluss-, Abhängigkeits- und Bestimmtheitsbereiche für elliptische Randwertprobleme auf.

Aufgabe 1.9. *Erdkeller.* Die zeitharmonische Wärmeleitungsgleichung (1.36) eignet sich zur Beschreibung tages- und jahreszeitlicher Änderungen der Temperatur im Erdboden. In welcher Tiefe muss ein Erdkeller angelegt werden, damit die dort gelagerten Getränke im Sommer besonders kühl sind? Wie groß sind die jahreszeitlichen Temperaturschwankungen in diesem Keller? Verwenden Sie die Wärmeleitfähigkeit $\kappa = 0.75 \, \text{W/m/K}$ von Lehm.

Aufgabe 1.10. Berechnen Sie die (radialsymmetrische) Lösung der 3D-Wellengleichung

$$u_{tt} = \Delta u \quad \text{in } \mathbb{R}^3 \times \mathbb{R}$$

zu den Anfangswerten

$$u(x, 0) = e^{-ar^2}, \quad r = |x|, \quad a > 0,$$
$$u_t(x, 0) = 0.$$

Stellen Sie $u(x, t)$ als $w(r, t)$ dar: Leiten sie mit Hilfe von (1.37) eine partielle Differentialgleichung für $rw(r, t)$ her. Welche Form haben die Charakteristiken?

Aufgabe 1.11. Es sei $\hat{\Psi}_0(k)$ eine C^∞-Funktion mit kompaktem Träger. Betrachten Sie

$$\Psi(x,t) = \frac{1}{\sqrt{2\pi}} \int\limits_{-\infty}^{\infty} \hat{\Psi}_0(k) e^{i(kx - \omega(k)t)} \, dk$$

mit der Dispersionsrelation $\omega(k) = \frac{1}{2}k^2$. In dieser Aufgabe geht es um ein qualitatives Verständnis der Entwicklung von $\Psi(x,t)$ für große t.

(a) *Prinzip der stationären Phase.*

Führt man die Funktion $S(x,t,k) = k\frac{x}{t} - \omega(k)$ für $t > 1$ ein, so kann man

$$\Psi(x,t) = \frac{1}{\sqrt{2\pi}} \int\limits_{-\infty}^{\infty} \hat{\Psi}_0(k) e^{itS(x,t,k)}$$

für große t als hochoszillatorisches Integral schreiben. Begründen Sie anschaulich, weshalb in diesem Integral für große t im wesentlichen nur Beiträge entstehen, falls

$$\frac{d}{dk} S(x,t,k_{\text{stat}}) = 0.$$

$k_{\text{stat}(x,t)}$ nennt man den stationären Punkt. Begründen Sie außerdem, dass dann

$$\Psi(x,t) \sim \hat{\Psi}_0(k_{\text{stat}}(x,t))$$

gilt. (Diese Aussage lässt sich natürlich mathematisch präzisieren, ist aber aufwendig zu beweisen.)

(b) Angenommen, $\hat{\Psi}_0$ habe bei k_{max} ein absolutes Maximum. Wo wird dann für große t das Maximum von $\Psi(x,t)$ liegen? Mit welcher Geschwindigkeit breitet es sich aus?

2 Partielle Differentialgleichungen in Naturwissenschaft und Technik

Im vorangegangenen Kapitel haben wir einige elementare Beispiele von partiellen Differentialgleichungen diskutiert. Im nun folgenden Kapitel wollen wir Problemklassen aus Naturwissenschaft und Technik vorstellen, bei denen diese Musterbeispiele tatsächlich vorkommen, wenn auch in der Regel in etwas veränderter Gestalt. Dafür haben wir Problemklassen aus den Anwendungsgebieten *Elektrodynamik* (Kapitel 2.1), *Strömungsdynamik* (Kapitel 2.2) und *Elastomechanik* (Kapitel 2.3) ausgewählt. Typisch für diese Gebiete ist die Existenz von tief verzweigten Hierarchien mathematischer Modelle, bei denen auf jeder Ebene unterschiedliche elementare Differentialgleichungen dominieren. Eine gewisse Kenntnis der grundlegenden Modellzusammenhänge ist auch für Numeriker wichtig, wenn sie interdisziplinär dialogfähig sein wollen.

2.1 Elektrodynamik

Dem Namen nach beschreibt die Elektro*dynamik* insbesondere *zeitabhängige* elektrische und magnetische Phänomene. Sie enthält (im Widerspruch zum Namen) als Teilmenge auch die Elektro*statik* für *stationäre* Phänomene.

2.1.1 Maxwell-Gleichungen

Zentrale Begriffe der Elektrodynamik sind die *elektrische Ladung* sowie *elektrische* und *magnetische Felder*. Aus ihren Eigenschaften lassen sich partielle Differentialgleichungen herleiten, was wir hier in gebotener Kürze durchführen wollen.

Erhaltung der Ladung
Die elektrische Ladung ist eine Erhaltungsgröße – im Rahmen dieser Theorie kann Ladung weder erzeugt noch vernichtet werden. Sie wird als Kontinuum durch eine *Ladungsdichte* $\rho(x) > 0$, $x \in \Omega$ beschrieben. Aus dieser Eigenschaft gewinnt man eine spezielle Differentialgleichung, die wir zu Beginn kurz herleiten wollen.

Sei Ω ein beliebiges Testvolumen. Dann ist die in diesem Volumen enthaltene Ladung

$$Q = \int_\Omega \rho \, dx.$$

Eine Änderung der Ladung in Ω kann nur durch einen Ladungsfluss ρu durch die Oberfläche $\partial\Omega$ erfolgen, wobei u eine lokale Geschwindigkeit bezeichnet:

https://doi.org/10.1515/9783110689655-002

$$\frac{dQ}{dt} = \frac{\partial}{\partial t} \int_{\Omega} \rho \, dx + \int_{\partial\Omega} \rho n^T u \, ds = \int_{\Omega} \left(\frac{\partial \rho}{\partial t} + \mathrm{div}(\rho u) \right) dx = 0.$$

Die Größe $j = \rho u$ heißt *Stromdichte* oder *Ladungsflussdichte*. Eine nicht ganz präzise Argumentation verläuft nun folgendermaßen: Da Ω beliebig ist, führt ein Grenzübergang $|\hat{\Omega}| \to 0$ dazu, dass der obige Integrand verschwinden muss. Dies führt zur *Kontinuitätsgleichung* der Elektrodynamik:

$$\frac{\partial \rho}{\partial t} + \mathrm{div}\, j = 0. \tag{2.1}$$

Herleitung der Maxwell-Gleichungen

Im Jahr 1864 leitete der schottische Physiker James Clerk Maxwell (1831–1879) die heute nach ihm benannten Gleichungen ab, publiziert ein Jahr später in [165]. Um die elektrischen Experimente von Faraday mathematisch modellieren zu können, dachte er sich ein *magnetisches Feld H* $\in \mathbb{R}^3$ und ein *elektrisches Feld E* $\in \mathbb{R}^3$ als raum- und zeitabhängige physikalische Größen im Vakuum: Er stellte sich vor, dass von elektrischen Ladungen „elektrische Feldlinien ausgehen".[1] Aus Faradays Experimenten war ihm zudem klar, dass es keine „magnetischen Ladungen" gibt, von denen etwa Feldlinien ausgehen könnten, sondern dass magnetische Felder durch Magneten oder Ströme erzeugt werden. Die Form der Maxwell-Gleichungen in der suggestiven Darstellung mit Operatoren div, rot, grad geht auf O. Heaviside und J. W. Gibbs aus dem Jahre 1892 zurück, publiziert in [127]. Diese wollen wir im Folgenden benutzen.

Mit Hilfe des Satzes von Gauß, siehe auch Abb. A.1 zur Interpretation des Divergenzoperators, führte die Existenz elektrischer Ladungen Maxwell zu der Gleichung

$$\mathrm{div}\, E = \rho.$$

Analog führt die Nichtexistenz magnetischer Ladungen, ebenfalls unter Anwendung des Satzes von Gauß, zu der Gleichung

$$\mathrm{div}\, H = 0.$$

Magnetische Feldlinien werden durch eine Stromdichte j induziert, was sich, mit Hilfe des Satzes A.7 von Stokes, in der Gleichung

$$\mathrm{rot}\, H = j$$

niederschlägt. Umgekehrt erzeugt die zeitliche Änderung magnetischer Felder einen Strom („Dynamo-Effekt"), was sich, wiederum über den Satz von Stokes, in der Gleichung

$$\mathrm{rot}\, E = -H_t$$

---

1 inspiriert durch die experimentelle Visualisierung von „Magnetfeldern" mittels Eisenfeilspänen in zäher Flüssigkeit.

ausdrückt. Maxwell erkannte nun (und das in seiner damaligen unhandlichen Notation!), dass die erste und die dritte dieser Gleichungen zusammen mit der Kontinuitätsgleichung (2.1) zu einem Widerspruch führen. Es gilt nämlich im Allgemeinen

$$0 = \text{div}(\text{rot}\,H - j) = -\,\text{div}\,j = \rho_t = \text{div}\,E_t \neq 0.$$

Aufgrund dieser Einsicht änderte er, rein theoretisch, die dritte obige Gleichung ab zu

$$\text{rot}\,H = j + E_t,$$

womit der Widerspruch behoben war. *Dies war eine Sternstunde der Menschheit*, denn damit sagte sein theoretisches Modell die Existenz elektromagnetischer Wellen im Vakuum vorher.[2]

Eine Modifikation ergibt sich für Materialien, in denen sich elektromagnetische Prozesse abspielen: Sie werden durch Materialkonstanten wie die *magnetische Permeabilität* μ und die *Dielektrizität* ϵ beschrieben. Daraus leiten sich innerhalb von Materialien die beiden Felder *magnetische Induktion*

$$B = \mu H, \quad \mu = \mu_r \mu_0$$

und *dielektrische Verschiebung*

$$D = \epsilon E, \quad \epsilon = \epsilon_r \epsilon_0$$

ab, wobei die Größen μ_0, ϵ_0 bzw. $\mu_r = 1$, $\epsilon_r = 1$ gerade das Vakuum beschreiben. Die Größen μ und ϵ sind meist skalar, für *anisotrope* Materialien sind sie als *Tensoren* anzusetzen, für *ferro-magnetische* oder *ferro-elektrische* Materialien hängen sie zusätzlich nichtlinear von den entsprechenden Feldstärken ab.

In Materialien lautet das System der Maxwell-Gleichungen damit

$$\text{div}\,B = 0, \tag{2.2}$$
$$\text{div}\,D = \rho,$$
$$\text{rot}\,H = j + D_t,$$
$$\text{rot}\,E = -B_t. \tag{2.3}$$

In die obigen Gleichungen geht die Stromdichte j ein, allerdings ohne einen Zusammenhang mit den Feldern. Häufigster Kandidat für einen solchen Zusammenhang ist das *Ohmsche Gesetz*

$$j = \sigma E$$

mit einer *elektrischen Leitfähigkeit* σ als Materialkonstante. Dieses Gesetz gilt jedoch nicht bei sehr hohen Temperaturen (z. B. in ionisiertem Plasma) oder sehr tiefen Temperaturen (z. B. in supraleitfähigen Materialien).

---

2 Experimentell wurde das Phänomen erst 1886 von dem deutschen Physiker Heinrich Rudolf Hertz (1857–1894) nachgewiesen.

Elektrodynamische Potentiale

Die Divergenzfreiheit des Magnetfeldes (2.2) wird wegen Lemma A.1 automatisch erfüllt durch den Ansatz

$$B = \operatorname{rot} A.$$

Dabei heißt $A \in \mathbb{R}^3$ *Vektorpotential*. Das Induktionsgesetz (2.3) lautet dann

$$\operatorname{rot}(E + A_t) = 0.$$

Da ∇U für jede skalare Funktion U im Nullraum des rot-Operators liegt, lässt sich, wiederum wegen Lemma A.1, eine allgemeine Lösung für E ansetzen in der Form

$$E = -\nabla U - A_t.$$

Hierin heißt U *skalares Potential*. Gemeinsam werden A und U auch als *elektrodynamische Potentiale* bezeichnet. Mit diesem Ansatz haben wir alle Möglichkeiten für die Felder E, B abgedeckt, was wir hier jedoch nicht beweisen wollen.

Nichteindeutigkeit. Die so definierten elektrodynamischen Potentiale sind nicht eindeutig bestimmt, sondern nur bis auf eine skalare Funktion $f(x, t)$, denn mit

$$\tilde{A} := A + \nabla f, \quad \tilde{U} := U - f_t$$

gilt trivialerweise

$$\tilde{B} = \operatorname{rot} \tilde{A} = \operatorname{rot} A = B$$

sowie

$$\tilde{E} = -\nabla \tilde{U} - \tilde{A}_t = -\nabla U + \nabla f_t - A_t - \frac{\partial}{\partial t} \nabla f = E.$$

Trotz der Nichteindeutigkeit der Potentiale sind jedoch die daraus abgeleiteten Felder, also die physikalisch messbaren Größen, eindeutig.

Elektrostatik

Im stationären Fall, also wenn alle Zeitableitungen null sind, entkoppeln die Gleichungen für U und A. Für das elektrische Feld gilt dann nur noch

$$E = -\nabla U.$$

Einsetzen dieser Beziehung in die Maxwell-Gleichung $\operatorname{div} E = \rho$ liefert so schließlich, mit $\operatorname{div} \operatorname{grad} = \Delta$, die sogenannte *Potentialgleichung*

$$-\Delta U = \rho.$$

Wegen dieser Eigenschaft heißt U auch *elektrostatisches Potential*. Offenbar ist dies die schon aus Kapitel 1.1 bekannte *Poisson-Gleichung*.

2.1.2 Optische Modellhierarchie

Im Alltag identifizieren wir Optik meist mit Strahlenoptik und denken an Brillen oder Linsensysteme für Fernrohre und Kameras. In technischen Anwendungsproblemen tritt Optik jedoch häufig als *Wellenoptik* auf, bei der die Wellennatur des Lichts im Vordergrund der Betrachtung steht. Sie wird durch die Maxwell-Gleichungen beschrieben. In der Wellenoptik trifft man insbesondere auf nichtleitende und unmagnetische Medien ($j = 0$ und $\mu_r = 1$), und es treten auch keine Ladungen auf ($\rho = 0$).

Zeitharmonische Maxwell-Gleichungen

Nehmen wir zusätzlich noch an, dass nur eine einzelne Frequenz (oder „Farbe") ω in den Feldern angeregt wird, so können wir den Ansatz

$$E(x,t) = \Re(E_0(x)e^{i\omega t})$$

machen. Dies führt uns zu den (zeit-)harmonischen Maxwell-Gleichungen, oft auch als *optische Gleichungen* bezeichnet, von der Form

$$\operatorname{div} H = 0,$$
$$\operatorname{div}(\epsilon E) = 0,$$
$$\operatorname{rot} H = i\omega\epsilon E,$$
$$\operatorname{rot} E = -i\omega\mu_0 H$$

mit $E, H \in \mathbb{C}^3$. Wendet man den Differentialoperator rot auf die dritte Gleichung an und setzt die vierte ein, so erhält man daraus

$$\operatorname{rot} \frac{1}{i\epsilon\omega} \operatorname{rot} H = \operatorname{rot} E = -i\mu_0\omega H.$$

Wir nehmen an, dass die Materialkonstante ϵ ortsabhängig ist. Multiplikation mit $i\epsilon\omega$ liefert dann eine geschlossene Gleichung nur für H:[3]

$$\epsilon \operatorname{rot} \frac{1}{\epsilon} \operatorname{rot} H = \epsilon\mu_0\omega^2 H. \tag{2.4}$$

Den gemeinsamen Faktor ϵ kürzen wir bewusst nicht weg. Durch Umformung mittels (A.3) aus Anhang A.2 gelangen wir zur grundlegenden Gleichung der Optik:

$$-\Delta H + \operatorname{rot} H \times \epsilon\nabla\frac{1}{\epsilon} + \underbrace{\nabla \operatorname{div} H}_{0} = \mu_0\epsilon\omega^2 H. \tag{2.5}$$

---

3 Anwendung von rot auf die vierte Gleichung und Einsetzen der dritten hätte eine entsprechende Gleichung nur für E erzeugt.

Der Laplace-Operator Δ wird hierbei komponentenweise angewendet, das Vektorprodukt (oder auch äußere Produkt) schreiben wir mit $\times$. Die drei Komponenten in (2.5) sind damit nur über die Dielektrizität $\epsilon(x, y, z)$ miteinander gekoppelt. Ausgehend von dieser Gleichung, ergibt sich durch sukzessive Vereinfachungen eine *Hierarchie von mathematischen Modellen*, die wir im Folgenden darstellen wollen.

Transversale Moden

Wenn die Dielektrizität nur von einer Vorzugsrichtung x abhängt, also wenn

$$\epsilon(x, y, z) = \epsilon(x) \quad \text{und} \quad \nabla \frac{1}{\epsilon} = \begin{bmatrix} -\frac{\epsilon_x}{\epsilon^2} \\ 0 \\ 0 \end{bmatrix},$$

so erhalten wir aus (2.5) mit der Bezeichnung $H = (H_1, H_2, H_3)$,

$$\nabla \frac{1}{\epsilon} \times \operatorname{rot} H = \frac{\epsilon_x}{\epsilon^2} \begin{bmatrix} 0 \\ H_{2,x} - H_{1,y} \\ H_{3,x} - H_{1,z} \end{bmatrix}.$$

In der Regel zerlegt man die Lösung dieses gekoppelten Differentialgleichungssystems in eine direkte Summe aus „in-plane"-Lösungen mit $(H_1, 0, H_3)$ und „out-plane"-Lösungen mit $(0, H_2, 0)$. Die „out-plane"-Moden heißen im Fachjargon der Elektrotechnik *transversale Moden*. Die Lösungen $H_2(x, y, z)$ genügen der reduzierten Differentialgleichung

$$- \Delta H_2 + \frac{\epsilon_x}{\epsilon^2} H_{2,x} = \mu_0 \epsilon \omega^2 H_2. \tag{2.6}$$

Sie charakterisieren z. B. Felder in Schicht-Wellenleitern.

Skalare Helmholtz-Gleichung

Nimmt man in (2.5) an, dass die Dielektrizität insgesamt nur schwach variiert, also $\nabla(1/\epsilon) \approx 0$, so kann man auch den zweiten Term links für alle drei Komponenten wegstreichen. In diesem Fall entkoppeln die optischen Grundgleichungen zu drei unabhängigen skalaren Helmholtz-Gleichungen:

$$\Delta H + \mu_0 \epsilon \omega^2 H = 0. \tag{2.7}$$

Interessierende Lösungen kommen dann aus der Wahl der Randbedingungen. Die in Kapitel 1.5 als elementares Beispiel eingeführte Helmholtz-Gleichung ist also das einfachste strukturelle Modell für die Maxwell-Gleichungen.

Eigenwertproblem bei Wellenleitern

In Wellenleitern, z. B. Glasfaserkabeln, ist das Material entlang des Leiters (sei dies die z-Richtung) in der Regel gleichmäßig aufgebaut. In diesem Fall darf man die Variation der Dielektrizität auf den 2D-Querschnitt des Wellenleiters einschränken, d. h. es gilt

$$\epsilon(x, y, z) = \epsilon(x, y).$$

Setzt man zudem eine in z-Richtung periodische Ausbreitung der Wellen entlang des Leiters an,

$$H(x, y, z) = \hat{H}(x, y)e^{i\lambda z}, \tag{2.8}$$

so reduziert sich die skalare 3D-Helmholtz-Gleichung (2.7) auf ein 2D-Eigenwertproblem für die Helmholtz-Gleichung

$$\Delta_{xy}H + \mu_0\epsilon\omega^2 H = \lambda^2 H.$$

In Kapitel 6.4 geben wir Details zu einem Plasmon-Polariton-Wellenleiter an.

Paraxiale Wellengleichung (Fresnel-Approximation)

In diesem Modell wird angenommen, dass man die Abhängigkeit des Magnetfeldes von der Ausbreitungsrichtung z nur annähernd durch einen harmonischen Ansatz beschreiben kann, also dass gilt

$$H(x, y, z) = \hat{H}(x, y, z)e^{i\lambda z}, \quad \hat{H}_{zz} \approx 0.$$

Die zweite Ableitung nach z ist dann

$$H_{zz} = (\hat{H}_{zz} + 2i\lambda\hat{H}_z - \lambda^2)e^{i\lambda z}.$$

Vernachlässigung von $\hat{H}_{zz}$ reduziert (2.7) dann auf

$$-2i\lambda\hat{H}_z = \Delta_{xy}\hat{H} + (\mu_0\epsilon\omega^2 - \lambda^2)\hat{H}.$$

Dies ist offenbar eine Art *Schrödinger-Gleichung*, wobei die Raumvariable z die Rolle der Zeitvariablen übernimmt, siehe Kapitel 1.4.

2.2 Strömungsdynamik

In diesem Teilkapitel wollen wir eine kurze Einführung in die partiellen Differentialgleichungsmodelle geben, welche die Dynamik der Strömung von Flüssigkeiten oder Gasen beschreiben. Flüssigkeiten und Gase werden zusammengefasst unter dem Begriff des *kontinuierlichen Fluids*, mathematisch beschrieben durch die physikalischen Größen *Massendichte* $\rho(x, t)$, *Fluidgeschwindigkeit* $u(x, t)$ und Druck $p(x, t)$, alle drei abhängig vom Ort $x \in \mathbb{R}^d$, $d = 2, 3$, und der Zeit t. Die Vernachlässigung der mikroskopischen Teilchenstruktur der Fluide bezeichnet man als *Kontinuumshypothese*.

Substantielle Ableitung

Zur Herleitung der entsprechenden Differentialgleichungen benötigen wir eine Vorüberlegung. Sei die Bewegung eines Teilchens im Fluid beschrieben durch seine Positionsvariable $x(t) \in \mathbb{R}^d$. Dann ist die zugehörige Geschwindigkeit $x_t(t) = u(x(t), t)$ und die Beschleunigung

$$x_{tt}(t) = \frac{du(x(t), t)}{dt} = u_x(x(t), t)x_t(t) + u_t(x(t), t) = u_x u + u_t. \tag{2.9}$$

Man beachte, dass u_x eine (d, d)-Matrix ist.[4] Der nichtlineare Ausdruck auf der rechten Seite legt die folgende Definition für eine beliebige gegebene Größe f nahe:

$$\frac{D}{Dt} f = f_t + f_x u.$$

Die so definierte Ableitung heißt substantielle Ableitung (engl. *material derivative*). Offensichtlich lässt sich damit Formel (2.9) für die Beschleunigung einfach schreiben als

$$x_{tt} = \frac{Du}{Dt}.$$

Setzen wir $x(t)$ in eine beliebige Funktion f ein gemäß $f(t) = \hat{f}(x(t), t)$, so gilt allgemein

$$f_t = \frac{D}{Dt} \hat{f}.$$

Die substantielle Ableitung beschreibt daher die zeitliche Änderung einer Größe, wie sie von einem mitbewegten Teilchen gesehen wird. Offenbar haben wir zwei prinzipielle Möglichkeiten der Koordinatenwahl:

- *ruhende*, d. h. ortsfeste Koordinaten, die auch als *Euler-Koordinaten* bezeichnet werden; in diesen Koordinaten benötigt man den Begriff der substantiellen Ableitung;
- *mitbewegte* Koordinaten, die auch als *Lagrange-Koordinaten* bezeichnet werden; in diesen Koordinaten kann man auf die substantielle Ableitung verzichten, sie reduziert sich auf die einfache Zeitableitung.

Die unterschiedlichen Koordinatenwahlen führen zu stark unterschiedlichen Implementierungen von Algorithmen. Manchmal sind algorithmische Mischformen nützlich.

---

4 Für den Term $u_x u$ finden sich in der Literatur auch die formal äquivalenten Notationen $(u \cdot \nabla)u$ und $u \cdot \nabla u$, wobei der Punkt das euklidische Skalarprodukt bezeichnet (siehe auch Aufgabe 2.3).

2.2.1 Euler-Gleichungen

Ausgangspunkt für die mathematische Modellierung sind *Erhaltungsgrößen*, d. h. physikalische Größen, die über die Zeit konstant bleiben. Für sie lassen sich jeweils *Erhaltungsgleichungen* herleiten, wobei wir im Wesentlichen dem Lehrbuch von A. Chorin und J. Marsden [56] folgen. In diesem Teilkapitel betrachten wir zunächst nur *ideale isentropische* Fluide – Begriffe, die wir weiter unten genauer spezifizieren. Durchgängig bezeichnet $\hat{\Omega}$ ein beliebiges zeitunabhängiges Testvolumen, in dem wir die Bewegung eines Fluids studieren.

Erhaltung der Masse

Masse kann in diesem Modell weder erzeugt noch vernichtet werden. Deshalb kann eine zeitliche Änderung der Masse in $\hat{\Omega}$ nur von einem Massenstrom durch die Oberfläche $\partial\hat{\Omega}$ herrühren. Diese Einsicht lässt sich mathematisch wie folgt formulieren:

$$\frac{\partial}{\partial t} \int_{\hat{\Omega}} \rho \, dx + \int_{\partial\hat{\Omega}} \rho n^T u \, ds = 0. \tag{2.10}$$

Die Zeitableitung und das Volumenintegral links lassen sich vertauschen. Wenden wir auf das Randintegral den Satz von Gauß an (siehe Anhang A.3, Abb. A.1), so erhalten wir insgesamt das Volumenintegral

$$\int_{\hat{\Omega}} \left(\rho_t + \operatorname{div}(\rho u) \right) dx = 0.$$

Analog zur Herleitung von (2.1) gelangen wir so zur *Kontinuitätsgleichung* der Strömungsdynamik:

$$\rho_t + \operatorname{div}(\rho u) = 0. \tag{2.11}$$

Erhaltung des Impulses

Eine Erhaltung des Impulses (engl. *momentum conservation*) gilt im Wesentlichen in Abwesenheit von Kräften. An *Kräften*, die auf $\hat{\Omega}$ wirken, haben wir zwischen inneren und äußeren Kräften zu unterscheiden:

(a) *Innere Kräfte* F_{int} (engl. *internal forces*):
Diese wirken über die Oberfläche $\partial\hat{\Omega}$, etwa als Spannungen (engl. *stress*). Die in diesem Teilkapitel ausschließlich betrachteten *idealen* Fluide sind dadurch charakterisiert, dass bei ihnen die inneren Kräfte stets senkrecht auf den Oberflächen stehen, d. h. es gibt keine Tangentialkräfte. Unter dieser Einschränkung existiert eine skalare Funktion, der *Druck* $p(x, t) \in \mathbb{R}$, so dass $F_{\mathrm{int}} = -pn$, wobei n wieder der nach außen zeigende Normaleneinheitsvektor sei. Die insgesamt über die

Oberfläche $\partial\hat{\Omega}$ wirkende Kraft ist damit

$$F_{\text{int}} = -\int_{\partial\hat{\Omega}} p n \, \mathrm{d}s = -\int_{\hat{\Omega}} \nabla p \, \mathrm{d}x.$$

Die obige Umformung ergibt sich durch komponentenweise Anwendung des Satzes von Gauß (die komponentenweise Divergenz wird zum Gradienten).

(b) *Äußere Kräfte F_{ext}* (engl. *external forces*):
Darunter versteht man Volumenkräfte, die auf ganz $\hat{\Omega}$ wirken, etwa Gravitation oder elektrische wie magnetische Feldkräfte. Sei die davon induzierte Beschleunigung mit $b(x,t) \in \mathbb{R}^d$ bezeichnet, so induzieren die äußeren Kräfte über das Volumen insgesamt

$$F_{\text{ext}} = \int_{\hat{\Omega}} \rho b \, \mathrm{d}x.$$

Innere und äußere Kräfte ergeben die Gesamtkraft

$$F = \int_{\hat{\Omega}} (-\nabla p + \rho b) \, \mathrm{d}x.$$

Mit dem *zweiten Newtonschen Gesetz* („Kraft gleich Masse mal Beschleunigung") ergibt sich dann, wie oben mit einer Reduktion vom Volumenintegral auf den Integranden, die *Impulsgleichung*

$$\rho \frac{\mathrm{D}u}{\mathrm{D}t} = -\nabla p + \rho b. \tag{2.12}$$

Der Einfachheit halber werden wir folgend auf Volumenkräfte b verzichten.

Zustandsgleichung

Die Thermodynamik von Fluiden führt zu einem Zusammenhang von Dichte, Druck und Temperatur in Form einer *Zustandsgleichung*

$$\rho = \rho(p, T),$$

die gemeinsam mit (2.11) und (2.12) zu einem geschlossenen Gleichungssystem führt.

Wir wollen uns hier auf den einfachsten Fall sogenannter *isentropischer* Fluide beschränken, bei denen die Zustandsgleichung nicht von der Temperatur abhängt, also $\rho = \rho(p)$. Eine Erhöhung des Drucks zieht (wenn überhaupt) eine Erhöhung der Dichte nach sich, also kann nur $\rho_p \geq 0$ gelten. Falls $\rho_p > 0$, ist es oft praktikabler, die Umkehrfunktion $p = p(\rho)$ als Zustandsgleichung zu benutzen. Für ideale Gase erhält man aus thermodynamischen Überlegungen

$$p = \frac{p_0}{\rho_0^\gamma} \rho^\gamma, \tag{2.13}$$

wobei der Adiabatenexponent γ eine Materialkonstante ist (etwa 1.4 für Luft) und p_0, ρ_0 Druck und Dichte in einem Referenzzustand.

Inkompressibilität

Für $\rho_p = 0$ heißt das Fluid *inkompressibel*. Diese Eigenschaft gilt als Modellvorstellung für Flüssigkeiten, weil sie sich unter Außendruck (fast) nicht zusammen drücken lassen, wird aber auch als Näherung für Gase bei sehr kleinen relativen Dichteänderungen verwendet. Die Dichte des *mitbewegten* Fluids ist konstant, es gilt also $\frac{D\rho}{Dt} = 0$. Aus der Kontinuitätsgleichung (2.11) erhalten wir dann

$$\operatorname{div} u = \frac{1}{\rho}\left(\frac{D\rho}{Dt} + \rho \operatorname{div} u\right) = \frac{1}{\rho}(\rho_t + \operatorname{div}(\rho u)) = 0 \tag{2.14}$$

als dritte Gleichung. Im häufigen Spezialfall *homogener* Fluide gilt zudem $\rho = \text{const}$, so dass die Kontinuitätsgleichung (2.11) und die Divergenzfreiheit (2.14) zusammenfallen. Zusammen mit der Impulsgleichung (2.12) erhalten wir schließlich die schon von Leonhard Euler (1707–1783) hergeleiteten *inkompressiblen Euler-Gleichungen*:

$$\rho u_t + \rho u_x u = -\nabla p,$$
$$\operatorname{div} u = 0.$$

Dadurch ist der Druck nur bis auf eine Konstante bestimmt. Üblicherweise wird er als Abweichung von einem konstanten Referenzdruck p_0 aufgefasst und durch die Normierung

$$\int_\Omega p\,dx = 0$$

festgelegt.

Wegen der Divergenzbedingung haben die inkompressiblen Euler-Gleichungen den Charakter eines differentiell-algebraischen Systems (vergleiche Band 2).

Kompressibilität

Für *kompressible* Fluide gilt $\rho_p > 0$. Diese Eigenschaft gilt für Gase. In diesem Fall kann die Zustandsgleichung in der Form $p = p(\rho)$ in die Impulsgleichung (2.12) eingesetzt werden. Wir erhalten dann die *kompressiblen barotropen Euler-Gleichungen*

$$\rho u_t + \rho u_x u = -p_\rho \nabla\rho, \tag{2.15}$$
$$\rho_t + \operatorname{div}(\rho u) = 0.$$

Randbedingungen

Neben den Anfangsbedingungen für u und gegebenenfalls ρ müssen auch Randbedingungen vorgegeben werden. Im Allgemeinen wird das Gebiet Ω auf einem Teil $\partial\Omega_W$

durch feste Wände berandet, durch die kein Fluid dringt. Die Normalkomponenten der Geschwindigkeit verschwinden dort also. Da in idealen Fluiden keine Tangentialkräfte, sondern nur Normalkräfte wirken, wird die Geschwindigkeit am Rand auch nur in Normalenrichtung beeinflusst. Daher ist durch die „*slip condition*"

$$n^T u = 0 \quad \text{auf } \partial\Omega_W \tag{2.16}$$

die Randbedingung vollständig gegeben. Ränder, an denen ein Fluid ausfließt, gestatten in der Regel keine Randbedingung, weil die Lösung bereits durch die partielle Differentialgleichung und die übrigen Randbedingungen festgelegt ist. Auf Rändern, über die Fluid in das Gebiet eintritt, muss die Dichte vorgegeben werden. In vielen Anwendungen ist es ebenfalls sinnvoll, die Einströmgeschwindigkeit normal zum Rand festzulegen, dies ist aber nur eine von vielen möglichen Randbedingungen.

Stationäre Potentialströmungen

Ist man nur an stationären Lösungen der Euler-Gleichungen mit $u_t = 0$ interessiert, so bilden *rotationsfreie* Strömungen eine bemerkenswert einfache Klasse, denn sie lassen sich als Potentialfelder $u = \nabla\varphi$ darstellen (vgl. Lemma A.1). Im inkompressiblen Fall führt die Bedingung

$$\Delta\varphi = \operatorname{div} u = 0$$

direkt auf die Laplace-Gleichung (1.1). Das Gesetz von Bernoulli für konstante Dichte,

$$\frac{1}{2}|u|^2 + \frac{p}{\rho} = \text{const,}$$

erfüllt dann gerade die Impulsgleichung $\rho u_x u = -\nabla p$ und liefert so nachträglich die Druckverteilung.

Für kompressible Fluide erhält man aus der Impulsgleichung (2.15), der Rotationsfreiheit von u und der Zustandsgleichung (2.13) die Beziehung

$$\frac{\nabla|u|^2}{2} + \frac{\gamma p_0}{(\gamma - 1)\rho_0^\gamma}\nabla(\rho^{\gamma-1}) = 0,$$

also

$$\frac{|\nabla\varphi|^2}{2} + \frac{\gamma p_0}{(\gamma - 1)\rho_0^\gamma}\rho^{\gamma-1} = \text{const} = \frac{|u_0|^2}{2} + \frac{\gamma p_0}{(\gamma - 1)\rho_0},$$

wobei wieder p_0, ρ_0 Druck und Dichte in einem Referenzpunkt sind und u_0 die dort vorliegende Geschwindigkeit. Auflösen nach

$$\rho(\varphi) = \rho_0\left(1 + \frac{(\gamma - 1)\rho_0}{2\gamma p_0}\left(|u_0|^2 - |\nabla\varphi|^2\right)\right)^{\frac{1}{\gamma-1}}$$

und Einsetzen in die Kontinuitätsgleichung div($\rho\nabla\varphi$) = 0 führt schließlich auf die nichtlineare Potentialgleichung. Deren Gültigkeit ist auf den Bereich positiver Dichte $\rho(\varphi) > 0$ beschränkt, kann dort aber lokal elliptisch oder auch hyperbolisch sein.

Die Annahme einer rotationsfreien Strömung ist nur in manchen Situationen angemessen.[5] Zwar wird die Erhaltung der Rotation durch die Euler-Gleichungen vom Kelvin'schen Zirkulationstheorem garantiert, so dass die Strömung rotationsfrei bleibt, wenn nur der Anfangszustand rotationsfrei ist. Allerdings verhalten sich reale, reibungsbehaftete Fluide in einigen Situationen wesentlich anders als ideale Fluide. Dies wird uns in den folgenden beiden Abschnitten beschäftigen.

2.2.2 Navier–Stokes-Gleichungen

In diesem Teilkapitel behandeln wir eine Erweiterung der Euler-Gleichungen auf *nichtideale* Fluide, bei denen aneinander vorbeiströmende Moleküle Kräfte aufeinander ausüben. Wir lassen also nichtverschwindende *innere Tangentialkräfte* zu, siehe Abb. 2.1.

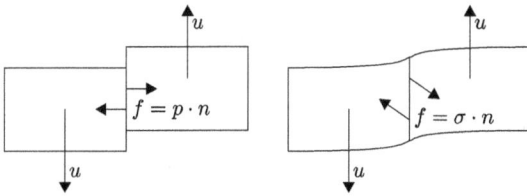

Abb. 2.1: Innere Tangentialkräfte bei der Herleitung der Navier–Stokes-Gleichungen. *Links*: ideales Fluid, nur Normalenkräfte. *Rechts*: nichtideales Fluid, auch tangentiale Kräfte.

In dieser Modellannahme schreiben wir dann

$$F_{\text{int}} = (-pI + \sigma)n,$$

wobei p wieder der (skalare) Druck ist, während σ eine Matrix ist, welche eine innere Spannung darstellt; deshalb heißt σ auch *Spannungstensor*. Diese Größe ist durch die folgenden Annahmen charakterisiert:

(a) σ ist invariant unter Translation und hängt deshalb nur von u_x ab, d. h.

$$\sigma = \sigma(u_x),$$

---

5 R. Feynman formuliert das so: Potentialströmungen beschreiben nur "trockenes Wasser" [96]. Dennoch wurden Potentialströmungen beim Design von Flugzeugflügeln als brauchbare und relativ einfach berechenbare Näherungen erfolgreich verwendet.

(b) σ ist invariant unter Rotation (hier dargestellt durch eine orthogonale Matrix Q), d. h.

$$\sigma(Qu_xQ^{-1}) = Q\sigma(u_x)Q^{-1},$$

und hängt deshalb nur *linear* von den Komponenten von u_x ab,

(c) σ ist symmetrisch:

$$\sigma = \sigma^T.$$

Mit diesen drei Annahmen lässt sich σ bereits eindeutig darstellen als

$$\sigma = \lambda(\operatorname{div} u)I + 2\mu\epsilon$$

mit den Lamé-Viskositätskoeffizienten λ, μ und dem *Verzerrungstensor*

$$\epsilon = \frac{1}{2}(u_x + u_x^T).$$

Damit ergibt sich für die inneren Kräfte

$$F_{\text{int}} = \int_{\partial\Omega} (-pI + \sigma)n \, ds = \int_{\Omega} (-\nabla p + \operatorname{div}\sigma) \, dx$$

$$= \int_{\Omega} (-\nabla p + (\lambda + \mu)\nabla \operatorname{div} u + \mu\Delta u) \, dx.$$

Analog zu (2.12) erhalten wir über das zweite Newtonsche Gesetz die Gleichung

$$\rho\frac{Du}{Dt} = -\nabla p + (\lambda + \mu)\nabla \operatorname{div} u + \mu\Delta u + \rho b. \tag{2.17}$$

Im Unterschied zu (2.12) tritt hier allerdings eine höhere räumliche Ableitung auf. Wir benötigen also mehr Randbedingungen als im Fall der Euler-Gleichungen. Aufgrund der inneren Reibung zwischen Fluid und festen Wänden gilt

$$\xi^T u = 0$$

für Tangentialvektoren ξ. Zusammen mit $n^T u = 0$ ergibt das eine homogene Dirichlet-Bedingung, die *„no-slip-condition"*

$$u|_{\partial\Omega} = 0. \tag{2.18}$$

Mit den Gleichungen (2.11) und (2.17) sowie der Zustandsgleichung $p = p(\rho)$ sind damit die *Navier–Stokes-Gleichungen* für *kompressible* Fluide vollständig:

$$\rho u_t + \rho u_x u = -p_\rho \nabla\rho + (\lambda + \mu)\nabla \operatorname{div} u + \mu\Delta u + \rho b, \tag{2.19a}$$

$$\rho_t + \text{div}(\rho u) = 0, \tag{2.19b}$$

$$u|_{\partial\Omega} = 0. \tag{2.19c}$$

Im Fall *inkompressibler,* homogener Fluide ohne äußere Kräfte gilt $\text{div}\, u = 0$ und $\rho = \rho_0 > 0$. Damit erhält man die klassischen *Navier–Stokes-Gleichungen* im engeren Sinne, also für *inkompressible* Fluide

$$u_t + u_x u = -\nabla p' + \nu \Delta u,$$

$$\text{div}\, u = 0,$$

$$u|_{\partial\Omega} = 0$$

mit einem skalierten Druck

$$p' = \frac{p}{\rho_0}$$

und einer *kinematischen Viskosität*

$$\nu = \frac{\mu}{\rho_0}.$$

Bemerkung 2.1. Die Bezeichnung dieser Gleichungen ehrt den französischen Mathematiker Claude Louis Marie Henri Navier (1785–1836) und den irischen Mathematiker und Physiker Sir George Gabriel Stokes (1819–1903). Navier (1827) und, in verbesserter Form, Stokes (1845) formulierten die Gleichungen unabhängig voneinander. Zwei Jahre vor Stokes veröffentlichte der französische Mathematiker und Physiker Adhémar Jean Claude Barré de Saint-Venant (1797–1886) eine korrekte Herleitung der Gleichungen. Für diese setzte sich allerdings der Name Navier–Stokes-Gleichungen durch.[6]

Reynolds-Zahl

Angenommen, wir haben natürliche Skalen in dem zu lösenden Problem gegeben, etwa U für eine charakteristische Geschwindigkeit, L für eine charakteristische Länge und T für eine charakteristische Zeit (typischerweise $T = L/U$). Dann können wir eine Umskalierung auf dimensionslose Größen vornehmen gemäß

$$u(x,t) \to u' = \frac{u}{U}, \quad x \to x' = \frac{x}{L}, \quad t \to t' = \frac{t}{T}.$$

Dies führt auf die folgende *dimensionslose* Form der inkompressiblen Navier–Stokes-Gleichungen (wobei wir die Differentialoperatoren bezüglich der dimensionslosen Variablen ebenfalls mit einem Apostroph kennzeichnen)

$$u'_{t'} + u'_{x'} u' + \nabla' p' = \frac{1}{\text{Re}} \Delta' u',$$

$$\text{div}\, u' = 0,$$

---

6 Wikipedia.

in der nur noch ein einziger dimensionsloser Parameter vorkommt, die *Reynolds-Zahl*

$$\text{Re} = \frac{LU}{\nu}.$$

Durch Vergleich mit den Euler-Gleichungen sieht man, dass die inkompressiblen Navier–Stokes-Gleichungen im Grenzfall Re $\rightarrow \infty$ formal in die Euler-Gleichungen übergehen. Allerdings ist die Lösung der Euler-Gleichungen, interpretiert als Grenzlösung der Navier–Stokes-Gleichungen, schlichtweg instabil. Der Grenzprozess ist mathematisch so nicht durchführbar. Abhängig von einem nicht sehr genau fixierten kritischen Schwellwert

$$\text{Re}_{\text{krit}} \approx 1000\text{–}5000,$$

in den auch die Randbedingungen eingehen, zerfällt die Lösungsstruktur in laminare und turbulente Strömungen.

Laminare Strömung

Unterhalb des Schwellwerts Re_{krit} beschreiben die Gleichungen eine *laminare* Strömung ohne intensive Wirbelbildung. Mit homogenen Dirichlet-Randbedingungen (2.18) gilt unterhalb des Schwellwertes das *Ähnlichkeitsgesetz*: Laminare Strömungen mit ähnlicher Geometrie und gleicher Reynolds-Zahl sind ähnlich. Früher hat man deshalb Versuche zu Strömungen im Windkanal derart durchgeführt, dass die Geometrie verkleinert und im Gegenzug das Fluid durch eines mit entsprechend niedrigerer Viskosität ersetzt wurde, so dass die Reynolds-Zahl gleich blieb, vergleiche nochmals Abb. 2.2.

Strukturell sind die Navier–Stokes-Gleichungen unterhalb des kritischen Wertes *parabolisch*, laufen also asymptotisch in einen stationären Zustand. Nach einem Vorschlag von Glowinski und Pironneau, siehe etwa [227], lässt sich die mathematische Formulierung im stationären laminaren Fall sogar rückführen auf sechs Poisson-Probleme, womit also diese elementare Differentialgleichung auch hier wieder ins Spiel kommt.

Turbulente Strömung

Oberhalb des Schwellwerts Re_{krit} setzt das Phänomen der Turbulenz ein, ein ungeordnetes und mikroskopisch unvorhersagbares Strömungsverhalten, das schon die Aufmerksamkeit von Leonardo da Vinci auf sich gezogen hat, siehe Abb. 2.3, zum Vergleich daneben eine moderne Visualisierungstechnik.

Der Übergang von laminarer zu turbulenter Strömung lässt sich charakterisieren durch die Eigenwerte des um die stationäre laminare Strömung *linearisierten* Navier–Stokes-Differentialoperators. Unterhalb des kritischen Schwellwertes liegen die Eigenwerte der Linearisierung in der negativen komplexen Halbebene, entsprechend

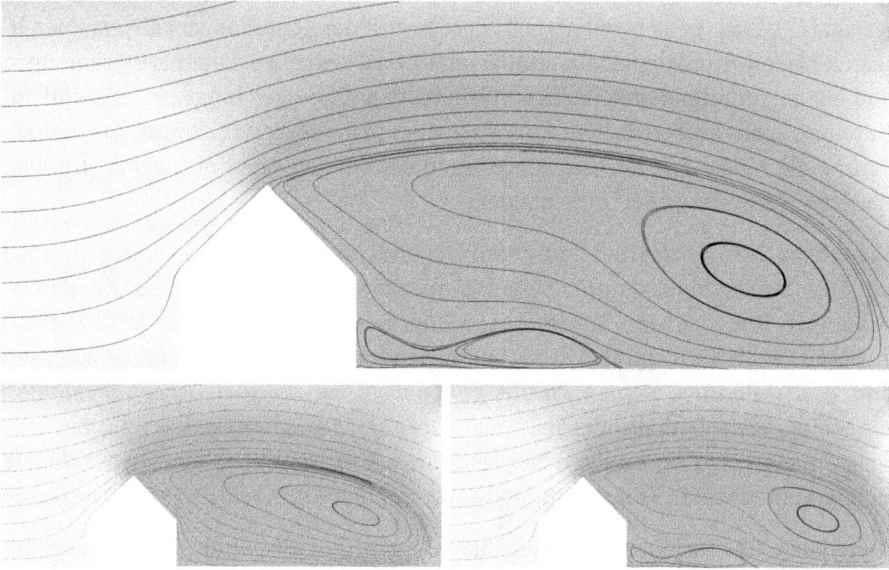

Abb. 2.2: Ähnlichkeitsgesetz bei laminarer Strömung. Die Druckverteilung ist durch Graufärbung angedeutet, die Stromlinien als schwarze Linien. *Oben:* Ausgangsgebiet (Re = 200). *Links unten:* Um Faktor zwei verkleinertes Gebiet gleicher Viskosität (Re = 100); anderes Strömungsprofil. *Rechts unten:* Um Faktor zwei verkleinertes Gebiet mit verringerter Viskosität (Re = 200); gleiches Strömungsprofil.

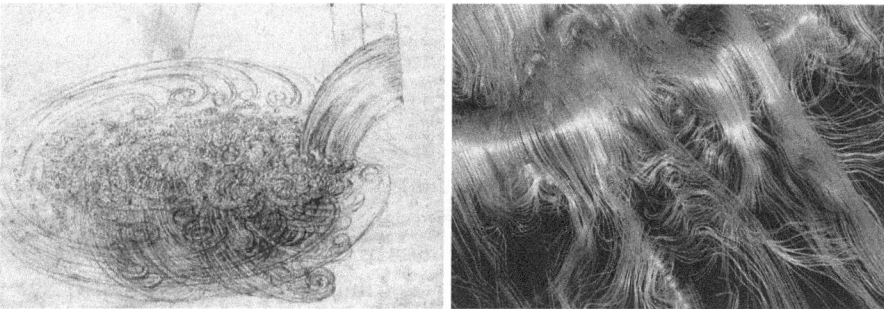

Abb. 2.3: Turbulente Strömung. *Links:* Leonardo da Vinci (1508–1510), siehe [255, S. 523]. *Rechts:* Visualisierung durch beleuchtete Stromlinien [254] (ZIB, Amira [206]).

der parabolischen Struktur des Problems, wie bereits oben erwähnt. Für wachsende Reynolds-Zahl wandern die Eigenwerte in die positive Halbebene, d. h. das Problem wird asymptotisch instabil; hier setzt dann Turbulenz ein. Die aus der Linearisierung berechneten Reynolds-Zahlen für den Übergang zur Turbulenz sind jedoch oft sehr viel größer als experimentell beobachtet. Dass tatsächlich schon für weit kleinere Reynolds-Zahlen transiente Effekte in asymptotisch stabilen laminaren Strömungen zu Turbulenz führen können, wurde in einem schönen Beispiel von Trefethen et al.

gezeigt [219, 218]. Es ist elementar mit dem Begriff der Kondition von allgemeinen linearen Eigenwertproblemen (Band 1, Kapitel 5.1) zu verstehen: Laminare Strömungen sind ein gutkonditioniertes Problem, turbulente Strömungen hingegen schlechtkonditioniert. Insbesondere stehen im turbulenten Fall bei Diskretisierung der Linearisierung die Links- und Rechtseigenvektoren der entstehenden nichtsymmetrischen Matrizen „fast-orthogonal" aufeinander.

Bemerkung 2.2. Bei der Herleitung der Euler- und Navier–Stokes-Gleichungen haben wir stillschweigend die ausreichende Differenzierbarkeit der beteiligten Größen vorausgesetzt. Diese ist beim Auftreten von *Schocks* allerdings nicht gegeben, weshalb in diesen Fällen die integralen Erhaltungsgleichungen in der Form (2.10) vorzuziehen sind. In diesem Buch werden wir uns jedoch *nicht* mit der numerischen Simulation von Strömungen oberhalb oder auch nur in der Nähe des Schwellwertes Re_{krit} beschäftigen – das ist eine ganz andere Welt. Stattdessen verweisen wir hierzu etwa auf die Monographien von D. Kröner [148, 149] sowie auf den Klassiker [156] von R. LeVeque.

Bemerkung 2.3. Im Jahr 2000 hat die Clay Foundation, eine Stiftung der Bostoner Milliardäre Landon T. Clay und Lavinia D. Clay, für die Lösung von einem aus zehn besonders schweren Problemen eine Million US-Dollar ausgelobt.[7] Unter diesen befindet sich auch der Beweis der Existenz und Regularität von Lösungen der Navier–Stokes-Gleichungen in drei Raumdimensionen für beliebige Anfangsdaten und unbeschränkte Zeit. Dies ist ein Problem der mathematischen Analysis, weshalb wir uns hier nicht näher damit befassen.

2.2.3 Prandtlsche Grenzschicht

Für „fastideale" Fluide (wie etwa Luft) mit geringer Viskosität und entsprechend hoher Reynolds-Zahl sind die Euler-Gleichungen eine gute Näherung zur Beschreibung der Strömungsdynamik. Allerdings fand der deutsche Ingenieur Ludwig Prandtl (1875–1953) schon im Jahre 1904 heraus, dass an den Rändern des Gebiets Ω eine *Grenzschicht* entsteht, in der die Euler-Gleichungen keine gute Approximation sind [187]. Diesen Sachverhalt modellierte er durch die Aufteilung von Ω in ein inneres Gebiet und eine Randschicht der Dicke δ. Im Innengebiet werden dann die Euler-Gleichungen gelöst, in der Grenzschicht jedoch vereinfachte Navier–Stokes-Gleichungen. Am Übergang von Grenzschicht zum Innengebiet definiert die tangentiale Geschwindigkeit aus der Lösung der Euler-Gleichungen die nötigen Randwerte für die Navier–Stokes-Gleichung.

---

7 Der russische Mathematiker Grigori Jakowlewitsch Perelman (geb. 1966) ist nicht nur berühmt geworden, weil er eines dieser Probleme (die Poincarésche Vermutung) geknackt hat, sondern auch, weil er anschließend sowohl die Fields-Medaille 2006 als auch das Preisgeld von einer Million US-Dollar abgelehnt hat.

Zur Erläuterung führen wir eine Modellrechnung an einem 2D-Beispiel vor. Seien (x, y) Ortsvariablen und (u, v) die entsprechenden Geschwindigkeitskomponenten. In diesen Variablen lauten die Navier–Stokes-Gleichungen (bereits in skalierter Form)

$$u_t + uu_x + vu_y = -p_x + \frac{1}{\mathrm{Re}}\Delta u,$$

$$v_t + uv_x + vv_y = -p_y + \frac{1}{\mathrm{Re}}\Delta v,$$

$$u_x + v_y = 0.$$

Wir nehmen nun an, dass der Rand $\partial\Omega$ gerade durch $y = 0$ beschrieben wird. Die Grenzschicht bildet sich also in den Variablen y und v aus. Um dies zu zeigen, führen wir eine Variablentransformation

$$y' = \frac{y}{\delta}, \quad v' = \frac{v}{\delta}$$

durch und erhalten so

$$u_t + uu_x + v'u_{y'} = -p_x + \frac{1}{\mathrm{Re}}\left(u_{xx} + \frac{1}{\delta^2}u_{y'y'}\right),$$

$$\delta v'_t + \delta uv'_x + \delta v'v'_{y'} = -\frac{1}{\delta}p_{y'} + \frac{1}{\mathrm{Re}}\left(\delta v'_{xx} + \frac{1}{\delta}v'_{y'y'}\right),$$

$$u_x + v'_{y'} = 0.$$

Um eine Störungstheorie ansetzen zu können, fehlt hier ein Zusammenhang zwischen δ und Re. Nach Prandtl legen wir die Dicke der Grenzschicht durch die Beziehung

$$\delta = \frac{1}{\sqrt{\mathrm{Re}}}$$

fest. Nach Multiplikation der zweiten Zeile mit δ und Einsetzen der Prandtlschen Beziehung in die ersten beiden Zeilen ergibt sich

$$u_t + uu_x + v'u_{y'} = -p_x + \frac{1}{\mathrm{Re}}u_{xx} + u_{y'y'},$$

$$\frac{1}{\mathrm{Re}}(v'_t + uv'_x + v'v'_{y'}) = -p_{y'} + \frac{1}{\mathrm{Re}^2}v'_{xx} + \frac{1}{\mathrm{Re}}v'_{y'y'}.$$

Berücksichtigt man nur die führenden Terme bezüglich Re im Grenzprozess Re $\to \infty$, so gelangt man zu den reduzierten *Prandtlschen Grenzschicht-Gleichungen*

$$u_t + uu_x + v'u_{y'} = -p_x + u_{y'y'},$$

$$0 = p_{y'},$$

$$u_x + v'_{y'} = 0.$$

Für die numerische Lösung erfordert die obige Skalierungstransformation offensichtlich ein lokal auf dem Rand $\partial\Omega$ orthogonales Gitter mit hoher Feinheit $\delta = 1/\sqrt{\mathrm{Re}}$.

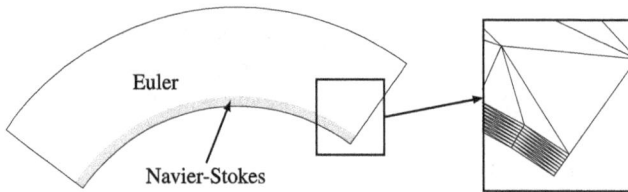

Abb. 2.4: Schematische Gebietszerlegung bei Kombination von Euler- und Navier–Stokes-Gleichungen. *Links*: Feingitter für die Prandtlsche Grenzschicht (grau). *Rechts*: Auflösung der Feingitter in der Grenzschicht, wobei Dreiecke mit spitzen Winkeln dem Problem angemessen sind, vergleiche Kapitel 4.4.3.

Hierbei sind langgestreckte Rechtecke oder Dreiecke mit spitzen Winkeln sachgerecht, vergleiche etwa Abb. 2.4. Wir kommen auf diesen Aspekt in Kapitel 4.4.3 zurück. Für den Rest des Gebietes, also für die Diskretisierung der Euler-Gleichungen, genügt ein weitaus gröberes Gitter.

Bemerkung 2.4. Heute sind die numerischen Simulationen auf der Basis der Navier–Stokes-Gleichungen, z. B. für die Umströmung ganzer Flugzeuge, derart genau, dass sie reale Experimente im Windkanal ersetzen können. Sie sind sogar oft brauchbarer als die Experimente, weil diese durch die beengten räumlichen Verhältnisse die Resultate verfälschen können; man spricht deshalb auch vom *numerischen Windkanal*.

2.2.4 Poröse-Medien-Gleichung

In diesem Teilkapitel stellen wir eine partielle Differentialgleichung vor, welche die Strömung von Fluiden durch poröse Medien beschreibt. Dieser Typ von Gleichung tritt etwa auf bei der Simulation von Ölfeldern (engl. *reservoir simulation*), der Untersuchung von Bodenverunreinigungen durch ausgelaufene flüssige Schadstoffe oder der Unterspülung von Staudämmen. Charakteristisch für diese Problemklasse ist, dass die Flüssigkeit durch ein Medium mit zahlreichen kleinen Poren dringt, vergleichbar einem (allerdings festen) Schwamm. In einem „mikroskopischen Modell" würden die vielen Poren in die Definition des Gebietes Ω eingehen, was aber zu einem nicht vertretbaren numerischen Aufwand bei der Simulation führen würde. Man mittelt deshalb über die Porenstruktur, ein mathematischer Grenzprozess, der *Homogenisierung* genannt wird. In einem solchen „mesoskopischen Modell" wird das Medium durch kontinuierliche Größen wie die *absolute Permeabilität* K (Durchlässigkeit des Mediums, engl. *permeability*) und die *Porosität* Φ (Volumenverhältnis von Poren zu dichtem Material, engl. *porosity*) charakterisiert.

In der folgenden Darstellung beschränken wir uns auf Einphasen-Strömungen, also mit nur einem (nichtidealen) Fluid, das wir, wie in der Navier–Stokes-Gleichung, durch die *Dichte* ρ, die *Viskosität* η, die *Geschwindigkeit* u und den *Druck* p beschreiben. Wir starten mit der Kontinuitätsgleichung für kompressible Strömungen im drei-dimensionalen Fall

$$(\rho\Phi)_t + \text{div}(\rho u) = 0.$$

Zusätzlich benötigen wir noch eine mathematische Beschreibung der Strömung des Fluids durch ein poröses Medium. Hier greifen wir auf das sogenannte *Darcy-Gesetz*

$$u = -\frac{K}{\eta}(\nabla p - \rho g e_z)$$

zurück, worin g die Erdbeschleunigung und e_z den Richtungseinheitsvektor in Richtung der Schwerkraft bezeichnet. Dieses Gesetz hat der französische Ingenieur Henry Philibert Gaspard Darcy (1803–1858) durch eigene experimentelle Untersuchungen herausgefunden, als er eine Wassergewinnungsanlage für die Stadt Dijon konzipierte, und 1856 publiziert [67].

Setzen wir das Darcy-Gesetz in die Kontinuitätsgleichung ein, so erhalten wir

$$(\rho\Phi)_t = \text{div}\left(\frac{K}{\eta}(\rho\nabla p - \rho^2 g e_z)\right).$$

In dieser Gleichung treten die bei *kompressiblen* Fluiden unabhängigen Größen Dichte ρ und Druck p auf. Um sie zusammenzuführen, definiert man noch die *Kompressibilität* vermöge

$$c = \frac{1}{\rho}\rho_p \quad \Rightarrow \quad c\rho\nabla p = \nabla\rho.$$

Einsetzen dieser Definition liefert schließlich die *Poröse-Medien-Gleichung*

$$(\rho\Phi)_t = \text{div}\left(\frac{K}{c\eta}(\nabla\rho - c\rho^2 g e_z)\right).$$

Häufig wird darin der nichtlineare Gravitationsterm $c\rho^2 g e_z$ vernachlässigt. Die Gleichung ist offenbar vom *parabolischen Typ* mit ortsabhängigem Diffusionskoeffizienten $K/c\eta$. Die Formulierung der entsprechenden Gleichungen für inkompressible Fluide lassen wir als Aufgabe 2.9.

2.3 Elastomechanik

Dieses Gebiet beschreibt die Verformung (Deformation) elastischer Körper unter der Einwirkung von äußeren Kräften. Verformungen eines Körpers werden als *Verzerrungen* (engl. *strains*) bezeichnet, innere Kräfte als *Spannungen* (engl. *stresses*). Jede Deformation eines Körpers führt zu einer Änderung seiner Energie. Stabile Ruhelagen sind durch Minima der Energie charakterisiert. Neben der *potentiellen Energie*, die durch Lage und Form des Körpers in einem externen Kraftfeld bestimmt wird, ist insbesondere die *innere Energie* von Bedeutung. Änderungen der inneren Energie ergeben sich aus relativen Längen- und Volumenänderungen innerhalb des Körpers.

2.3.1 Grundbegriffe der nichtlinearen Elastomechanik

Bevor wir uns an die Aufstellung der zugehörigen partiellen Differentialgleichungen machen, wollen wir zunächst einige Begriffe einführen.

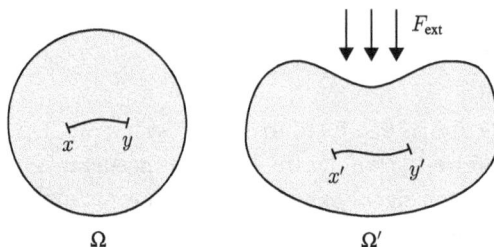

Abb. 2.5: Deformation eines Körpers unter Einwirkung äußerer Kräfte.

Kinematik

Um einen Verzerrungszustand zu beschreiben, denken wir uns eine lokal bijektive Transformation $x \mapsto x'$, die *Deformation*, von einem undeformierten Körper Ω nach einem deformierten Körper Ω', wie in Abb. 2.5 schematisch dargestellt. Die lokale Verschiebung lässt sich dann schreiben als

$$u(x) := x'(x) - x.$$

Änderungen von Abständen $|x - y|$ zwischen zwei Punkten x, y werden durch die Ableitung der Verschiebung beschrieben, die sich als lokale Verzerrung interpretieren lässt:

$$x' - y' = u(x) + x - u(y) - y = u_x(x)(x - y) + x - y + o(|x - y|).$$

Die Abstandsänderung ist dann durch

$$|x' - y'|^2 = (x' - y')^T(x' - y') = (x - y)^T(I + u_x + u_x^T + u_x^T u_x)(x - y) + o(|x - y|^2)$$

gegeben. Die Linearisierung dieses Ausdrucks führt uns in natürlicher Weise zu der folgenden

Definition 2.5. *Symmetrischer Cauchy–Greenscher Verzerrungstensor:*

$$C = (I + u_x)^T(I + u_x).$$

Damit lässt sich die Linearisierung schreiben in der Form

$$|x' - y'|^2 = (x - y)^T C(x - y) + o(|x - y|^2).$$

Die Abweichung von der Identität wird durch den *Green–Lagrangeschen Verzerrungstensor*

$$E = \frac{1}{2}(C - I) = \frac{1}{2}(u_x + u_x^T + u_x^T u_x),$$

charakterisiert, der oft auch (nicht sehr glücklich) einfach als „Verzerrung" bezeichnet wird. Der in C und E auftretende quadratische Term $u_x^T u_x$ heißt *geometrische Nichtlinearität*.

Wie von der Substitutionsregel der mehrdimensionalen Integration bekannt, wird die lokale Änderung des Volumens durch die Jacobi-Determinante J der Deformation beschrieben gemäß

$$dx' = J\,dx, \quad J = \det(I + u_x).$$

Im Falle von $J = 1$ spricht man von *volumenerhaltenden* oder *inkompressiblen* Deformationen.

Innere Energie

Die durch die Deformation im Körper gespeicherte innere Energie W^i ist eine Funktion der Verzerrung u, jedoch unabhängig vom Koordinatensystem des Beobachters, also invariant unter Starrkörpertransformationen des Bildes von u. Insbesondere ist W^i invariant unter *Translation*, d. h. es gilt $W^i(u) = W^i(u + v)$ für beliebige konstante Vektorfelder v. Daher kann W^i nur von der Ableitung u_x abhängen. Materialien, für welche sich die *innere Energie* durch ein *Materialmodell* $\Psi : \mathbb{R}^{d \times d} \to \mathbb{R}$ als

$$W^i(u) = \int_\Omega \Psi(u_x)\,dx \tag{2.20}$$

darstellen lässt, heißen *hyperelastisch*. Im Gegensatz zu komplexeren viskoelastischen und plastischen Materialien, deren innere Energie auch von früheren Verzerrungszuständen abhängt, haben hyperelastische Materialien kein „Gedächtnis" und bilden somit eine besonders einfache Klasse von Materialien. Sinnvolle Materialmodelle müssen zudem die physikalisch unabdingbare Forderung der Orientierungserhaltung, also $J > 0$, durch

$$\Psi(u_x) \to \infty \quad \text{für } J \to 0 \tag{2.21}$$

erfüllen.

Aus der Invarianz unter *Rotation* folgt $W^i(u) = W^i(Qu)$ für alle orthonormalen $Q \in \mathbb{R}^{d \times d}$ mit $QQ^T = I$ und $\det Q = 1$, und damit auch $\Psi(Qu_x) = \Psi(u_x)$. Da u orientierungserhaltend ist und somit $J > 0$ gilt, existiert die eindeutige Polarzerlegung $I + u_x = QU$ mit symmetrisch positiv definitem *Streckungstensor* U. Also lässt sich die innere Energie durch $\Psi(U)$ formulieren. Nun gilt wegen

$$U^T U = U^T Q^T QU = (I + u_x)^T (I + u_x) = C$$

auch $U = C^{1/2}$, so dass die innere Energie als Funktion des Cauchy–Greenschen Verzerrungstensors C geschrieben werden kann

$$W^i(u) = \int_\Omega \Psi(C)\, dx.$$

In [132] werden zahlreiche klassische Materialmodelle diskutiert. Im Spezialfall von *isotropen* Materialien hängt die innere Energie nicht von der Ausrichtung des Materials im Ausgangszustand ab. Zu dieser Klasse gehören etwa Glas oder Gummi, nicht aber Fasermaterialien wie Holz oder Knochen. Die innere Energie ist dann invariant unter Starrkörpertransformation des Urbildes von u, so dass $\Psi(C) = \Psi(Q^T C Q)$ für alle Rotationsmatrizen Q gilt.

Da der Tensor C auch als spd-Matrix interpretierbar ist, lässt er sich stets in der Form $C = V^T \Lambda^2 V$ mit Diagonalmatrix $\Lambda^2 = \mathrm{diag}(\lambda_1^2, \ldots, \lambda_d^2)$ und Rotationsmatrix V darstellen. Identifiziert man $Q = V^T$, so lässt sich die innere Energie als Funktion der Hauptstreckungen λ_i (engl. *principal stretches*) schreiben:

$$W^i(u) = \int_\Omega \Psi(\Lambda)\, dx. \tag{2.22}$$

Invarianten

Für $d = 3$ werden Materialmodelle häufig in Abhängigkeit der Invarianten von C bzw. E formuliert. Üblicherweise benutzt man die Größen

$$I_1 = \mathrm{tr}\, C = \sum_{i=1}^{3} \lambda_i^2,$$

$$I_2 = \frac{1}{2}\left((\mathrm{tr}\, C)^2 - \mathrm{tr}\, C^2\right) = \sum_{i=1}^{3} \prod_{j\neq i} \lambda_j^2,$$

$$I_3 = \det C = \prod_{i=1}^{3} \lambda_i^2.$$

Die Größen I_1, I_2, I_3 sind genau die monomialen Koeffizienten des charakteristischen Polynoms von C.

Potentielle Energie

Die Deformation eines Körpers wirkt sich auch auf seine potentielle Energie aus. Die Bezeichnung suggeriert die Darstellung von Volumenkräften $f(x') = -\nabla V(x')$ als Gradientenfeld eines Potentials V. In der Praxis auftretende Volumenkräfte, etwa Gravitation oder elektrostatische Kräfte, sind tatsächlich häufig von dieser Gestalt. Unter der Annahme von Potentialkräften ist die potentielle Energie dann gerade

$$W^p(u) = \int_\Omega V(x + u)\, dx.$$

Gesamtenergie

Stabile stationäre Zustände werden durch Minima der Gesamtenergie, der Summe aus innerer und potentieller Energie,

$$W = W^i + W^p$$

unter allen zulässigen Deformationen charakterisiert. Insbesondere gilt für alle Richtungsableitungen $W_u(u)\delta u$ in Richtung der Verschiebungen δu die notwendige Bedingung

$$W_u(u)\delta u = \int_\Omega (\Psi_u(u) - f(x+u))\delta u \, \mathrm{d}x = 0. \qquad (2.23)$$

Da stationäre Zustände immer ein Kräftegleichgewicht aufweisen, lässt sich $\Psi_u(u)$ als Kraftdichte interpretieren, welche die externe Kraftdichte f kompensiert.

Die zulässigen Deformationen werden häufig durch die Festlegung der Verschiebung auf einem Teil $\partial\Omega'_D \subset \partial\Omega'$ des Randes definiert. Dies führt auf Dirichlet-Randbedingungen

$$u = u_0 \quad \text{auf } \partial\Omega_D.$$

Überraschender Weise ist die Energie W selbst bei *konvexem* Potential V im Allgemeinen *nicht konvex*, speziell *polykonvex*, d. h. dass mehrere lokale Minima existieren können. Dies hat deutliche Auswirkungen sowohl auf die Existenztheorie als auch auf die Algorithmen. In Kapitel 8.3 werden wir einen speziellen Algorithmus dafür an einem Beispiel aus der Mund-Kiefer-Gesichts-Chirurgie vorstellen.

Bemerkung 2.6. Die in praktischen Fragestellungen ebenso wichtigen Randkräfte entstammen zumeist keinem Potential und führen daher nicht auf ein einfach zu formulierendes Energieminimierungsproblem. Zur Behandlung von Randkräften benötigt man daher den konzeptionell sehr viel komplexeren Begriff des Spannungstensors. Wir wollen dies aber hier nicht vertiefen, sondern verweisen auf die einschlägige Literatur [43, 132].

Bemerkung 2.7. Hyperelastische Materialmodelle werden zwar meist als Funktion des Tensors C oder der Invarianten I_1, I_2, I_3 formuliert, für die numerische Umsetzung ist jedoch die äquivalente Formulierung in Abhängigkeit von E vorzuziehen. Andernfalls erhält man gerade in der Nähe der Referenzkonfiguration, also für kleine u_x, signifikante Auslöschung (vgl. Band 1, Kapitel 2).

2.3.2 Lineare Elastomechanik

Eine wichtige Vereinfachung der Gleichung (2.23) ist deren Linearisierung um die Referenzkonfiguration $u = 0$. Diese Näherung ist sinnvoll für kleine Verzerrungen

$\|u_x\| \ll 1$, wie sie für die Betrachtung harter Materialien typisch sind, etwa im Maschinenbau oder in der Baustatik. Durch Linearisierung von E wird zunächst die geometrische Nichtlinearität vernachlässigt

$$\epsilon := \frac{1}{2}(u_x + u_x^T) \doteq E.$$

Darüber hinaus werden Volumenkräfte als von u linear abhängig angenommen, meist sogar als konstant. In der Konsequenz wird ein lineares Materialmodell mit quadratischer innerer Energie $\Psi(\epsilon)$ verwendet. Typischerweise ist die Referenzkonfiguration dabei das Energieminimum. Wegen $\Psi_\epsilon(0) = 0$ treten dann keine Anteile erster Ordnung in der quadratischen Energie Ψ auf. Damit lässt sich die innere Energie allgemein schreiben als

$$\Psi^i(\epsilon) = \frac{1}{2}\epsilon : \mathcal{C}\epsilon = \frac{1}{2}\sum_{ijkl} \epsilon_{ij}\mathcal{C}_{ijkl}\epsilon_{kl} \tag{2.24}$$

mit einem Tensor $\mathcal{C}$ vierter Stufe, worin wir die etablierte Schreibweise „$:$" für die Tensoroperation „Verjüngung" benutzen. Aufgrund der Symmetrie von (2.24) und ϵ darf $\mathcal{C}$ als symmetrisch angenommen werden mit $\mathcal{C}_{ijkl} = \mathcal{C}_{klij} = \mathcal{C}_{jikl}$. Für isotrope Materialien reduziert sich (2.24) weiter zum *St. Venant–Kirchhoff*-Modell

$$\mathcal{C}_{ijkl} = \mu(\delta_{ik}\delta_{jl} + \delta_{il}\delta_{jk}) + \lambda\delta_{ij}\delta_{kl}, \quad \text{also} \quad \mathcal{C}\epsilon = 2\mu\epsilon + \lambda(\operatorname{tr}\epsilon)I,$$

mit der inneren Energiedichte

$$\Psi^i(\epsilon) = \frac{1}{2}\lambda(\operatorname{tr}\epsilon)^2 + \mu\operatorname{tr}\epsilon^2 \tag{2.25}$$

mit *Lamé-Konstanten* $\lambda, \mu \geq 0$, durch die ein lineares isotropes Material vollständig charakterisiert ist. Wegen $\operatorname{tr}\epsilon = \operatorname{div}u \approx \det(I + u_x) - 1$ beschreibt λ die Abhängigkeit der inneren Energie von reinen Volumenänderungen, während in $\operatorname{tr}\epsilon^2$ sowohl Volumenänderungen als auch volumenerhaltende Formänderungen eingehen.

Nach einigen Umformungen, die wir erst in allgemeinerem Rahmen in Kapitel 4 (über den „schwachen" Lösungsbegriff) darstellen werden (siehe auch Aufgabe 4.2) führt Einsetzen von (2.25) in (2.23) zu den klassischen *Lamé–Navier-Gleichungen*:

$$
\begin{aligned}
-2\mu\Delta u - \lambda\nabla\operatorname{div}u &= f && \text{in } \Omega, \\
u &= u_0 && \text{auf } \partial\Omega_D, \\
n^T\mathcal{C}\epsilon &= 0 && \text{auf } \partial\Omega\backslash\partial\Omega_D.
\end{aligned}
$$

Sie sind benannt nach den französischen Mathematikern Gabriel Lamé (1795–1870) und Claude Louis Marie Henri Navier (1785–1836). Hierin ist der Laplace-Operator auf die Komponenten von u einzeln anzuwenden, so dass wir es mit einem gekoppelten System von drei partiellen Differentialgleichungen zu tun haben. Wie in Bemerkung 1.1 genügt es, homogene Dirichlet-Daten $u_0 = 0$ zu betrachten. Für stark kompressible Materialien wie Kork ist $\lambda = 0$ eine gute Modellannahme. In diesem Spezialfall zerfällt (2.26) in drei skalare *Poisson-Gleichungen*, siehe Kapitel 1.1.

Fehlende Rotationsinvarianz

Die lineare Elastomechanik stellt nur für kleine relative Verzerrungen eine gute Näherung dar. Allerdings stimmt die mathematische Bedeutung der Verzerrung nicht mit der intuitiven „Anschauung" überein. Wie in Abb. 2.6 gezeigt, können Starrkörperrotationen, bei denen der Körper gar nicht echt „verzerrt" wird, trotzdem große relative Verzerrungen u_x beinhalten. Insbesondere für starke Kompression kann die lineare Elastomechanik sogar auf orientierungsändernde Verzerrungen mit $\det(I + u_x) < 0$ führen, was ganz offensichtlich die physikalische Wirklichkeit nicht korrekt beschreibt, siehe die Umgebung von P_1 in Abb. 2.6. In solchen Fällen sollte die geometrische Nichtlinearität unbedingt berücksichtigt werden.

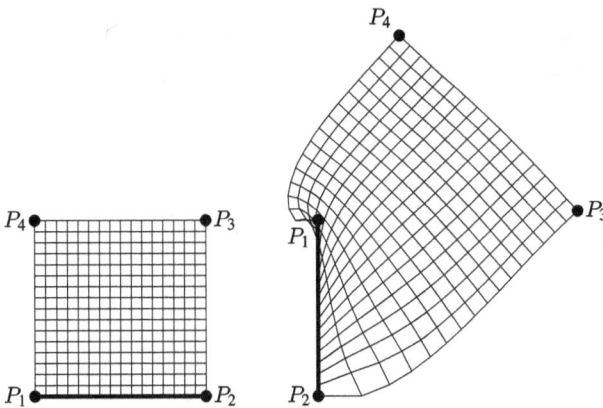

Abb. 2.6: Fehlende Rotationsinvarianz der linearen Elastomechanik. *Links:* Referenzkonfiguration. *Rechts:* Deformierte Konfiguration durch Drehung der markierten Kante um 90°.

Satz 2.8. *Der Green–Lagrangesche Verzerrungstensor E ist invariant unter Rotation. Dies gilt nicht für seine Linearisierung ϵ.*

Beweis. Wir stellen die Rotation durch eine orthogonale Matrix Q dar. Sei $\phi(x) = x + u(x)$ eine Deformation und

$$\hat{\phi}(x) = Q\phi(x) = x + (Qu(x) + (Q - I)x).$$

Die zugehörigen Verschiebungen sind $u(x)$ und $\hat{u}(x) = Qu(x) + (Q - I)x$. Nun gilt

$$2\hat{\epsilon} = \hat{u}_x + \hat{u}_x^T = Qu_x + Q - I + u_x^T Q^T + Q^T - I.$$

Für $u_x = 0$ ist $2\hat{\epsilon} = Q + Q^T - 2I \neq 0$, so dass ϵ nicht rotationsinvariant sein kann. Dagegen gilt

$$2\hat{E} = 2\hat{\epsilon} + (Qu_x + Q - I)^T(Qu_x + Q - I)$$

$$
\begin{aligned}
&= Qu_x + Q + u_x^T Q^T + Q^T - 2I + u_x^T Q^T Qu_x + Q^T Qu_x - Qu_x \\
&\quad + u_x^T Q^T Q + Q^T Q - Q - u_x^T Q^T - Q^T + I \\
&= Qu_x + Q + u_x^T Q^T + Q^T - 2I \\
&\quad + u_x^T u_x + u_x - Qu_x + u_x^T + I - Q - u_x^T Q^T - Q^T + I \\
&= u_x + u_x^T + u_x^T u_x \\
&= 2E. \qquad\qquad\qquad\qquad\qquad\qquad\qquad\qquad\qquad\qquad\qquad \Box
\end{aligned}
$$

Lineare Elastodynamik

Zeitabhängige Bewegungen elastischer Körper werden durch das Newtonsche Gesetz beschrieben. Die auf ein Testvolumen wirkende Kraft ist einerseits das Produkt aus Masse und Beschleunigung, andererseits durch (2.23) gegeben. Daher gilt

$$
\rho u_{tt} = f - \Psi_u. \tag{2.26}
$$

Dies ist offenbar mit der physikalischen Erfahrung vereinbar, denn es lässt sich Impuls- und Energieerhalt zeigen, siehe Aufgabe 2.12. Setzen wir wieder kleine Verzerrungen und voraus und verwenden daher die lineare Elastomechanik, so erhalten wir

$$
\rho u_{tt} = f + 2\mu\Delta u + \lambda\nabla\operatorname{div} u, \tag{2.27}
$$

was für stark kompressible Materialien mit $\lambda = 0$ auf drei entkoppelte *Wellengleichungen* führt, siehe Kapitel 1.3.

Einen praktisch wichtigen Spezialfall von (2.26) stellen periodische Schwingungen bei kleiner Auslenkung dar; dieses Gebiet ist ein Teil der *Elastoakustik*. Auf diese Art wird das typische Vibrationsverhalten von Bauwerken, Maschinen und Fahrzeugen beschrieben. Wegen der üblicherweise kleinen Schwingungsamplituden im akustischen Frequenzbereich und daher auch kleinen Verzerrungen ist die lineare Elastomechanik hier völlig ausreichend. Zeitlich konstante Potentiale können dabei im Allgemeinen vernachlässigt werden.

Die Anregung erfolgt über zeitlich periodische Randverschiebungen. Aufgrund der Linearität der Lamé–Navier-Gleichungen (2.26) lässt sich die resultierende Schwingung für jede Frequenz separat berechnen. Wie in Kapitel 1.5.2 setzen wir den zeitharmonischen Ansatz

$$
u(t) = \Re(\bar{u}e^{i\omega t}), \quad f(t) = \Re(\bar{f}e^{i\omega t})
$$

in (2.27) ein, was auf

$$
-\omega^2\rho\bar{u} = \bar{f} + 2\mu\Delta\bar{u} + \lambda\nabla\operatorname{div}\bar{u}
$$

führt. Für $\lambda = 0$ zerfällt das System wieder in drei entkoppelte skalare Differentialgleichungen, diesmal vom *Helmholtz-Typ*, siehe Kapitel 1.5.

2.4 Übungsaufgaben

Aufgabe 2.1. Gegeben seien zwei elektrische Punktladungen q_1 an Position $x_1 \in \mathbb{R}^3$ und q_2 an Position x_2 in einem Abstand $|x_1 - x_2| = 1$.
(a) Berechnen Sie das elektrische Feld durch Superposition der Einzelpotentiale.
(b) Skizzieren Sie das Feld in der Nähe der Ladungen für die beiden Spezialfälle $q_1 = q_2$ und $q_1 = -q_2$. Diskutieren Sie insbesondere das Abfallverhalten des Feldes für $|x| \to \infty$.

Aufgabe 2.2. Durch einen unendlich langen, unendlich dünnen elektrischen Leiter fließe ein Strom mit Stromdichte $j = 1$. Berechnen Sie das resultierende Magnetfeld.
Hinweis: Nutzen Sie die Symmetrie und den Satz A.7 von Stokes.

Aufgabe 2.3. Zeigen Sie, dass bei formaler Interpretation des Gradientenoperators als Vektor $\nabla = (\frac{\partial}{\partial x_1}, \dots, \frac{\partial}{\partial x_d})^T$ gilt:

$$\nabla^T u = \operatorname{div} u, \quad (u^T \nabla) u = u^T \nabla u = u_x u \quad \text{und} \quad \nabla \times u = \operatorname{rot} u.$$

Aufgabe 2.4. *Helmholtz-Zerlegung.* Für ein unbekanntes Vektorfeld $q : \mathbb{R}^3 \to \mathbb{R}^3$ seien die folgenden Gleichungen erfüllt:

$$\operatorname{div} q = \rho, \quad \operatorname{rot} q = j.$$

Stellen Sie q dar als Summe eines wirbelfreien Vektorfeldes α und eines quellenfreien Vektorfeldes β, siehe Lemma A.1. Leiten Sie die Differentialgleichungen für diese beiden Vektorfelder her. Ist die Zerlegung eindeutig?

Aufgabe 2.5. Leiten Sie die Form der Navier–Stokes-Gleichungen in einem rotierenden ebenen Koordinatensystem

$$x(t) = r(t)(\cos(\omega t) + \sin(\omega t)), \quad y(t) = r(t)(-\sin(\omega t) + \cos(\omega t))$$

her. Welche Terme beschreiben die Zentrifugalkraft und die Corioliskraft?

Aufgabe 2.6. Sei eine inkompressible, zähe Strömung im Gebiet $\Omega \subset \mathbb{R}^d$, $d = 2, 3$ mit „no-slip"-Randbedingungen $u|_{\partial\Omega} = 0$ betrachtet. Zeigen Sie, dass

$$\int_\Omega u^T \nabla p \, dx = 0$$

und

$$\frac{d}{dt} \int_\Omega \rho |u|^2 \, dx \le 0 \quad \Rightarrow \quad \nu \ge 0$$

gilt, d. h. es kann keine „negative Viskosität" auftreten.

Aufgabe 2.7. Betrachten Sie die zur x-Achse parallele stationäre Strömung eines zähen, inkompressiblen Fluids in $\mathbb{R}^2$ zwischen zwei festen, unendlich ausgedehnten Wänden bei $y = 0$ und $y = 1$. Finden Sie eine Lösung für u und p unter den folgenden Annahmen:

$$u = u(y), \quad p = p(x), \quad p(0) = 0, \quad p(1) > 0.$$

Aufgabe 2.8. *Flachwassergleichung.* Wasser ist ein reibungsfreies, inkompressibles Fluid. Bezeichne $x = (x_1, x_2, z)$ die Raumkoordinaten. Betrachtet werde die Bewegung von Wasser in einem Gravitationsfeld g in Richtung der negativen z-Achse. Für konstante Dichte ρ sind Geschwindigkeit $u = (u_1, u_2, v)$ und Druck p bestimmt durch die Euler-Gleichungen, erweitert um den Gravitationsanteil

$$u_t + u_x u = -\frac{1}{\rho}\nabla p - g e_z,$$

$$\operatorname{div} u = 0.$$

Aus diesen soll ein vereinfachtes Modell der Wellenbewegung in flachem Wasser hergeleitet werden. Die folgenden Annahmen seien getroffen:
- Die Wassertiefe ist klein gegenüber der Schallwellenlänge in Wasser.
- Vertikale Beschleunigungen v_t sind vernachlässigbar, d. h. jedes Volumenelement befindet sich im hydrostatischen Gleichgewicht in z-Richtung.
- Die horizontalen Geschwindigkeitskomponenten sind unabhängig von der Tiefe, d. h. $u_1 = u_1(x_1, x_2)$, $u_2 = u_2(x_1, x_2)$.

Leiten Sie daraus die Flachwassergleichung her.

Bemerkung: Diese Gleichung, erweitert um einen quadratischen Term für die Bodenreibung, beschreibt die Ausbreitung eines *Tsunami*.

Aufgabe 2.9. In Kapitel 2.2.4 haben wir eine Poröse-Medien-Gleichung für kompressible Fluide hergeleitet. Modifizieren Sie diese für *inkompressible* Fluide, also z. B. für Wasser.

Aufgabe 2.10. Von einem Vektorfeld q seien nur Rotation $\operatorname{rot} q = j$ und Divergenz $\operatorname{div} q = \rho$ bekannt. Geben Sie eine allgemeine Darstellung des Vektorfeldes an.

Hinweis: Verwenden Sie den Separationsansatz $q = \alpha + \beta$ mit

$$\begin{aligned}
\operatorname{div} \alpha &= \rho, & \operatorname{rot} \alpha &= 0, \\
\operatorname{div} \beta &= 0, & \operatorname{rot} \beta &= j.
\end{aligned}$$

Aufgabe 2.11. Zeigen Sie, dass die innere Energie der lineare Elastomechanik invariant ist unter skalierten Rotationen: Ist R eine Rotation um weniger als $\pi/2$, so existiert $a > 0$, so dass für $\phi(x) = aRx$ die Verzerrung verschwindet ($\epsilon = 0$).

Aufgabe 2.12. Folgern Sie aus (2.26) die Erhaltung der mechanischen Gesamtenergie in der Form

$$W = \int_{\Omega} \left(\Psi(u) + V(x + u) + \frac{1}{2}\rho|u_t|^2 \right) dx.$$

3 Differenzenmethoden für Poisson-Probleme

In diesem Kapitel wollen wir uns der *numerischen Lösung* partieller Differentialgleichungen zuwenden. Wir beginnen mit der einfachsten Methodenklasse, den Differenzenmethoden; eine alternative Methodenklasse werden wir in Kapitel 4 vorstellen. Aus Gründen der Darstellung schränken wir uns auf Poisson-Probleme ein, meist zu inhomogenen Dirichlet-Randbedingungen,

$$-\Delta u = f \quad \text{in } \Omega \subset \mathbb{R}^d, \quad u|_{\partial\Omega} = \phi, \tag{3.1}$$

wobei wir fast durchgängig die Raumdimension $d = 2$ wählen.

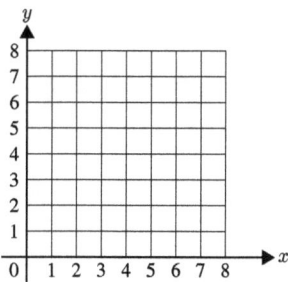

Abb. 3.1: Äquidistantes Gitter über dem Einheitsquadrat: $M = 8$, also $N = 81$ Knoten.

3.1 Diskretisierung des Standardproblems

Als Standardproblem bezeichnet man Poisson-Probleme über besonders regulären Gebieten, im einfachsten Fall etwa dem *Einheitsquadrat* $\Omega = {]0,1[}^2$. Bei dessen Diskretisierung gehen wir über zu einem *Gitter* Ω_h mit *Gitterweite h* (engl. *mesh size, grid size*). Beim Einheitsquadrat erhalten wir, mit $Mh = 1$, ein *äquidistantes* Gitter (vgl. Abb. 3.1)

$$\Omega_h := \{(x_i, y_j) \mid 0 \le i, j \le M\}, \quad (x_i, y_j) = (ih, jh).$$

Analog zu seinem kontinuierlichen Gegenstück definieren wir den diskreten Rand $\partial\Omega_h := \Omega_h \cap \partial\Omega$. Auf diesem Gitter wird die kontinuierliche Funktion u ersetzt durch eine *diskrete Funktion* $u_h : \Omega_h \to \mathbb{R}$ mit $u_{i,j} := u_h(x_i, y_j)$.

Diskretisierung des Laplace-Operators
Der Laplace-Operator Δ wird approximiert durch einen diskreten Laplace-Operator Δ_h. Bei glatten Lösungen geschieht dies im Innern von Ω_h durch die symmetrische Wahl

$$u_{xx}(x_i, y_j) = \frac{1}{h^2}(u_{i-1,j} - 2u_{i,j} + u_{i+1,j}) + \mathcal{O}(h^2),$$

https://doi.org/10.1515/9783110689655-003

$$u_{yy}(x_i, y_j) = \frac{1}{h^2}(u_{i,j-1} - 2u_{i,j} + u_{i,j+1}) + \mathcal{O}(h^2).$$

Weglassen der $\mathcal{O}(h^2)$-Terme führt auf die Definition des diskreten Laplace-Operators Δ_h durch

$$-h^2\Delta_h u_h(x_i, y_j) = (4u_{i,j} - u_{i-1,j} - u_{i+1,j} - u_{i,j-1} - u_{i,j+1}), \quad 1 \le i, j \le M - 1,$$

oder schematisch auch als zweidimensionaler 5-*Punkte-Stern*, der sich aus zwei eindimensionalen 3-*Punkte-Sternen* wie folgt zusammensetzt:

$$\begin{bmatrix} & \frac{-1}{h^2} & \\ \frac{-1}{h^2} & \frac{4}{h^2} & \frac{-1}{h^2} \\ & \frac{-1}{h^2} & \end{bmatrix} = \begin{bmatrix} \frac{-1}{h^2} & \frac{2}{h^2} & \frac{-1}{h^2} \end{bmatrix} + \begin{bmatrix} \frac{-1}{h^2} \\ \frac{2}{h^2} \\ \frac{-1}{h^2} \end{bmatrix}. \tag{3.2}$$

Damit erhält man als Diskretisierung von (3.1)

$$-\Delta_h u_h = f_h. \tag{3.3}$$

3.1.1 Diskrete Randwertprobleme

Im Folgenden stellen wir die Diskretisierung bei Dirichlet-Randbedingungen und bei homogenen Neumann-Randbedingungen jeweils im Detail vor. Die Ausarbeitung von Details bei *Robin-Randbedingungen* für $d = 2$ ist als Aufgabe 3.1 gestellt.

Dirichlet-Randbedingungen
Mit Blick auf Bemerkung 1.1 betrachten wir nur den *homogenen* Fall. Für das oben angegebene Gitter Ω_h führt dies auf die Bedingungen

$$u_{0,j} = u_{M,j} = u_{i,0} = u_{i,M} = 0, \quad i = 0, \ldots, M, \ j = 0, \ldots, M.$$

Wenn wir die ohnehin fixierten Randdaten weglassen, ergeben sich aus (3.3) genau N lineare Gleichungen für $N = (M-1)^2$ Unbekannte $u_{1,1}, \ldots, u_{M-1,M-1}$. Ordnen wir die Unbekannten $u_{i,j}$ nicht im zweidimensionalen Gitter, sondern als Vektor $u \in \mathbb{R}^N$ an, lässt sich $-h^2\Delta_h$ als Matrix A_h interpretieren. Damit wird (3.3) zum linearen Gleichungssystem

$$A_h u_h = h^2 f_h. \tag{3.4}$$

Aus historischen Gründen wird A_h *Steifigkeitsmatrix* genannt.

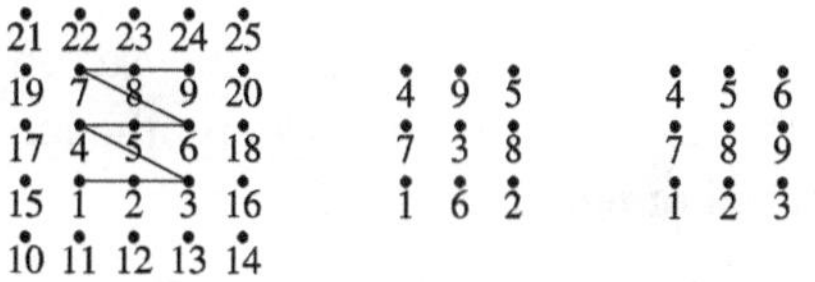

```
21 22 23 24 25
19  7  8  9 20        4  9  5        4  5  6
17  4  5  6 18        7  3  8        7  8  9
15  1  2  3 16        1  6  2        1  2  3
10 11 12 13 14
```

Abb. 3.2: Nummerierungen im Vergleich ($M = 4, N = 9$). *Links:* natürliche Ordnung, *Mitte:* Schachbrett-Ordnung punktweise, *rechts:* Schachbrett-Ordnung zeilenweise.

Nummerierungen

Die tatsächliche Gestalt des Vektors u_h und der Matrix A_h ist abhängig von der Nummerierung, d. h. der linearen Anordnung der zweifach indizierten Knoten. Ein Wechsel der Nummerierung wirkt sich als simultane Zeilen- und Spaltenpermutation von A_h aus. Zur Illustration geben wir im Folgenden ein paar Beispiele für $M = 4$ an.

Natürliche Ordnung. So wird oft die zeilenweise Nummerierung

$$(i, j) \mapsto (M - 1)(i - 1) + j.$$

bezeichnet. Dabei erhalten wir ein Gitter, das in Abb. 3.2, links, zusammen mit der Nummerierung dargestellt ist.

Für die $N = 9$ Unbekannten erhält man die Steifigkeitsmatrix

$$A_h = \begin{bmatrix}
4 & -1 & & \cdot & -1 & & & \cdot & \\
-1 & 4 & -1 & \cdot & & -1 & & \cdot & \\
& -1 & 4 & \cdot & & & -1 & \cdot & \\
\cdot & \cdot & \cdot & \cdot & \cdot & \cdot & \cdot & \cdot & \cdot \\
-1 & & & \cdot & 4 & -1 & & \cdot & -1 \\
& -1 & & \cdot & -1 & 4 & -1 & \cdot & & -1 \\
& & -1 & \cdot & & -1 & 4 & \cdot & & & -1 \\
\cdot & \cdot & \cdot & \cdot & \cdot & \cdot & \cdot & \cdot & \cdot \\
& \cdot & -1 & & & \cdot & & 4 & -1 \\
& & & -1 & & \cdot & & -1 & 4 & -1 \\
& & & & -1 & \cdot & & & -1 & 4
\end{bmatrix}. \tag{3.5}$$

Nach Zeilen partitioniert erhalten wir die *blocktridiagonale* Gestalt ($M = 4, N = 9$)

$$A_h = \begin{bmatrix} T_3 & -I_3 & \\ -I_3 & T_3 & -I_3 \\ & -I_3 & T_3 \end{bmatrix}, \quad T_3 = \begin{bmatrix} 4 & -1 & \\ -1 & 4 & -1 \\ & -1 & 4 \end{bmatrix}, \quad -I_3 = \begin{bmatrix} -1 & & \\ & -1 & \\ & & -1 \end{bmatrix}.$$

Schachbrett-Ordnung punktweise (engl. *red-black point ordering*). Diese Nummerierung ist in Abb. 3.2, Mitte, angegeben und führt zu der Matrix

$$A_h = \begin{bmatrix} 4I_5 & H \\ H^T & 4I_4 \end{bmatrix}, \quad H = \begin{bmatrix} -1 & -1 & & \\ -1 & & -1 & \\ -1 & -1 & -1 & -1 \\ & -1 & & -1 \\ & & -1 & -1 \end{bmatrix}. \tag{3.6}$$

Diese Gestalt ist ein Spezialfall der „Eigenschaft $\mathcal{A}$", die D. Young [245] zur Analyse von linearen Iterationsverfahren eingeführt hat. Eine solche Struktur tritt im Wesentlichen nur bei Matrizen aus Differenzenmethoden über uniformen Gittern auf.

Definition 3.1. *Eigenschaft $\mathcal{A}$.* Diese Eigenschaft ist definiert durch die Existenz einer Permutationsmatrix P derart, dass

$$PAP^T = \begin{bmatrix} D_r & L^T \\ L & D_b \end{bmatrix} \tag{3.7}$$

mit positiven Diagonalmatrizen D_r, D_b (r/b für „red/black") und einer rechteckigen Kopplungsmatrix L.

Schachbrett-Ordnung zeilenweise (engl. *red black line ordering, zebra ordering*). In diesem Fall hat man die Nummerierung 3.2, rechts, und erhält eine Matrix der Gestalt

$$A = \begin{bmatrix} T_3 & 0 & -I_3 \\ 0 & T_3 & -I_3 \\ -I_3 & -I_3 & T_3 \end{bmatrix}.$$

Bemerkung 3.2. Zunächst einmal sind alle Nummerierungen der Knoten gleichwertig. Da jedoch die Gestalt der Steifigkeitsmatrix stark von der Nummerierung abhängt, sollten Lösungsalgorithmen, wenn irgend möglich, invariant gegen Zeilen- bzw. Spaltenpermutation sein (Beispiel: cg-Verfahren, siehe Kapitel 5.3.1). Wenn sie dies nicht sind, stellt sich die Frage einer optimalen Nummerierung für die entsprechenden Algorithmen (Beispiel: Gauß–Seidel-Verfahren, siehe Kapitel 5.2.2).

Die hier dargestellten sehr einfachen Matrixstrukturen gelten über das Einheitsquadrat hinaus nur für reine Rechtecksgebiete, nicht jedoch für L-förmige Gebiete (siehe Aufgabe 3.2) oder gar krummlinig berandete Gebiete (siehe Kapitel 3.3.2).

Neumann-Randbedingungen
Wir gehen aus von homogenen Neumann-Randbedingungen

$$n^T \nabla u = 0.$$

In diesem Fall ist das gestellte kontinuierliche Problem nur bis auf eine additive Konstante bestimmt, vergleiche Satz 1.3. Diese Grundstruktur erwarten wir auch im diskreten Problem, d. h. die aus der Diskretisierung entstehenden Matrizen sollten *singulär* sein. Darüber hinaus sollte die entstehende Matrix mit Blick nicht nur auf das folgende Kapitel 3.1.2 symmetrisch sein, insgesamt also *symmetrisch positiv semidefinit*, um die Eigenwertstruktur des Operators $-\Delta$ korrekt ins Diskrete zu vererben.

Zur Diskretisierung von Neumann-Randbedingungen existieren im Wesentlichen zwei Varianten, die wir im Folgenden kurz darstellen wollen. In beiden Fällen werden Unbekannte $u_{-1,j}$ jenseits des Randes definiert, siehe Abb. 3.3.

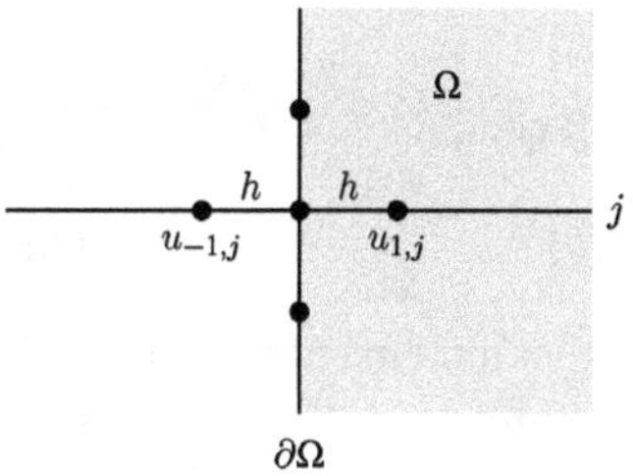

Abb. 3.3: Externer Randpunkt bei Neumann-Randbedingungen.

Symmetrische Diskretisierung

Hierbei diskretisieren wir die Randableitung symmetrisch gemäß

$$0 = n^T \nabla u = \frac{1}{2h}(u_{-1,j} - u_{1,j}) + \mathcal{O}(h^2).$$

Diese Diskretisierung der Normalableitung besitzt also die gleiche Approximationsordnung $\mathcal{O}(h^2)$ wie die Diskretisierung des Laplace-Operators. Demnach setzen wir am Rand

$$u_{-1,j} = u_{1,j}.$$

Dies führt auf den *4-Punkte-Stern*

$$4u_{0,j} - u_{0,j+1} - u_{0,j-1} - 2u_{1,j} = h^2 f_{0,j}.$$

Einsetzen dieser Randterme in die Steifigkeitsmatrix liefert

$$A_h = \begin{bmatrix}
4 & -2 & & \cdot & -2 & & & \cdot & \\
-1 & 4 & -1 & \cdot & & -2 & & \cdot & \\
 & -2 & 4 & \cdot & & & -2 & \cdot & \\
\cdot & \cdot & \cdot & \cdot & \cdot & \cdot & \cdot & \cdot & \cdot \\
-1 & & & \cdot & 4 & -2 & & \cdot & -1 \\
 & -1 & & \cdot & -1 & 4 & -1 & \cdot & & -1 \\
 & & -1 & \cdot & & -2 & 4 & \cdot & & & -1 \\
 & & & \cdot & \cdot & \cdot & \cdot & \cdot & \cdot & \cdot \\
 & & & \cdot & -2 & & & \cdot & 4 & -2 \\
 & & & \cdot & & -2 & & \cdot & -1 & 4 & -1 \\
 & & & \cdot & & & -2 & \cdot & & -2 & 4
\end{bmatrix},$$

wobei hier $N = (M + 1)^2$ ist, in unserem Beispiel also gerade $M = 2$, $N = 9$. Wegen der Eigenschaft

$$A_h e = 0, \quad e^T = (1, \ldots, 1) \in \mathbb{R}^N \tag{3.8}$$

ist diese Matrix offenbar *singulär*, wie gefordert. Allerdings ist sie *unsymmetrisch*, d. h. sie kann auch komplexwertige Eigenwerte haben – anders als der Laplace-Operator, vergleiche Kapitel 3.1.2. Einen kleinen Trost hält Aufgabe 3.3 bereit.

Unsymmetrische Diskretisierung

Hier diskretisieren wir die Randableitung unsymmetrisch gemäß

$$0 = n^T \nabla u = \frac{1}{h}(u_{-1,j} - u_{0,j}) + \mathcal{O}(h). \tag{3.9}$$

Die Approximationsordnung $\mathcal{O}(h)$ für die Randableitung ist um eins niedriger als für den Laplace-Operator. Wie wir jedoch in Kapitel 3.2 vorführen werden, stört dies die Konvergenzordnung insgesamt nicht. Wir setzen also am Rand

$$u_{-1,j} = u_{0,j}.$$

Als Steifigkeitsmatrix erhalten wir eine (N, N)-Matrix der Form

$$A_h = \begin{bmatrix}
2 & -1 & & \cdot & -1 & & & \cdot & \\
-1 & 3 & -1 & \cdot & & -1 & & \cdot & \\
& -1 & 2 & \cdot & & & -1 & \cdot & \\
\cdot & \cdot & \cdot & \cdot & \cdot & \cdot & \cdot & \cdot & \cdot \\
-1 & & & \cdot & 3 & -1 & & \cdot & -1 \\
& -1 & & \cdot & -1 & 4 & -1 & \cdot & & -1 \\
& & -1 & \cdot & & -1 & 3 & \cdot & & & -1 \\
& \cdot & \cdot & \cdot & \cdot & \cdot & \cdot & \cdot & \cdot & \cdot \\
& \cdot & -1 & & & \cdot & & 2 & -1 \\
& & & -1 & & & \cdot & -1 & 3 & -1 \\
& & & & -1 & & \cdot & & -1 & 2
\end{bmatrix},$$

wobei wieder $N = (M + 1)^2$ ist, im Beispiel also $M = 2$, $N = 9$. Es gilt ebenso die Beziehung (3.8), die Matrix ist also *singulär*. Diesmal ist sie aber auch *symmetrisch*, insgesamt also *symmetrisch positiv semidefinit*.

Zusammenfassung

Symmetrische Diskretisierung am Rand führt zu einer unsymmetrischen Matrix, unsymmetrische Diskretisierung am Rand zu einer symmetrischen Matrix, was vorzuziehen ist. Wegen der Singularität der Steifigkeitsmatrix müssen wir über den nicht bestimmten Freiheitsgrad verfügen, um das Problem eindeutig lösbar zu machen. Dies geschieht in der Regel durch Festlegung eines Wertes von u_h am Rand, manchmal auch durch Diskretisierung der Kompatibilitätsbedingung (1.3).

3.1.2 Diskretes Eigenwertproblem

In diesem Kapitel wollen wir uns mit dem Eigenwertproblem befassen, das sich nach Diskretisierung des Poisson-Modellproblems ergibt. Wir setzen wieder ein äquidistantes Gitter

$$\Omega_h := \{(x_i, y_j) \mid 0 \le i, j \le M\}, \quad (x_i, y_j) = (ih, jh)$$

über dem Einheitsquadrat voraus. Anstelle des kontinuierlichen Poisson-Eigenwert-problems (1.7) erhält man hier das diskrete Poisson-Eigenwertproblem

$$-\Delta_h u_h(x_i, y_j) = \lambda_h u_h(x_i, y_j).$$

Fasst man alle Knoten zusammen, so taucht ein Eigenwertproblem der linearen Algebra (siehe Band 1, Kapitel 5) auf:

$$A_h u_h = \lambda_h u_h.$$

Wie in Kapitel 3.1.1 hergeleitet, erhält man für *Dirichlet-Randbedingungen* und natürliche Ordnung der Unbekannten eine *symmetrisch positiv definite* (N, N)-Matrix der Struktur (sei $m = M - 1$)

$$
A_h = \begin{bmatrix}
T_m & -I_m & & & \\
-I_m & T_m & \ddots & & \\
& \ddots & \ddots & \ddots & \\
& & \ddots & \ddots & -I_m \\
& & & -I_m & T_m
\end{bmatrix}, \quad
T_m = \begin{bmatrix}
4 & -1 & & & \\
-1 & 4 & \ddots & & \\
& \ddots & \ddots & \ddots & \\
& & \ddots & \ddots & -1 \\
& & & -1 & 4
\end{bmatrix},
$$

$$
-I_m = \begin{bmatrix}
-1 & & \\
& \ddots & \\
& & -1
\end{bmatrix}.
$$

Diese Matrix hat also, wie der Operator $-\Delta$, ein reell-positives Spektrum.

Wegen der besonderen Einfachheit unseres Gitters können wir, wie im kontinuierlichen Fall, einen Ansatz für eine Fourier-Entwicklung machen:

$$u_h(x_i, y_j) = \sum_{k,l=1}^{M-1} \alpha_{k,l} \sin(k\pi x_i) \sin(l\pi y_j),$$

womit automatisch die Dirichlet-Randbedingungen erfüllt sind. Mit Blick auf (3.2) zerlegen wir den diskreten Laplace-Operator im $\mathbb{R}^2$ in zwei eindimensionale Laplace-Operatoren gemäß

$$\Delta_h = \Delta_{h,x} + \Delta_{h,y}.$$

Damit erhalten wir

$$\Delta_h u_h(x_i, y_j) = \sum_{k,l=1}^{M-1} \alpha_{k,l} ((\Delta_{h,x} \sin(k\pi x_i)) \sin(l\pi y_j)$$

$$+ \sin(k\pi x_i)(\Delta_{h,y} \sin(l\pi y_j))).$$

Es genügt also in unserem einfachen Modellproblem, aus dem eindimensionalen diskreten Eigenwertproblem

$$\Delta_{h,x} \sin(k\pi x_i) = \lambda_{h,k} \sin(k\pi x_i)$$

die Eigenwerte $\{\lambda_{h,k}\}$ zu bestimmen. Zur Vereinfachung der Schreibweise definieren wir $s_i = \sin(k\pi i h)$. Wir greifen auf die trigonometrische Drei-Term-Rekursion (siehe Band 1, Kapitel 2.3.2, Beispiel 2.27) zurück:

$$s_{i+1} = 2\cos(k\pi h)s_i - s_{i-1}.$$

Einsetzen in unser Eigenwertproblem liefert sodann

$$-\Delta_{h,x}s_i = \frac{1}{h^2}(2s_i - (s_{i+1} + s_{i-1})) = 2\frac{1 - \cos(k\pi h)}{h^2}s_i = 4\frac{\sin^2(\frac{1}{2}k\pi h)}{h^2}s_i.$$

Daraus erhalten wir die gesuchten Eigenwerte im eindimensionalen Fall

$$\lambda_{h,k} = 4\frac{\sin^2(\frac{1}{2}k\pi h)}{h^2}. \tag{3.10}$$

Zusammengefasst ergibt sich

$$-\Delta_h u_h(x_i, y_j) = \sum_{k,l=1}^{M-1} \alpha_{k,l}(\lambda_{h,k} + \lambda_{h,l}) \sin(k\pi x_i) \sin(l\pi y_j).$$

Hieraus können wir die Eigenfunktionen

$$\varphi_{h,k,l}(x_i, y_j) = \sin(k\pi x_i) \sin(l\pi y_j), \quad k,l = 1, \dots, M-1 \tag{3.11}$$

und die zugehörigen Eigenwerte

$$\lambda_{h,k,l} = 4\frac{\sin^2(\frac{1}{2}k\pi h) + \sin^2(\frac{1}{2}l\pi h)}{h^2}, \quad k,l = 1, \dots, M-1$$

direkt ablesen. Offenbar spiegeln die diskreten Eigenwerte genau die Verteilung (1.13) des kontinuierlichen Spektrums wider, denn es gilt

$$\lim_{h \to 0} \lambda_{h,k,l} = (k^2 + l^2)\pi^2, \quad k,l = 1, \dots, \infty,$$

wobei wir benutzt haben, dass $h \to 0$ gerade $M \to \infty$ impliziert. Die Eigenwerte der Matrix A_h unterscheiden sich von denen des diskreten Laplace-Operators $-\Delta_h$ um einen Skalenfaktor h^2, vergleiche (3.3) und (3.4). Damit erhalten wir für den kleinsten und den größten Eigenwert der Matrix

$$\lambda_{\min}(A_h) = 8\sin^2\left(\frac{1}{2}\pi h\right), \quad \lambda_{\max}(A_h) = 8\cos^2\left(\frac{1}{2}\pi h\right) = 8 - \lambda_{\min}(A_h). \tag{3.12}$$

Homogene *Neumann-Randbedingungen* (mit $N = (M + 1)^2$) werden durch den entsprechenden Ansatz

$$u_h(x_i, y_j) = \sum_{k,l=0}^{M} \alpha_{k,l} \cos(k\pi x_i) \cos(l\pi y_j)$$

erfüllt. Die Rechnung verläuft völlig analog. Als Eigenfunktionen erhalten wir gerade die obigen trigonometrischen Ansatzfunktionen, als Eigenwerte entsprechend

$$\lambda_{h,k,l} = 4 \frac{\sin^2(\frac{1}{2}k\pi h) + \sin^2(\frac{1}{2}l\pi h)}{h^2}, \quad k, l = 0, \ldots, M.$$

Daraus ergeben sich, mit $Mh = 1$, speziell

$$\lambda_{\min}(A_h) = 0, \quad \lambda_2(A_h) = 4\sin^2\left(\frac{1}{2}\pi h\right), \quad \lambda_{\max}(A_h) = 8. \tag{3.13}$$

Die Matrixeigenwerte für Dirichlet- und Neumann-Randbedingungen werden wir im Folgenden hin und wieder gut brauchen können.

3.2 Approximationstheorie bei äquidistanten Gittern

Im vorigen Kapitel hatten wir elementare Differenzenmethoden am Beispiel unseres Poisson-Modellproblems eingeführt. In diesem Kapitel wollen wir nun untersuchen, wie die dadurch definierten diskreten Lösungen u_h gegen die kontinuierliche Lösung u konvergieren. Der Einfachheit halber gehen wir von einem Poisson-Problem über dem Einheitsquadrat aus:

$$-\Delta u = f, \quad x \in \Omega =]0,1[^2, \quad u|_{\partial\Omega} = 0.$$

Die entsprechende Diskretisierung lautet dann

$$-\Delta_h u_h = f_h, \quad u_h|_{\partial\Omega_h} = 0.$$

Der diskrete Laplace-Operator Δ_h repräsentiert die Diskretisierung durch den 5-Punkte-Stern. Mit homogenen Dirichlet-Randbedingungen erhalten wir so ein lineares Gleichungssystem

$$A_h u_h = h^2 f_h \tag{3.14}$$

mit $N = (M - 1)^2$ unbekannten Komponenten in u_h, wobei wegen des Einheitsquadrats $Mh = 1$ gilt. Die Dimension N des Gleichungssystems hängt also mit der Gitterweite h zusammen gemäß

$$N \approx \frac{|\Omega|}{h^2},$$

wobei wir für das Einheitsquadrat gerade $|\Omega| = 1$ haben.

Diskretisierungsfehler

Für den *globalen* Diskretisierungsfehler über dem gesamten Gitter Ω_h definieren wir die Gitterfunktion

$$\epsilon_h := u_h - u|_{\Omega_h}.$$

Von Interesse in diesem Kapitel ist die Abhängigkeit des Fehlers ϵ_h von h. Zur Quantifizierung des Fehlers wollen wir im Folgenden auf Vektornormen zurückgreifen und sortieren daher die Werte $\epsilon_h(x_i, y_j)$ als Koeffizienten in einen langen Vektor $\epsilon_h \in \mathbb{R}^N$ ein.

Normen

Nach Lösung des linearen Systems (3.14) der festen Dimension N können wir den zugehörigen algebraischen Fehler messen in einer *Vektornorm*

$$|\epsilon_h|_p \quad \text{für } 1 \le p \le \infty.$$

Zur Bewertung von Fehlern sind allerdings geeignete Normen $g_h\|$ für Diskretisierungen $g_h = g|_{\Omega_h}$ fester Funktionen g erforderlich, die im Grenzübergang $h \to 0$ „überleben", d. h. zu Normen in entsprechenden Funktionenräumen führen.

Maximumnorm ($p = \infty$)

Wir beginnen mit dem Fall

$$|g_h|_\infty = \max_{k=1,\dots,N} |g_{h,k}|.$$

Für $h \to 0$ folgt $N \to \infty$ sowie, für stetige g:

$$|g_h|_\infty \to \max_{(x,y)\in\Omega} |g(x,y)| = \|g\|_\infty.$$

Wir können also für jedes Paar (h, N) definieren

$$\|g_h\|_\infty := |g_h|_\infty = \max_{k=1,\dots,N} |g_{h,k}|.$$

Die Maximumnorm ist daher eine brauchbare Norm für eine Konvergenztheorie im Funktionenraum $L^\infty(\Omega)$.

Euklidische Norm ($p = 2$)

Als nächstes untersuchen wir

$$|g_h|_2^2 = \sum_{k=1}^N g_{h,k}^2.$$

Für $h \to 0$ ist dieser Ausdruck allerdings *unbeschränkt* und daher unbrauchbar für eine Konvergenztheorie. Wir benötigen eine passende Skalierung, welche die wachsende Anzahl der Summanden kompensiert. Dazu definieren wir

$$\|g_h\|_2^2 := \frac{1}{N} |g_h|_2^2 = \frac{1}{N} \sum_{k=1}^{N} g_{h,k}^2.$$

Für $h \to 0$ und stetige g wenden wir die Trapezsumme auf das zweidimensionale Integral an (für den eindimensionalen Fall vergleiche etwa Band 1, Kapitel 9):

$$h^2 |g_h|_2^2 = h^2 \sum_{\Omega_h} g_h(x,y)^2 \to \int_{\Omega} g(x,y)^2 \, dx \, dy = \|g\|_2^2.$$

Offenbar führt diese Skalierung zum Funktionenraum $L^2(\Omega)$.

Die Normen $|\cdot|_\infty$ und $|\cdot|_2$ sind natürlich im $\mathbb{R}^N$ äquivalent. Diese Äquivalenz bricht allerdings für variables $N \to \infty$ bzw. $h \to 0$ zusammen. Stattdessen gilt:

$$h\|g_h\|_\infty \le \|g_h\|_2 \le \|g_h\|_\infty. \tag{3.15}$$

Dies ergibt sich elementar aus der Abschätzungskette

$$h^2 \|g_h\|_\infty^2 = \frac{1}{N} \max_k g_{h,k}^2 \le \frac{1}{N} \sum_{k=1}^{N} g_{h,k}^2 = \|g_h\|_2^2 \le \frac{1}{N} N \max_k g_{h,k}^2 = \|g_h\|_\infty^2.$$

Energienorm. Die endlichdimensionale Energienorm für festes h lautet

$$|g_h|_A^2 = g_h^T A_h g_h. \tag{3.16}$$

Sie hat gegenüber der euklidischen Norm den Vorzug, dass sie invariant gegen komponentenweise Skalierung des Vektors g_h ist, also gegen punktweise Skalierung der Gitterfunktion g_h. Für den Grenzprozess $h \to 0$ gilt allerdings

$$g_h^T A_h g_h = -h^2 \sum_{\Omega_h} g(x,y) \Delta_h g(x,y) \to -h^2 N \int_{\Omega} g(x,y) \Delta g(x,y) \, dx \, dy,$$

so dass der Ausdruck (3.16) nur für $d = 2$ sinnvoll ist. Mit der speziellen Skalierung

$$\|g_h\|_A^2 \sim h^{d-2} |g_h|_A^2$$

ist der Grenzprozess jedoch auch für andere Raumdimensionen durchführbar. Für homogene Dirichlet-Randbedingungen erhalten wir damit eine zur Norm des Sobolev-Raums $H_0^1(\Omega)$ äquivalente Norm, siehe Anhang A.5. Für homogene Neumann-Randbedingungen hingegen ergibt sich nur eine Halbnorm in $H^1(\Omega)$, vergleiche Satz 1.3.

3.2.1 Diskretisierungsfehler in L^2

Wir beginnen mit der Theorie in $L^2(\Omega)$, da sie relativ einfach herzuleiten ist. Um zunächst die *lokale Konsistenz* zu erhalten, wenden wir den 5-Punkte-Stern auf die exakte Lösung u an und erhalten für $(x,y) \in \Omega_h$ und $u \in C^4(\overline{\Omega})$

$$
\begin{aligned}
-\Delta_h u(x,y) &= \frac{1}{h^2}\big(2u(x,y) - u(x+h,y) - u(x-h,y) \\
&\quad + 2u(x,y) - u(x,y+h) - u(x,y-h)\big) \\
&= -\frac{1}{h^2}\Big(h^2 u_{xx}(x,y) + \frac{h^4}{12}u_{xxxx}(\xi,y) \\
&\quad + h^2 u_{yy}(x,y) + \frac{h^4}{12}u_{yyyy}(x,\eta)\Big) \\
&= -\Delta u(x,y) + \frac{h^2}{12}(u_{xxxx}(\xi,y) + u_{yyyy}(x,\eta)),
\end{aligned}
$$

wobei wir hier den Mittelwertsatz im $\mathbb{R}^1$ in jeder der beiden Koordinatenrichtungen separat angewendet haben. Wegen der Linearität der Operatoren Δ, Δ_h gilt

$$
-\Delta_h(u_h - u|_{\Omega_h}) = \frac{1}{12}h^2(u_{xxxx}(\xi,y) + u_{yyyy}(x,\eta)).
$$

Man beachte, dass in dieser Differenz die rechte Seite $f|_{\Omega_h} = f_h$ herausgefallen ist. Damit erhalten wir eine Fehlergleichung der Bauart

$$
-\Delta_h \epsilon_h = h^2 R_h, \tag{3.17}
$$

wobei für die rechte Seite gilt

$$
\|R_h\|_\infty \le \frac{1}{6}\|u^{(4)}\|_\infty. \tag{3.18}
$$

Das zugehörige lineare Gleichungssystem lautet somit

$$
A_h \epsilon = h^4 R \tag{3.19}
$$

mit der Notation $R = (R_1, \ldots, R_N)^T$. Für alles Weitere müssen wir uns auf Randbedingungen festlegen. So gelangen wir zu den folgenden beiden Konvergenzsätzen.

Satz 3.3. *Betrachtet werde das Poisson-Modellproblem* (3.1) *für* $u \in C^4(\overline{\Omega})$ *mit Dirichlet-Randbedingungen über dem Einheitsquadrat* Ω_h *zur Gitterweite* $h \le 1$. *Dann gilt für den globalen Diskretisierungsfehler*

$$
\|\epsilon_h\|_2 \le \frac{\|u^{(4)}\|_\infty}{6\lambda_{\min}}h^4 \le \frac{\|u^{(4)}\|_\infty}{48}h^2. \tag{3.20}
$$

Beweis. Bei Dirichlet-Randbedingungen ist die Matrix A_h *symmetrisch positiv definit,* womit

$$0 < \lambda_{\min}|x|_2^2 \le x^T A_h x \le \lambda_{\max}|x|_2^2$$

gilt. Die Anwendung dieser Beziehung auf (3.19) führt zu

$$\lambda_{\min}|\epsilon|_2^2 \le \epsilon^T A_h \epsilon = h^4 \epsilon^T R \le h^4 |\epsilon|_2 |R|_2. \tag{3.21}$$

Kürzen wir hier den Faktor $|\epsilon|_2$ beiderseits und führen den Skalierungsfaktor h^2 ein, so können wir übergehen zur L^2-Norm gemäß

$$\lambda_{\min}\|\epsilon_h\|_2 \le h^4 \|R_h\|_2 \le h^4 \|R_h\|_\infty \le \frac{1}{6} h^4 \|u^{(4)}\|_\infty.$$

Aus (3.12) beziehen wir den Ausdruck für den minimalen diskreten Eigenwert bei Dirichlet-Randbedingungen und schätzen ihn nach unten durch

$$\lambda_{\min} = 8 \sin^2\left(\frac{1}{2}\pi h\right) \ge 8h^2 \quad \text{für } h \le 1$$

ab. Dies liefert schließlich die gewünschte Fehlerabschätzung. $\qquad \square$

Im Fall von homogenen Neumann-Randbedingungen ist obige Abschätzung nicht direkt anwendbar, da $\lambda_{\min} = 0$ ist. Wir müssen also etwas genauer nachdenken.

Satz 3.4. *Betrachtet werde das Poisson-Modellproblem für $u \in C^4(\overline{\Omega})$ mit homogenen Neumann-Randbedingungen über dem Einheitsquadrat Ω_h zur Gitterweite h. Über den nach Satz 1.3 nicht bestimmten Freiheitsgrad sei verfügt. Dann gilt für den globalen Diskretisierungsfehler*

$$\|\epsilon_h\|_2 \le \frac{\|u^{(4)}\|_\infty}{6\lambda_2} h^4 \le \frac{\|u^{(4)}\|_\infty}{24} h^2, \quad h \le 1. \tag{3.22}$$

Beweis. In diesem Fall ist A_h singulär, also *positiv semidefinit.* Wir gehen deswegen aus von (3.8), wonach der Nullraum von A_h durch $e^T = (1, \ldots, 1)$ aufgespannt wird. Wegen $e^T e = N$ sind die Projektoren

$$P = I - \frac{1}{N} e e^T, \quad P^\perp = I - P$$

orthogonal, d. h. $P^2 = P$, $P^T = P$. Mit ihnen gilt $A_h P = A_h$, $PA_h = A_h$ sowie komplementär $A_h P^\perp = 0$, $P^\perp A_h = 0$. Anwendung von $P^\perp$ auf das lineare Gleichungssystem (3.19) liefert

$$0 = P^\perp A_h \epsilon = h^4 P^\perp R.$$

Anwendung von P ergibt das reduzierte lineare Gleichungssystem

$$(PA_hP)(P\epsilon) = h^4 PR,$$

woraus sich die Unbekannten $P\epsilon$ bestimmen lassen. Der hierdurch nicht bestimmte Freiheitsgrad $P^\perp\epsilon$ kann einfach festgelegt werden: Wie am Ende von Kapitel 3.1.1 angegeben, wählen wir einen diskreten Wert derart, dass $P^\perp u_h = P^\perp u$, womit sofort folgt $P^\perp\epsilon = 0$. Somit gilt also $|\epsilon|_2 = |P\epsilon|_2$. Um die restlichen Beweisschritte geeignet modifizieren zu können, müssen wir uns noch das Eigenwertproblem zu PA_hP genauer ansehen. Sei

$$A_h\eta_i = \lambda_i\eta_i, \quad i = 1, \ldots, N,$$

wobei $\eta_1 \sim e$ zum Eigenwert $\lambda_1 = 0$ gehört. Da die Eigenvektoren ein Orthogonalsystem bilden, gilt $e^T\eta_i = 0$, $i = 2, \ldots, N$. Anwendung des Projektors P erzeugt das reduzierte Eigenwertproblem

$$(PA_hP)(P\eta_i) = \lambda_i(P\eta_i).$$

Wegen

$$P\eta_i = \eta_i - \frac{1}{N}(e^T\eta_i)e = \eta_i, \quad i = 2, \ldots, N$$

bleiben die nichtverschwindenden Eigenwerte und die zugehörigen Eigenvektoren erhalten. Dagegen fällt der Eigenwert $\lambda_{\min} = 0$ wegen $Pe = 0$ aus dem Spektrum heraus, d. h. es gilt

$$0 < \lambda_2 < \cdots < \lambda_{\max}.$$

Um also $|P\epsilon|_2$ abzuschätzen, müssen wir, verglichen mit dem Dirichlet-Fall, nur $\lambda_{\min}$ durch λ_2 aus (3.13) ersetzen und in gewohnter Weise nach unten abschätzen. So erhalten wir schließlich (3.22). □

Energienorm

Das Konvergenzverhalten in der Energienorm fällt nebenher aus den vorigen beiden Sätzen mit ab. Dazu gehen wir in den Zwischenschritt (3.21) des Beweises von Satz 3.3 zurück, der so auch noch für Satz 3.4 gültig ist:

$$\epsilon^T A_h\epsilon = h^4\epsilon^T R \le h^4|\epsilon|_2|R|_2.$$

Für $d = 2$ erhalten wir mit einem der Sätze 3.3 oder 3.4

$$\|\epsilon_h\|_{A_h}^2 \le h^2\|\epsilon_h\|_2\|R_h\|_2 \le \text{const } h^4,$$

woraus unmittelbar die Abschätzung

$$\|\epsilon_h\|_{A_h} \le \text{const } h^2$$

folgt.

3.2.2 Diskretisierungsfehler in L^∞

Zunächst sieht es so aus, als ob wir lediglich die linke Ungleichung in (3.15) anwenden müssten, um aus den L^2-Resultaten (3.20) bzw. (3.22) ein L^∞-Resultat zu erhalten. Bei diesem Vorgehen würden wir allerdings eine h-Potenz verlieren, weshalb wir uns hier einer subtileren Abschätzungsmethode zuwenden wollen. Dazu nutzen wir eine auf [124, 141] zurückgehende diskrete Variante des kontinuierlichen Maximumprinzips, das wir in Kapitel 1.1.1, Satz 1.4, bereitgestellt haben.

Diskretes Maximumprinzip

Sei Δ_h die durch den 5-Punkte-Stern definierte Diskretisierung des Laplace-Operators.

Satz 3.5. *Sei u_h diskrete Lösung der Poisson-Gleichung auf einem d-dimensionalen äquidistanten Gitter Ω_h. Es gelte $\Delta_h u_h = f_h > 0$. Dann folgt*

$$\max_{\Omega_h} u_h = \max_{\partial\Omega_h} u_h.$$

Beweis. Sei $(x_h, y_h) \in \Omega_h$ ein beliebiger *innerer* Knoten. Die Menge der benachbarten Knotenpunkte sei $B := \{(\xi_h, \eta_h) \in \Omega_h : |(\xi_h, \eta_h) - (x_h, y_h)| = h\}$. Der 5-Punkte-Stern hat einen Faktor -4 im Zentrum und Faktoren 1 in allen vier Nachbarknoten in B. Aus der Beziehung $\Delta_h u_h > 0$ folgt dann

$$u_h(x_h, y_h) < \frac{1}{4} \sum_{(\xi_h,\eta_h)\in B} u_h(\xi_h, \eta_h) \leq \max_{(\xi_h,\eta_h)\in B} u_h(\xi_h, \eta_h).$$

Daher ist (x_h, y_h) kein Maximum. Das Maximum muss also in den Randpunkten des Gitters Ω_h angenommen werden. □

Verglichen mit dem Beweis von Satz 1.4 ist der obige Beweis etwas einfacher: Da wir strikte Positivität vorausgesetzt haben, benötigten wir nur den ersten dortigen Schritt. Der zweite Schritt kommt ins Spiel, wenn wir eine betragsmäßige Abschätzung von u_h auch für beliebige f_h gewinnen wollen. Dies führt uns zunächst zu dem folgenden Hilfsresultat.

Lemma 3.6. *Sei u_h diskrete Lösung der Poisson-Gleichung $\Delta_h u_h = f_h$ auf dem d-dimensionalen äquidistanten Gitter Ω_h. Im Unterschied zu Satz 3.5 können die Werte von f_h beliebiges Vorzeichen haben. Dann gilt*

$$\max_{\Omega_h} |u_h| \leq \max_{\partial\Omega_h} |u_h| + C\|f_h\|_\infty \tag{3.23}$$

mit einer nur vom Gebiet Ω abhängigen Konstanten C.

Beweis. Wird das Maximum von u_h am Rand angenommen, so ist die Aussage (3.23) unabhängig vom zweiten Term bereits erfüllt. Werde also das Maximum in einem *inneren* Knoten ξ angenommen. Wie im zweiten Teil des Beweises von Satz 1.4 definieren wir $v(x) := \|\xi - x\|_2^2$. Offenbar gilt $v(\xi) = 0$, $\|v(x)\|_\infty \leq 2dC$ mit einer nur vom Gebiet Ω abhängigen Konstante sowie $\Delta_h v = \Delta v = 2d > 0$. Um den vorigen Satz 3.5 ausbeuten zu können, setzen wir

$$w_h = u_h + \gamma v, \quad \gamma = \frac{1}{2d}\left(\epsilon + \max_{\Omega_h}(-f_h)\right).$$

Für diese Hilfsfunktion gilt

$$\Delta_h w_h = f_h + 2d\gamma = f_h + \epsilon + \max_{\Omega_h}(-f_h) \geq \epsilon > 0,$$

woraus Anwendung von Satz 3.5 sofort

$$\max_{\Omega_h} w_h = \max_{\partial\Omega_h} w_h$$

liefert. Wir fassen nun alle Zwischenresultate zusammen und erhalten

$$\max_{\Omega_h} u_h = u_h(\xi) = w_h(\xi) \leq \max_{\Omega_h} w_h = \max_{\partial\Omega_h} w_h$$

$$\leq \max_{\partial\Omega_h} u_h + \gamma\|v\|_\infty = \max_{\partial\Omega_h} u_h + C\left(\epsilon + \max_{\Omega_h}(-f_h)\right).$$

Mit $\epsilon \to 0$ ergibt sich daraus

$$\max_{\Omega_h} u_h \leq \max_{\partial\Omega_h} u_h + \frac{\|v\|_\infty}{2d}\max_{\Omega_h}|f_h| \leq \max_{\partial\Omega_h} u_h + C\|f_h\|_\infty.$$

Analog gilt diese Beziehung auch für $-u_h$, also

$$\max_{\Omega_h}(-u_h) \leq \max_{\partial\Omega_h}(-u_h) + C\|f_h\|_\infty.$$

Wir können also für die positiven und die negativen Komponenten von u_h die jeweils passende der beiden Abschätzungen benutzen. Zusammenfassung dieser Resultate liefert so schließlich die Aussage (3.23). $\square$

Damit haben wir die Vorbereitungen zum Beweis einer L^∞-Abschätzung des Diskretisierungsfehlers abgeschlossen.

Satz 3.7. *Betrachtet werde das Poisson-Modellproblem für $u \in C^4(\overline{\Omega})$ über dem Einheitsquadrat Ω_h zur Gitterweite h. Im Fall von Dirichlet-Randbedingungen gilt für den globalen Diskretisierungsfehler*

$$\|\epsilon_h\|_\infty \leq \frac{1}{6}\|u^{(4)}\|_\infty C h^2. \tag{3.24}$$

Im Fall von homogenen Neumann-Randbedingungen gilt (bei unsymmetrischer Diskretisierung)

$$\|\epsilon_h\|_\infty \leq \left(\frac{1}{2}\|u^{(2)}\|_\infty + \frac{1}{6}\|u^{(4)}\|_\infty C\right) h^2. \tag{3.25}$$

Beweis. Wir wenden Lemma 3.6 auf die Fehlergleichung (3.17) an und erhalten, zunächst ohne Berücksichtigung spezieller Randbedingungen,

$$\max_{\Omega_h} |\epsilon_h| \leq \max_{\partial\Omega_h} |\epsilon_h| + Ch^2 \|R_h\|_\infty.$$

Bei Dirichlet-Randbedingungen gilt, dass $\epsilon_h|_{\partial\Omega_h} = 0$, woraus mit (3.18) sofort (3.24) folgt.

Für homogene Neumann-Randbedingungen bei unsymmetrischer Diskretisierung, siehe (3.9), erhält man

$$\max_{\partial\Omega_h} |\epsilon_h| \leq \frac{1}{2}h^2 \|u^{(2)}\|_\infty,$$

also ebenfalls einen Term $\mathcal{O}(h^2)$. Damit ist auch (3.25) gezeigt. □

Bemerkung 3.8. Bei *einspringenden Ecken* ist i. A. $u \notin C^4(\overline{\Omega})$. Deshalb verschlechtert sich in allen Abschätzungen, die den Faktor $\|u^{(4)}\|_\infty$ enthalten, die Konvergenzordnung zu $\mathcal{O}(h^{1+\alpha})$ mit $\alpha < 1$ (hier ohne Beweis).

3.3 Diskretisierung auf nichtäquidistanten Gittern

Poisson-Probleme tauchen als Unterprobleme in vielen Fragestellungen aus Naturwissenschaft und Technik auf, z. B. in der Fluiddynamik (siehe Kapitel 2.2), dort allerdings meist in Verbindung mit komplizierten Randgeometrien. Außerdem beschreiben die Diffusionskoeffizienten $\sigma(x)$ oder die rechten Seiten $f(x)$ oft ausgeprägt *lokalisierte* Effekte für $x \in \Omega$, die man zur hinreichend genauen Darstellung fein auflösen möchte, während in anderen Bereichen eine grobe Diskretisierung mit entsprechend weniger Variablen völlig genügen würde. In beiden Fällen benötigt man nichtäquidistante Gitter, um eine problemangepasste Anzahl an Unbekannten und damit tolerable Rechenzeiten zu erreichen. Im Folgenden wollen wir untersuchen, wie Differenzenverfahren mit dieser Anforderung fertig werden.

3.3.1 Eindimensionaler Spezialfall

Der wesentliche Effekt nichtäquidistanter Diskretisierungen bei Differenzenmethoden zeigt sich bereits am eindimensionalen Fall, den wir deshalb hier genauer ausführen wollen.

Sei $\Omega_h = \{x_1 < x_2 < \cdots < x_N\}$ mit Zwischenpunkten $x_{i+1/2} := \frac{1}{2}(x_i + x_{i+1})$. In realen Anwendungen muss der Laplace-Operator meist mit einem ortsabhängigen (materialabhängigen) *Diffusionskoeffizienten* $\sigma(x) > 0$ ergänzt werden gemäß

$$\Delta u \to \operatorname{div}(\sigma(x)\nabla u).$$

Dabei weist σ häufig Unstetigkeiten (Sprünge) auf, siehe Aufgabe 3.5. Eine symmetrische Diskretisierung dieses Differentialoperators geht auf Pearson [182] zurück:

$$\operatorname{div}(\sigma\nabla u)|_{x_i} \approx \frac{\sigma(x_{i+1/2})u'(x_{i+1/2}) - \sigma(x_{i-1/2})u'(x_{i-1/2})}{x_{i+1/2} - x_{i-1/2}},$$

$$u'(x_{i\pm1/2}) \approx \frac{u_{i\pm1} - u_i}{x_{i\pm1} - x_i}.$$

So ergibt sich eine Diskretisierung mit nichtuniformen 3-*Punkte-Sternen*

$$\operatorname{div}(\sigma\nabla u)|_{x_i} \approx \alpha_i u_{i+1} - \gamma_i u_i + \beta_i u_{i-1}$$

mit

$$\alpha_i = \frac{2\sigma(x_{i+1/2})}{(x_{i+1} - x_{i-1})(x_{i+1} - x_i)} > 0,$$

$$\beta_i = \frac{2\sigma(x_{i-1/2})}{(x_{i+1} - x_{i-1})(x_i - x_{i-1})} > 0,$$

$$\gamma_i = \alpha_i + \beta_i > 0$$

schreiben. Die resultierende Matrix A_h hat bei homogenen Dirichlet-Randbedingungen ($u_0 = u_{N+1} = 0$) die Tridiagonalgestalt

$$\begin{bmatrix} \gamma_1 & -\alpha_1 & & \\ -\beta_2 & \gamma_2 & \ddots & \\ & \ddots & \ddots & -\alpha_{N-1} \\ & & -\beta_N & \gamma_N \end{bmatrix}. \tag{3.26}$$

Eine vernünftige Diskretisierung sollte, auch bei nichtäquidistanten Gittern, die symmetrische Struktur des Differentialoperators an die Matrix A_h vererben. Aus der Forderung $A_h^T = A_h$ folgt dann sofort $\alpha_i = \beta_{i+1}$, was für die Pearson-Diskretisierung bedeutet:

$$\frac{2\sigma(x_{i+1/2})}{(x_{i+1} - x_{i-1})(x_{i+1} - x_i)} = \frac{2\sigma(x_{i+1/2})}{(x_{i+2} - x_i)(x_{i+1} - x_i)}.$$

Daraus ergibt sich die Bedingung

$$x_{i+2} - x_{i+1} = x_i - x_{i-1},$$

die zwei ineinandergehängte äquidistante Gitter mit i. A. verschiedenen Gitterweiten charakterisiert. Schreiben wir die Bedingung mit um 1 reduziertem Index darunter und addieren, so erhalten wir

$$x_{i+2} - x_i = x_i - x_{i-2}.$$

Wir sind also wieder bei einem *äquidistanten* Gitter (über jedem zweiten Knoten) gelandet. Und dies bereits im $\mathbb{R}^1$ auf Grund der schlichten Forderung nach Symmetrie der entstehenden Steifigkeitsmatrix!

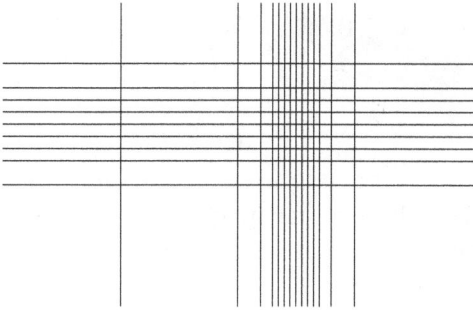

Abb. 3.4: Lokale Gitterverfeinerung erstreckt sich bei Tensorproduktgittern weit über den gewünschten Bereich hinaus.

Tensorproduktgitter

Eine Übertragung von Raumdimension $d = 1$ auf $d > 1$ erfolgt in der Regel durch Tensorprodukte. Bei nichtäquidistanten Diskretisierungen tritt dabei das Problem auf, dass sich lokal verfeinerte Gitter bis an den Rand des Gebietes fortsetzen, siehe Abb. 3.4. Als Konsequenz wird die Knotenanzahl höher, als dies zur ausreichend genauen Darstellung der Lösung notwendig wäre. Hinzu kommt die unerwünschte Störung der Symmetrie, die wir oben (in einer Raumdimension) herausgearbeitet haben und die uns zurückwirft auf *äquidistante* Gitter.

3.3.2 Krumme Ränder

Die Darstellung von krummlinigen Rändern ist für Differenzenmethoden eine technische Herausforderung, die wohlüberlegt sein will. Wir gehen aus von einer Situation (in 2D) wie in Abb. 3.5 dargestellt.

Dirichlet-Randbedingungen

Schneidet der Rand $\partial\Omega$ den 5-Punkte-Stern um u_0 zwischen u_0 und u_1 in $u_{1'}$ mit einem Abstand von ξh von u_0, so bieten sich abhängig von ξ drei verschiedene Modifikationen des 5-Punkte-Sterns an.

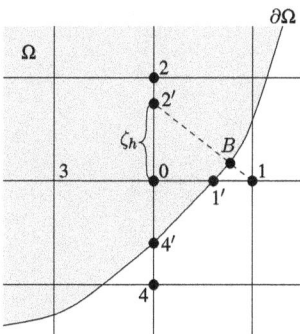

Abb. 3.5: Bezeichnung von Hilfspunkten für Differenzenmethoden an krummen Rändern.

Lineare Interpolation für den Innenpunkt u_0 ($\xi < \frac{1}{2}$). Die Situation ist in Abb. 3.6, links, dargestellt. Mit

$$u_0 = u_3 + \frac{1}{1+\xi}(u_{1'} - u_3) = \frac{\xi}{1+\xi}u_3 + \frac{1}{1+\xi}u_{1'}$$

lässt sich u_0 bis auf $\mathcal{O}(h^2)$ durch u_3 und den bekannten Randwert $u_{1'}$ ausdrücken und in den 5-Punkte-Stern mit Zentrum u_3 einsetzen. Analog verfährt man für den Stern um u_2, indem man u_0 durch u_2 und $u_{4'}$ ausdrückt.

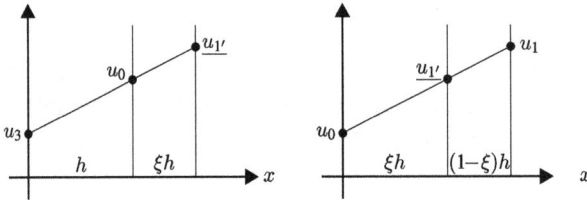

Abb. 3.6: Lineare Interpolation an Innenpunkten (links) bzw. Randpunkten (rechts) zur Anpassung des diskretisierten Laplace-Operators an krumme Ränder.

Lineare Interpolation für den Randpunkt $u_{1'}$ ($\xi > \frac{1}{2}$). Die Situation ist in Abb. 3.6, rechts, dargestellt. Bis auf $\mathcal{O}(h^2)$ erhalten wir

$$u_{1'} = u_0 + \xi(u_1 - u_0),$$

woraus sich die Darstellung

$$u_1 = \frac{1}{\xi}(u_{1'} - (1 - \xi)u_0)$$

ergibt, die sich in den 5-Punkte-Stern um u_0 einsetzen lässt.

Shortley–Weller-Approximation. Bei diesem Typ von Randapproximation greifen wir auf die Pearson-Diskretisierung im Fall $d = 1$ (hier für $\sigma = 1$) zurück: In (3.26) hatten wir in Zeile i den nichtuniformen 3-Punkte-Stern definiert durch die Koeffizienten

$$[-\beta_i, \gamma_i, -\alpha_i],$$

worin

$$\alpha_i = \frac{2}{h_E(h_W + h_E)}, \quad \beta_i = \frac{2}{h_W(h_W + h_E)}, \quad \gamma_i = \alpha_i + \beta_i = \frac{2}{h_W h_E},$$

mit den Bezeichnungen W/E für West/East und

$$h_W = x_i - x_{i-1}, \quad h_E = x_{i+1} - x_i.$$

Zur Erweiterung auf $d = 2$ addieren wir die beiden 3-Punkte-Sterne in x- und y-Richtung im Stil von (3.2) und führen entsprechend h_N, h_S mit N/S für Nord/Süd ein. So erhalten wir einen nichtuniformen 5-*Punkte-Stern* der Form

$$\begin{bmatrix} & \frac{-2}{h_N(h_N+h_S)} & \\ \frac{-2}{h_W(h_W+h_E)} & (\frac{2}{h_W h_E} + \frac{2}{h_N h_S}) & \frac{-2}{h_E(h_W+h_E)} \\ & \frac{-2}{h_S(h_N+h_S)} & \end{bmatrix}.$$

Setzt man hierin alle h-Werte gleich, so erhält man den 5-Punkte-Stern im uniformen Fall, siehe (3.2). Eine Übertragung dieser Methode auf $d > 2$ sollte klar sein, obwohl einem dabei die Himmelsrichtungen ausgehen.

Neumann-Randbedingungen

Durch lineare Interpolation gemäß

$$u_{2'} = u_0 + \zeta(u_2 - u_0)$$

und Euler-Diskretisierung der Normalenableitung gemäß

$$0 = n^T \nabla u = \frac{u_1 - u_{2'}}{\sqrt{1 + \zeta^2 h}} + \mathcal{O}(h)$$

lässt sich u_1 in Abhängigkeit von u_0 und u_2 ausdrücken:

$$u_1 = u_1(u_0, u_2) + \mathcal{O}(h^2).$$

Damit lässt sich der 5-Punkte-Stern um u_0 ähnlich modifizieren, wie oben für Dirichlet-Randbedingungen ausgeführt [97]. Diese Approximation ist zwar einfach implementierbar, jedoch relativ ungenau, weil weder die Position des Randpunktes B noch der unbekannte Randwert $u(B)$ (siehe Abb. 3.5) in die Formel eingeht.

Patching

Die Analyse dieses Kapitels gibt eine Reihe von klaren Hinweisen darauf, dass sich Differenzenmethoden nur dann gut zur Diskretisierung elliptischer Differentialgleichungen eignen, wenn
(a) äquidistante Gitter dem Problem angemessen sind und
(b) das Rechengebiet Ω eine hinreichend einfache Gestalt hat.

Als Kompromiss zwischen komplizierter Geometrie und Uniformität der Gitter haben sich spezielle *Gebietszerlegungsmethoden* etabliert, bei denen einzelne Teilgebiete (engl. *patches*) mit lokal äquidistanten Gittern, aber zu unterschiedlichen Gitterweiten eingeführt werden. Die geschickte Aneinanderfügung dieser unterschiedlichen Gitter im Prozess der Lösung der auftretenden strukturierten Gleichungssysteme bedarf sorgfältiger Überlegung, siehe etwa Kapitel 7.1.4.

Randangepasste Gitter

Insbesondere bei Problemen der Strömungsdynamik hat sich die Berechnung rand-angepasster Gitter (engl. *boundary fitted grids*) aus guten Gründen etabliert, siehe Kapitel 2.2.3. Wir gehen hier nicht ins Detail, sondern geben lediglich eine Idee der Methode in Abb. 3.7.

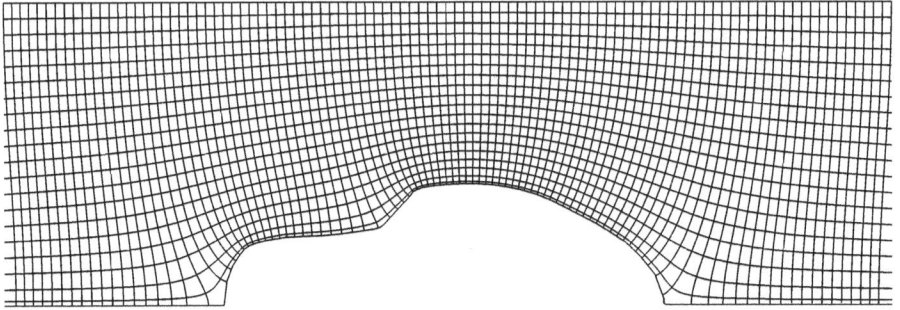

Abb. 3.7: Randangepasstes Gitter um ein Auto. (In zwei Raumdimensionen ist es billiger.)

3.4 Übungsaufgaben

Aufgabe 3.1. In Kapitel 3.1.1 haben wir die Diskretisierung von Neumann-Randbedingungen mit Differenzenmethoden dargestellt. Übertragen Sie die Herleitung auf die Diskretisierung von Robin-Randbedingungen und diskutieren Sie Diskretisierungsfehler und Struktur der auftretenden Matrix. (Raumdimension $d = 2$ genügt.)

Aufgabe 3.2. Studieren Sie die Diskretisierung von Dirichlet-Randbedingungen bei L-Gebieten mit einspringendem rechten Winkel analog zur Darstellung in Kapitel 3.1.1 bezüglich der Struktur der auftretenden Matrix. (Raumdimension $d = 2$ genügt.)

Aufgabe 3.3. Gegeben sei die Matrix A_h, die durch symmetrische Randdiskretisierung bei Neumann-Randbedingungen entsteht (siehe Kapitel 3.1.1). Beweisen Sie, dass für die Eigenwerte λ dieser Matrix zumindest gilt:

$$\Re\lambda \geq 0.$$

Hinweis: Satz von Gerschgorin.

Aufgabe 3.4. Wir betrachten die Helmholtz-Gleichung

$$-\Delta u + cu = f \quad \text{in }]0,1[^2$$

mit homogenen Dirichlet-Randbedingungen. Zeigen Sie, dass im unkritischen Fall $c > 0$ bei uniformer Finite-Differenzen-Diskretisierung die Approximationsordnung

$\|\epsilon_h\|_\infty = \mathcal{O}(h^2)$ erreicht wird. Gilt dies auch für den kritischen Fall $c < 0$? Untersuchen Sie den Fall, dass einer der Eigenwerte des Problems „nahe" an 0 liegt.

Aufgabe 3.5. *Taupunkt.* Bei der Außenisolierung eines Hauses ist die Lage des sogenannten Taupunktes unbedingt zu berücksichtigen. Das ist gerade derjenige Punkt, an dem Wasserdampf zu Wasser kondensiert. Um Feuchtigkeitsschäden am tragenden Mauerwerk zu vermeiden, sollte dieser außerhalb des Mauerwerks liegen. In Abb. 3.8 haben wir die Situation schematisch dargestellt. Als mathematisches Modell bietet sich eine eindimensionale stationäre Wärmeleitungsgleichung mit vorgegebener negativer Außentemperatur und positiver Innentemperatur an.

Welche Stärke sollte die Isolation haben, damit die Wand trocken bleibt? Setzen Sie für die Ziegelmauer von 20 cm Stärke eine Wärmeleitfähigkeit von 1 W/K/m an, für den 3 mm dicken Luftspalt 0.026 W/K/m. Als Dämmstoff werde Schaumpolystyrol mit einer Wärmeleitfähigkeit von 0.04 W/K/m verwendet. Die Wärmeübergangszahl an der Innenseite sei 2 W/K/m^2, an der Außenseite dagegen 25 W/K/m^2. Bei einer relativen Raumluftfeuchtigkeit von 50 % tritt bei 9.3°C Kondensation auf. Vernachlässigen Sie Änderungen des Wasserdampfdrucks.

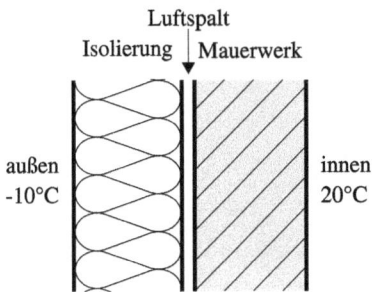

Abb. 3.8: Außenisolierung von Hauswänden.

4 Galerkin-Methoden

Wie das vorangegangene Kapitel beschäftigt sich auch dieses Kapitel mit der *numerischen* Lösung partieller Differentialgleichungen. Während jedoch die in Kapitel 3 dargestellten Differenzenmethoden mathematisch mit relativ elementaren Mitteln zu untersuchen und zu verstehen sind, verlangen die hier behandelten Galerkin-Methoden ein mathematisch etwas anspruchsvolleres Rüstzeug, insbesondere die Funktionalanalysis von Sobolevräumen. Anfangsgründe hierzu haben wir in Anhang A.5 zusammengestellt.

Galerkin-Methoden kommen in zwei typischen Formen vor, als *globale* Galerkin-Methoden (Spektralmethoden, siehe Kapitel 4.2) sowie als *lokale* Galerkin-Methoden (Finite-Elemente-Methoden, siehe Kapitel 4.3 und 4.4). Im ersten Teilkapitel erläutern wir zunächst den Begriff der „schwachen" Lösung, der allen Galerkin-Methoden zugrunde liegt.

4.1 Allgemeines Schema

Zur Vereinfachung der Darstellung gehen wir wieder von

$$- \Delta u = f \qquad (4.1)$$

aus, wobei wir die Randbedingungen noch offen lassen. Die Lösung u muss aus dem Funktionenraum $C^2(\Omega) \cap C(\overline{\Omega})$ sein. Sie heißt auch *starke* Lösung, denn die Regularitätsforderung ist so stark, dass in vielen Situationen eine solche Lösung gar nicht existiert. Im Folgenden wollen wir daher den Lösungsbegriff auf weniger glatte Funktionen verallgemeinern, was zu *schwachen* Lösungen führt.

4.1.1 Schwache Lösungen

Die starke Formulierung (4.1) gilt natürlich auch, wenn wir sie punktweise mit einer Testfunktion v multiplizieren: $-(\Delta u)v = fv$. Aus Anhang A.3 holen wir uns den 1. Greenschen Satz (A.7) für skalare Funktionen $u, v \in C^2(\Omega)$. Wenn wir dort linke und rechte Seite vertauschen, gelangen wir zu

$$\int_\Omega \nabla u^T \nabla v \, dx - \int_{\partial\Omega} v n^T \nabla u \, ds = \int_\Omega (-\Delta u) v \, dx.$$

Sei nun u Lösung der oben definierten Poisson-Gleichung, dann gilt also:

$$\int_\Omega \nabla u^T \nabla v \, dx - \int_{\partial\Omega} v n^T \nabla u \, ds = \int_\Omega f v \, dx.$$

https://doi.org/10.1515/9783110689655-004

Wenn wir zusätzlich noch annehmen, dass für u und v auf einem Teilrand $\partial\Omega_D$ homogene Dirichlet-Randbedingungen und auf dem Rest $\partial\Omega_N = \partial\Omega\backslash\partial\Omega_D$ homogene Neumann-Randbedingungen gelten, so dass das zweite Integral auf der linken Seite verschwindet, dann gilt sogar:

$$\int_\Omega \nabla u^T \nabla v \, dx = \int_\Omega fv \, dx. \tag{4.2}$$

Diese Beziehung ist überraschend: Während wir in der Formulierung (4.1) offenbar nur Funktionen $u \in C^2(\Omega) \cap C(\overline{\Omega})$ zulassen können, genügt in der Darstellung (4.2) die wesentlich schwächere Bedingung $u, v \in H^1(\Omega)$ mit dem Sobolevraum (siehe Anhang A.5)

$$H^1(\Omega) = \{v \in L^2(\Omega) : \nabla v \in L^2(\Omega)\}.$$

Durch die Wahl von $u, v \in H_0^1(\Omega)$ mit

$$H_0^1(\Omega) = \{v \in H^1(\Omega) : v|_{\partial\Omega_D} = 0\}$$

können wir dabei die Einhaltung der Dirichlet-Randbedingungen erzwingen. Die hergeleiteten Beziehungen werden üblicherweise kürzer geschrieben. Dazu definieren wir eine symmetrische Bilinearform, das *Energieprodukt*:

$$a(u, v) = \int_\Omega \nabla u^T \nabla v \, dx, \quad u, v \in H_0^1(\Omega). \tag{4.3}$$

Der Name rührt von der Tatsache her, dass das Funktional $a(u, u)$ physikalisch als Energie interpretiert werden kann, was die Bezeichnung *Energienorm* für

$$\|u\|_a = a(u, u)^{\frac{1}{2}}, \quad u \in H_0^1(\Omega)$$

rechtfertigt. Des Weiteren interpretieren wir für $f \in L^2(\Omega)$ den Ausdruck

$$\int_\Omega fv \, dx$$

als Anwendung eines linearen Funktionals $f \in H_0^1(\Omega)^*$ auf $v \in H_0^1(\Omega)$ und verwenden dafür auch die Notation $\langle f, v \rangle$ der dualen Paarung. Mit diesen Bezeichnungen schreibt sich (4.2) nun in der Form

$$a(u, v) = \langle f, v \rangle \quad \text{für alle } v \in H_0^1(\Omega). \tag{4.4}$$

Diese Gleichung bzw. (4.2) wird als schwache Formulierung der partiellen Differentialgleichung (4.1) bezeichnet, entsprechend eine Lösung $u \in H_0^1(\Omega)$ von (4.4) als *schwache* Lösung.

Die Bilinearform (4.3) induziert sofort einen symmetrischen, positiv definiten Operator $A : H_0^1(\Omega) \to H_0^1(\Omega)^*$ durch

$$\langle Au, v \rangle = a(u, v) \quad \text{für alle } u, v \in H_0^1(\Omega),$$

so dass (4.4) äquivalent auch als Gleichung in $H_0^1(\Omega)^*$ geschrieben werden kann:

$$Au = f. \tag{4.5}$$

Abhängig vom Einsatzzweck ist die Notation (4.4) oder (4.5) einfacher; wir werden beide je nach Kontext gleichwertig verwenden.

Die Grundidee von Galerkin-Methoden besteht nun darin, den unendlichdimensionalen Raum $H^1(\Omega)$ durch einen endlichdimensionalen Teilraum, den *Ansatzraum* V_h, zu ersetzen, d. h. die kontinuierliche Lösung u durch eine diskrete Lösung u_h zu approximieren:

$$u \in H^1(\Omega) \quad \to \quad u_h \in V_h \subset H^1(\Omega). \tag{4.6}$$

Hierbei bedeutet der Index h die „Feinheit" der Diskretisierung, charakterisiert durch eine Gitterweite h oder eine Anzahl N von Freiheitsgraden. Die Idee (4.6) wird realisiert, indem man die schwache Formulierung (4.4) durch eine *diskrete schwache Formulierung* ersetzt:

$$a(u_h, v_h) = \langle f, v_h \rangle, \quad \text{für alle } v_h \in V_h \subset H_0^1(\Omega). \tag{4.7}$$

Um dieses System zu lösen, nehmen wir an, dass $V_h = \text{span}\{\varphi_1, \ldots, \varphi_N\}$. Also lässt sich u_h wie folgt entwickeln:

$$u_h(x) = \sum_{i=1}^N a_i \varphi_i(x) = a_h^T \varphi(x), \quad x \in \Omega,$$

wobei $\varphi^T = (\varphi_1, \ldots, \varphi_N)$ die gewählten Basisfunktionen oder *Ansatzfunktionen* und $a_h^T = (a_1, \ldots, a_N)$ die unbekannten Koeffizienten bezeichne. Setzen wir nun $v_h = \varphi_i$ nacheinander für $i = 1, \ldots, N$ in (4.7) ein, so erhalten wir wegen der Bilinearität von $a(\cdot, \cdot)$ zunächst

$$\sum_{i=1}^N a_i a(\varphi_i, \varphi_j) = \langle f, \varphi_j \rangle, \quad j = 1, \ldots, N.$$

Definieren wir noch den Vektor $f_h \in \mathbb{R}^N$ der rechten Seite und die Matrix $A_h = (A_{ij})$ durch

$$f_h^T = (\langle f, \varphi_1 \rangle, \ldots, \langle f, \varphi_N \rangle), \quad A_h = (A_{ij}) = (a(\varphi_i, \varphi_j)), \tag{4.8}$$

so lässt sich obige Beziehung in Kurzform schreiben als *lineares Gleichungssystem*

$$A_h a_h = f_h. \tag{4.9}$$

Die Berechnung von A_h, f_h nach (4.8) wird meist als *Assemblierung* bezeichnet. Sie ist oft rechenintensiver als die Lösung des Gleichungssystems (4.9).

Im Vergleich mit Differenzenmethoden (siehe Kapitel 3) können wir allgemein feststellen, dass die oben definierte Matrix A_h per Konstruktion *symmetrisch* und, je nach Randbedingungen, zugleich *positiv definit* bzw. *semidefinit* ist, und zwar unabhängig von der Wahl der Basis.

4.1.2 Ritz-Minimierung für Randwertprobleme

Eine zu (4.4) alternative Formulierung führt über das *Variationsfunktional*

$$\Phi(v) := \frac{1}{2}a(v,v) - \langle f,v \rangle.$$

Für dieses Funktional gilt nämlich eine wichtige *Minimierungseigenschaft*.

Satz 4.1. *Sei u Lösung der Poisson-Gleichung* (4.1). *Dann gilt*

$$\Phi(u) \leq \Phi(v) \quad \text{für alle } v \in H^1(\Omega). \tag{4.10}$$

Beweis. Sei u klassische Lösung von (4.1) zu homogenen Dirichlet- oder Neumann-Randbedingungen. Mittels der klassischen Lagrangeschen Einbettung $v = u + \epsilon\delta u$ mit $\epsilon > 0$ und $\delta u \in H^1(\Omega)$ gilt

$$\begin{aligned}
\Phi(u + \epsilon\delta u) &= \frac{1}{2}a(u + \epsilon\delta u, u + \epsilon\delta u) - \langle f, u + \epsilon\delta u \rangle \\
&= \frac{1}{2}a(u,u) + \epsilon a(\delta u, u) + \frac{1}{2}\epsilon^2 a(\delta u, \delta u) - \langle f, u \rangle - \epsilon\langle f, \delta u \rangle \\
&= \Phi(u) + \epsilon\underbrace{\langle -\Delta u - f, \delta u \rangle}_{=0} + \frac{1}{2}\epsilon^2 \underbrace{\langle -\Delta\delta u, \delta u \rangle}_{\geq 0} \\
&\geq \Phi(u).
\end{aligned}$$

Hierbei haben wir berücksichtigt, dass der Operator $-\Delta$ positiv symmetrisch ist. $\qquad\square$

Das in Satz 4.1 dargestellte Minimierungsprinzip, oft auch als *Variationsprinzip* bezeichnet, liefert zugleich „natürliche" Randbedingungen.

Satz 4.2. *Falls* $u \in C^2(\Omega) \cap C(\overline{\Omega})$ *Minimierer des Variationsfunktionals*

$$\Phi(u) = a(u,u) + \int_{\partial\Omega} \left(\tfrac{1}{2}\alpha u^2 - \beta u \right) ds - \langle f, u \rangle \tag{4.11}$$

und damit auch Lösung der schwachen Formulierung

$$a(u,v) + \int_{\partial\Omega} \alpha u v \, ds = \langle f, v \rangle + \int_{\partial\Omega} \beta v \, ds \quad \text{für alle } v \in H^1(\Omega), \tag{4.12}$$

ist, so ist es auch Lösung der Poisson-Gleichung

$$-\Delta u = f$$

zu der Robin-Randbedingung

$$n^T \nabla u + \alpha u = \beta.$$

Beweis. Zunächst wenden wir wieder den Satz von Green (A.7) auf (4.12) an und erhalten

$$0 = \int_\Omega (\nabla v^T \nabla u - fv)\, dx + \int_{\partial\Omega} (\alpha u - \beta)v\, ds$$

$$= -\int_\Omega (\Delta u + f)v\, dx + \int_{\partial\Omega} (n^T \nabla u + \alpha u - \beta)v\, ds. \tag{4.13}$$

Es ist nun zu zeigen, dass die Integranden fast überall null sind, wenn obige Integrale einzeln verschwinden. Dazu wählen wir zunächst für einen Punkt im Innern, $\xi \in \Omega$, eine nichtverschwindende Testfunktion v mit Träger in einer Kugel $B(\xi; \epsilon)$. Im Grenzfall $\epsilon \to 0$ verschwinden die Randintegrale aus (4.13) rascher als die Gebietsintegrale, so dass wir aufgrund der Stetigkeit von u schließlich $-(\Delta u + f) = 0$ in Ω erhalten.

Anschließend wählen wir für einen Randpunkt $\xi \in \partial\Omega$ eine Testfunktion v mit einem Träger der Länge ϵ entlang des Randes $\partial\Omega$ und der Breite ϵ^2 ins Gebiet Ω hinein; diesmal streben die Gebietsintegrale in (4.13) schneller gegen 0 als die Randintegrale. Im Grenzfall $\epsilon \to 0$ erhalten wir deshalb die Robin-Randbedingung

$$n^T \nabla u + \alpha u - \beta = 0. \qquad \qquad \square$$

Für $d > 1$ müssen Funktionen $u \in H^1(\Omega)$ nicht mehr stetig sein (siehe den Sobolevschen Einbettungssatz A.14 in Anhang A.5), so dass die Wohldefiniertheit des Randintegrals in (4.11) zunächst unklar ist. Im Unterschied zu $L^2(\Omega)$ genügt jedoch die höhere Regularität von $H^1(\Omega)$, um die Restriktion $u|_{\partial\Omega}$ auf den Rand, auch bekannt als "Spur", sinnvoll zu definieren. Somit können durch (4.11) auch schwache Lösungen für Robin-Randbedingungen charakterisiert werden.

Spezielle Randbedingungen

Entfallen in (4.13) die Randintegrale ($\alpha = \beta = 0$), so bleibt die *homogene Neumann-Randbedingung*

$$n^T \nabla u = \left.\frac{\partial u}{\partial n}\right|_{\partial\Omega} = 0$$

übrig, die deshalb oft auch als *natürliche Randbedingung* bezeichnet wird. Sowohl die Neumann-Randbedingung als auch die allgemeinere Robin-Randbedingung führen zwangsläufig zur Verwendung des Raums $H^1(\Omega)$.

Für $\alpha \rightarrow \infty$ erhält man *homogene Dirichlet-Randbedingungen*, in der Variationsrechnung oft auch als *wesentliche* oder *essentielle Randbedingungen* im Unterschied zu den natürlichen Randbedingungen bezeichnet. Damit der Grenzübergang Sinn macht, muss der Raum eingeschränkt werden auf $H_0^1(\Omega)$. Für $\alpha, |\beta| \rightarrow \infty$ mit β/α = const erhält man *inhomogene Dirichlet-Randbedingungen*, die sich durch Homogenisierung wie in Bemerkung 1.1 auf den homogenen Fall zurückführen lassen.

Alternativ lassen sich inhomogene Dirichlet-Randbedingungen $u|_{\partial\Omega_D} = u_D$ auch ohne Homogenisierung als Gleichungs-Nebenbedingungen zur Ritz-Minimierung des Variationsfunktionals Φ auffassen. Mit dem Spuroperator T erhalten wir

$$\min_{u \in H^1(\Omega)} \Phi(u) \quad \text{unter der Nebenbedingung} \quad Tu = u_D. \tag{4.14}$$

Die Existenz von Lösungen hängt auch hier wieder an der Regularität von u_D: Die zulässige Menge $\{u \in H^1(\Omega) \mid Tu = u_D\}$ darf offenbar nicht leer sein.

Die Optimierungstheorie hält drei wesentliche Herangehensweisen an solche gleichungsbeschränkten Minimierungsprobleme bereit:
- Der Nullraumansatz formuliert (4.14) als unbeschränktes Minimierungsproblem $\min_{u \in V_0} \Phi(u)$ im affinen Unterraum $V_0 = \{u \in H^1(\Omega) \mid Tu = u_D\}$. Erfüllt $u_0 \in H^1(\Omega)$ die Nebenbedingung, so lässt sich der Nullraum als $V_0 = u_0 + \ker T$ und das Minimierungsproblem als $\min_{\delta u \in \ker T} \Phi(u_0 + \delta u)$ schreiben, was genau der Homogenisierung nach Bemerkung 1.1 entspricht.
- Die näherungsweise Erzwingung der Gleichungsbedingung durch einen quadratischen Strafterm:

$$\min_{u \in H^1(\Omega)} \Phi(u) + \frac{\alpha}{2} \|Tu - u_D\|_{L^2(\Omega)}^2. \tag{4.15}$$

Hier erkennen wir die Robin-Randbedingung zu $\beta = \alpha u_D$ wieder. Für $\alpha \rightarrow \infty$ konvergiert der Minimierer gegen die Lösung des Randwertproblems. Durch den Strafterm kann die Änderung des Raumes auf $H_0^1(\Omega)$ entfallen, dies wird jedoch durch für $\alpha \rightarrow \infty$ zunehmend schlecht konditionierte Probleme erkauft.
- Die notwendigen Optimalitätsbedingungen als Satz A.21 von Karush–Kuhn–Tucker garantieren die Existenz eines Lagrange-Multiplikators λ auf $\partial\Omega_D$, so dass

$$\Phi'(u) - T^*\lambda = 0 \tag{4.16}$$

gilt. Durch den zusätzlichen linearen Term $T^*\lambda$ wird das Variationsfunktional so gekippt, dass der *unbeschränkte* Minimierer gerade im Lösungspunkt angenommen wird. Die simultane Bestimmung von u und λ führt jedoch auf ein Sattelpunktproblem und ist entsprechend schwieriger als die konvexe Minimierung der anderen Ansätze. In manchen Anwendungsgebieten erfreut sich dieser Ansatz dennoch großer Beliebtheit, weil λ eine direkte physikalische Interpretation besitzt oder die Sattelpunktproblematik im Vergleich zur Schwierigkeit des gesamten Problems nicht ins Gewicht fällt. Dies ist etwa bei Mortar-Methoden [239] für mechanische Kontaktprobleme der Fall, wo λ die Rolle einer Randkraftverteilung spielt.

Sprungbedingungen an inneren Kanten

In vielen praktischen Problemen treten Materialsprünge auf. Dies führt z. B. zu einem modifizierten Poisson-Problem mit unstetigem Diffusionskoeffizienten σ. In diesem Fall ist an Unstetigkeitskanten eine „natürliche innere Randbedingung" zu beachten.

Korollar 4.3. *Betrachtet werde ein Poisson-Problem über der Vereinigung zweier Gebiete, $\Omega = \mathrm{int}(\overline{\Omega}_1 \cup \overline{\Omega}_2)$, mit gemeinsamem Rand $\Gamma = \overline{\Omega}_1 \cap \overline{\Omega}_2$. Der Koeffizient sei unstetig gemäß*

$$\sigma(x) = \sigma_1, \quad x \in \Omega_1, \quad \sigma(x) = \sigma_2, \quad x \in \Omega_2.$$

Sei u Lösung der schwachen Formulierung

$$a(u,v) + \int_{\partial\Omega} \alpha u v \, ds = \langle f, v \rangle + \int_{\partial\Omega} \beta v \, dx \quad \text{für alle } v \in H^1(\Omega)$$

für das Energieprodukt

$$a(u,v) = \int_{\Omega_1} \nabla u^T \sigma_1 \nabla v \, dx + \int_{\Omega_2} \nabla u^T \sigma_2 \nabla v \, dx$$

und den Quellterm $f \in L^2(\Omega)$. Dann ist es auch Lösung der Poisson-Gleichung

$$- \mathrm{div}(\sigma \nabla u) = f \quad \text{in } \Omega$$

zu der Robin-Randbedingung

$$n^T \sigma \nabla u + \alpha u = \beta \quad \text{auf } \partial\Omega$$

und der Flussbedingung

$$[\![n^T \sigma \nabla u]\!]_\Gamma = 0 \tag{4.17}$$

mit der Bezeichnung

$$[\![g]\!]_\Gamma (x) = \lim_{\epsilon \to 0} n^T \big(g(x + \epsilon n) - g(x - \epsilon n) \big).$$

Man beachte, dass die Definition des *Sprunges* $[\![g]\!]_\Gamma$ unabhängig von der Orientierung der Normalen n auf Γ ist.

Der Beweis verläuft analog zum Beweis von Satz 4.2 und ist deshalb als Aufgabe 4.9 gestellt. Der Term $\sigma \nabla u$ heißt „Fluss"; die Bedingung (4.17) legt die *Stetigkeit der Flüsse in Normalenrichtung* fest, woraus sich ihr Name herleitet. Da für jedes Gebiet Ω die Zerlegung in Ω_1 und Ω_2 derart gewählt werden kann, dass die Normale des gemeinsamen Randes Γ in beliebige Richtung zeigt, sind auch die Flüsse selbst stetig.

Diskretes Minimierungsproblem

Die Grundidee $H^1(\Omega) \to V_h \subset H^1(\Omega)$ wird in diesem Rahmen realisiert, indem wir das unendlichdimensionale Minimierungsproblem (4.10) durch ein endlichdimensionales Minimierungsproblem ersetzen, d. h.

$$\Phi(u) = \min_{v \in H^1(\Omega)} \Phi(v) \to \Phi(u_h) = \min_{v_h \in V_h} \Phi(v_h).$$

Mit den oben eingeführten Bezeichnungen für die Vektoren a_h, f_h und die Matrix A_h können wir dann schreiben

$$\Phi(u_h) = \frac{1}{2} a_h^T A_h a_h - f_h^T a_h = \min.$$

Da die Matrix A_h symmetrisch positiv definit bzw. semidefinit ist, ergibt sich als Bedingung für das Minimum schließlich das schon aus (4.9) wohlbekannte lineare Gleichungssystem

$$A_h a_h = f_h.$$

Approximationseigenschaften

Das Verhältnis der *Galerkin-Approximation* u_h zur schwachen Lösung u ist für Randwertprobleme in dem folgenden Satz zusammengefasst.

Satz 4.4. *Sei u_h diskrete Lösung von (4.7) und u schwache Lösung von (4.4). Dann gilt:*
1. *Orthogonalität:*

$$a(u - u_h, v_h) = 0 \quad \text{für alle } v_h \in V_h, \tag{4.18}$$

2. *Minimaleigenschaft:*

$$a(u - u_h, u - u_h) = \min_{v_h \in V_h} a(u - v_h, u - v_h). \tag{4.19}$$

Beweis. Zum Beweis der Orthogonalitätsbeziehung zeigen wir

$$a(u - u_h, v_h) = a(u, v_h) - a(u_h, v_h)$$
$$= \langle f, v_h \rangle - \langle f, v_h \rangle = 0.$$

Die Minimaleigenschaft ist dann eine direkte Folge:

$$a(u - v_h, u - v_h)$$
$$= a(u - u_h + u_h - v_h, u - u_h + u_h - v_h)$$
$$= a(u - u_h, u - u_h) - 2a(u - u_h, u_h - v_h) + a(u_h - v_h, u_h - v_h)$$
$$= a(u - u_h, u - u_h) + a(u_h - v_h, u_h - v_h)$$
$$\geq a(u - u_h, u - u_h). \qquad \square$$

Eine graphische Interpretation dieses einfachen und dennoch zentralen Satzes ist in Abb. 4.1 gegeben. Ersetzt man in Abb. 4.1 den unendlichdimensionalen Raum $H^1(\Omega)$ durch einen endlichdimensionalen „feineren" und damit größeren Raum $V_{h'} \supset V_h$, so gelten Orthogonalität und Projektionseigenschaft analog. Dies führt zu einem für die Entwicklung von adaptiven Algorithmen wichtigen Hilfsresultat.

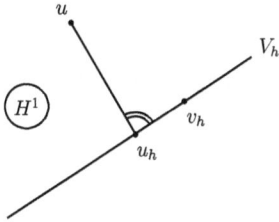

Abb. 4.1: Geometrische Interpretation von Satz 4.4: Orthogonalitätsbeziehung von $u_h, v_h \in V_h \subset H^1(\Omega)$ und $u \in H^1(\Omega)$ bezüglich des Energieproduktes.

Korollar 4.5. *Sei $V_{h'} \supset V_h$ und seien $u_{h'}, u_h$ die zugehörigen Galerkin-Approximationen. Dann gilt:*

$$a(u_{h'} - u, u_{h'} - u) = a(u_h - u, u_h - u) - a(u_{h'} - u_h, u_{h'} - u_h). \qquad (4.20)$$

Der Beweis folgt im Detail demjenigen von Satz 4.4.

Bemerkung 4.6. Aus gutem Grunde wollen wir hier die Aufmerksamkeit auf ein unterscheidendes Merkmal von *Hilberträumen* gegenüber *Banachräumen* richten: Die Reduktion geeignet gewählter Fehlernormen bei Erweiterung des Ansatzraumes, hier speziell für Energienorm und $H^1(\Omega)$ gemäß (4.20) aufgeführt, gilt nur in Hilberträumen. Sie gilt nicht generell in Banachräumen, sondern dort allenfalls asymptotisch, wobei jedoch unklar ist, ab welchem Index die Asymptotik einsetzt.

Vergleich schwache Formulierung gegen Ritz-Minimierung

Offenbar sind für das obige einfache elliptische Randwertproblem die beiden Diskretisierungszugänge – über die schwache Formulierung (Kapitel 4.1.1) bzw. über die Ritz-Minimierung (Kapitel 4.1.2) – äquivalent. Für manche Probleme ist jedoch der eine Weg besser geeignet als der andere. So führt etwa die Helmholtz-Gleichung im kritischen Fall wegen der Indefinitheit des Spektrums nicht zu einem Minimierungsproblem, weil eben $\Phi''(u)$ hierbei indefinit ist. Eine schwache Formulierung lässt sich jedoch immer noch interpretieren als Problem der Bestimmung eines *stationären Punktes*, weil das lineare System gerade die Bedingung $\Phi'(u) = 0$ darstellt. Bei anderen Problemen hingegen ist die Minimierungsmethode vorzuziehen, wie etwa bei Hindernisproblemen, die sich als nichtdifferenzierbare Minimierungsprobleme auffassen lassen (als weiterführende Literatur hierzu empfehlen wir [115]).

Verschiedene Galerkin-Diskretisierungen unterscheiden sich nur in der Wahl der Basis $\{\varphi_k\}$. Wählt man globale Basen, so ergeben sich *Spektralmethoden*, die wir in

Kapitel 4.2 darstellen wollen. Wählt man lokale Basen, so ergeben sich als prominenteste Realisierung *Finite-Elemente-Methoden*, die wir in Kapitel 4.3 und 4.4 behandeln werden. Vorab wollen wir jedoch noch einen genaueren Blick auf schwache Lösungen in Verbindung mit Eigenwertproblemen werfen.

4.1.3 Rayleigh–Ritz-Minimierung für Eigenwertprobleme

In diesem Teilkapitel betrachten wir nur *selbstadjungierte* Eigenwertprobleme, der Einfachheit halber unter Dirichlet-Randbedingungen

$$Au = \lambda u, \quad u \in H_0^1(\Omega), \quad A^* = A.$$

Für solche Probleme ist das Eigenwertspektrum reell und diskret, mehrfache Eigenwerte sind möglich. Seien die Eigenwerte nummeriert gemäß $\lambda_1 \le \lambda_2 \le \cdots$. Für *Poisson-Probleme* (vergleiche (1.8)) gilt speziell

$$0 < \lambda_1^P < \lambda_2^P < \cdots,$$

für *Helmholtz-Probleme im kritischen Fall* (vergleiche (1.31)) gilt

$$-k^2 < \lambda_1^H < \cdots < \lambda_m^H \le 0 < \lambda_{m+1}^H < \cdots$$

für ein von k^2 abhängiges m, wobei $\lambda_n^H = \lambda_n^P - k^2$. Die Berechnung der Eigenwerte λ_n^H kann in diesem einfachen Fall auf die Berechnung der Eigenwerte λ_n^P zurückgeführt werden. Die zugehörigen (gemeinsamen) Eigenvektoren bilden ein Orthogonalsystem bezüglich des L^2-Skalarproduktes. Treten nur positive Eigenwerte auf, wie beim Poisson-Problem, so bilden die Eigenvektoren auch bezüglich des Energieprodukts ein Orthogonalsystem. Im indefiniten oder semidefiniten Fall ist das Energieprodukt jedoch kein Skalarprodukt mehr, so dass sich Orthogonalität darüber nicht definieren lässt.

Gehen wir über zu schwachen Lösungen $u_h \in V_h \subset H_0^1$, so erhalten wir endlichdimensionale diskrete Eigenwertprobleme der Form

$$a(u_h, v_h) = \lambda_h \langle u_h, v_h \rangle \quad \text{für alle } v_h \in V_h \in H_0^1(\Omega),$$

wobei $a(\cdot, \cdot)$ das von A erzeugte Energieprodukt bezeichnet. Durch Einsetzen einer Basis erhalten wir daraus algebraische Eigenwertprobleme der endlichen Dimension $N = \dim(V_h)$ von der Form

$$A_h u_h = \lambda_h M_h u_h, \quad A_h^* = A_h, \tag{4.21}$$

worin M_h die symmetrisch positiv definite Massenmatrix bezeichnet. Die diskreten Eigenvektoren bilden ein Orthogonalsystem bezüglich des diskreten Energieproduktes ebenso wie des Skalarproduktes $\langle M_h \cdot, \cdot \rangle_h$, wobei $\langle \cdot, \cdot \rangle_h$ das endlichdimensionale euklidische Produkt darstellt.

Zur numerischen Lösung dieser Probleme gibt es zwei prinzipielle Zugänge. Der erste behandelt das lineare Problem (4.21) als unterbestimmtes lineares Gleichungssystem für u_h mit einem Parameter λ_h, der geeignet zu bestimmen ist, siehe auch Kapitel 7.4.1. Dieser Zugang hat sich jedoch wegen der damit verbundenen Berechnung des Kerns von $A_h - \lambda_h M_h$ in schwierigen Anwendungsproblemen als nicht ausreichend robust herausgestellt; deshalb wollen wir ihn in diesem Buch nur am Rande weiterverfolgen.

Rayleigh-Quotienten-Minimierung

Der zweite Zugang greift auf Satz 1.6 zurück. Der Einfachheit halber setzen wir wieder Dirichlet-Randbedingungen voraus: Nach (1.15) gilt dann

$$\lambda_1 = \min_{u \in H_0^1} \frac{a(u,u)}{\langle u,u \rangle} = \frac{a(u_1,u_1)}{\langle u_1,u_1 \rangle}.$$

Man beachte, dass dies auch im indefiniten Fall gültig ist, obwohl das Energieprodukt kein Skalarprodukt bildet.

Durch Übergang zur schwachen Formulierung gilt analog

$$\lambda_{1,h} = \min_{u_h \in V_h} \frac{a(u_h,u_h)}{\langle u_h,u_h \rangle} = \frac{a(u_{1,h},u_{1,h})}{\langle u_{1,h},u_{1,h} \rangle}, \tag{4.22}$$

beziehungsweise in der algebraischen Form

$$\lambda_{1,h} = \min_{u_h \in \mathbb{R}^N} \frac{\langle A_h u_h, u_h \rangle_h}{\langle M_h u_h, u_h \rangle_h} = \frac{\langle A_h u_{1,h}, u_{1,h} \rangle_h}{\langle M_h u_{1,h}, u_{1,h} \rangle_h}.$$

Die Funktion $u_{1,h} \in V_h$ interpretieren wir natürlich als Galerkin-Approximation der Eigenfunktion u_1. Da $V_h \subset H_0^1$, folgt über die Minimaleigenschaft sofort

$$\lambda_1 \leq \lambda_{1,h}. \tag{4.23}$$

Berechnung von Eigenwert-Clustern

Zur *sequentiellen* Berechnung der m kleinsten Eigenwerte $\lambda_1, \ldots, \lambda_m$ scheint sich zunächst Formel (1.16) in schwacher Formulierung anzubieten, also

$$\lambda_{m,h} = \min_{v_h \in V_{m-1,h}^{\perp}} \frac{\langle A v_h, v_h \rangle}{\langle v_h, v_h \rangle}. \tag{4.24}$$

Diese Form ist jedoch auch als Ausgangsbasis zur *simultanen* Approximation der m Eigenwerte sowie des zugehörigen invarianten Unterraums der Eigenfunktionen nützlich, was offenbar unabhängig 1980 von Longsine/McCormick [158] und in einer ausgefeilteren Version 1982 von Döhler [84] vorgeschlagen wurde. Bezeichne

$$U_{m,h} = (u_{1,h}, \ldots, u_{m,h}) \quad \text{mit } U_{m,h}^T M_h U_{m,h} = I_m$$

die spaltenorthogonale (N, m)-Matrix der gesuchten diskreten Eigenfunktionen und $\Lambda_h = \text{diag}(\lambda_{1,h}, \ldots, \lambda_{m,h})$ die Diagonalmatrix der gesuchten diskreten Eigenwerte. Damit lässt sich das zugehörige algebraische Eigenproblem im invarianten Unterraum schreiben als

$$A_h U_{m,h} = M_h U_{m,h} \Lambda_h. \tag{4.25}$$

Um also die Eigenfunktionen zu berechnen, betrachten wir $U_{m,h}$ als Unbekannte und minimieren die Spur der (m, m)-Matrix

$$\min_{U_{m,h}^T M_h U_{m,h} = I_m} \text{tr}(U_{m,h}^T A_h U_{m,h}) = \text{tr}\, \Lambda_h. \tag{4.26}$$

Für selbstadjungierte Eigenwertprobleme werden auf diese Weise gerade die m kleinsten Eigenwerte herausgefiltert. Es sei ausdrücklich darauf hingewiesen, dass bei „dicht liegenden" Eigenwerten das Problem der Berechnung einzelner Eigenwerte und zugehöriger Eigenvektoren schlechtkonditioniert ist, während die Berechnung des invarianten Unterraumes gutkonditioniert ist (vergleiche etwa Band 1, Kapitel 5.1 oder das klassische Lehrbuch zur numerischen linearen Algebra von Golub/van Loan [111]).

4.2 Spektralmethoden

Diese Methodik ist weit verbreitet in der theoretischen Physik und Chemie sowie in den Ingenieurwissenschaften [53, 54]. Anstelle der Bezeichnung V_h für den allgemeinen Ansatzraum führen wir die Bezeichnung

$$S_N = \text{span}\{\varphi_1, \ldots, \varphi_N\}$$

ein, die hier in natürlicher Weise mit der Anzahl N der Ansatzfunktionen indiziert ist. Als globale Basen werden meist Orthogonalsysteme herangezogen. Für Feinheiten ihrer effizienten numerischen Berechnung verweisen wir auf Band 1, Kapitel 6.

Tensorprodukt-Ansatz. Mehrdimensionale Spektralmethoden werden fast ausnahmslos über einen Tensorprodukt-Ansatzraum

$$S_N = \prod_{j=1}^{d} S^j,$$

realisiert, wobei jeder Teilraum S^j nur über Raumdimension $d_j = 1$ definiert ist. Dem entspricht ein Separationsansatz der Form

$$S^j = \text{span}\{\phi_1^j, \ldots, \phi_{N_j}^j\}, \quad S_N = \text{span}\left\{\phi(x) = \prod_{j=1}^{d} \phi_{k_j}^j(x_j) : 1 \le k_j \le N_j\right\}. \tag{4.27}$$

Offenbar gilt dann

$$N = N_1 \cdots N_d.$$

Für allgemeine Rechtecksgebiete im $\mathbb{R}^d$ wird man Produkte von eindimensionalen Orthogonalpolynomen als Basen wählen. Für Kreisgebiete im $\mathbb{R}^2$ eignen sich Produkte aus trigonometrischen Polynomen und Zylinderfunktionen, für Kugelgebiete im $\mathbb{R}^3$ entsprechend Kugelfunktionen (d. h. Produkte aus trigonometrischen Funktionen und Legendre-Polynomen, vergleiche Band 1, Kapitel 6).

4.2.1 Realisierung mit Orthogonalsystemen

Für die Darstellung in diesem Teilkapitel erweitern wir die oben als Muster herangezogene Poisson-Gleichung zu einer etwas allgemeineren (linearen) elliptischen Differentialgleichung. Dazu betrachten wir den in einem Hilbertraum H definierten Operator $A : H \rightarrow H^*$ ein, den wir als *symmetrisch positiv definit* voraussetzen; A ist also die Verallgemeinerung des Operators $-\Delta$.

Entwicklung nach Eigenfunktionen

Seien $\{\varphi_k\}$ die Eigenfunktionen von A. Bei geeigneter Normierung bilden sie eine *Orthonormalbasis*. Nach Voraussetzung sind alle Eigenwerte λ_n positiv.

Im *stationären* Fall

$$Au = f$$

lässt sich wegen der Vollständigkeit von H die rechte Seite f darstellen als

$$f = \sum_{k=1}^{\infty} f_k \varphi_k \quad \text{mit } f_k = \langle f, \varphi_k \rangle.$$

Hierin bezeichnet $\langle \cdot, \cdot \rangle$ die duale Paarung für H^*, H. Auch die kontinuierliche Lösung lässt sich entwickeln gemäß

$$u = \sum_{k=1}^{\infty} a_k \varphi_k, \quad \text{wobei} \quad \langle \varphi_k, \varphi_n \rangle = \delta_{kn}. \tag{4.28}$$

Als Galerkin-Ansatz wählen wir deshalb

$$u_N = \sum_{k=1}^{N} a_k \varphi_k.$$

Einsetzen dieser Entwicklungen in die Differentialgleichung liefert

$$Au = \sum_{k=1}^{N} a_k A\varphi_k = \sum_k a_k \lambda_k \varphi_k.$$

Wegen der Orthogonalität der φ_k gilt

$$0 = \langle Au - f, \varphi_n \rangle = \left\langle \sum_{k=1}^{N} \langle a_k \lambda_k - f_k \rangle \varphi_k, \varphi_n \right\rangle = a_n \lambda_n - f_n$$

für alle n. Bei Kenntnis der ersten N Eigenwerte erhält man daraus die ersten N Koeffizienten

$$a_n = \frac{f_n}{\lambda_n}, \quad n = 1, \ldots, N.$$

Diese Koeffizienten hängen offenbar nicht vom Abbrechindex N ab.

Im *zeitabhängigen* Fall gehen wir von der *parabolischen* Differentialgleichung

$$u_t = -Au$$

aus. Der übliche Separationsansatz

$$u(x, t) = \sum_{k=1}^{\infty} a_k(t) \varphi_k(x)$$

führt, durch Einsetzen der Entwicklung, zu

$$\sum_{k} a_k' \varphi_k\big|_{k=1}^{\infty} = u_t = -Au = -\sum_{k} a_k A\varphi_k = -\sum_{k=1}^{\infty} a_k \lambda_k \varphi_k.$$

Wegen der Orthogonalität der φ_k erhält man daraus unendlich viele *entkoppelte* gewöhnliche Differentialgleichungen:

$$a_k' = -\lambda_k a_k.$$

Die Entwicklung des Anfangswerts $u(x, 0)$ nach Eigenfunktionen liefert die nötigen Anfangswerte

$$a_k(0) = \langle u(x, 0), \varphi_k(x) \rangle.$$

Auch diese Werte hängen nicht vom Abbrechindex N ab. Wir erhalten somit als Galerkin-Approximation die diskrete Lösung

$$u_N(x, t) = \sum_{k=1}^{N} a_k(0) e^{-\lambda_k t} \varphi_k(x).$$

Für realistische Probleme in den Naturwissenschaften ist die numerische Lösung des Eigenwertproblems zu A in der Regel aufwändiger als die Lösung des Randwertproblems für u. Eine Ausnahme bildet die Behandlung von gestörten Operatoren $A_1 + \varepsilon A_2$, siehe Aufgabe 4.5. Im Normalfall wird jedoch die unbekannte Lösung nach allgemeineren Orthogonalbasen $\{\varphi_k\}$ entwickelt, was wir als Nächstes untersuchen wollen.

Entwicklung nach allgemeinen Orthogonalbasen

Hier gehen wir von Entwicklungen nach allgemeinen Orthonormalbasen aus, etwa trigonometrischen Funktionen, Zylinderfunktionen oder Kugelfunktionen.

Wir betrachten zunächst den *stationären*, also elliptischen Fall $Au = f$. Für die rechte Seite f existiert eine Entwicklung mit Koeffizienten

$$f_k = \langle f, \varphi_k \rangle.$$

Der endlichdimensionale Ansatz

$$u_N = \sum_{k=1}^{N} a_k \varphi_k$$

führt dann auf

$$\langle Au, \varphi_n \rangle = \sum_{k=1}^{N} a_k \langle A\varphi_k, \varphi_n \rangle, \quad n = 1, \ldots, N.$$

Wie in Kapitel 4.1 definieren wir eine Matrix A_h mit Elementen $A_{ij} = \langle \varphi_i, A\varphi_j \rangle$ sowie Vektoren $f_h^T = (f_1, \ldots, f_N)$, $a_h^T = (a_1, \ldots, a_N)$. Damit erhalten wir, analog zu (4.9), das lineare (N, N)-Gleichungssystem

$$A_h a_h = f_h. \tag{4.29}$$

Die Matrix A_h ist, wie nach dem einführenden Kapitel 4.1 nicht anders erwartet, symmetrisch positiv definit bzw. semidefinit. Im hier betrachteten Fall hängen allerdings die Koeffizienten a_h in der Regel vom Abbrechindex N ab, so dass wir genauer $a_k^{(N)}$ schreiben sollten an Stellen, wo dies eine Rolle spielt.

Im *zeitabhängigen*, also parabolischen Fall $u_t = -Au$ machen wir wieder den üblichen Separationsansatz

$$u(x, t) = \sum_{k} a_k(t) \varphi_k(x).$$

Mit den oben eingeführten Bezeichnungen erhalten wir daraus das *gekoppelte* lineare Differentialgleichungssystem

$$a_h' = -A_h a_h. \tag{4.30}$$

Man beachte, dass dieses System *explizit* in den Ableitungen ist, im Unterschied zum Fall bei Finite-Elemente-Methoden, den wir im nachfolgenden Kapitel 4.3 behandeln werden. Das Differentialgleichungssystem ist im Allgemeinen „steif" (vgl. dazu etwa unsere kurze Einführung in Kapitel 9.1 im Zusammenhang mit parabolischen Differentialgleichungen oder die ausführlichere Behandlung für gewöhnliche Differentialgleichungen in Band 2). In der Konsequenz sind, bei vorgegebener Zeitschrittweite τ, lineare Gleichungssysteme der Bauart

$$(I + \tau A_h) a_h = \tau g_h$$

mit einer hier nicht näher spezifizierten rechten Seite g_h numerisch zu lösen. Man beachte, dass die oben auftretende Matrix $I + \tau A_h$ für $\tau > 0$ symmetrisch positiv definit ist.

Berechnung der Integrale

Der Hauptaufwand bei der Lösung von (4.29) bzw. (4.30) liegt in der Berechnung der Integrale $\langle \varphi_i, A\varphi_j \rangle$ bzw. $\langle f, \varphi_i \rangle$. Bei unspezifischer Wahl der Basis ist die Matrix A_h *vollbesetzt*. Für die üblichen Orthonormalbasen gilt jedoch neben $\langle \varphi_i, \varphi_k \rangle = \delta_{ik}$ noch die weitere Beziehung

$$\varphi_i' \in \text{span}\{\varphi_{i-2}, \ldots, \varphi_{i+2}\},$$

was zum Verschwinden von gewissen Teilblöcken in A_h führen kann. Auf dieser Basis können durch Vorüberlegungen häufig zahlreiche Nullelemente vorab ausgeschieden werden, so dass eine gekoppelte Blockstruktur entsteht. Die ausreichend genaue Approximation der nichtverschwindenden Elemente in Matrix und rechter Seite führt uns zum Thema „numerische Quadratur", das wir in Band 1, Kapitel 9, ausführlich behandelt haben, allerdings nur für den Fall $d = 1$. Dieser Fall reicht jedoch in der Regel aus, weil Spektralmethoden meist über Tensorprodukträumen realisiert werden, siehe (4.27) weiter oben. Bei geschickter Wahl der Orthogonalbasis kann Gauß–Christoffel-Quadratur (siehe Band 1, Kapitel 9.3) gewinnbringend eingesetzt werden.

Lösung der linearen Gleichungssysteme

Sobald die Matrix A_h und die rechte Seite f_h berechnet sind, ist – im stationären wie im zeitabhängigen Fall – ein lineares (N, N)-Gleichungssystem mit symmetrisch positiv definiter Matrix zu lösen. Im Spezialfall der Fourier-Spektralmethoden lassen sich die erzeugten Gleichungssysteme mit Methoden der schnellen Fouriertransformation (engl. *Fast Fourier Transform*, abgekürzt: FFT) mit einem Aufwand $\mathcal{O}(N \log N)$ lösen, siehe etwa Band 1, Kapitel 7.2. Für andere Basen wendet man standardmäßig die Cholesky-Zerlegung für vollbesetzte bzw. blockstrukturierte Matrizen an, die wir in Band 1, Kapitel 1.4, dargestellt haben und die wir deshalb hier nicht weiter diskutieren. Wenn jedoch die Spektralmethoden eine hohe Anzahl N von Freiheitsgraden haben, verbrauchen Cholesky-Löser zu viele Operationen pro Elimination, z. B. $\mathcal{O}(N^3)$ im vollbesetzten Fall. *Diese Eigenschaft ist ein definitiver Nachteil von Spektralmethoden.* Für sehr große N verwendet man deshalb *vorkonditionierte konjugierte Gradienten-Verfahren*, siehe etwa Band 1, Kapitel 8.3 und 8.4 oder Kapitel 5.3.2 weiter unten in diesem Buch; dabei kommt der Wahl eines effizienten Vorkonditionierers zentrale Bedeutung zu.

Abbrechindex

Eine ökonomische Wahl des Abbrechindex N ist besonders wichtig, sowohl bezüglich der Anzahl zu berechnender Elemente in A_h, f_h als auch bezüglich der Größe der zu lösenden Gleichungssysteme. Deshalb werden wir dieser Frage in Kapitel 4.2.3 sorgfältig nachgehen; dazu benötigen wir die nun folgende Approximationstheorie.

4.2.2 Approximationstheorie

Natürlich stellt sich die Frage, wie sich der Diskretisierungsfehler $\|u - u_N\|$ in einer geeignet gewählten Norm in Abhängigkeit vom Abbrechindex N verhält. Als Muster für unsere Darstellung wählen wir die folgende geringfügige Modifikation der Poisson-Gleichung

$$-\operatorname{div}\sigma(x)\nabla u = f, \quad x \in \Omega, \tag{4.31}$$

mit dazu passenden Robin-Randbedingungen

$$\sigma(x)n^T\nabla u + \alpha(x)u = \beta, \quad x \in \partial\Omega, \tag{4.32}$$

wobei $\sigma(x) \geq \sigma_{\min} > 0$ sowie $\alpha(x) \geq 0$ vorausgesetzt ist; der Koeffizient σ ist physikalisch interpretierbar als *Diffusionskoeffizient*. Für diese Gleichung erhält man anstelle von (4.3) das Energieprodukt

$$a(u,v) = \int_\Omega \sigma(x)\nabla u^T\nabla v\,dx, \quad u,v \in H^1(\Omega).$$

Es induziert die dazu passende Energienorm $\|\cdot\|_a$. Mit diesen Definitionen gilt Satz 4.2 unverändert.

Mit Blick auf die Tatsache, dass Spektralmethoden in der Regel über Tensorprodukträumen realisiert werden, siehe (4.27), beschränken wir uns im Folgenden auf die Behandlung des eindimensionalen Falls, d. h. wir studieren nur Approximationsfehler von $u_h^j(x_j)$ für separierte Variable $x_j \in \mathbb{R}^1$ und lassen den Index j weg.

Fourier–Galerkin-Methoden

Zur Vereinfachung der Darstellung wählen wir als Gebiet das Intervall $\Omega = \,]-1, 1[$ in (4.31), mit homogenen Dirichlet-Randbedingungen $u(-1) = u(1) = 0$ anstelle der Robin-Randbedingungen (4.32). Sei $u \in C^s(\overline{\Omega})$ periodische Funktion mit (komplexer) Fourierdarstellung

$$u = \sum_{k=-\infty}^{\infty} \gamma_k e^{ik\pi x}, \quad \gamma_{-k} = \overline{\gamma}_k \in \mathbb{C}.$$

Dies legt eine Spektralmethode in Fourierreihen über dem Ansatzraum

$$S_N = \left\{ v = \sum_{k=-N}^{k=N} \gamma_k e^{ik\pi x} : \gamma_{-k} = \overline{\gamma}_k \in \mathbb{C} \right\}$$

nahe. Für $\sigma \equiv$ const wären wir schon fertig, weil in diesem Fall die Fourierentwicklung gerade die Eigenfunktionsentwicklung ist. Für den Fall $\sigma = \sigma(x) \neq$ const lässt sich der Approximationsfehler abschätzen wie folgt.

Satz 4.7. *Sei $u \in C^s(\overline{\Omega})$ periodische Lösung der Gleichung (4.31) zu homogenen Dirichlet-Randbedingungen. Sei*

$$u_N = \sum_{k=-N}^{N} c_k^{(N)} e^{ik\pi x}, \quad c_{-k}^{(N)} = \overline{c}_k^{(N)} \in \mathbb{C}$$

die zugehörige Fourier–Galerkin-Approximation. Dann gilt in der Energienorm

$$\|u - u_N\|_a \le \frac{C_s}{N^{s-3/2}}. \tag{4.33}$$

Beweis. Wir verwenden die Minimaleigenschaft (4.19) in der Energienorm. Als Vergleichsfunktion wählen wir die abgebrochene Fourierreihe der Lösung, also

$$v_N = \sum_{k=-N}^{N} \gamma_k e^{ik\pi x}, \quad \gamma_{-k} = \overline{\gamma}_k \in \mathbb{C}.$$

Dann gilt:

$$\|u - u_N\|_a^2 \le \|u - v_N\|_a^2 = \left\| \sum_{|k|>N} \gamma_k e^{ik\pi x} \right\|_a^2 = a(u - v_N, u - v_N)$$

$$= \int_{-1}^{1} \sum_{|k|>N} \left((ik\pi)\gamma_k e^{ik\pi x} \right)^2 dx$$

$$\le \pi^2 \int_{-1}^{1} \sum_{|k|>N} k^2 |\gamma_k|^2 dx.$$

Aus Anhang A.1 ziehen wir die Eigenschaft

$$|\gamma_k| \le \frac{M_s}{k^{s+1}}, \quad M_s = \max_{x \in \Omega} |u^{(s)}|$$

heran und erhalten so die Abschätzung (Rechteckssumme ist Untersumme des Integrals bei monoton fallendem Integranden)

$$\|u - u_N\|_a^2 \le 2\pi^2 M_s^2 \sum_{k=N+1}^{\infty} \frac{1}{k^{2s-2}} \le 2\pi^2 M_s^2 \int_{k=N}^{\infty} \frac{1}{k^{2s-2}} \, dk = \frac{C_s^2}{N^{2s-3}}$$

mit der Bezeichnung

$$C_s = \pi M_s \sqrt{\frac{2}{2s-3}}.$$

Das ist gerade (4.33). □

Bemerkung 4.8. Für *analytische* Funktionen (also $u \in C^\omega(\overline{\Omega})$) lässt sich die folgende Abschätzung herleiten:

$$\|u - u_N\|_{L^2(\Omega)} \leq \text{const}\,\rho^N, \quad \rho = e^{-\sigma} < 1. \tag{4.34}$$

Der Beweis greift auf Mittel der Funktionentheorie zurück (siehe Henrici [128]), die wir hier jedoch nicht voraussetzen können.

Satz 4.9. *Sei* $u \in C^N(\overline{\Omega})$ *mit* $\Omega = {]}{-}1,1{[}$ *eine Lösung der Gleichung* (4.31) *mit Robin-Randbedingungen* (4.32) *und* $u_N \in S_N$ *die zugehörige Galerkin-Approximation. Dann gilt:*

$$\|u - u_N\|_a \leq \sqrt{2(1+\alpha)}\,\frac{\|u^{(N)}\|_{L^\infty(\Omega)}}{N!}\left(\frac{1}{2}\right)^{N-1}. \tag{4.35}$$

Beweis. Wir gehen aus von der Energienorm für Robin-Randbedingungen

$$\|u - v\|_a^2 = \int_{-1}^{1}(u' - v')^2 \mathrm{d}x + \alpha(u(-1) - v(-1))^2 + \alpha(u(1) - v(1))^2.$$

Hierin wählen wir eine Funktion v, für die sich eine gute Abschätzung des Interpolationsfehlers ergibt. Mit Blick auf das Integral sei $v' \in P_{N-1}$ interpolierende Funktion zu u' an N Tschebyscheff-Knoten (vgl. Band 1, Kapitel 7.1, Satz 7.19). Den noch übrigen Freiheitsgrad für $v \in P_N$ legen wir durch die Bedingung

$$u(\xi) = v(\xi), \quad \xi \in [-1, 1]$$

fest, wobei wir uns die Wahl von ξ noch offen halten. Dann gilt

$$\|u' - v'\|_{L^\infty(\Omega)} \leq \frac{\|u^{(N)}\|_{L^\infty(\Omega)}}{N!}\left(\frac{1}{2}\right)^{N-1},$$

$$|u(1) - v(1)| = \left|\int_{\xi}^{1}(u' - v')\mathrm{d}x\right| \leq (1 - \xi)\frac{\|u^{(N)}\|_{L^\infty(\Omega)}}{N!}\left(\frac{1}{2}\right)^{N-1}$$

sowie

$$|u(-1) - v(-1)| = \left|-\int_{\xi}^{-1}(u' - v')\,\mathrm{d}x\right| \leq (1 + \xi)\frac{\|u^{(N)}\|_{L^\infty(\Omega)}}{N!}\left(\frac{1}{2}\right)^{N-1}.$$

Einsetzen liefert

$$\|u - v\|_a^2 \leq (2 + 2\alpha(1 + \xi^2))\left(\frac{\|u^{(N)}\|_{L^\infty(\Omega)}}{N!}\left(\frac{1}{2}\right)^{N-1}\right)^2.$$

Offensichtlich erhält man die beste Abschätzung für die Wahl $\xi = 0$, was obiges Resultat bestätigt. □

Wir könnten uns hier nun auf die spezielle Gevrey-Funktionenklasse $\mathcal{G}_1$ einschränken, für die gilt:

$$\frac{\|u^{(N)}\|_{L^\infty(\Omega)}}{N!} \leq \text{const}, \quad u \in \mathcal{G}_1.$$

Dann ergäbe sich anstelle von (4.35) eine Formel ähnlich wie (4.34) mit dem speziellen Wert $\rho = 0.5$. Allerdings ist $\mathcal{G}_1$ leider *nicht* durch die Bedingung

$$\frac{\|u^{(N)}\|_{L^\infty(\Omega)}}{N!} \approx \text{const}$$

charakterisiert, was ihre Brauchbarkeit in adaptiven numerischen Algorithmen deutlich reduziert.

Spektralmethoden für andere Orthogonalsysteme

Die *Tschebyscheff–Galerkin-Methode* leitet sich aus der Fourier–Galerkin-Methode her durch die Transformation $x = \cos y$. Als optimale Interpolationspunkte wählt man natürlich die Tschebyscheff-Knoten, siehe Band 1, Kapitel 7.1.4, definiert durch

$$x_i = \cos\left(\frac{2i + 1}{2N + 2}\pi\right) \quad \text{für } i = 0, \ldots, N.$$

Als Konsequenz erhält man eine Abschätzung analog zu (4.33). Auch die Verwendung von *Legendre-Polynomen* führt auf vergleichbare Abschätzungen, siehe etwa die Überblicksarbeit [114] von Gottlieb, Hussaini und Orszag.

Bewertung

Globale Galerkin-Methoden bzw. Spektralmethoden sind relativ beliebt, weil sie ziemlich einfach zu implementieren sind im Vergleich mit den lokalen Methoden, die wir im folgenden Kapitel 4.3 darstellen werden. Abhängig vom Gebiet können verschiedene *Tensorprodukt-Ansätze* geeignet gewählt werden. Dies ist allerdings zugleich ihr wesentlichster Nachteil: Sie sind in ihrer Effizienz eingeschränkt auf relativ einfache Gebiete und Funktionen ohne stark lokalisierte Phänomene, d. h. sie eignen sich nur begrenzt für solche Probleme der Natur- und Ingenieurwissenschaften, bei denen mehrere Zeit- und Raumskalen zu überstreichen sind. Darüber hinaus zeigt sich in der Anwendung die exponentielle Konvergenz häufig nur unzureichend, siehe auch die Form der Abschätzung (4.35), die ja in ausreichend komplexen, praktisch relevanten Aufgaben eine nicht überblickbare Abhängigkeit vom Abbrechindex N aufweist.

4.2.3 Adaptive Spektralmethoden

Wesentlich für die Effizienz von Spektralmethoden ist die abgestimmte Wahl einer für das Problem geeigneten Basis im Zusammenspiel mit dem *Abbrechindex N*, der Anzahl der Terme der Entwicklung. Hier hat sich bei nicht wenigen komplexen Anwendungsproblemen aus Naturwissenschaft und Technik eine gewisse Sorglosigkeit eingeschlichen. Sie führt dann zu optisch schönen „Lösungen", die aber dennoch zu ungenau bis schlichtweg falsch sind. In der Tat muss der Abbrechindex *N* einerseits klein genug sein, dass der Aufwand der Methode vertretbar bleibt (dieser Aspekt wird in der Regel beachtet), andererseits aber auch groß genug, damit eine gewünschte Approximationsgüte erzielt wird (dieser Aspekt wird allzu oft übergangen). Deswegen stellen wir hier eine Möglichkeit vor, wie ein „vernünftiger" Kompromiss realisiert werden kann.

Bezeichne N^* den angestrebten „optimalen" Abbrechindex, bei dem die Approximation u_{N^*} in etwa eine vorgeschriebene Genauigkeit erzielt, d. h.

$$\epsilon_{N^*} = \|u_{N^*} - u\| \approx \text{TOL} \tag{4.36}$$

für eine vorab gewählte Fehlertoleranz TOL und eine *problemangepasste* Norm $\|\cdot\|$. Zur Schätzung von N^* sind die folgenden algorithmischen Bausteine nötig:

(a) *Schachtelung von Ansatzräumen:* Anstelle eines Ansatzraumes mit fester Dimension N ist eine Schachtelung von Ansatzräumen *variabler Dimension*

$$N < N' < N'' \quad \Rightarrow \quad S_N \subset S_{N'} \subset S_{N''}$$

zur Berechnung von sukzessive genaueren Approximationen

$$u_N, \; u_{N'}, \; u_{N''}$$

zu realisieren.

(b) *A-posteriori-Fehlerschätzer:* Man benötigt eine numerisch einfach zugängliche Schätzung $[\epsilon_N]$ des Abbruchfehlers ϵ_N. Dieser kann aus der Projektionseigenschaft von Galerkin-Verfahren gewonnen werden. Bezeichnen wir mit

$$\|\epsilon\|_a^2 = a(\epsilon, \epsilon)$$

die *Energienorm*, so gilt nach (4.20) die Beziehung

$$\|u_N - u\|_a^2 = \|u_N - u_{N'}\|_a^2 + \|u_{N'} - u\|_a^2.$$

Unter der (algorithmisch nachträglich zu rechtfertigenden) Annahme

$$\|u_{N'} - u\|_a \ll \|u_N - u\|_a$$

ist

$$[\epsilon_N] = \|u_N - u_{N'}\|_a \approx \|u_N - u\|_a$$

ein brauchbarer Fehlerschätzer. Damit ersetzen wir (4.36) algorithmisch durch die Bedingung

$$[\epsilon_N] \approx \text{TOL}. \tag{4.37}$$

(c) *Approximationstheorie:* Die oben dargestellte Theorie des Abbrechfehlers liefert (vergleiche (4.34) oder mit Einschränkungen auch (4.35))

$$\epsilon_N \approx C\rho^N \tag{4.38}$$

mit einem problemabhängigen Faktor $\rho < 1$, falls u hinreichend glatt ist. Offenbar sind hier die zwei unbekannten Größen C, ρ aus algorithmisch verfügbaren Daten des Problems zu schätzen und daraus ein Vorschlag für N^* abzuleiten.

Mit diesen Bausteinen konstruieren wir nun einen Algorithmus zur *adaptiven Bestimmung von N*. Aus den drei berechneten Approximationen zu den sukzessiven Indizes $N < N' < N''$ gewinnt man die beiden Fehlerschätzer

$$[\epsilon_N] = \|u_N - u_{N''}\|_a \approx \|u_N - u\|_a \approx C\rho^N \tag{4.39}$$

und

$$[\epsilon_{N'}] = \|u_{N'} - u_{N''}\|_a \approx \|u_{N'} - u\|_a \approx C\rho^{N'}$$

und aus ihrem Verhältnis eine numerische Schätzung für ρ:

$$\frac{[\epsilon_{N'}]}{[\epsilon_N]} \approx \rho^{N'-N} \quad \Rightarrow \quad \rho \approx [\rho] := \left(\frac{[\epsilon_{N'}]}{[\epsilon_N]}\right)^{\frac{1}{N'-N}}.$$

Unter der generischen Annahme $[\epsilon_{N'}] < [\epsilon_N]$ ist $[\rho] < 1$ gewährleistet. Beiderseitiges Logarithmieren liefert

$$\log[\rho] = \frac{1}{N' - N} \log \frac{[\epsilon_{N'}]}{[\epsilon_N]}$$

Fasst man (4.37) und (4.39) zusammen, so erhält man

$$\frac{\text{TOL}}{[\epsilon_N]} \approx \rho^{N^*-N},$$

woraus sich eine Schätzung für N^* ergibt zu

$$N^* - N = \log \frac{\text{TOL}}{[\epsilon_N]} / \log[\rho].$$

Zusammenfassung der hergeleiteten Formeln liefert den folgenden auswertbaren Vorschlag für einen „optimalen" Abbrechindex

$$N^* = N + (N' - N) \log \frac{\text{TOL}}{[\epsilon_N]} / \log \frac{[\epsilon_{N'}]}{[\epsilon_N]}.$$

Aus obiger Formel ergibt sich die folgende Strategie:

- Falls $N^* \leq N''$, so kann die beste schon berechnete Approximation $u_{N''}$ als Lösung genommen werden. Um einen zugehörigen Fehlerschätzer zu gewinnen, wird man lediglich die Formel (4.39) nochmals verwenden und erhält so

$$[\epsilon_{N''}] \approx [\epsilon_{N'}][\rho]^{N''-N'} = [\epsilon_{N'}] \left(\frac{[\epsilon_{N'}]}{[\epsilon_N]} \right)^{\frac{N''-N'}{N'-N}}.$$

- Falls $N^* > N''$, so ist der Ansatzraum zu erweitern, indem man die Indizes $\{N, N', N''\}$ ersetzt durch $\{N', N'', N^*\}$ und das lineare Gleichungssystem (4.29) für die Dimension N^* aufstellt und löst.
- Wird die Lösung im Kontext umfangreicherer Rechnungen wiederholt benötigt, so gestattet die obige Herleitung auch eine „Ökonomisierung" der Entwicklung, also eine Reduktion auf möglichst wenige Terme.

Anstelle der *Energienorm* im obigen adaptiven Algorithmus kann man einen vergleichbaren Algorithmus auch für eine beliebige Norm $\| \cdot \|$ herleiten, siehe Aufgabe 4.3. Man vergleiche hierzu auch (4.34).

Beispiel 4.10. *RC-Generator.* Die hier beschriebene adaptive Spektralmethode wurde 1994 in [101] für den eindimensionalen Fall periodischer Orbits ausgearbeitet und in [74, Kapitel 8] noch etwas modifiziert. Ein Beispiel aus dieser Arbeit ist der RC-Generator in Abb. 4.2, links. Hierin bezeichnen U_1, U_2, U_3 Spannungen, I_1, I_2, I_3 Ströme, R_1, R_2 Ohmsche Widerstände, C_1, C_2 Kapazitäten und V einen Verstärker, dessen Kennlinie durch eine Funktion $f : U_1 \rightarrow U_2$ in Abhängigkeit von einem Parameter λ gegeben ist. Abbildung 4.2, rechts, zeigt die drei Spannungen in Abhängigkeit über

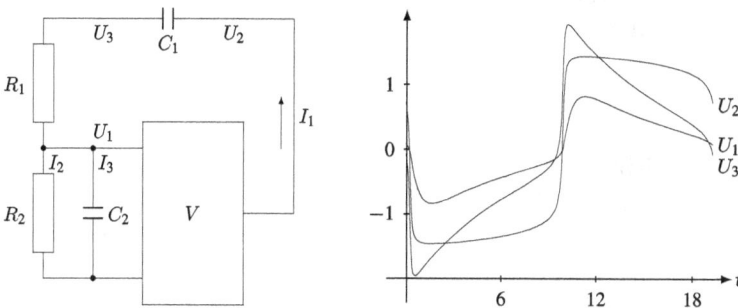

Abb. 4.2: RC-Generator. *Links:* Schaltbild. *Rechts:* Lösung für speziellen Parametersatz.

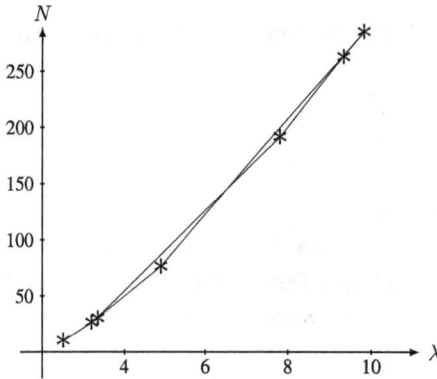

Abb. 4.3: RC-Generator. *Adaptiv* bestimmte Anzahl N an Fourierkoeffizienten in Abhängigkeit vom Parameter λ. Der oberste rechte Punkt $*$ ist der Wert für Abb. 4.2, rechts.

eine Periode für $R_1 = R_2 = C_3 = 1$, $C_1 = 3$, $\lambda = 9.7946$, berechnet mit verlangter relativer Genauigkeit TOL $= 10^{-5}$. In Abb. 4.3 zeigen wir eine Teilfolge aus einer adaptiven Pfadverfolgungsstrategie [74, Kapitel 5] bezüglich des Parameters λ, worin die adaptiv bestimmte Anzahl N mit den Parameterwerten variiert.

Bemerkung 4.11. In [164] hat Catherine Mavriplis eine heuristische adaptive Spektralmethode für den Spezialfall von Entwicklungen nach Legendre-Polynomen vorgeschlagen, wobei sie eine etwas andere Skalierung als in (4.28) gewählt hat. Mit den in diesem Kapitel eingeführten Bezeichnungen lässt sich die Grundidee wie folgt darstellen. Zunächst macht sie einen mit (4.38) vergleichbaren Ansatz

$$a_n \doteq C e^{-\sigma n} = C \rho^n \quad \text{mit } \rho = e^{-\sigma}, \ \sigma > 0.$$

Die beiden problemabhängigen Parameter C, σ versucht sie durch Lösung des linearen Ausgleichsproblems (siehe etwa Band 1, Kapitel 3.1)

$$\sum_{n=N-m}^{N} (\ln a_n)^2 = \sum_{n=N-m}^{N} (\ln C - \sigma n)^2 = \min$$

zu bestimmen, worin $m \in \{3, \ldots, 6\}$ nach gewissen Regeln gesetzt wird. Es versteht sich von selbst, dass unter Umständen mehrere Versuche mit N, m nötig sind, bis sich in einer asymptotischen Phase ein $\sigma > 0$ bzw. $\rho < 1$ ergibt. Im Erfolgsfall gelangt sie zu folgendem Schätzer für den Abbrechfehler:

$$\epsilon_N^2 = \sum_{n=N+1}^{\infty} a_n^2 \doteq C^2 \frac{\rho^{2N+2}}{1 - \rho^2} =: [\epsilon_N]^2.$$

Dieser Schätzer ist implementiert innerhalb einer *Spektralelement*-Methode, bei der Spektralansätze (mit unterschiedlicher Länge N) innerhalb von Tensorprodukt-Elementen (d. h. kartesischen Produkten von Intervallen) benutzt werden. Falls ein berechnetes $\sigma > 0$ in einer Koordinate des Tensorproduktes „zu nahe" an 0 ist, reduziert sie das Element in dieser Koordinate, siehe [134]. Auf diese Weise erhält sie eine elementare Gitterverfeinerungstechnik für Spektralelement-Methoden.

4.3 Finite-Elemente-Methoden

Wir gehen wieder aus von der schwachen Formulierung der Poisson-Gleichung,

$$a(u, v) = \langle f, v \rangle \quad \text{für alle } v \in H_0^1(\Omega),$$

und der zugehörigen diskreten schwachen Formulierung

$$a(u_h, v_h) = \langle f, v_h \rangle \quad \text{für alle } v_h \in V_h \subset H_0^1(\Omega),$$

wobei wir der Einfachheit halber polygonale oder polyedrische Gebiete voraussetzen. Während wir im vorangegangenen Kapitel 4.2 *globale* Basen zur Darstellung der Galerkin-Approximation u_h diskutiert haben, wenden wir uns in diesem Kapitel der Darstellung durch *lokale* Basen zu. Lokale Ansatzfunktionen führen zu extrem dünnbesetzten (engl. *sparse*) Matrizen A_h, was ein wesentlicher Vorteil gegenüber globalen Ansatzfunktionen ist. Die prominentesten Verfahren dieser Bauart sind die Finite-Elemente-Methoden (häufig abgekürzt durch FEM), die sich wegen ihrer geometrischen Variabilität vor allem in den Ingenieur- und Biowissenschaften etabliert haben.

Bemerkung 4.12. Eine solche Methodik wurde bereits 1941 in einem Vortrag von Courant vorgeschlagen, und zwar der einfachste Fall linearer finiter Elemente für $d = 2$ im Rahmen der Variationsrechnung. Der Vorschlag wurde erst Anfang 1943 publiziert [61] zusammen mit einem nachträglich eingefügten Anhang, in dem ein Beispiel vorgerechnet wurde: Dabei ließ sich die Erhöhung der Genauigkeit bei moderat zunehmender Anzahl an Knoten schön beobachten.[1] Die Arbeit wurde jedoch weitgehend vergessen. Erst 1956 schlugen die amerikanischen Ingenieure Turner et al. [221] die Methode erneut vor, offenbar ohne Kenntnis des Artikels von Courant. In ihrer Arbeit führten sie „Dreieck*elemente*" als Unterteilungsstrukturen für größere elastische Strukturen ein und zeigten, wie „Rechteck*elemente*" in Dreieckselemente zerlegt werden können. Unabhängig von der westlichen Welt entwickelten in den 1960er Jahren chinesische Mathematiker um Feng Kang eine entsprechende Methodik, publiziert erst 1965 in [95] in Chinesisch.[2]

4.3.1 Gitter und Finite-Elemente-Räume

In Band 1 hatten wir bereits lokale Darstellungen am Beispiel von Bézier-Techniken (Kapitel 7.3) und kubischen Splines (Kapitel 7.4) kennengelernt, allerdings nur für

---

1 Interessanterweise wies Courant damals bereits darauf hin, dass eine Schwäche der Methode die fehlende Genauigkeitskontrolle sei.

2 Zugang zu westlicher Fachliteratur erhielten diese Mathematiker erst nach dem Ende der Kulturrevolution, also etwa ab 1978.

$d = 1$; dabei werden endliche Intervalle in Teilintervalle unterteilt, auf denen lokale Polynome definiert werden. Auch für $d > 1$ zerlegt man Gebiete $\Omega \subset \mathbb{R}^d$ in (einfache) Teilgebiete, auf denen analog lokale Polynome definiert werden; im Unterschied zum eindimensionalen Fall zeigt sich jedoch, dass ein enger Zusammenhang zwischen den geometrischen Unterteilungselementen und darauf definierbaren lokalen Darstellungen besteht. Diese Zerlegungen werden *Gitter* (engl. *grid* oder *mesh*) genannt. Simpliziale Zerlegungen, also nur aus Dreiecken oder Tetraedern bestehende Gitter, werden *Triangulierungen* genannt.

In zwei Raumdimensionen werden fast ausschließlich Dreiecke und Rechtecke verwendet. Erstere werden für die Triangulierung komplexer Gebiete bevorzugt, während letztere sich besser für kartesisch strukturierte Gitter eignen (Abb. 3.7). In drei Dimensionen kommen entsprechend Tetraeder und Quader zum Einsatz. Darüber hinaus werden dünne Randschichten häufig mit Prismen diskretisiert. Für die gelegentlich erwünschte Kopplung von Tetraeder- und Quadergittern werden Pyramiden verwendet (Abb. 4.4).

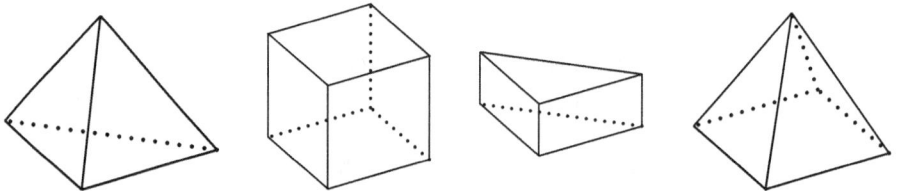

Abb. 4.4: Einfache Elementgeometrien für $d = 3$: (i) Tetraeder, (ii) Quader, (iii) Prisma, (iv) Pyramide.

Die Konstruktion von Galerkin-Diskretisierungen und die Verwaltung ihrer Freiheitsgrade ist am einfachsten, wenn die Seitenflächen oder -kanten der Elemente immer genau aufeinanderpassen. In diesem Fall spricht man von *konformen*, andernfalls von *nichtkonformen* Gittern, siehe Abb. 4.5. Die bisher eher anschauliche Beschreibung wollen wir jetzt präzisieren und damit den Rahmen für die folgenden Kapitel festlegen.

Definition 4.13 (Gitter). Es sei $\Omega \subset \mathbb{R}^d$, $d \in \{2, 3\}$, ein Gebiet und Σ ein endliches System von abgeschlossenen, zusammenhängenden Teilmengen von $\overline{\Omega}$. Eine Teilmenge $M \subset \Sigma$ heißt *konform*, falls für alle $s_1, s_2 \in M$ mit $s_1 \cap s_2 \in M$ auch $s_1 = s_2$ gilt.

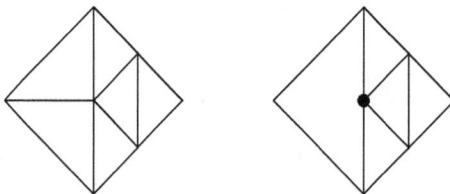

Abb. 4.5: Triangulierungen. *Links:* konform. *Rechts:* nichtkonform. Die nichtkonformen Knoten (markiert durch •) werden auch als „hängend" bezeichnet..

Mit $\mathcal{T} = \{T \in \Sigma : \text{int } T \neq \emptyset\}$ bezeichnen wir die Menge der *Elemente*. Σ heißt *Gitter*,[3] falls gilt:

(a) $\mathcal{T}$ überdeckt Ω: $\overline{\Omega} = \bigcup_{T \in \mathcal{T}} T$,

(b) $\mathcal{T}$ ist konform,

(c) $\Sigma \cup \partial\Omega$ ist abgeschlossen unter Schnittmengenbildung: $s_1, s_2 \in \Sigma \cup \partial\Omega \Rightarrow s_1 \cap s_2 \in \Sigma$.

Existieren zu $F \in \Sigma$ genau zwei $T_1, T_2 \in \mathcal{T}$ mit $F = T_1 \cap T_2$, so heißt F *Grenzfläche* (engl. *face*). Die Grenzflächen bilden die Menge $\mathcal{F}$. Für $d = 2$ stimmt diese mit der Menge $\mathcal{E}$ der *Kanten* (engl. *edges*) überein. Für $d = 3$ heißt $E \in \Sigma$ Kante, falls ein $T \in \mathcal{T}$ und genau zwei $F_1, F_2 \in \mathcal{F}$, $F_1, F_2 \subset T$ existieren, so dass $E = F_1 \cap F_2$. Schließlich ist $\mathcal{N} = \{E_1 \cap E_2 : E_1, E_2 \in \mathcal{E}, E_1 \neq E_2\}$ die Menge der *Knoten* oder *Ecken* (engl. *vertices*). Ein Gitter heißt *konform*, wenn $\mathcal{E}$ und $\mathcal{F}$ konform sind.

Aus der obigen Aufzählung der verbreiteten Elementgeometrien wird klar, dass den Gittern, bei denen die Elemente $T \in \mathcal{T}$ Polytope sind, besondere Bedeutung zukommt. Für derartige Gitter setzen wir stets voraus, dass alle Seitenflächen in $\mathcal{F}$ und daher auch die Kanten in $\mathcal{E}$ und Ecken in $\mathcal{N}$ enthalten sind.

Für viele Aussagen über FEM ist die Größe der Elemente wesentlich, die wir folgend festlegen.

Definition 4.14 (Gitterweite). Für $T \in \mathcal{T}$ bezeichne $h_T = \max_{x,y \in T} |x - y|$ den *Durchmesser*. Die *Gitterweite* $h \in L^\infty(\Omega)$ ist durch $h(x) = h_T$ für $x \in \text{int } T$ als stückweise konstante Funktion auf Ω definiert.

Eine Familie $(\Sigma_i)_{i \in I}$ von Gittern heißt *uniform*, wenn der Quotient $\max h_i / \min h_i$ unabhängig von $i \in I$ beschränkt ist.[4]

Analog zu h_T werden die Durchmesser h_F von Grenzflächen und h_E von Kanten definiert. Für $x \in \mathcal{N}$ bezeichnet $\omega_x = \bigcup_{T \in \mathcal{T}:x \in T} T$ den *Stern* (engl. *patch*) um x, und h_x dessen Durchmesser. Analog werden die Sterne ω_E um Kanten und ω_F um Grenzflächen definiert.

Die Durchmesser h_F, h_E und h_ξ lassen sich wegen überlappender Sterne ω_F, ω_E und ω_x natürlich nicht als Funktion über Ω auffassen.

Neben der Größe der Elemente ist auch ihre *Form* von Interesse.

---

3 Im allgemeinen Sprachgebrauch wird zwischen Gittern und der Menge der Elemente nicht streng unterschieden. Dieser etwas saloppen Ausdrucksweise bedienen wir uns hier auch. Wenn wir im Folgenden also von „Gittern" $\mathcal{T}$ sprechen, ist eigentlich Σ gemeint.

4 Nach dieser Definition ist ein einzelnes Gitter immer uniform. Wenn wir im Folgenden etwas lax von „einem uniformen Gitter" sprechen, so meinen wir ein Gitter, bei dem der Quotient $\max h / \min h$ nahe bei eins liegt – umgekehrt ist dieser Quotient bei „einem nichtuniformen Gitter" sehr viel größer als eins. Dagegen folgen Konvergenzaussagen für „uniforme Gitter" oder „nichtuniforme Gitter" genau der obigen Definition, denn der Betrachtung liegt implizit eine Familie von immer feineren Gittern zugrunde, häufig mit h indiziert.

Definition 4.15 (Formregularität). Für $T \in \mathcal{T}$ bezeichne $\rho_T = \max_{B(x,r) \subset T} r$ den *Inkugel-radius*, den wir wieder als stückweise konstante Funktion ρ auf Ω auffassen können.

Eine Familie $(\Sigma_i)_{i \in I}$ von Gittern heißt *formregulär* oder *quasi-uniform*, wenn die Funktionen h_i/ρ_i unabhängig von i beschränkt sind.

Die Erzeugung von Gittern für gegebene Gebiete in zwei und insbesondere drei Raumdimensionen ist eine komplexe Aufgabe, insbesondere, wenn die Gitter konform sein sollen und den in Kapitel 4.4.3 diskutierten Bedingungen an die Form der Elemente genügen sollen. Wir wollen das hier aber nicht vertiefen, sondern verweisen stattdessen auf Kapitel 6.2.2 über Gitter*verfeinerungen* sowie auf die umfangreiche Literatur, siehe etwa [100].

Über einem gegebenen Gitter $\mathcal{T}$ können wir nun den Ansatzraum $V_h \subset H^1(\Omega)$ zu $V_h = S_h^p(\mathcal{T})$ konkretisieren, indem wir fordern, dass die Ansatzfunktionen stückweise polynomiell sein sollen.

Definition 4.16 (Finite-Elemente-Raum). Für ein Gitter Σ über $\Omega \subset \mathbb{R}^d$ ist

$$S_h^p(\mathcal{T}) = \{u \in H^1 : \text{für alle } T \in \mathcal{T} : u|_T \in \mathbb{P}_p\}$$

der konforme *Finite-Elemente-Raum* der Ordnung p. Meist geht das Gitter aus dem Kontext hervor, weshalb wir im Allgemeinen nur S_h^p schreiben. Falls p unbestimmt bleiben soll, schreiben wir einfach S_h.

Mit dieser Definition eines Ansatzraumes ist die Lösung $u_h \in S_h$ und damit auch der Approximationsfehler schon festgelegt, dem wir uns erst in Kapitel 4.4 zuwenden werden. Ein wesentlicher Aspekt ist aber auch die Wahl einer *Basis* von S_h. Dies ist nicht nur für die rechentechnische Umsetzung in Kapitel 4.3.3 wichtig, sondern definiert durch (4.8) auch die Gestalt der Matrix A_h und entscheidet somit über die Effizienz der Lösung des Systems (4.9), siehe Kapitel 5.

4.3.2 Elementare finite Elemente

Im Folgenden erläutern wir die Grundideen zunächst anhand der Helmholtz-Gleichung im unkritischen Fall (siehe Kapitel 1.5)

$$-\Delta u + u = f \quad \text{mit } a(u,v) = \int_\Omega (\nabla u^T \nabla v + uv)\, dx$$

im $\mathbb{R}^1$ und übertragen sie dann in den $\mathbb{R}^2$ und $\mathbb{R}^3$. Wer sich für tiefergehende Details der Realisierung von FEM interessiert, sei auf das Lehrbuch von Schwarz [201] verwiesen.

Finite Elemente im $\mathbb{R}^1$

Gegeben sei ein beschränktes Gebiet $\Omega = \,]a, b[$. Durch nichtäquidistante Unterteilung entsteht ein nichtuniformes Gitter mit den Knoten

$$\mathcal{N} = \{a = x_1, x_2, \ldots, x_N = b\}$$

und lokalen Gitterweiten $h_i = x_{i+1} - x_i$. Auf diesem Gitter wählen wir nun *lokale Ansatzfunktionen* φ_i, um nach (4.8) die partielle Differentialgleichung (4.4) durch das lineares Gleichungssystem (4.9) zu ersetzen. Der Eintrag $(A_h)_{ij}$ in der Matrix A_h verschwindet, sofern sich die Träger von φ_i und φ_j nicht überlappen. Um eine möglichst dünnbesetzte Matrix zu erhalten, wollen wir Ansatzfunktionen mit kleinem Träger wählen. Da wir uns aber nicht auf Ansatzräume beschränken wollen, deren Funktionen an den Knoten x_i verschwinden, benötigen wir Ansatzfunktionen, deren Träger mindestens zwei benachbarte Teilintervalle überspannen.

Lineare Elemente über Intervallen

Der einfachste Ansatz besteht in der Wahl von stückweise linearen Funktionen φ_i zum Knoten x_i, die genau die benachbarten Teilintervalle $[x_{i-1}, x_i]$ und $[x_i, x_{i+1}]$ überspannen und in ihrem Gitterknoten x_i den Wert 1 haben, siehe Abb. 4.6 rechts. An den Rändern gibt es natürlich nur je ein Teilintervall. Aufgrund der Lagrange-Eigenschaft $\varphi_i(x_j) = \delta_{ij}$ ist die Darstellung einer Lösung $u_h = \sum_{i=1}^N a_i \varphi_i$ besonders anschaulich, denn es gilt $u_h(x_i) = a_i$. Mit der Lösung des Gleichungssystems (4.9) werden also nicht nur die Koeffizienten der Lösungsdarstellung, sondern auch gleich die Werte der Lösung an den Knotenpunkten berechnet.

In der Praxis hat sich gezeigt, dass die Aufstellung des Systems (4.9) besser durch eine Betrachtung der einzelnen Teilintervalle als durch die Betrachtung der Ansatzfunktionen erfolgt. Dabei stellt man die Lösung u_h auf jedem Teilintervall durch *Formfunktionen* (engl. *shape functions*) ϕ_j dar. Da sich die Ansatzfunktionen φ_i aus den Formfunktionen zusammensetzen, haben wir bewusst eine ähnliche Bezeichnung gewählt – dennoch müssen Form- und Ansatzfunktionen wohl unterschieden werden.

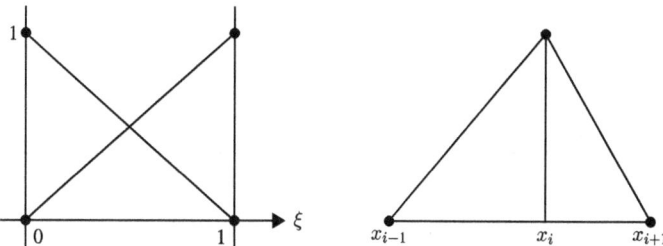

Abb. 4.6: Lineare finite Elemente im $\mathbb{R}^1$. *Links:* Formfunktionen ϕ_j über einem Teilintervall. *Rechts:* Ansatzfunktion φ_i über benachbarten Teilintervallen.

Wir greifen uns nun ein beliebiges Teilintervall $I_i = [x_i, x_{i+1}]$ heraus. Um eine Vereinheitlichung der lokalen Darstellung zu erhalten, führen wir eine skalierte Variable $\xi \in [0, 1]$ und eine bijektive affine *Transformation*

$$x_{I_i} : \bar{I} \to I_i, \quad \xi \mapsto x_{I_i}(\xi) = x_i + h_i\xi$$

ein, womit wir alle Teilintervalle I_i als Bild eines gemeinsamen *Referenzintervalls* $\bar{I} = [0, 1]$ erhalten. Umgekehrt ist $\xi_{I_i}(x) = (x - x_i)/h_i$ die Abbildung von I_i auf $\bar{I}$. Sofern das jeweilige Intervall I_i aus dem Kontext hervorgeht, schreiben wir einfach $x(\xi)$ und $\xi(x)$.

Auf dem Referenzintervall machen wir den linearen Ansatz

$$u_h(\xi) = \alpha_1 + \alpha_2\xi.$$

Die beiden lokalen Parameter α_1, α_2 rechnen wir um in die Unbekannten auf dem Intervall I_i vermöge

$$u_i = u_h(0) = \alpha_1, \quad u_{i+1} = u_h(1) = \alpha_1 + \alpha_2.$$

Damit erhalten wir die standardisierte lokale Darstellung

$$u_h(\xi) = (1 - \xi)u_i + \xi u_{i+1} = u_i\phi_1(\xi) + u_{i+1}\phi_2(\xi), \tag{4.40}$$

ausgedrückt durch die Formfunktionen

$$\phi_1 = 1 - \xi, \quad \phi_2 = \xi. \tag{4.41}$$

Man beachte, dass die Formfunktionen eine „Zerlegung der Eins" sind und daher in jedem Punkt $\xi \in [0, 1]$ gilt:

$$\phi_1(\xi) + \phi_2(\xi) = 1.$$

In Abb. 4.6, links, haben wir diese Formfunktionen dargestellt, wohl zu unterscheiden von der dazugehörigen *Ansatzfunktion* über dem *nichtäquidistanten* Gitter $\mathcal{T}$, die wir in Abb. 4.6, rechts, zeigen. Die Ansatzfunktionen erhält man durch das Zusammensetzen der Formfunktionen:

$$\varphi_i(x) = \begin{cases} \phi_2(\xi(x)), & x \in I_{i-1}, \\ \phi_1(\xi(x)), & x \in I_i, \\ 0, & \text{sonst.} \end{cases} \tag{4.42}$$

Wenden wir uns nun der Erstellung des Gleichungssystems (4.9) gemäß (4.8) zu. Analog zur Lösungsdarstellung (4.40) zerlegen wir auch die Matrix A_h in die Beiträge der einzelnen Intervalle:

$$(A_h)_{ij} = \sum_{k=1}^{N} \int_{I_k} \left(\nabla\varphi_i(x)^T \nabla\varphi_j(x) + \varphi_i(x)\varphi_j(x) \right) \mathrm{d}x.$$

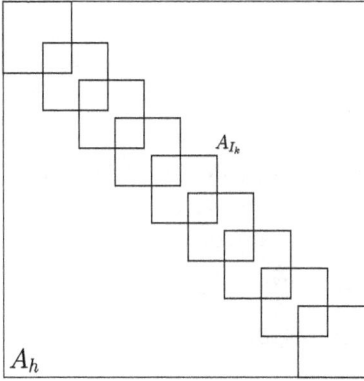

Abb. 4.7: Zusammenbau der globalen Matrix A_h aus den lokalen Elementmatrizen A_{I_k} für $d = 1$.

Wegen (4.42) können wir für $k - 1 \leq i, j \leq k + 1$ die Ansatzfunktionen φ_i und φ_j durch die Formfunktionen $\phi_n(\xi(x))$ und $\phi_m(\xi(x))$, $n, m \in \{1, 2\}$ ersetzen – für andere Werte von i oder j verschwindet das Integral ohnehin. Definieren wir die *Elementmatrix* A_{I_k} durch

$$(A_{I_k})_{nm} = \int_{I_k} \left(\nabla_x \phi_n(\xi(x))^T \nabla_x \phi_m(\xi(x)) + \phi_n(\xi(x)) \phi_m(\xi(x)) \right) dx$$

$$= \int_{\bar{I}} \left(\nabla_\xi \phi_n(\xi)^T \xi'(x(\xi)) \xi'(x(\xi)) \nabla_\xi \phi_m(\xi) + \phi_n(\xi) \phi_m(\xi) \right) \det(x'(\xi)) \, d\xi$$

$$= \int_{\bar{I}} \left(h_k^{-2} \nabla \phi_n{}^T \nabla \phi_m + \phi_n \phi_m \right) h_k \, d\xi, \tag{4.43}$$

so können wir A_h aus den Elementmatrizen aufaddieren. Die Einträge der $(2,2)$-Elementmatrizen A_{I_k} müssen nur auf die richtigen Positionen in der globalen Matrix A_h verteilt werden, siehe Abb. 4.7. Formal korrekt lässt sich dies durch die Anwendung einer extrem schwach besetzten Verteilungsmatrix P_k schreiben, es handelt sich dabei aber wirklich nur um die richtige Zuordnung der Indizes:

$$A_h = \sum_{k=1}^{N} P_k A_{I_k} P_k^T, \quad P_k \in \mathbb{R}^{(N+1) \times 2} \quad \text{mit} \quad (P_k)_{in} = \delta_{ik} \delta_{n1} + \delta_{(i+1)k} \delta_{n2}. \tag{4.44}$$

Die Form (4.43) legt noch eine vereinfachte Darstellung der Elementmatrizen nahe, denn die Integrale über das Referenzintervall können unabhängig vom Zielintervall I_k berechnet werden

$$A_{I_k} = \frac{1}{h_k} S + h_k M \quad \text{mit } S = \begin{bmatrix} 1 & -1 \\ -1 & 1 \end{bmatrix}, \ M = \frac{1}{6} \begin{bmatrix} 2 & 1 \\ 1 & 2 \end{bmatrix}. \tag{4.45}$$

In Anlehnung an die Begriffsbildung der Elastomechanik (siehe Kapitel 2.3) wird S als lokale *Steifigkeitsmatrix* (engl. *stiffness matrix*) und M als lokale *Massenmatrix* (engl. *mass matrix*) bezeichnet. S ist symmetrisch positiv semidefinit, während M positiv definit ist.

Quadratische Elemente über Intervallen

Wenn wir einen quadratischen Ansatz

$$u_h(\xi) = \alpha_1 + \alpha_2\xi + \alpha_3\xi^2$$

über dem Referenzintervall $\bar{I} = [0, 1]$ machen, so müssen wir eine weitere Stützstelle wählen, um die drei lokalen Parameter α_1, α_2, α_3 in Funktionswerte umrechnen zu können. In der Regel führt man $u_{i+\frac{1}{2}} = u_h((x_i + x_{i+1})/2)$ ein,[5] also den Wert in der Mitte $\xi = \frac{1}{2}$. Kurze Zwischenrechnung liefert dann die lokale Darstellung

$$u_h(\xi) = u_i\phi_1(\xi) + u_{i+1}\phi_2(\xi) + u_{i+\frac{1}{2}}\phi_3(\xi) \tag{4.46}$$

mit zugehörigen Formfunktionen

$$\phi_1(\xi) = 2\left(\xi - \frac{1}{2}\right)(\xi - 1), \quad \phi_2(\xi) = 2\xi\left(\xi - \frac{1}{2}\right), \quad \phi_3(\xi) = 4\xi(1 - \xi). \tag{4.47}$$

Diese Formfunktionen haben wir in Abb. 4.8, links, dargestellt; offenbar sind sie wieder eine „Zerlegung der Eins". Zur späteren Verwendung zeigen wir noch einen alternativen, aber äquivalenten Satz von Formfunktionen in Abb. 4.8, rechts, bei dem die randständigen quadratischen Elemente durch lineare Elemente ersetzt sind, siehe Aufgabe 4.10; sie sind keine Zerlegung der Eins mehr.

Die Berechnung der Matrix A_h erfolgt genauso wie zuvor über die Elementmatrizen A_{I_k}, nur sehen die lokalen Steifigkeits- und Massenmatrizen etwas anders aus (siehe Aufgabe 4.11).

Finite Elemente im $\mathbb{R}^2$

Wir behandeln nun Gitter über $\Omega \subset \mathbb{R}^2$, auf deren Elementen $T \subset \mathcal{T}$ lokale Darstellungen u_h definiert sind. Wegen ihrer guten Unterteilungseigenschaft behandeln wir zunächst simpliziale Gitter, also die im Allgemeinen *nichtuniforme* Zerlegung von Ω in Dreiecke. Dabei müssen wir uns auf polygonale Gebiete beschränken.

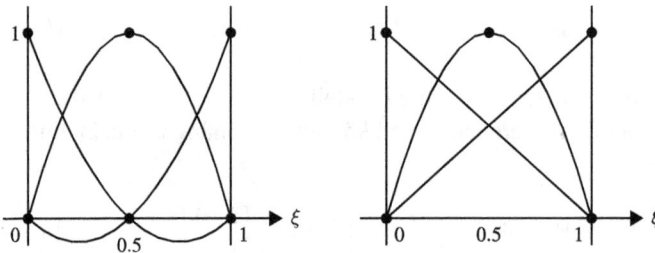

Abb. 4.8: Quadratische finite Elemente im $\mathbb{R}^1$. *Links:* Formfunktionen. *Rechts:* Äquivalenter hierarchischer Satz von Formfunktionen.

---

5 Für spezielle Probleme könnte man sehr wohl einen unsymmetrischen Innenpunkt wählen.

Transformation auf das Referenzdreieck

In Analogie zum Vorgehen im $\mathbb{R}^1$ transformieren wir alle Dreiecke T durch je eine affine Transformation auf ein gemeinsames Referenzdreieck $\overline{T}$, wobei wir skalierte Koordinaten (ξ, η) einführen; dies ist in Abb. 4.9 dargestellt.

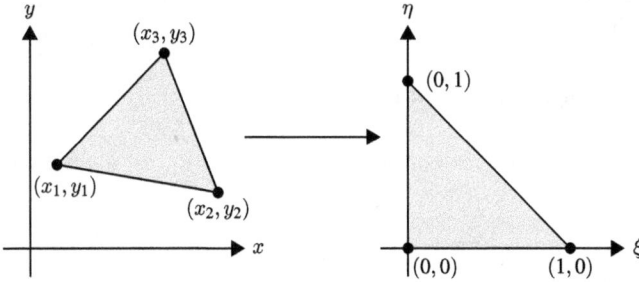

Abb. 4.9: Lokale Koordinatentransformation bei Dreiecken. *Links:* beliebiges Dreieck T aus Triangulierung $\mathcal{T}$. *Rechts:* standardisiertes Referenzdreieck $\overline{T}$.

Das Referenzdreieck $\overline{T} = \overline{P}_1\overline{P}_2\overline{P}_3$ mit Eckpunkten $\{(0, 0), (1, 0), (0, 1)\}$ in der (ξ, η)-Ebene wird durch die *affine* Transformation

$$x = x_1 + (x_2 - x_1)\xi + (x_3 - x_1)\eta$$
$$y = y_1 + (y_2 - y_1)\xi + (y_3 - y_1)\eta$$

auf das Dreieck $T = P_1P_2P_3$ mit Eckpunkten $\{(x_1, y_1), (x_2, y_2), (x_3, y_3)\}$ abgebildet. Die partiellen Ableitungen einer Funktion $u(x, y)$ auf dem Dreieck T transformieren sich demgemäß zu

$$u_x = u_\xi \xi_x + u_\eta \eta_x$$
$$u_y = u_\xi \xi_y + u_\eta \eta_y$$

mit den partiellen Ableitungen der inversen Transformation

$$\xi_x = \frac{y_3 - y_1}{J}, \quad \eta_x = \frac{y_2 - y_1}{J},$$
$$\xi_y = \frac{x_3 - x_1}{J}, \quad \eta_y = \frac{x_2 - x_1}{J}.$$

Hierin ist

$$J = x_\xi y_\eta - y_\xi x_\eta = (x_2 - x_1)(y_3 - y_1) - (x_3 - x_1)(y_2 - y_1)$$

die zugehörige Funktionaldeterminante. Sie beschreibt die lokale Änderung des differentiellen Volumenelements

$$dx\,dy = J d\xi\,d\eta.$$

Es gilt $J = $ const über T. Da das Referenzdreieck $\overline{T}$ die Fläche $\frac{1}{2}$ hat, ergibt sich für das Ausgangsdreieck T die Fläche $\frac{1}{2}J$. Der Einfachheit halber fordern wir $J > 0$, womit alle Dreiecke den gleichen Umlaufsinn haben.

Lineare Elemente über Dreiecken

Wir gehen von der Darstellung

$$u_h(\xi, \eta) = \alpha_1 + \alpha_2 \xi + \alpha_3 \eta$$

in skalierten Koordinaten über $\overline{T}$ aus. Sie enthält drei Parameter α_1, α_2, α_3, die wir mittels

$$u_j := u_h(\overline{P}_j), \quad j = 1, 2, 3$$

zu den drei Eckpunkten des Referenzdreiecks in Beziehung setzen können; offenbar „benötigen" lineare finite Elemente Dreiecke als geometrische Basis. Gehen wir vor wie im Fall $d = 1$, so erhalten wir daraus die lokale Darstellung

$$u_h(\xi, \eta) = u_1 \phi_1(\xi, \eta) + u_2 \phi_2(\xi, \eta) + u_3 \phi_3(\xi, \eta).$$

mit den *Formfunktionen*

$$\phi_1 = 1 - \xi - \eta, \quad \phi_2 = \xi, \quad \phi_3 = \eta. \tag{4.48}$$

Die wesentlichen Eigenschaften dieser Formfunktionen sind offenbar

$$\phi_i(\overline{P}_j) = \delta_{ij}, \quad i, j = 1, 2, 3,$$

sowie die Zerlegung der Eins:

$$\sum_{i=1}^{3} \phi_i(\xi, \eta) = 1, \quad \xi, \eta \in \overline{T}.$$

Verhalten an Kanten. Wie in Abb. 4.10 dargestellt, betrachten wir zwei benachbarte Dreiecke $T_1 = P_1 P_2 P_3$ und $T_2 = P_2 P_4 P_3$ innerhalb einer Triangulierung. Mit $u_h^{(1)}$, $u_h^{(2)}$ bezeichnen wir die lokalen linearen Darstellungen auf den beiden Dreiecken. Auf der gemeinsamen Kante $E = P_2 P_3$ legen die beiden Punkte P_2 und P_3 genau eine lineare Funktion im $\mathbb{R}^1$ fest, weswegen also gilt

$$u_h^{(1)}|_E = u_h^{(2)}|_E.$$

Mit anderen Worten: $u_h \in C(\overline{\Omega})$. Allerdings gilt bei linearen finiten Elementen $u_h \notin C^1(\Omega)$, weil an den Kanten Knicke entstehen. Da die Tangentialkomponenten von

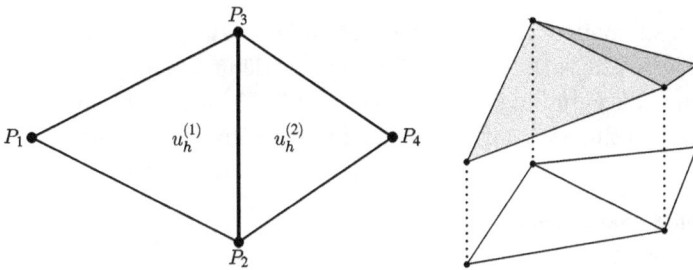

Abb. 4.10: Lineare finite Elemente: Stetigkeit und Knicke an Kanten.

$\nabla u_h(x)$ an den Kanten stetig sind, können an Kanten E nur *Sprünge der Normalkomponenten* auftreten, die wir mit

$$\left[\!\!\left[\frac{\partial u_h}{\partial n}\right]\!\!\right]_E = [\![\nabla u_h^T n]\!]_E$$

bezeichnen. Die endlichen Sprünge in den stückweise konstanten Ableitungen stören natürlich nicht die Grundtatsache, dass u_h in $H^1(\Omega)$ liegt. Man spricht daher von *konformen* finiten Elementen.

Bilineare Elemente über Parallelogrammen

Diese finiten Elemente realisieren einen *Tensorprodukt-Ansatz* aus eindimensionalen linearen Elementen

$$u_h(\xi, \eta) = (\beta_1 + \beta_2\xi)(\gamma_1 + \gamma_2\eta)$$
$$= \alpha_1 + \alpha_2\xi + \alpha_3\eta + \alpha_4\xi\eta.$$

Hier haben wir vier Parameter, die über vier Referenzpunkte eines *Referenzquadrats* zu parametrisieren sind, vergleiche Abb. 4.11, rechts. Dies ist offenbar eine direkte Erweiterung der Darstellung für Dreiecke: die Transformation bleibt also erhalten und die darauf aufbauenden Koordinatentransformationen sind lediglich entsprechend

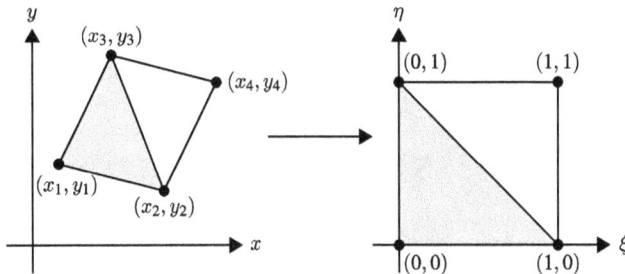

Abb. 4.11: Lokale Koordinatentransformation für bilineare finite Elemente. Vergleiche Abb. 4.9.

anzupassen; Rücktransformation des Referenzquadrats führt deshalb auf lokale Parallelogramme, vergleiche Abb. 4.11, links. Die Rechnung verläuft analog zum Fall linearer finiter Elemente: Als Formfunktionen erhalten wir Produkte aus eindimensionalen Formfunktionen, weshalb wir auf eine explizite weitere Ausführung verzichten.

Quadratische Elemente über Dreiecken

Der vollständige quadratische Ansatz

$$u_h(\xi, \eta) = \alpha_1 + \alpha_2\xi + \alpha_3\eta + \alpha_4\xi^2 + \alpha_5\xi\eta + \alpha_6\eta^2$$

enthält sechs Parameter. Daher lässt sich u_h wieder durch Werte an sechs ausgewählten Punkten eines Referenzdreiecks darstellen. Die Wahl von drei Eckpunkten und zusätzlichen drei Kantenmittelpunkten erleichtert eine Übertragung bei eventuell nachfolgender Unterteilung in vier geometrisch ähnliche Dreiecke, siehe Abb. 4.12. Die zugehörigen Formfunktionen lauten explizit

$$\phi_1 = (1 - \xi - \eta)(1 - 2\xi - 2\eta)$$
$$\phi_2 = \xi(2\xi - 1)$$
$$\phi_3 = \eta(2\eta - 1)$$
$$\phi_4 = 4\xi(1 - \xi - \eta)$$
$$\phi_5 = 4\xi\eta$$
$$\phi_6 = 4\eta(1 - \xi - \eta).$$

Analog zu linearen finiten Elementen lassen sich auch hier lokale Steifigkeits- und Massenmatrizen S und M berechnen, aus denen dann eine große, symmetrisch positiv definite Matrix A_h für ein Gleichungssystem vom Typ (4.9) assembliert werden kann, siehe Kapitel 4.3.3.

Isoparametrische Dreieckselemente

Auch bei relativ groben Gittern und entsprechend wenigen Unbekannten möchte man krummlinige Ränder möglichst gut darstellen. *Krummlinige Dreieckselemente* (engl.

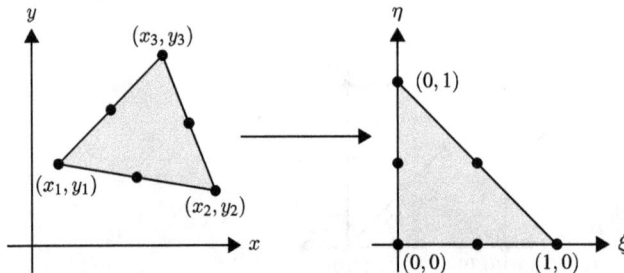

Abb. 4.12: Lokale Koordinatentransformation für quadratische finite Elemente.

curvilinear elements) verwenden statt der linearen Transformation auf das Referenzdreieck daher eine allgemeine bijektive Transformation

$$(x,y) = F(\xi,\eta)$$

vom Referenzdreieck $\overline{T}$ auf das Dreieck $T \in \mathcal{T}$. Im einfachsten Fall stellt man F durch die Formfunktionen ϕ_i auf $\overline{T}$ selbst dar:

$$x = \sum_i \gamma_i \phi_i(\xi,\eta), \quad y = \sum_i \delta_i \phi_i(\xi,\eta).$$

Dieser Ansatz wird wegen der gleichartigen Darstellung von Ansatzraum und Transformation *isoparametrisch* genannt. Ein Beispiel sind isoparametrische quadratische finite Elemente, bei denen die Koeffizienten γ_i und δ_i gerade durch die Koordinaten der Knotenpunkte (x_i, y_i) von T gegeben sind (siehe Abb. 4.13).

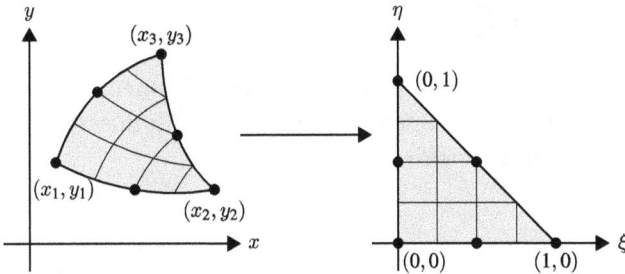

Abb. 4.13: Lokale Koordinatentransformation für isoparametrische finite Elemente.

Die Funktionaldeterminante $J(\xi,\eta) = \det F'(\xi,\eta)$ hängt jetzt vom Punkt (ξ,η) im Referenzdreieck ab. Wieder fordern wir $J(\xi,\eta) \geq c > 0$ und erhalten daraus die Invertierbarkeit von F. Um diese Bedingung sicherzustellen, müssen allerdings die möglichen Positionen der Punkte (x_i, y_i) auf nicht ganz einfache Weise eingeschränkt werden (siehe Aufgabe 4.7).

Die so auf T darstellbaren Ansatzfunktionen

$$v(x,y) = \sum_i v(x_i, y_i)\phi_i(\xi(x,y), \eta(x,y)) \tag{4.49}$$

sind dann allerdings keine Polynome mehr, sondern rationale Funktionen. Die Stetigkeit über Elementgrenzen hinweg bleibt erhalten (siehe Aufgabe 4.6), die Fehlerabschätzungen werden im Vergleich zur Approximationstheorie für lineare Elemente in Kapitel 4.4 deutlich komplizierter [57].

Im Gegensatz zu simplizialen Elementen, wo krummlinige Elemente nur zur besseren Darstellung des Randes $\partial\Omega$ benötigt werden, sind isoparametrische bilineare Elemente auch im Inneren des Gebiets Ω erforderlich, um beliebige konvexe Vierecke und nicht nur Parallelogramme verwenden zu können.

Finite Elemente im $\mathbb{R}^3$

Analog zum 2D-Fall zerlegen wir beschränkte Gebiete $\Omega \in \mathbb{R}^3$ in Teilgebiete. Simpliziale Zerlegung polyedrischer Gebiete führt uns speziell auf *Tetraeder*, über denen lokale Darstellungen u_h definiert sind. In Analogie zum Vorgehen im $\mathbb{R}^2$ transformieren wir alle Tetraeder $T \in \mathcal{T}$ durch je eine affine Transformation auf ein gemeinsames Referenztetraeder $\overline{T}$, wobei wir wieder skalierte Koordinaten (ξ, η, ζ) einführen.

Lineare Elemente über Tetraedern

In euklidischen Koordinaten lautet die allgemeine lineare Darstellung

$$u_h(\xi, \eta, \zeta) = \alpha_1 + \alpha_2\xi + \alpha_3\eta + \alpha_4\zeta.$$

Sie enthält vier Parameter $\alpha_1, \ldots, \alpha_4$, die wir mittels

$$u_j := u_h(\overline{P}_j), \quad j = 1, \ldots, 4$$

zu den vier Eckpunkten des Referenztetraeders in Beziehung setzen können, siehe die ursprünglichen Knoten in Abb. 4.14, links. Offenbar benötigen wir für lineare finite Elemente im $\mathbb{R}^3$ gerade Tetraeder als geometrische Basis.

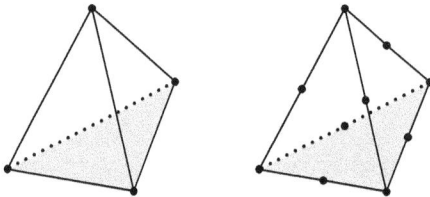

Abb. 4.14: Referenzpunkte in Tetraedern. *Links:* Lineare finite Elemente. *Rechts:* Quadratische finite Elemente.

Analog zum Fall $d = 2$ erhalten wir daraus die lokale Darstellung

$$u_h(\xi, \eta, \zeta) = u_1\phi_1 + u_2\phi_2 + u_3\phi_3 + u_4\phi_4.$$

mit *Formfunktionen* definiert durch die Eigenschaft

$$\phi_i(\overline{P}_j) = \delta_{ij}, \quad i, j = 1, \ldots, 4$$

und die Zerlegung der Eins.

An den Grenzflächen $F \subset \partial T$ der Tetraeder $T \in \mathcal{T}$ entstehen *Knicke*, vergleichbar den Knicken an Kanten im 2D-Fall, siehe Abb. 4.10. Dies führt entsprechend zu Sprüngen in den Normalableitungen

$$[\![n^T \nabla u_h]\!]_{F \in \mathcal{F}} \neq 0.$$

Quadratische Elemente über Tetraedern

In diesem Fall hat der allgemeine Ansatz in Koordinaten ξ, η, ζ, also im Referenz-tetraeder $\overline{T}$, genau zehn Parameter, was uns auf zehn Punkte im Referenztetraeder führt: dies erreichen wir bequem durch Hinzunahme der Kantenmittelpunkte gegen-über den linearen Elementen, siehe Abb. 4.14, rechts. Der Rest der Prozedur verläuft völlig analog, weshalb wir hier nicht weiter ins Detail gehen wollen.

4.3.3 Realisierung finiter Elemente

Die in den vorigen Teilkapiteln beispielhaft gesammelten Einsichten wollen wir nun in einem etwas abstrakteren Rahmen auf beliebige Ansatzordnungen erweitern. Wir be-schränken uns dabei auf simpliziale Zerlegungen von Polytopen Ω. Auf rechteck- und quader-strukturierten Gittern lassen sich finite Elemente beliebiger Ansatzordnung einfach durch tensorielle Ansätze erhalten – diese bestechende Einfachheit verliert sich jedoch weitgehend bei adaptiver Gitterverfeinerung (siehe Kapitel 7). Die kon-krete Umsetzung in beispielhaften und einfach nachvollziehbaren Implementierungs-techniken wird in [230] ausführlich diskutiert.

Formfunktionen auf dem Referenzsimplex

Über dem Referenzsimplex

$$\overline{T} = \{\xi \in \mathbb{R}^d : \xi \geq 0, \, |\xi|_1 \leq 1\}$$

spannen wir den lokalen Ansatzraum $\mathbb{P}_{p,d}$ der Ordnung p und Dimension

$$K_{p,d} = \binom{d+p}{d}$$

wieder durch die Formfunktionen $\phi_k \in \Phi_{p,d}$, $k = 1, \ldots, K_{p,d}$ auf. Dabei haben sich im Wesentlichen zwei verschiedene Herangehensweisen etabliert: *Lagrange*-Formfunk-tionen und *hierarchische* Formfunktionen.

Lagrange-Formfunktionen

Die Lagrange-Formfunktionen sind durch die Interpolationsbedingungen

$$\phi_k(\xi_j) = \delta_{kj}, \quad k, j = 1, \ldots, K_{p,d} \tag{4.50}$$

an $K_{p,d}$ Stützstellen ξ_j gegeben. Bei der Wahl der ξ_j ist man dabei nicht gänzlich frei: Einerseits müssen durch (4.50) die Formfunktionen eindeutig bestimmt sein, ande-rerseits strebt man aufgrund der bestechenden Einfachheit die direkte Identifizierung von Stützstellen mit globalen Ansatzfunktionen an. Um dabei die Stetigkeit über Elementgrenzen hinweg zu gewährleisten, müssen die auf einer Grenzfläche nicht verschwindenden Formfunktionen durch die dort liegenden ξ_j auf der Grenzfläche eindeutig bestimmt sein, so dass auf jeder Grenzfläche genau $K_{p,d-1}$ Stützstellen liegen müssen. Diese müssen zudem für die beiden angrenzenden Elemente übereinstimmen, was eine gewisse Symmetrie erfordert. Für Kanten und Ecken gelten entsprechende Bedingungen, insbesondere gehören die Ecken des Referenzsimplex stets zu den Stützstellen.

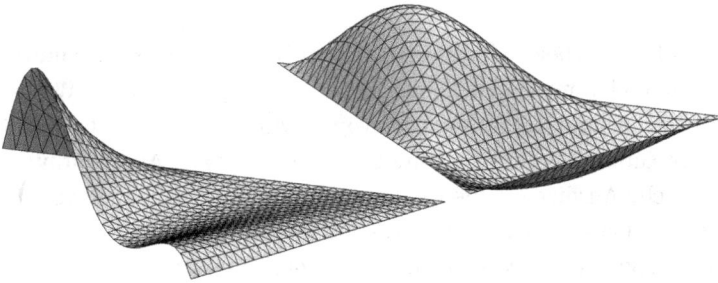

Abb. 4.15: Quartische Lagrange-Formfunktion. *Links:* Kante. *Rechts:* Dreieck.

Die einfachste Wahl der Stützstellen ist sicher das *äquidistante Tensorgitter*

$$\xi_j \in \mathbb{N}^d/p \cap \overline{T} = \{\xi \in \overline{T} : p\xi \in \mathbb{N}^d\}.$$

Für $p \in \{1, 2\}$ erhalten wir die aus den vorigen Abschnitten bekannten Formfunktionen, siehe die Abb. 4.6, 4.8 links, 4.9, 4.12 und 4.14. Für größere p (siehe Abb. 4.15) gehen die Finite-Elemente-Methoden langsam in Spektralmethoden über; diese Zwitter werden daher auch als Spektralelementmethoden bezeichnet. Die Polynominterpolation auf äquidistanten Gittern ist jedoch für höhere Ordnungen schlechtkonditioniert (siehe Band 1) und sollte nur bis etwa $p = 8$ verwendet werden. Anhand verschiedener Kriterien, insbesondere der Lebesgue-Konstante der Interpolation, wurden verschiedene Stützstellenmengen vorgeschlagen [214, 226], die Lagrange-Formfunktionen für deutlich höhere Ordnungen erlauben – eine einheitliche Theorie gibt es dazu jedoch nicht. Ein genereller Nachteil der Lagrange-Formfunktionen ist allerdings, dass eine Erhöhung der Ansatzordnung einen Wechsel der Formfunktionen zur Folge hat.

Hierarchische Formfunktionen

In diesem Fall werden Formfunktionen so konstruiert, dass bei Erhöhung der Ansatzordnung lediglich eine Erweiterung der Basis nötig ist. Dies entspricht einer rekursiven Zerlegung des Ansatzraums $\mathbb{P}_{p+1,d} = \mathbb{P}_{p,d} \oplus \boldsymbol{P}_{p+1,d}$ nach der Polynomordnung, was insbesondere für hierarchische Fehlerschätzer erforderlich ist (siehe Kapitel 6.1.4).

Das einfachste Beispiel einer hierarchischen Erweiterung ist uns schon in Abb. 4.8, rechts, begegnet.

Im Sinne einer möglichst einfachen Zuordnung von Ansatzfunktionen zu Formfunktionen werden die hierarchischen Erweiterungen $P_{p,d} = P_{\mathcal{E},p,d} \oplus P_{\mathcal{F},p,d} \oplus P_{\mathcal{T},p,d}$ auf Kanten, Grenzflächen und Elemente aufgeteilt. Dabei verschwinden der Kante E zugeordnete Kantenfunktionen $\phi_{E,p}$ auf Ecken und allen anderen Kanten, die nur für $d = 3$ auftretenden Grenzflächenfunktionen $\phi_{F,p}$ verschwinden auf allen Ecken, Kanten und anderen Grenzflächen. Die lokalen Elementfunktionen $\phi_{T,p}$ verschwinden sogar auf ganz $\partial \overline{T}$, siehe Abb. 4.16.

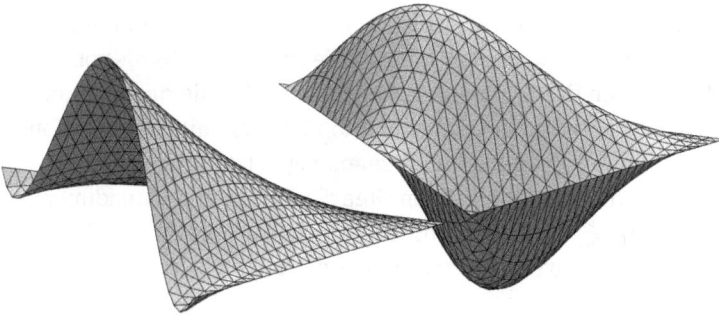

Abb. 4.16: Quartische hierarchische Formfunktionen. *Links:* Kante. *Rechts:* Dreieck.

Besonders einfach lassen sich die Formfunktionen in *baryzentrischen Koordinaten* ausdrücken. Jeder Punkt ξ im Referenzsimplex $\overline{T}$ lässt sich eindeutig als Konvexkombination der $d + 1$ Ecken ξ_i schreiben (siehe Aufgabe 4.12):

$$\xi = \sum_{i=1}^{d+1} \lambda_i(\xi)\xi_i, \quad \lambda_i(\xi) \in [0,1], \quad \sum_{i=1}^{d+1} \lambda_i(\xi) = 1.$$

Die Koeffizienten $\lambda_i(\xi)$ sind die baryzentrischen Koordinaten von ξ. Damit sind die $d + 1$ linearen Formfunktionen (4.41) und (4.48) aus dem vorigen Abschnitt gerade die baryzentrischen Koordinaten der zugehörigen Ecken: $\phi_i = \lambda_i$. Auf dem Intervall erhalten wir die quadratische Formfunktion $\phi_2 = 4\lambda_1\lambda_2$.

Damit definieren wir nun die Kantenfunktionen auf der Kante E zwischen den Ecken ξ_i und ξ_j als

$$\phi_{E,p} = \lambda_i\lambda_j q_{p-2}(\lambda_i - \lambda_j),$$

wobei $q_k(x)$ ein Polynom vom Grad k auf $[-1, 1]$ ist. Diese Definition von Kantenfunktionen führt wegen der Differenz $\lambda_i - \lambda_j$ (notwendigerweise) auf eine Abhängigkeit von der *lokalen Orientierung* der Kante E. Um die Kantenfunktionen aneinandergrenzender Elemente direkt zu global stetigen Ansatzfunktionen zusammenfügen zu können, fordern wir, dass q_k entweder eine gerade Funktion ist ($q_k(x) = q_k(-x)$, dann spielt die Orientierung keine Rolle), oder aber eine ungerade Funktion ($q_k(x) = -q_k(-x)$, dann entspricht die Orientierungsänderung einem bloßen Vorzeichenwechsel). Da q_k ein Polynom ist, muss der erste Fall offenbar für gerade k, der zweite für ungerade k auftreten. Verschiedene Systeme von Orthogonalpolynomen, etwa Tschebyscheff- oder Legendre-Polynome (siehe Band 1), bieten sich als Wahl für q_k an.

Für $d > 1$ definieren wir die Elementfunktionen durch

$$\phi_{T,p,k} = \prod_{i=1}^{d+1} \lambda_i \prod_{i=1}^{d} q_{k_i}(\lambda_i - \lambda_{i+1}),$$

wobei der d-dimensionale Multiindex k mit $|k| = p - d - 1$ die Elementfunktionen indiziert. Da die Differenz $\lambda_{d+1} - \lambda_1$ nicht auftritt, ist die so definierte Basis von $\boldsymbol{P}_{T,p,d}$ nicht symmetrisch bezüglich der Symmetrien von $\overline{T}$. Das stört allerdings gar nicht, da die Elementfunktionen vollständig lokal sind und nicht erst mit Formfunktionen benachbarter Elemente zu Ansatzfunktionen zusammengesetzt werden müssen.

Etwas schwieriger ist die Situation bei den Grenzflächen in drei Raumdimensionen. Zur von den Ecken ξ_{j_1}, ξ_{j_2}, ξ_{j_3} aufgespannten Grenzfläche F gehörende Flächenfunktionen lassen sich analog zu den Elementfunktionen in 2D durch

$$\phi_{F,p,k} = \prod_{i=1}^{3} \lambda_{j_i} \prod_{i=1}^{2} q_{k_i}(\lambda_{j_i} - \lambda_{j_{i+1}}) \tag{4.51}$$

definieren. Aufgrund der fehlenden Symmetrie lässt sich nun aber keine direkte Zuordnung von Formfunktionen zu Ansatzfunktionen mehr vornehmen. Stattdessen müssen die Ansatzfunktionen aus Linearkombinationen von Formfunktionen gebildet werden. Für Details verweisen wir auf [205].

Eine Alternative ist die von $\Phi_{0,d} = \{\lambda_1, \ldots, \lambda_{d+1}\}$ ausgehende rekursive Definition

$$\phi_{F,p,k} = \psi_k(\lambda_{j_1}, \lambda_{j_2}, \lambda_{j_3}) \prod_{i=1}^{3} \lambda_{j_i}, \qquad \psi_k \in \Phi_{p-3,d-1}, \tag{4.52}$$

$$\phi_{T,p,k} = \psi_k(\lambda_1, \ldots, \lambda_d) \prod_{i=1}^{d+1} \lambda_i, \qquad \psi_k \in \Phi_{p-d-1,d}, \tag{4.53}$$

die bis auf das Vorzeichen zu vollständig symmetrischen Formfunktionsmengen führt und somit die direkte Zuordnung von Form- zu Ansatzfunktionen ermöglicht [256]. Nachteil dieser Herangehensweise ist, dass die so definierten Räume

$$S_p^{\mathrm{sym}} = \sum_{k=0}^{p} \boldsymbol{P}_{k,d} \supset \mathbb{P}_{p,d}$$

etwas größer sind als die vollständigen Polynomräume und daher auch Formfunktionen vom Grad $p + 1$ enthalten.

Assemblierung

Wie im vorigen Abschnitt wird das Gleichungssystem (4.9) in zwei Schritten erstellt: Zuerst werden auf jedem Element $T \in \mathcal{T}$ lokale Matrizen A_T und rechte Seiten f_T berechnet, die anschließend additiv auf die globale Matrix A_h und rechte Seite f_h verteilt (engl. *scatter*) werden. Dieser ganze Prozess wird als Assemblierung (engl. *assembly*, dt. Zusammenbau) bezeichnet. Wir betrachten hier nur die Aufstellung der Matrix A_h; die etwas einfachere Berechnung der rechten Seite erfolgt ganz analog.

Wir wollen uns hier aber gleich mit der etwas allgemeineren Bilinearform

$$a(u, v) = \int_\Omega (\nabla u^T \sigma \nabla v + \gamma u v)\, dx$$

mit ortsabhängigen Koeffizienten $\sigma \in \mathbb{R}^{d \times d}$ und $\gamma \in \mathbb{R}$ befassen. Damit sind auch nichtlineare Probleme (siehe Kapitel 8) und zeitabhängige Probleme (siehe Kapitel 9) abgedeckt, denn dort geht meist die vorige Iterierte oder der vorige Zeitschritt in die Koeffizienten σ und γ ein.

Berechnung der Elementmatrizen

Die Berechnung der Einträge A_{ij} gemäß (4.8) zerlegen wir wie in Kapitel 4.3.2 in die Beiträge $(A_T)_{ij} = a_T(\phi_i, \phi_j)$ der einzelnen Elemente, die über dem Element T oder, nach Substitution durch die Transformation $x = x(\xi)$, über dem Referenzelement $\overline{T}$ integriert werden:

$$(A_T)_{ij} = \int_T \left(\nabla_x(\phi_i(\xi(x)))\right)^T \sigma(x) \nabla_x(\phi_j(\xi(x))) + \gamma(x)\phi_i(\xi(x))\phi_j(\xi(x)))\, dx$$

$$= \int_{\overline{T}} (\nabla \phi_i^T B(\xi) \nabla \phi_j + \gamma(x(\xi))\phi_i \phi_j)\det(x'(\xi))\, d\xi.$$

Dabei ist $B(\xi) = x'(\xi)^{-1} \sigma(x(\xi)) x'(\xi)^{-T}$ und $\phi_i, \phi_j \in \Phi_{p,d}$ durchlaufen alle Formfunktionen.

Die konzeptionell einfachste Möglichkeit zur Berechnung des Integrals besteht in der direkten numerischen Quadratur (siehe Band 1, Kapitel 9.3):

$$(A_T)_{ij} \approx \sum_{l=1}^{n} w_l (\nabla \phi_i(\xi_l)^T B(\xi_l) \nabla \phi_j(\xi_l) + \gamma(x(\xi_l))\phi_i(\xi_l)\phi_j(\xi_l)) \det(x'(\xi_l)). \tag{4.54}$$

Effiziente Gauß-Quadraturformeln auf Parallelogrammen und Quadern erhält man einfach als Tensorprodukte der eindimensionalen Quadraturformeln. Für Dreiecke und Tetraeder sind dagegen keine analytischen Ausdrücke zur Berechnung der Stützstellen und Gewichte für beliebige Ordnungen bekannt – diese müssen einzeln bestimmt werden [60, 205]. Dabei wächst die Anzahl an Integrationspunkten mit der

Tab. 4.1: Benötigte Anzahl an Integrationspunkten für numerische Quadratur über Simplizes nach [205] und [161].

Ordnung	1	2	3	4	5	6	7	8	9	10	15	19
Dreieck	1	3	4	6	7	10	12	15	19	25	48	73
Tetraeder	1	4	5	11	14	24	31	43	53		330	715

Ordnung der Quadraturformel. Gehen wir davon aus, dass in nichtlinearen und zeitabhängigen Problemen σ ebenso wie ϕ_i polynomiell vom Grad p ist und wollen wir (4.54) exakt integrieren, so müssen wir eine Quadraturformel der Ordnung $3p-2$ verwenden. Der Aufwand für die Berechnung der Elementmatrizen wächst also recht schnell mit der Ansatzordnung, siehe Tab. 4.1.

Bei stückweise konstanten Koeffizienten und affinen Transformationen ist die Zerlegung der Elementmatrizen A_T in lokale Steifigkeits- und Massenmatrizen analog zu (4.45) eine Alternative zur direkten numerischen Quadratur. Es sei $\{B_m\}, m = 1, \ldots, M = d(d+1)/2$ eine Basis der symmetrischen Matrizen aus $\mathbb{R}^{d \times d}$ und

$$(S_m)_{i,j} = \int_{\overline{T}} \nabla \phi_i^T B_m \nabla \phi_j \, d\xi \quad \text{für } m = 1, \ldots, M$$

einmalig im Voraus exakt berechnet. Damit stellen wir die räumlich konstante Matrix B dar als

$$B = \sum_{m=1}^{M} \beta_m B_m.$$

Analog definieren wir die Massenelementmatrix

$$M_{ij} = \int_{\overline{T}} \phi_i \phi_j \, d\xi.$$

Dann gilt

$$A_T = \left(\sum_{m=1}^{M} \beta_m S_m + \gamma M \right) \det(x'). \tag{4.55}$$

Diese Berechnung der Elementmatrizen kann gegenüber der numerischen Quadratur mit sehr viel geringerem Aufwand erfolgen (siehe Aufgabe 4.17).

Zuordnung globaler Freiheitsgrade
Wie in (4.44) muss die globale Matrix A_h aus den Elementmatrizen A_T aufsummiert werden:

$$A_h = \sum_{T \in \mathcal{T}} P_T A_T P_T^T. \tag{4.56}$$

Die Verteilungsmatrizen P_T ergeben sich aus der Definition der globalen Ansatzfunktionen

$$\varphi_i|_T(x) = \sum_{k=1}^{K_{p,d}} (P_T)_{i,k} \phi_k(\xi(x))$$

als Linearkombinationen der Formfunktionen, denn es gilt

$$(A_h)_{ij} = a(\varphi_i, \varphi_j) = \sum_{T \in \mathcal{T}} a_T(\varphi_i, \varphi_j)$$

$$= \sum_{T \in \mathcal{T}} \sum_{k,l=1}^{K_{p,d}} (P_T)_{i,k} (P_T)_{j,l} \underbrace{a_T(\phi_i \circ \xi, \phi_j \circ \xi)}_{=(A_T)_{kl}} = \left(\sum_{T \in \mathcal{T}} P_T A_T P_T^T \right)_{ij}.$$

Bei Lagrange-Formfunktionen bietet sich die direkte Identifizierung von Formfunktionen und Ansatzfunktionen anhand der Interpolationsknoten an. Für $T \subset$ supp φ_i existiert daher genau ein $k \in \{1, \ldots, K_{p,d}\}$, so dass $(P_T)_{il} = \delta_{lk}$, für Elemente $\hat{T}$ außerhalb des Trägers von φ_i enthält die Zeile i von $P_{\hat{T}}$ dagegen nur Nulleinträge. Die so definierte Lagrange-Basis wird, insbesondere bei linearen Elementen, auch als *Knotenbasis* (engl. *nodal basis*) bezeichnet, denn jedem Knoten ξ des Gitters ist genau eine Ansatzfunktion mit Träger ω_ξ zugeordnet:

$$\Phi_h^1 = \{\varphi_\xi \in S_h^1 : \varphi_\xi(v) = \delta_{\xi v} \text{ für alle } v \in \mathcal{N}\}. \tag{4.57}$$

Zur Berechnung von (4.56) wird also nur zu jedem Element T und jeder Formfunktion ϕ_k der globale Index i der zugehörigen Ansatzfunktion benötigt.

Wie bei den hierarchischen Formfunktionen auch unterteilt man die hierarchischen Ansatzfunktionen in Elementfunktionen $\varphi_{T,k}$ mit supp $\varphi_{T,k} = T$, Flächenfunktionen $\varphi_{F,k}$ mit supp $\varphi_{F,k} = \omega_F$ (nur für $d = 3$), Kantenfunktionen $\varphi_{E,k}$ mit supp $\varphi_{E,k} = \omega_E$ (für $d > 1$) und Knotenfunktionen φ_x mit supp $\varphi_x = \omega_x$. Genau genommen dient diese Unterteilung bei den Formfunktionen ausschließlich dem Zweck, die Ansatzfunktionen auf vergleichsweise einfache Art definieren zu können.

Für die Elementfunktionen lässt sich die direkte Zuordnung

$$\varphi_{T,k} = \phi_{T,k} \quad \text{für } k = 1, \ldots, K_{p-2,d}$$

wie bei den Lagrange-Formfunktionen vornehmen, ebenso bei Knotenfunktionen. Für die Kanten- und Flächenfunktionen dagegen kann die Zuordnung nicht mehr so einfach sein, weil mindestens das Vorzeichen von $(P_T)_{ik}$ von der lokalen Orientierung der Kante oder Grenzfläche innerhalb der beteiligten Elemente abhängt. Zusätzlich zum globalen Index i der zugehörigen Ansatzfunktion muss daher noch ein Vorzeichen gespeichert werden. Dies ist bei der Definition von hierarchischen Formfunktionen nach (4.52)–(4.53) auch ausreichend. Bei der nichtsymmetrischen Variante (4.51) dagegen lassen sich einige der Flächen-Ansatzfunktionen nur als allgemeine Linearkombination der Formfunktionen schreiben, so dass einzelne Zeilen von P_T vollbesetzt sein können.

Randbedingungen

Die Integration von Randbedingungen folgt im wesentlichen den kontinuierlichen Ansätzen, die wir schon in Abschnitt 4.1.2 gesehen haben. Die Realisierung führt aber zu sehr unterschiedlichen Algorithmen. Da Neumann-Randbedingungen keine Beiträge zum Variationsfunktional liefern, sind natürlich am einfachsten zu realisieren – man macht gar nichts.

Robin-Randbedingungen

Für Robin-Randbedingungen erhalten wir zusätzlich zu der bisher behandelten Bilinearform $a(u,v)$ das Randintegral

$$a_\partial(u,v) = \frac{1}{2} \int_{\partial\Omega} \alpha u v \, ds.$$

Wie zuvor wird die Berechnung auf einzelne Randflächen F unterteilt und lokale Beiträge A_F zur Steifigkeitsmatrix etwa durch Quadratur berechnet. Dabei kann auch hier ein Referenzelement $\overline{F}$ auf eine konkrete Randfläche F abgebildet werden durch $x = x(\xi)$:

$$(A_F)_{ij} = \int_{\overline{F}} \alpha(x(\xi))\phi_i\phi_j D(\xi) \, d\xi. \tag{4.58}$$

Weil die Abbildung zwischen $\mathbb{R}^{d-1}$ und $\mathbb{R}^d$ vermittelt, ist $x'(\xi)$ nicht quadratisch. Der Integrationsfaktor D nimmt daher die Form $D(\xi) = \sqrt{x'(\xi)^T x'(\xi)}$ an.

Dirichlet-Randbedingungen durch Elimination

Wesentliche Randbedingungen $u|_{\partial\Omega_D} = u_D$ werden zumeist durch Einschränkung des Ansatzraums oder durch Strafterme realisiert.

Ersteres geschieht durch eine Modifikation der berechneten Steifigkeitsmatrix A. Im einfachsten Fall werden bei linearen finiten Elementen die Dirichlet-Randdaten knotenweise interpoliert. Für den zu einem Randknoten $x_k \in \partial\Omega_D \cap \mathcal{N}$ gehörigen Koeffizienten u_k der Lösung gilt dann gerade $u_k = u_D(x_k)$. Unterteilen wir die zunächst ohne Berücksichtigung der Randbedingungen assemblierte Steifigkeitsmatrix A in Dirichlet-Randknoten und innere Knoten (zu denen wir hier auch die Knoten auf $\partial\Omega \backslash \partial\Omega_D$ zählen), ist im linearen System

$$\begin{bmatrix} A_{dd} & A_{di} \\ A_{id} & A_{ii} \end{bmatrix} \begin{bmatrix} u_d \\ u_i \end{bmatrix} = \begin{bmatrix} * \\ b_i \end{bmatrix}$$

der Lösungsanteil u_d durch die Randwerte $u_D|_{\partial\Omega_D \cap \mathcal{N}}$ vorgegeben. Man beachte, dass der Anteil b_d der rechten Seite ohnehin nicht zu den Randbedingungen passt und daher ignoriert wird. Damit erhalten wir aus der zweiten Zeile das kleinere System

$$A_{ii} u_i = b_i - A_{id} u_d. \tag{4.59}$$

Mitunter ist es bei dünnbesetzten Matrizen effizienter, die Einträge der vorhandenen Steifigkeitsmatrix zu modifizieren statt das kleinere System (4.59) explizit zu formen, was auf

$$
\begin{bmatrix} I & \\ & A_{ii} \end{bmatrix} \begin{bmatrix} u_d \\ u_i \end{bmatrix} = \begin{bmatrix} u_D \\ b_I - A_{ID}u_D \end{bmatrix}
$$
(4.60)

führt. Bei finiten Elementen ohne Lagrange-Interpolationseigenschaft, etwa bei hierarchischen Elementen, verliert dieser Ansatz jedoch schnell seine Eleganz, denn das Aufprägen der Dirichlet-Randwerte erfordert dann zusätzlich die Verwendung lokaler Basistransformationen.

Sind die Randdaten u_D nicht exakt durch die Spur einer Finite-Elemente-Funktion darstellbar, so wird durch die knotenweise Interpolation ein Approximationsfehler eingebracht, der in subtiler Weise die Genauigkeit der Lösung und auch die Fehlerabschätzungen beeinträchtigt [25], was durch die Verwendung einer L^2-orthogonalen Projektion statt der Interpolation behoben werden kann.

Dirichlet-Randbedingungen durch Strafterm

Die Berücksichtigung der Randbedingungen durch die Aufnahme des quadratischen Strafterms

$$
\frac{\alpha}{2} \|u - u_D\|^2_{L^2(\partial\Omega_D)}
$$
(4.61)

aus (4.15) führt, wie schon in Abschnitt 4.1.2 bemerkt, auf Robin-Randbedingungen, die wie in (4.58) assembliert werden. Der Vorteil liegt in der Einfachheit der Realisierung, die unabhängig von der Lagrange-Interpolationseigenschaft der Finite-Elemente-Basis ist. Der Nachteil liegt in der mit α wachsenden Kondition des Gleichungssystems, was insbesondere für dessen iterative Lösung problematisch sein kann, siehe Kapitel 5.3. Daher sollte α nur so groß gewählt werden, dass der durch die Umformulierung eingetragene Fehler der Größenordnung $\mathcal{O}(\alpha^{-1})$ dem im folgenden Abschnitt untersuchten Diskretisierungsfehler entspricht. Bei linearen finiten Elementen führt das auf $\alpha = \mathcal{O}(h^{-2})$ [11], und damit immer noch zu einer Verschlechterung der Kondition. Eine einfache diagonale Vorkonditionierung, siehe Kapitel 5.3.2, behebt die problematische Kondition weitgehend [118] und führt auf ein Gleichungssystem ganz ähnlich (4.60).

Die Strafterm-Formulierung (4.15) lässt sich auch geschickt zur näherungsweisen Bestimmung eines Lagrange-Multiplikators zur Verwendung in (4.16) verwenden, denn es gilt $\lambda \approx -n^T \nabla u$. Wie von Nitsche 1971 vorgeschlagen [172], lassen sich u und λ ohne den Umweg über (4.60) sogar simultan berechnen:

$$
\min_{u \in H^1(\Omega)} \Phi(u) + \int_{\partial\Omega_D} \left(\frac{\alpha}{2}(u - u_D)^2 - n^T \nabla u(u - u_D) \right) ds
$$

Dafür muss α aber hinreichend groß sein, damit das Problem elliptisch ist.

Bemerkung 4.17. Im Gegensatz zu Gittern mit Rechtecks- oder Hexaederelementen haben finite Elemente über simplizialen Triangulierungen zwei Vorteile. Zum einen lassen sich beliebig komplexe Gebiete wesentlich einfacher in Dreiecke oder Tetraeder mit annehmbaren Approximationseigenschaften zerlegen. Zum anderen kann man durch Unterteilung von Elementen ein feineres konformes Gitter erzeugen, was wichtig für die adaptive Lösung der Gleichungen ist, siehe Kapitel 7. Bei adaptiven Rechtecks- und Hexaedergittern muss man stattdessen auf nichtkonforme Gitter ausweichen, was bei simplizialen Triangulierungen natürlich auch möglich ist. Die Stetigkeit der Ansatzfunktionen wird dann algebraisch dadurch gesichert, dass den „hängenden Knoten" (siehe Abb. 4.5) keine eigentlichen Freiheitsgrade zugewiesen werden, sondern die Koeffizienten für die Formfunktionen aus den Werten der Formfunktionen auf dem nicht unterteilten Element interpoliert werden.

Davon unterscheiden muss man nichtkonforme finite Elemente, bei denen der Ansatzraum V_h kein Unterraum von V ist. Dieser eigentlich unnatürliche und daher auch als „variational crime" bezeichnete Ansatz erfordert eine erweiterte Konvergenztheorie, insbesondere verliert man die Bestapproximationseigenschaft. Dennoch sind solche Ansätze mitunter vorteilhaft, weil sie entweder wesentlich einfacher umzusetzen sind, etwa bei Platten- und Schalenmodellen in der Elastomechanik, siehe [43], oder sich mit der gewonnenen Freiheit wünschenswerte Eigenschaften realisieren lassen, etwa bei divergenzfreien Elementen niedriger Ordnung für Strömungsprobleme.

4.4 Approximationstheorie für finite Elemente

In diesem Teilkapitel behandeln wir den Diskretisierungsfehler bei Finite-Elemente-Methoden. Dabei wollen wir unser Interesse auf die Energienorm $\|\cdot\|_a$ und die L^2-Norm $\|\cdot\|_{L^2(\Omega)}$ einschränken. Der Einfachheit halber beschränken wir uns auf die Betrachtung der maximalen Gitterweite $h = \max_{T \in \mathcal{T}} h_T$, was für *uniforme* Familien von Gittern und insbesondere für äquidistante Gitter angemessen ist. Zunächst behandeln wir Randwertprobleme, daran anschließend Eigenwertprobleme.

4.4.1 Randwertprobleme

Im Folgenden führen wir die Abschätzung des Approximationsfehlers bei FE-Methoden über äquidistanten Gittern zunächst für die Energienorm, dann für die L^2-Norm vor.

Abschätzung des Energiefehlers
Als Ausgangspunkt für die Approximationstheorie formulieren wir die Projektionseigenschaft (4.19) für Galerkin-Methoden etwas um:

$$\|u - u_h\|_a = \inf_{v_h \in S_h} \|u - v_h\|_a. \tag{4.62}$$

Die erste Idee ist nun, in der obigen rechten Seite den *Interpolationsfehler* einzusetzen und so eine obere Schranke für den Diskretisierungsfehler zu erhalten. Es bezeichne I_h den Interpolationsoperator. Dann können wir den Interpolationsfehler in der Form $u - I_h u$ schreiben. Allerdings ist eine gewisse Vorsicht geboten: Der Interpolationsoperator I_h ist nur für *stetige* Lösungen u wohldefiniert. Wir haben jedoch bisher nur $u \in H_0^1(\Omega)$ in Betracht gezogen, was im Allgemeinen keine Stetigkeit impliziert. Zur Formulierung von Fehlerabschätzungen verwendet man Sobolevräume größerer *Regularität*. Die im Anhang A.5 definierten Räume $H^m(\Omega)$ für $m \geq 1$ zeichnen sich durch die Existenz schwacher m-ter Ableitungen in $L^2(\Omega)$ aus. Der Zusammenhang zwischen den Sobolevräumen H^m und der Stetigkeitsklasse C ergibt sich aus dem Sobolevschen Einbettungslemma, das wir aus Anhang A.5 für unseren konkreten Fall heranziehen:

Lemma 4.18. *Sei $\Omega \subset \mathbb{R}^d$. Dann gilt:*

$$H^m(\Omega) \subset C(\bar{\Omega}) \quad \Leftrightarrow \quad m > \frac{d}{2}.$$

Offenbar ist also die Regularität der Lösung mit der Raumdimension korreliert. Gehen wir aus von $u \in H^1$, also $m = 1$, so erreichen wir das magere Resultat $d = 1$. Wir benötigen also mindestens $m = 2$, um den praktisch relevanten Fall $d \leq 3$ abzudecken. Diese Regularität ist jedoch nur unter Einschränkungen gesichert, wie das folgende Lemma zeigt.

Lemma 4.19. *Sei Ω konvex oder glatt berandet und $f \in L^2(\Omega)$. Dann liegt die Lösung u von (4.4) in $H^2(\Omega)$ und es gilt die Abschätzung*

$$\|u\|_{H^2(\Omega)} \leq c\|f\|_{L^2(\Omega)}.$$

Ein Beweis findet sich z. B. in [108].

Ein Problem, dessen Lösungen für alle $f \in L^2(\Omega)$ in $H^2(\Omega)$ liegen, heißt H^2-*regulär*. Wenn wir dies im Folgenden voraussetzen, so sind wir nur dann auf der sicheren Seite, wenn das Gebiet Ω konvex oder glattberandet ist. Damit scheiden etwa Gebiete mit *einspringenden Ecken* aus, siehe die Bemerkungen 4.22 und 4.24 weiter unten.

Lemma 4.20. *Sei Ω konvexes Gebiet im $\mathbb{R}^d$ für $d \leq 3$. Sei $u \in H^2(\Omega)$ Lösung der Poisson-Gleichung*

$$a(u, v) = \langle f, v \rangle, \quad v \in H_0^1(\Omega).$$

Sie werde durch lineare finite Elemente stetig über ganz Ω interpoliert. Dann gilt für den Interpolationsfehler die Abschätzung

$$\|u - I_h u\|_{H^1(\Omega)} \leq ch\|u\|_{H^2(\Omega)},$$

wobei die Konstante c vom Gebiet Ω und insbesondere der Formregularität des Gitters abhängt.

Einen Beweis dieser Aussage ersparen wir uns; diese Art von Abschätzung haben wir in Band 1, Kapitel 7.1.3, hergeleitet, wenn auch nur für $d = 1$. Mit Lemma 4.20 haben wir die Voraussetzung für eine Abschätzung des Diskretisierungsfehlers in der Energienorm zur Verfügung.

Satz 4.21. *Sei $\Omega \subset \mathbb{R}^d$ für $d \leq 3$ konvex und $u \in H^2(\Omega)$ schwache Lösung der Poisson-Gleichung. Sei $u_h \in S_h$ die Galerkin-Lösung von*

$$a(u_h, v_h) = \langle f, v_h \rangle, \quad v_h \in S_h \subset H_0^1(\Omega)$$

mit linearen, konformen finiten Elementen. Dann gilt für den Diskretisierungsfehler die Abschätzung

$$\|u - u_h\|_a \leq ch\|f\|_{L^2(\Omega)}. \tag{4.63}$$

Beweis. Wir setzen $v_h = I_h u$ in die rechte Seite von (4.62) ein und wenden die Lemmata 4.20 und 4.19 an:

$$\|u - u_h\|_a \leq \|u - I_h u\|_a \leq ch\|u\|_{H^2(\Omega)} \leq ch\|f\|_{L^2(\Omega)}. \qquad \square$$

Bemerkung 4.22. Die obige Herleitung schließt Gebiete mit *einspringenden Ecken* aus. Es lassen sich aber Sobolevräume mit nichtganzzahligem Regularitätsindex m definieren, die in geeigneter Weise „zwischen" den Sobolevräumen mit ganzzahligen Indizes liegen. Für Gebiete $\Omega \subset \mathbb{R}^2$ gilt $u \in H^{1-\epsilon+1/\alpha}(\Omega)$ für jedes $\epsilon > 0$, abhängig vom Innenwinkel $\alpha\pi > \pi$ der Ecke [117]. Als Konsequenz ergibt sich ein Fehlerverhalten der Art

$$\|u - u_h\|_a \leq ch^{1/\alpha - \epsilon}.$$

Für einseitige Neumann-Probleme ist α in obigen Exponenten durch 2α zu ersetzen, siehe dazu das illustrierende Beispiel 6.24 in Kapitel 6.3.2.

Abschätzung des L^2-Fehlers

Da wir in der L^2-Norm eine Differentiationsordnung weniger als in der Energienorm benötigen, erwarten wir für H^2-reguläre Probleme ein besseres Resultat der Bauart

$$\|u - u_h\|_{L^2(\Omega)} \leq ch^2\|f\|_{L^2(\Omega)}.$$

Ein solches Resultat ist allerdings nicht so einfach zu beweisen wie etwa (4.63) im obigen Satz 4.21. Hierfür benötigen wir eine Methodik, die in der Literatur oft als *Dualitätstrick* oder auch *Aubin–Nitsche-Trick* bezeichnet wird; in der Tat haben Aubin [8] 1967 und Nitsche [173] 1968 den „Trick" unabhängig voneinander erfunden.

Satz 4.23. *Zusätzlich zu den Voraussetzungen von Satz 4.21 sei das Problem H^2-regulär. Dann gelten die Abschätzungen*

$$\|u - u_h\|_{L^2(\Omega)} \le ch\|u - u_h\|_a, \tag{4.64}$$

$$\|u - u_h\|_{L^2(\Omega)} \le ch^2 \|f\|_{L^2(\Omega)}. \tag{4.65}$$

Beweis. Bezeichne $e_h = u - u_h$ den Approximationsfehler. Der „Trick", der uns übrigens in allgemeinerem Rahmen in Kapitel 6.1.5 wieder begegnen wird, ist nun, dass wir $z \in H_0^1(\Omega)$ als schwache Lösung der Poisson-Gleichung mit rechter Seite e_h einführen:

$$a(z, v) = \langle e_h, v \rangle, \quad v \in H_0^1(\Omega).$$

Sei $z_h \in S_h$ die Galerkin-Lösung zu z. Wählen wir $v = e_h$ in obiger Gleichung, so erhalten wir zunächst die Umformung

$$\|e_h\|_{L^2(\Omega)}^2 = a(z, e_h) = a(z, e_h) - \underbrace{a(z_h, e_h)}_{=0} = a(z - z_h, e_h).$$

Anwendung der Cauchy–Schwarz-Ungleichung für das Energieprodukt sowie des Resultats (4.63) für $z - z_h$ führt sodann auf

$$\|e_h\|_{L^2(\Omega)}^2 \le \|z - z_h\|_a \|e_h\|_a \le ch\|e_h\|_{L^2(\Omega)} \|e_h\|_a.$$

Dividieren wir den gemeinsamen Faktor $\|e_h\|_{L^2(\Omega)}$ auf beiden Seiten ab, so ergibt sich die Aussage (4.64). Anwendung von (4.63) für e_h liefert sofort (4.65). □

Bemerkung 4.24. Analog zur Energiefehlerabschätzung gilt für Dirichlet-Probleme bei Gebieten mit *einspringenden Ecken*, also bei Innenwinkel $\alpha\pi$ mit $\alpha > 1$, abweichend von (4.65) die Abschätzung

$$\|u - u_h\|_{L^2(\Omega)} \le ch^{2/\alpha - \epsilon} \|f\|_{L^2(\Omega)}.$$

Wieder ist für einseitige Neumann-Probleme α durch 2α zu ersetzen, siehe dazu das illustrierende Beispiel 6.24 in Kapitel 6.3.2.

Bemerkung 4.25. Wir sind immer davon ausgegangen, dass Ω vom Gitter exakt dargestellt wird, und haben uns daher auf Polytope $\Omega = \text{int} \bigcup_{T \in \mathcal{T}} T$ beschränkt. Ist Ω aber beliebig krummlinig berandet, so ist eine exakte Darstellung des Gebiets durch eine Triangulierung im Allgemeinen nicht möglich, wodurch ein zusätzlicher Approximationsfehler eingeschleppt wird, siehe etwa die Lehrbücher von Dziuk [89] und Braess [43].

4.4.2 Eigenwertprobleme

In diesem Teilkapitel wenden wir uns wieder selbstadjungierten Eigenwertproblemen zu, siehe Kapitel 4.1.3 weiter oben sowie die dort eingeführten Bezeichnungen. Im Folgenden wollen wir klären, wie stark die Finite-Elemente-Approximationen $\lambda_{k,h}$, $u_{k,h}$ von den kontinuierlichen Größen λ_k, u_k abweichen. Wie in den vorangegangenen Teilkapiteln beschränken wir uns auf lineare finite Elemente, wenn nicht ausdrücklich anders vermerkt.

FE-Approximation von Eigenwerten

Wir betrachten zunächst den Fall $k = 1$, in der Physik oft als „Grundzustand" bezeichnet. Der folgende Satz geht auf Vainikko [222] aus dem Jahre 1964 zurück (zunächst in Russisch publiziert, zitiert nach dem klassischen Lehrbuch von Strang/Fix [210]).

Satz 4.26. *Sei $\lambda_{1,h}$ die lineare Finite-Elemente-Approximation des niedrigsten Eigenwertes $\lambda_1 > 0$ und $u_1 \in H_0^2(\Omega)$ die zugehörige Eigenfunktion. Dann gilt, für hinreichend kleine Gitterweiten $h \leq \bar{h}$,*

$$0 \leq \lambda_{1,h} - \lambda_1 \leq ch^2 \lambda_1 \|u_1\|_{H^2(\Omega)} \tag{4.66}$$

mit einer generischen Konstanten c.

Beweis. Der hier vorgeführte Beweis ist eine geringfügige Vereinfachung des Beweises in [210]. Die linke Seite von (4.66) folgt aus (4.23). Ohne Beschränkung der Allgemeinheit nehmen wir die Eigenfunktion als normiert gemäß $\langle u_1, u_1 \rangle = 1$ an, der Rayleigh-Quotient ist ohnehin invariant gegen Skalierung.

Der Trick des Beweises besteht darin, die Ritz-Projektion $Pu_1 \in V_h$ der exakten Eigenfunktion u_1 einzuführen, für die per Definition $a(u_1 - Pu_1, Pu_1) = 0$ gilt, siehe Abb. 4.1. Sei V_h „hinreichend fein" angenommen, so dass $Pu_1 \neq 0$. Diese Projektion setzen wir als Vergleichselement in (4.22) ein und erhalten daraus

$$\lambda_{1,h} = \min_{u_h \in V_h} \frac{a(u_h, u_h)}{\langle u_h, u_h \rangle} \leq \frac{a(Pu_1, Pu_1)}{\langle Pu_1, Pu_1 \rangle}.$$

Für den Zähler erhalten wir aus der Definition von Pu_1 unmittelbar

$$a(Pu_1, Pu_1) \leq a(u_1, u_1) = \lambda_1.$$

Für den Nenner ergibt sich

$$\langle Pu_1, Pu_1 \rangle = \langle u_1, u_1 \rangle - 2\langle u_1, u_1 - Pu_1 \rangle + \langle u_1 - Pu_1, u_1 - Pu_1 \rangle \geq 1 - \sigma(h),$$

worin wir eine Größe $\sigma(h)$ definiert haben als

$$\sigma(h) = |2\langle u_1, u_1 - Pu_1 \rangle - \langle u_1 - Pu_1, u_1 - Pu_1 \rangle|.$$

Wir setzen nun voraus (und sichern nachfolgend), dass $\sigma(h) \leq 1/2$ gewählt werden kann; damit haben wir nebenher die Annahme $Pu_1 \neq 0$ erledigt, weil sich in diesem Fall nämlich $\sigma(h) = 1$ ergäbe. Dies erlaubt die Abschätzung

$$\lambda_{1,h} \leq \frac{\lambda_1}{1 - \sigma(h)} \leq \lambda_1(1 + 2\sigma(h)) \quad \Leftrightarrow \quad \lambda_{1,h} - \lambda_1 \leq 2\sigma(h)\lambda_1. \tag{4.67}$$

Anwenden der Dreiecksungleichung und der Cauchy–Schwarz-Ungleichung auf $\sigma(h)$ liefert

$$\sigma(h) \leq 2\|u_1\|_{L^2(\Omega)}\|u_1 - Pu_1\|_{L^2(\Omega)} + \|u_1 - Pu_1\|_{L^2(\Omega)}^2$$
$$= \|u_1 - Pu_1\|_{L^2(\Omega)}(2 + \|u_1 - Pu_1\|_{L^2(\Omega)}).$$

Durch Rückgriff auf die L^2-Fehlerabschätzung (4.65) erhalten wir

$$\|u_1 - Pu_1\|_{L^2(\Omega)} \leq ch^2\|u_1\|_{H^2(\Omega)}. \tag{4.68}$$

Wir wählen nun eine obere Schranke $\bar{h}$ der Gitterweite h so klein, dass $\sigma(h) \leq 1/2$ gesichert werden kann, also

$$\|u_1 - Pu_1\|_{L^2(\Omega)} \leq c\bar{h}^2\|u_1\|_{H^2(\Omega)} \leq \frac{1}{2 + \sqrt{6}} \quad \Rightarrow \quad \sigma(h) \leq \sigma(\bar{h}) \leq 1/2.$$

Damit kann die Klammer $(2 + \|u_1 - Pu_1\|_{L^2(\Omega)})$ durch eine Konstante beschränkt werden. Einsetzen in (4.67) führt schließlich direkt zur Aussage (4.66) des Satzes mit einer (neuen) generischen Konstante c. $\qquad\square$

Im Prinzip lässt sich Satz 4.26 elementar auf höhere Eigenwerte (also auf $k > 1$) übertragen, wenn man die Darstellung (1.16) aus Korollar 1.7 im kontinuierlichen Fall bzw. ihre schwache Formulierung (4.24) zu Grunde legt. In beiden Fällen ist allerdings Voraussetzung, dass man einen invarianten Unterraum $U_{j-1} = \text{span}(u_1, \dots, u_{j-1})$ bzw. in schwacher Form $V_{j-1,h} = \text{span}(u_{1,h}, \dots, u_{j-1,h})$ hinreichend genau kennt, um im orthogonalen Komplement $U_{j-1}^{\perp}$ bzw. $V_{j-1,h}^{\perp}$ die Rayleigh-Quotienten-Minimierung durchführen zu können. Deshalb hatten wir bereits in Kapitel 4.1.3 darauf hingewiesen, dass sich für höhere Eigenwerte die Herangehensweise nach Döhler [84] empfiehlt, bei der Eigenwerte und Eigenfunktionen *simultan* berechnet werden. Wir gehen hier nicht weiter auf die Approximationsgüte der höheren Eigenwerte ein, sondern stellen erst weiter unten, in Kapitel 7.4.2, eine Erweiterung der Idee von Döhler auf Mehrgittermethoden vor.

FE-Approximation von Eigenfunktionen

Vorab rücken wir einen elementaren, aber wichtigen Zusammenhang der Approximation von Eigenwerten und Eigenfunktionen in den Blickpunkt.

Lemma 4.27. *Für $k = 1, \ldots, N$ gilt die Identität*

$$a(u_k - u_{k,h}, u_k - u_{k,h}) = \lambda_k \|u_k - u_{k,h}\|_{L^2(\Omega)}^2 + \lambda_{k,h} - \lambda_k. \qquad (4.69)$$

Beweis. Für die Eigenfunktionen u_k und $u_{k,h}$ wählen wir die spezielle Normierung $\|u_k\|_{L^2(\Omega)} = \|u_{k,h}\|_{L^2(\Omega)} = 1$, woraus aus dem Rayleigh-Quotienten unmittelbar $a(u_k, u_k) = \lambda_k$ und $a(u_{k,h}, u_{k,h}) = \lambda_{k,h}$ folgt. Dann erhalten wir

$$a(u_k - u_{k,h}, u_k - u_{k,h}) = \lambda_k - 2\lambda_k \langle u_k, u_{k,h} \rangle + \lambda_{k,h}$$
$$= \lambda_k (2 - 2\langle u_k, u_{k,h} \rangle) + \lambda_{k,h} - \lambda_k.$$

Umformung der rechten Klammer zu einer quadratischen Form mit der speziellen Normierung für u_k und $u_{k,h}$ bestätigt (4.69). □

Diese Identität ist im Kontext adaptiver Algorithmen äußerst nützlich. Als Konsequenz daraus besitzt der Approximationsfehler der Eigenfunktionen in der Energienorm nur die halbe Ordnung verglichen mit dem Approximationsfehler der Eigenwerte. Dies gilt ganz offenbar unabhängig von der Ordnung der finiten Elemente. Als Hauptaufgabe verbleibt also lediglich eine Abschätzung des Fehlers in der L^2-Norm, die wir in dem folgenden Approximationssatz leisten wollen. Dabei schränken wir uns wieder auf den Fall $k = 1$ ein, in dem die wesentliche Struktur, soweit sie für adaptive Gitter wichtig ist, bereits sichtbar ist.

Satz 4.28. *Sei $\lambda_1 > 0$ und $\lambda_1 \leq \lambda_{1,h} < \lambda_{2,h} < \cdots$ für die linearen Finite-Elemente-Approximationen der Eigenwerte. Dann gelten, für hinreichend kleine Gitterweiten h, die Abschätzungen*

$$\|u_1 - u_{1,h}\|_{L^2(\Omega)} \leq Ch^2 \|u_1\|_{H^2(\Omega)} \qquad (4.70)$$

in der L^2-Norm und

$$\|u_1 - u_{1,h}\|_a \leq Ch \sqrt{\lambda_1} \|u_1\|_{H^2(\Omega)}$$

in der Energienorm, jeweils mit generischer Konstante C.

Beweis. Wir orientieren uns, im Spezialfall linearer finiter Elemente, wieder an dem Lehrbuch von Strang/Fix [210]. Wie im Beweis von Satz 4.26 definiert Pu_1 die Ritz-Projektion. Als Normierung sei $\|u_1\|_{L^2(\Omega)} = \|u_{1,h}\|_{L^2(\Omega)} = 1$ gewählt, woraus dann direkt $a(u_1, u_1) = \lambda_1$ und $a(u_{1,h}, u_{1,h}) = \lambda_{1,h}$ folgt.

Zunächst beweisen wir die L^2-Abschätzung. Da $Pu_1 \in V_h$, lässt es sich nach dem Orthogonalsystem der diskreten Eigenfunktionen entwickeln ($N = \dim(V_h)$):

$$Pu_1 = \sum_{j=1}^{N} \alpha_j u_{j,h} \quad \text{mit } \alpha_j = \langle Pu_1, u_{j,h} \rangle.$$

Der Trick in diesem Beweis ist nun, den ersten Term der Entwicklung herauszuziehen. Sei dazu speziell $\alpha_1 = \langle Pu_1, u_{1,h} \rangle > 0$, was durch Vorzeichenwahl mittels $u_{1,h}$ sichergestellt werden kann. Mit der üblichen Orthogonalzerlegung erhalten wir

$$\|Pu_1 - \alpha_1 u_{1,h}\|_{L^2(\Omega)}^2 = \sum_{j=2}^N \langle Pu_1, u_{j,h} \rangle^2.$$

Die obigen Summanden lassen sich einzeln umformen über das Hilfsresultat

$$(\lambda_{j,h} - \lambda_1)\langle Pu_1, u_{j,h} \rangle = \lambda_1 \langle u_1 - Pu_1, u_{j,h} \rangle.$$

Darin lassen sich die zunächst unterschiedlichen Terme links und rechts durch die Zwischenrechnung

$$\lambda_{j,h} \langle Pu_1, u_{j,h} \rangle = a(Pu_1, u_{j,h}) + a(u_1 - Pu_1, u_{j,h}) = a(u_1, u_{j,h}) = \lambda_1 \langle u_1, u_{j,h} \rangle$$

als gleich erkennen. Einsetzen ergibt dann

$$\|Pu_1 - \alpha_1 u_{1,h}\|_{L^2(\Omega)}^2 = \sum_{j=2}^N \left(\frac{\lambda_1}{\lambda_{j,h} - \lambda_1} \right)^2 \langle u_1 - Pu_1, u_{j,h} \rangle^2.$$

Wegen der Isoliertheit des ersten Eigenwertes lässt sich eine Konstante ρ definieren, für die gilt:

$$\frac{\lambda_1}{\lambda_{j,h} - \lambda_1} \leq \rho \quad \text{für } j > 1.$$

Setzen wir diese Beziehung in die fortlaufende Rechnung ein, so erhalten wir

$$\|Pu_1 - \alpha_1 u_{1,h}\|_{L^2(\Omega)}^2 \leq \rho^2 \sum_{j=2}^N \langle u_1 - Pu_1, u_{j,h} \rangle^2 \leq \rho^2 \sum_{j=1}^N \langle u_1 - Pu_1, u_{j,h} \rangle^2,$$

was zusammengefasst das Zwischenresultat

$$\|Pu_1 - \alpha_1 u_{1,h}\|_{L^2(\Omega)} \leq \rho \|u_1 - Pu_1\|_{L^2(\Omega)}$$

liefert. Dieses Resultat setzen wir in die Dreiecksungleichung

$$\|u_1 - \alpha_1 u_{1,h}\|_{L^2(\Omega)} \leq \|u_1 - Pu_1\|_{L^2(\Omega)} + \|Pu_1 - \alpha_1 u_{1,h}\|_{L^2(\Omega)}$$
$$\leq (1 + \rho)\|u_1 - Pu_1\|_{L^2(\Omega)}$$

ein. Damit sind wir kurz vor dem Ziel:

$$\|u_1 - u_{1,h}\|_{L^2(\Omega)} \leq \|u_1 - \alpha_1 u_{1,h}\|_{L^2(\Omega)} + \|(\alpha_1 - 1)u_{1,h}\|_{L^2(\Omega)}$$
$$= \|u_1 - \alpha_1 u_{1,h}\|_{L^2(\Omega)} + |\alpha_1 - 1|.$$

Der zweite Term lässt sich mit Hilfe der Normierung der Eigenfunktionen durch eine weitere Dreiecksungleichung abschätzen gemäß

$$1 - \|u_1 - \alpha_1 u_{1,h}\|_{L^2(\Omega)} \leq \|\alpha_1 u_{1,h}\|_{L^2(\Omega)} = \alpha_1 \leq 1 + \|u_1 - \alpha_1 u_{1,h}\|_{L^2(\Omega)},$$

woraus sich sofort ergibt

$$-\|u_1 - \alpha_1 u_{1,h}\|_{L^2(\Omega)} \leq \alpha_1 - 1 \leq \|u_1 - \alpha_1 u_{1,h}\|_{L^2(\Omega)},$$

was wiederum äquivalent ist zu $|\alpha_1 - 1| \leq \|u_1 - \alpha_1 u_{1,h}\|_{L^2(\Omega)}$. Somit erhalten wir weiter oben

$$\|u_1 - u_{1,h}\|_{L^2(\Omega)} \leq 2\|u_1 - \alpha_1 u_{1,h}\|_{L^2(\Omega)} \leq 2(1 + \rho)\|u_1 - Pu_1\|_{L^2(\Omega)}.$$

Nun können wir endlich auf (4.68) zurückgreifen, was uns zu

$$\|u_1 - u_{1,h}\|_{L^2(\Omega)} \leq C\|u_1 - Pu_1\|_{L^2(\Omega)} \leq Ch^2\|u_1\|_{H^2(\Omega)}$$

führt, also zu Aussage (4.70) des Satzes.

Der Beweis für die *Energienorm* ist wesentlich kürzer. Er stützt sich schlichtweg auf die Identität (4.69) für $k = 1$: Die gewünschte Abschätzung erhalten wir, indem wir (4.70) in den ersten Term der rechten Seite und (4.66) in die Differenz des zweiten und dritten Terms einsetzen. Die führenden Ordnungen in der Gitterweite h erhalten wir durch Einschränkung auf „hinreichend kleine" $h \leq \bar{h}$ analog zum Vorgehen im Beweis des vorigen Satzes 4.26. □

Wie aus Lemma 4.27 zu erwarten, besitzt der Approximationsfehler der Eigenfunktion $u_{1,h}$ in der L^2-Norm die gleiche Ordnung wie der Eigenwert $\lambda_{1,h}$, während in der Energienorm nur die Wurzel der Ordnung realisierbar ist. Eine Theorie für den allgemeineren Fall $k \geq 1$, sogar bei *mehrfachen* Eigenwerten, sowie für höhere finite Elemente findet sich etwa in der umfangreichen Arbeit [15] von Babuška und Osborn, allerdings nur für uniforme Gitter.

4.4.3 Winkelbedingung für nichtuniforme Gitter

Der Einfachheit halber haben wir in den vorigen Teilkapiteln nur den Fall uniformer bzw. äquidistanter Gitter betrachtet. Für die Lösung praktisch wichtiger Probleme sind jedoch *problemangepasste* Gitter wesentlich, die in der Regel *nichtuniform* sind; die Konstruktion solcher Gitter behandeln wir in Kapitel 6.2. Bei einer Übertragung der obigen Abschätzungen auf allgemeine *nichtuniforme* Gitter spielen allerdings nicht nur die lokalen Gitterweiten h_T, d. h. die jeweils längsten Seiten der Dreiecke T, sondern auch die *Form* der Elemente T eine wichtige Rolle. In ihrer inzwischen klassischen Analyse haben Ciarlet und Raviart [58] bereits 1972 eine Charakterisierung von

Dreiecken mit Hilfe des Inkreisradius ρ_T vorgenommen: für *formreguläre* Dreiecke fordern sie die Bedingung

$$\frac{h_T}{\rho_T} \le C_T, \quad T \in \mathcal{T},$$

wobei die Konstante $C_T \ge 1$ „nicht zu groß" sein darf; zur geometrischen Situation siehe Abb. 4.17.

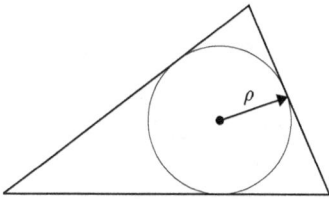

Abb. 4.17: Inkreis zur Charakterisierung der Form von Dreiecken.

Aufgrund dieser Analyse war lange Zeit herrschende Meinung, dass „spitze" Winkel, also „große" Konstanten C_T, bei finiten Elementen vermieden werden sollten. Die beiden typischen Grenzfälle haben wir in Abb. 4.18 dargestellt.

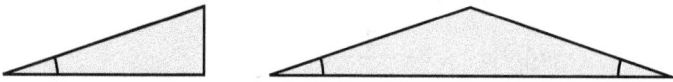

Abb. 4.18: Dreiecke mit großer Konstante C_T. *Links:* spitzer Innenwinkel ($C_T \approx 7.2$). *Rechts:* zwei spitze und ein stumpfer Innenwinkel ($C_T \approx 12.3$).

Eine genauere Analyse zeigt jedoch, dass nur „stumpfe" Innenwinkel vermieden werden sollten. Für den Spezialfall $d = 2$ mit linearen finiten Elementen gibt es einen elementargeometrischen Beweis von Synge [213] (schon aus dem Jahr 1957), auf dem die folgende Darstellung beruht.

Wir untersuchen zunächst nur den *Interpolationsfehler*, der sich über (4.62) in die Abschätzung des *Diskretisierungsfehlers* durchzieht.

Satz 4.29. *Betrachtet werde ein Dreieck $T = P_1P_2P_3$ mit maximalem Innenwinkel γ. Sei I_h der lineare Interpolationsoperator über den Eckpunkten P_i. Dann gilt die punktweise Abschätzung*

$$|\nabla(u - I_h u)| \le h\left(1 + \frac{2}{\sin\gamma}\right)\|u\|_{C^{1,1}(T)}.$$

Beweis. Es sei $h_1 e_1 = P_2 - P_1$ und $h_2 e_2 = P_3 - P_1$ mit $\|e_i\| = 1$ sowie der Winkel bei P_1 maximal. Wir betrachten den Fehler $w := u - I_h u$ mit $w(P_i) = 0$. Nach dem Satz von

Rolle existieren Punkte x_1 und x_2 auf diesen Kanten, so dass

$$w_x(x_i)e_i = \frac{\partial w}{\partial e_i}(x_i) = 0, \quad i = 1, 2.$$

Ist nun $x \in T$, so gilt wegen der Lipschitzstetigkeit von w_x und $\|x_i - x\| \le h$ die punktweise Abschätzung

$$|w_x(x)e_i| \le h\|w\|_{C^{1,1}(T)} = h\|u\|_{C^{1,1}(T)}. \tag{4.71}$$

Aus der Schranke für die Richtungsableitungen leiten wir jetzt eine Schranke für den Gradienten her. Zunächst gilt

$$|\nabla w| = \max_{\|v\|=1} w_x v.$$

Stellen wir v durch die Kantenvektoren e_i dar, also $v = \alpha_1 e_1 + \alpha_2 e_2$, so erhalten wir aus (4.71)

$$|\nabla w| = \max_{\|v\|=1} w_x(\alpha_1 e_1 + \alpha_2 e_2) \le \max_{\|v\|=1}(|\alpha_1| + |\alpha_2|)h\|u\|_{C^{1,1}(T)}. \tag{4.72}$$

Sei o. B. d. A. $e_1 = [1, 0]^T$ und $v = [v_1, v_2]^T$, dann ist $e_2 = [\cos\gamma, \sin\gamma]^T$, und es gilt

$$\begin{bmatrix} 1 & \cos\gamma \\ & \sin\gamma \end{bmatrix} \begin{bmatrix} \alpha_1 \\ \alpha_2 \end{bmatrix} = \begin{bmatrix} v_1 \\ v_2 \end{bmatrix}.$$

Aus $|v_i| \le 1$ erhalten wir sofort die Abschätzung

$$|\alpha_1| + |\alpha_2| \le 1 + \frac{2}{\sin\gamma}$$

und mit (4.72) die Aussage. $\qquad\qquad\qquad\qquad\qquad\qquad\qquad\qquad\qquad\qquad\qquad\qquad$ □

Bemerkung 4.30. Dem Beweis liegt ein *Stabilitätsargument* zugrunde: Bei der Darstellung von $v = \alpha_1 e_1 + \alpha_2 e_2$ dürfen die Summanden nicht wesentlich länger sein als die Summe. Das lässt sich auch sofort auf Tetraeder mit $d = 3$ übertragen, nur ist dann die Interpretation der Winkel komplizierter. Diese Art von Stabilitätsvoraussetzung wird uns in ganz anderem Kontext in Kapitel 7.1 wieder begegnen.

Die punktweise Aussage von Satz 4.29 lässt sich in der Form

$$\|u - I_h u\|_{C^1(\Omega)} \le \left(1 + \frac{2}{\sin\gamma}\right)h\|u\|_{C^{1,1}(\Omega)}$$

auf das ganze Gebiet übertragen. Daran stört uns noch, dass hierbei die Voraussetzung $u \in C^{1,1}(\Omega)$ benötigt wird. Eine Analyse von Jamet [139] von 1976, hier in der verbesserten Version von Babuška und Aziz [13] aus dem gleichen Jahr, siehe auch Bornemann [36], liefert in der Tat das verbesserte Resultat

$$\|u - I_h u\|_{H^1(\Omega)} \le \frac{ch}{\cos(\gamma/2)}\|u\|_{H^2(\Omega)}. \tag{4.73}$$

Das Resultat gilt auch für $d = 3$ [146].

In der einen wie in der anderen Form lautet die klare Botschaft:

Bei Triangulierungen sollten stumpfe *Innenwinkel (siehe Abb. 4.18, rechts) vermieden werden, während spitze Innenwinkel (siehe Abb. 4.18, links) im Sinne des Diskretisierungsfehlers sehr wohl zu akzeptieren sind.*

Bemerkung 4.31. Diese theoretische Einsicht hat wichtige Konsequenzen in einer Reihe von Anwendungsproblemen. Bei starken *Anisotropien* etwa sind schmale Dreiecke, also einzeln auftretende kleine Winkel wie in Abb. 4.18, links, schon aus theoretischen Gründen unverzichtbar. Sie können sowohl durch anisotrope Koeffizienten (Materialkonstanten) als auch durch die Geometrie des Gebiets verursacht werden, wie etwa in einer Prandtlschen Grenzschicht, siehe Abb. 2.4. Des Weiteren spiegeln die skalierte anisotrope Poisson-Gleichung

$$-\epsilon u_{xx} - u_{yy} = f$$

oder auch die skalierte konvektionsdominierte Gleichung

$$-\epsilon \Delta u + v^T \nabla u = f(u)$$

eine solche Problemlage wider.

4.5 Übungsaufgaben

Aufgabe 4.1. Zeigen Sie die folgenden Aussagen über die symmetrische Bilinearform

$$a(u,v) = \int_0^1 x^2 \nabla u^T \nabla v \, dx, \quad u,v \in H_0^1(]0,1[).$$

(a) a ist positiv definit, aber nicht $H_0^1(]0,1[)$-elliptisch.
(b) Die Aufgabe

$$J(u) := \frac{1}{2}a(u,u) - \int_0^1 u \, dx = \min$$

besitzt keine Lösung in $H_0^1(]0,1[)$.

Wie lautet die zugehörige Differentialgleichung?

Aufgabe 4.2. Leiten Sie die Lamé–Navier-Gleichung (2.26) aus dem Verschwinden der Richtungsableitungen (2.23) unter Verwendung des St. Venant–Kirchhoff-Materialgesetzes (2.25) her. Setzen Sie dabei ein lineares Potential V voraus. Was ändert sich bei nichtlinearem V?

Hinweis: Verwenden Sie wie beim Übergang von schwacher Formulierung zur starken Formulierung in Kapitel 4.1.2 den Satz A.3 von Gauß.

Aufgabe 4.3. In Kapitel 4.2.3 wurde ein Algorithmus zur adaptiven Bestimmung des Abbrechindex N für Spektralmethoden auf Basis der *Energienorm* hergeleitet. Sei alternativ die Norm $\| \cdot \|$ induziert durch ein Skalarprodukt $(\cdot, \cdot)$, bezüglich dessen die verwendete Basis orthonormal ist. Welche Teilschritte und Resultate der Herleitung in Kapitel 4.2.3 ändern sich? Wie vereinfacht sich die numerische Auswertung der Fehlerschätzer?

Aufgabe 4.4. In Kapitel 4.2.3 haben wir einen Algorithmus zur adaptiven Wahl des Abbrechindex N bei Spektralmethoden hergeleitet, der auf dem theoretischen Approximationsmodell (4.34) für analytische Funktionen $u \in C^{\omega}(\Omega)$ beruht. Leiten Sie einen alternativen Algorithmus her, der stattdessen auf dem Approximationsmodell

$$\epsilon_N \approx CN^{-s}$$

aufsetzt, wobei hierbei nur $u \in C^s(\Omega)$ vorausgesetzt ist. Vergleichen Sie diesen Algorithmus mit dem in Kapitel 4.2.3 ausgearbeiteten.

Aufgabe 4.5. Seien L_1 und L_2 zwei selbstadjungierte Differentialoperatoren für Funktionen über einem beschränkten offenen Gebiet Ω. Bezeichne $\{\varphi_i\}$ ein Orthonormalsystem zum Operator L_1. Zu lösen sei die Differentialgleichung

$$(L_1 + \epsilon L_2)u = f.$$

Betrachtet wird der Übergang zur schwachen Formulierung. Sei u_N die Galerkin-Approximation bezüglich $\{\varphi_i\}$. Leiten Sie ein lineares Gleichungssysteme der Gestalt

$$(I - \epsilon A)u_N = b$$

her. Lösen Sie dieses durch eine Fixpunktiteration und studieren Sie Bedingungen für deren Konvergenz.

Aufgabe 4.6. Zeigen Sie, dass die durch (4.49) definierten isoparametrischen quadratischen finiten Elemente stetige Ansatzfunktionen erzeugen.

Aufgabe 4.7. Für isoparametrische quadratische Elemente sei der „Kantenmittelpunkt" (x_m, y_m) zwischen je zwei Ecken (x_a, y_a) und (x_b, y_b) des Dreiecks T durch

$$\frac{1}{2}\begin{bmatrix} x_a + x_b \\ y_a + y_b \end{bmatrix} + s\begin{bmatrix} y_b - y_a \\ x_a - x_b \end{bmatrix}$$

mit $|s| \leq S$ gegeben (siehe Abb. 4.19). Bestimmen Sie S maximal, so dass für die Determinante J die Beziehung $J > 1/2$ gesichert bleibt.

Aufgabe 4.8. Sei Ω_h das äquidistante Finite-Differenzen-Gitter mit Schrittweite $h = M^{-1}$ auf $\Omega =]0,1[^2$. Durch gleichmäßige Unterteilung der Quadrate entlang der Diagonalen erhält man daraus eine Finite-Elemente-Triangulierung. Betrachten Sie das Poisson-Modellproblem

$$-\Delta u = f \quad \text{in } \Omega.$$

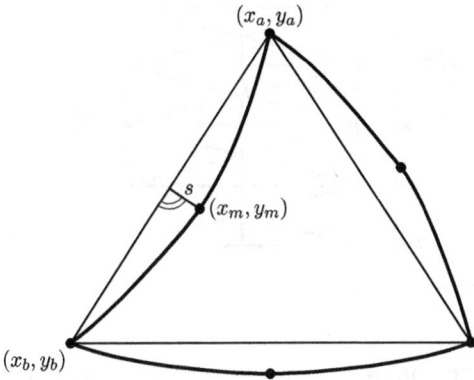

Abb. 4.19: Aufgabe 4.7: Platzierung von Kantenmittelpunkten bei isoparametrischen quadratischen Elementen.

(a) Vergleichen Sie die durch den 5-Punkte-Stern bestimmte Finite-Differenzen-Matrix mit der von linearen Finiten Elementen erzeugten Steifigkeitsmatrix im Fall homogener Dirichlet-Randbedingungen.

(b) Welcher FD-Randdiskretisierung entspricht die FE-Diskretisierung im Fall von Neumann-Rändern?

Aufgabe 4.9. Führen Sie den Beweis zu Korollar 4.3 entsprechend den einzelnen Beweisschritten zu Satz 4.2 aus.

Aufgabe 4.10. Zeigen Sie, dass die Formfunktionen in Abb. 4.8, links und rechts, den gleichen Raum aufspannen.

Aufgabe 4.11. Berechnen Sie die lokalen Steifigkeits- und Massenmatrizen für die quadratischen Formfunktionen (4.46) und (4.47) für $d = 1$.

Aufgabe 4.12. Zeigen Sie, dass die baryzentrischen Koordinaten auf Simplizes eindeutig sind. Bestimmen Sie die baryzentrischen Koordinaten des Referenzdreiecks und -tetraeders als Funktionen der euklidischen Koordinaten.

Aufgabe 4.13. Erläutern Sie ausführlich, warum und welche Bedeutung das Synge-Lemma für die Wahl der Triangulierung hat. Diskutieren Sie den qualitativen Unterschied zwischen schmalen Dreiecken mit sehr großem bzw. sehr kleinem Innenwinkel anhand der Interpolation von $u(x, y) = x(1 - x)$ auf den abgebildeten Gittern in Abb. 4.20 über $]0, 1[^2$ für $\varepsilon \to 0$.

Aufgabe 4.14. Zeigen Sie die folgenden Eigenschaften der Knotenbasis Φ_h^1 auf simplizialen Gittern:

(a) Es existiert eine vom elliptischen Operator A und h unabhängige Konstante c, so dass

$$c^{-1} \alpha_a h^{d-2} \leq \langle A\varphi, \varphi \rangle \leq c C_a h^{d-2}$$

für alle $\varphi \in \Phi_h^1$ gilt.

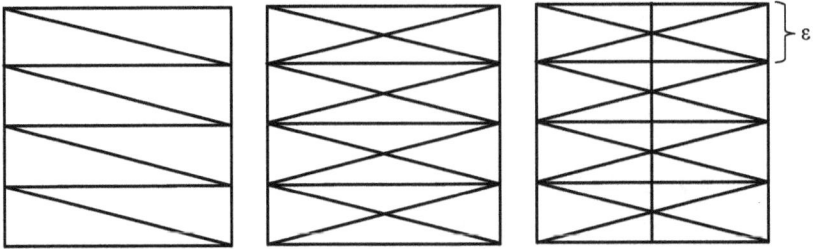

Abb. 4.20: Aufgabe 4.13: Triangulierung mit spitzen Innenwinkeln.

(b) Die Kondition der Massenmatrix ist beschränkt: Es existiert eine von h unabhängige Konstante c, so dass

$$c^{-1}\|v\|^2_{L^2(\Omega)} \le \sum_{\xi \in \mathcal{N}} v(\xi)^2 \|\varphi_\xi\|^2_{L^2(\Omega)} \le c\|v\|^2_{L^2(\Omega)}$$

für alle $v \in S_h^1$ gilt.

Aufgabe 4.15. Es sei $\Omega \subset \mathbb{R}^d$ ein Gebiet und $0 \in \Omega$. Unter welchen Bedingungen an d und $\alpha \in \mathbb{R}$ gilt für $u(x) := |x|^\alpha$, dass u in $H^1(\Omega)$ liegt?

Aufgabe 4.16. Bestimmen Sie die Dimension der hierarchischen Erweiterungsräume $\boldsymbol{P}_{p,d}$.

Aufgabe 4.17. Schätzen Sie anhand der Anzahl aufzusummierender Matrizen ab, für welche Ansatzordnungen p und Raumdimensionen d die Berechnung der Elementmatrizen bei konstanten Koeffizienten nach (4.54) günstiger ist als nach (4.55). Erweitern Sie die Darstellung (4.55) auf nichtkonstante Koeffizienten und prüfen Sie, für welche p und d diese Erweiterung effizienter ist als direkte Quadratur.

5 Numerische Lösung linearer elliptischer Gittergleichungssysteme

In den beiden vorangegangenen Kapiteln haben wir verschiedene Methoden untersucht, wie elliptische Differentialgleichungen zu diskretisieren sind: Differenzenmethoden in Kapitel 3, Spektralmethoden in Kapitel 4.2 und Finite-Elemente-Methoden in Kapitel 4.3 und Kapitel 4.4. Für lineare partielle Differentialgleichungen ergeben sich dabei lineare Gleichungssysteme. Wir haben also ein Problem im *unendlichdimensionalen* Raum $H_0^1(\Omega)$ durch ein Problem im *endlichdimensionalen* Raum $\mathbb{R}^N$ ersetzt, wenn auch mit möglicherweise großem N. Die *Elliptizität* der zugrundeliegenden partiellen Differentialgleichung drückt sich strukturell nur in der Tatsache aus, dass die erzeugten Matrizen *symmetrisch positiv definit bzw. semidefinit* sind.

Bei Spektralmethoden (Kapitel 4.2) ist die Lösung der auftretenden linearen Gleichungssysteme mit den Methoden aus Band 1 zu bewältigen, siehe die Bemerkungen am Ende von Kapitel 4.2.1. Deswegen wenden wir uns hier nur solchen linearen Systemen zu, die bei Diskretisierung mit *Differenzenmethoden* bzw. *Finite-Elemente-Methoden* entstehen; sie werden als elliptische *Gittergleichungssysteme* bezeichnet. Die erzeugten spd-Matrizen sind *dünnbesetzt* (engl. *sparse*). Bei hinreichend komplexen Problemen der technischen Anwendung werden diese Systeme durch *Gittergeneratoren* erzeugt, deren Konstruktion selbst auch viel Mathematik und Informatik erfordert, auf die wir aber hier nicht eingehen können.

Für $d = 1$ ergeben sich Tridiagonalmatrizen. Für $d = 2$ erhält man bei einfachem Gebiet Ω *Block-Tridiagonalmatrizen* der prinzipiellen Gestalt

$$A = \begin{bmatrix} A_{11} & A_{12} & & & \\ A_{21} & A_{22} & A_{23} & & \\ & \ddots & \ddots & & \ddots \\ & & A_{q-1,q-2} & A_{q-1,q-1} & A_{q-1,q} \\ & & & A_{q,q-1} & A_{qq} \end{bmatrix}$$

mit Blockmatrizen A_{ij}, die dünnbesetzt sind. Bei komplizierter Geometrie von Ω hingegen können die Matrizen eine recht unübersichtliche Besetzungsstruktur haben. Dies gilt umso mehr für $d = 3$. Aufgrund des globalen Abhängigkeitsgebiets von elliptischen Randwertproblemen sind allerdings alle diskreten Variablen miteinander gekoppelt; das bedeutet strukturell, dass sich die auftretenden Gleichungssysteme nicht etwa durch Umnummerierung in kleinere, voneinander unabhängige Subsysteme zerlegen lassen.

Für große lineare Gittergleichungssysteme bieten sich drei Klassen von Algorithmen an, die wir nachfolgend diskutieren wollen:
(I) direkte Eliminationsverfahren, behandelt in Kapitel 5.1
     (als Vorbereitung siehe etwa Band 1, Kapitel 1),

https://doi.org/10.1515/9783110689655-005

(II) iterative Gleichungslöser, behandelt in Kapitel 5.2 und 5.3
(als Vorbereitung siehe etwa Band 1, Kapitel 8),

(III) hierarchische iterative Löser, bei denen zusätzlich die hierarchische Gitterstruktur genutzt wird, behandelt in Kapitel 5.5.

Die Konvergenzanalyse für Verfahren vom Typ (II) führt auf das Phänomen der „Glättung" der Iterationsfehler, das wir in Kapitel 5.4 untersuchen. Es liefert die Basis für die Konstruktion von Verfahren vom Typ (III), die wir in Kapitel 5.5 und später vertieft in Kapitel 7 behandeln.

Zum Abschluss diskutieren wir die Stärken und Schwächen der Verfahren in Abschnitt 5.6 qualitativ und anhand eines Beispiels.

5.1 Direkte Eliminationsmethoden

In diesem Kapitel behandeln wir die direkte Lösung von linearen Gittergleichungssystemen, deren Matrizen A symmetrisch positiv definit und dünnbesetzt (engl. *sparse*) sind. Die *sparsity* $s(A)$ wird definiert als der Anteil von Nichtnullelementen (engl. *nonzeros*, abgekürzt: NZ) in A. Im Fall finiter Differenzen für Poisson-Probleme in Raumdimension d haben wir, abgesehen von fehlenden Nachbarknoten am Rand, gerade $2d + 1$ Nichtnullelemente pro Zeile, so dass

$$\text{NZ}(A) \leq (2d + 1)N, \quad s(A) = \frac{\text{NZ}(A)}{N^2} \leq \frac{2d + 1}{N} \ll 1. \tag{5.1}$$

Für spd-Matrizen A bietet sich generell die Cholesky-Zerlegung an. In Band 1, Kapitel 1.4, haben wir zwei leicht unterschiedliche Varianten vorgestellt, von denen jedoch in unserem Kontext hauptsächlich die *rationale* Cholesky-Zerlegung üblich ist. Hierbei wird die spd-Matrix zerlegt in

$$A = LDL^T \tag{5.2}$$

mit unterer Dreiecksmatrix L, deren Diagonalelemente alle 1 sind, und einer Diagonalmatrix D, deren Elemente positiv sind, wenn A positiv definit ist. Diese Zerlegung lässt sich auch auf *symmetrisch indefinite* Matrizen erweitern, wie sie z. B. aus der Diskretisierung der Helmholtz-Gleichung kommen (in letzterem Fall werden in der Diagonale auch einzelne $(2, 2)$-Blöcke zugelassen, um eine numerisch stabile Lösung zu erlauben). Die Implementierung für *vollbesetzte* Systeme benötigt einen Speicherbedarf von $\mathcal{O}(N^2)$ und eine Rechenzeit von $\mathcal{O}(N^3)$. Direkte Eliminationsmethoden können jedoch an Effizienz gewinnen, indem sie die Besetzungsstruktur der auftretenden linearen Gleichungssysteme ausnutzen. Man spricht deshalb auch von direkten Sparse-Lösern (engl. *direct sparse solvers*, siehe hierzu etwa den sehr schönen Überblicksartikel von I. Duff [5] und die relativ neue Monographie von T. Davis [69]). Direkte Sparse-Löser enthalten zwei wichtige algorithmische Bausteine, eine symbolische Vorfaktorisierung und eine Kopplung von Matrixassemblierung und Cholesky-Zerlegung, deren Prinzipien wir nachfolgend darstellen wollen.

5.1.1 Symbolische Faktorisierung

Im Zuge der Zerlegung entstehen zusätzliche Nichtnullelemente (engl. *fill-in elements*, oft auch nur *fill elements*). Je weniger solche Elemente entstehen, umso effizienter ist der Sparse-Löser. Die Anzahl NZ(L) an Nichtnullelementen der Zerlegungsmatrix L ist abhängig von der Reihenfolge der Unbekannten. Um eine beliebige Nummerierung der Unbekannten zu charakterisieren, führen wir deshalb eine Permutationsmatrix P ein, für die bekanntlich $PP^T = P^T P = I$ gilt. Damit schreibt sich unser Gleichungssystem $Au = b$ in der Form

$$(PAP^T)(Pu) = Pb. \tag{5.3}$$

Speziell bei großen dünnbesetzten Matrizen wird der numerischen Faktorisierung eine symbolische Faktorisierung vorgeschaltet.

Graphendarstellung

Hinter allen Teilschritten steht die Darstellung einer dünnbesetzten Matrix A mittels des zugehörigen *Graphen* $\mathcal{G}(A)$, vergleiche Band 1, Kapitel 5.5. *Knoten* des Graphen sind die Indizes $i = 1, \ldots, N$ der Unbekannten u, *Kanten* zwischen Index i und j existieren dort, wo $a_{ij} \neq 0$; wegen der Symmetrie der Matrix A ist der Graph *ungerichtet*. Es sei darauf hingewiesen, dass Umnummerierung der Unbekannten den Graphen nicht verändert, d. h. jeder ungerichtete Graph ist invariant gegen die Wahl der Permutationsmatrix P.

Symbolische Elimination

Ziel ist, eine simultane Permutation von Zeilen und Spalten in (5.3) derart zu finden, dass möglichst wenig Fill-in entsteht. Dazu spielt man den Eliminationsprozess vorab symbolisch durch, ohne eine numerische Rechnung auszuführen. Ausgehend vom $\mathcal{G}(A)$ entsteht so der erweiterte Graph $\mathcal{G}(L)$. Um die Grundidee darzustellen, rufen wir die Gauß-Elimination aus Band 1, Kapitel 1.2, in Erinnerung: Sei die Elimination bereits fortgeschritten bis zu einer $(N - k + 1, N - k + 1)$-Restmatrix A_k'. Auf dieser können wir den k-ten Eliminationsschritt

$$l_{ik} := a_{ik}^{(k)} / a_{kk}^{(k)} \qquad \text{für } i = k + 1, \ldots, N,$$
$$a_{ij}^{(k+1)} := a_{ij}^{(k)} - l_{ik} a_{kj}^{(k)} \qquad \text{für } i, j = k + 1, \ldots, N$$

ausführen, falls das *Pivotelement* $a_{kk}^{(k)}$ nicht verschwindet, was in unserem Fall von spd-Matrizen garantiert ist. Wir betrachten nun diesen algorithmischen Baustein unter dem Aspekt der Entstehung von Fill-in-Elementen. Das Grundmuster ist eine Linearkombination der aktuellen Zeile i mit der Pivotzeile $k < i$, also

$$\text{neue Zeile } i = \text{alte Zeile } i - l_{ik} \text{ Pivotzeile } k.$$

Wir gehen davon aus, dass die Nichtnullstruktur der gegebenen Matrix A symbolisch gespeichert ist. Dann ergibt sich aus dem obigen numerischen Algorithmus der k-te Schritt des formalen Algorithmus:

- Das Nichtnullmuster der subdiagonalen Spalte k von L ist gerade dasjenige der Spalte k der zu bearbeitenden Restmatrix A_k'.
- Für $i = k + 1, \ldots, N$: Das Nichtnullmuster der neuen Zeile i ist die Vereinigung des Nichtnullmusters der alten Zeile i mit dem der Pivotzeile k.

Nach Durchlaufen aller symbolischen Schritte von $k = 1, \ldots, N$ haben wir so den für die Gauß-Elimination benötigten Speicherplatz vorab allokiert und die Detailinformation in dem Graphen $\mathcal{G}(L)$ gespeichert.

Optimale Nummerierung

Für unser Poisson-Modellproblem über dem Quadrat existiert eine theoretische Lösung des Problems, nämlich eine *optimale* Nummerierung, die sogenannte *Nested Dissection* (der deutsche Ausdruck „verschachtelte Unterteilung" klingt nicht gut und hat sich deshalb nicht durchgesetzt). In Abb. 5.1, links, haben wir die Nummerierungsstrategie für ein (10, 10)-Gitter graphisch dargestellt; daneben, in Abb. 5.1, rechts, zeigen wir die Struktur der zugehörigen Matrix PAP^T. Sicher sieht man nicht auf den ersten Blick, dass diese Verteilung der Elemente von A bei Cholesky-Zerlegung die minimale Anzahl an Fill-in-Elementen produziert. Der Beweis der Optimalität für das Modellproblem wurde von A. George bereits 1973 erbracht. Für irreguläre Finite-Elemente-Netze hingegen bleiben nur noch (suboptimale) Heuristiken übrig, die 1978 von George und Liu publiziert wurden, siehe ihre Monographie [107]. Derartige Strategien finden sich jedoch heute in allen direkten Sparse-Lösern, in zwei und drei Raumdimensionen.

Eine vertiefte Analyse des Problems der optimalen Nummerierung zeigt, dass dieses im allgemeinen Fall NP-schwer ist (zitiert nach [69]). Daraus folgt, dass „gute" Heuristiken, also „suboptimale" Nummerierungen, als ausreichend effizient akzeptierbar sind. Neben der erweiterten Methode der *Nested Dissection* hat sich ein *Minimum Degree*-Algorithmus etabliert, der sich an dem Graphen $\mathcal{G}(A)$ orientiert. Die ebenfalls populären Verfahren *Cuthill–McKee* und *Reversed Cuthill–McKee* reduzieren lediglich die Bandbreite in jeder Zeile der entstehenden Matrix L, weshalb sie oft auch als *Enveloppen*-Methoden bezeichnet werden; in diesem Konzept können die schnellen *Level*-3 *BLAS*-Routinen effizient genutzt werden. Diese und andere Heuristiken sind in dem

78	77	85	68	67	100	29	28	36	20
76	75	84	66	65	99	27	26	35	19
80	79	83	70	69	98	31	30	34	21
74	73	82	64	63	97	25	24	35	18
72	71	81	62	61	96	23	22	32	17
90	89	88	87	86	95	40	39	38	37
54	53	60	46	45	94	10	9	16	3
52	51	59	44	43	93	8	7	15	2
56	55	58	48	47	92	12	11	14	4
50	49	57	42	41	91	6	5	13	1

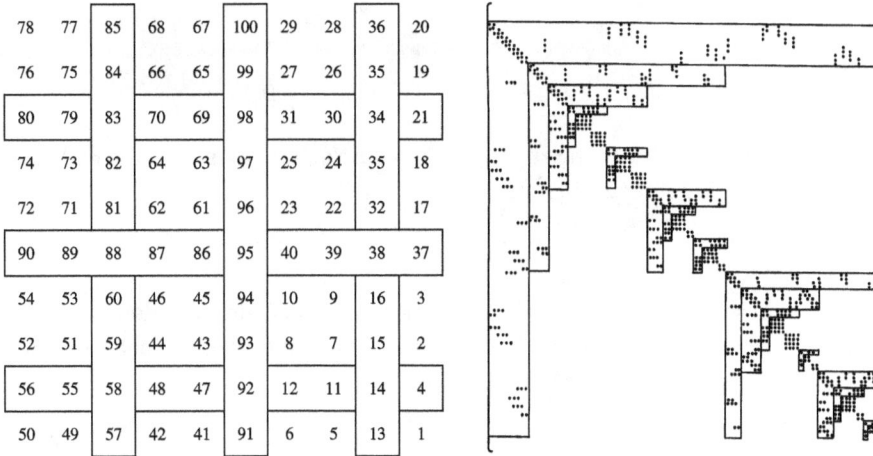

Abb. 5.1: Poisson-Modellproblem [107]. *Links:* „Nested Dissection"-Nummerierung auf einem (10, 10)-Gitter. *Rechts:* Zugehörige Matrixstruktur.

Buch [69] von T. Davis ausführlich beschrieben. Für eine einfache und illustrative Realisierung von Nested Dissection verweisen wir auf das Begleitbuch [230].

Numerische Lösung

Nach erfolgter symbolischer Faktorisierung ist die Permutation P in Form eines *Eliminationsbaumes* (engl. *elimination tree*) festgelegt, so dass die explizite numerische Faktorisierung

$$\overline{A} = PAP^T = LDL^T$$

auf dem allokierten Speicher durchgeführt werden kann. Anschließend verbleiben noch die folgenden algorithmischen Teilschritte:
1. Umnummerierung der Komponenten der rechten Seite $\overline{b} = Pb$,
2. Vorwärtssubstitution $Lz = \overline{b}$,
3. Rückwärtssubstitution $DL^T\overline{u} = z$,
4. Rücknummerierung der berechneten Unbekannten $u = P^T\overline{u}$.

Numerische Stabilität

Die symbolische Minimierung des Fill-in garantiert i. A. noch keine numerische Stabilität. In [69] werden ein bis zwei Schritte einer *iterativen Nachverbesserung* der Resultate auf Basis des Residuums

$$\overline{r}(\overline{u}) = \overline{b} - \overline{A}\overline{u}$$

bei gleicher Mantissenlänge vorgeschlagen, vergleiche dazu auch Band 1, Kapitel 1.3. Sei also $\overline{u}_0$ die Näherungslösung aus dem Cholesky-Verfahren, dann lautet die Nachiteration in Kurzschreibweise

$$LL^T \delta \overline{u}_i = \overline{r}(\overline{u}_i), \quad \overline{u}_{i+1} = \overline{u}_i + \delta \overline{u}_i, \quad i = 0, 1.$$

Allerdings scheint die Erfahrung zu zeigen, dass die Nachiteration zwar die Residuen $\overline{r}(\overline{u}_i)$, aber nicht die Fehler $\overline{u} - \overline{u}_i$ reduziert.

Software

Auf der hier beschriebenen Basis existieren eine Reihe von Codes, von denen wir hier nur **SuperLU** [70] und **PARDISO** [193] exemplarisch erwähnen wollen, siehe auch die Softwareliste am Ende des Buches.

5.1.2 Frontenlöser

Dieser Algorithmus von I. Duff et al. [87] eignet sich besonders im Zusammenhang mit Finite-Elemente-Methoden und hat sich in einer Reihe von Anwendungsbereichen durchgesetzt. Die Idee hierbei ist, die Assemblierung der Matrix A direkt mit ihrer anschließend anfallenden (rationalen) Cholesky-Zerlegung zu koppeln, d. h. während des Durchlaufens der Berechnung einzelner finiter Elemente eine mitlaufende Zerlegung der Matrix vorzunehmen.

Im Rückgriff auf Kapitel 4.3.3 gehen wir aus von der Zerlegung der Matrix in ihre Elementmatrizen, die ohnehin im Prozess der Assemblierung anfallen:

$$A = \sum_{T \in \mathcal{T}} A(T).$$

Zu berechnen ist die Zerlegung (5.2). Sei $D = \text{diag}(d_1, \dots, d_N)$ und seien $l_1, \dots, l_N$ die subdiagonalen Spalten von L, dann können wir die Zerlegung auch elementweise schreiben als

$$A = \sum_{k=1}^{N} d_k l_k l_k^T.$$

Der Spaltenvektor l_k lässt sich erst dann berechnen, wenn die zur Variablen k gehörige Spalte von A fertig assembliert vorliegt, (siehe Band 1, Kapitel 1.4). Mit Blick darauf werden die Knoten (Variablen) eingeteilt in (i) fertig assemblierte, die schon in vorherigen Schritten der Cholesky-Zerlegung behandelt worden sind, (ii) neu assemblierte, die als nächstes zur Zerlegung anstehen, und (iii) noch nicht fertig assemblierte, die also noch gar nicht zur Zerlegung beitragen können. In Abb. 5.2 geben wir ein einfaches Beispiel nach [5] an.

Das einfache Gitter in Abb. 5.2, links, hat vier finite Elemente, deren Elementmatrizen in der Reihenfolge a, b, c, d berechnet (assembliert) werden. Nach Assemblierung

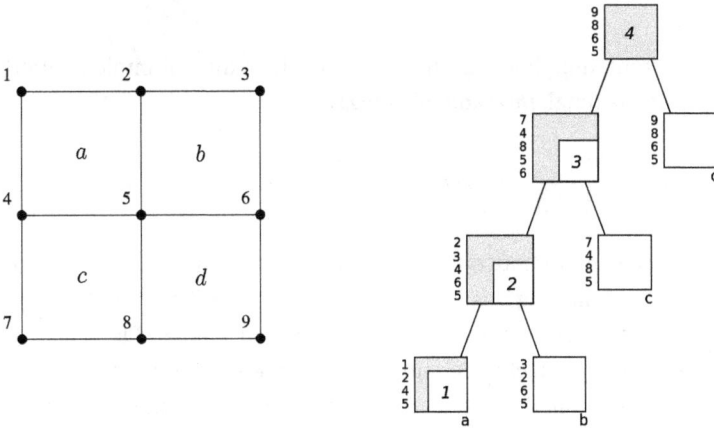

Abb. 5.2: Illustrationsbeispiel für Frontenmethode (nach [5]). *Links*: Assemblierungsschritte des FE-Gitters. *Rechts*: zugehörige Eliminationsschritte.

von a ist nur der Knoten 1 fertig, also kann die zugehörige Spalte 1 von L (äquivalent zur Zeile 1 von L^T) berechnet werden. Nach Assemblierung von b gilt dies für die neuen Knoten 2, 3, nach c dann für die Knoten 7, 4 und nach d schließlich für 9, 8, 6, 5. In Abb. 5.2, rechts, finden sich die zugehörigen Teilmatrizen mit ihren spalten- und zeilenweisen Zerlegungsanteilen (grau) für die neuen Knoten. Ein Teilschritt der Matrixzerlegung ist in Abb. 5.3 dargestellt. Auf diese Weise entstehen vollbesetzte „kleine" Zerlegungsmatrizen (graue Bereiche in Abb. 5.2 und 5.3), die effizient mit *Level*-3 *BLAS*-Routinen abgearbeitet werden können.

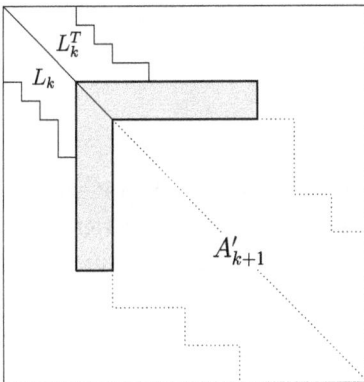

Abb. 5.3: Illustrationsbeispiel für Frontenmethode (nach [5]): Struktur einer Teilmatrix in einem Zwischenschritt der Assemblierung. (Die normierte obere Dreiecksmatrix L_k^T wird natürlich nicht gespeichert.)

Auch für die Frontenmethode existiert eine Variante für *indefinite* Systeme, bei der dann diagonale (2, 2)-Blöcke eingeführt werden, um die numerische Stabilität zu verbessern. Nach Durchlaufen der Frontenmethode sind nur noch die oben genannten vier algorithmischen Teilschritte auszuführen.

Numerische Stabilität

Eine Erweiterung der Frontenmethode auf unsymmetrische Matrizen implementiert eine *bedingte* Pivotstrategie (engl. *threshold pivoting*)

$$\frac{|a_{ij}|}{\max_k |a_{kj}|} \geq \text{relpiv}, \quad 0 < \text{relpiv} \leq 1,$$

worin der Parameter relpiv vom Benutzer zu wählen ist. Diese Strategie stellt einen Kompromiss zwischen Minimierung des Fill-in und numerischer Stabilität dar. Eine Alternative dazu ist die *statische* Pivotstrategie, bei der „zu kleine" Pivotelemente durch eine vom Benutzer vorzugebende minimale Größe ersetzt werden. Man löst dann dieses gestörte System numerisch stabil und verbessert die so erhaltene gestörte Lösung, z. B. durch Nachiteration.

Mehrfrontenlöser

Dies ist eine besondere Variante der Frontenmethode auf Parallelrechnern. Dabei beginnt der Zerlegungsprozess parallel an verschiedenen finiten Elementen, die untereinander entkoppelt sind. Bei geschickter Aufteilung kann hier noch einmal ein Effizienzgewinn erzielt werden, für genauere Details siehe wiederum die Überblicksarbeit von Duff et al. [5].

Software

Ein ziemlich ausgereifter Code für die Mehrfrontenmethode ist MUMPS (Akronym für **MU**ltifrontal **M**assively **P**arallel **S**olver), siehe [6] und die Softwareliste am Ende des Buches.

5.2 Matrixzerlegungsmethoden

In Kapitel 5.2 und Kapitel 5.3 stellen wir iterative Lösungsmethoden für große lineare Gittergleichungssysteme vor, speziell unter dem Gesichtspunkt diskretisierter elliptischer Differentialgleichungen. Für diese Problemklasse ist eine iterative Lösung schon deshalb sinnvoll, weil wir an der Lösung ohnehin nur bis auf Diskretisierungsgenauigkeit interessiert sind. Jede Mehrarbeit deutlich jenseits dieser Genauigkeit wäre Verschwendung von Rechenzeit.

Lineare Iterationsverfahren

Die gemeinsame Idee der nachfolgenden Kapitel 5.2.1 und 5.2.2 ist: Da das ursprüngliche Gleichungssystem zu aufwendig zu lösen ist, ersetzen wir die Matrix A durch eine nichtsinguläre Matrix B, für die Gleichungssysteme der Form $Bz = w$ zu gegebener rechter Seite w leicht lösbar sind. Formal ergibt sich dazu die Iteration:

$$Bu_{k+1} = Bu_k + (b - Au_k)$$

oder, etwas umgeschrieben,

$$u_{k+1} - u = u_k - u - B^{-1}(Au_k - b) = G(u_k - u) \tag{5.4}$$

mit $G = I - B^{-1}A$ als *Iterationsmatrix*.

Konvergenz symmetrisierbarer Iterationsverfahren

Hinreichend für die Konvergenz der linearen Iteration (5.4) ist, dass für den Spektralradius $\rho(G) < 1$ gilt. Wir leiten zunächst ein grundlegendes Resultat her, das uns gute Dienste beim Beweis der Konvergenz verschiedener Iterationsverfahren leisten wird.

Satz 5.1. *Gegeben sei die Iterationsmatrix $G = I - B^{-1}A$. Sei auch B symmetrisch positiv definit. Unter der Voraussetzung*

$$\langle v, Av \rangle < 2\langle v, Bv \rangle, \quad v \in \mathbb{R}^N \tag{5.5}$$

gilt dann

$$\rho(G) = |\lambda_{\max}(G)| < 1. \tag{5.6}$$

Beweis. Zunächst ist zu beachten, dass mit B und A nicht auch G symmetrisch ist. Es gilt allerdings

$$(BG)^T = \left(B(I - B^{-1}A)\right)^T = (I - AB^{-1})B = B(I - B^{-1}A) = BG.$$

Also ist G symmetrisch bezüglich des diskreten Energieproduktes $\langle \cdot, B \cdot \rangle$. Als Konsequenz sind die Eigenwerte λ des Eigenwertproblems reell und die Eigenvektoren B-orthogonal wegen

$$Gv = \lambda v \quad \Leftrightarrow \quad BGv = \lambda Bv \quad \Leftrightarrow \quad (B^{1/2}GB^{-1/2})B^{1/2}v = \lambda B^{1/2}v, \quad \lambda \in \mathbb{R}.$$

Daraus folgt unmittelbar die Definition des Spektralradius über die B-Norm. Einsetzen liefert schließlich

$$\rho(G) = \sup_{v \neq 0} \left| \frac{\langle v, B(I - B^{-1}A)v \rangle}{\langle v, Bv \rangle} \right| = \sup_{v \neq 0} \left| 1 - \frac{\langle v, Av \rangle}{\langle v, Bv \rangle} \right|.$$

Wegen der Positivität von A und B sowie der Annahme (5.5) gilt

$$0 < \frac{\langle v, Av \rangle}{\langle v, Bv \rangle} < 2 \quad \text{für alle } v \neq 0,$$

womit wir schließlich $\rho(G) < 1$ erhalten. $\qquad\qquad\square$

Matrixzerlegung

Wir beginnen mit den klassischen Iterationsverfahren für große lineare Gleichungssysteme mit *symmetrisch positiv definitiven* Matrizen. Ihr Konstruktionsprinzip ist eine *Zerlegung* der Matrix A gemäß

$$A = L + D + L^T,$$

wobei $D = \text{diag}(a_{11}, \ldots, a_{NN})$ *positiv* und

$$L = \begin{bmatrix} 0 & \cdots & & \cdots & 0 \\ a_{21} & \ddots & & & \vdots \\ \vdots & \ddots & \ddots & & \vdots \\ a_{N,1} & \cdots & & a_{N,N-1} & 0 \end{bmatrix}$$

eine *dünnbesetzte* singuläre untere Dreiecksmatrix ist.

Diagonaldominanz

Die obige Zerlegung beruht auf der wichtigen Eigenschaft der Diagonaldominanz von Matrizen, die aus der Diskretisierung von elliptischen partiellen Differentialgleichungen kommen. Unter der *starken Diagonaldominanz* versteht man die Eigenschaft

$$a_{ii} > \sum_{j \neq i} |a_{ij}|.$$

Ausgedrückt in den Elementen der Matrixzerlegung $A = L + D + L^T$ heißt das

$$\left\| D^{-1}(L + L^T) \right\|_\infty < 1, \quad \left\| D^{-1}A \right\|_\infty < 2, \quad \left\| D^{-1}L \right\|_\infty < 1. \tag{5.7}$$

Dieser Fall tritt etwa beim unkritischen Fall der Helmholtz-Gleichung auf (siehe Kapitel 1.5), jedoch nicht bei der Poisson-Gleichung: Man erinnere sich an unser Modellbeispiel im $\mathbb{R}^2$, bei dem die Diagonalelemente (4) die negative Summe der Nichtdiagonalelemente (−1) in der gleichen Zeile waren, z. B. durch den Fünfpunkte-Stern. Für die Poisson-Gleichung gilt nur die *schwache Diagonaldominanz*

$$a_{ii} \geq \sum_{j \neq i} |a_{ij}|,$$

äquivalent zu

$$\left\| D^{-1}(L + L^T) \right\|_\infty \leq 1, \quad \left\| D^{-1}A \right\|_\infty \leq 2, \quad \left\| D^{-1}L \right\|_\infty \leq 1. \tag{5.8}$$

5.2.1 Jacobi-Verfahren

Bei diesem Verfahren ersetzt man die Matrix A durch $B_J = D$, was zu der klassischen Jacobi-Iteration

$$Du_{k+1} = -(L + L^T)u_k + b, \quad G_J = I - D^{-1}A \tag{5.9}$$

führt, in komponentenweiser Schreibweise

$$a_{ii}u_{i,k+1} = -\sum_{j \neq i} a_{ij}u_{j,k} + b_i.$$

Das Verfahren ist offenbar invariant gegen mögliche Umnummerierung der Knoten. Man beachte, dass sich alle Komponenten von u_{k+1} unabhängig voneinander, also *parallel*, berechnen lassen. Damit ist die Jacobi-Iteration der Prototyp von allgemeineren *parallelen Unterraumkorrektur-Methoden*, die wir in Kapitel 7.1.3 behandeln werden; sie liefern den theoretischen Schlüssel zur Klasse der *additiven* Mehrgittermethoden, siehe Kapitel 7.3.1.

Konvergenz

In Band 1, Satz 8.6, hatten wir bereits die Konvergenz des Jacobi-Verfahrens unter der Annahme der starken Diagonaldominanz (5.7) gezeigt. Wir wiederholen den Beweis hier im einheitlichen Rahmen von Satz 5.1.

Satz 5.2. *Bei Vorliegen der starken Diagonaldominanz* (5.7) *erfüllt die Jacobi-Iteration die Voraussetzung* (5.5) *von Satz 5.1, d. h. sie konvergiert für alle spd-Matrizen.*

Beweis. Nach Konstruktion ist $B_J = D$, also symmetrisch positiv definit. Per Konstruktion gilt

$$\|D^{-1}A\|_2 \leq \|D^{-1}A\|_\infty < 2.$$

Damit können wir direkt die Voraussetzung (5.5) verifizieren:

$$\langle v, Av \rangle \leq \|D^{-1}A\|_2 \langle v, Dv \rangle < 2 \langle v, Dv \rangle$$

und erhalten mit Satz 5.1 dann $\rho < 1$. $\qquad\qquad\square$

Für eine genauere Analyse gemäß (5.6) müssen wir das reelle Spektrum von G_J nach dem betragsgrößten Eigenwert durchsuchen.

Als Beispiel nehmen wir die Matrix $A = A_h$ in (3.5) für unser Poisson-Modellproblem im $\mathbb{R}^2$ mit Dirichlet-Randbedingungen (dort für $N = 9$ dargestellt). Für sie gilt $D^{-1} = \frac{1}{4}I$, so dass

$$G_J = I - \frac{1}{4}A.$$

Unter Rückgriff auf (3.12) erhalten wir

$$\lambda_{\min}(A_h) = 8\sin^2\left(\frac{1}{2}\pi h\right) = \mathcal{O}(h^2), \quad \lambda_{\max}(A_h) = 8\cos^2\left(\frac{1}{2}\pi h\right) = 8(1 - \mathcal{O}(h^2)),$$

woraus sich unmittelbar ergibt

$$\rho(G_J) = \max\left\{\left|1 - 2\sin^2\left(\frac{1}{2}\pi h\right)\right|, \left|1 - 2\cos^2\left(\frac{1}{2}\pi h\right)\right|\right\} = 1 - 2\sin^2\left(\frac{1}{2}\pi h\right).$$

Für die Reduktion des Fehlers nach k Iterationen um den Faktor $\epsilon \approx \rho(G_J)^k$ sind also, in unserem Poisson-Modellproblem,

$$k_J \approx \frac{|\log \epsilon|}{|\log(1 - \frac{1}{2}\pi^2 h^2)|} \approx 2\frac{|\log \epsilon|}{\pi^2 h^2} \tag{5.10}$$

Jacobi-Iterationen erforderlich. Nicht nur für dieses Modellproblem, sondern allgemein gilt:

$$\rho(G_J) = 1 - \mathcal{O}(h^2) < 1 \quad \Rightarrow \quad k_J \sim \frac{1}{h^2}. \tag{5.11}$$

Den Beweis verschieben wir auf Kapitel 7.1.3, wo er in einem allgemeineren theoretischen Rahmen einfacher geführt werden kann.

Offenbar kann für $h \to 0$ die Konvergenz beliebig langsam werden. In d Raumdimensionen ist wegen (5.1) der Aufwand pro Iteration $\sim N$ und mit (5.11) also der Gesamtaufwand

$$W_J \sim |\log \epsilon| N^{1+2/d}. \tag{5.12}$$

Im Gegensatz zu direkten Eliminationsverfahren wird die Lösung elliptischer Gittergleichungen für das Jacobi-Verfahren umso einfacher, je größer die Raumdimension ist. Das liegt natürlich nur daran, dass die Anzahl an Unbekannten dann schneller wächst als die diskrete Weglänge des Informationstransports im Gitter – das gilt genauso für die folgenden Verfahren. Für $d \le 2$ sind Eliminationsmethoden jedoch kaum zu schlagen, siehe auch Kapitel 5.6.2.

Gedämpftes Jacobi-Verfahren

Eine Variante des klassischen Jacobi-Verfahrens ist die Iterationsvorschrift

$$Du_{k+1} = -\omega(L + L^T)u_k + (1 - \omega)Du_k + b, \quad G_J(\omega) = I - \omega D^{-1}A.$$

Schränken wir den Parameter ω auf $0 < \omega \le 1$ ein, dann lässt sich diese Iteration interpretieren als Konvexkombination aus „alten" und „neuen" Iterierten. Mit Blick auf Satz 5.2 erhalten wir das folgende Konvergenzresultat.

Satz 5.3. *Bei Vorliegen der schwachen Diagonaldominanz (5.8) erfüllt die gedämpfte Jacobi-Iteration mit $0 < \omega < 1$ die Voraussetzung (5.5), d. h. sie konvergiert für alle spd-Matrizen.*

Beweis. Nach Konstruktion ist $B_J = \frac{1}{\omega}D$, also symmetrisch positiv definit. Wir wenden wieder Satz 5.1 an. Somit bleibt nur noch die Voraussetzung (5.5) zu prüfen. Es gilt

$$\left\| \omega D^{-1}A \right\|_2 \le \omega \left\| D^{-1}A \right\|_\infty \le 2\omega < 2, \tag{5.13}$$

womit analog zum Beweis von Satz 5.2 schließlich $\rho < 1$ folgt. $\qquad\square$

Führen wir wieder die Eigenwertanalyse für unser Modellproblem durch, so ergibt sich $G_J(\omega) = I - \frac{\omega}{4}A$ und damit

$$\rho(G_J(\omega)) = \max \left\{ \left| 1 - 2\omega \sin^2\left(\frac{1}{2}\pi h \right) \right|, \left| 1 - 2\omega \cos^2\left(\frac{1}{2}\pi h \right) \right| \right\}$$

$$= 1 - 2\omega \sin^2\left(\frac{1}{2}\pi h \right).$$

In unserem Modellproblem konvergiert diese Iteration für $\omega < 1$ noch langsamer als die ungedämpfte klassische Jacobi-Iteration. Für $\omega = 1/2$ hat sie jedoch eine wichtige Eigenschaft, die wir in Kapitel 5.4 näher untersuchen werden.

5.2.2 Gauß–Seidel-Verfahren

Beim Gauß–Seidel-Verfahren (GS) wählt man die Matrix $B_{GS} = D + L$, also eine nichtsinguläre untere Dreiecksmatrix. Dies führt auf die *Vorwärtssubstitution*

$$(D + L)u_{k+1} = -L^T u_k + b,$$

die sich komponentenweise schreiben lässt als die klassische Gauß–Seidel-Iteration

$$a_{ii}u_{i,k+1} + \sum_{j<i} a_{ij}u_{j,k+1} = -\sum_{j>i} a_{ij}u_{j,k} + b_i.$$

Im Unterschied zum Jacobi-Verfahren ist das GS-Verfahren nicht invariant gegen mögliche Umnummerierung der Knoten. Die Komponenten von u_{k+1} lassen sich nicht unabhängig voneinander berechnen, aber *sequentiell*, d. h. sie können im Algorithmus direkt überschrieben werden, was Speicherplatz spart. Damit ist das GS-Verfahren der Prototyp von allgemeineren *sequentiellen Unterraumkorrektur-Methoden*, die wir in Kapitel 7.1.2 behandeln werden; sie liefern den theoretischen Schlüssel zur Klasse der *multiplikativen* Mehrgittermethoden, siehe Kapitel 7.3.2.

Die zugehörige Iterationsmatrix ist

$$G_{GS} = -(D + L)^{-1}L^T = I - (D + L)^{-1}A.$$

Im Unterschied zur Jacobi-Iteration ist die GS-Iteration nicht symmetrisierbar, weshalb Satz 5.1 nicht anwendbar ist. Für den Beweis der Konvergenz wählt man deshalb einen Umweg über ein symmetrisierbares Verfahren.

Symmetrisches Gauß–Seidel-Verfahren (SGS)

Kehrt man die Reihenfolge des Durchlaufens der Indizes beim GS-Verfahren um, so führt dies auf die *Rückwärtssubstitution*

$$(D + L^T)u_{k+1} = -Lu_k + b.$$

Dazu gehört die bezüglich A adjungierte Iterationsmatrix

$$G_{GS}^* = I - (D + L)^{-T}A = -(D + L)^{-T}L,$$

für die gilt

$$AG_{GS}^* = (AG_{GS})^T.$$

Schaltet man Vorwärts- und Rückwärtssubstitution hintereinander, so gelangt man zum SGS-Verfahren:

$$G_{SGS} = G_{GS}^* G_{GS} = (D + L)^{-T}L(D + L)^{-1}L^T = I - B_{SGS}^{-1}A,$$

wobei etwas Zwischenrechnung die Form

$$B_{SGS} = (D + L)D^{-1}(D + L)^T = A + LD^{-1}L^T \tag{5.14}$$

liefert. Das Verfahren ist immer noch abhängig von der Nummerierung der Knoten. Im Unterschied zum (gedämpften und ungedämpften) Jacobi- sowie zum gewöhnlichen Gauß–Seidel-Verfahren benötigt dieses Verfahren den Aufwand *zweier* Matrix-Vektor-Produkte pro Schritt.

Konvergenz von SGS und GS

Die Konvergenzraten von SGS- und GS-Verfahren genügen einem elementaren Zusammenhang.

Satz 5.4. *Bezeichne $G_{SGS} = G_{GS}^* G_{GS}$ den Zusammenhang zwischen den Iterationsfunktionen des SGS- und des GS-Verfahrens. Dann gilt:*

$$\rho(G_{SGS}) = \|G_{SGS}\|_A = \|G_{GS}\|_A^2.$$

Beweis. Wir verkürzen die Bezeichnungen zu $G_s = G_{SGS}$, $G = G_{GS}$. Da G_s symmetrisch bezüglich des Skalarproduktes $\langle \cdot, \cdot \rangle_A$ ist, gilt

$$\rho(G_s) = \|G_s\|_A = \sup_{v \neq 0} \frac{\langle v, AG^*Gv \rangle}{\langle v, Av \rangle}$$

$$= \sup_{v \neq 0} \frac{\langle AGv, Gv \rangle}{\langle Av, v \rangle} = \sup_{v \neq 0} \frac{\|Gv\|_A^2}{\|v\|_A^2} = \|G_{GS}\|_A^2. \qquad \square$$

Wenn also eines der Verfahren konvergiert, konvergieren beide.

Satz 5.5. *Die klassische und die symmetrische Gauß–Seidel-Iteration konvergieren für alle spd-Matrizen.*

Beweis. Da die Matrix B_{SGS} symmetrisch positiv definit ist, führen wir den Beweis zunächst für das SGS-Verfahren. Um Satz 5.1 anwenden zu können, ist nur noch (5.5) zu zeigen: Wegen (5.14) erhält man sogar

$$\langle v, B_{SGS}v \rangle = \langle v, Av \rangle + \langle L^T v, D^{-1}L^T v \rangle > \langle v, Av \rangle. \tag{5.15}$$

Nach Satz 5.1 gilt somit $\|G_{SGS}\|_A = \rho(G_{SGS}) < 1$. Anwendung von Satz 5.4 sichert schließlich auch die Konvergenz der GS-Iteration. □

Eine genauere Analyse der GS-Iteration benutzt die Tatsache, dass die auftretenden Matrizen A häufig die *Eigenschaft $\mathcal{A}$* haben, siehe Definition 3.1. (Diese Eigenschaft gilt allerdings nur für Gleichungssysteme aus Differenzenmethoden über uniformen Gittern oder in sehr eingeschränkten Fällen von Finite-Elemente-Gittern.) Unter dieser Annahme kann man beweisen, dass

$$\|G_{GS}\|_A = \rho(G_J)^2.$$

Als Konsequenz erhalten wir mit Hilfe von (5.10)

$$k_{GS} = \frac{1}{2}k_J \approx \frac{|\log \epsilon|}{\pi^2 h^2}.$$

Der Gesamtaufwand

$$W_{GS} = \mathcal{O}(|\log \epsilon| N^{1+2/d})$$

verhält sich asymptotisch wie beim Jacobi-Verfahren. Eine genauere Konvergenzanalyse aller hier behandelten Iterationsverfahren werden wir später in Kapitel 5.4 vornehmen.

5.3 Verfahren der konjugierten Gradienten

Das Verfahren der konjugierten Gradienten (engl.: *conjugate gradient method, cg-method*, deshalb auch deutsch kurz *CG-Verfahren* genannt) nutzt die Tatsache, dass die auftretende Matrix A symmetrisch positiv definit ist, auf eine andere Weise perfekt aus. Es wurde erst im Jahre 1952 von Hestenes und Stiefel unabhängig erfunden [129]. Eine elementare Herleitung findet sich etwa in Band 1, Kapitel 8.3.

5.3.1 CG-Verfahren als Galerkin-Methode

Die klassische Herleitung des CG-Verfahrens orientierte sich an der Idee, ein Verfahren zur Lösung linearer N-Gleichungssysteme in N Iterationen zu konstruieren. Die moderne Herleitung des Verfahrens geht von der Idee eines Galerkin-Verfahrens im $\mathbb{R}^N$ aus. Dies passt besonders gut zu Galerkin-Methoden zur Diskretisierung elliptischer Differentialgleichungen, siehe obiges Kapitel 4.

Galerkin-Ansatz

Die Grundidee von Galerkin-Methoden wird hier ins Endlichdimensionale übertragen: Anstelle der rechnerisch unzugänglichen Lösung $u \in \mathbb{R}^N$ berechnet man eine Approximation $u_k \in U_k \subset \mathbb{R}^N$ mit $\dim U_k = k \ll N$. Sie wird definiert als Lösung des Minimierungsproblems

$$\|u_k - u\|_A = \min_{v \in U_k} \|v - u\|_A, \tag{5.16}$$

wobei wieder

$$\| \cdot \|_A^2 = \langle \cdot, A \cdot \rangle$$

die *diskrete Energienorm* und $\langle \cdot, \cdot \rangle$ das euklidische Skalarprodukt bezeichnen. Mit Blick auf Satz 4.4 gilt dann

$$\langle u - u_k, Av \rangle = 0 \quad \text{für alle} \quad v \in U_k.$$

Bezeichnen wir die *Residuen* mit

$$r_k = b - Au_k = A(u - u_k),$$

so gilt

$$\langle r_k, v \rangle = 0 \quad \text{für alle} \quad v \in U_k.$$

Als Sprechweise führen wir noch ein: Vektoren v, w heißen *A-orthogonal* (in ursprünglicher Sprechweise *A-konjugiert*, daher der Name des Verfahrens), wenn gilt

$$\langle v, Aw \rangle = 0.$$

Sei nun $p_1, \ldots, p_k$ eine A-orthogonale Basis von U_k, d. h.

$$\langle p_k, Ap_j \rangle = \delta_{kj} \langle p_k, Ap_k \rangle.$$

Mit dieser Basis lässt sich die A-orthogonale Projektion $P_k : \mathbb{R}^n \to U_k$ schreiben als

$$u_k = P_k u = \sum_{j=1}^{k} \frac{\langle p_j, A(u - u_0) \rangle}{\langle p_j, Ap_j \rangle} p_j$$

$$= \sum_{j=1}^{k} \underbrace{\frac{\langle p_j, r_0 \rangle}{\langle p_j, Ap_j \rangle}}_{=:\alpha_j} p_j.$$

Man beachte, dass sich durch die Wahl der diskreten Energienorm die Koeffizienten α_j als auswertbar ergeben. Ausgehend von einem gegebenen Startwert u_0 (häufig $u_0 = 0$) und dem zugehörigen Residuum $r_0 = b - Au_0$ erhalten wir somit die Rekursionen

$$u_k = u_{k-1} + \alpha_k p_k \quad \text{und} \quad r_k = r_{k-1} - \alpha_k Ap_k.$$

Als Approximationsräume U_k mit $U_0 = \{0\}$ wählen wir die *Krylov-Räume*

$$U_k = \text{span}\{r_0, Ar_0, \ldots, A^{k-1}r_0\} \quad \text{für } k = 1, \ldots, N.$$

Für diese Wahl ist das folgende Resultat hilfreich bei der Berechnung einer A-orthogonalen Basis.

Lemma 5.6. *Sei $r_k \neq 0$. Dann gilt:*
(a) $\langle r_i, r_j \rangle = \delta_{ij} \langle r_i, r_i \rangle$ *für $i, j = 0, \ldots, k$,*
(b) $U_{k+1} = \text{span}\{r_0, \ldots, r_k\}$.

Für den Beweis dieses Lemmas verweisen wir auf Band 1, Kapitel 8.3, Lemma 8.15.

Damit konstruieren wir die A-orthogonalen Basisvektoren p_k wie folgt: Falls $r_0 \neq 0$ (sonst ist u_0 die Lösung), setzen wir $p_1 = r_0$. Lemma 5.6 besagt nun für $k > 1$, dass r_k entweder verschwindet oder aber die Vektoren $p_1, \ldots, p_{k-1}$ und r_k linear unabhängig sind und U_{k+1} aufspannen. Im ersten Fall ist $u = u_k$ und wir sind fertig. Im zweiten Fall erhalten wir durch die Wahl von

$$p_{k+1} = r_k - \sum_{j=1}^{k} \frac{\langle r_k, Ap_j \rangle}{\langle p_j, Ap_j \rangle} p_j = r_k - \underbrace{\frac{\langle r_k, Ap_k \rangle}{\langle p_k, Ap_k \rangle}}_{=:\beta_k} p_k, \tag{5.17}$$

eine Orthogonalbasis von U_{k+1}. Durch Einsetzen von (5.17) lässt sich die Auswertung von α_k und β_k noch weiter vereinfachen. Da

$$\langle u - u_0, Ap_k \rangle = \langle u - u_{k-1}, Ap_k \rangle = \langle r_{k-1}, p_k \rangle = \langle r_{k-1}, r_{k-1} \rangle,$$

folgt

$$\alpha_k = \frac{\langle r_{k-1}, r_{k-1} \rangle}{\langle p_k, Ap_k \rangle},$$

und wegen

$$-\alpha_k \langle r_k, Ap_k \rangle = \langle -\alpha_k Ap_k, r_k \rangle = \langle r_k - r_{k-1}, r_k \rangle = \langle r_k, r_k \rangle$$

gilt

$$\beta_k = \frac{\langle r_k, r_k \rangle}{\langle r_{k-1}, r_{k-1} \rangle}.$$

Damit haben wir alle Bausteine für den Algorithmus zusammen.

Algorithmus 5.7 (CG-Algorithmus).
$u_k := \mathrm{CG}(A, b, u_0)$

$p_1 = r_0 = b - Au_0$
for $k = 1$ **to** $k_{\max}$ **do**
$\qquad \alpha_k \quad = \frac{\langle r_{k-1}, r_{k-1} \rangle}{\langle p_k, Ap_k \rangle}$
$\qquad u_k \quad = u_{k-1} + \alpha_k p_k$
$\qquad$ **if** accurate **then exit;**
$\qquad r_k \quad = r_{k-1} - \alpha_k Ap_k$
$\qquad \beta_k \quad = \frac{\langle r_k, r_k \rangle}{\langle r_{k-1}, r_{k-1} \rangle}$
$\qquad p_{k+1} = r_k + \beta_k p_k$
end for

Pro Iterationsschritt beträgt der Aufwand eine Matrix-Vektor-Multiplikation Ap und die Auswertung einiger Skalarprodukte, also $\mathcal{O}(N)$ Operationen. Der Speicherbedarf liegt bei vier Vektoren (u, r, p, Ap). Im Unterschied zu Matrixzerlegungsmethoden muss hier nicht auf die einzelnen Einträge von A zugegriffen werden – es genügt eine Routine, die Matrix-Vektor-Produkte berechnen kann.

Beachtenswert ist noch, dass das CG-Verfahren *invariant gegen Umnummerierung der Knoten* ist, da zur Bestimmung der Koeffizienten nur Skalarprodukte verwendet werden, die ebendiese Invarianz besitzen.

Konvergenz

Auf Basis der obigen Herleitung wird die Konvergenz des CG-Verfahrens sinnvollerweise bezüglich der diskreten Energienorm untersucht.

Satz 5.8. *Sei $\kappa_2(A)$ die Kondition der Matrix A bezüglich der euklidischen Norm. Dann lässt sich der Approximationsfehler des CG-Verfahrens abschätzen gemäß*

$$\|u - u_k\|_A \le 2 \left(\frac{\sqrt{\kappa_2(A)} - 1}{\sqrt{\kappa_2(A)} + 1} \right)^k \|u - u_0\|_A. \tag{5.18}$$

Für den Beweis verweisen wir auf Band 1, Kapitel 8.3, Satz 8.17.

Korollar 5.9. *Um den Fehler in der Energienorm um einen Faktor ϵ zu reduzieren, d. h.*

$$\|u - u_k\|_A \le \epsilon \|u - u_0\|_A,$$

benötigt man etwa

$$k \sim \frac{1}{2} \sqrt{\kappa_2(A)} \, \ln(2/\epsilon)$$

CG-Iterationen.

Beweis siehe Band 1, Korollar 8.18.

Für unser Poisson-Modellproblem haben wir, siehe Kapitel 3.1.2,

$$\kappa_2(A) = \frac{\lambda_{\max}}{\lambda_{\min}} \sim 1/h^2,$$

woraus sich

$$k \sim \frac{|\log \epsilon|}{h} \tag{5.19}$$

und für Raumdimension d schließlich der Aufwand

$$W_{\mathrm{CG}} \sim |\log \epsilon| N^{1+1/d}$$

ergibt. Der Vergleich mit (5.12) offenbart einen klaren Effizienzgewinn – dennoch konvergiert auch das CG-Verfahren (wie das Jacobi- und GS-Verfahren) bei großen Problemen enttäuschend langsam.

5.3.2 Vorkonditionierung

Wie wir aus (5.19) ablesen können, ist das gewöhnliche CG-Verfahren für allgemeine diskretisierte elliptische Differentialgleichungen viel zu langsam, weil in der Regel die Anzahl N an Gleichungen groß ist. Das Verfahren kann beschleunigt werden, wenn es uns gelingt, das lineare Gleichungssystem derart zu transformieren, dass eine wesentlich kleinere *effektive* Konditionszahl entsteht, womit sich dann die Anzahl benötigter Iterationen reduziert.

Grundidee

Anstelle der Gleichung $Au = b$ mit einer symmetrisch positiv definiten (N, N)-Matrix A können wir auch das für jede symmetrisch positiv definite Matrix B äquivalente Problem

$$\overline{A}\overline{u} = b \quad \text{mit } \overline{A} = AB^{-1} \text{ und } \overline{u} = Bu$$

formulieren.[1] Ein *effizienter* Vorkonditionierer B sollte im Wesentlichen drei Eigenschaften haben:

(a) *Billig*: Die Auswertung von $B^{-1}r_k$ sollte vorzugsweise in $\mathcal{O}(N)$ Operationen durchführbar sein, allenfalls in $\mathcal{O}(N \log N)$.

(b) *Optimal* (bzw. *fastoptimal*): Die *effektive* Kondition $\kappa(AB^{-1})$ sollte hinreichend klein sein, vorzugsweise $\mathcal{O}(1)$ unabhängig von N (bzw. $\mathcal{O}(\log N)$).

---

[1] Man beachte den Unterschied der Bezeichnung zu Band 1, Kapitel 8.4: dort ist B statt B^{-1} benutzt.

(c) *Permutationsinvariant*: B sollte invariant gegen mögliche Umnummerierung der Knoten sein.

Ist B ebenfalls symmetrisch positiv definit, so ist die transformierte Matrix $\overline{A}$ zwar nicht mehr bezüglich des euklidischen Skalarproduktes $\langle \cdot, \cdot \rangle$ selbstadjungiert, wohl aber bezüglich des von B^{-1} induzierten Produktes $\langle \cdot, \cdot \rangle_{B^{-1}} = \langle \cdot, B^{-1} \cdot \rangle$:

$$\langle AB^{-1}v, w \rangle_{B^{-1}} = \langle AB^{-1}v, B^{-1}w \rangle = \langle v, B^{-1}AB^{-1}w \rangle = \langle v, AB^{-1}w \rangle_{B^{-1}}.$$

Formal ist demnach das CG-Verfahren wieder anwendbar, wenn wir $\langle \cdot, \cdot \rangle_{B^{-1}}$ als Skalarprodukt verwenden. Daraus ergibt sich unmittelbar die folgende transformierte Iteration:

$$p_1 = r_0 = b - AB^{-1}\overline{u}_0 = b - Au_0$$
for $k = 1$ **to** $k_{\max}$ **do**
$$\alpha_k = \frac{\langle r_{k-1}, B^{-1}r_{k-1} \rangle}{\langle AB^{-1}p_k, B^{-1}p_k \rangle}$$
$$\overline{u}_k = \overline{u}_{k-1} + \alpha_k p_k$$
    if accurate **then exit;**
$$r_k = r_{k-1} - \alpha_k AB^{-1}p_k$$
$$\beta_k = \frac{\langle r_k, B^{-1}r_k \rangle}{\langle r_{k-1}, B^{-1}r_{k-1} \rangle}$$
$$p_{k+1} = r_k + \beta_k p_k$$
end for

Wir sind natürlich an einer Iteration für die eigentliche Lösung $u = B^{-1}\overline{u}$ interessiert und ersetzen daher die Zeile für die $\overline{u}_k$ durch

$$u_k = u_{k-1} + \alpha_k B^{-1}p_k.$$

Es fällt auf, dass nun die p_k nur noch in der letzten Zeile ohne den Vorfaktor B^{-1} auftauchen. Führen wir aus diesem Grund die (A–orthogonalen) Vektoren $q_k = B^{-1}p_k$ ein, so offenbart sich folgende sparsame Version des Verfahrens, das *vorkonditionierte CG-Verfahren* (engl.: *preconditioned conjugate gradient method*, deshalb auch deutsch oft kurz *PCG-Verfahren* genannt).

Algorithmus 5.10 (PCG-Algorithmus).
$$u_k := \text{PCG}(A, b, u_0, B)$$

$$r_0 = b - Au_0, \quad q_1 = \overline{r}_0 = B^{-1}r_0, \quad \sigma_0 = \langle r_0, \overline{r}_0 \rangle$$
for $k = 1$ **to** $k_{\max}$ **do**
$$\alpha_k = \frac{\sigma_{k-1}}{\langle q_k, Aq_k \rangle}$$
$$u_k = u_{k-1} + \alpha_k q_k$$
$$[\gamma_k^2 = \sigma_{k-1}\alpha_k = \|u_{k+1} - u_k\|_A^2]$$
    if accurate **then exit;**

$$
\begin{aligned}
r_k &= r_{k-1} - \alpha_k A q_k \\
\bar{r}_k &= B^{-1} r_k \\
\sigma_k &= \langle r_k, \bar{r}_k \rangle \\
\beta_k &= \frac{\sigma_k}{\sigma_{k-1}} \\
q_{k+1} &= \bar{r}_k + \beta_k q_k
\end{aligned}
$$

end for

Gegenüber dem CG-Verfahren erfordert das PCG-Verfahren pro Iterationsschritt lediglich eine zusätzliche Anwendung des symmetrischen *Vorkonditionierers* B^{-1}. Aufmerksame Leser haben sicher bemerkt, dass wir gegenüber dem Algorithmus 5.7 eine Zeile [⋯] hinzugefügt haben. Offenbar gilt

$$
\|u_{k+1} - u_k\|_A^2 = \alpha_k^2 \|q_k\|_A^2 = \sigma_{k-1}\alpha_k = \gamma_k^2, \tag{5.20}
$$

und zwar unabhängig von der Vorkonditionierung B. Dieses Resultat wird uns in Kapitel 5.3.3 bei der adaptiven Bestimmung eines optimalen Abbrechindex k^* nützlich sein.

Konvergenz

Da sich das PCG-Verfahren als CG-Verfahren zu $AB^{-1}y = b$ bezüglich des Skalarprodukts $\langle \cdot, \cdot \rangle_{B^{-1}}$ und des Energieprodukts $\langle \cdot, AB^{-1} \cdot \rangle_{B^{-1}}$ interpretieren lässt, erhält man aus Satz 5.8 sofort die folgende Konvergenzaussage.

Satz 5.11. *Der Approximationsfehler des mit B vorkonditionierten PCG-Verfahrens lässt sich abschätzen gemäß*

$$
\|u - u_k\|_A \leq 2 \left(\frac{\sqrt{\kappa} - 1}{\sqrt{\kappa} + 1} \right)^k \|u - u_0\|_A,
$$

wobei

$$
\kappa = \kappa_{B^{-1}}(AB^{-1}) = \frac{\lambda_{\max}(AB^{-1})}{\lambda_{\min}(AB^{-1})}
$$

die Matrixkondition bezüglich der von B^{-1} induzierten Norm ist.

Wahl des Vorkonditionierers

Im Folgenden wollen wir zunächst Vorkonditionierer angeben, die sich aus der reinen Sicht der linearen Algebra ergeben, d. h. in denen lediglich die Tatsache ausgenutzt wird, dass A symmetrisch positiv definit und dünnbesetzt ist. Weiter unten, in Kapitel 5.5.2 und 7.2.2, werden wir weitaus effizientere Vorkonditionierer vorstellen, die den speziellen theoretischen Hintergrund elliptischer Differentialgleichungen berücksichtigen.

Jacobi-Vorkonditionierer. Die einfachste Wahl bei Zerlegung $A = D + L + L^T$ ist

$$B = D.$$

Diese Realisierung entspricht genau einer Jacobi-Iteration (5.9). Wirkungsvoll ist diese Wahl jedoch nur bei nichtuniformen Gittern, für uniforme Gitter hat man nur $B \approx 2dI$.

Symmetrischer Gauß–Seidel-Vorkonditionierer. Eine bessere Konvergenzrate erzielt man mit dem symmetrischen Gauß–Seidel-Verfahren, wobei dabei B ebenfalls symmetrisch ist, siehe (5.14). Im Unterschied zum Jacobi-Vorkonditionierer ist aber der symmetrische Gauß–Seidel-Vorkonditionierer von der Nummerierung der Knoten abhängig, wodurch die Invarianz des CG-Verfahrens zerstört wird.

Unvollständige Cholesky-Zerlegung (engl. *incomplete Cholesky decomposition*, deshalb auch kurz: IC-Zerlegung). Bei der Sparse-Cholesky-Zerlegung treten im Allgemeinen außerhalb der Besetzungsstruktur von A nur „kleine" *fill-in-Elemente* auf. Die Idee der unvollständigen Cholesky-Zerlegung (engl. *incomplete Cholesky, IC*) ist nun, die fill-in-Elemente in der Dreieckszerlegung zu streichen. Bezeichnen wir mit

$$P(A) := \{(i,j) : a_{ij} \neq 0\}$$

die Indexmenge der nicht verschwindenden Elemente einer Matrix A, so konstruieren wir also anstelle von L eine Matrix $\tilde{L}$ mit

$$P(\tilde{L}) \subset P(A),$$

indem wir wie bei der Cholesky-Zerlegung vorgehen, aber $\tilde{l}_{ij} := 0$ setzen für alle $(i,j) \notin P(A)$. Der Aufwand für diese Zerlegung ist $\mathcal{O}(N)$. Hinter der Idee steckt die Erwartung, dass

$$A \approx \tilde{L}\tilde{L}^T =: B.$$

Da der Vorkonditionierer B in faktorisierter Form vorliegt, lässt sich mit den Bezeichnungen $q_k = \tilde{L}^{-T} p_k$ und $\bar{r}_k = \tilde{L}^{-1} r_k$ eine effiziente Modifikation des Algorithmus 5.10 implementieren.

In [167] wurde ein Beweis der Existenz und numerischen Stabilität eines solchen Verfahrens geführt für den Fall, dass A eine sogenannte *M-Matrix* ist, d. h.

$$a_{ii} > 0, \quad a_{ij} \leq 0 \quad \text{für } i \neq j \text{ und } A^{-1} \geq 0 \text{ (elementweise)}.$$

Solche Matrizen treten gerade bei der Diskretisierung einfacher partieller Differentialgleichungen auf (siehe [223]), auch unsere Modellprobleme führen auf M-Matrizen. In vielen Anwendungsproblemen zeigt sich eine drastische Beschleunigung des CG-Verfahrens, weit über die Beweisen zugängliche Klasse der M-Matrizen hinaus. Das Verfahren ist besonders in der Industrie beliebt, weil es robust ist und keine tieferliegende Spezialstruktur des Problems benötigt (wie etwa Mehrgittermethoden). Allerdings ist die Zerlegung von der Nummerierung der Knoten abhängig, was die Invarianz des CG-Verfahrens stört.

Bemerkung 5.12. Für nichtsymmetrische Matrizen existiert eine populäre algorithmische Erweiterung des IC-Vorkonditionierers, der ILU-Vorkonditionierer. Die Grundidee ist ähnlich wie bei der IC-Zerlegung, allerdings ist hier die theoretische Basis noch schmaler.

5.3.3 Adaptive PCG-Verfahren

Für die Konstruktion eines effizienten PCG-Algorithmus bleibt noch zu klären, wann die Iteration abgebrochen werden kann, also wann die Iterierte u_k „hinreichend nahe" an der gesuchten Lösung u ist. Im Algorithmus 5.10 haben wir dies durch die Programmzeile

$$\textbf{if } \text{accurate} \quad \textbf{then exit}$$

vorgesehen. Die folgenden Strategien der Fehlerabfrage haben sich etabliert:

(a) *Residuumsfehler.* Die populärste Idee besteht in der Vorgabe einer Toleranz für das Residuum r_k in der Form

$$\|r_k\|_2 \leq \text{TOL}.$$

Allerdings ist dies wegen

$$\lambda_{\min}(A)\|u - u_k\|_A^2 \leq \|r_k\|_2^2 \leq \lambda_{\max}(A)\|u - u_k\|_A^2$$

für schlechtkonditionierte A ungeeignet, d. h. die Konvergenz des Residuums sagt eher wenig über die Konvergenz des Fehlers aus.

(b) *Vorkonditionierter Residuumsfehler.* Wenn ohnehin das vorkonditionierte Residuum $\bar{r}_k = B^{-1} r_k$ berechnet wird, kann eine Abfrage der Art

$$\|\bar{r}_k\|_{B^{-1}} \leq \overline{\text{TOL}}$$

bequem realisiert werden. Für effiziente Vorkonditionierer, d. h. bei kleiner Kondition $\kappa(AB^{-1})$ ist dies gegenüber dem Residuumsfehler ein Gewinn, weil

$$\lambda_{\min}(AB^{-1})\|u - u_k\|_A^2 \leq \|\bar{r}_k\|_2^2 \leq \lambda_{\max}(AB^{-1})\|u - u_k\|_A^2.$$

Dennoch kann die Abweichung auch bei guten Vorkonditionierern immer noch zu groß sein.

(c) *Diskreter Energiefehler* [72]. Zur direkten Abschätzung von

$$\epsilon_k = \|u - u_k\|_A$$

benutzen wir die Galerkin-Orthogonalität

$$\epsilon_0^2 = \|u - u_0\|_A^2 = \|u - u_k\|_A^2 + \|u_k - u_0\|_A^2.$$

Mit Hilfe von (5.20) können wir den zweiten Term im Verlauf der PCG-Iteration bequem auswerten

$$\|u_k - u_0\|_A^2 = \sum_{j=0}^{k-1} \|u_{j+1} - u_j\|_A^2 = \sum_{j=0}^{k-1} \gamma_j^2.$$

Wir erhalten also

$$\epsilon_k^2 = \epsilon_0^2 - \sum_{j=0}^{k-1} \gamma_j^2.$$

Allerdings ist ϵ_0 unbekannt. Unter Vernachlässigung von Rundungsfehlern gilt jedoch $\epsilon_N = 0$, woraus sich aus den obigen Resultaten direkt

$$\epsilon_k^2 = \sum_{j=k}^{N-1} \gamma_j^2$$

ergibt. Anstelle der hierfür nötigen $N - k$ zusätzlichen Iterationen realisieren wir einen Fehlerschätzer durch $n - k$ zusätzliche Iterationen ($n \ll N$) gemäß

$$[\epsilon_k]_n^2 = \sum_{j=k}^{n-1} \gamma_j^2 \leq [\epsilon_k]_N^2 = \epsilon_k^2. \tag{5.21}$$

Damit bietet sich das Abbruchkriterium

$$[\epsilon_k]_n \leq \text{TOL}_A \tag{5.22}$$

an, bei dem $n - k$ „nicht allzu groß" gewählt werden muss. Man beachte, dass dieses Abbruchkriterium unabhängig vom Vorkonditionierer ist.
Bei guter Vorkonditionierung hat man oft lineare Konvergenz

$$\epsilon_{k+1} \leq \Theta \epsilon_k, \quad \Theta < 1.$$

Dies kann genutzt werden in der Form

$$\epsilon_k^2 = \epsilon_{k+1}^2 + \gamma_k^2 \leq (\Theta \epsilon_k)^2 + \gamma_k^2 \quad \Rightarrow \quad \epsilon_k \leq \frac{\gamma_k}{\sqrt{1 - \Theta}} =: \bar{\epsilon}_k. \tag{5.23}$$

Entsprechend ergibt sich ein vereinfachtes Abbruchkriterium

$$\bar{\epsilon}_k \leq \text{TOL}_A^2,$$

das mit nur einer zusätzlichen PCG-Iteration auskommt.

Der Schätzer (5.21) des absoluten exakten Energiefehlers erbt dessen iterative Monotonie, denn es gilt

$$[\epsilon_{k+1}]_n \leq [\epsilon_k]_n, \quad \epsilon_{k+1} \leq \epsilon_k.$$

Als relativen Energiefehler definieren wir den Ausdruck

$$\delta_k = \frac{\sqrt{[\epsilon_k]}}{\|u_k\|_A} \approx \frac{\|u - u_k\|_A}{\|u_k\|_A}.$$

Wenn wir speziell den Startwert $u_0 = 0$ wählen, was eine gängige Option in allen Iterationsverfahren ist, dann gilt speziell

$$\|u_{k+1}\|_A^2 = (1 + \delta_k^2)\|u_k\|_A^2,$$

sowie die Monotonie

$$\|u_{k+1}\|_A \geq \|u_k\|_A \quad \Leftrightarrow \quad \delta_{k+1} \leq \delta_k. \tag{5.24}$$

Das Abbruchkriterium (5.22) zum Energiefehler ist wesentlich für die adaptive Lösung diskretisierter linearer wie nichtlinearer elliptischer Differentialgleichungen und wird uns in ähnlicher Form in den Kapiteln 5.5, 7.3.3, 8.1.2 und 8.2.2 wieder begegnen.

5.3.4 Eine CG-Variante für Eigenwertprobleme

Hier wollen wir eine Variante des CG-Verfahrens herleiten, die 1982 speziell zur Minimierung des Rayleigh-Quotienten (1.15) von Döhler [84] vorgeschlagen worden ist. Sie liefert die Grundlage für die Konstruktion eines adaptiven Mehrgitterverfahrens in Kapitel 7.4.2.

Zu berechnen sei der minimale Eigenwert λ, den wir als isoliert voraussetzen wollen. In Kapitel 5.3.1 haben wir gezeigt, dass das klassische CG-Verfahren auf der Minimierung der *quadratischen* Zielfunktion

$$f(u) = \frac{1}{2}\|b - Au\|_2^2$$

beruht. Die Näherungslösungen u_k, die Residuen r_k und die Korrekturen p_k ergeben sich dort rekursiv gemäß

$$p_{k+1} = r_k + \beta_k p_k, \quad u_{k+1} = u_k + \alpha_{k+1}p_{k+1}, \quad r_{k+1} = r_k - \alpha_{k+1}Ap_{k+1}.$$

Innerhalb der Rekursion gilt die Orthogonalität

$$p_k^T r_k = 0. \tag{5.25}$$

Ziel ist nun, diesen Algorithmus für die Minimierung der speziellen *nichtlinearen* Zielfunktion

$$R(u) = \frac{u^T A u}{u^T M u}$$

geeignet abzuändern. Wie sich herausstellen wird, fällt die Rekursion für die Residuen ganz weg und die Berechnung der iterierten Lösungen u_k wie der Korrekturen p_k ergibt sich aus der numerischen Lösung eines zweidimensionalen Eigenwertproblems.

Zunächst beobachten wir, dass sich im klassischen CG-Verfahren das Residuum r_k darstellen lässt als

$$r_k = -\nabla f(u_k).$$

Dies bringt uns auf die Idee, das Residuum zu ersetzen durch den Gradienten

$$g(u_k) := \nabla R(u_k).$$

Setzen wir die Normierung $u_k^T M u_k = 1$ ein, so erhalten wir für den *Gradienten* den Ausdruck

$$g(u_k) = 2(A - R(u_k)M)u_k,$$

was zeigt, dass der Gradient mit dem Residuum für das Eigenwertproblem (4.21) bis auf den Vorfaktor 2 identisch ist. Zudem gilt die Eigenschaft

$$u_k^T g(u_k) = 0. \tag{5.26}$$

Wegen der Homogenität $R(\sigma u) = R(u)$ für beliebiges $\sigma \neq 0$ erweitern wir den obigen CG-Ansatz zu

$$u_{k+1} = \sigma_{k+1}(u_k + \alpha_{k+1} p_{k+1}). \tag{5.27}$$

Im Sinne einer Induktion nehmen wir zunächst an, die Korrektur p_{k+1} sei gegeben. Dann erhalten wir einen optimalen Koeffizienten α_{k+1} aus der Bedingung

$$\lambda_{k+1} = \min_\alpha R(u_k + \alpha p_{k+1}), \tag{5.28}$$

woraus unmittelbar die Orthogonalitätsbeziehung

$$0 = \frac{\partial}{\partial \alpha} R(u_k + \alpha p_{k+1})|_{\alpha_{k+1}} = g(u_{k+1})^T p_{k+1} \tag{5.29}$$

folgt. Im Prinzip könnte man aus dieser Beziehung den Koeffizienten durch Lösen einer quadratischen Gleichung in α berechnen, vergleiche Aufgabe 5.11.

Wir folgen jedoch der eleganteren Idee von Döhler [84]. Dabei wird zunächst der zweidimensionale Unterraum

$$\tilde{U}_{k+1} := \text{span}\{u_k, p_{k+1}\} \subset \mathbb{R}^N$$

eingeführt und das Minimierungsproblem projiziert in der Form

$$\lambda_{k+1} = \min_{u \in \tilde{U}_{k+1}} R(u) \quad \text{mit } u_{k+1} = \arg\min_{u \in \tilde{U}_{k+1}} R(u). \tag{5.30}$$

Sei

$$U_{k+1} = [u_k, p_{k+1}]$$

die zugehörige $(N, 2)$-Matrix zu einer gegebenen Basis, so können wir die neue Iterierte in der Form

$$u_{k+1} = U_{k+1}\xi \quad \text{mit } \xi^T = \sigma(1, \alpha)$$

schreiben mit noch zu bestimmenden Koeffizienten σ, α. Dazu passend lassen sich die symmetrischen $(2, 2)$-Matrizen

$$\overline{A}_{k+1} := U_{k+1}^T A U_{k+1}, \quad \overline{M}_{k+1} := U_{k+1}^T M U_{k+1} \tag{5.31}$$

definieren. Der projizierte Rayleigh-Quotient hat dann die Form

$$\overline{R}_{k+1}(\xi) := \frac{\xi^T \overline{A}_{k+1} \xi}{\xi^T \overline{M}_{k+1} \xi}.$$

Die beiden Eigenwerte

$$\lambda_{k+1} = \min_{\xi} \overline{R}_{k+1}(\xi), \quad \mu_{k+1} = \max_{\xi} \overline{R}_{k+1}(\xi)$$

gehören zu dem zweidimensionalen Eigenwertproblem

$$(\overline{A}_{k+1} - \lambda \overline{M}_{k+1})\xi = 0, \tag{5.32}$$

das elementar zu lösen ist. Im nichtentarteten Fall erhalten wir $\mu_{k+1} > \lambda_{k+1}$ für die Eigenwerte, dazu die projizierten Eigenvektoren

$$\xi_{k+1}^T = \sigma_{k+1}(1, \alpha_{k+1}), \quad \bar{\xi}_{k+1}^T = \bar{\sigma}_{k+1}(1, \bar{\alpha}_{k+1})$$

sowie die ursprünglichen Eigenvektor-Approximationen

$$u_{k+1} = \sigma_{k+1}(u_k + \alpha_{k+1} p_{k+1}), \quad \bar{u}_{k+1} = \bar{\sigma}_{k+1}(u_k + \bar{\alpha}_{k+1} p_{k+1}).$$

Die vier Koeffizienten α_{k+1}, $\bar{\alpha}_{k+1}$, σ_{k+1}, $\bar{\sigma}_{k+1}$ ergeben sich aus der Lösung des Eigenwertproblems

$$(u_{k+1}, \bar{u}_{k+1})^T A (u_{k+1}, \bar{u}_{k+1}) = \begin{bmatrix} \lambda_{k+1} & 0 \\ 0 & \mu_{k+1} \end{bmatrix}, \tag{5.33}$$

verbunden mit der Normierung

$$(u_{k+1}, \bar{u}_{k+1})^T M (u_{k+1}, \bar{u}_{k+1}) = \begin{bmatrix} 1 & 0 \\ 0 & 1 \end{bmatrix}. \tag{5.34}$$

Diese Zerlegung ist offenbar hinreichend für die Orthogonalitätsbeziehung

$$\bar{u}_{k+1}^T g(u_{k+1}) = 0. \tag{5.35}$$

Der Vergleich der Orthogonalitätseigenschaften (5.29) und (5.35) mit (5.25) führt uns, einen Index niedriger, zu der Identifikation $p_k = \bar{u}_k$. Anstelle der CG-Rekursion für die Korrekturen setzen wir also

$$p_{k+1} = -g(u_k) + \beta_k \bar{u}_k, \tag{5.36}$$

worin die Koeffizienten β_k noch zu bestimmen sind. Es zeigt sich, dass wir zu diesem Zweck die nichtlineare Funktion $R(u)$ durch ein lokal *quadratisches* Modell ersetzen müssen, um brauchbare Ausdrücke zu erhalten.

Für die folgende Zwischenrechnung lassen wir vorübergehend alle Indizes weg. Als *Hesse-Matrix* ergibt sich

$$H(u) = 2(A - R(u)M - g(u)(Mu)^T - Mug(u)^T). \tag{5.37}$$

Taylorentwicklung und Weglassen von Termen ab der dritten Ordnung liefert dann

$$R(u + \alpha p) \doteq R(u) + \alpha p^T g(u) + \frac{1}{2}\alpha^2 p^T H(u)p =: J(u, p). \tag{5.38}$$

Hier setzen wir nun die explizite Form (5.36) ein und erhalten, wieder unter Weglassung aller Indizes:

$$J(u, -g + \beta \bar{u}) = R(u) + \alpha(-g + \beta \bar{u})^T g + \frac{1}{2}\alpha^2(-g + \beta \bar{u})^T H(u)(-g + \beta \bar{u}).$$

Der Koeffizient β soll nun gerade so gewählt werden, dass J minimal wird. Aus dieser Forderung erhalten wir

$$0 = \frac{\partial}{\partial \beta} J(u, -g + \beta \bar{u}) = \alpha \bar{u}^T g + \alpha^2(-g + \beta \bar{u})^T H(u)\bar{u}.$$

Der in α lineare Term verschwindet wegen (5.35) als Induktionsannahme für den Index k. Aus (5.37) und der Orthogonalitätsbeziehung (5.35) folgt im nichtentarteten Fall $\bar{u}^T H(u)\bar{u} > 0$, also liefert die Bedingung

$$\beta = \frac{g(u)^T H(u)\bar{u}}{\bar{u}^T H(u)\bar{u}}$$

ein eindeutiges Minimum von J. Unter Verwendung von (5.33) und (5.34) sowie nach Wiedereinführung der Indizes ergibt sich schließlich der bequem auswertbare Ausdruck

$$\beta_k = \frac{g(u_k)^T (A - \lambda_k M)\bar{u}_k}{\mu_k - \lambda_k}.$$

Damit haben wir fast alle Bausteine des nichtlinearen CG zur Minimierung des Rayleigh-Quotienten beisammen. Es fehlen nur noch Startwerte. Dazu wählen wir eine Startnäherung u_0 für den unbekannten Eigenvektor u und einen davon linear unabhängigen Startwert $\bar{u}_0$, am bequemsten $\bar{u}_0 = g(u_0)$ wegen (5.26).

Algorithmus 5.13 (RQCG-Algorithmus im $\mathbb{R}^N$).
$(\tilde{\lambda}, \tilde{u}) = \text{RQCG}(A, M, u_0, k_{\max})$

$p_1 := -\bar{u}_0 := -g(u_0)$
for $k = 1$ **to** $k_{\max}$ **do**
    $\overline{A}_k := [u_{k-1}, p_k]^T A[u_{k-1}, p_k]$
    $\overline{M}_k := [u_{k-1}, p_k]^T M[u_{k-1}, p_k]$
    Löse das Eigenwertproblem $(\overline{A}_k - \lambda\overline{M}_k)\xi = 0$.
        Ergebnis: Eigenwerte λ_k, μ_k, Eigenvektoren $u_k, \bar{u}_k$.
    if $k < k_{\max}$ **then**
        $\beta_k := \frac{g(u_k)^T (A-\lambda_k M)\bar{u}_k}{\mu_k - \lambda_k}$
        $p_{k+1} := -g(u_k) + \beta_k \bar{u}_k$
    end if
end for
$(\tilde{\lambda}, \tilde{u}) = (\lambda_k, u_k)$

Konvergenz
Unter der Annahme, dass u_k, p_{k+1} linear unabhängig sind, die im Zuge der Lösung der $(2,2)$-Eigenwertprobleme (5.32) algorithmisch geprüft wird, gilt wegen der Homogenität von R per Konstruktion

$$\lambda_{k+1} = R(u_{k+1}) = \min_\alpha R(u_k + \alpha p_{k+1}) < R(u_k) = \lambda_k.$$

Daraus ergibt sich durch Induktion die einseitig begrenzte *Monotonie*

$$\lambda \leq \lambda_j < \lambda_{j-1} < \cdots < \lambda_0. \tag{5.39}$$

Diese Eigenschaft ist bei Genauigkeitsabfragen im Algorithmus extrem nützlich, falls nicht alternativ die Genauigkeit der Eigenvektor-Approximationen abgeprüft wird. Es sei ausdrücklich vermerkt, dass diese Monotonie unabhängig von dem quadratischen Ersatzmodell (5.38) gilt, das lediglich zur Bestimmung der Koeffizienten β herangezogen wird.

Eine genauere Analyse der Konvergenz des Verfahrens wurde, für eine leicht modifizierte Variante, in [244] angegeben. Asymptotisch geht der Rayleigh-Quotient $R(u)$ in eine quadratische Funktion mit Hesse-Matrix $H(u)$ über. Zur Untersuchung der asymptotischen Konvergenz des RQCG-Verfahrens kann deshalb die Theorie des CG-Verfahrens als gute Näherung dienen. Nach Satz 5.8 benötigen wir dazu die zu H gehörige spektrale Konditionszahl $\kappa_2(H)$. Seien die Eigenwerte des verallgemeinerten Eigenwertproblems geordnet gemäß (Indizes charakterisieren hier die verschiedenen Eigenwerte, nicht mehr die verschiedenen Approximation des niedrigsten Eigenwertes)

$$\lambda_1 < \lambda_2 \leq \cdots \leq \lambda_N,$$

und existiere insbesondere eine Lücke zwischen λ_1 und dem Rest des Spektrums. Setzen wir der Einfachheit halber die exakte Eigenfunktion u ein, so gilt

$$\kappa_2(H) = \frac{\lambda_N - \lambda_1}{\lambda_2 - \lambda_1}.$$

Damit lässt sich die asymptotische Konvergenzrate mit

$$\rho = \frac{\sqrt{\kappa_2(H)} - 1}{\sqrt{\kappa_2(H)} + 1}$$

angeben.

Vorkonditionierung

Bei Verfeinerung der Diskretisierung gilt $\lambda_N \to \infty$ und damit $\rho \to 1$. Um den Algorithmus für große N in effizienter Weise realisieren zu können, ist also eine Vorkonditionierung nötig. Sie kann durch Spektralverschiebung (engl. *shift*) gemäß

$$g(u) \to C^{-1}g(u) \quad \text{mit } C = A + \mu M, \ \mu > 0.$$

realisiert werden. In Kapitel 7.4.2 werden wir jedoch eine Mehrgittermethode zur Rayleigh-Quotienten-Minimierung vorstellen, die ohne eine solche Spektralverschiebung zur Vorkonditionierung auskommt.

Erweiterung auf Eigenwertcluster

Die hier vorgestellte Variante lässt sich unmittelbar übertragen, wenn mehrere Eigenwerte $\lambda_1, \ldots, \lambda_q$ simultan gesucht sind. In diesem Fall wird anstelle der einzelnen Eigenvektoren eine orthogonale Basis des zugehörigen invarianten Unterraums berechnet, siehe (4.25). Sie wird aus der Minimierung der Spur (4.26) anstelle des einzelnen Rayleigh-Quotienten bestimmt. Auch eine Erweiterung auf nichtselbstadjungierte Eigenwertprobleme ist möglich, sie orientiert sich aus Gründen der Stabilität an der Schurschen Normalform.

5.4 Glättungseigenschaft iterativer Lösungsverfahren

Das in den vorigen Kapiteln bewiesene asymptotische Konvergenzverhalten der klassischen Iterationsverfahren (Jacobi- und Gauß-Seidel-Verfahren) sowie des (nicht vorkonditionierten) CG-Verfahrens ist nicht berauschend, siehe auch Kapitel 5.6.2. In diesem Kapitel wollen wir diesem Konvergenzverhalten etwas genauer auf den Grund gehen. In Kapitel 5.4.1 vergleichen wir die bisher behandelten Iterationsverfahren an einem einfachen Illustrationsbeispiel. Das hierbei beobachtete Verhalten analysieren wir anschließend für den Spezialfall des Jacobi-Verfahrens in Kapitel 5.4.2 und für allgemeinere Iterationsverfahren in Kapitel 5.4.3.

5.4.1 Illustration am Poisson-Modellproblem

Zur Illustration wählen wir wieder unser schon oft bemühtes Modellproblem.

Beispiel 5.14. Gegeben sei ein Poisson-Problem mit homogenen Dirichlet-Randbedingungen,

$$-\Delta u = 0 \quad \text{in } \Omega \,, \qquad u|_{\partial\Omega} = 0,$$

hier mit rechter Seite $f = 0$, also mit Lösung $u = 0$. Das Problem werde durch den Fünfpunkte-Stern auf einem $(33, 33)$-Gitter diskretisiert. Es sei angemerkt, dass die so erzeugte Matrix A die „Eigenschaft $\mathcal{A}$" hat, siehe Definition 3.1. Für den Startwert u_0 der Iteration werden im Intervall $[0,1]$ gleichverteilte Zufallszahlen verwendet.

In Abb. 5.4 ist ein Vergleich des Konvergenzverhaltens der bisher behandelten Iterationsverfahren in der Energienorm gezeigt; zu berücksichtigen ist allerdings, dass das SGS-Verfahren zwei A-Auswertungen pro Iteration benötigt – gegenüber nur einer bei allen anderen Verfahren.

In Abb. 5.5 haben wir das *gesamte* Verhalten der Iterationsfehler für das klassische (ungedämpfte) und das gedämpfte Jacobi-Verfahren über dem gewählten Gitter dargestellt. In dieser detaillierteren Darstellung „glättet" sich der Fehler anfangs rasch, bleibt aber dann „stehen". Während bei der klassischen (ungedämpften) Jacobi-Iteration ein hochfrequenter Fehleranteil weiterhin sichtbar bleibt, wird der Fehler des gedämpften Jacobi-Verfahrens deutlich „geglättet". In Abb. 5.6, links, ist

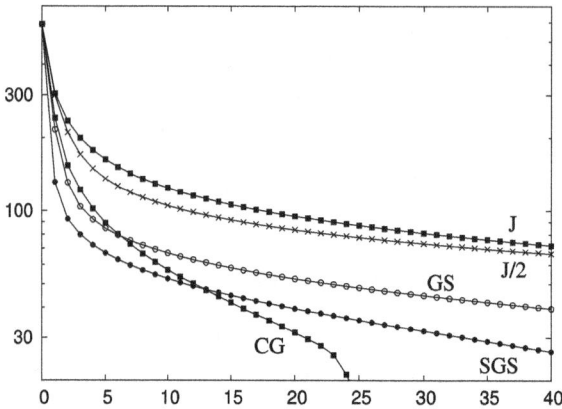

Abb. 5.4: Poisson-Modellproblem 5.14: Vergleich der iterativen Energiefehler $\|u - u_k\|_A$ über der Anzahl an Iterationen: klassisches Jacobi-Verfahren (J), gedämpftes Jacobi-Verfahren mit $\omega = 1/2$ (J/2), Gauß–Seidel-Verfahren (GS), symmetrisches Gauß–Seidel-Verfahren (SGS) und CG-Verfahren (CG).

das Verhalten des Gauß–Seidel-Verfahrens (GS) daneben gestellt. Für das symmetrische Gauß–Seidel-Verfahren (SGS) sähen die Iterationen 5, 10, 20 genau so aus wie die hier abgebildeten GS-Iterationen 10, 20, 40, eine schöne Illustration von Satz 5.4. Das GS-Verfahren „glättet" offensichtlich noch effizienter als das Jacobi-Verfahren. Zum Vergleich zeigen wir in Abb. 5.6, rechts, das Verhalten des (nicht vorkonditionierten) CG-Verfahrens; dieses Verfahren erscheint als der klare Gewinner.

Zusammengefasst konvergieren alle Iterationen *in der Startphase deutlich schneller als in der asymptotischen Phase*. Dieses typische Konvergenzprofil wollen wir nun anschließend theoretisch verstehen.

5.4.2 Spektralanalyse für Jacobi-Verfahren

Das in Abb. 5.5 dargestellte Verhalten wollen wir nun genauer untersuchen, zunächst für das *klassische* und das *gedämpfte Jacobi-Verfahren*. Mathematisch bedeutet die hier beobachtete „Glättung" eine Unterdrückung hoher Frequenzanteile im Iterationsfehler. Wie in Kapitel 3.1.2 ausgeführt, sind in unserem Modellproblem die Eigenfunktionen gerade trigonometrische Funktionen, zu interpretieren als „stehende" Wellen mit niedrigen bis hohen räumlichen Frequenzen. Wir zerlegen also den Iterationsfehler nach ebendiesen Eigenfunktionen. Ein wesentlicher Einblick lässt sich bereits im 1D-Fall gewinnen, wie sich ebenfalls aus Kapitel 3.1.2 ergibt.

Für das Poisson-Modellproblem im $\mathbb{R}^1$ mit Dirichlet-Randbedingungen ergeben sich die Eigenwerte, siehe (3.10), unter Berücksichtigung der Skalierung mit h^2, zu

$$\lambda_{h,k} = 4 \sin^2\left(\frac{1}{2} k\pi h\right),$$

sowie die zugehörigen Eigenfunktionen, siehe (3.11), zu

$$\varphi_{h,k}(x_i) = \sin(k\pi x_i), \quad k = 1, \dots, M - 1,$$

wobei $x_i = ih$, $Mh = 1$. Offenbar stellen diese Eigenfunktionen stehende Wellen auf dem Gitter Ω_h mit räumlichen Frequenzen $k\pi$ dar. Entwicklung des Iterationsfehlers nach dieser orthogonalen Basis liefert

$$u_{k+1} - u = \sum_{l=1}^{M-1} \alpha_l^{k+1} \varphi_{h,l}, \quad u_k - u = \sum_{l=1}^{M-1} \alpha_l^{k} \varphi_{h,l}.$$

Es gilt

$$u_{k+1} - u = G_J(\omega)(u_k - u),$$

wobei die Iterationsmatrix in 1D wegen $D^{-1} = \frac{1}{2}I$ die Gestalt

$$G_J(\omega) = I - \frac{1}{2}\omega A$$

hat. Mittels der Orthogonalität der Basis erhält man daraus die komponentenweise Rekursion

$$\alpha_l^{k+1} = \sigma_l(\omega)\alpha_l^{k}$$

mit dem Faktor

$$\sigma_l(\omega) = 1 - 2\omega \sin^2(l\pi h/2), \tag{5.40}$$

der gerade die Dämpfung des Fehleranteils zur Frequenz $l\pi$ darstellt. In Abb. 5.7 haben wir diesen Faktor graphisch aufgetragen, und zwar einmal für den klassischen Fall $\omega = 1$ und einmal für den gedämpften Fall $\omega = 1/2$. Wie sich aus dieser Abbildung ablesen lässt, bleiben für $\omega = 1$ die niedrigfrequenten und die hochfrequenten Anteile in etwa erhalten, während die mittleren Frequenzen gedämpft werden. Bei $\omega = 1/2$ hingegen werden die hochfrequenten Anteile gedämpft, während die niederfrequenten erhalten bleiben; diese mathematische Analyse erklärt also Abb. 5.5, links und rechts, bis ins feine Detail.

Leider ist eine vergleichbare Spektralanalyse zur Untersuchung der Glättungseigenschaften von Gauß–Seidel- oder symmetrischer Gauß–Seidel-Iteration deutlich komplizierter, weil sich hier die Eigenfunktionen mischen. Eine solche Analyse wird dann oft unter Weglassen der Randbedingungen geführt, also nur für den diskretisierten Laplace-Operator. Für die CG-Iteration gilt das Gleiche. Es gibt jedoch eine andere Art der Analyse, die wir im folgenden Kapitel 5.4.3 verfolgen wollen; bei dieser Analyse spielt die Spektralzerlegung nur eine implizite Rolle.

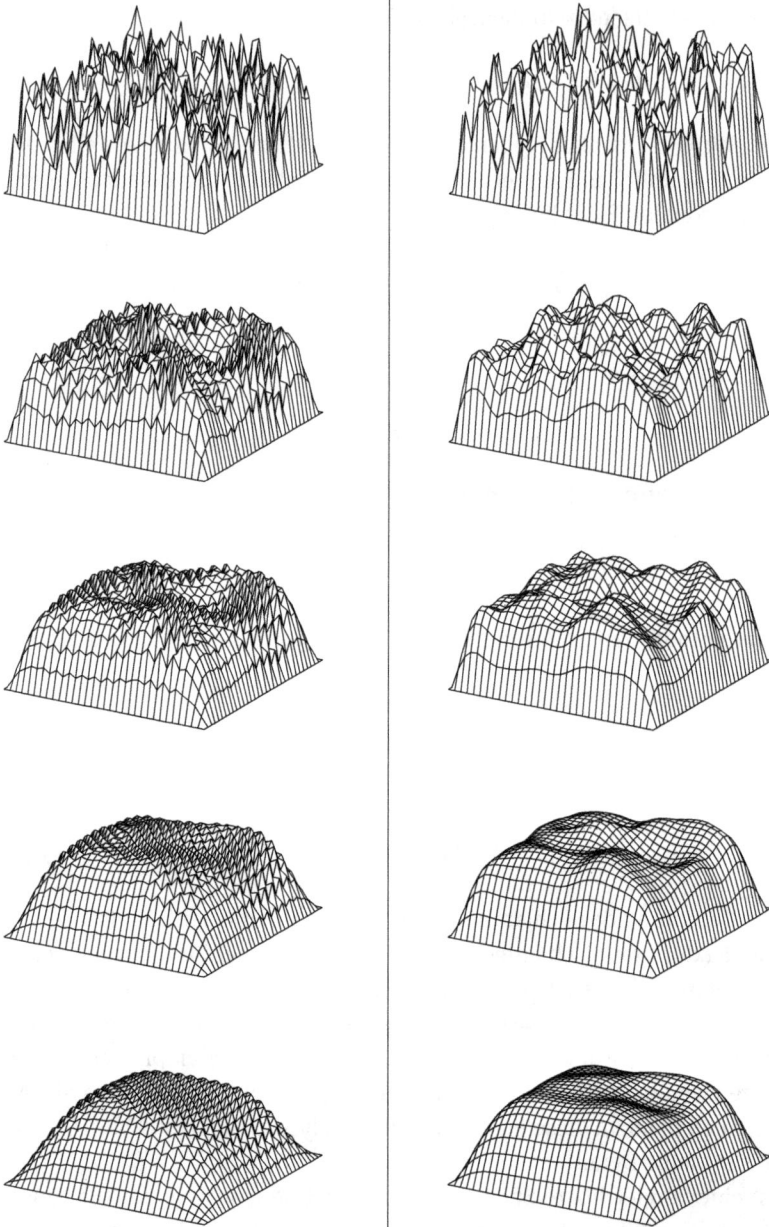

Abb. 5.5: Poisson-Modellproblem 5.14: Iterativer Fehler $u_k - u$ nach 1, 5, 10, 20 und 40 Iterationen. *Links:* klassisches Jacobi-Verfahren ($\omega = 1$). *Rechts:* gedämpftes Jacobi-Verfahren ($\omega = 0.5$).

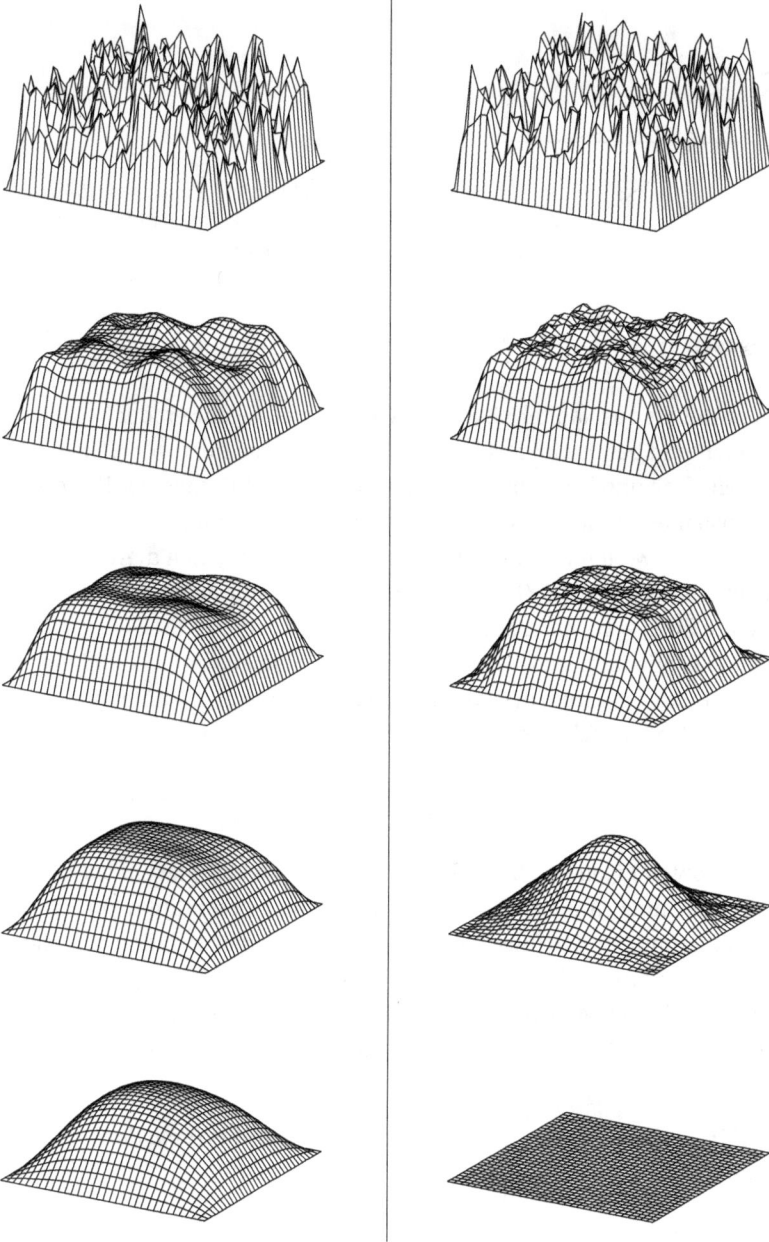

Abb. 5.6: Poisson-Modellproblem 5.14: Iterativer Fehler $u_k - u$ nach 1, 5, 10, 20 und 40 Iterationen. *Links:* Gauß–Seidel-Verfahren. *Rechts:* Verfahren der konjugierten Gradienten.

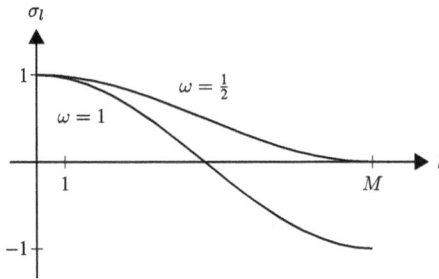

Abb. 5.7: Dämpfungsfaktor $\sigma_l(\omega)$ nach (5.40) in Abhängigkeit von der Frequenz $l\pi$, wobei $l = 1, \ldots, M - 1, Mh = 1$.

5.4.3 Glättungssätze

Die Konvergenzresultate aus Kapitel 5.2 werden vom größten Eigenwert der Iterationsmatrix G dominiert und beschreiben daher die Konvergenzrate für $k \to \infty$. Sie hängt von der Gitterweite h ab und bricht für $h \to 0$ zusammen. Die Glättung des Fehlers ist dagegen ein transientes Phänomen, das nur für kleine k auftritt und unabhängig von h ist. In diesem Kapitel wollen wir eine Theorie entwickeln, die genau diese transiente Startphase unabhängig von der Gitterweite beschreibt. Dafür nehmen wir in Kauf, dass diese Theorie für $k \to \infty$ keine tieferen Einsichten liefert.

Die folgende Theorie nutzt aus, dass die (diskrete) Energienorm $\| \cdot \|_A$ und die euklidische Norm $\| \cdot \|_2$ das Spektrum $\sigma(A)$ von Eigenwerten der Matrix A unterschiedlich widerspiegeln. Für den Startfehler gilt bekanntermaßen

$$\|u - u_0\|_A \leq \sqrt{\lambda_{\max}}\|u - u_0\|_2, \tag{5.41}$$

wobei $\lambda_{\max}$ den größten Eigenwert bezeichnet, der im Startfehler präsent ist. Wegen der Poincaré-Ungleichung (A.25) ist $\lambda_{\max}$ unabhängig von h beschränkt. Zur mathematischen Modellierung der Glättung des Fehlers im Lauf einer Iteration vergleicht man deswegen die Fehlernorm $\|u - u_k\|_A$ mit der Startfehlernorm $\|u - u_0\|_2$.

Bevor wir in die Details gehen, sei vorab ein Hilfsresultat angegeben, das eine leichte Modifikation eines Resultats in [123] darstellt und uns im Folgenden nützlich sein wird.

Lemma 5.15. *Sei C eine symmetrisierbare, positiv semidefinite Matrix mit Spektralnorm* $\|C\|_2 \leq 4/3$. *Dann gilt für* $k \geq 1$:

$$\|C(I - C)^k\|_2 \leq \frac{1}{k + 1}. \tag{5.42}$$

Beweis. Für das Spektrum von C gilt nach Voraussetzung $\sigma(C) \subset {]0, 4/3]}$. Damit gehen wir in die Abschätzung wie folgt

$$\|C(I - C)^k\|_2 \leq \sup_{\lambda \in {]0,4/3]}} \varphi(\lambda),$$

worin $\varphi(\lambda) = \lambda|1 - \lambda|^k$. Wir prüfen zunächst auf innere Extrema. Ableiten ergibt

$$\varphi'(\lambda) = (1 - \lambda)^{k-1}(1 - (k + 1)\lambda) = 0,$$

woraus wir die Lösungen $\lambda_1 = \frac{1}{k+1}$ und $\lambda_2 = 1$ erhalten. Einsetzen in φ liefert

$$\varphi(\lambda_1) = \frac{1}{k + 1}\left(\frac{k}{k + 1}\right)^k \le \frac{1}{k + 1} \quad \text{und} \quad \varphi(\lambda_2) = 0.$$

Als nächstes prüfen wir die mögliche Verletzung von (5.42) durch Randextrema. Es gilt $\varphi(0) = 0$ und wegen der stärkeren Monotonie von $1/3^{k+1}$ verglichen mit $1/(k + 1)$ für $k \ge 1$ auch

$$\varphi\left(\frac{4}{3}\right) = \frac{4}{3^{k+1}} \le \frac{1}{k + 1}. \qquad \qquad \square$$

Symmetrisierbare Iterationsverfahren
In diese Klasse fallen das (i. A. gedämpfte) Jacobi-Verfahren und das symmetrische Gauß–Seidel-Verfahren (SGS). Mit Hilfe von Lemma 5.15 erhalten wir die folgenden Resultate.

Satz 5.16. *Sei die Matrix A spd und genüge der schwachen Diagonaldominanz (5.8). Dann gilt für das gedämpfte Jacobi-Verfahren mit $1/2 \le \omega \le 2/3$ und für das symmetrische Gauß–Seidel-Verfahren die gemeinsame Abschätzung*

$$\|u - u_k\|_A \le \left(\frac{2}{2k + 1}\right)^{1/2} \sqrt{\lambda_{\max}(A)}\, \|u - u_0\|_2. \qquad (5.43)$$

Beweis. Wir gehen von einem symmetrisierbaren Iterationsverfahren mit

$$G = I - C, \quad C = B^{-1}A \quad \Leftrightarrow \quad A = BC$$

aus und nehmen an, dass B, C spd (bezüglich eines Skalarproduktes) sind.

(I) Zunächst ist für die beiden in Rede stehenden Iterationsverfahren zu zeigen, dass $\|C\|_2 \le 4/3$. Für das gedämpfte Jacobi-Verfahren haben wir – unter der Annahme der schwachen Diagonaldominanz (5.8) – bereits in (5.13)

$$\|C\|_2 \le 2\omega$$

gezeigt, weshalb die Voraussetzung $\omega \le 2/3$ genügt. Wir erfassen also mit dem Beweis nicht das klassische Jacobi-Verfahren. Für das SGS-Verfahren benutzen wir (5.15) und erhalten

$$\|C\|_2 = \sup_{v \ne 0} \frac{\langle v, Av \rangle}{\langle v, Bv \rangle} \le 1.$$

(II) Mit $\|C\|_2 \le 4/3$ gesichert schreiben wir zunächst

$$\|u - u_k\|_A^2 = \langle G^k(u - u_0), AG^k(u - u_0) \rangle = \langle u - u_0, BC(I - C)^{2k}(u - u_0) \rangle.$$

Anwenden der Cauchy–Schwarz-Ungleichung ergibt

$$\|u - u_k\|_A^2 \le \|B\|_2 \|C(I - C)^{2k}\|_2 \|u - u_0\|_2^2.$$

Unter Verwendung von Lemma 5.15 (man beachte $2k$ statt k) erhalten wir daraus

$$\|u - u_k\|_A^2 \le \left(\frac{\|B\|_2}{2k + 1} \right) \|u - u_0\|_2^2,$$

und so schließlich

$$\|u - u_k\|_A \le \left(\frac{\|B\|_2}{2k + 1} \right)^{1/2} \|u - u_0\|_2.$$

(III) Es bleibt noch, $\|B\|_2$ für die beiden Iterationsverfahren abzuschätzen. Für das gedämpfte Jacobi-Verfahren erhalten wir die Abschätzung

$$\|B\|_2 = \frac{1}{\omega} \|D\|_2 \le \frac{1}{\omega} \|A\|_2,$$

wobei die letzte Ungleichung durch Anwendung des Rayleigh-Quotienten

$$\|D\|_2 = \max_i a_{ii} = \max_i \frac{\langle e_i, Ae_i \rangle}{\langle e_i, e_i \rangle} \le \sup_{v \ne 0} \frac{\langle v, Av \rangle}{\langle v, v \rangle} = \|A\|_2 \tag{5.44}$$

entsteht. Der größte Wert ergibt sich durch die Wahl $\omega = 1/2$, womit wir

$$\|B\|_2 \le 2\|A\|_2 = 2\lambda_{\max}(A) \tag{5.45}$$

erhalten. Einsetzen dieses Resultats bestätigt (5.43) für das gedämpfte Jacobi-Verfahren. Für das symmetrische Gauß–Seidel-Verfahren haben wir

$$\|B\|_2 = \sup_{v \ne 0} \left[\frac{\langle v, Av \rangle}{\langle v, v \rangle} + \frac{\langle Lv, D^{-1}Lv \rangle}{\langle v, v \rangle} \right] \le \|A\|_2 + \|L^T D^{-1} L\|_2.$$

Den zweiten Term schreiben wir mit der Definition $\overline{L} = D^{-1}L$ in der Form

$$\|L^T D^{-1} L\|_2 = \sup_{v \ne 0} \frac{\langle \overline{L}^T v, D\overline{L}^T v \rangle}{\langle v, v \rangle} \le \|D\|_2 \|\overline{L}^T\|_2^2 \le \|A\|_2.$$

wobei wir (5.44) und (5.8) benutzt haben. So erhalten wir schließlich ebenfalls (5.45) und damit die Bestätigung von (5.43) auch für dieses Verfahren. $\qquad \square$

Gauß–Seidel-Verfahren

Zum Beweis der Glättungseigenschaft des GS-Verfahrens würden wir am liebsten wieder, wie beim Beweis der Konvergenz in Kapitel 5.2.2, den Umweg über das SGS-Verfahren nehmen. Eine genauere Analyse zeigt jedoch, dass das nicht geht, siehe Aufgabe 5.5. Falls die Matrix jedoch die *Eigenschaft $\mathcal{A}$* erfüllt, siehe Definition 3.1, so lässt sich ein Glättungssatz beweisen, den wir in Aufgabe 5.6 verbannt haben. Grund für diese Verbannung ist, dass diese Eigenschaft im Wesentlichen nur bei Matrizen aus Differenzenmethoden über uniformen Gittern auftritt, so auch in unserem Modellproblem 5.14. Bei Finite-Elemente-Methoden über Triangulierungen, ist sie nur in sehr einfachen Spezialfällen gegeben. (Um dies zu sehen, versuche man nur einmal, die drei Knoten eines Dreiecks wie in Kapitel 3.1.1 nach *red/black* zu nummerieren.) Deswegen wird heute bei FE-Methoden, wenn man besonders an der Glättungseigenschaft interessiert ist, unter den Matrizerlegungs-Verfahren das SGS-Verfahren bzw. das gedämpfte Jacobi-Verfahren bevorzugt.

Verfahren der konjugierten Gradienten

Die Fehlerglättung durch Jacobi- und Gauß–Seidel-Verfahren kommt durch deren lokale Struktur zustande, denn nur die hochfrequenten Fehleranteile sind lokal gut sichtbar. Dass auch das nichtlokale CG-Verfahren eine ähnliche Glättungseigenschaft aufweist, ist zunächst also überraschend – auch im direkten Vergleich mit dem Gauß–Seidel-Verfahren in Abb. 5.6.

Das CG-Verfahren minimiert jedoch den Fehler in der Energienorm, wo hochfrequente Anteile im Vergleich zur L^2-Norm stärker eingehen und dementsprechend stärker reduziert werden. Das Glättungsresultat hierfür geht auf V. P. Il'yin [137] zurück.

Satz 5.17. *Mit den Bezeichnungen dieses Kapitels gilt*

$$\|u - u_k\|_A \leq \frac{\sqrt{\lambda_{\max}(A)}}{2k + 1} \|u - u_0\|_2. \tag{5.46}$$

Beweis. Der Beweis beginnt zunächst wie der Beweis zu Satz 5.8, siehe Band 1, Kapitel 8.3, Satz 8.17. Da u_k Lösung des Minimierungsproblems (5.16) ist, gilt für alle $w \in U_k$

$$\|u - u_k\|_A \leq \|u - w\|_A.$$

Alle Elemente w des Krylov-Raumes U_k besitzen eine Darstellung der Form

$$w = u_0 + P_{k-1}(A)r_0 = u_0 + AP_{k-1}(A)(u - u_0)$$

mit einem Polynom $P_{k-1} \in \boldsymbol{P}_{k-1}$, so dass

$$u - w = u - u_0 - AP_{k-1}(A)(u - u_0) = Q_k(A)(u - u_0),$$

worin $Q_k(A) = I - AP_{k-1}(A) \in \boldsymbol{P}_k$ mit $Q_k(0) = 1$. Die Minimierung über w ist also zu ersetzen durch eine Minimierung über alle erlaubten Polynome $Q_k \in \boldsymbol{P}_k$, d. h.

$$\|u - u_k\|_A \leq \min_{w \in U_k} \|u - w\|_A = \min_{Q_k(A) \in \boldsymbol{P}_k, Q_k(0)=1} \|Q_k(A)(u - u_0)\|_A.$$

Wenn wir hier die übliche Abschätzung in der Form

$$\|Q_k(A)(u - u_0)\|_A \leq \|Q_k(A)\|_A \|u - u_0\|_A$$

einsetzen, landen wir bei Satz 5.8. Stattdessen folgen wir [137] und erhalten

$$\|Q_k(A)(u - u_0)\|_A = \|A^{1/2}Q_k(A)(u - u_0)\|_2 \leq \|A^{1/2}Q_k(A)\|_2 \|u - u_0\|_2.$$

Nach Godunov/Prokopov [110] gilt

$$\|A^{1/2}Q_k(A)\|_2 = \max_{\lambda \in \sigma(A)} |\sqrt{\lambda} Q_k(\lambda)| \leq \frac{\sqrt{\lambda_{\max}(A)}}{2k+1}.$$

Zusammenfügen aller Teilresultate liefert schließlich die Aussage des Theorems. □

In diesem Zusammenhang betrachte man auch Abb. 5.8 bzgl. des Verhaltens des CG-Verfahrens, hier ohne Vorkonditionierung.

Interpretation

Wir wollen nun verstehen, wieso die Abschätzungen (5.43) bzw. (5.46) eine Glättungseigenschaft der Verfahren beschreiben. In der Tat erhält man eine sinnvolle Aussage der Form

$$\|u - u_k\|_A \approx \left(\frac{1}{k}\right)^{1/2} \|u - u_0\|_A \quad \text{bzw.} \quad \|u - u_k\|_A \approx \frac{1}{2k+1} \|u - u_0\|_A$$

nur für den Fall

$$\|u - u_0\|_A \approx \sqrt{\lambda_{\max}(A)} \|u - u_0\|_2,$$

d. h. dass der Ausgangsfehler $u - u_0$ einen signifikanten Anteil an Eigenvektoren zu den größten Eigenwerten enthält. Dies sind aber gerade die „hochfrequenten" Eigenfunktionen. Glatte Ausgangsfehler zeichnen sich hingegen durch die Beziehung

$$\|u - u_0\|_A \approx \sqrt{\lambda_{\min}(A)} \|u - u_0\|_2$$

aus. In diesem Fall liefert (5.43) wegen $\lambda_{\min} \ll \lambda_{\max}$ für kleine k keine merkliche Fehlerreduktion.

Mit dieser Einsicht wenden wir uns Abb. 5.8 zu. Die dort als oberste Linie zum Vergleich eingetragene obere Schranke (5.43) beschreibt das transiente Verhalten des

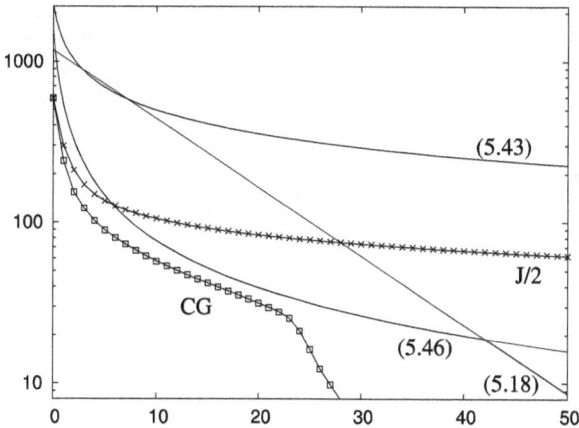

Abb. 5.8: Poisson-Modellproblem 5.14: Vergleich der berechneten Energiefehler $\|u - u_k\|_A$ mit den Konvergenzabschätzungen (5.43) für das gedämpfte Jacobi-Verfahren (J/2) sowie (5.46) und (5.18) für das CG-Verfahren (CG).

gedämpften Jacobi-Verfahrens korrekt, zeigt jedoch einen Sprung am Anfang: dies ist gerade das Verhältnis

$$\frac{\|u - u_0\|_A}{\sqrt{\lambda_{\max}(A)}\,\|u - u_0\|_2} \ll 1.$$

In der Tat war das Beispiel so konstruiert, dass möglichst alle Frequenzen gleichermaßen im Anfangsfehler vorkommen. Aus diesem Grund ist die Abschätzung zwar qualitativ erstaunlich gut, aber quantitativ nicht scharf. Für das CG-Verfahren zeigt die weiter oben vorgestellte Abschätzung (5.46) eine qualitativ gute Übereinstimmung mit dem anfänglichen Fehlerverhalten, während die obere Abschätzung (5.18) nur asymptotisch in etwa greift.

Fehlerschätzer für adaptive PCG-Verfahren

Aus Abb. 5.8 ist ersichtlich, dass die Annahme einer linearen Konvergenz des PCG-Verfahrens zu Beginn der Iteration nicht berechtigt sein muss. Versucht man die Konvergenzrate Θ im Fehlerschätzer (5.23) aus der bisherigen Fehlerreduktion abzuleiten, kann der Fehler deutlich unterschätzt und die Iteration zu früh abgebrochen werden. Folgend wollen wir daher einen robusteren Fehlerschätzer konstruieren, der die anfängliche Glättungsphase berücksichtigt.

Das zweiphasige Fehlerverhalten in Abb. 5.8 ist durchaus typisch. Wir kombinieren die Abschätzungen (5.46) und (5.18) zum Ansatz

$$\epsilon_k \approx \min\!\left(\frac{a}{2k+1}, \epsilon_0 \Theta^k\right).$$

In praktischen Beispielen hat sich gezeigt, dass der tatsächliche Fehlerverlauf während der Glättungsphase durch

$$\frac{a}{\sqrt{k} + 1}$$

besser als durch die obere Schranke (5.46) beschrieben wird, weshalb wir diesen Ansatz verfolgen wollen. Die Galerkin-Orthogonalität führt also auf

$$[\epsilon_k]_n^2 = \epsilon_k^2 - \epsilon_n^2 \approx \frac{a^2}{(\sqrt{k} + 1)^2} - b^2. \tag{5.47}$$

Die Modellparameter a^2 und b^2 bestimmen durch die Lösung des linearen Ausgleichsproblems

$$\min_{a^2, b^2} \sum_{k=0}^{n-1} \frac{1}{(k+1)^2} \left(\frac{a^2}{(\sqrt{k}+1)^2} - b^2 - [\epsilon_k]_n^2 \right)^2,$$

wobei durch den Vorfaktor $(k+1)^{-2}$ die frühen Iterationsschritte eine größere Gewichtung erhalten. Eine zuverlässige Schätzung des absoluten Fehlers ϵ_k ist damit noch nicht möglich, weil die Konstante $b \approx \epsilon_n$ zu unsicher ist. In Kapitel 7.3.3 wird uns jedoch eine Situation begegnen, in der schon die Schätzung $a/(\sqrt{n} + 1)$ des verbleibenden Glättungsfehlers weiterhilft.

Für die zweite Konvergenzphase setzen wir

$$\epsilon_k = \epsilon_0 \Theta^k \tag{5.48}$$

an und erhalten

$$\Theta^{2k} \geq \frac{\epsilon_k^2}{\epsilon_0^2} = \frac{[\epsilon_k]_n^2 + \epsilon_n^2}{[\epsilon_0]_n^2 + \epsilon_n^2}. \tag{5.49}$$

Mit $\epsilon_n^2 = \Theta^{2n} \epsilon_0^2 = \Theta^{2n}([\epsilon_0]_n^2 + \epsilon_n^2)$ erhalten wir

$$\epsilon_n^2 = \Theta^{2n} \frac{[\epsilon_0]_n^2}{1 - \Theta^{2n}}.$$

Einsetzen in (5.49) führt schließlich auf

$$\Theta^{2k} = \frac{[\epsilon_k]_n^2 + \Theta^{2n}([\epsilon_0]_n^2 - [\epsilon_k]_n^2)}{[\epsilon_0]_n^2},$$

womit für jedes $k = 1, \ldots, n - 1$ ein Wert Θ_k durch eine Fixpunktiteration schnell berechnet werden kann. Wir wählen vorsichtig $\Theta = \max_{k=1,\ldots,n-1} \Theta_k$.

Schließlich bleibt noch zu klären, ob die lineare Konvergenzphase schon begonnen hat. Notwendig dafür ist, dass der Fehler (5.48) deutlich unterhalb des Fehlers (5.47) liegt. Wir orientieren uns dabei an deren Schnittpunkt $k^\times$ mit

$$\Theta^{2k^\times} \frac{[\epsilon_0]_n^2}{1 - \Theta^{2n}} = \frac{a^2}{(\sqrt{k^\times} + 1)^2} + \frac{[\epsilon_0]_n^2}{1 - \Theta^{2n}} - a^2,$$

wobei wir die Kurve (5.47) so verschoben haben, dass sie für $k = 0$ mit (5.48) übereinstimmt. Im halblogarithmischen Diagramm ist (5.47) konvex, (5.48) dagegen linear, so dass genau ein zweiter Schnittpunkt $k^\times$ auftritt. Ist n hinreichend groß, etwa $k^\times \le \rho n$ mit einem Sicherheitsfaktor $\rho < 1$, können wir davon ausgehen, die zweite Konvergenzphase erreicht zu haben.

Wie zuvor in Kapitel 5.3.3 empfiehlt es sich, im Sinne größerer Robustheit des Schätzers einen gewissen Vorlauf einzuplanen.

Zusammenfassung

Um die Glättungseigenschaft der Iterationsverfahren zu beurteilen, vergleiche man die Resultate (5.43) und (5.46) mit (5.41). Der Vergleich legt nahe, dass das CG-Verfahren rascher glättet als das gedämpfte Jacobi-Verfahren oder das symmetrische Gauß–Seidel-Verfahren; dies ist in Übereinstimmung mit Abb. 5.5 und 5.6. Auch das Ergebnis, dass das klassische Jacobi-Verfahren *nicht* glättet, spiegelt sich klar in Abb. 5.5 wider.

5.5 Hierarchische iterative Löser

Im vorangegangenen Kapitel 5.4 hatten wir festgestellt, dass durch wiederholte Anwendung der klassischen iterativen Löser „hohe" räumliche Frequenzen im Iterationsfehler rascher gedämpft werden als „niedrige". Hier wollen wir nun aus dieser Eigenschaft weiteren Gewinn ziehen. Dazu nutzen wir zusätzlich aus, dass die betrachteten linearen Gleichungssysteme durch einen Diskretisierungsprozess entstanden sind. Sehr häufig liegt dem ein hierarchisches System von Gittern bzw. von geschachtelten FE-Räumen

$$S_0 \subset S_1 \subset \cdots \subset S_j \subset H_0^1(\Omega)$$

zugrunde. Dem entspricht wiederum ein hierarchisches System von linearen Gleichungen

$$A_k u_k = f_k, \quad k = 0, 1, \ldots, j$$

mit symmetrisch positiv definiten Matrizen der Dimension N_k. Die Idee von hierarchischen Lösern ist nun, nicht nur das Ausgangssystem für $k = j$, also auf dem feinsten Gitter, numerisch zu lösen, sondern simultan alle Gleichungssysteme für $k = 0, 1, \ldots, j$.

In der Regel wird das System $A_0 u_0 = f_0$ mit direkten Eliminationsmethoden gelöst. Falls N_0 immer noch groß ist, was bei praktisch relevanten Problemen durchaus der Fall sein kann, wird man eines der direkten Eliminationsverfahren für dünnbesetzte Matrizen benutzen, die wir in Kapitel 5.1 vorgestellt haben. Für die Systeme $k > 0$ benutzt man klassische Iterationsverfahren, die bekanntlich „hochfrequente" Fehleranteile dämpfen, wie im vorangegangenen Kapitel 5.4 gezeigt. Auf einem hierarchischen

Gitter muss jedoch die „Höhe" einer Frequenz in Relation zur Gitterweite gesehen werden:

- „Hochfrequente" Fehleranteile sind nur auf feineren Gittern „sichtbar", auf gröberen Gittern hingegen unsichtbar.
- „Niederfrequente" Fehleranteile auf feineren Gittern sind auf gröberen Gitter „hochfrequent".

Diese Situation ist in Abb. 5.9 für zwei benachbarte Gitter in einer Raumdimension illustriert.

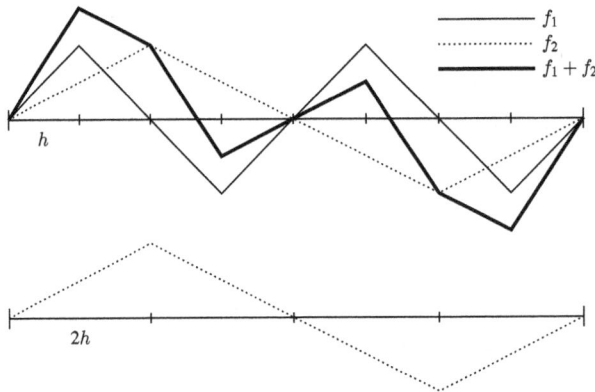

Abb. 5.9: Fehlerkomponenten auf zwei hierarchischen Gittern ($d = 1$): *Oben:* Sichtbare Komponente $f_1 + f_2$ auf Gitter $\mathcal{T}_h$. *Unten:* Sichtbare Komponente von $f_1 + f_2$ auf Gitter $\mathcal{T}_{2h}$: offensichtlich ist der Anteil f_1 unsichtbar.

In den folgenden Kapitel 5.5.1 und 5.5.2 wollen wir zwei grundlegende Ideen darstellen, wie diese Einsicht zur algorithmischen Beschleunigung genutzt werden kann.

5.5.1 Klassische Mehrgittermethoden

Bei diesem Typ von Verfahren hat es sich eingebürgert, von den klassischen Iterationsverfahren (zur Iterationsmatrix G) einfach nur als „Glätter" zu reden, weil sie ja „hohe" Frequenzen im Iterationsfehler „wegglätten". Klassische Mehrgittermethoden beruhen auf dem folgenden Grundmuster:

- Anwendung eines Glätters auf ein Feingittersystem (mit Iterationsmatrix G_h) dämpft die dort hochfrequenten Fehleranteile, lässt aber die niederfrequenten zunächst im Wesentlichen unverändert.
- Um die glatten Fehleranteile zu reduzieren, werden diese auf einem gröberen Gitter dargestellt, wo sie wiederum „hochfrequent" sind und durch Anwendung des

Glätters (diesmal mit Iterationsmatrix G_H) reduziert werden können (Grobgitter-korrektur).
– Die Grobgitterkorrekturen werden rekursiv auf immer gröberen Gittern durchge-führt.

Ein Schritt einer Mehrgittermethode auf Gitterebene k besteht im Allgemeinen aus drei Teilschritten: *Vorglättung*, *Grobgitterkorrektur* und *Nachglättung*. Die Vorglättung rea-lisiert eine Näherungslösung $\bar{u}_k \in S_k$ durch v_1-malige Anwendung des Glätters. Die op-timale Korrektur auf dem nächstgröberen Gitter $\mathcal{T}_{k-1}$ ist durch die Bestapproximation v_{k-1} von $u_k - \bar{u}_k$ in S_{k-1} gegeben und erfüllt das Gleichungssystem

$$\langle Av_{k-1}, \varphi \rangle = \langle A(u_k - \bar{u}_k), \varphi \rangle = \langle f - A\bar{u}_k, \varphi \rangle \quad \text{für alle } \varphi \in S_{k-1}. \tag{5.50}$$

Der Trick der *Mehr*gittermethoden besteht darin, dieses System nur näherungsweise zu lösen, und zwar rekursiv wiederum durch eine Mehrgittermethode. Das liefert die Grobgitterkorrektur $\hat{v}_{k-1} \in S_{k-1}$. Die numerische Lösung von (5.50) erfordert die Auf-stellung des algebraischen linearen Gleichungssystems $A_{k-1}v_{k-1} = r_{k-1}$ mit Residuum $r_{k-1} = f - A\bar{u}_k \in S_{k-1}^*$. Bei der Nachglättung wird die grobgitterkorrigierte Approxima-tion $\bar{u}_k + \hat{v}_{k-1}$ dem Glätter v_2-mal unterzogen, was schließlich das Ergebnis $\hat{u}_k$ liefert.

Wegen der unterschiedlichen Basen in den Ansatzräumen S_k und S_{k-1} ist zur Be-rechnung der *Koeffizientenvektoren* ein Basiswechsel notwendig. Dieser erfolgt durch die Matrixdarstellung der ansonsten trivialen Einbettungen $S_{k-1} \hookrightarrow S_k$ und $S_k^* \hookrightarrow S_{k-1}^*$. Für die Übergänge zwischen benachbarten Niveaus braucht man zwei Arten von Ma-trizen:
– *Prolongationen* I_{k-1}^k führen Koeffizientenvektoren von *Werten* $u_h \in S_{k-1}$ auf einem Gitter $\mathcal{T}_{k-1}$ über in deren Koeffizientenvektoren zu S_k auf dem nächstfeineren Git-ter $\mathcal{T}_k$. Bei (den hier ausschließlich betrachteten) konformen FE-Methoden wird die Prolongation durch *Interpolation* der gröberen Werte auf dem feineren Gitter realisiert.
– *Restriktionen* I_k^{k-1} führen Koeffizientenvektoren von *Residuen* $r \in S_k^*$ auf einem Gitter $\mathcal{T}_k$ über in ihre Koeffizientenvektoren zu S_{k-1}^* auf dem nächst gröberen Gitter $\mathcal{T}_{k-1}$. Bei konformen FE-Methoden gilt $I_k^{k-1} = (I_{k-1}^k)^T$.

Im Unterschied zu FE-Methoden benötigen Differenzenmethoden in der Regel sorg-fältige Überlegungen zu einer Definition von Prolongation und Restriktion, also eines konsistenten Operatorpaares (I_k^{k-1}, I_{k-1}^k), siehe etwa [125]. In beiden Fällen ist I_{k-1}^k ei-ne (N_k, N_{k-1})-Matrix, entsprechend I_k^{k-1} eine (N_{k-1}, N_k)-Matrix, siehe auch Aufgabe 5.8 zur Überführung der Steifigkeitsmatrizen A_k und A_{k-1}. Wegen der lokalen Träger der FE-Basisfunktionen sind beide Matrizen dünnbesetzt. Bei bestimmten FE-Basen lässt sich ihre Anwendung algorithmisch effizient auf einer geschickt gewählten Daten-struktur realisieren, vergleiche Kapitel 7.3.1.

Mit diesen Vorbereitungen haben wir nun alle Zutaten zur rekursiven Formulierung eines Schrittes MGM_k einer Mehrgittermethode beisammen. Zur Beschreibung des Glätters benutzen wir die Darstellung (5.4) für den Iterationsfehler, in welche die unbekannte Lösung (z. B. $u_k \in S_k$) eingeht; streng genommen, deckt dies nur die linearen Iterationsverfahren (wie gedämpftes Jacobi-Verfahren und symmetrisches Gauß–Seidel-Verfahren) ab, wir wollen darunter jedoch auch jedes PCG-Verfahren verstanden wissen.

Algorithmus 5.18 (Klassischer Mehrgitter-Algorithmus).

$\hat{u}_k := MGM_k(v_1, v_2, \mu, r_k)$

– *Vorglättung* durch v_1-malige Anwendung des Glätters
$\bar{u}_k := 0$
$u_k - \bar{u}_k := G^{v_1}(u_k - \bar{u}_k)$
– *Grobgitterkorrektur* . . .
$r_{k-1} := I_k^{k-1}(r_k - A_k\bar{u}_k)$
if $k = 1$ **then**
  – . . . durch direkte Lösung
  $\hat{v}_0 = A_0^{-1}r_0$
else
  – . . . durch μ-malige rekursive Anwendung des Mehrgitterverfahrens
  $\hat{v}_{k-1} := 0$
  for $i = 1$ **to** μ **do**
    $\delta v := MGM_{k-1}(v_1, v_2, \mu, r_{k-1} - A_{k-1}\hat{v}_{k-1})$
    $\hat{v}_{k-1} := \hat{v}_{k-1} + \delta v$
  end for
end if
– *Nachglättung* durch v_2-malige Anwendung des Glätters
$\hat{u}_k := \bar{u}_k + I_{k-1}^k\hat{v}_{k-1}$
$u_k - \hat{u}_k := G^{v_2}(u_k - \hat{u}_k)$

Ein Mehrgitterverfahren wird also durch die Wahl des Glätters (G) sowie die drei Parameter (v_1, v_2, μ) charakterisiert. Zur intuitiven Darstellung des Mehrgitter-Algorithmus 5.18 eignen sich Diagramme, bei denen das Ausgangsgitter, also das feinste Gitter ($k = j$), oben und das gröbste Gitter ($k = 0$) unten liegt. In Abb. 5.10 zeigen wir solche Diagramme für drei bzw. vier Gitter: Wegen ihrer speziellen Form in dieser Darstellung spricht man für $\mu = 1$ von „V-Zyklen", für $\mu = 2$ von „W-Zyklen".

Konvergenz

Der Reiz von Mehrgittermethoden besteht darin, dass sich für sie eine *gitterunabhängige lineare Konvergenz* mit Spektralradius

$$\rho(v_1, v_2, \mu) < 1$$

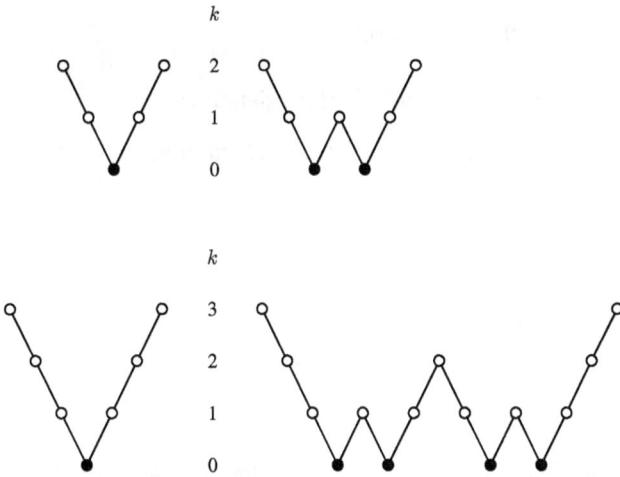

Abb. 5.10: Varianten der klassischen Mehrgittermethode 5.18. Absteigende Linien stellen Restriktionen dar, aufsteigende Prolongationen (d. h. bei FE: Interpolationen). Direkte Lösungen auf dem gröbsten Gitter sind mit • markiert. *Oben:* drei hierarchische Gitter. *Unten:* vier hierarchische Gitter. *Links:* V-Zyklen ($\mu = 1$). *Rechts:* W-Zyklen ($\mu = 2$).

beweisen lässt. Um dies zu zeigen, stellen wir hier den wesentlichen Kern der klassischen Konvergenztheorie von Hackbusch [122] aus dem Jahre 1979 vor. Sie ruht auf zwei Säulen.

Eine Säule benutzt eine Übertragung der Glättungssätze für iterative Löser, die wir in Kapitel 5.4.3 für den diskreten Fall dargestellt hatten, siehe etwa (5.43) für das gedämpfte Jacobi-Verfahren und das symmetrische Gauß–Seidel-Verfahren sowie (5.46) für das CG-Verfahren. Setzt man in den dort verwendeten diskreten Normen die Knotenbasis für finite Elemente ein, so erhält man, nach kurzer Zwischenrechnung, eine zusätzliche Skalierung mit einem Faktor h und damit die *Glättungseigenschaft* im Funktionenraum in der Form

$$\left\| G^m (u_h - v_h) \right\|_A \leq \frac{c}{h m^\gamma} \left\| u_h - v_h \right\|_{L^2(\Omega)}. \tag{5.51}$$

Durch Vergleich mit (5.46) und (5.43) ergibt sich $\gamma = 1$ für das CG-Verfahren und $\gamma = 1/2$ für die übrigen Iterationsverfahren. Des Weiteren stützt man sich noch auf die Reduktion der Energienorm im Zuge der Glättung, d. h.

$$\left\| G u_h \right\|_A \leq \left\| u_h \right\|_A. \tag{5.52}$$

Als zweite Säule geht man von der *Approximationseigenschaft*[2]

---

2 häufig auch als *Jackson-Ungleichung* bezeichnet, insbesondere in der mathematischen Approximationstheorie.

$$\|u - u_h\|_{L^2(\Omega)} \le ch\|u\|_A \tag{5.53}$$

aus, die für Bestapproximationen $u_h \in V_h$ von u in der Energienorm gilt.

Satz 5.19. *Es seien (5.53) und (5.51) erfüllt. Dann erfüllt die Mehrgittermethode 5.18 die Kontraktionseigenschaft*

$$\|u_k - \hat{u}_k\|_A \le \rho_k\|u_k\|_A \tag{5.54}$$

mit dem rekursiv definierten Kontraktionsfaktor

$$\rho_k = \frac{c}{v_2^\gamma} + \rho_{k-1}^\mu, \quad \rho_0 = 0. \tag{5.55}$$

Für den W-Zyklus ($\mu = 2$) ist die Folge der ρ_k unter der Bedingung $v_2^\gamma \ge 4c$ unabhängig von k beschränkt gemäß

$$\rho_k \le \rho_* = \frac{1}{2} - \sqrt{\frac{1}{4} - \frac{c}{v_2^\gamma}} \le \frac{1}{2}.$$

Beweis. Der Induktionsanfang $\rho_0 = 0$ ist wegen der direkten Lösung auf dem Grobgitter $\mathcal{T}_0$ klar. Sei nun $k \ge 1$. Mit den in Algorithmus 5.18 eingeführten Bezeichnungen gilt

$$\begin{aligned}
\|u_k - \hat{u}_k\|_A &= \left\|G^{v_2}(u_k - \bar{u}_k - \hat{v}_{k-1})\right\|_A \\
&\le \left\|G^{v_2}(u_k - \bar{u}_k - v_{k-1})\right\|_A + \left\|G^{v_2}(v_{k-1} - \hat{v}_{k-1})\right\|_A \\
&\le \frac{c}{hv_2^\gamma}\|(u_k - \bar{u}_k) - v_{k-1}\|_{L^2(\Omega)} + \|v_{k-1} - \hat{v}_{k-1}\|_A.
\end{aligned}$$

Von der zweiten zur dritten Zeile gelangen wir mittels (5.52). Da v_{k-1} die exakte Lösung von (5.50) ist, können wir die Ungleichung (5.53) auf den ersten Summanden anwenden. Für den zweiten Summanden wissen wir, dass das Mehrgitterverfahren auf Gitterebene $k - 1$ mit einem Kontraktionsfaktor $\rho_{k-1} < 1$ konvergiert. Insgesamt erhalten wir damit

$$\|u_k - \hat{u}_k\|_A \le \frac{c}{v_2^\gamma}\|u_k - \bar{u}_k\|_A + \rho_{k-1}^\mu\|v_{k-1}\|_A \le \left(\frac{c}{v_2^\gamma} + \rho_{k-1}^\mu\right)\|u_k - \bar{u}_k\|_A,$$

wobei $\|v_{k-1}\|_A \le \|u_k - \bar{u}_k\|_A$ aus der Galerkin-Orthogonalität (4.18) folgt. Wegen $u_k - \bar{u}_k = G^{v_1}u_k$ aus der Vorglättung sowie (5.52) erhalten wir schließlich den Kontraktionsfaktor (5.55).

Zum Nachweis der Konvergenz des W-Zyklus ziehen wir lediglich die Tatsache heran, dass die Folge $\{\rho_k\}$ monoton wächst und gegen den Fixpunkt ρ_* konvergiert, der sich aus der Lösung einer quadratischen Gleichung ergibt. □

Man beachte, dass im Kontraktionsfaktor (5.55) die Vorglättungen gar nicht auftauchen und daher für die Konvergenz des W-Zyklus nicht erforderlich sind. Dass sie trotzdem einen wichtigen Beitrag für die Effizienz leisten, geht aus Tab. 5.1 hervor.

Für den V-Zyklus ($\mu = 1$) erhalten wir aus (5.55) allerdings kein von h unabhängiges Konvergenzresultat – dafür bedarf es einer komplexeren Beweisführung, die 1983 mit subtilen Mitteln der Approximationstheorie von Braess und Hackbusch [44] geleistet worden ist, siehe auch das Buch [43] von Braess. Wir verschieben jedoch den Beweis für den V-Zyklus auf Kapitel 7, wo wir einen allgemeineren und zugleich einfacheren theoretischen Rahmen zur Verfügung stellen werden.

Aufwand

Wir gehen von gitterunabhängiger linearer Konvergenz aus. Der Einfachheit halber nehmen wir quasi-uniforme Triangulierungen an, d. h.

$$c_0 2^{dk} \leq N_k \leq c_1 2^{dk}, \quad k = 0, \dots, j.$$

Als Aufwandsmaß verwenden wir die Anzahl an Gleitkommaoperationen (engl. *floating point operations, flops*), wobei es uns nur um eine grobe Einordnung und insbesondere das Wachstumsverhalten in N_j geht. Eine akribische Zählung der Gleitkommaoperationen ist nicht nur mühsam, sondern auch wenig informativ, denn bei heutigen Rechnerarchitekturen ist die Anzahl und Verteilung der Speicherzugriffe wichtiger für die Geschwindigkeit der Programmausführung als die Anzahl der eigentlichen Rechenoperationen. Daher kommt bei konkreten Implementierungen den Datenstrukturen und Zugriffsmustern eine erhebliche Bedeutung zu. Dagegen ist die Ordnung des Aufwandswachstums in N_j eine sinnvolle Größe zur prinzipiellen Beurteilung der Effizienz von Algorithmen, insbesondere bei wachsender Problemgröße, da ein signifikantes Wachstum sich auch nicht durch effiziente Datenstrukturen kompensieren lässt. Dennoch sei darauf hingewiesen, dass bei gegebener Problemgröße die multiplikativen Konstanten wichtiger sein können als die Ordnung.

Die numerische Lösung auf dem gröbsten Gitter ist für die asymptotische Betrachtung nicht von Bedeutung. Einen Glättungsschritt veranschlagen wir aufgrund der Dünnbesetztheit von A_k genauso wie den Wechsel zwischen den Gitterebenen mit $\mathcal{O}(N_k)$, so dass auf jeder Gitterebene ein Aufwand von $\mathcal{O}(\nu N_k)$ mit $\nu = \nu_1 + \nu_2 + 2$ entsteht. Für den V-Zyklus erhalten wir dann pro Mehrgitter-Iteration

$$W^{\mathrm{MG}} = \mathcal{O}\left(\sum_{k=1}^{j} \nu N_k \right) = \mathcal{O}\left(\nu \sum_{k=1}^{j} 2^{dk} \right) = \mathcal{O}(\nu 2^{d(j+1)}) = \mathcal{O}(\nu N_j) \tag{5.56}$$

an Operationen. Die Aufwandsordnung ist offenbar optimal, denn zur Lösungsberechnung muss ohnehin jeder der N_j Koeffizienten besucht werden. Man sollte allerdings auch berücksichtigen, dass bei feineren Gittern zugleich der Diskretisierungsfehler fällt, bei Messung im Energiefehler also auf eine Größenordnung $\mathcal{O}(N_j^{-1/d})$. Man wird daher für feinere Gitter eine größere Zahl von Mehrgitter-Iterationen ($\sim j$) durchführen, d. h. man bekommt einen Gesamtaufwand

$$\overline{W}^{\mathrm{MG}} = \mathcal{O}(jN_j). \tag{5.57}$$

Eine verbesserte Variante wird in Aufgabe 5.9 diskutiert.

Die Anzahlen v_1 und v_2 der Glättungsschritte bestimmt man durch die Minimierung des *effektiven Aufwands* (pro Iteration)

$$W_{\mathrm{eff}}^{\mathrm{MG}} = -\frac{W^{\mathrm{MG}}}{\log \rho(v_1, v_2, \mu)} = \mathcal{O}(N_j), \tag{5.58}$$

der gerade den Aufwand pro Genauigkeitsgewinn beschreibt. Wir wollen dies hier aber nicht theoretisch vertiefen, sondern nur exemplarisch betrachten.

Beispiel 5.20. Wir kehren zurück zu Beispiel 5.14 für unser Poisson-Modellproblem. In Abb. 5.11 zeigen wir den Verlauf eines V-Zyklus unter Verwendung des gedämpften Jacobi-Verfahrens als Glätter. Deutlich sichtbar ist, dass alle Frequenzen in ähnlichem Ausmaß gedämpft werden, insbesondere sind noch deutlich mehr hochfrequente Fehleranteile erkennbar als nach einer dem Aufwand entsprechenden Anzahl von Iterationen der klassischen Verfahren, siehe Abb. 5.5 und 5.6. Umgekehrt sind aber auch die niederfrequenten Fehleranteile deutlich reduziert, so dass insgesamt eine Konvergenzrate $\rho \approx 0.1$ erreicht wird. Damit ist der effektive Aufwand sogar etwas kleiner als der des CG-Verfahrens in der asymptotischen Konvergenzphase (vgl. 5.4) – bei feineren Gittern wird der Vorteil des Mehrgitterverfahrens entsprechend größer. In Tab. 5.1 ist der effektive Aufwand für verschiedene Werte v_1 und v_2 gezeigt. Das Optimum liegt bei $v_1 = v_2 = 2$, die Effizienz hängt aber nicht besonders stark von der Wahl ab, sofern nicht klar zu wenig geglättet wird.

Tab. 5.1: Poisson-Modellproblem aus Beispiel 5.14. Effektiver Aufwand des Mehrgitter-V-Zyklus von Abb. 5.11 für verschiedene Anzahlen von Vor- und Nachglättungen.

v_1	v_2 0	1	2	3	4
0		4.57	3.81	3.77	3.91
1	4.54	3.67	3.54	3.60	3.74
2	3.69	**3.49**	**3.49**	3.58	3.71
3	3.57	3.50	3.53	3.62	3.74
4	3.65	3.59	3.62	3.70	3.82

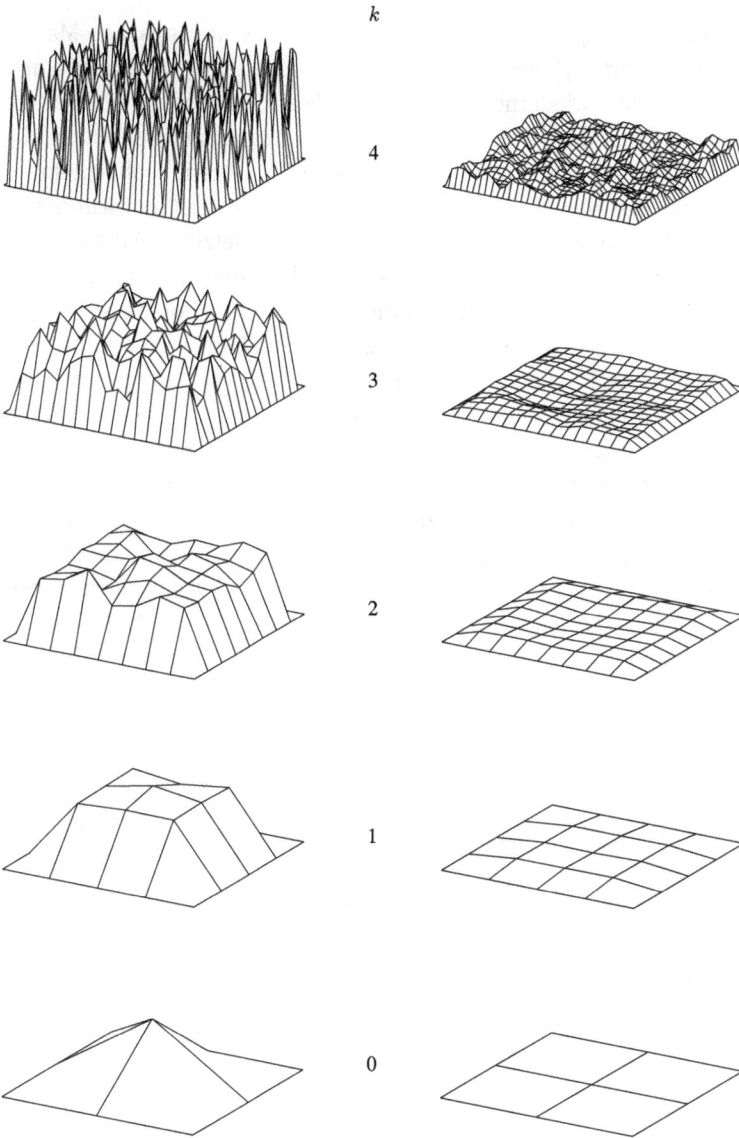

Abb. 5.11: Poisson-Modellproblem aus Beispiel 5.14. Verlauf eines V-Zyklus mit $v_1 = v_2 = 2$ über fünf hierarchischen Gittern, also mit $j = 4$. Links: Startfehler $u_k - 0$. Rechts: Endfehler $u_k - \hat{u}_k$. Zum Vergleich mit Abb. 5.5 und 6.6: Der Aufwand entspricht rund acht Glättungsschritten auf dem Feingitter.

Bemerkung 5.21. Historisch gehen Mehrgittermethoden auf den russischen Mathematiker R. P. Fedorenko zurück,[3] der schon früh im Zusammenhang mit einem einfachen Wettermodell, bei dem wiederholt diskretisierte Poisson-Probleme über einem äquidistanten $(64, 64)$-Gitter (also mit einer $(4096, 4096)$-Matrix) zu lösen waren, die unterschiedliche Glättung des Fehlers auf unterschiedlichen Gittern beobachtet und analysiert hatte. Seine Idee war zunächst wohl militärisch eingestuft und wurde von ihm erst 1964 in Russisch publiziert [93]. Eine englische Übersetzung [94] gab es im Westen seit 1973. Auf ihrer Basis schlug der israelische Mathematiker A. Brandt in einer ersten Publikation [47] „adaptive Multilevel-Methoden" vor, die er von da ab in einer Reihe von Arbeiten weiter entwickelte. Unabhängig von dieser Linie wurden „Mehrgittermethoden" 1976 durch W. Hackbusch [120] entdeckt, der sie dann in rascher Folge über Poisson-Probleme hinaus erweiterte und theoretisch vertiefte. Seine vielzitierten Bücher, siehe [123, 124], begründeten eine weltweite „Mehrgitter-Schule". Die erste umfassende Vorstellung von Mehrgittermethoden erfolgte in dem Sammelband [125] von Hackbusch und Trottenberg aus dem Jahre 1982. Erste Beweise zur Konvergenz von Mehrgittermethoden von Hackbusch [122] waren theoretisch noch eingeschränkt auf uniforme Gitter und W-Zyklen, siehe etwa Satz 5.19. Der Durchbruch zu einer sehr allgemeinen und zugleich transparenten Konvergenztheorie auch für V-Zyklen gelang 1992 dem chinesisch-amerikanischen Mathematiker J. Xu [243], siehe auch die Verallgemeinerungen in der sehr klaren Überblicksarbeit von H. Yserentant [248]. Dieser jüngeren Beweislinie werden wir in Kapitel 7 folgen.

5.5.2 Hierarchische-Basis-Methode

Eine alternative Idee zur Ausnutzung von Gitterhierarchien wurde 1986 von H. Yserentant [246] vorgeschlagen. In diesem Zugang wird statt der üblichen Knotenbasis $\Phi_h^1 = (\varphi_i)_{i=1,\dots,N}$ aus (4.57) die sogenannte *hierarchische* Basis (HB)

$$\Phi_h^{\mathrm{HB}} = (\varphi_i^{\mathrm{HB}})_{i=1,\dots,N} = \bigoplus_{k=0}^{j} \Phi_k^{\mathrm{HB}}$$

mit

$$\Phi_k^{\mathrm{HB}} = \{\varphi_{k,\xi} \in \Phi_k^1 : \xi \in \mathcal{N}_k \backslash \mathcal{N}_{k-1}\}$$

verwendet. In Abb. 5.12 sind die beiden Basissysteme in einer Raumdimension dargestellt.

Der Pfiff dieses Basiswechsels besteht in der Kombination zweier für die Lösung des Gleichungssystems (4.9) wichtiger Eigenschaften:

---

3 Für Integralgleichungen geht die Idee sogar auf eine noch frühere Arbeit von H. Brakhage [45] aus dem Jahre 1960 zurück.

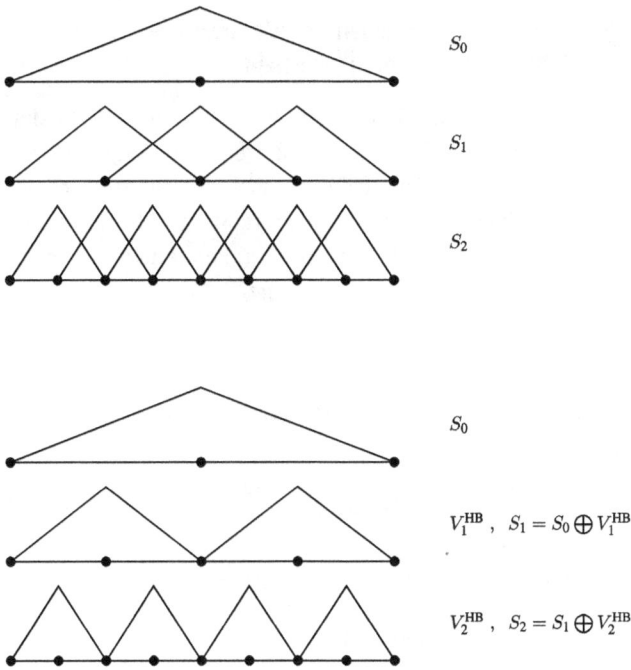

Abb. 5.12: FE-Basissysteme auf hierarchischen Gittern ($d = 1$). *Oben:* Knotenbasis. *Unten:* Hierarchische Basis (HB).

- Der Basiswechsel $a_h^{HB} = Ca_h$ zwischen den Darstellungen

$$u = \sum_{i=1}^{N} a_{h,i}\varphi_i = \sum_{i=1}^{N} a_{h,i}^{HB} \varphi_i^{HB}$$

sowie die Transponierte C^T sind algorithmisch effizient realisierbar.
- Die Kondition der Steifigkeitsmatrix $A_h^{HB} = CA_h C^T$ in der hierarchischen Basis ist wesentlich kleiner als die Kondition von A_h in der Knotenbasis.

Beide Punkte gemeinsam ermöglichen die Verwendung von $B^{-1} = CC^T$ als effektiven Vorkonditionierer im PCG-Verfahren aus Kapitel 5.3.2 (siehe auch Band 1, Aufgabe 8.3).

Der Zusammenhang mit der Glättungseigenschaft klassischer Iterationsverfahren ist hier etwas versteckter als im vorigen Kapitel. Die hierarchische Basis entspricht einer direkten Zerlegung des Ansatzraums

$$S_j = S_0 \oplus \bigoplus_{k=1}^{j} V_k^{HB}$$

in Unterräume V_k^{HB} mit unterschiedlicher räumlicher Frequenz und dazu passender Gitterweite, so dass innerhalb der V_k^{HB} sämtliche dargestellten Funktionen von gleicher Frequenz sind. Dabei ist die Kopplung zwischen den Unterräumen schwach, so dass eine im Wesentlichen blockdiagonale Matrix A_h^{HB} vorliegt.

Bemerkung 5.22. Die Anwendung des Vorkonditionierers $B^{-1} = CIC^T$ realisiert einen Schritt des glättenden einfachen Richardson-Iterationsverfahrens (vgl. Aufgabe 5.2) – unabhängig voneinander auf den einzelnen Unterräumen V_k^{HB}. Die Glättungseigenschaft reduziert damit die notwendigerweise jeweils hochfrequenten Fehleranteile sehr effektiv. Weil B nur als Vorkonditionierer verwendet wird, können wir dabei auf die Wahl einer Schrittweite für das Richardson-Verfahren verzichten.

Konvergenz

Für Raumdimension $d = 2$ erhält man eine signifikante Reduktion der Kondition. In der Knotenbasis gilt

$$\mathrm{cond}(A_h) \leq \mathrm{const}\,/h_j^2 \sim 4^j,$$

in der hierarchischen Basis dagegen

$$\mathrm{cond}(A_h^{\mathrm{HB}}) \leq \mathrm{const}(j + 1)^2,$$

siehe (7.56) in Kapitel 7.2.1, wo sich auch der zugehörige Beweis findet. Als Konsequenz ergibt sich eine signifikante Reduktion an PCG-Iterationen, wenn die Vorkonditionierung durch HB realisiert wird: Sei m_j die Anzahl an Iterationen in der Knotenbasis und m_j^{HB} diejenige in der HB. Mit Korollar 5.9 erhält man dann

$$m_j \sim \frac{1}{2}\sqrt{\mathrm{cond}_2(A_h)} \sim 2^j, \quad m_j^{\mathrm{HB}} \sim \frac{1}{2}\sqrt{\mathrm{cond}_2(A_h^{\mathrm{HB}})} \sim (j + 1).$$

Für $d = 3$ ist die Konditionsreduktion weitaus weniger ausgeprägt, den Grund dafür werden wir ebenfalls in Kapitel 7.2.1 verstehen.

Aufwand

Die Auswertung der inneren Produkte sowie die Matrix-Vektor-Multiplikation im PCG-Algorithmus 5.10 verursacht einen Aufwand von $\mathcal{O}(N_j)$. Auch die Auswertung der Vorkonditionierung ist extrem billig, wie wir kurz zeigen wollen.

Wegen der Lagrange-Eigenschaft $\varphi_i(\xi_l) = \delta_{il}$ für $\xi_l \in \mathcal{N}$ gilt

$$a_{h,l} = u(\xi_l) = \sum_{i=1}^{N} a_{h,i}^{\mathrm{HB}} \varphi_i^{\mathrm{HB}}(\xi_l)$$

und somit $C_{il} = \varphi_i^{\mathrm{HB}}(\xi_l)$. Wir können uns diese einfache Struktur der hierarchischen Gitter zunutze machen, um – ganz ohne Speicherbedarf – die Anwendung von C und C^T rekursiv mit Aufwand $\mathcal{O}(N_j)$ zu realisieren.

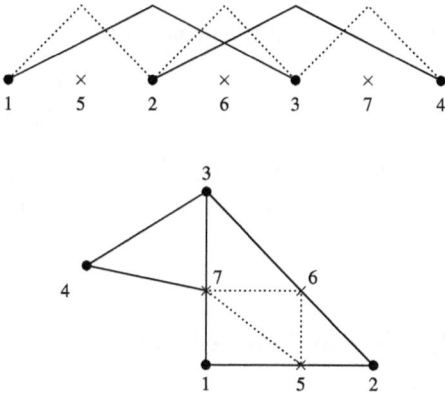

Abb. 5.13: Illustrationsbeispiele zur Basistransformation von Knotenbasis auf hierarchische Basis (HB). *Oben: d = 1. Unten: d = 2.*

Beispiel 5.23. Zur Erläuterung geben wir zunächst zwei Beispiele (für Raumdimension $d = 1$ und $d = 2$) in Abb. 5.13. Mit der gewählten Nummerierung können wir oben ($d = 1$) ablesen:

$$a_{h,l} = a_{h,i}^{\mathrm{HB}}, \quad l = 1, 2, 3, 4,$$

$$a_{h,5} = a_{h,5}^{\mathrm{HB}} + \frac{1}{2} a_{h,2}^{\mathrm{HB}},$$

$$a_{h,7} = a_{h,7}^{\mathrm{HB}} + \frac{1}{2} a_{h,3}^{\mathrm{HB}},$$

$$a_{h,6} = a_{h,6}^{\mathrm{HB}} + \frac{1}{2}(a_{h,2}^{\mathrm{HB}} + a_{h,3}^{\mathrm{HB}}).$$

Unten ($d = 2$) erhalten wir mit $I_0 = (1, 2, 3, 4)$, $\delta I_1 = I_1 - I_0 = (5, 6, 7)$ die explizite Ausführung von $a_h^{\mathrm{HB}} = C^T a_h$ in der Form

$$a_{h,l}^{\mathrm{HB}} = a_{h,l}, \quad l \in I_0,$$

$$a_{h,l}^{\mathrm{HB}} = a_{h,l} - \frac{1}{2}(a_{h,l^-} + a_{h,l^+}), \quad l \in \delta I_1, \text{ mit Nachbarknoten } l^-, l^+ \in I_0.$$

Im *allgemeinen* Fall erhält man die folgende rekursive Auswertung, wobei wir die Indexmengen $I_0, \ldots, I_j$ analog definieren:

$$a_{h,l}^{\mathrm{HB}} = a_{h,l}, \qquad\qquad\qquad l \in I_0,$$

$$k = 1, \ldots, j: \quad a_{h,l}^{\mathrm{HB}} = a_{h,l} - \frac{1}{2}(a_{h,l^-} + a_{h,l^+}), \qquad l \in \delta I_k, \ l^-, l^+ \in I_{k-1}.$$

Sie verlangt offenbar einen Aufwand $\mathcal{O}(N_j)$ in besonders einfacher Form, die auf einer geeigneten Datenstruktur bequem realisierbar ist. Das ergibt einen Aufwand von $\mathcal{O}(N_j)$ je Schritt und mit Satz 5.8 einen effektiven Aufwand von

$$W_{\mathrm{eff}}^{\mathrm{HB}} = \mathcal{O}(j N_j) = \mathcal{O}(N_j \log N_j). \tag{5.59}$$

Bei Berücksichtigung der Diskretisierungsfehlergenauigkeit bekommt man einen Gesamtaufwand

$$\overline{W}^{HB} = \mathcal{O}(j^2 N_j).$$ (5.60)

Vergleicht man (5.59) mit (5.56) bzw. (5.60) mit (5.57), so kommt hier nur der moderate Faktor j hinzu; dem steht gegenüber, dass die HB-Methode von bestechender Einfachheit und die multiplikative Konstante im Aufwand sehr klein ist.

5.6 Vergleich direkte gegen iterative hierarchische Löser

Die in den Kapiteln 5.1 und 5.5 vorgestellten direkten bzw. iterativen hierarchischen Löser haben ganz unterschiedliche Stärken und Schwächen, die wir in Kap. 5.6.1 kurz qualitativ diskutieren und am Beispiel eines Windgenerators in Kap. 5.6.2 illustrieren wollen. Zum Vergleich gehen wir hier bei direkten Lösern von einem einzigen Gitter zur Matrix $A = A_j$ der Dimension $N = N_j$ aus, während wir bei Mehrgitterlösern eine Hierarchie von Gittern mit zugehörigen Matrizen $A_0, \ldots, A_j$ der Dimension $N_0, \ldots, N_j$ annehmen, bei der direkte Methoden nur auf dem Grundgitter A_0 zum Einsatz kommen.

5.6.1 Allgemeiner Vergleich

Direkte Eliminationsmethoden haben bei vollen Matrizen A, also solchen mit $\mathcal{O}(N^2)$ nichtverschwindenden Elementen, bekanntlich einen Aufwand $\mathcal{O}(N^3)$, siehe etwa Band 1, Kapitel 1. Hier liegt jedoch eine dünnbesetzte Matrix A_j vor, die nur $\mathcal{O}(N_j)$ nichtverschwindende Elemente hat. Der Aufwand bei direkten Methoden beträgt im Allgemeinen nur noch $\mathcal{O}(N_j^{\alpha})$ Operationen für ein $\alpha > 1$, das sehr stark von der Raumdimension d abhängt (siehe nachfolgendes Beispiel in Kapitel 5.6.2). Für klassische Mehrgittermethoden hingegen hat man nur $\mathcal{O}(jN_j)$, falls man die Mehrgitter-Iterationen abbricht, wenn das Niveau der Diskretisierungsfehler erreicht ist, siehe (5.57). *Asymptotisch* werden somit Mehrgittermethoden schneller sein. Die Frage ist, ab wann die Asymptotik einsetzt. Es wird eine Trennlinie bei "nicht allzu großen" Problemen geben. Sie ist allerdings abhängig von (a) den verfügbaren Rechnern (und verschiebt sich mit jeder neuen Rechnergeneration) und (b) dem Fortschritt der entsprechenden Algorithmen (und verschiebt sich mit jeder neuen Implementierung) sowie der Raumdimension d; Beispiele effizienter Implementierungen haben wir im vorangegangenen Kapitel 5.1 ausgeführt.

Rechenaufwand

Für Raumdimension $d = 2$ ist derzeitiger Stand, dass gute direkte Verfahren bis hin zu ein paar Millionen Freiheitsgraden im Allgemeinen schneller sind als iterative Mehrgitterlöser, wie im nachfolgenden Abschnitt 5.6.2 illustriert wird. Für $d = 3$ sind die Gitterknoten im Allgemeinen dichter vernetzt, so dass der von direkten Verfahren erzeugte fill-in größer wird. Mehrgitterverfahren hingegen leiden nicht unter der höheren Raumdimension, so dass sie schon ab einigen zehn- bis hunderttausend Freiheitsgraden vorteilhafter sind.

Speicherplatz

Stärker noch als die Rechenzeit beschränkt der verfügbare Arbeitsspeicher die Problemgröße, bis zu der die direkte Verfahren effizienter sind. Beispiele für diese Beschränkung geben wir im unmittelbar anschließenden Abschnitt 5.6.2 sowie in Kapitel 6.4 weiter unten an. Deshalb ist es gerade beim Einsatz von Eliminationsmethoden wichtig, "problemangepasste" Gitter zu verwenden, die eine vorab geforderte Genauigkeit mit möglichst wenigen Freiheitsgraden liefern. Die Konstruktion solcher *adaptiver* Gitter beschreiben wir im nachfolgenden Kapitel 6.

Hybridverfahren

Natürlich sind auch Mischformen zwischen direkten Methoden und iterativen Lösern realisiert, bei denen die direkte Lösung nicht nur auf dem Grundgitter erfolgt, sondern bis zu einer Verfeinerungsstufe $k_{\text{dir}} > 1$. In Kapitel 6.4 stellen wir am Beispiel eines "Plasmon-Polariton-Wellenleiters" ein solches Hybridverfahren vor, bei dem sogar auf *jedem* der adaptiven Teilgitter ein direkter Löser zur Anwendung kommt.

5.6.2 Leistungskurve eines vertikalen Windgenerators

Windkraft spielt eine wichtige Rolle in jedwedem regenerativen Energiekonzept. Um ausreichend Energie zu vertretbaren Kosten bereitstellen zu können, ist die Optimierung von Windkraftanlagen notwendig, was insbesondere die Simulation der Luftströmung um einzelne Anlagen und durch ganze Windparks beinhaltet. Prinzipiell wird die turbulente Luftströmung um das Rotorblatt eines Windgenerators durch die Navier-Stokes-Gleichungen (2.19) beschrieben. Numerische Methoden zur Berechnung turbulenter Strömungen haben wir allerdings in diesem Buch bewusst ausgespart, siehe Kapitel 2.2.2. Stattdessen beschränken wir uns im folgenden auf einen einfacheren Modellfall.

Auf den französischen Ingenieur Georges Darrieus (1888–1979) geht eine Variante von Windkraftanlagen mit *vertikaler* Rotationsachse zurück, siehe Abb. 5.14. Die parallel zur Drehachse liegenden Flügel bewegen sich quer zum Wind und nutzen den dynamischen Auftrieb zur Energiegewinnung. Die vertikale Translationsinvarianz gestattet die Verwendung einfacherer numerischer Methoden. Mit diesem Zugang können wir bereits der wichtigen Frage nachgehen, wie die vom Windgenerator abgegebene Leistung von der Drehgeschwindigkeit abhängt.

Abb. 5.14: Darrieus-Rotor zur Versorgung der Neumayer-Antarktis-Station 1991–2008. Foto: Hannes Grobe/AWI, Creative Commons Attribution 3.0 Unported license.

Mathematische Modellierung

Als einfachstes Modell der Luftströmung um die Flügel bietet sich die *inkompressible Potentialgleichung* aus Kapitel 2.2.1 an. Wie eingangs erwähnt, ignorieren wir allerdings praktisch relevante dynamische Effekte wie Turbulenz, Strömungsabrisse und gegenseitige Abschattung der Flügel – dennoch sollten die Ergebnisse einen ersten Einblick vom Verhalten der Windkraftanlage erlauben.

In Abb. 5.15 ist die geometrische Situation dargestellt. Wegen der Translationsinvarianz in vertikaler Richtung beschränken wir uns auf den zweidimensionalen horizontalen Querschnitt. In Abhängigkeit von der Position und Geschwindigkeit des Flügels auf seiner Kreisbahn ändern sich der Anströmwinkel und die relative Strömungsgeschwindigkeit und damit auch Richtung und Größe des Auftriebs. Nach dem Satz von Kutta–Joukowski (siehe etwa das klassische Buch [56] von Chorin und Mars-

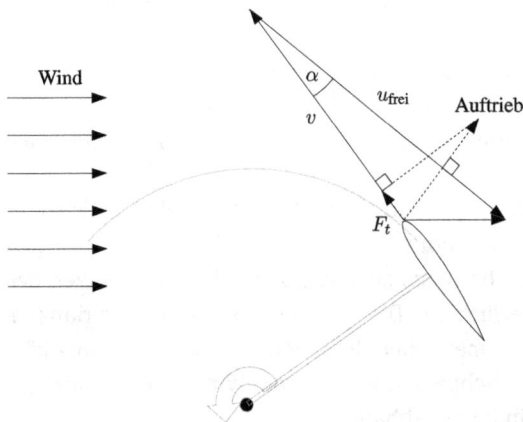

Abb. 5.15: Horizontaler Querschnitt durch einen Darrieus-Rotor.

den) entspricht die Größe des Auftriebs, der letztlich das Drehmoment erzeugt, dem Produkt aus der Anströmgeschwindigkeit und der sogenannten *Zirkulation*

$$\Gamma(u) = \int_{\partial\Omega_W} n^T \begin{bmatrix} 0 & 1 \\ -1 & 0 \end{bmatrix} u \, ds$$

des Geschwindgkeitsfeldes u um den Flügel. In nicht einfach zusammenhängenden Gebieten Ω, wie hier der Fall, muss die Zirkulation auch bei rotationsfreien Feldern nicht verschwinden – wohl aber bei Gradientenfeldern $u = \nabla\phi$. Mit dem Ansatz

$$u = \nabla\phi + \gamma w, \quad w(x,y) = \frac{1}{x^2 + y^2} \begin{bmatrix} -y \\ x \end{bmatrix}, \quad \gamma \in \mathbb{R}$$

erhalten wir verallgemeinerte rotationsfreie Potentialströmungen mit nichtverschwindender Zirkulation. Die Inkompressibilität führt wieder auf

$$\text{div}\,\nabla\phi = -\gamma\,\text{div}\,w, \tag{5.61}$$

die *slip condition* (2.16) ist

$$n^T \nabla\phi = -\gamma n^T w \quad \text{auf } \partial\Omega_W.$$

An den äußeren, künstlich eingeführten Rändern $\partial\Omega_O$ verlangen wir den gleichen Massenfluss über den Rand wie bei dem ungestörten, konstanten Strömungsfeld u_{frei} des Windes, also

$$n^T \nabla\phi = n^T(u_{\text{frei}} - \gamma w) \quad \text{auf } \partial\Omega_O. \tag{5.62}$$

Damit ist ϕ durch ein inhomogenes Neumann-Problem bis auf Konstanten eindeutig bestimmt. Die notwendige Verträglichkeitsbedingung (1.3) folgt aus dem Satz A.3 von Gauß angewendet auf $u_{\text{frei}} - \gamma w$. Der Wert von γ wird durch die sogenannte Kutta-Bedingung festgelegt: Die Viskosität realer Fluide führt dazu, dass an hinteren Flügelkanten die Strömung gleichmäßig verläuft und nicht um die Kante herumströmt (siehe auch [106]). In der Situation in Abb. 5.15 bedeutet das $e_2^T u(\xi) = 0$ oder

$$e_2^T \nabla\phi + \gamma e_2^T w = 0. \tag{5.63}$$

Richtung und Stärke der Anströmung u_{frei} gehen nur in die Daten der Randbedingung (5.62) ein (und damit nur in die rechte Seite des Gleichungssystems (5.64) unten). Auf der Kreisbahn des Flügels ändern sich Richtung und Stärke von u_{frei} kontinuierlich. Für den Drehwinkel $\beta \in [0, 2\pi]$ und die Bahngeschwindigkeit v gilt bei absolutem Wind mit normierter Geschwindigkeit 1 (so dass v die Schnelllaufzahl ist)

$$u_{\text{frei}} = \begin{bmatrix} v + \cos\beta \\ -\sin\beta \end{bmatrix}$$

und daher $|u_{\text{frei}}| = \sqrt{1 + 2v \cos \beta + v^2}$ und $\tan \alpha = - \sin \beta / (v + \cos \beta)$. Für größere Anströmwinkel α macht sich die reale Viskosität des Fluids durch einen Strömungsabriss bemerkbar, die dann auftretenden Turbulenzen reduzieren den Auftrieb erheblich und erhöhen dafür den Strömungswiderstand. Daher arbeiten Darrieus-Rotoren mit Bahngeschwindigkeiten $v > 1$.

Um den Auftrieb und damit auch das Drehmoment über die Kreisbahn integrieren zu können, muss die Zirkulationskomponente γ_α für verschiedene rechte Seiten f_α entsprechend der unterschiedlichen Anströmwinkel $\alpha \in [\alpha_{\min}, \alpha_{\max}]$ gegenüber der Tangentialrichtung gelöst werden. Die Anströmgeschwindigkeit kann wegen der Linearität von (5.64) dabei stets als 1 angenommen werden. Der Auftrieb wirkt senkrecht zu u_{frei}, entsprechend gilt für die Tangentialkraft

$$F_t \quad \sim \quad |u_{\text{frei}}|^2 \gamma_\alpha \sin \alpha = |u_{\text{frei}}| \gamma_\alpha u_{\text{frei},y}.$$

Realistischerweise muss auch bei laminaren Strömungen der durch die Viskosität in der laminaren Grenzschicht erzeugte Reibungswiderstand berücksichtigt werden. Dieser ist proportional zur Anströmgeschwindigkeit $|u_{\text{frei}}|$, womit wir dann

$$F_t \sim |u_{\text{frei}}|(\gamma_\alpha u_{\text{frei},y} - \eta)$$

erhalten. Damit ist die Nutzleistung des Rotors proportional zu

$$P(v) \sim v \int\limits_{\beta=0}^{2\pi} -|u_{\text{frei}}|(\gamma_\alpha \sin \beta - \eta) \, \mathrm{d}\beta.$$

Diskrete Formulierung

Die Lösungen der reinen Euler-Gleichungen weisen mangels Viskosität keine Prandtlschen Grenzschichten auf (siehe Kapitel 2.2.3), daher kann auf die Konstruktion randangepasster Gitter wie in Abb. 2.4 verzichtet werden. Dennoch muss um den Flügel das Gitter natürlich fein genug sein, siehe Abb. 5.16, links. Die Diskretisierung der Gleichungen (5.61)–(5.63) für den Anströmwinkel α mit finiten Elementen führt auf ein 2×2-Blocksystem der Form

$$\begin{bmatrix} A & b \\ c^T & d \end{bmatrix} \begin{bmatrix} \phi_\alpha \\ \gamma_\alpha \end{bmatrix} = \begin{bmatrix} f_\alpha \\ 0 \end{bmatrix}, \tag{5.64}$$

wobei A die symmetrisch positiv semidefinite Diskretisierung des Neumann-Problems ist und der variable Anströmwinkel α nur in die rechte Seite f_α eingeht. Aus Gründen der numerischen Stabilität empfiehlt es sich, die Eindeutigkeit der diskreten Lösung sicherzustellen, etwa durch Setzen der Bedingung $\phi(\xi) = 0$ an einem ausgewählten Randpunkt ξ.

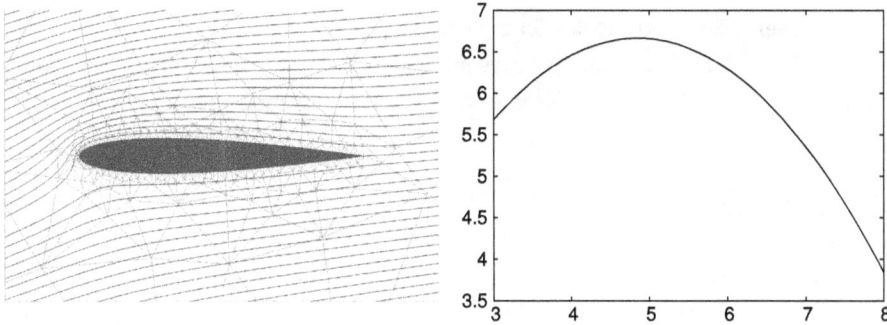

Abb. 5.16: *Links:* Ausschnitt des Rechengebiets um das Flügelprofil NACA0012 mit Grobgitter und Stromlinien für einen Anströmwinkel α von 12°. *Rechts:* Abgegebene Leistung des Darrieus-Rotors in Abhängigkeit von der Schnelllaufzahl v.

Die Lösung des Systems kann direkt durch Blockelimination über A erfolgen, womit wir

$$\begin{bmatrix} A & b \\ 0 & d - c^T A^{-1} b \end{bmatrix} \begin{bmatrix} \phi_\alpha \\ \gamma_\alpha \end{bmatrix} = \begin{bmatrix} f_\alpha \\ -c^T A^{-1} f_\alpha \end{bmatrix}$$

erhalten. Anstatt für mehrere α jeweils die Lösung des Neumann-Problems $A^{-1} f_\alpha$ zu berechnen, empfiehlt es sich, einmalig die adjungierte Gleichung

$$A^T \lambda = c \tag{5.65}$$

unabhängig von α zu lösen. Damit erhält man für γ_α die Gleichung

$$(d - \lambda^T b)\gamma_\alpha = -\lambda^T f_\alpha$$

und muss lediglich ein Neumann-Problem lösen. Das Potential ϕ_α und damit das eigentliche Strömungsfeld erhält man so allerdings nicht, es wird aber zur Berechnung von $P(v)$ auch nicht benötigt.

Adjungierte Gleichungen lassen sich immer dann sinnvoll verwenden, wenn von der Lösung eines Gleichungssystems nur die Auswertung eines linearen Funktionals benötigt wird. Dies wird uns bei zielorientierten Fehlerschätzern in Kapitel 9.2.3 wieder begegnen.

Numerische Resultate

Die Berechnung des Strömungsfelds u und der Nutzleistung $P(v)$ in Abb. 5.16, rechts, wurde mit linearen Elementen auf einem unstrukturierten Dreiecksgitter mit dem FE-Paket Kaskade 7 [113, 112] durchgeführt, siehe Abb. 5.16. Das Ausgangsgitter mit 451 Knoten wurde mit dem Gittergenerator Triangle [204] erzeugt. Die Knoten liegen um den Flügel dichter, so dass dessen Form gut approximiert wird. Um die Genauigkeit der

Lösung zu verbessern, wurde das Gitter noch mehrfach uniform verfeinert. Man erhält so die typische Form der Leistungskurve mit einem Maximum im Bereich $v \approx 5$, wobei die exakte Position des Maximums vom Wert des Reibungswiderstands η abhängt.

Rechenzeit direkter und iterativer Methoden

In Abb. 5.17 zeigen wir die unterschiedliche Effizienz der in diesem Kapitel diskutierten Löser am vorliegenden Beispiel. Alle iterativen Löser wurden auf eine algebraische Toleranz proportional zum Diskretisierungsfehler eingestellt. Offensichtlich ist das einfache Jacobi-Verfahren gänzlich unzureichend schon bei kleinen Problemen. Auch das CG-Verfahren ist ohne geeignete Vorkonditionierung nur bei relativ wenigen Freiheitsgraden konkurrenzfähig. Wir haben deshalb dem Vergleich noch ein PCG mit unvollständiger Cholesky-Vorkonditionierung (IC) hinzugefügt, siehe Kapitel 5.3.2, ein Verfahren, das insbesondere in der Industrie häufig Verwendung findet. Hier haben wir die TAUCS-Bibliothek verwendet.

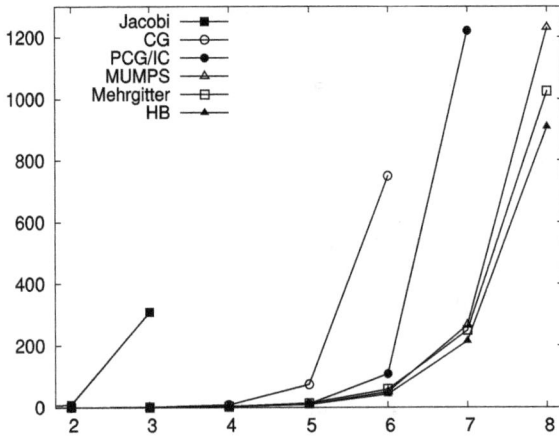

Abb. 5.17: Rechenzeit unterschiedlicher Verfahren zur Lösung der algebraischen adjungierten Gleichung (5.65), aufgetragen über der Gitterverfeinerungstiefe $j = \log N_j$.

Die klaren Gewinner unter den iterativen Verfahren sind klassisches Mehrgitterverfahren, hier mit jeweils drei Jacobi-Vor- und -Nachglättungen innerhalb eines V-Zyklus realisiert, und die Hierarchische-Basis-Methode. Als Vertreter direkter Lösungsalgorithmen haben wir MUMPS ausgewählt, das in unserem 2D-Beispiel etwa so schnell wie das Mehrgitterverfahren ist. Bei sehr feinen Gittern macht sich dort das superlineare Wachstum der Fill-in-Elemente in der Laufzeit erwartungsgemäß bemerkbar. Insgesamt messen wir, durch direkte Lösung auf unterschiedlich feinen Gittern, einen Aufwand $\mathcal{O}(N_j^\alpha)$ mit $\alpha \approx 1.15$. Dieser Effekt würde sich bei 3D-Beispielen verstärken, was sich in einem höheren Wert von α ausdrücken würde.

Speicherplatz

In Tab. 5.2 ist der tatsächliche Speicherbedarf während des Programmablaufs für die verschiedenen Verfahren aufgelistet. Erwartungsgemäß benötigen die einfachen Iterationsverfahren am wenigsten Speicherplatz, dicht gefolgt von der Hierarchische-Basis-Methode. Im Mehrgitterverfahren machen sich die Prolongationsmatrizen I_k^{k+1} und die projizierten Steifigkeitsmatrizen $A_k = I_{k+1}^k A_{k+1} I_k^{k+1}$ deutlicher bemerkbar, über alle Verfeinerungsstufen hinweg (geometrische Reihe!) aber nur als konstanter Faktor zu $\mathcal{O}(N_j)$. Dagegen wächst der Speicherbedarf des direkten Verfahrens superlinear. Aufgrund der dichteren Vernetzung der Knoten in drei Raumdimensionen ist dieses Verhalten dort noch stärker ausgeprägt.

Tab. 5.2: Speicherplatzbedarf direkter und iterativer Löser, angewendet auf (5.65). Angegeben ist die Prozessgröße vor und während der Lösung.

Verfeinerung	3	4	5	6	7	8
Knoten	24 104	95 056	377 504	1 504 576	6 007 424	$24 \cdot 10^6$
CG	33MB	100 MB	425 MB	1,6 GB	6,5 GB	27 GB
PCG/IC	48MB	170 MB	630 MB	2,2 GB	8,9 GB	41 GB
MUMPS	50 MB	205 MB	775 MB	3,4 GB	15 GB	66 GB
Mehrgitter	51 MB	180 MB	700 MB	2,7 GB	10 GB	43 GB
HB	51 MB	130 MB	500 MB	2,0 GB	7,7 GB	31 GB

5.7 Übungsaufgaben

Aufgabe 5.1. Die Bandbreite b_A einer symmetrischen Matrix A ist durch $b_A = \max\{|i - j| : A_{ij} \neq 0\}$ definiert. Zeigen Sie, dass auf einem cartesischen Gitter mit $n \times n$ Knoten in $\mathbb{R}^2$ die Bandbreite der Steifigkeitsmatrix mindestens $n + 1$ ist, unabhängig von der Nummerierung der Knoten, und mindestens $n^2 + n + 1$ für ein $n \times n \times n$-Gitter in $\mathbb{R}^3$.

Aufgabe 5.2. Das einfachste lineare Iterationsverfahren ist die *Richardson-Iteration*

$$u_{k+1} - u = u_k - u - \omega(Au_k - b)$$

mit $B = \omega^{-1}I$. Zeigen Sie Konvergenz und Glättungseigenschaft für positiv definites A und hinreichend kleines ω. Bestimmen Sie die optimale Wahl des Parameters ω, wenn die extremen Eigenwerte $\lambda_{\max}(A)$, $\lambda_{\min}(A)$ bekannt sind.

Aufgabe 5.3. Zeigen Sie, dass Jacobi-Vorkonditionierung die Kondition der Steifigkeitsmatrix linearer finiter Elemente mit dem Strafterm (4.61) mit $\alpha = h^{-2}$ für Dirichlet-Randbedingungen von $\mathcal{O}(h^{-3})$ auf $\mathcal{O}(h^{-2})$ reduziert.

Aufgabe 5.4. Zeigen Sie, dass sich die Abschätzung (5.42) ab $k = 2$ um den Faktor 2 verschärfen lässt. Berechnen Sie numerisch für das Poisson-Modellproblem und verschiedene Matrixzerlegungsverfahren scharfe obere Schranken für den Iterationsfehler $\|u - u_k\|_A / \|u - u_k\|_2$ und vergleichen Sie diese mit den analytischen Abschätzungen.
Hinweis: Erstellen Sie die Iterationsmatrizen G und berechnen Sie $\|(G^T)^k A G^k\|_2$.

Aufgabe 5.5. Betrachtet werde das Gauß–Seidel-Verfahren mit Iterationsmatrix G. Sei die Matrix A symmetrisch positiv definit und genüge der schwachen Diagonaldominanz (5.8).
(a) Zeigen Sie, dass unter der Annahme

$$[G^*, G]_- = G^* G - G G^* = 0 \tag{5.66}$$

die folgende Abschätzung gilt:

$$\|u - u_k\|_A \leq \left(\frac{2}{k + 1} \right)^{1/2} \sqrt{\lambda_{\max}(A)} \|u - u_0\|_2.$$

(b) Zeigen Sie, dass die Annahme (5.66) nicht erfüllbar ist.

Aufgabe 5.6. *Glättungssatz für das Gauß–Seidel-Verfahren.* Sei die Matrix A spd, genüge der schwachen Diagonaldominanz (5.8) und erfülle die „*Eigenschaft $\mathcal{A}$*", d. h. es existiere eine Permutationsmatrix P derart, dass

$$PAP^T = \begin{bmatrix} D_r & L^T \\ L & D_b \end{bmatrix} = \begin{bmatrix} D_r & 0 \\ 0 & D_b \end{bmatrix} \begin{bmatrix} I & \tilde{L}^T \\ \tilde{L} & I \end{bmatrix}$$

mit positiven Diagonalmatrizen D_r, D_b, einer rechteckigen Kopplungsmatrix L und den Abkürzungen $\bar{L} = D_b^{-1} L$, $\tilde{L}^T = D_r^{-1} L^T$. Mit $G = G_{GS}$, G^* aus Kapitel 5.2.2 soll ein Glättungssatz in folgenden Teilschritten bewiesen werden:
(a) Zeigen Sie zunächst, dass

$$\|u - u_k\|_A^2 \leq \|A G^{*k} G^k\|_2 \|u - u_0\|_2^2.$$

(b) Verifizieren Sie die Zwischenresultate

$$G = \begin{bmatrix} 0 & -\tilde{L}^T \\ 0 & \bar{L}\tilde{L}^T \end{bmatrix}, \quad G^k = \begin{bmatrix} 0 & -\tilde{L}^T (\bar{L}\tilde{L}^T)^{k-1} \\ 0 & (\bar{L}\tilde{L}^T)^k \end{bmatrix}$$

sowie

$$G^* = \begin{bmatrix} \tilde{L}^T \bar{L} & 0 \\ -\bar{L} & 0 \end{bmatrix}, \quad G^{*k} = \begin{bmatrix} (\tilde{L}^T \bar{L})^k & 0 \\ -\bar{L}(\tilde{L}^T \bar{L})^{k-1} & 0 \end{bmatrix}$$

und schließlich

$$A G^{*k} G^k = D \begin{bmatrix} 0 & \tilde{L}^T (\bar{L}\tilde{L}^T)^{2k-1}(-I + \bar{L}\tilde{L}^T) \\ 0 & 0 \end{bmatrix}.$$

(c) Beweisen Sie die Abschätzung

$$\|u - u_k\|_A \le \left(\frac{1}{2k}\right)^{1/2} \sqrt{\lambda_{\max}(A)}\|u - u_0\|_2. \tag{5.67}$$

Hinweis: Führen Sie die Matrizen $\overline{C} = D_b^{1/2}\tilde{L}\tilde{L}^T D_b^{-1/2}$ sowie $C = I - \overline{C}$ ein und wenden Sie Lemma 5.15 an.

Aufgabe 5.7. Übertragen Sie Satz 5.17 zur Glättungseigenschaft des CG-Verfahrens auf das PCG-Verfahren.

Aufgabe 5.8. Es seien $V_H \subset V_h \subset V$ zwei geschachtelte FE-Räume mit den Basen (φ_i^H) und (φ_i^h) sowie $A : V \to V^*$ ein elliptischer Operator. Weiterhin bezeichne $I_H^h : V_H \to V_h$ die Matrixdarstellung der Einbettung sowie A_h und A_H die Matrixdarstellungen des Operators A. Zeigen Sie, dass gilt:

$$A_H = (I_H^h)^T A_h I_H^h.$$

Aufgabe 5.9. *(Geschachtelte Iteration).* Anstatt eine Reihe von V- oder W-Zyklen wie im klassischen Mehrgitter durchzuführen, kann man auf gröberen Gittern beginnen und dort V-Zyklen anwenden, bis die zugehörige Diskretisierungsgenauigkeit erreicht ist, und erst danach auf feineren Gittern fortfahren. Varianten dieses Zugangs sind als geschachtelte Iteration (engl. *nested iteration*), Kaskadenprinzip oder F-Zyklus bekannt. Zeigen Sie, dass damit die optimale Komplexität von $\mathcal{O}(N_j)$ anstelle von (5.57) erreicht werden kann.

Aufgabe 5.10. Zeigen Sie, dass die hierarchische Basis für $d = 1$ orthogonal bezüglich des vom Laplace-Operator induzierten Energieprodukts ist und somit das PCG-Verfahren mit Vorkonditionierung durch hierarchische Basen in *einer* Iteration konvergiert.

Aufgabe 5.11. Statt des konjugierten Gradientenverfahrens zur Minimierung des Rayleigh-Quotienten (Kapitel 5.3.4) werde ein einfaches Gradientenverfahren betrachtet (das ursprünglich auch von anderen Autoren vorgeschlagen worden war). Seien also statt (5.36) die Korrekturen $p_{k+1} = -g(u_k)$ gesetzt. Entwickeln Sie die Details eines solchen Algorithmus. Zeigen Sie, dass sich auch hier eine monotone Folge von Eigenwert-Approximationen ergibt. Vergleichen Sie die Konvergenz dieses Algorithmus mit der in Kapitel 5.3.4 beschriebenen Version.

6 Konstruktion adaptiver hierarchischer Gitter

In den vorangegangenen Kapiteln hatten wir Diskretisierungen auf uniformen oder doch zumindest quasi-uniformen Gittern diskutiert. In vielen praktisch wichtigen Anwengungsproblemen treten jedoch stark lokalisierte Phänomene auf, die effizienter auf problemangepassten hierarchischen Gittern zu behandeln sind. Solche Gitter lassen sich mit Hilfe von a-posteriori-Schätzern für die auftretenden Approximationsfehler bei finiten Elementen konstruieren.

In vielen Fällen noch wichtiger ist die Bestimmung der Verteilung der tatsächlichen lokalen Diskretisierungsfehler, damit eine ausreichende Genauigkeit der numerischen Lösung sichergestellt werden kann.[1] Damit gehen a-posteriori-Schätzer als zentraler Baustein in Abbruchkriterien für Gitterverfeinerungsprozesse ein.

In Kapitel 6.1 und 6.2 arbeiten wir die gängigsten Fehlerschätzer in einem einheitlichen theoretischen Rahmen im Detail aus. Auf ihrer Basis liefert eine subtile Strategie zur Äquilibrierung der Diskretisierungsfehler (Kapitel 6.2.1) lokale Markierungen in Gittern, die durch heuristische Verfeinerungsstrategien in hierarchische Gitter umgesetzt werden, siehe Kapitel 6.2.2. Diese so konstruierten adaptiven Gitter können sowohl mit (direkten oder iterativen) Lösern der linearen Algebra als auch mit Mehrgittermethoden kombiniert werden. Für eine modellhaft durchgeführte adaptive Gitterverfeinerung geben wir einen elementaren Konvergenzbeweis (Kapitel 6.3.1). Im anschließenden Kapitel 6.3.2 illustrieren wir, wie durch adaptive hierarchische Gitter Eckensingularitäten quasi wegtransformiert werden. Im abschließenden Kapitel 6.4 dokumentieren wir an einem (quadratischen) Eigenwertproblem für einen Plasmon-Polariton-Wellenleiter, wie weit die vorgetragenen Konzepte in der rauen Praxis tragen.

6.1 A-posteriori-Fehlerschätzer

Ein wichtiger algorithmischer Baustein *adaptiver* Mehrgittermethoden sind Fehlerschätzer, mit deren Hilfe *problemangepasste hierarchische Gitter* konstruiert werden können – ein Thema, das wir im nachfolgenden Kapitel 6.2 behandeln wollen. Die in Kapitel 4.4 dargestellte Approximationstheorie beschreibt zunächst nur den globalen Diskretisierungsfehler (in der Energienorm $\| \cdot \|_a$ oder der L^2-Norm $\| \cdot \|_{L^2}$) auf *uniformen* bzw. *quasi-uniformen* Gittern, insbesondere die Ordnung bezüglich einer

---

[1] 1991 schlug das Schwimmfundament der Ölbohrplattform Sleipner A bei einem Belastungstest vor der Norwegischen Küste leck und sank. Das Material brach an einer stark belasteten Stelle mit großen mechanischen Spannungen, die von einer zu groben FE-Simulation nicht korrekt berechnet wurden. Mangels Fehlerschätzer wurde die fehlerhafte Lösung akzeptiert und der Designfehler nicht korrigiert. Der Schaden belief sich auf rund 700 Mio. Dollar [138].

https://doi.org/10.1515/9783110689655-006

charakterisierenden Gitterweite h. Für realistische Probleme aus Ingenieur- oder Biowissenschaften sind jedoch *problemangepasste*, also in der Regel *nichtuniforme* Gitter von entscheidender Bedeutung. Für diesen Fall ist eine Charakterisierung durch eine einzige global gültige Gitterweite h nicht mehr sinnvoll; wie in Kapitel 4.3.1 bezeichnen wir deshalb mit h eine lokale Gitterweite, benutzen aber weiterhin den Index h in $u_h \in S_h$ als Charakterisierung der diskreten Lösung.

Die im Folgenden behandelten Fehlerschätzer gelten für allgemeine elliptische Randwertprobleme. Für die Darstellung gehen wir jedoch exemplarisch aus von der Poisson-Gleichung mit homogener Robin-Randbedingung

$$-\operatorname{div}(\sigma \nabla u) = f, \quad n^T \sigma \nabla u + \alpha u = 0,$$

in der schwachen Formulierung geschrieben als

$$a(u, v) = \langle f, v \rangle, \quad v \in H^1(\Omega), \tag{6.1}$$

und in der diskreten schwachen Formulierung als

$$a(u_h, v_h) = \langle f, v_h \rangle, \quad v_h \in S_h \subset H^1(\Omega). \tag{6.2}$$

Globale Fehlerschätzer

In der tatsächlichen Rechnung werden wir in der Regel nur eine Näherung $\tilde{u}_h$ anstelle von u_h zur Verfügung haben. Damit haben wir die folgenden Fehler zu unterscheiden:

- *algebraischer Fehler* $\delta_h = \|u_h - \tilde{u}_h\|_a$,
- *Diskretisierungsfehler* $\epsilon_h = \|e_h\|_a$ mit $e_h = u - u_h$,
- *Approximationsfehler* $\tilde{\epsilon}_h = \|\tilde{e}_h\|_a$ mit $\tilde{e}_h = u - \tilde{u}_h$.

Eine übliche Genauigkeitsabfrage für die numerische Lösung des Poisson-Problems hat die Form

$$\tilde{\epsilon}_h \leq \text{TOL} \tag{6.3}$$

für vorgegebene Toleranz TOL. Für diesen Zweck genügt es, $\tilde{\epsilon}_h$ näherungsweise zu berechnen, d. h. numerisch zu *schätzen*. Nach Satz 4.4 gilt $a(u_h - \tilde{u}_h, e_h) = 0$, woraus wir sofort

$$\tilde{\epsilon}_h^2 = \epsilon_h^2 + \delta_h^2 \tag{6.4}$$

erhalten. Eine effiziente Möglichkeit, den *algebraischen* Fehler δ_h innerhalb eines PCG-Verfahrens iterativ zu schätzen, haben wir bereits in Kapitel 5.3.3 angegeben. Wir können uns also im Folgenden auf die Schätzung des Diskretisierungsfehlers ϵ_h einschränken.

In einer ersten wegweisenden Arbeit von 1972 haben Babuška und Aziz [12] eine inzwischen allgemein akzeptierte Nomenklatur für Schätzungen $[\epsilon_h]$ von Diskretisierungsfehlern ϵ_h eingeführt:

Definition 6.1. Ein *Fehlerschätzer* (engl. *error estimator*) $[\epsilon_h]$ zu ϵ_h heißt:
- *zuverlässig*, wenn mit einer Konstante $\kappa_1 \geq 1$ gilt

$$\epsilon_h \leq \kappa_1 [\epsilon_h]. \tag{6.5}$$

Falls κ_1 bekannt ist, kann man die nicht auswertbare Abfrage (6.3) (also mit $\delta_h = 0$) ersetzen durch die *auswertbare Abfrage*

$$\kappa_1 [\epsilon_h] \leq \text{TOL}, \tag{6.6}$$

woraus dann mit (6.5) sofort (6.3) folgt;
- *effizient*, wenn zusätzlich für ein $\kappa_2 \geq 1$ gilt

$$[\epsilon_h] \leq \kappa_2 \epsilon_h,$$

was sich mit (6.5) zusammenfassen lässt zu

$$\frac{1}{\kappa_1} \epsilon_h \leq [\epsilon_h] \leq \kappa_2 \epsilon_h. \tag{6.7}$$

Das Produkt $\kappa_1 \kappa_2 \geq 1$ heißt auch *Effizienzspanne*, weil seine Abweichung von der 1 ein einfaches Maß für die Effizienz eines Fehlerschätzers ist;
- *asymptotisch exakt*, wenn darüber hinaus gilt

$$\frac{1}{\kappa_1} \epsilon_h \leq [\epsilon_h] \leq \kappa_2 \epsilon_h \quad \text{mit } \kappa_{1,2} \to 1 \text{ für } h \to 0 \, .$$

Lokalisierung globaler Fehlerschätzer

Neben dem offensichtlichen Zweck, die Approximationsgüte von Lösungen u_h zu bestimmen, können Fehlerschätzer auch zur Konstruktion von problemangepassten Gittern herangezogen werden. Dies ist bei elliptischen Problemen möglich, weil deren Greensche Funktion (A.13) stark lokalisiert ist, d. h. lokale Störungen des Problems bleiben im Wesentlichen lokal. Im Umkehrschluss lassen sich, aus dem gleichen Grund, globale Fehler aus lokalen Anteilen zusammensetzen, was wir im Folgenden ausführen wollen.

Bei Finite-Elemente-Methoden über einer Triangulierung $\mathcal{T}$ bietet es sich in natürlicher Weise an, den globalen Fehler in seine lokalen Bestandteile über den einzelnen Elementen $T \in \mathcal{T}$ zu zerlegen gemäß

$$\epsilon_h^2 = \sum_{T \in \mathcal{T}} \epsilon_h(T)^2 = \sum_{T \in \mathcal{T}} a(u - u_h, u - u_h)|_T. \tag{6.8}$$

Eine exakte Berechnung der lokalen Fehleranteile $\epsilon_h(T)$ würde, analog zum globalen Fall, einen Aufwand vergleichbar demjenigen der Lösung des Ausgangsproblems erfordern. Deswegen versucht man, nicht nur „effiziente, verlässliche, asymptotisch exakte", sondern auch „billige" lokale Fehlerschätzer zu konstruieren: Ausgehend von einer gegebenen Approximation $\tilde{u}_h$ auf einem gegebenen Finite-Elemente-Gitter $\mathcal{T}$ verschafft man sich lokale *a-posteriori*-Fehlerschätzungen, d. h. Fehlerschätzungen, die *nach* Berechnung der Approximation lokal auszuwerten sind – im Unterschied zu *a-priori*-Fehlerabschätzungen, die schon *vor* Berechnung der Approximation zur Verfügung stehen, wie etwa die Resultate in Kapitel 4.4.1.

Alternativ zur Lokalisierung $\epsilon_h(T)$ auf Elemente $T \in \mathcal{T}$ ist eine Lokalisierung auf Kanten $E \in \mathcal{E}$ (bzw. Grenzflächen $F \in \mathcal{F}$) in Form von

$$\epsilon_h^2 = \sum_{E \in \mathcal{E}} \epsilon_h(E)^2$$

ebenso nützlich. Eine Interpretation der Art $\epsilon_h(T)^2 = a(e_h, e_h)|_T$ ist dann allerdings nicht mehr zulässig.

Definition 6.2. Die zu den lokalen Fehlern $\epsilon_h(T)$ passenden lokalen Fehlerschätzer $[\epsilon_h(T)]$ heißen *Fehlerindikatoren*, wenn für zwei von h unabhängige Konstanten c_1, c_2 gilt

$$\frac{1}{c_1} \epsilon_h(T) \leq [\epsilon_h(T)] \leq c_2 \epsilon_h(T), \quad T \in \mathcal{T}.$$

Dies ist offenbar die Lokalisierung des Begriffs der *Effizienz* bei globalen Fehlerschätzern, siehe (6.7).

Fehlerdarstellung

Mitunter ist es nützlich, nicht nur eine Schätzung für die *Norm* ϵ_h des Fehlers zur Verfügung zu haben, sondern auch eine explizite Approximation $[e_h]$ des Diskretisierungsfehlers e_h selbst. Die verbesserte Lösungsapproximation $u_h + e_h$ kann wiederum zur Konstruktion von zielorientierten Fehlerschätzern genutzt werden, siehe das nachfolgende Kapitel 6.1.5.

Grundformel

Zur Schätzung des Diskretisierungsfehlers $\epsilon_h = \|e_h\|_a$ greifen wir auf die Darstellung über die duale Norm zurück. Aus der Cauchy–Schwarz-Ungleichung

$$a(e_h, v) \leq \|e_h\|_a \|v\|_a \quad \text{für alle } v \in H^1(\Omega)$$

leiten wir sofort die Beziehung

$$\epsilon_h = \sup_{v \in H^1(\Omega), v \neq 0} \frac{a(e_h, v)}{\|v\|_a} \tag{6.9}$$

ab. Das Supremum wird natürlich erreicht durch $v = e_h$, d. h. die exakte Bestimmung des Supremums wäre so aufwendig wie die exakte Lösung des Ausgangsproblems (6.1). Durch geeignete Wahl von v können jedoch auswertbare Schranken des Fehlers konstruiert werden. Man beachte, dass die obige Fehlerdarstellung zunächst nicht lokalisiert ist.

6.1.1 Residuenbasierte Fehlerschätzer

Dieser recht populäre Typ von Fehlerschätzer versucht eine *globale obere Schranke* für alle v in (6.9) zu gewinnen. Die Herleitung dieser Schranke schließt unmittelbar an Korollar 4.3 an. Dort hatten wir die Flussbedingung (4.17) eingeführt; sie besagt, dass die Normalenflüsse für die exakte Lösung u an inneren Grenzflächen (bzw. Kanten) stetig sind und somit ihre Sprünge $[\![n^T \sigma \nabla u]\!]_\Gamma$ verschwinden. Wie in Abb. 4.10 illustriert, gilt dies jedoch nicht für die diskrete Lösung u_h. Die Sprünge der diskreten Normalenflüsse bilden deshalb einen wesentlichen Fehleranteil.

Lokalisierung

Dies geschieht in zwei Schritten: Da u_h nur auf den einzelnen Elementen der Triangulierung ausreichend oft differenzierbar ist, wenden wir zunächst den Greenschen Satz, siehe (A.7), auf die Elemente $T \in \mathcal{T}$ einzeln an und summieren auf, wie folgt:

$$a(e_h, v) = \sum_{T \in \mathcal{T}} a_T(e_h, v) \qquad (6.10)$$

$$= \sum_{T \in \mathcal{T}} \left[-\int_T (\mathrm{div}(\sigma \nabla u_h) + f)v \, dx + \int_{\partial T} v \, n^T \sigma \nabla e_h \, ds \right] + \int_{\partial \Omega} \alpha v e_h \, ds.$$

Anschließend sortieren wir die Integrale über ∂T zu einer Summe von Integralen über die Grenzflächen $F \in \mathcal{F}$ (bzw. Kanten $E \in \mathcal{E}$) um. Seien T_1, T_2 zwei beliebig herausgegriffene Nachbarelemente mit gemeinsamer Grenzfläche $F \in \mathcal{F}$. Dann erhalten wir lokale Terme der Form

$$-\int_F v n^T (\sigma \nabla e_h|_{T_1} - \sigma \nabla e_h|_{T_2}) \, ds = \int_F v [\![n^T \sigma \nabla u_h]\!]_F \, ds$$

für innere Grenzflächen. Für Randflächen $F \subset \partial \Omega$ erhalten wir Integrale der Form

$$\int_F v(n^T \sigma \nabla u_h + \alpha u_h) \, ds,$$

weshalb wir, zur Vereinheitlichung der Notation, „Randsprünge" gemäß

$$[\![n^T \sigma \nabla u_h]\!]_F = n^T \sigma \nabla u_h + \alpha u_h$$

definieren. Insgesamt erhalten wir damit die lokalisierte Fehlerdarstellung

$$a(e_h, v) = \sum_{T \in \mathcal{T}} \int_T (\mathrm{div}(\sigma \nabla u_h) + f)v \, dx + \sum_{F \in \mathcal{F}} \int_F v \, [\![n^T \sigma \nabla u_h]\!]_F \, ds.$$

Wenden wir die Cauchy–Schwarz-Ungleichung auf alle lokalen Integrale an, so ergibt sich die Abschätzung

$$a(e_h, v) \le \sum_{T \in \mathcal{T}} \|\text{div}(\sigma \nabla u_h) + f\|_{L^2(T)} \|v\|_{L^2(T)}$$
$$+ \sum_{F \in \mathcal{F}} \|[\![n^T \sigma \nabla u_h]\!]_F\|_{L^2(F)} \|v\|_{L^2(F)}.$$

Wegen (4.18) gilt $a(e_h, v) = a(e_h, v - v_h)$ für alle $v_h \in S_h$, so dass wir oben $\|v\|$ durch $\|v - v_h\|$ ersetzen können. Für die Theorie können wir nun ein v_h derart wählen, dass die Beiträge $\|v - v_h\|_{L^2(T)}$ und $\|v - v_h\|_{L^2(F)}$ möglichst klein werden. Tatsächlich existiert zu jedem $v \in H^1(\Omega)$ eine (sogar berechenbare) Quasi-Interpolante $v_h \in S_h$ mit

$$\sum_{T \in \mathcal{T}} h_T^{-2} \|v - v_h\|_{L^2(T)}^2 \le c^2 |v|_{H^1(\Omega)}^2 \quad \text{und} \quad \sum_{F \in \mathcal{F}} h_F^{-1} \|v - v_h\|_{L^2(F)}^2 \le c^2 |v|_{H^1(\Omega)}^2, \tag{6.11}$$

wobei h_T und h_F wieder die Durchmesser von T und F sind und c eine nur von der Formregularität der Triangulierung abhängige Konstante ist (siehe etwa [202]). Mit Blick darauf erhalten wir

$$a(e_h, v) = a(e_h, v - v_h)$$
$$\le \sum_{T \in \mathcal{T}} h_T \|\text{div}(\sigma \nabla u_h) + f\|_{L^2(T)} h_T^{-1} \|v - v_h\|_{L^2(T)}$$
$$+ \sum_{F \in \mathcal{F}} h_F^{1/2} \|[\![n^T \sigma \nabla u_h]\!]_F\|_{L^2(F)} h_F^{-1/2} \|v - v_h\|_{L^2(F)}.$$

Definieren wir lokale Fehlerschätzer über T, F als

$$\eta_T := h_T \|\text{div}(\sigma \nabla u_h) + f\|_{L^2(T)}, \quad \eta_F := h_F^{1/2} \|[\![n^T \sigma \nabla u_h]\!]_F\|_{L^2(F)},$$

so führt die nochmalige Anwendung der Cauchy–Schwarz-Ungleichung, diesmal im Endlichdimensionalen, schließlich auf

$$a(e_h, v) \le \left(\sum_{T \in \mathcal{T}} \eta_T^2 \right)^{\frac{1}{2}} \left(\sum_{T \in \mathcal{T}} h_T^{-2} \|v - v_h\|_{L^2(T)}^2 \right)^{\frac{1}{2}}$$
$$+ \left(\sum_{F \in \mathcal{F}} \eta_F^2 \right)^{\frac{1}{2}} \left(\sum_{F \in \mathcal{F}} h_F^{-1} \|v - v_h\|_{L^2(F)}^2 \right)^{\frac{1}{2}}$$
$$\le 2c |v|_{H^1(\Omega)} \left(\sum_{T \in \mathcal{T}} \eta_T^2 + \sum_{F \in \mathcal{F}} \eta_F^2 \right)^{\frac{1}{2}}.$$

Wegen der Positivität von A existiert ein $\alpha > 0$ für $|v|_{H^1(\Omega)} \le \alpha \|v\|_a$. Wir können also in der obigen Ungleichung $|v|_{H^1(\Omega)}$ durch $\|v\|_a$ ersetzen und die Konstante α in die generische Konstante c hineinnehmen. Nach dieser Vorbereitung können wir zur Grundformel (6.9) zurückkehren, indem wir $\|v\|_a$ abdividieren. So erhalten wir schließlich den klassischen Fehlerschätzer nach Babuška und Miller [14]:

BM-Fehlerschätzer

$$[\epsilon_h] = 2c\left(\sum_{T\in\mathcal{T}}\eta_T^2 + \sum_{F\in\mathcal{F}}\eta_F^2\right)^{\frac{1}{2}} \geq \epsilon_h. \tag{6.12}$$

Er ist nach der Herleitung eine globale obere Schranke des tatsächlichen Fehlers. Um eine elementweise Lokalisierung dieses Fehlerschätzers im Sinne von (6.8) algorithmisch zu realisieren, müssen die auf den Grenzflächen $F \in \mathcal{F}$ lokalisierten Sprunganteile wieder auf die Elemente $T \in \mathcal{T}$ rückverteilt werden. Man definiert also

$$[\epsilon_h(T)]^2 = 4c^2\alpha^2\left(\eta_T^2 + \sum_{F\in\mathcal{F}, F\subset\partial T}\alpha_{T,F}\,\eta_F^2\right), \tag{6.13}$$

wobei $\alpha_{T_1,F} + \alpha_{T_2,F} = 1$ für die beiden an F angrenzenden Elemente T_1 und T_2 gelten muss. Mit dem Argument, dass die beiden angrenzenden Elemente den gleichen Anteil am Sprung auf F haben, wird häufig $\alpha_{T,F} = 1/2$ gesetzt (siehe [43]); dieses Argument ist jedoch allenfalls stichhaltig bei uniformen Gittern, stetigen Diffusionskoeffizienten und homogener Approximation über der gesamten Triangulierung $\mathcal{T}$ (vergleiche die umfangreiche Analyse von Ainsworth/Oden [3], die jedoch nur 1D-Argumente zur lokal variierenden Festlegung der Koeffizienten anbieten).

Der BM-Fehlerschätzer (6.12) ist – bei Kenntnis der generischen Konstanten c – „verlässlich" im Sinne von (6.5) mit $\kappa_1 = 1$. Da jedoch die Konstante c weitgehend unzugänglich ist, siehe [22], ist die mit obigem Fehlerschätzer durchgeführte Abfrage (6.6) in realistischen Anwendungsproblemen eben gerade *nicht verlässlich*. Die Zuverlässigkeit des Fehlerschätzers (6.12) beruht zudem auf der hinreichend genauen Berechnung der Terme η_T und η_F. Während in η_F nur wohlbekannte Größen der Diskretisierung eingehen, muss zur Berechnung von η_T über f integriert werden, was in der Regel durch numerische Quadratur realisiert wird (vergleiche Band 1, Kapitel 9). Es lässt sich jedoch zeigen, siehe Verfürth [224], dass die Terme η_T für eine Klasse von Problemen weggelassen werden können. Zur Charakterisierung dieser Klasse benötigen wir die folgende, auf Dörfler [85] zurückgehende

Definition 6.3 (Oszillation). Bezeichne ω_ξ ein Sterngebiet um einen Knoten $\xi \in \mathcal{N}$ und

$$\bar{f}_\xi = \frac{1}{|\omega_\xi|}\int_{\omega_\xi} f\,dx$$

den zugehörigen gemittelten Wert von f. Dann ist die *Oszillation* von f gegeben durch

$$\mathrm{osc}(f;\mathcal{T})^2 = \sum_{\xi\in\mathcal{N}} h_\xi^2 \sum_{T\in\mathcal{T}:\xi\in T} \|f - \bar{f}_\xi\|_{L^2(T)}^2,$$

wobei h_ξ wieder den Durchmesser von ω_ξ bezeichnet.

Satz 6.4. *Es existiert eine von der lokalen Gitterweite h unabhängige Konstante c, so dass für Lösungen u_h von (6.2) gilt:*

$$\sum_{T \in \mathcal{T}} \eta_T^2 \leq c \left(\sum_{F \in \mathcal{F}} \eta_F^2 + \operatorname{osc}(\operatorname{div}(\sigma \nabla u_h) + f; \mathcal{T})^2 \right). \tag{6.14}$$

Beweis. Das stückweise Residuum ist durch $r = \operatorname{div}(\sigma \nabla u_h) + f \in L^2(\Omega)$ im Inneren eines jeden Elements $T \in \mathcal{T}$ gegeben. Es sei $\xi \in \mathcal{N}$ mit der zugehörigen Knotenfunktion $\phi_\xi \in S_h$. Wir definieren $\mathcal{F}_\xi = \{F \in \mathcal{F} : \xi \in F\}$. Wegen (6.2) gilt nach elementweiser Anwendung des Gaußschen Satzes

$$\int_\Omega f \phi_\xi \, dx = \int_\Omega \nabla u_h^T \sigma \nabla \phi_\xi \, dx$$

$$= \sum_{F \in \mathcal{F}_\xi} \int_F \phi_\xi [\![n^T \sigma \nabla u_h]\!]_F \, ds - \int_\Omega \phi_\xi \operatorname{div}(\sigma \nabla u_h) \, dx$$

durch darauf folgende Anwendung der Cauchy–Schwarz-Ungleichung im Endlich-dimensionalen schließlich

$$\int_\Omega r \phi_\xi \, dx = \sum_{F \in \mathcal{F}_\xi} \int_F \phi_\xi [\![n^T \sigma \nabla u_h]\!]_F \, ds \leq \sum_{F \in \mathcal{F}_\xi} \| \phi_\xi \|_{L^2(F)} \| [\![n^T \sigma \nabla u_h]\!]_F \|_{L^2(F)}$$

$$\leq \left(\sum_{F \in \mathcal{F}_\xi} h_F^{d-2} \right)^{1/2} \left(\sum_{F \in \mathcal{F}_\xi} h_F \| [\![n^T \sigma \nabla u_h]\!]_F \|_{L^2(F)}^2 \right)^{1/2}$$

$$\leq c h_\xi^{d/2-1} \left(\sum_{F \in \mathcal{F}_\xi} \eta_F^2 \right)^{1/2}. \tag{6.15}$$

Mit der Mittelung

$$\bar{r}_\xi = \frac{1}{|\omega_\xi|} \int_{\omega_\xi} r \, dx \leq \frac{\|1\|_{L^2(\omega_\xi)}}{|\omega_\xi|} \|r\|_{L^2(\omega_\xi)} = \frac{\|r\|_{L^2(\omega_\xi)}}{|\omega_\xi|^{1/2}} \tag{6.16}$$

gilt andererseits (diesen Teilbeweis haben wir in Aufgabe 6.1 ausgelagert)

$$\int_{\omega_\xi} 2r(1 - \phi_\xi) \bar{r}_\xi \, dx \leq \frac{2\|1 - \phi_\xi\|_{L^2(\omega_\xi)}}{|\omega_\xi|^{1/2}} \|r\|_{L^2(\omega_\xi)} |\omega_\xi|^{1/2} \bar{r}_\xi \leq \|r\|_{L^2(\omega_\xi)}^2$$

und daher

$$\|\bar{r}_\xi\|_{L^2(\omega_\xi)}^2 \leq \int_{\omega_\xi} (r^2 + 2r(\phi_\xi - 1)\bar{r}_\xi + \bar{r}_\xi^2) \, dx = \int_{\omega_\xi} (2r\phi_\xi \bar{r}_\xi + (r - \bar{r}_\xi)^2) \, dx.$$

Schließlich erhalten wir wegen der L^2-Orthogonalität der Mittelung

$$\|r\|_{L^2(\omega_\xi)}^2 = \|r - \bar{r}_\xi\|_{L^2(\omega_\xi)}^2 + \|\bar{r}_\xi\|_{L^2(\omega_\xi)}^2 \leq 2\|r - \bar{r}_\xi\|_{L^2(\omega_\xi)}^2 + 2\int_{\omega_\xi} r\phi_\xi \bar{r}_\xi \, dx.$$

Aus (6.16) erhalten wir noch

$$\bar{r}_\xi \leq ch_\xi^{-d/2}\|r\|_{L^2(\omega_\xi)},$$

und mit (6.15) führt dies auf die quadratische Ungleichung

$$\|r\|_{L^2(\omega_\xi)}^2 \leq \beta\|r\|_{L^2(\omega_\xi)} + \gamma, \quad \beta = ch_\xi^{-1}\left(\sum_{F \in \mathcal{F}_\xi} \eta_F^2\right)^{1/2},$$

$$\gamma = 2\|r - \bar{r}_\xi\|_{L^2(\omega_\xi)}^2.$$

Deren Nullstellen sind durch

$$r_\pm = \frac{1}{2}\left(\beta \pm \sqrt{\beta^2 + 4\gamma}\right)$$

gegeben, so dass für die Lösungen gilt

$$4\|r\|_{L^2(\omega_\xi)}^2 \leq \left(\beta + \sqrt{\beta^2 + 4\gamma}\right)^2 = \beta^2 + 2\beta\sqrt{\beta^2 + 4\gamma} + \beta^2 + 4\gamma$$

$$\leq 2\beta^2 + 2\beta^2\left(1 + \frac{2\gamma}{\beta^2}\right) + 4\gamma = 4(\beta^2 + \gamma)$$

$$\leq c\left(h_\xi^{-2}\sum_{F \in \mathcal{F}_\xi} \eta_F^2 + \|r - \bar{r}_\xi\|_{L^2(\omega_\xi)}^2\right).$$

Multiplikation mit h_ξ^2 und Summation über $\xi \in \mathcal{N}$ führt dann auf (6.14).   □

Vereinfachter BM-Fehlerschätzer

Falls die Oszillation der rechten Seite f vernachlässigbar ist, kann man wegen (6.14) den Volumenanteil in (6.12) durch den Sprunganteil ersetzen. So erhält man, wieder unter Weglassung der generischen Konstanten:

$$[\epsilon_h] = \left(\sum_{F \in \mathcal{F}} \eta_F^2\right)^{\frac{1}{2}}. \tag{6.17}$$

Dieser Fehlerschätzer ist in der Tat zuverlässig im Sinne von (6.5). (Den Beweis dazu haben wir in Aufgabe 7.2 verschoben.)

Bemerkung 6.5. Streng genommen reicht die a-priori-Beschränkung der Oszillation in Satz 6.4 nicht als Begründung für die „Zuverlässigkeit" des Fehlerschätzers (6.17): Dieser Satz beruht nämlich darauf, dass u_h der schwachen Formulierung (6.2) genügt. Das setzt voraus, dass die Integrale $\langle f, v_h \rangle$ ausreichend genau durch numerische Quadratur berechnet werden können, was auch bei Funktionen f mit kleiner Oszillation nur unter zusätzlichen Glattheitsannahmen sichergestellt werden kann.

Bemerkung 6.6. Babuška und Miller [14] haben die theoretische Analyse des von ihnen vorgeschlagenen Fehlerschätzers (6.12) nicht, wie hier dargestellt, über die Quasi-Interpolante (6.11) geführt, sondern über eine Zerlegung in lokale Dirichlet-Probleme. Eine Abwandlung solcher Zerlegungen wird uns im unmittelbar anschließenden Kapitel 6.1.4 wieder begegnen, jedoch als algorithmisch realisierte Option.

6.1.2 Dreiecksorientierte Fehlerschätzer

Die unbefriedigend grobe Abschätzung (6.12) rührt von dem Versuch her, eine direkte obere Schranke für alle v in (6.9) mit Hilfe von *a-priori*-Abschätzungen zu finden. Diese Einsicht motiviert die Alternative, *a posteriori* ein spezielles $[e_h] \approx e_h$ zu konstruieren. Dazu muss der Ansatzraum S_h geeignet erweitert werden zu einem Raum S_h^+, der im Kontext finiter Elemente bequem lokalisiert werden kann.

Lokalisierung

Einem Vorschlag von R. Bank und A. Weiser [22] aus dem Jahre 1985 folgend, kehren wir zurück zu der Zerlegung (6.10), nutzen die Information jedoch auf andere Weise als im vorigen Kapitel 6.1.1: Aus ihr können wir unmittelbar ablesen, dass der lokalisierte Fehler $e_T = e_h|_T$ dem inhomogenen Neumann-Problem

$$a_T(e_T, v) = b_T(v; n^T \sigma \nabla e_h) \quad \text{für alle } v \in H^1(T) \tag{6.18}$$

mit rechter Seite

$$b_T(v; g) = \int_T (\text{div}(\sigma \nabla u_h) + f) v \, dx - \int_{\partial T} v g \, ds,$$

genügt. Hieraus folgt, wie gewünscht, dass $e_T^2 = a_T(e_T, e_T)$. Zum Zweck der Fehlerschätzung genügt uns wiederum eine näherungsweise Berechnung der e_T. Aufgrund des kleinen Gebiets T ist diese elementar realisierbar durch einen *lokal erweiterten* Ansatzraum $S_h^+(T) = S_h(T) \oplus S_h^\oplus(T) \subset H^1(\Omega)|_T$. Typische Beispiele bei Verwendung eines polynomialen Ansatzraums $S_h = S_h^p$ sind (a) eine uniforme Verfeinerung $S_h^+ = S_{h/2}^p$ oder (b) eine Erhöhung der polynomialen Ordnung $S_h^+ = S_h^{p+1}$, siehe Abb. 6.1 für $p = 1$.

Die Neumann-Probleme auf den einzelnen Dreiecken $T \in \mathcal{T}$ sind jedoch nur bis auf eine additive Konstante eindeutig lösbar, siehe Satz 1.3, und müssen zudem eine Kompatibilitätsbedingung analog zu (1.3) einhalten. Deshalb beschränken wir uns auf Ansatzräume $S_h^\oplus(T)$, welche die konstanten Funktionen ausschließen; dadurch wird die Bilinearform $a(u, v)$ (unabhängig vom Vorhandensein eines Helmholtz-Terms) elliptisch auf $S_h^\oplus(T)$.

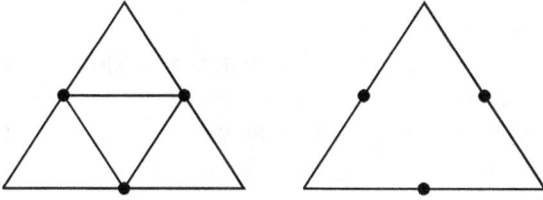

Abb. 6.1: Wahl der lokalen Erweiterung $S_h^\oplus(T)$ des Ansatzraumes für lineare finite Elemente in 2D. *Links:* stückweise lineare Erweiterung. *Rechts:* quadratische Erweiterung.

Sei $e_T^\oplus \in S_h^\oplus(T)$ definiert als Lösung von

$$a_T(e_T^\oplus, v) = b_T(v; n^T \sigma \nabla e_h) \quad \text{für alle } v \in S_h^\oplus(T). \tag{6.19}$$

Wegen der Galerkin-Orthogonalität (4.18) erhalten wir sofort die *untere* Schranke

$$a(e_T^\oplus, e_T^\oplus) \le \epsilon_T^2.$$

Eine direkte Verwendung von (6.19) zur Fehlerschätzung scheitert noch daran, dass der wegen (4.17) stetige Normalenfluss $n^T g = n^T \sigma \nabla u$ sowie der nichtstetige Fluss $n^T \sigma \nabla e_h = n^T(g - \sigma \nabla u_h)$ unbekannt ist, was die Konstruktion einer Approximation g_h erforderlich macht. Wie bei der Lokalisierung residuenbasierter Fehlerschätzer, siehe die Wahl $\alpha_{T,F} = 1/2$ in (6.13), ist die einfachste, wenn auch willkürliche Wahl von g_h die *Mittelung*

$$g_h|_E(x) = \frac{1}{2} \lim_{\epsilon \to 0} (\sigma(x + \epsilon n) u_h(x + \epsilon n) + \sigma(x - \epsilon n) u_h(x - \epsilon n)). \tag{6.20}$$

Sie führt auf

$$n^T(g_h - \sigma \nabla u_h) = \frac{1}{2} [\![n^T \sigma \nabla u_h]\!].$$

BW-Fehlerschätzer

Dies führt uns zu der lokalen Fehlerapproximation $[e_T]$ gemäß

$$a_T([e_T], v) = b_T\left(v; \frac{1}{2} [\![n^T \sigma \nabla u_h]\!]\right) \quad \text{für alle } v \in S_h^\oplus(T)$$

und dem zugehörigen lokalen Fehlerschätzer

$$[\epsilon_T] = \|[e_T]\|_a. \tag{6.21}$$

Für lineare finite Elemente erfordert die lokale Erweiterung $S_h^\oplus(T)$ durch quadratische Formfunktionen neben der Auswertung der Kantensprünge und des starken Residuums $\operatorname{div}(\sigma \nabla u_h) + f$ noch die Lösung lokaler Gleichungssysteme der Dimension $\frac{1}{2} d(d+1)$.

Fehlerdarstellung

Durch Aneinanderfügen der einzelnen Teillösungen $[e_T]$ erhält man eine globale Approximation $[e_h] \approx e_h$ des Fehlers. Dabei ist allerdings zu beachten, dass $[e_h]$ im Allgemeinen über Kanten oder Grenzflächen hinweg Sprünge aufweist und daher nicht in $H^1(\Omega)$ enthalten ist. Eine Verbesserung der Lösung durch den Ansatz $u_h + [e_h] \approx u$ führt also auf nichtkonforme Lösungen.

Zuverlässigkeit

Die Beschränkung auf Fehlerapproximationen aus einem endlichdimensionalen Raum birgt die Gefahr, Teile des Fehlers zu übersehen: Es lassen sich leicht Beispiele konstruieren, für die $b(v; \frac{1}{2}[\![n^T \sigma \nabla u_h]\!]) = 0$ für alle $v \in S_h^{\oplus}(T)$ gilt, obwohl b nicht verschwindet. Aus diesem Grund ist zum Nachweis der Zuverlässigkeit die folgende Sättigungsannahme (engl. *saturation assumption*) notwendig.

Definition 6.7 (Sättigungsannahme). Sei $\hat{S}_h^+ = \Pi_{T \in \mathcal{T}} S_h^+(T)$ und $S_h^+ = \hat{S}_h^+ \cap H^1(\Omega)$ ein erweiterter konformer Ansatzraum mit der zugehörigen Galerkin-Lösung $u_h^+ \in S_h^+$ und dem Fehler ϵ_h^+. Dann existiere ein $\beta < 1$, so dass

$$\epsilon_h^+ \leq \beta \epsilon_h. \tag{6.22}$$

Es sei darauf hingewiesen, dass diese Sättigungsannahme tatsächlich eine zentrale *Annahme* ist, denn für jede gegebene Raumerweiterung lassen sich beliebig viele rechte Seiten f konstruieren, so dass $u_h^+ = u_h$ gilt (siehe Aufgabe 7.2). Dennoch ist sie in der Praxis vernünftig, denn für jede *feste* und halbwegs glatte rechte Seite f ist sie im Grenzprozess zu hinreichend feinen Gittern erfüllt. Insbesondere für die Erweiterung von linearen durch quadratische Elemente auf simplizialen Triangulierungen ist die Sättigungsannahme erfüllt, wenn die Oszillation von f klein ist, wie der folgende Satz von Dörfler und Nochetto [86] zeigt, den wir ohne Beweis angeben.

Satz 6.8. *Sei $S_h = S_h^1$ und $S_h^+ = S_h^2 \subset H_0^1(\Omega)$. Dann existiert eine nur von der Formregularität der Triangulierung $\mathcal{T}$ abhängige Konstante $\mu < 1$, so dass eine kleine Oszillation*

$$\mathrm{osc}(f; \mathcal{T}) \leq \mu \epsilon_h$$

die Sättigungsannahme (6.22) mit $\beta = \sqrt{1 - \mu^2}$ impliziert.

Mit Hilfe dieser Voraussetzung lässt sich nun zeigen, dass $e_h^{\oplus} = u_h^+ - u_h \in S_h^+$ eine zuverlässige Fehlerapproximation $\epsilon_h^{\oplus} = \|e_h^{\oplus}\|_a$ liefert.

Satz 6.9. *Unter der Sättigungsannahme (6.22) gilt:*

$$\epsilon_h^{\oplus} \leq \epsilon_h \leq \frac{\epsilon_h^{\oplus}}{\sqrt{1 - \beta^2}}. \tag{6.23}$$

Beweis. Aufgrund der Orthogonalität des Fehlers e_h^+ auf dem Ansatzraum S_h^+ gilt

$$\|e_h\|_a^2 = \|e_h^+\|_a^2 + \|e_h^\oplus\|_a^2 \geq \|e_h^\oplus\|_a^2,$$

womit die untere Schranke in (6.23) hergeleitet ist. Zum Beweis der oberen Schranke benötigen wir die Sättigungsannahme:

$$\|e_h\|_a^2 = \|e_h^+\|_a^2 + \|e_h^\oplus\|_a^2 \leq \beta^2 \|e_h\|_a^2 + \|e_h^\oplus\|_a^2.$$

Durch Termumstellung folgt unmittelbar

$$(1 - \beta^2)\|e_h\|_a^2 \leq \|e_h^\oplus\|_a^2,$$

also die noch fehlende Ungleichung. $\square$

Durch den Vergleich mit $e_h^\oplus$ lässt sich nun die Zuverlässigkeit des Schätzers (6.21) nachweisen.

Satz 6.10. *Zusätzlich zu Annahme (6.22) existiere ein $\gamma < 1$, so dass die verschärfte Cauchy–Schwarz-Ungleichung*

$$a_T(v_h, v_h^\oplus) \leq \gamma \|v_h\|_{a_T} \|v_h^\oplus\|_{a_T}$$

für alle $T \in \mathcal{T}$ und $v_h \in S_h(T)$, $v_h^\oplus \in S_h^\oplus(T)$ erfüllt ist. Dann gilt

$$(1 - \gamma^2)\sqrt{1 - \beta^2} e_h \leq [\epsilon_h]. \tag{6.24}$$

Beweis. Der Beweis erfolgt in zwei Schritten über Hilfsgrößen $\hat{e}_T \in S_h^+(T)$, die durch

$$a_T(\hat{e}_T, v) = b_T(I_h^\oplus v) \quad \text{für alle } v \in S_h^+(T), \quad \int_T \hat{e}_T \, dT = 0$$

definiert sind, wobei wir die Flussapproximation als Parameter von b_T hier weglassen. Dabei ist $I_h^\oplus : S_h^+(T) \to S_h^\oplus(T)$ der durch die Zerlegung $S_h^+(T) = S_h(T) \oplus S_h^\oplus(T)$ eindeutig definierte Projektor; wir definieren zudem $I_h = I - I_h^\oplus$. Zunächst gilt

$$a_T([e_T], v) = b_T(v) = b_T(I_h^\oplus v) = a_T(\hat{e}_T, v) \quad \text{für alle } v \in S_h^\oplus(T).$$

Wegen $I_h^\oplus \hat{e}_T \in S_h^\oplus$ erhalten wir nun

$$\|[e_T]\|_{a_T} \|I_h^\oplus \hat{e}_T\|_{a_T} \geq a_T([e_T], I_h^\oplus \hat{e}_T) = a_T(\hat{e}_T, I_h^\oplus \hat{e}_T).$$

Es gilt

$$a_T(\hat{e}_T, I_h \hat{e}_T) = b_T(I_h^\oplus I_h \hat{e}_T) = 0 \tag{6.25}$$

und mit der verschärften Cauchy–Schwarz-Ungleichung

$$
\begin{aligned}
\|[e_T]\|_{a_T}\|I_h^\oplus \hat{e}_T\|_{a_T} &\geq a_T(\hat{e}_T, I_h \hat{e}_T) + a_T(\hat{e}_T, I_h^\oplus \hat{e}_T) \\
&= \|I_h \hat{e}_T\|_{a_T}^2 + 2a_T(I_h \hat{e}_T, I_h^\oplus \hat{e}_T) + \|I_h^\oplus \hat{e}_T\|_{a_T}^2 \\
&\geq \|I_h \hat{e}_T\|_{a_T}^2 - 2\gamma \|I_h \hat{e}_T\|_{a_T}\|I_h^\oplus \hat{e}_T\|_{a_T} + \|I_h^\oplus \hat{e}_T\|_{a_T}^2 \\
&= \left(\|I_h \hat{e}_T\|_{a_T} - \gamma\|I_h^\oplus \hat{e}_T\|_{a_T}\right)^2 + (1-\gamma^2)\|I_h^\oplus \hat{e}_T\|_{a_T}^2 \\
&\geq (1-\gamma^2)\|I_h^\oplus \hat{e}_T\|_{a_T}^2.
\end{aligned}
$$

Abdividieren von $\|I_h^\oplus \hat{e}_T\|_{a_T}$ führt auf die Abschätzung $(1-\gamma^2)\|I_h^\oplus \hat{e}_T\|_{a_T} \leq \|[e_T]\|_{a_T}$. Aus (6.25) folgt zudem

$$
\|\hat{e}_T\|_{a_T}^2 = a_T(\hat{e}_T, I_h^\oplus \hat{e}_T) \leq \|\hat{e}_T\|_{a_T}\|I_h^\oplus \hat{e}_T\|_{a_T},
$$

womit wir insgesamt

$$
(1-\gamma^2)\|\hat{e}_T\|_{a_T} \leq \|[e_T]\|_{a_T} \tag{6.26}
$$

erhalten.

Im zweiten Schritt wenden wir uns der globalen Fehlerschätzung zu. Einfache Summation über die Elemente $T \in \mathcal{T}$ führt auf die globale Fehlerapproximation $\hat{e}_h \in \hat{S}_h^+$ mit $\hat{e}_h|_T = \hat{e}_T$ und

$$
a(\hat{e}_h, v) = b(I_h^\oplus v) \quad \text{für alle } v \in \hat{S}_h^+ \supset S_h^+.
$$

Man beachte, dass die Summation von b_T direkt auf die Lokalisierung (6.10) führt, weswegen $a(e_h, v) = b(v)$ für alle $v \in H^1(\Omega)$ gilt, und mit der Galerkin-Orthogonalität $a(e_h^+, v) = 0$ für alle $v \in S_h^+$ auch

$$
a(e_h^\oplus, v) = a(e_h - e_h^+, v) = b(v) \quad \text{für alle } v \in S_h^+.
$$

Wegen $I_h^\oplus e_h^\oplus \in S_h^+$ erhalten wir daher

$$
\begin{aligned}
\|\hat{e}_h\|_a\|e_h^\oplus\|_a &\geq a(\hat{e}_h, e_h^\oplus) = b(I_h^\oplus e_h^\oplus) = a(e_h^\oplus, I_h^\oplus e_h^\oplus) \\
&= a(e_h^\oplus, e_h^\oplus - I_h e_h^\oplus) = a(e_h^\oplus, e_h^\oplus) = \|e_h^\oplus\|_a^2
\end{aligned}
$$

und nach Abdividieren von $\|e_h^\oplus\|_a$ mit Satz 6.9

$$
\|\hat{e}_h\|_a \geq \|e_h^\oplus\|_a \geq \sqrt{1-\beta^2}\,\epsilon_h. \tag{6.27}
$$

Die Kombination von (6.26) und (6.27) führt dann auf die Behauptung (6.24). □

Bemerkung 6.11. Der *dreiecksorientierte* Fehlerschätzer von Bank und Weiser [22] war 1985 der erste Fehlerschätzer, in dem eine Lokalisierung der quadratischen Erweiterung des Ansatzraumes realisiert worden ist. Er war lange Zeit Grundlage der Adaptivität in dem Finite-Elemente-Code **PLTMG**, ist aber in neueren Versionen durch die im nachfolgenden Kapitel 6.1.3 behandelte Gradientenverbesserung abgelöst worden. Die im Beweis von Satz 6.10 verwendete Hilfsgröße $\hat{e}_h$ wurde in der Arbeit [22] ebenfalls als möglicher Fehlerschätzer in Betracht gezogen. Sie erlaubt zwar eine bessere Konstante κ_1 in der Abschätzung für die Zuverlässigkeit, zeigte sich jedoch in praktischen Tests als weniger effizient.

6.1.3 Gradienten-Verbesserung

Wir kehren zurück und versuchen, die Mittelung (6.20) als doch recht einfache Approximation der unstetigen diskreten Flussapproximation $g_h = \sigma\nabla u_h \approx \sigma\nabla u = g$ durch eine verbesserte Version zu ersetzen (engl. *gradient recovery*). Dazu projizieren wir, wie in Abb. 6.2 dargestellt, $g_h \in S_{h,\mathrm{grad}} = \{\nabla v : v \in S_h\}$ durch einen passenden Projektor Q auf einen Ansatzraum $\bar{S}_h$ *stetiger* Funktionen. Wir beschränken uns zunächst auf stetige Diffusionskoeffizienten, bei denen sowohl die exakten Gradienten ∇u als auch die Flüsse g stetig sind. Somit besteht konzeptionell kein Unterschied zwischen einer Projektion der Flüsse und einer Projektion der Gradienten.

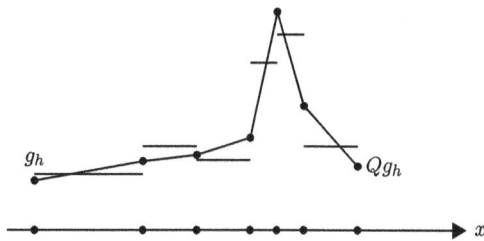

Abb. 6.2: Gradientenverbesserung für lineare finite Elemente in $\mathbb{R}^1$ durch L^2-Projektion.

Wir betrachten das homogene Neumann-Problem mit

$$\|e_h\|_a = \left\|\sigma^{1/2}(\nabla u - \nabla u_h)\right\|_{L^2(\Omega)}$$

und $\alpha = 0$. Dann ersetzen wir ∇u durch

$$Q\nabla u_h = \arg\min_{q_h \in \bar{S}_h}\left\|\sigma^{1/2}(\nabla u_h - q_h)\right\|_{L^2(\Omega)},$$

so dass für alle $q_h \in \bar{S}_h$ gilt:

$$\left\|\sigma^{1/2}(\nabla u_h - Q\nabla u_h)\right\|_{L^2(\Omega)} \le \left\|\sigma^{1/2}(\nabla u_h - q_h)\right\|_{L^2(\Omega)}$$

$$\leq \left\| \sigma^{1/2}(\nabla u - \nabla u_h) \right\|_{L^2(\Omega)} + \left\| \sigma^{1/2}(\nabla u - q_h) \right\|_{L^2(\Omega)}$$

$$= \epsilon_h + \left\| \sigma^{1/2}(\nabla u - q_h) \right\|_{L^2(\Omega)}. \tag{6.28}$$

Wir vernachlässigen zunächst den zweiten Summanden $\left\| \sigma^{1/2}(\nabla u - q_h) \right\|_{L^2(\Omega)}$ und erhalten

$$[\epsilon_h] = \left\| \sigma^{1/2}(\nabla u_h - Q\nabla u_h) \right\|_{L^2(\Omega)}. \tag{6.29}$$

Lokalisierung

Aus (6.29) lässt sich eine nachträgliche Lokalisierung sofort ablesen. Wir erhalten die Fehlerindikatoren

$$[\epsilon_h(T)] = \left\| \sigma^{1/2}(\nabla u_h - Q\nabla u_h) \right\|_{L^2(T)}.$$

Zuverlässigkeit

Die Zuverlässigkeit des Fehlerschätzers (6.29) ist eine direkte Folge von Satz 6.4 und des folgenden

Satz 6.12. *Es existiert eine von h und f unabhängige Konstante c, so dass für (6.29) gilt:*

$$\sum_{F \in \mathcal{F}} \eta_F^2 \leq c[\epsilon_h]^2. \tag{6.30}$$

Beweis. Wir betrachten für $\xi \in \mathcal{N}$ die Quotientenräume

$$S_\xi = (S_{h,\mathrm{grad}}(\omega_\xi) + \bar{S}_h(\omega_\xi))/\bar{S}_h(\omega_\xi)$$

und darauf die Halbnorm

$$|\nabla u_h|_\xi^2 = \sum_{F \in \mathcal{F}, F \subset \omega_\xi} h_F \left\| [\![n^T \nabla u_h]\!]_F \right\|_{L^2(F)}^2$$

sowie die Norm

$$\|\nabla u_h\|_\xi = \min_{q_h \in \bar{S}_h} \left\| \sigma^{1/2}(\nabla u_h - q_h) \right\|_{L^2(\omega_\xi)}.$$

Wegen der beschränkten Dimension von S_ξ existiert eine von der Formregularität der Elemente $T \subset \omega_\xi$, aber nicht von h abhängige Konstante c mit $|\nabla u_h|_\xi \leq c\|\nabla u_h\|_\xi$. Summation über alle $\xi \in \mathcal{N}$ führt wegen des beschränkten Überlapps der Überdeckung von Ω durch die ω_ξ auf (6.30). $\qquad\square$

Wie beim vereinfachten BM-Fehlerschätzer (6.17) ist die Zuverlässigkeit hier nur unter der a-priori-Annahme von kleiner Oszillation von f und bei exakter Berechnung der Skalarprodukte gegeben.

Effizienz

Können wir den vernachlässigten Summanden $\|\sigma^{1/2}(\nabla u - q_h)\|_{L^2(\Omega)}$ aus (6.28) geeignet beschränken, liefert der Fehlerschätzer (6.29) eine untere Schranke des Fehlers und ist somit effizient. Dafür brauchen wir eine Variante der Sättigungsannahme (6.22).

Satz 6.13. *Es existiere eine von h unabhängige Konstante $\hat{\beta}$, so dass*

$$\min_{q_h \in \bar{S}_h} \|\sigma^{1/2}(\nabla u - q_h)\|_{L^2(\Omega)} \leq \hat{\beta}\epsilon_h \tag{6.31}$$

erfüllt ist. Dann gilt $[\epsilon_h] \leq (1 + \hat{\beta})\epsilon_h$.

Beweis. Sei $w_h = \arg\min_{q_h \in \bar{S}_h} \|\sigma^{1/2}(\nabla u - q_h)\|_{L^2(\Omega)} \in \bar{S}_h$. Wegen (6.28) und der Sättigungsannahme gilt dann $[\epsilon_h] \leq \epsilon_h + \|\sigma^{1/2}(\nabla u - w_h)\|_{L^2(\Omega)} \leq \epsilon_h + \hat{\beta}\epsilon_h$. □

Für stückweise polynomielle finite Elemente $u_h \in S_h^p$ liegt der Gradient ∇u_h in

$$S_{h,\mathrm{grad}}^p = \{v \in L^2(\Omega)^d : v|_T \in \mathbb{P}_{p-1} \text{ für alle } T \in \mathcal{T}\}.$$

Um für hinreichend glatte Lösungen u die Sättigungsannahme asymptotisch zu erfüllen, d. h. für $h \to 0$ mit $\kappa_2 \to 1$ in Definition 6.1 zu erzielen, wird durch die Wahl $\bar{S}_h = (S_h^p)^d$ die Ordnung erhöht – für lineare Elemente ist diese Ordnungserhöhung ohnehin notwendig, um Stetigkeit zu erzielen.

Fehlerdarstellung

Wie bei dem residuenbasierten Fehlerschätzer (6.13) lässt sich aus (6.29) keine Fehlerapproximation $[e_h]$ direkt ablesen. Es gilt jedoch die Defektgleichung

$$-\operatorname{div}(\sigma \nabla e_h) = -\operatorname{div}(\sigma \nabla u - \sigma \nabla u_h) \approx -\operatorname{div}(\sigma(Q \nabla u_h - \nabla u_h)),$$

deren Lokalisierung auf einzelne Elemente T analog zu (6.18) auf

$$a_T(e_T, v) = \int_T (\operatorname{div}(\sigma \nabla u_h) - \operatorname{div}(\sigma Q \nabla u_h))v \, \mathrm{d}x - \int_{\partial T} v n^T \sigma(Q \nabla u_h - \nabla u_h) \, \mathrm{d}s \tag{6.32}$$

führt. Die Ersetzung von $f = -\operatorname{div}(\sigma \nabla u)$ durch $-\operatorname{div}(\sigma Q \nabla u_h)$ sorgt dafür, dass die Kompatibilitätsbedingung (1.3) von der Flussrekonstruktion $\sigma Q \nabla u_h$ erfüllt wird, und erspart uns die Willkür der Mittelung (6.20). Durch die Lösung lokaler Neumann-Probleme im erweiterten lokalen Ansatzraum $S_h^{p+1}(T)$ erhält man damit – bis auf Konstanten – eine approximative Fehlerdarstellung $[e_h]$. Alternativ lässt sich zur Lösung von (6.32) wie beim BW-Fehlerschätzer ein hierarchischer Ansatzraum verwenden.

Robin-Randbedingungen

Für $\alpha > 0$ tritt in der Energienorm

$$\|e_h\|_a^2 = \|\sigma^{1/2}\nabla e_h\|_{L^2(\Omega)}^2 + \|\alpha^{1/2}e_h\|_{L^2(\partial\Omega)}^2$$

noch ein zusätzlicher Randterm auf, der durch den Fehlerschätzer (6.29) nicht erfasst wird. Dennoch bleibt $[\epsilon_h]$ formal effizient, denn der Randterm wird vom Gebietsterm dominiert.

Satz 6.14. *Es existiert eine Konstante $c > 0$ mit*

$$c\epsilon_h \le \|\sigma^{1/2}\nabla e_h\|_{L^2(\Omega)} \le \epsilon_h.$$

Beweis. Wir definieren den Mittelwert

$$\bar{e}_h = \frac{1}{|\Omega|}\int_\Omega e_h\,\mathrm{d}x$$

und fassen ihn als konstante Funktion in S_h auf. Dann gilt wegen der Galerkin-Orthogonalität (4.18) sowie der Stetigkeit A.10 der Bilinearform a

$$\epsilon_h^2 \le \|e_h\|_a^2 + \|\bar{e}_h\|_a^2 = \|e_h - \bar{e}_h\|_a^2 \le C_a\|e_h - \bar{e}_h\|_{H^1(\Omega)}^2.$$

Aus der Poincaré-Ungleichung (A.25) erhalten wir dann

$$\epsilon_h \le C_P\sqrt{C_a}|e_h|_{H^1} \le C_P\frac{\sqrt{C_a}}{\inf\sqrt{\sigma}}\|\sigma^{1/2}\nabla e_h\|_{L^2(\Omega)}. \qquad \square$$

Allerdings wird auch bei asymptotisch exakter Gradientenrekonstruktion aufgrund der Vernachlässigung des Randterms der Fehlerschätzer im Allgemeinen nicht asymptotisch exakt sein.

Unstetige Koeffizienten

Im Fall *unstetiger* Diffusionskoeffizienten σ ist allerdings die *Tangentialkomponente* des exakten Flusses – wie die Normalenkomponente des Gradienten – ebenfalls unstetig. Die Gradienten-„Verbesserung" durch Projektion auf stetige Funktionen würde bei unstetigen Diffusionskoeffizienten notwendigerweise zu einer Abweichung $\nabla u_h - Q\nabla u_h$ in der Größenordnung des Koeffizientensprungs $[\![\sigma]\!]$ führen und entsprechend zu einer unnötig starken Gitterverfeinerung entlang der Unstetigkeitsgrenzflächen. In diesen Fällen kann auf eine stückweise Projektion mit Unstetigkeiten des rekonstruierten Gradienten $Q\nabla u_h$ zurückgegriffen werden. Bei Gebieten mit vielen inneren Grenzflächen und dort unstetigen Diffusionskoeffizienten ist dieses Konzept aber unhandlich, ganz abgesehen davon, dass der Verbesserungseffekt gerade durch die Projektion in einen stetigen Raum erzielt werden soll.

ZZ-Fehlerschätzer

Die Berechnung der L^2-Projektion $Q\nabla u_h$ ist aufgrund der von h unabhängig beschränkten Kondition der Massenmatrix mit dem CG-Verfahren einfach möglich, erfordert allerdings einen globalen Aufwand. Eine der einfachsten lokalen Rekonstruktionsformeln ist zugleich die älteste: Die auf Zienkiewicz und Zhu [253, 252] zurückgehende Mittelung stückweise konstanter diskreter Gradienten:

$$(Q\nabla u_h)(\xi) = \frac{1}{|\omega_\xi|} \sum_{T\in\mathcal{T}:\xi\in T} |T| \nabla u_h|_T(\xi) \quad \text{für alle } \xi \in \mathcal{N}.$$

Die asymptotische Exaktheit beruht auf speziellen *Superkonvergenzresultaten auf strukturierten Gittern*, die sich aber mit Hilfe von Glättungsoperationen auch auf allgemeine unstrukturierte Gitter übertragen lassen, siehe Bank/Xu [23, 24]. In einer Überblicksarbeit zeigt Carstensen [55], dass auch mit anderen einfachen lokalen Mittelungsoperatoren äquivalente Fehlerschätzer konstruiert werden können.

6.1.4 Hierarchische Fehlerschätzer

Eine besonders geradlinige Art der Fehlerschätzung geht nicht von der Lokalisierung (6.10) aus, sondern von der globalen Defektgleichung

$$a(e_h, v) = a(u - u_h, v) = \langle f, v \rangle - a(u_h, v) \quad \text{für alle } v \in H^1(\Omega) \tag{6.33}$$

und konstruiert daraus eine Fehlerapproximation $[e_h] \approx u - u_h$. Dieser Weg wurde 1989 von Deuflhard, Leinen und Yserentant [79] für den *kantenorientierten* Fehlerschätzer beschritten.

Eingebetteter Fehlerschätzer

Wie zuvor in (6.19) wird (6.33) näherungsweise in einem hier global erweiterten Ansatzraum $S_h^+ \supset S_h$ gelöst. Wir definieren also die Fehlerapproximation $[e_h] = u_h^+ - u_h \in S_h^+$ als Lösung von

$$a([e_h], v) = a(u_h^+ - u_h, v) = \langle f, v \rangle - a(u_h, v) \quad \text{für alle } v \in S_h^+ \tag{6.34}$$

und entsprechend den eingebetteten Fehlerschätzer

$$[\epsilon_h] = \|[e_h]\|_a. \tag{6.35}$$

Bei Verwendung des stückweise polynomialen Ansatzraums $S_h = S_h^p$ kommen im Wesentlichen wieder die Erweiterungen $S_h^+ = S_{h/2}^p$ durch uniforme Verfeinerung und $S_h^+ = S_h^{p+1}$ durch Ordnungserhöhung in Frage, vergleiche etwa Abb. 6.1 für den Spezialfall $p = 1$.

Lokalisierung und Fehlerdarstellung

Mit der Berechnung von $[e_h] \in H^1(\Omega)$ als Galerkin-Lösung von (6.34) liegt sofort eine konsistente Approximation des Fehlers vor. Die Lokalisierung auf einzelne Elemente $T \in \mathcal{T}$ ist offensichtlich:

$$[\epsilon_h(T)] = a_T([e_h], [e_h]).$$

Mit $[e_h]$ liegt zugleich die genauere Galerkin-Lösung $u_h^+ = u_h + [e_h] \in S_h^+$ vor, so dass eigentlich eine Schätzung des Fehlers $\epsilon_h^+ = \|u - u_h^+\|_a$ interessanter wäre – die ist allerdings unzugänglich. Damit befinden wir uns in dem wohlbekannten Dilemma wie bei der adaptiven Zeitschrittsteuerung bei gewöhnlichen Differentialgleichungen (vgl. Band 2, Kapitel 5).

Zuverlässigkeit und Effizienz

Schon in Satz 6.9 haben wir gezeigt, dass der Wert $[\epsilon_h]$ aus (6.35) unter der Sättigungsannahme $\beta < 1$ einen effizienten Fehlerschätzer liefert und verweisen für die Zuverlässigkeit nochmals auf Satz 6.8. Der Vergleich des Resultats (6.23) mit der Definition 6.1 führt sofort auf die Konstanten $\kappa_1 = 1/\sqrt{1 - \beta^2}$ und $\kappa_2 = 1$.

Für asymptotische Exaktheit muss zusätzlich $\beta \to 0$ für $h \to 0$ gelten, was – ausreichende Regularität der Lösung u vorausgesetzt – von der Erweiterung $S_h^+ = S_h^{p+1}$ durch die höhere Konvergenzordnung garantiert wird.

DLY-Fehlerschätzer

Wir stellen nun den kantenorientierten Fehlerschätzer nach [79] für lineare finite Elemente detaillierter vor. Für die Praxis ist die vollständige Lösung von (6.34) immer noch zu aufwendig (vgl. Aufgabe 7.3). Wir ersetzen deshalb die Galerkin-Lösung von (6.34) durch die Lösung eines ausgedünnten Gleichungssystems: Wir beschränken uns auf das Komplement $S_h^\oplus$ und verwenden lediglich die Diagonale der Steifigkeitsmatrix, so dass nur lokale $(1,1)$-„Systeme" zu lösen sind. Wird $S_h^\oplus$ von der Basis $\Psi^\oplus$ aufgespannt, so erhalten wir die approximative Fehlerdarstellung

$$[e_h] := \sum_{\psi \in \Psi^\oplus} \frac{\langle f - Au_h, \psi \rangle}{\|\psi\|_A^2} \psi \in S_h^\oplus \subset H^1(\Omega)$$

sowie den zugehörigen Fehlerschätzer

$$[\epsilon_h]^2 := \sum_{\psi \in \Psi^\oplus} \frac{\langle f - Au_h, \psi \rangle^2}{\|\psi\|_A^2}. \qquad (6.36)$$

Zur effizienten Berechnung sollten die Basisfunktionen $\psi \in \Psi^\oplus$ wieder einen auf wenige Elemente $T \in \mathcal{T}$ beschränkten Träger haben. Die einfachste Wahl ist eine Erweiterung der linearen Elemente durch quadratische „Bubbles" auf den Kanten (siehe

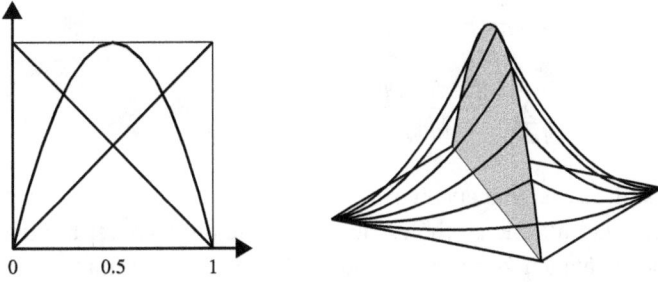

Abb. 6.3: Quadratische „Bubble" im kantenorientierten Fehlerschätzer. *Links:* Formfunktionen auf der Kante, vergleiche Abb. 4.8. *Rechts:* Ansatzfunktion im $\mathbb{R}^2$.

Abb. 6.3). Die zur adaptiven Gitterverfeinerung notwendige Lokalisierung lässt sich dann direkt aus (6.36) ablesen. Im Unterschied zu (6.19) erhalten wir allerdings auf einzelne Kanten $E \in \mathcal{E}$ lokalisierte Fehlerschätzer

$$[\epsilon_h(E)] = \langle r, \psi_E \rangle / \|\psi_E\|_A. \tag{6.37}$$

Der dargestellte kantenorienterte hierarchische Fehlerschätzer bildet die konzeptionelle Grundlage des adaptiven Finite-Elemente-Codes **KASKADE**, siehe die Softwareseite am Ende des Buches.

Zuverlässigkeit und Effizienz

Dadurch, dass wir (6.34) nur approximativ lösen, büßen wir die Effizienz nicht ein, aber die Effizienzspanne wird größer und zugleich verlieren wir auch asymptotische Exaktheit, wie der folgende Satz zeigt.

Satz 6.15. *Unter der Sättigungsannahme (6.22) ist (6.36) ein effizienter Fehlerschätzer gemäß (6.7), d. h. es existieren von h unabhängige Konstanten $K_1, K_2 < \infty$, so dass gilt:*

$$\sqrt{\frac{1-\beta^2}{K_1}}\epsilon_h \leq [\epsilon_h] \leq \sqrt{K_2}\epsilon_h.$$

Den Beweis verschieben wir auf Kapitel 7.1.5, wo er im Kontext der Unterraumkorrekturmethoden einfach zu führen ist.

Zusammenhang mit residuenbasierten Fehlerschätzern

Für lineare finite Elemente und stückweise konstante Daten σ und f wurde in [41] ein interessanter Zusammenhang zwischen dem BM-Fehlerschätzer (6.12) und dem hierarchischen Fehlerschätzer (7.29) gefunden. Für diese Probleme ist nämlich der Fehlerschätzer

$$\sum_{T \in \mathcal{T}} \eta_T^2 + \sum_{F \in \mathcal{F}} \eta_F^2$$

äquivalent zum hierarchischen Fehlerschätzer

$$\sum_{\psi \in \Psi_{TF}^{\oplus}} \frac{\langle f - Au_h, \psi \rangle^2}{\|\psi\|_A^2},$$

wenn man den Ansatzraum S_h geeignet erweitert:

- für $d = 2$ um lokale quadratische „Bubbles" auf den Mittelpunkten der Kanten (wie bei DLY) sowie zusätzlich kubische „Bubbles" in den Schwerpunkten der Dreiecke, womit die Sättigungsannahme erfüllt, also der Fehlerschätzer zuverlässig ist; in praktischen Rechnungen lohnt sich diese Raumerweiterung gegenüber DLY jedoch kaum;
- für $d = 3$ über DLY hinaus um lokale kubische „Bubbles" in den Schwerpunkten der Grenzflächendreiecke und quartische „Bubbles" in den Schwerpunkten der Tetraeder, womit allerdings die Sättigungsannahme immer noch nicht erfüllt ist.

6.1.5 Zielorientierte Fehlerschätzung

Bisher haben wir stillschweigend den Fehler ϵ_h als die Energienorm der Abweichung e_h definiert, was aufgrund der Bestapproximationseigenschaft der Galerkin-Lösung u_h bei elliptischen Gleichungen auch naheliegend ist. In praktischen Anwendungen ist dies aber häufig nicht die interessierende Größe. So interessiert man sich in der Baustatik für die *maximal* auftretenden Spannungen und Verzerrungen (siehe Kapitel 2.3), um das Risiko eines Bruches oder Reißens von Material beurteilen zu können, dagegen verschleiern integrale Normen das Auftreten von Spannungsspitzen. In der Strömungssimulation interessiert man sich für den Auftrieb (engl. *lift*) und den Strömungswiderstand (engl. *drag*) von Tragflächen, wohingegen eine genaue Berechnung der Luftströmung nicht so wichtig ist. Vor diesem Hintergrund haben Rannacher et al. [18, 29] vorgeschlagen, die Schätzung des Fehlers nicht, wie üblich, bezüglich einer willkürlichen Norm, sondern bezüglich einer *Interessengröße* (engl. *quantity of interest*) vorzunehmen; dies führt auf das Konzept *zielorientierter* Fehlerschätzer.

Sei J eine solche Interessengröße. Im einfachsten Fall ist J ein *lineares Funktional* der Lösung u, so dass für die Abweichung gilt

$$\epsilon_h = J(u) - J(u_h) = J(u - u_h) = \langle j, e_h \rangle,$$

wobei j nach dem Satz von Fischer–Riesz eindeutig definiert ist. Die so definierte Selektivität lässt sich geometrisch interpretieren: Fehleranteile orthogonal zu j gehen in die Fehlerschätzung nicht ein und müssen somit auch nicht durch eine feinere und damit teurere Diskretisierung aufgelöst werden. Bezüglich der Interessengröße kann man also mit deutlich geringerem Aufwand eine verlangte Genauigkeit erreichen, wobei dann natürlich in anderen Richtungen der Fehler größer sein kann.

Liegt eine explizite Fehlerapproximation $[e_h]$ vor, wie etwa aus (7.29), so lässt sich der zielorientierte Fehler direkt als $[\epsilon_h] = \langle j, [e_h]\rangle$ schätzen. Daraus lässt sich die Lokalisierung $[\epsilon_h](T) = |\langle j, [e_h]|_T\rangle|$ sofort ablesen. Wie schon im Einführungskapitel angemerkt, ist diese Form der Lokalisierung nur für elliptische Probleme mit räumlich glattem j sinnvoll, wo aufgrund der stark lokalisierten Greenschen Funktion die Fehlerverteilung zugleich zur Gitterverfeinerung herangezogen werden kann. In anderen Problemen jedoch, etwa bei unstetigem j oder bei Fehlen einer expliziten Fehlerapproximation, lässt sich der zielorientierte Fehlerschätzer sachgerechter durch das Residuum $r_h = f - Au_h$ ausdrücken:

$$\epsilon_h = \langle j, e_h\rangle = \langle j, A^{-1}r_h\rangle = \langle A^{-*}j, r_h\rangle.$$

Mit Blick darauf definieren wir die *Gewichtsfunktion* $z \in H^1(\Omega)$ als Lösung des *dualen* Problems und erhalten so für den Fehler

$$A^*z = j, \quad \epsilon_h = \langle z, r_h\rangle.$$

Wegen dieser Beziehung wird der Zugang als Methode des dual gewichteten Residuums (engl. *dual weighted residual, DWR*) bezeichnet. Normalerweise muss z selbst wieder numerisch berechnet werden. Die in diesem Kapitel betrachteten elliptischen Modellprobleme sind selbstadjungiert, d. h. es gilt $A^* = A$, was die Berechnung von z vereinfacht. Wegen der Galerkin-Orthogonalität (4.18) würde jedoch eine Approximation $z_h \in S_h$ zur nutzlosen Fehlerschätzung $[\epsilon_h] = 0$ führen, so dass brauchbare Approximationen erst aus einem erweiterten FE-Raum bestimmbar sind. In der Tat erhält man solche Approximationen $z_h \in S_h^+$ mit genau den gleichen Methoden, die wir weiter oben beschrieben haben, etwa mittels hierarchischer Fehlerschätzer, siehe Kapitel 6.1.4, oder Gradientenverbesserung, siehe Kapitel 6.1.3.

Bemerkung 6.16. Im Laufe der Zeit sind zielorientierte Fehlerschätzer für eine ganze Reihe verschiedener Problemklassen vorgeschlagen worden, unter anderem für parabolische Gleichungen (siehe Kapitel 9.2.3), für die Strömungsmechanik [27] oder für allgemeinere Optimierungsprobleme [28, 228]. Einen umfassenden Überblick bieten [18, 29].

6.2 Adaptive Gitterverfeinerung

In diesem Kapitel stellen wir die Konstruktion adaptiver, d. h. problemangepasster Gitter vor. Wir schränken uns auf den Spezialfall hierarchischer simplizialer Gitter ein. Ausgehend von einem Grundgitter mit einer moderaten Anzahl von Knoten wird eine Folge von geschachtelten, zunehmend feineren Gittern konstruiert. Dazu benötigen wir zwei algorithmische Bausteine:

- *Markierungsstrategien* auf Basis von *lokalen a-posteriori-Fehlerschätzern*, siehe Kapitel 6.1, mit denen wir Elemente wie Kanten, Dreiecke oder Tetraeder für eine Verfeinerung auswählen. Als effizientes Beispiel stellen wir die Methode der lokalen Fehlerextrapolation in Kapitel 6.2.1 vor.
- *Verfeinerungsstrategien*, d. h. ein Regelwerk, mit dem wir festlegen, wie Gitter mit markierten Elementen konform verfeinert werden, ohne allzu große Innenwinkel zu erzeugen (vergleiche Kapitel 4.4.3); in Kapitel 6.2.2 stellen wir eine Auswahl effizienter Techniken für *simpliziale Elemente* vor, also für Dreiecke ($d = 2$) bzw. Tetraeder ($d = 3$).

Die besondere Rolle simplizialer Elemente ergibt sich aus zwei Eigenschaften:
- Simplizes in höheren Dimensionen lassen sich aus solchen niedrigerer Dimension aufbauen, z. B. Tetraeder aus vier Dreiecken; diese Eigenschaft ist bei der Diskretisierung von Oberflächen dreidimensionaler Körper von Vorteil.
- Simplizes sind vergleichsweise einfach unterteilbar in kleinere Simplizes gleicher Dimension, z. B. Dreiecke in vier kleinere ähnliche Dreiecke (also mit gleichen Innenwinkeln); diese Eigenschaft ist für die Konstruktion hierarchischer Gitter wichtig. Anschauungsbeispiele hierfür geben wir in Kapitel 6.2.2.

6.2.1 Äquilibrierung lokaler Diskretisierungsfehler

Bevor wir uns den Methoden zur Gitterverfeinerung zuwenden, wollen wir theoretisch untersuchen, wie ein adaptives, d. h. problemangepasstes, Gitter aussehen muss. Die Grundlage dazu ist die Verallgemeinerung der Fehlerabschätzungen aus Kapitel 4.4.1.

Adaptives Gittermodell

Aussagen über nichtuniforme Gitter zu treffen ist aufgrund ihrer notwendigerweise diskreten Struktur etwas unhandlich. Wir gehen daher zu einer einfachen Modellvorstellung über und betrachten kontinuierliche *Gitterweitenfunktionen* $h : \Omega \to \mathbb{R}$. Für die Anzahl N der Gitterknoten erhalten wir

$$N \approx c \int_\Omega h^{-d}\, \mathrm{d}x \quad \text{mit } c > 0.$$

Zu unserem kontinuierlichen Modell passt eine *punktweise* Variante der Interpolationsfehlerabschätzung für lineare finite Elemente aus Lemma 4.20:

$$|\nabla(u - I_h u)| \leq ch|u''| \quad \text{fast überall in } \Omega.$$

Integration und Anwendung der Poincaré-Ungleichung liefert die globale Fehlerabschätzung

$$\|u - I_h u\|_{H^1(\Omega)}^2 \leq c^2 \int_\Omega h^2 |u''|^2 \, dx.$$

Wir fixieren nun die Anzahl der Knoten und suchen eine Gitterweitenfunktion h, die diese Fehlerschranke minimiert. Dazu müssen wir offenbar das beschränkte Optimierungsproblem

$$\min_h \int_\Omega h^2 |u''|^2 \, dx \quad \text{unter der Nebenbedingung} \quad c \int_\Omega h^{-d} \, dx = N$$

lösen. Gemäß Anhang A.6 koppeln wir die Nebenbedingung durch einen positiven Lagrange-Multiplikator $\lambda \in \mathbb{R}$ an und erhalten so das Sattelpunktproblem

$$\max_\lambda \min_h \left[\int_\Omega h^2 |u''|^2 \, dx - \lambda \left(c \int_\Omega h^{-d} \, dx - N \right) \right].$$

Für festes λ liefert die Differentiation des Integranden dann die punktweise Optimalitätsbedingung

$$2h |u''|^2 - c\lambda d h^{-(d+1)} = 0.$$

Kern dieser Beziehung ist die Proportionalität

$$h^{d+2} = s^2 |u''|^{-2} \quad \text{mit} \quad s^2 = c\lambda d/2 \in \mathbb{R}. \tag{6.38}$$

Nach dieser Vorarbeit wenden wir uns wieder diskreten Gittern zu und ersetzen die kontinuierliche Gitterweitenfunktion h durch eine stückweise konstante Funktion. Entsprechend ersetzen wir (6.38) durch die näherungsweise lokale Beziehung

$$h^{d+2} \approx s^2 |u''|^{-2}.$$

Für die *lokalen Fehlerbeiträge* auf einem Element $T \in \mathcal{T}$ erhalten wir dann

$$\|u - I_h u\|_{H^1(T)}^2 \leq c \int_T h_T^2 |u''|^2 \, dx = c h_T^{-d} \int_T h_T^{d+2} |u''|^2 \, dx \approx cs^2, \tag{6.39}$$

wobei wir $h_T^{-d} \int_T \, dx = c$ mit der üblichen generischen Konstanten c benutzt haben.

Fazit. *In einem optimal problemangepassten Gitter sind alle lokalen Fehlerbeiträge (ungefähr) gleich groß.*

Bei jedweder Strategie zur adaptiven Gitterverfeinerung ist also eine solche *Äquilibrierung der lokalen Diskretisierungsfehler* anzustreben: Ausgehend von einem aktuellen Gitter werden also genau die Elemente oder Kanten zu markieren sein, deren Beitrag zum Fehlerschätzer einen bestimmten *Schwellwert* (engl.: *threshold value*) überschreitet. Verschiedene Markierungsstrategien unterscheiden sich nur in der Wahl dieses Schwellwerts.

Mangels uniformer Gitterweite ist eine Fehlerabschätzung wie in Lemma 4.20 für adaptive Gitter ungeeignet. Wählen wir als Maßstab dagegen die Anzahl der Gitterknoten, so erhalten wir auf der Basis der obigen Beziehung (6.39) die folgende Verallgemeinerung von Lemma 4.20.

Satz 6.17. *Es sei $\Omega \subset \mathbb{R}^d$ ein Polytop, $u \in H^2(\Omega)$ und $\mathcal{T}$ ein Gitter über Ω, das die Äquilibrierungsbedingung*

$$c^{-1}s \leq \|u - I_h u\|_{H^1(T)} \leq cs \quad \text{für alle } T \in \mathcal{T} \tag{6.40}$$

für ein $s > 0$ und eine nur von den Innenwinkeln der Elemente abhängige Konstante c erfüllt. Dann gilt die Fehlerabschätzung

$$\|u - I_h u\|_{H^1(\Omega)} \leq cN^{-1/d}|u|_{H^2(\Omega)}. \tag{6.41}$$

Beweis. Zunächst definieren wir die auf $\mathcal{T}$ stückweise konstante Funktion z durch

$$z^2|_T = |T|^{-1}\|u\|_{H^2(T)}^2 \quad \text{wobei} \quad |T| = ch_T^d.$$

Dann gilt auf jedem Element $T \in \mathcal{T}$ nach Lemma 4.20, das wir hier lokal anwenden,

$$s \leq c\|u - I_h u\|_{H^1(T)} \leq ch_T\|u\|_{H^2(T)} \leq ch_T^{1+d/2}z.$$

Für die Anzahl $M = |\mathcal{T}|$ der Elemente erhalten wir daraus

$$M = \sum_{T \in \mathcal{T}} 1 = c \sum_{T \in \mathcal{T}} \int_T h_T^{-d} \, dx = c \int_\Omega h^{-d} \, dx \leq c \int_\Omega \left(\frac{s}{z}\right)^{-\frac{2d}{2+d}} dx$$

und somit

$$s \leq c\left(M^{-1} \int_\Omega z^{\frac{2d}{2+d}} \, dx\right)^{\frac{2+d}{2d}}.$$

Wegen der Äquilibrierungsbedingung (6.40) erhalten wir für den Gesamtfehler die Abschätzung

$$\|u - I_h u\|_{H^1(\Omega)}^2 = s^2 M \leq cM^{1-\frac{2+d}{d}} \left(\int_\Omega z^{\frac{2d}{2+d}} \, dx\right)^{\frac{2+d}{d}} \leq cM^{-2/d}\|z\|_{L^q(\Omega)}^2$$

mit $q = 2d/(2+d) < 2$. Mit $M \geq cN$ und $\|z\|_{L^q(\Omega)} \leq c\|z\|_{L^2(\Omega)} = |u|_{H^2(\Omega)}$ erhalten wir schließlich die Behauptung (6.41). $\qquad\square$

Aufmerksame Leser werden bemerkt haben, dass die Abschätzung

$$\|z\|_{L^q(\Omega)} \leq c\|z\|_{L^2(\Omega)}$$

am Ende des Beweises sehr großzügig ist. Tatsächlich lässt sich das Resultat (6.41) auch für weniger reguläre Funktionen $u \in W^{2,q}(\Omega)$ zeigen, so dass auch Gebiete mit einspringenden Ecken abgedeckt sind, siehe dazu unser illustrierendes Beispiel 6.24 im nachfolgenden Kapitel 6.3.2. Wir wollen jedoch hier die Theorie nicht weiter vertiefen, sondern verweisen dazu etwa auf [175].

Wegen der Galerkin-Optimalität (4.19) erhalten wir aus Satz 6.17 sofort die entsprechende Verallgemeinerung von Satz 4.21.

Korollar 6.18. *Unter den Voraussetzungen von Satz 6.17 gilt für den Energiefehler einer FE-Lösung u_h von*

$$a(u_h, v_h) = \langle f, v_h \rangle, \quad v_h \in S_h$$

die Fehlerabschätzung

$$\|u - u_h\|_a \le cN^{-1/d} |u|_{H^2(\Omega)} \le cN^{-1/d} \|f\|_{L^2(\Omega)}. \tag{6.42}$$

Lokale Fehlerextrapolation

Im Folgenden stellen wir eine algorithmische Strategie vor, um die geforderte Äquilibrierung iterativ näherungsweise zu realisieren; sie wurde 1978 von Babuška/Rheinboldt [16] für elliptische Randwertprobleme vorgeschlagen. In Band 1, Kapitel 9.7, haben wir sie bereits am einfachen Beispiel der numerischen Quadratur vorgestellt.

Als Basis benötigen wir einen der in Kapitel 6.1 ausgearbeiteten lokalen Fehlerschätzer. Zur Vereinfachung der Darstellung betrachten wir zunächst finite Elemente in 1D und gehen auf den Unterschied in höheren Raumdimensionen zwischen Schätzern, die auf Dreiecken T definiert sind, [$\epsilon(T)$], und solchen, die auf Kanten definiert sind, [$\epsilon(E)$], erst weiter unten ein. Ziel der zu konstruierenden hierarchischen Verfeinerung ist eine Äquilibrierung der Diskretisierungsfehler über den Elementen $T \in \mathcal{T}$ eines gegebenen Gitters. Bezeichne $T_0 = (t_l, t_m, t_r)$ ein ausgewähltes Element mit linken und rechten Randknoten t_l, t_r und einem Mittelknoten t_m. Durch Unterteilung dieses Elements entstehen Teilelemente T_l und T_r, wobei

$$T_l := \left(t_l, \frac{t_l + t_m}{2}, t_m \right) \quad \text{und} \quad T_r := \left(t_m, \frac{t_r + t_m}{2}, t_r \right).$$

Bei zweimaliger Verfeinerung erhalten wir einen *Binärbaum*, den wir in Abb. 6.4 dargestellt haben.

Die Abbildung greift drei Ebenen einer hierarchischen Verfeinerung heraus, die wir mit $\mathcal{T}^-, \mathcal{T}, \mathcal{T}^+$ bezeichnen wollen, so dass

$$T_0 \in \mathcal{T}^-, \quad \{T_l, T_r\} \in \mathcal{T}, \quad \{T_{ll}, T_{lr}, T_{rl}, T_{rr}\} \in \mathcal{T}^+.$$

Mit diesen Bezeichnungen gehen wir nun zu einer lokalen Fehlerschätzung über. In Kapitel 4.4.1 hatten wir das Fehlerverhalten linearer finiter Elemente über einer Triangulierung mit Gitterweite h angegeben: Satz 4.21 lieferte $\mathcal{O}(h)$ für den Fehler in der

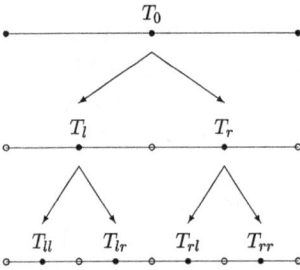

Abb. 6.4: Zweimalige Verfeinerung der Kante $T_0 = (t_l, t_m, t_r)$.

Energienorm, Satz 4.23 $\mathcal{O}(h^2)$ in der L^2-Norm; in beiden Sätzen gilt allerdings die unrealistische Einschränkung, dass $u \in H^2(\Omega)$, was konvexe oder glattberandete Gebiete Ω voraussetzt. Für allgemeine Gebiete hingegen ist das lokale Fehlerverhalten schwer vorherzusagen: Im Inneren eines Gebiets wird man $\mathcal{O}(h)$ für die lokalen Energiefehler erwarten, nahe bei einspringenden Ecken hingegen $\mathcal{O}(h^{1/\alpha-\epsilon})$ mit einem vom Innenwinkel $\alpha\pi > \pi$ bestimmten Faktor und schließlich $\mathcal{O}(h^\beta)$ für *raue* rechte Seiten f mit a priori unbekanntem Exponenten β. In dieser unübersichtlichen Lage haben Babuška und Rheinboldt [16] vorgeschlagen, für den lokalen Diskretisierungsfehler den Ansatz

$$\epsilon(T) \doteq Ch^\gamma, \quad T \in \mathcal{T} \tag{6.43}$$

zu machen, wobei h die lokale Gitterweite, γ eine lokale Ordnung und C eine lokale problemabhängige Konstante bezeichnet. Die zwei Unbekannten C, γ kann man aus den numerischen Resultaten von $\mathcal{T}^-$ und $\mathcal{T}$ bestimmen. Analog zu (6.43) erhält man für die Kantenebene $\mathcal{T}^-$ dann

$$\epsilon(T^-) \doteq C(2h)^\gamma, \quad T^- \in \mathcal{T}^-$$

sowie für die Ebene $\mathcal{T}^+$

$$\epsilon(T^+) \doteq C(h/2)^\gamma, \quad T^+ \in \mathcal{T}^+.$$

Ohne die Fehler auf der feinsten Ebene $\mathcal{T}^+$ explizit numerisch schätzen zu müssen, können wir aus diesen drei Beziehungen durch *lokale Extrapolation* die Vorausschätzung

$$[\epsilon(T^+)] \doteq \frac{[\epsilon(T)]^2}{[\epsilon(T^-)]}$$

gewinnen. Damit können wir im Voraus eine Idee davon bekommen, wie sich eine Verfeinerung der Elemente in $\mathcal{T}$ auswirken würde. Als Schwellwert, oberhalb dessen wir ein Element verfeinern, ziehen wir den maximalen lokalen Fehler heran, den wir bei *globaler uniformer Verfeinerung*, also bei Verfeinerung *sämtlicher* Elemente erhalten würden. Dies führt zu der Definition

$$\kappa^+ := \max_{T^+ \in \mathcal{T}^+} [\epsilon(T^+)]. \tag{6.44}$$

In Abb. 6.5 haben wir die Situation veranschaulicht.

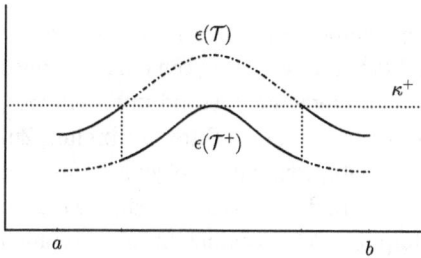

Abb. 6.5: Iterationsschritt in Richtung Gleichverteilung: Fehlerverteilung $\{\epsilon(\mathcal{T})\}$, extrapolierte Verteilung $\{\epsilon(\mathcal{T}^+)\}$ bei (nicht realisierter) uniformer Verfeinerung, erwartete Verteilung (dicke Linie) bei realisierter nichtuniformer Verfeinerung.

Wie die Abbildung zeigt, liegen die Fehler am rechten und linken Rand bereits unterhalb des Niveaus, das bei weiterer Verfeinerung zu erwarten wäre; wir brauchen also dort nicht zu verfeinern. Nur im mittleren Bereich könnte sich eine Unterteilung auszahlen. So kommen wir zu folgender *Verfeinerungsregel*: Verfeinere nur solche Elemente $T \in \mathcal{T}$, für die gilt:

$$[\epsilon(T)] \geq \kappa^+, \quad T \in \mathcal{T}.$$

Anwendung dieser Regel liefert die in Abb. 6.5 mit dicken Linien gezeichnete erwartete Fehlerverteilung. Vergleichen wir sie mit der Ausgangsverteilung, so erkennen wir, dass wir durch diese Strategie der angestrebten Gleichverteilung der lokalen Fehler einen Schritt näher gekommen sind – vorausgesetzt, die dann tatsächlich geschätzten lokalen Fehler in der nächsten Verfeinerungsstufe verhalten sich in etwa wie erwartet. Durch Wiederholung der Prozedur in weiteren Verfeinerungsstufen wird die Verteilung immer „schmaler" werden, d. h. sich iterativ der Gleichverteilung bis auf die Breite 2^y annähern, siehe die Analyse in Band 1, Kapitel 9.7.2.

Resultat der lokalen Fehlerextrapolation ist eine *Markierung* von Elementen, die sich aufgrund der Schachtelung der hierarchisch verfeinerten Gitter direkt auf höhere Raumdimensionen überträgt. Die *Kanten* einer Triangulierung sind dagegen für $d > 1$ nicht vollständig geschachtelt, da bei der Unterteilung von Elementen neue Kanten entstehen, die nicht in Kanten auf der gröberen Ebene enthalten sind (vergleiche den folgenden Abschnitt). Bei der Verwendung des kantenorientierten DLY-Fehlerschätzers (6.36) zur lokalen Fehlerextrapolation stellt sich daher die Frage, wie mit solchen Kanten verfahren wird. Die einfachste Art des Umgangs mit elternlosen Kanten ist nun, sie bei der Maximumbildung (6.44) zu vernachlässigen, wodurch man lediglich einen geringfügig niedrigeren Schwellwert κ^+ erhält.

6.2.2 Verfeinerungsstrategien

In diesem Teilkapitel gehen wir beispielhaft von einer *Triangulation mit markierten Kanten* aus. Ziel ist nun, daraus ein verfeinertes Gitter zu erzeugen, das sowohl *konform* als auch *formregulär* ist. In zwei oder gar drei Raumdimensionen erweist sich diese Aufgabe als durchaus nichttrivial. Im Allgemeinen führt nämlich die lokale Unterteilung eines Elements zunächst auf ein nichtkonformes Gitter. Um ein konformes Gitter zu konstruieren, müssen die angrenzenden Elemente passend unterteilt werden, allerdings ohne dass sich dieser Prozess über das ganze Gitter ausbreitet. Zugleich muss darauf geachtet werden, dass sich die Approximationseigenschaften der FE-Ansatzräume auf den Gittern nicht verschlechtern, d. h. dass der maximale Innenwinkel beschränkt bleibt, vergleiche (4.73) in Kapitel 4.4.3. In manchen Fällen ist auch eine Beschränkung des minimalen Innenwinkels von Interesse, siehe Kapitel 7.1.5.

In Hinblick auf die Übertragung der Mehrgittermethoden aus Kapitel 5.5 auf adaptive Gitter ist man auch an der Konstruktion geschachtelter *Gitterhierarchien* interessiert.

Definition 6.19 (Gitterhierarchie). Eine Familie $(\mathcal{T}_k)_{k=0,\dots,j}$ von Gittern über einem gemeinsamen Gebiet $\Omega \subset \mathbb{R}^d$ heißt *Gitterhierarchie* der Tiefe j, wenn zu jedem $T_k \in \mathcal{T}_k$ eine Menge $\hat{T} \subset \mathcal{T}_{k+1}$ mit $T_k = \bigcup_{T \in \hat{T}} T$ existiert. Die *Tiefe* eines Elements $T \in \bigcup_{k=0,\dots,j} \mathcal{T}_k$ ist gegeben durch $\min\{k \in \{0,\dots,j\} : T \in \mathcal{T}_k\}$, analog wird die Tiefe für Grenzflächen, Kanten und Knoten definiert.

Eine interessante Eigenschaft von Gitterhierarchien ist die Einbettung der Knotenmengen: $\mathcal{N}_k \subset \mathcal{N}_{k+1}$, siehe Aufgabe 7.7 Mit Blick auf die Zielkriterien Konformität, Formregularität und Gitterhierarchie haben sich im Wesentlichen zwei Strategien etabliert, die Bisektion und die sogenannte rot-grüne Verfeinerung.

Bisektion

Die einfachste Methode, die von Rivara [190] schon 1984 ausgearbeitet wurde, ist die Halbierung der markierten Kante gekoppelt mit einer Zerlegung in zwei angrenzende Simplizes, siehe Abb. 6.6.

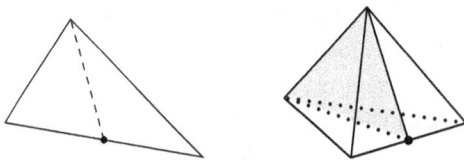

Abb. 6.6: Bisektion von Dreiecken (*links*) und Tetraedern (*rechts*).

Zur Wahrung der Formregularität wird im Allgemeinen die jeweils längste Kante halbiert. Die Verfeinerung wird fortgesetzt, solange noch hängende Knoten existieren, siehe Abb. 6.7.

Im Allgemeinen bricht die Verfeinerung ab, bevor das Gitter vollständig uniform verfeinert ist (vgl. Aufgabe 6.2): Befindet sich nämlich ein hängender Knoten auf einer „längsten" Kante, so wird durch die Unterteilung kein weiterer Knoten erzeugt. Andernfalls entsteht ein neuer hängender Knoten auf einer längeren Kante. Die Fortsetzung der Verfeinerung kann also nur Elemente mit längeren Kanten betreffen.

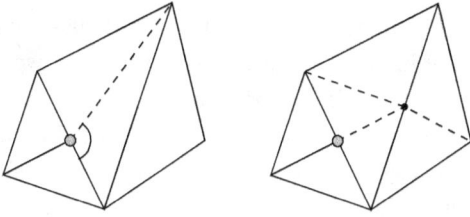

Abb. 6.7: Konforme Gitterverfeinerung durch fortgesetzte Bisektion in 2D.

Auch wenn effiziente Datenstrukturen für adaptive Gitterverfeinerung sehr komplex sind, lassen sich einfache Implementierungen zu Anschauungszwecken überraschend kompakt realisieren. Für eine Beispielimplementierung verweisen wir auf das Begleitbuch [230].

Rot-grüne Verfeinerung

Eine ausgefuchstere Methode geht auf R. Bank [21] aus dem Jahre 1983 zurück, der eine „rot-grüne" Verfeinerungsstrategie für sein adaptives FE-Paket PLTMG (in 2D) vorgestellt hat.[2]

Rote Verfeinerung

Bei dieser (von R. Bank so benannten) Verfeinerung werden die zu verfeinernden Elemente in 2^d kleinere Simplizes unterteilt, wobei genau die Mittelpunkte aller Kanten als neue Knoten eingeführt werden. In 2D erhält man damit eine eindeutige Zerlegung eines Dreiecks in vier geometrisch ähnliche Dreiecke; da sich die Innenwinkel nicht ändern, bleibt die Formregularität des Ausgangsgitters erhalten, siehe Abb. 6.8, links.

In 3D wird die Sache geometrisch komplizierter: Hier erhält man eindeutig zunächst nur vier ähnliche Tetraeder in den Ecken des Ausgangstetraeders sowie ein

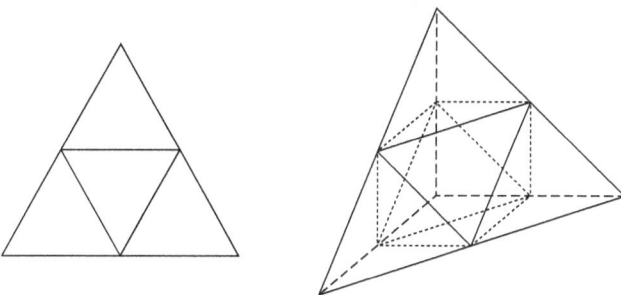

Abb. 6.8: Rote Verfeinerung von Dreiecken (*links*) und Tetraedern (*rechts*).

---

2 Allerdings ging R. Bank algorithmisch von dreiecksorientierten Fehlerschätzern in 2D aus.

Oktaeder im Zentrum, siehe Abb. 6.8, rechts. Durch Auswahl einer der Diagonalen als neue gemeinsame Kante kann das Oktaeder in vier weitere Tetraeder unterteilt werden, die jedoch nicht mehr zum Ausgangstetraeder ähnlich sind, so dass die Formregularität von der Verfeinerungstiefe abhängen wird. Tatsächlich muss die zur Unterteilung vorgesehene Diagonale mit Bedacht ausgewählt werden, damit sich die Erhaltung der Formregularität zeigen lässt. Meist wählt man die jeweils kürzeste Diagonale.

Zur Wahrung der Konformität einer Triangulierung müssen die an bereits verfeinerte Elemente angrenzenden Elemente ebenfalls unterteilt werden. Bei dieser Strategie würde sich allerdings die rote Verfeinerung über das ganze Gebiet ausbreiten und zwangsläufig zu einer globalen uniformen Verfeinerung des Gitters führen. Deswegen wurde schon früh auf Abhilfe gesonnen: Rote Verfeinerungen werden lokal nur dann durchgeführt, wenn (in 2D) *mindestens zwei* Kanten eines Dreiecks markiert sind. Durch diese Regel pflanzt sich die Verfeinerung zwar fort, aber der Prozess bleibt ausreichend lokal.

Grüne Verfeinerung

Wir nehmen nun (zur Veranschaulichung wiederum in 2D) an, dass in einem lokalen Dreieck nur eine der Kanten zur Verfeinerung markiert ist. In diesem Fall führen wir nur eine neue sogenannte *grüne* Kante ein (Bezeichnung ebenfalls von R. Bank) und unterteilen das Dreieck in zwei Dreiecke, siehe Abb. 6.9, links. Auf diese Weise setzt sich die Verfeinerung nicht weiter fort, weshalb die grünen Kanten als *grüne Abschlüsse* bezeichnet werden. Die Innenwinkel der grün verfeinerten Dreiecke können sowohl größer als auch kleiner als die des Ausgangsdreiecks sein. Bei fortgesetzter grüner Verfeinerung könnte deshalb die Formregularität leiden, siehe Abb. 6.9, Mitte. Um dennoch die Formregularität sicherzustellen, werden daher vor der nächsten Verfeinerung alle grünen Abschlüsse aus dem Gitter entfernt und erst nach erfolgter roter Verfeinerung wieder grüne Abschlüsse hinzugefügt, siehe Abb. 6.9, rechts. Auf diese Weise kann die Formregularität kontrolliert werden.

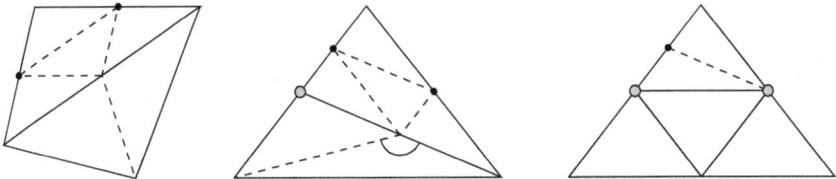

Abb. 6.9: Rot-grüne Verfeinerungsstrategie in 2D. *Links:* Kombination einer roten und einer grünen Verfeinerung an einer markierten Kante mit nur einem hängenden Knoten. *Mitte:* Vergrößerung der Innenwinkel bei fortgesetzter grüner Verfeinerung. *Rechts:* Formregularität bei Entfernung grüner Abschlüsse vor Verfeinerung.

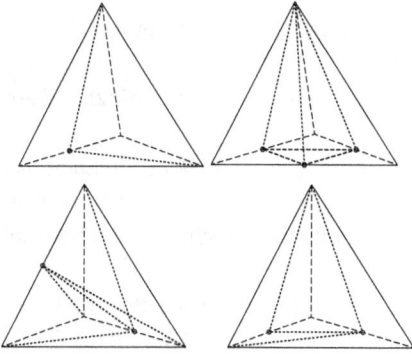

Abb. 6.10: Vier verschiedene Typen grüner Abschlüsse bei Tetraedern. *Oben links:* eine Kante markiert. *Oben rechts:* drei Kanten einer Fläche markiert. *Unten:* zwei Kanten markiert. In allen anderen Fällen wird rot verfeinert.

In 3D verläuft der Prozess analog, erfordert aber drei verschiedene Typen grüner Abschlüsse, je nachdem ob eine, zwei oder drei Kanten markiert sind, siehe Abb. 6.10. Bei vier markierten Kanten kann wieder die rote Verfeinerung einsetzen.

Bemerkung 6.20. Der Erhalt der Formregularität durch endlich viele Ähnlichkeitsklassen bei roter Verfeinerung von Simplizes in beliebiger Raumdimension wurde schon 1942 von Freudenthal bewiesen [99], für die adaptive Gitterverfeinerung in 3D aber erst 50 Jahre später wiederentdeckt [109, 31]. Die Stabilität bei Auswahl der kürzesten Diagonale wurde in [147, 251] gezeigt.

Bemerkung 6.21. Wenn im Zuge der Verfeinerung von Gittern simultan sowohl die Gitterweite h als auch die lokale Ordnung p der finiten Elemente angepasst wird, so spricht man von hp-Verfeinerung. Wir haben diese effiziente Methodik hier ausgespart, weil wir fast durchweg nur finite Elemente niedriger Ordnung behandelt haben. Interessierte Leser verweisen wir auf das Buch von C. Schwab [199].

Struktur adaptiver hierarchischer Löser

Bis hierher haben wir dargestellt, wie adaptive hierarchische Gitter zu konstruieren sind. Im Folgenden wollen wir nun noch kurz aufzeigen, welche Struktur von Lösungsmethoden sich mit diesen Gittern verknüpfen lässt. Wie bereits in Kapitel 5.5 bauen wir auf einer Gitterhierarchie und geschachtelten FE-Räumen auf:

$$S_0 \subset S_1 \subset \cdots \subset S_j \subset H_0^1(\Omega)$$

Dem entspricht bei Randwertproblemen ein hierarchisches System von linearen Gleichungen

$$A_k u_k = f_k, \quad k = 0, 1, \ldots, j \tag{6.45}$$

mit symmetrisch positiv definiten Matrizen der Dimension N_k. Im Unterschied zur Situation in Kapitel 5.5, wo wir von einem festen Feingitter $k = j$ ausgegangen waren, ist auf *adaptiven* hierarchischen Gittern die Reihenfolge von Grobgitter $k = 0$ nach Feingitter $k = j$ zwingend.

Die sukzessive Lösung der linearen Gleichungssysteme (6.45) kann prinzipiell auf zwei Arten erfolgen:

(I) durch Methoden der numerischen linearen Algebra, wie die *direkten Eliminationsmethoden*, die wir in Kapitel 5.1 vorgestellt haben, oder iterative Eigenwertlöser (siehe etwa Band 1, Kapitel 8.5), die wir hier nur an einem nichttrivialen Beispiel vorführen wollen, siehe nachfolgendes Kapitel 6.4.

(II) durch adaptive Mehrgittermethoden, die wir im nachfolgenden Kapitel 7 diskutieren wollen; hierbei genügt es, den algebraischen Fehler $\|u_j - \hat{u}_j\|$ bis auf die Größe des Diskretisierungsfehlers $\|u - u_j\|$ zu reduzieren – eine offenbar sachgerechte Komplexitätsreduktion. Dabei setzen wir üblicherweise voraus, dass zumindest das System $A_0 u_0 = f_0$ mit direkten Eliminationsmethoden gelöst werden kann.

Wie in Kapitel 5.6 diskutiert, eignen sich direkte Verfahren besonders für nicht allzu große Probleme. Die Verwendung adaptiver Gitter verschafft bei gleicher Diskretisierungsgenauigkeit den Eliminationsmethoden somit einen deutlicheren Vorteil als den iterativen Verfahren.

6.3 Konvergenz auf adaptiven Gittern

Bis hierher sind wir stillschweigend davon ausgegangen, dass die auf lokalisierten Fehlerschätzern beruhende Gitterverfeinerung tatsächlich eine Folge $\{\mathcal{T}_k\}$ von Gittern mit zugehörigen FE-Lösungen $u_k \in S_k = S_h^1(\mathcal{T}_k)$ erzeugt, die im Wesentlichen die optimale Konvergenzordnung

$$\|u - u_k\|_A \leq cN_k^{-1/d}\|f\|_{L^2(\Omega)}$$

aus Korollar 6.18 realisiert. Trotz überzeugender numerischer Resultate war dies allerdings lange Zeit nicht theoretisch gesichert – nicht einmal die reine Konvergenz $u_k \to u$. Erst 1996 wurde von Dörfler [85] die Konvergenz adaptiver Löser nachgewiesen, was ihm durch Einführung des Begriffs der *Oszillation* gelang, siehe Definition 6.3. Die *optimale* Konvergenzrate wurde 2004 von Binev, Dahmen und De Vore [33] gezeigt, allerdings unter Verwendung eher unpraktikabler Vergröberungsschritte. Im Jahre 2007 konnte Stevenson [209] Konvergenz für praktisch verwendete Algorithmen nachweisen.

In folgenden Kapitel 6.3.1 geben wir einen solchen Konvergenzbeweis an. Im anschließenden Kapitel 6.3.2 illustrieren wir dann die Zusammenhänge an einem elementaren 2D-Beispiel mit einspringenden Ecken.

6.3.1 Ein Konvergenzbeweis

Um die wesentlichen Aspekte eines Konvergenzbeweises für adaptive Verfahren herauszuarbeiten, definieren wir zunächst einen Musteralgorithmus zur hierarchischen Verfeinerung.

Adaptiver Musteralgorithmus

Wir beschränken uns auf eine idealisierte Situation mit linearen finiten Elementen S_h^1 auf einem Dreiecksgitter ($d = 2$). Zur Markierung von Kanten benutzen wir einen hierarchischen Fehlerschätzer, wobei wir jedoch als Erweiterung $S_h^\oplus$ statt der im DLY-Schätzer verwendeten quadratischen „Bubbles", siehe Abb. 6.1, rechts, hier stückweise lineare „Bubbles" einsetzen, vergleiche Abb. 6.1, links. Als Verfeinerungsregel kombinieren wir die rote Verfeinerung mit hängenden Knoten: Ist ein hängender Knoten $\xi \in \mathcal{N}$ Mittelpunkt einer Kante (ξ_l, ξ_r), die auf der einen Seite ein unverfeinertes und auf der anderen Seite ein verfeinertes Dreieck begrenzt, so fordern wir $u_h(\xi) = (u_h(\xi_l) + u_h(\xi_r))/2$, also Interpolation mit linearen finiten Elementen. Je Kante sei maximal ein hängender Knoten erlaubt. Die so erzeugten Gitter sind damit – bis auf die fehlenden grünen Abschlüsse – mit rot-grün verfeinerten Gittern identisch.

Durch diese Wahl des adaptiven Algorithmus ist zum einen sichergestellt, dass die erzeugte Folge $\{S_k\}$ der Ansatzräume geschachtelt ist, also $S_k \subset S_{k+1}$ gilt, und zum anderen, dass die zum Schätzen des Fehlers verwendeten Ansatzfunktionen nach erfolgter Gitterverfeinerung im nächsten Ansatzraum enthalten sind. Um daraus ein konvergentes Verfahren zu konstruieren, erscheint es sinnvoll, eine Verfeinerung der Dreiecke mit dem jeweils größten Fehlerindikator zu fordern. Andererseits dürfen nicht zu viele Dreiecke verfeinert werden, insbesondere nicht diejenigen mit besonders kleinem Fehlerindikator, weil dann die schnell wachsende Knotenanzahl N_k nicht mit einer entsprechenden Fehlerreduktion einhergeht und somit die Konvergenzrate suboptimal wird. Wir wählen daher als Grenzfall in jedem Verfeinerungsschritt eine Kante $E \in \mathcal{E}$ mit maximalem Fehlerindikator aus, also $[\epsilon_h(E)] \geq [\epsilon_h(e)]$ für alle $e \in \mathcal{E}$, und markieren genau die zu E inzidenten Dreiecke zur Verfeinerung. Wegen der Lokalität der Verfeinerung ist dann die Anzahl der neu hinzukommenden Knoten durch eine Konstante m beschränkt.

Für diesen idealisierten Fall können wir nun Konvergenz der FE-Lösungen $u_k \in S_k$ zeigen. Wir nutzen dabei statt der *Oszillation* die *Sättigungsannahme*, deren Äquivalenz 2002 von Dörfler und Nocchetto [86] gezeigt worden ist, siehe Satz 6.8.

Satz 6.22. *Es sei die Sättigungsannahme* (6.22) *erfüllt. Dann konvergieren die FE-Lösungen u_j gegen u und es existieren Konstanten $c, s > 0$, so dass gilt:*

$$\|u - u_j\|_A \leq c N_j^{-s} \|u - u_0\|_A, \quad j = j_0, \ldots.$$

Beweis. Wir benutzen die Bezeichnungen von Kapitel 6.1.4. Aus der Fehlerlokalisierung (6.37) und der Galerkin-Orthogonalität erhalten wir wegen $\psi_E \in S_{k+1}$ für den kantenorientierten Fehlerschätzer mit linearen finiten Elementen ($k = 0, \ldots, j$)

$$[\epsilon_k(E)] \, \|\psi_E\|_A = \langle f - Au_k, \psi_E \rangle = \langle A(u - u_k), \psi_E \rangle = \langle A(u_{k+1} - u_k), \psi_E \rangle$$
$$\leq \|u_{k+1} - u_k\|_A \|\psi_E\|_A,$$

was natürlich auch für den Betrag gilt. Damit können wir die Fehlerreduktion abschätzen. Wieder aufgrund der Galerkin-Orthogonalität gilt

$$\|u - u_k\|_A^2 = \|u - u_{k+1}\|_A^2 + \|u_{k+1} - u_k\|_A^2 \geq \|u - u_{k+1}\|_A^2 + [\epsilon_k(E)]^2,$$

was sofort

$$\epsilon_{k+1}^2 \leq \epsilon_k^2 - [\epsilon_k(E)]^2 \tag{6.46}$$

liefert. Im Folgenden sei $c > 0$ wieder eine generische Konstante. Da $[\epsilon_k(E)]$ maximal ist, gilt nach Satz 6.15

$$[\epsilon_k(E)]^2 \geq \frac{1}{|\mathcal{E}_k|} \sum_{e \in \mathcal{E}_k} [\epsilon_k(e)]^2 \geq c \frac{[\epsilon_k]^2}{N_k} \geq c \frac{\epsilon_k^2}{N_k},$$

wobei wir ausgenutzt haben, dass die Anzahl der Kanten durch die der Knoten beschränkt wird. Zudem gilt $N_{k+1} \leq N_k + m$, also $N_{k+1} \leq (k+1)m + N_0$, sowie $N_0 \geq 1$, was auf

$$[\epsilon_k(E)]^2 \geq c \frac{\epsilon_k^2}{k+1}$$

führt. Setzen wir dies in (6.46) ein, so erhalten wir

$$\epsilon_j^2 \leq \left(1 - \frac{c}{j}\right)\epsilon_j^2 \leq \prod_{k=0}^{j-1}\left(1 - \frac{c}{k+1}\right)\epsilon_0^2.$$

Weil die harmonische Reihe eine obere Schranke für den natürlichen Logarithmus ist, gilt

$$\exp\left(\sum_{k=0}^{j-1} \ln\left(1 - \frac{c}{k+1}\right)\right) \leq \exp\left(-c \sum_{k=1}^{j} \frac{1}{k}\right) \leq \exp(-c \ln j),$$

woraus die oben behauptete Konvergenz

$$\epsilon_j^2 \leq j^{-c}\epsilon_0^2 \leq cN_j^{-s}\epsilon_0^2$$

folgt. $\qquad\qquad\qquad\qquad\qquad\qquad\qquad\qquad\qquad\qquad\qquad\qquad\qquad\qquad\Box$

Für den beschriebenen Musteralgorithmus erhalten wir aus Satz 6.22 zwar Konvergenz, aber die Konvergenzrate s bleibt unbekannt. Mit deutlich mehr Aufwand im Beweis erhält man jedoch Konvergenzraten, die optimal im Sinne der prinzipiellen

Approximierbarkeit der Lösung u sind, siehe etwa [209]. Allerdings erzielt das beschriebene Verfahren auch bei optimaler Konvergenzrate noch keinen optimalen Aufwand: Da in jedem Verfeinerungsschritt nur eine beschränkte Anzahl an Freiheitsgraden hinzukommt, ist die Anzahl an Verfeinerungsschritten sehr groß, und der Gesamtaufwand W_j von der Größenordnung $\mathcal{O}(N_j^2)$. Um einen optimalen Aufwand der Größenordnung $\mathcal{O}(N_j)$ sicherzustellen, werden deshalb in der Praxis ausreichend viele Dreiecke verfeinert, was aber etwas kompliziertere Beweise erfordert.

Bemerkung 6.23. Ein solches theoretisches Konzept liegt dem adaptiven Finite-Elemente-Programm ALBERTA (für 2D und 3D) zugrunde, das von ALfred Schmidt und KuniBERT Siebert geschrieben[3] und in [196] publiziert worden ist; dieses Programm benutzt einen Residuen-Fehlerschätzer, siehe Kapitel 6.1.1, gekoppelt mit lokaler Fehlerextrapolation nach [16] und *Bisektion* zur Verfeinerung, siehe Kapitel 6.2.2.

6.3.2 Ein Beispiel mit einspringenden Ecken

Wir hatten wiederholt darauf hingewiesen, dass das asymptotische Verhalten des Diskretisierungsfehlers bei uniformen Gittern mit Gitterweite h an einspringenden Ecken durch die dort auftretende Eckensingularität verändert wird. Für $d = 2$ charakterisieren wir den Innenwinkel durch $\alpha\pi$ mit $\alpha > 1$. Aus Bemerkung 4.22 entnehmen wir das Fehlerverhalten bei *Dirichlet-Problemen* in der *Energienorm*

$$\|u - u_h\|_a \le ch^{\frac{1}{\alpha}-\epsilon}, \quad \epsilon > 0. \tag{6.47}$$

Für einseitige *homogene Neumann-Probleme* ist α im obigen Exponenten durch 2α zu ersetzen, falls sich das Problem symmetrisch zu einem Dirichlet-Problem erweitern lässt. Analog gilt nach Bemerkung 4.24 für das Fehlerverhalten in der L^2-*Norm*

$$\|u - u_h\|_{L^2(\Omega)} \le ch^{\frac{2}{\alpha}-\epsilon}, \quad \epsilon > 0. \tag{6.48}$$

Auch hier ist für einseitige Neumann-Probleme der Faktor α in obigem Exponenten gegebenenfalls durch 2α zu ersetzen. Zur Illustration von adaptiven Gittern bei einspringenden Ecken modifizieren wir ein Beispiel, das ursprünglich von R. Bank [19] angegeben wurde.

Beispiel 6.24. *Poisson-Modellproblem über Schlitzgebiet.* Gegeben sei die einfache Poisson-Gleichung

$$-\Delta u = 1$$

---

3 Das Programm hieß ursprünglich ALBERT, wogegen es allerdings einen Einspruch aus der Wirtschaft gab.

über einem Kreisgebiet mit Schlitz längs der positiven Achse, wie in Abb. 6.11 dargestellt. Links sind auf beiden Seiten des Schlitzes homogene Dirichlet-Randbedingungen vorgeschrieben, die numerische Lösung ist durch Niveaulinien dargestellt. Rechts
sind hingegen auf der unteren Seite homogene Neumann-Randbedingungen (orthogonales Einmünden der Niveaulinien), auf der oberen Seite homogene Dirichlet-Randbedingungen vorgeschrieben. Darüber liegen jeweils die durch lineare finite Elemente
adaptiv erzeugten Gitter $\mathcal{T}_j$ für $j = 0, 5, 11$, wobei das Kreisgebiet durch zunehmend bessere Polygonzüge approximiert wird. Zur Erzeugung der adaptiven Gitter wurde der
DLY-Fehlerschätzer aus Kapitel 6.1.4, die lokale Extrapolation aus Kapitel 6.2.1 und
die rot-grüne Verfeinerung von Kapitel 6.2.2 benutzt. Die numerische Lösung erfolgte
durch einen der in Kapitel 7.3 beschriebenen Mehrgitterlöser, der hier jetzt keine Rolle
spielen soll.

Für dieses Beispiel liefert die Approximationstheorie (siehe (6.47) und (6.48)) das
folgende Fehlerverhalten ($\epsilon \approx 0$):

– *Dirichlet*-Problem: $\alpha = 2$, also

$$\text{ERRD-EN} := \|u - u_h\|_a^{(D)} \sim \mathcal{O}(h^{\frac{1}{2}}), \quad \text{ERRD-L2} := \|u - u_h\|_{L^2}^{(D)} \sim \mathcal{O}(h).$$

– *Neumann*-Problem: $2\alpha = 4$, also

$$\text{ERRN-EN} := \|u - u_h\|_a^{(N)} \sim \mathcal{O}(h^{\frac{1}{4}}), \quad \text{ERRN-L2} := \|u - u_h\|_{L^2}^{(N)} \sim \mathcal{O}(h^{\frac{1}{2}}).$$

Das Verhalten dieser vier Fehlermaße ist in doppeltlogarithmischer Darstellung in
Abb. 6.12, oben, sehr schön zu sehen.

In Satz 6.17 hatten wir eine Theorie für *adaptive* Gitter angeboten, deren Kern die
Charakterisierung des FE-Approximationsfehlers über die Anzahl N der Unbekannten
anstelle einer Charakterisierung über eine Gitterweite h ist, die ja nur im uniformen
Fall wirklich taugt. Diese Theorie gilt auch für einspringende Ecken. Um sie anzuwenden, betrachten wir unser obiges Poisson-Problem *ohne* einspringende Ecken, egal ob
mit Dirichlet- oder Neumann-Randbedingungen. Dafür hätten *uniforme* Gitter nach
Kapitel 4.4.1 mit $N = ch^d$, $d = 2$ zu einem Energiefehler

$$\|u - u_h\|_a \sim \mathcal{O}(h) \sim \mathcal{O}(N^{-\frac{1}{2}})$$

und zu einem L^2-Fehler

$$\|u - u_h\|_{L^2} \sim \mathcal{O}(h^2) \sim \mathcal{O}(N^{-1})$$

geführt.

In der Tat zeigt sich ein solches Verhalten klar, wenn man die *adaptiven* Gitter über
$N = N_j$ aufträgt, wie in Abb. 6.12, unten. Die Fehler ERRD-EN und ERRN-EN unterscheiden sich nur durch eine Konstante, was genau die Aussage (6.42) widerspiegelt. Einen
analogen Beweis für die L^2-Norm haben wir nicht angegeben; dennoch zeigt sich das
gleiche Verhalten auch für die Fehlermaße ERRD-L2 und ERRN-L2.

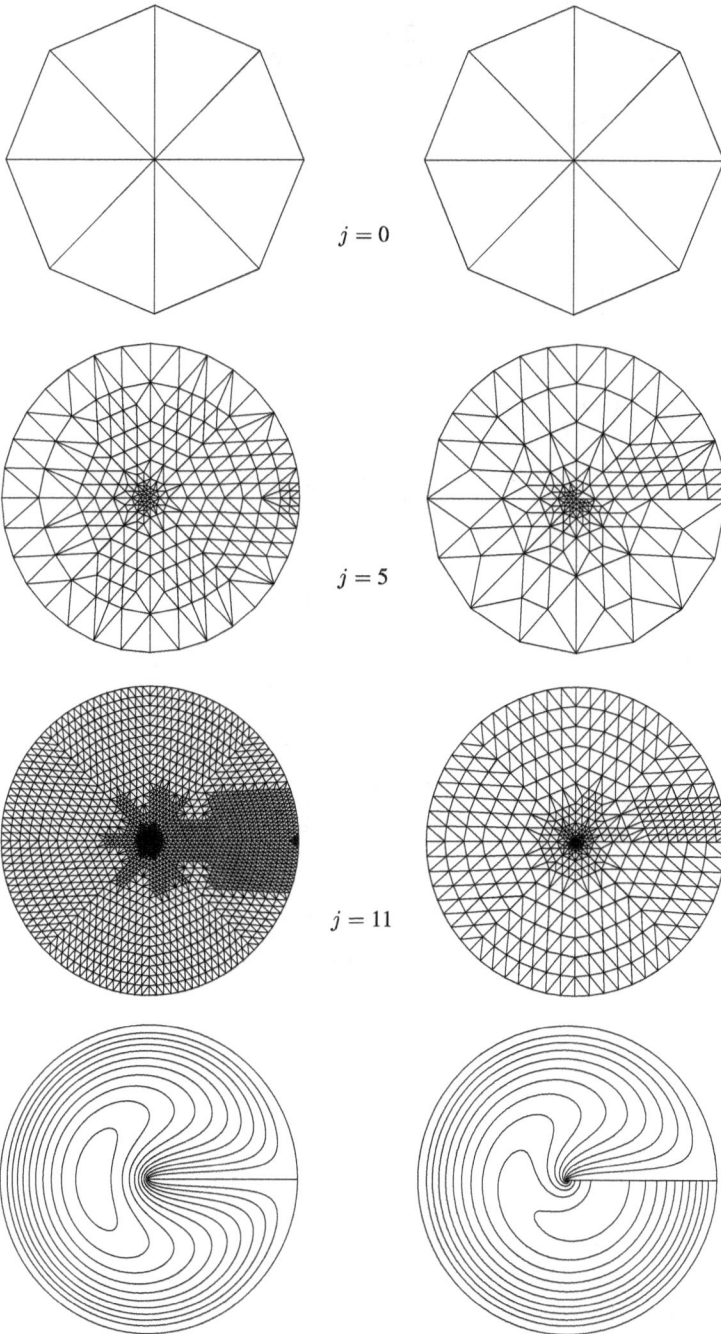

Abb. 6.11: Beispiel 6.24: adaptive Gitterverfeinerungsgeschichte. *Links:* Dirichlet-Randbedingungen. Grundgitter mit Knotenzahl $N_0 = 10$, ausgewählte verfeinerte Gitter mit $N_5^{(D)} = 253$, $N_{11}^{(D)} = 2152$, Niveaulinien für Lösung. *Rechts:* Neumann-Randbedingungen. Gleiches Grundgitter, verfeinerte Gitter mit $N_5^{(N)} = 163$, $N_{11}^{(N)} = 594$, Niveaulinien für Lösung.

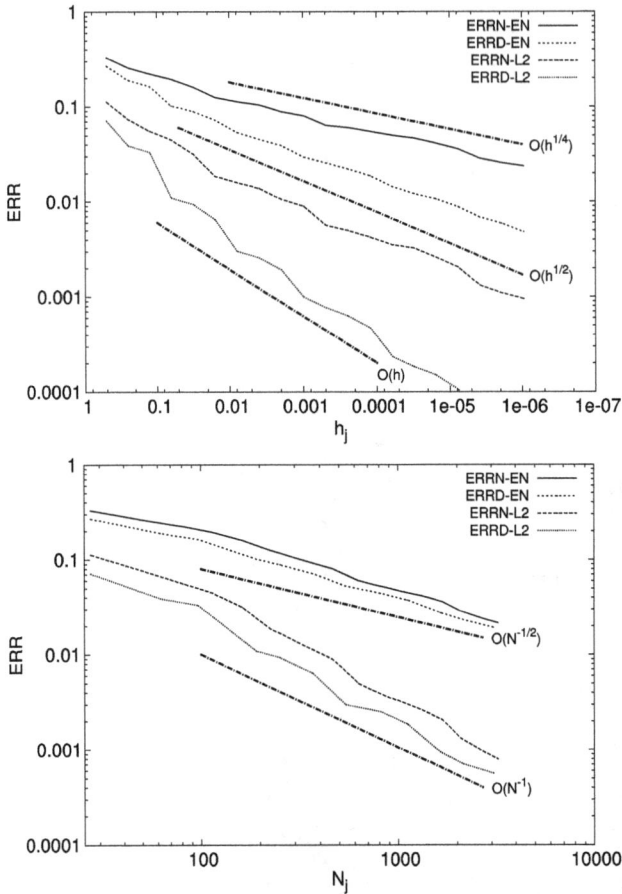

Abb. 6.12: Beispiel 6.24: adaptive Gitterverfeinerungsgeschichte. *Oben:* Fehlermaße über kleinster Gitterweite $h = h_j$. *Unten:* Fehlermaße über Anzahl Knoten $N = N_j$. Vergleiche hierzu Satz 6.17.

Als Fazit aus diesen Abbildungen erhalten wir:
Durch adaptive Gitter werden Eckensingularitäten quasi wegtransformiert.

6.4 Entwurf eines Plasmon-Polariton-Wellenleiters

Dieser Typ von Halbleiter-Bauelement ist erst seit kurzem in den Fokus des Interesses gerückt. Er eignet sich als Biosensor ebenso wie als schnelle Datenleitung (engl. *interconnect*) auf integrierten Halbleiter-Chips. Das hier vorgestellte nichttriviale Beispiel nach [51] soll als Einblick in die Problemwelt der Nanotechnologie dienen. Es wird sich zeigen, dass wir auf ein quadratisches Eigenwertproblem geführt werden.

In Abb. 6.13 ist ein Schema eines solchen speziellen optischen Wellenleiters in seinem (x, y)–Querschnitt gezeigt, siehe [30]: Auf einem Dielektrikum 1 (mit relativer

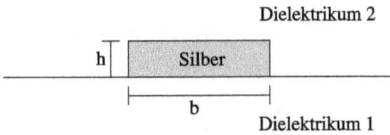

Abb. 6.13: Schematische Darstellung eines Plasmon-Polariton-Wellenleiters.

Dielektrizitätszahl $\varepsilon_{r,1} = 4.0$) liegt ein sehr dünner Silberstreifen mit Dicke $h = 24.5$ nm und Breite $b = 1\,\mu$m. Ein Dielektrikum 2 (mit $\varepsilon_{r,2} = 3.61$) bedeckt das Bauteil von oben. Die Geometrie ist als invariant in z-Richtung angenommen, d.h. das Bauteil ist als unendlich lang modelliert.

Von technologischem Interesse ist, dass sich in dieser Struktur Lichtfelder entlang der z-Richtung ausbreiten können, die an der Oberfläche des dünnen Silberstreifens lokalisiert bleiben. Wie schon in Kapitel 2.1.2 eingeführt, heißen solche Felder *Wellenleitermoden*. Wenn die Lichtausbreitung auf einer Metalloberfläche stattfindet, spricht man von *Plasmon-Polariton-Wellenleitern*.

Für den konkreten Fall gilt $\omega = 2\pi/\lambda_0 c$ mit $\lambda_0 = 633$ nm und Lichtgeschwindigkeit c. Bei dieser Wahl von ω hat man in Silber (chemische Bezeichnung: Ag) die relative Dielektrizitätszahl $\varepsilon_{r,\mathrm{Ag}} = -19 + 0.53i$. Der große Realteil und der nichtverschwindende Imaginärteil charakterisiert die Dämpfung der optischen Welle.

Mathematische Modellierung

In Kapitel 2.1.2 haben wir eine Hierarchie der optischen Modelle angegeben, unter anderen auch ein spezielles Modell für Wellenleiter. Im vorliegenden Fall benötigen wir eine Variante des dort vorgestellten Modells. Dazu rufen wir uns die *zeitharmonischen* Maxwell-Gleichungen ins Gedächtnis. Wir gehen aus von Gleichung (2.4), nur dass wir darin die Vertauschungen $(E, \epsilon) \leftrightarrow (H, \mu)$ vornehmen. Wenn wir den Differentialoperator komponentenweise als Vektorprodukt des Gradienten schreiben (vergleiche Aufgabe 2.3), so kommen wir auf die folgende Gleichung für das elektrische Feld E:

$$\begin{bmatrix} \partial_x \\ \partial_y \\ \partial_z \end{bmatrix} \times \frac{1}{\mu} \begin{bmatrix} \partial_x \\ \partial_y \\ \partial_z \end{bmatrix} \times E(x,y,z) - \omega^2 \varepsilon(x,y,z) E(x,y,z) = 0.$$

Die Dielektrizitätszahl hängt nur von den Querschnittskoordinaten ab, d.h. $\varepsilon = \varepsilon(x,y)$. Im konkreten Beispiel war $\mu_r = 1$, aber im allgemeinen Fall wäre die relative magnetische Permeabilität $\mu_r = \mu_r(x,y)$.

Für die Wellenleitermoden machen wir, analog zu (2.8), den Ansatz

$$E(x,y,z) = \hat{E}(x,y)e^{ik_z z}$$

mit einer Propagationskonstante k_z. Als bestimmende Gleichung für den Eigenwert k_z ergibt sich dann

$$\begin{bmatrix} \partial_x \\ \partial_y \\ ik_z \end{bmatrix} \times \frac{1}{\mu} \begin{bmatrix} \partial_x \\ \partial_y \\ ik_z \end{bmatrix} \times \hat{E}(x,y) - \omega^2 \varepsilon(x,y)\hat{E}(x,y) = 0. \tag{6.49}$$

Multipliziert man diese Gleichung aus (was wir als Aufgabe 6.4 lassen), so stellt man fest, dass der Eigenwert sowohl linear als auch quadratisch auftritt. Es liegt also ein *quadratisches Eigenwertproblem* vor. Durch eine elementare Transformation (ebenfalls in Aufgabe 6.4) kann dieses Problem umgeformt werden in ein lineares Eigenwertproblem doppelter Dimension, siehe etwa den Überblicksartikel von Tisseur/Meerbergen [215].

Diskrete Formulierung

Das Eigenwertproblem ist eigentlich in ganz $\mathbb{R}^2$ vorgeschrieben. Zur numerischen Diskretisierung muss das Problem auf ein endliches Rechengebiet eingeschränkt werden. Ziel der Rechnung ist, diejenige Wellenleitermode mit der stärksten Lokalisierung um den Silberstreifen zu berechnen, die so genannte *Fundamentalmode.* Dafür genügt es, einen hinreichend großen Ausschnitt um den Silberstreifen mit homogenen Dirichlet-Randbedingungen zu belegen, wobei der „Abschneidefehler" vernachlässigt werden kann. Als Diskretisierung wurden *Kantenelemente* zweiter Ordnung verwendet, die wir in diesem Buch ausgespart haben, siehe Nédélec [170]. Auf diese Weise entsteht ein sehr großes algebraisches lineares Eigenwertproblem mit einer unsymmetrischen Matrix. Zu dessen numerischer Lösung wurde die „inverse geshiftete Arnoldi-Methode" herangezogen, eine erprobte Methode der numerischen linearen Algebra, siehe [155]. Die beim Durchlaufen dieses Algorithmus auftretenden dünnbesetzten Gleichungssysteme mit bis zu mehreren Millionen Unbekannten wurden mit dem Programmpaket **PARDISO** [193] gelöst.

Numerische Resultate

Der Entwurf des Wellenleiters verlangt offenbar die Auswahl eines Eigenwertes an Hand einer Eigenschaft der zugehörigen Eigenfunktion: sie soll „stark lokalisiert" sein um den Silberstreifen herum. Um diesem Ziel näherzukommen, wurden zunächst etwa 100 diskrete Eigenwertprobleme simultan auf relativ groben Gittern approximiert und die Lokalisierung der Eigenfunktionen quantifiziert. Aus diesen wurden sodann sukzessive weniger Eigenwerte auf immer feineren Gittern ausgesucht. Der in diesem iterativen Prozess schließlich übrig gebliebene Eigenwert ist aus technologischen Gründen auf hohe Genauigkeit, also auf sehr feinen Gittern zu berechnen: In Abb. 6.14 zeigen wir Isolinien der berechneten Intensität $\|E\|^2$, in der für Chipdesigner bei diesem Problem gewohnten logarithmischen Darstellung. Man

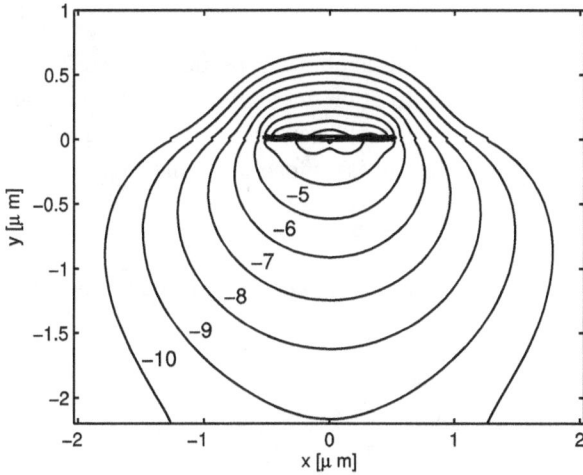

Abb. 6.14: *Plasmon-Polariton-Wellenleiter.* Isolinien der Feldintensität $\|E\|^2$ (in logarithmischer Darstellung).

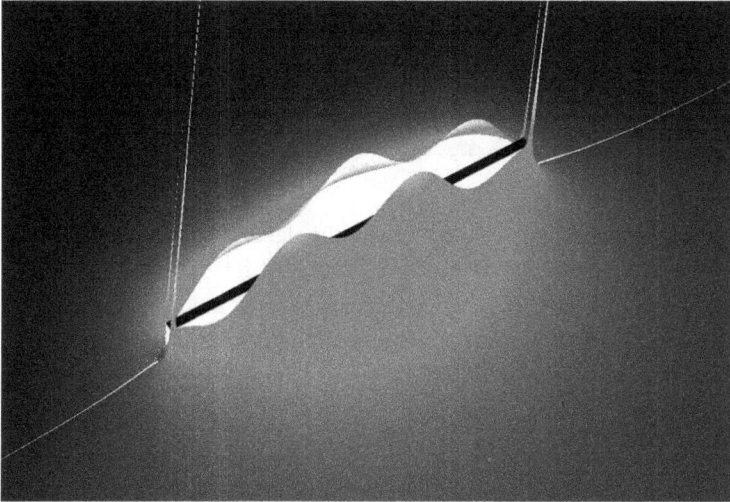

Abb. 6.15: *Plasmon-Polariton-Wellenleiter.* Dominante y-Komponente des Feldes E. Der schwarze Strich markiert den Silberstreifen. Die Singularitäten am Rand des Silberstreifens sind abgeschnitten.

erkennt die gewünschte starke Lokalisierung um den Silberstreifen. Außerdem weist das Feld numerisch unangenehme *Singularitäten* an den Ecken des Silberstreifens auf, was besonders in Abb. 6.15 sichtbar ist.

Adaptive Gitter

Wegen der auftretenden Singularitäten ist eine adaptive Verfeinerung des Finite-Elemente-Gitters besonders wichtig. Zur Konstruktion der adaptiven hierarchischen Gitter wurde in [51] ein residuenbasierter Fehlerschätzer aus Kapitel 6.1.1 gewählt; er ist zwar nur bis auf eine Konstante bestimmt, ist jedoch als Fehlerindikator bei Singularitäten gut geeignet.

Tab. 6.1: *Plasmon-Polariton-Wellenleiter.* Eigenwert-Approximationen k_z bei adaptiver Gitterverfeinerung ($k_0 = 2\pi/\lambda_0$).

N	$\mathbb{R}(k_z)/k_0$	$\mathfrak{I}(k_z)/k_0$
1 830	2.003961e+00	1.031e−03
4 150	2.004239e+00	1.125e−03
8 757	2.003659e+00	1.071e−03
18 955	2.003339e+00	1.034e−03
38 329	2.003155e+00	1.011e−03
74 574	2.003061e+00	9.992e−04
148 872	2.003012e+00	9.929e−04
271 281	2.002986e+00	9.894e−04
528 178	2.002973e+00	9.875e−04
1 010 541	2.002965e+00	9.864e−04
1 903 730	2.002962e+00	9.858e−04
3 518 031	2.002960e+00	9.855e−04

In Tab. 6.1 sind die berechneten Eigenwerte k_z in Abhängigkeit von der Anzahl N der Unbekannten aufgelistet. In praktischen Anwendungen benötigt man den Realteil von k_z bis zur vierten Nachkommastelle. Der Imaginärteil soll bis auf zwei signifikante Stellen genau berechnet werden. Daraus ergibt sich eine Fehlerschranke für den relativen Diskretisierungsfehler von 10^{-6}. Abbildung 6.16 zeigt einen Vergleich des Fehlers bei den erzeugten adaptiven FE-Gittern mit uniformen FE-Gittern. Selbst bei Ver-

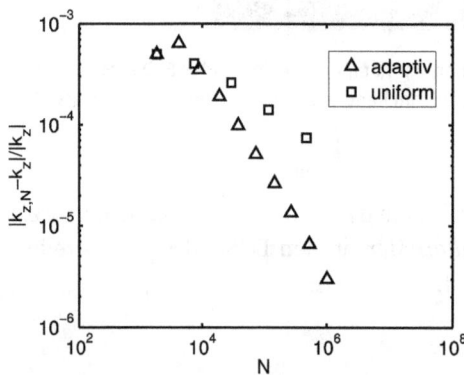

Abb. 6.16: *Plasmon-Polariton-Wellenleiter.* Vergleich der Konvergenz der Eigenwert-Approximationen k_z bei adaptiven gegenüber uniformen Gittern.

wendung von ungefähr einer Million Unbekannten erreicht uniforme Gitterverfeinerung die Zielgenauigkeit nicht. In Tab. 6.1 steigt die Anzahl Unbekannter sogar bis auf 3.5 Millionen. Die Speichergrenze (32 GB) des für diesen Teil der Simulation benutzten Rechners erlaubte keine weitere uniforme Verfeinerung auf 4 Millionen Knoten mehr. Mit Blick auf den Vergleich direkter gegen iterativer Löser in Kapitel 5.6 zeigt sich also, dass gerade beim Einsatz direkter Löser wegen deren rascher wachsendem Speicherbedarf die Verwendung adaptiver Gitter sinnvoll ist.

6.5 Übungsaufgaben

Aufgabe 6.1. Zeigen Sie für die Knotenfunktionen φ_ξ über simplizialen Triangulierungen die Abschätzung $2\|1 - \varphi_\xi\|_{L^2(\omega_\xi)} \leq |\omega_\xi|^{1/2}$.

Aufgabe 6.2. Konstruieren Sie ein nichttriviales Gitter, das bei Unterteilung eines Elements mittels Bisektion durch die fortgesetzte Verfeinerung zur Wiederherstellung der Konformität global verfeinert wird.

Aufgabe 6.3. *Lokale Extrapolation.* Sei u eine Funktion über $[0, 1]$ und u^j eine zugehörige Approximation über dem Gitter

$$\mathcal{T}^j = \{t_i^j : 0 \leq i < n_j\}, \quad \text{mit } t_i^j :=]x_i^j, x_{i+1}^j[$$

mit $0 = x_0^j < x_1^j < \cdots < x_{n_j}^j = 1$. Als Startgitter sei $\mathcal{T}^0 = \{]0, 1/2[,]1/2, 1[\}$ gegeben, das Gitter $\mathcal{T}^1$ sei durch uniforme Verfeinerung erzeugt. Die übrigen Gitter $\mathcal{T}^j, j > 1$ seien durch Bisektion in Kombination mit der Verfeinerungsstrategie auf Basis einer lokaler Extrapolation vorgeschlagen, siehe Kapitel 6.2.1. Seien η_i^j die lokalen Fehlerindikatoren, definiert durch

$$\eta_i^j = \|u - u^j\|_{t_i^j}^2.$$

Zwei Modellannahmen sollen verglichen werden:
(a) *Gleicher Exponent, verschiedener Vorfaktor:* Der lokale Fehler auf einem Teilintervall $t_h^j :=]z, z + h[$ genüge der Bedingung

$$\|u - u^j\|_{t_h^j}^2 = \begin{cases} c_1 h^\gamma & \text{für } t_h^j \subset]0, 1[, \\ c_2 h^\gamma & \text{für } t_h^j \subset]1/2, 1[\end{cases}$$

mit $0 < c_1 < c_2$. Zeigen Sie, dass ein $j_0 > 0$ existiert, bei dem der Fehler „fast uniform" verteilt ist im folgenden Sinn: Für $j > j_0$ führen zwei weitere Verfeinerungsstufen zu genau einer Verfeinerung in jedem Teilintervall.
(b) *Gleicher Vorfaktor, verschiedener Exponent:* Der lokale Fehler auf einem Teilintervall t_h^j genüge der Bedingung

$$\|u - u^j\|_{t_h^j}^2 = \begin{cases} ch^{\gamma_1} & \text{für } t_h^j \subset \,]0, 1/2[, \\ ch^{\gamma_2} & \text{für } t_h^j \subset \,]1/2, 1[\end{cases}$$

mit $0 < \gamma_1 < \gamma_2$. Was ändert sich in diesem Fall?

Aufgabe 6.4. Wir gehen zurück zu Gleichung (6.49) für den Plasmon-Polariton-Wellenleiter. Multiplizieren Sie die Differentialoperatoren aus und schreiben das quadratische Eigenwertproblem in schwacher Formulierung in Matrizenform. Führen Sie eine Transformation der Art $v = k_z u$ aus, um ein lineares Eigenwertproblem doppelter Dimension zu erhalten. Es gibt zwei prinzipielle Umformungen. Welche Eigenschaften haben die dabei entstehenden Matrizen doppelter Dimension?

7 Adaptive Mehrgittermethoden für lineare elliptische Probleme

Im vorangegangenen Kapitel 5 haben wir die numerische Lösung elliptischer Randwertprobleme behandelt, nachdem sie vorher diskretisiert worden waren, also in der Form von Gittergleichungssystemen. In schwacher Formulierung wurde der unendlichdimensionale Raum H_0^1 ersetzt durch einen Unterraum $S_h \subset H_0^1$ mit fester Dimension $N = N_h$. Dementsprechend konnten die in Kapitel 5.2 und 5.3 vorgestellten Iterationsverfahren allein die *algebraische* Struktur der auftretenden (N, N)-Matrizen A nutzen.

Im Gegensatz dazu betrachten wir in diesem Kapitel elliptische Randwertprobleme durchgängig als Gleichungen im unendlichdimensionalen Raum, d. h. wir sehen Diskretisierung und numerische Lösung als Einheit. Den unendlichdimensionalen Raum modellieren wir hier durch eine *Hierarchie* von Räumen S_k, $k = 0,\ldots,j$ mit wachsender Dimension $N_0 < N_1 < \cdots < N_j$. In der Regel nehmen wir diese Räume als geschachtelt an, d. h. es gilt $S_0 \subset S_1 \subset \cdots \subset S_j \subset H_0^1$. Dementsprechend konstruieren wir hier *hierarchische Löser*, welche die *hierarchische geometrische* Struktur der geschachtelten FE-Triangulierungen $\mathcal{T}_k$ nutzen. So entsteht eine Hierarchie von (N_k, N_k)-Matrizen A_k, deren Redundanz wir in eine Reduktion der benötigten Rechenzeiten ummünzen können. Als Umsetzung dieses grundlegenden Konzeptes diskutieren wir hier nun *adaptive* Mehrgittermethoden, also Mehrgittermethoden auf problemangepassten hierarchischen Gittern. Die Konstruktion solcher Gitter haben wir im vorigen Kapitel 6 ausführlich dargestellt.

Erste Konvergenzbeweise für *nichtadaptive* Mehrgittermethoden hatten wir bereits im vorangegangenen Kapitel 5.5.1 vorgestellt; sie waren jedoch nur für W-Methoden auf uniformen Gittern anwendbar. Gänzlich ohne Konvergenzbeweis hatten wir in Kapitel 5.5.2 die Methode der hierarchischen Basen eingeführt. Um diese Lücken zu schließen, stellen wir deshalb in Kapitel 7.1 und 7.2 abstrakte Unterraum-Korrekturmethoden vor, die uns transparente Konvergenzbeweise in den offen gebliebenen Fällen gestatten. Auf dieser Basis diskutieren wir dann im Kapitel 7.3 mehrere Klassen von adaptiven Mehrgittermethoden für elliptische Randwertprobleme, zunächst *additive* und *multiplikative*, zwei eng miteinander verknüpfte Varianten, sowie einen Kompromiss zwischen diesen beiden Varianten, die *kaskadischen* Mehrgittermethoden. Abschließend stellen wir in Kapitel 7.4 noch zwei Mehrgittervarianten für lineare elliptische Eigenwertprobleme vor.

7.1 Unterraum-Korrekturmethoden

In Kapitel 5.5.1 hatten wir bereits Konvergenzbeweise für klassische Mehrgittermethoden (nur W-Zyklus) vorgestellt – allerdings unter der Annahme *uniformer* Gitter. Ganz

https://doi.org/10.1515/9783110689655-007

Tab. 7.1: Beispiel 6.24. Vergleich des Knotenwachstums bei uniformer Verfeinerung $N_{j,\text{uniform}}$ und bei adaptiver Verfeinerung für Neumann-Randbedingungen $N_{j,\text{adaptiv}}^{(N)}$ bzw. Dirichlet-Randbedingungen $N_{j,\text{adaptiv}}^{(D)}$. Zu vergleichen mit Abb. 6.11.

j	$N_{j,\text{uniform}}$	$N_{j,\text{adaptiv}}^{(N)}$	$N_{j,\text{adaptiv}}^{(D)}$
0	10	10	10
1	27	27	27
2	85	53	62
3	297	83	97
4	1 105	115	193
5	4 257	163	253
6	16 705	228	369
7	66 177	265	542
8	263 225	302	815
9	1 051 137	393	1 115

offenbar gilt diese Annahme für die im Beispiel 6.24 erzeugten adaptiven Gitter nicht, wie wir aus Abb. 6.11 ersehen können. In Tab. 7.1 haben wir diese Informationen in anderer Weise zusammengefasst: Bei uniformer Verfeinerung verhält sich die Anzahl an Knoten (für $d = 2$) asymptotisch wie

$$N_{j+1,\text{uniform}} \sim 4N_{j,\text{uniform}}$$

unabhängig von den Randbedingungen. Bei adaptiver Verfeinerung ist der Unterschied der Randbedingungen sehr schön zu sehen, vergleiche Abb. 6.11, unten links und rechts – passend zu der unterschiedlichen Struktur der Lösung.

In Kapitel 7.3.1 und 7.3.2 werden wir deshalb Konvergenzbeweise für Mehrgittermethoden (unter Einschluss von V-Zyklen) vorstellen, die auch für die *nichtuniformen* Gitterhierarchien aus adaptiven Methoden gültig sind. Dazu benötigen wir den abstrakten Rahmen von Unterraum-Korrekturmethoden, den wir im Folgenden aufbauen wollen.

7.1.1 Prinzip

Wir beginnen mit einem Beispiel aus dem Jahr 1870. In diesem Jahr erfand Hermann Amandus Schwarz (1843–1921) einen konstruktiven Existenzbeweis für harmonische Funktionen auf zusammengesetzten komplexen Gebieten, der auf dem Prinzip der *Gebietszerlegung* beruht [200]. In Abb. 7.1 haben wir eines der von Schwarz betrachteten Gebiete dargestellt.[1] Harmonische Funktionen in $\mathbb{C}$ sind gerade Lösungen der Laplace-Gleichung in $\mathbb{R}^2$, womit wir im Kontext elliptischer Randwertprobleme sind.

---

[1] Es dient heute als Logo der regelmäßig stattfindenden internationalen Konferenzen zu Gebietszerlegungsmethoden.

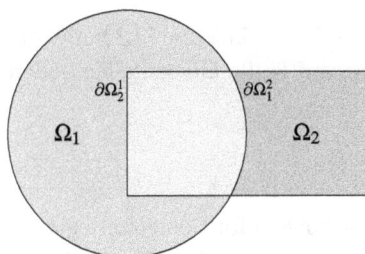

Abb. 7.1: Poisson-Modellproblem (7.1). Gebietszerlegung nach H. A. Schwarz [200].

Beispiel 7.1. Über dem in Abb. 7.1 dargestellten Gebiet Ω betrachten wir das Poisson-Modellproblem

$$-\Delta u = f \quad \text{in } \Omega,$$
$$u = 0 \quad \text{auf } \partial\Omega. \tag{7.1}$$

Das Gebiet Ω ist die Vereinigung eines Kreisgebietes Ω_1 und eines Rechtecksgebietes Ω_2. Schwarz ging von der Tatsache aus, dass analytische Lösungen der Laplace-Gleichung für das Kreisgebiet und für das Rechtecksgebiet in Form von Reihendarstellungen bekannt waren. Er stellte sich die Aufgabe, von dieser Basis aus eine analytische Lösung in ganz Ω zu finden. Die Idee von Schwarz war nun, das Problem über ganz Ω zu ersetzen durch eine Folge von Problemen, die abwechselnd auf den Teilgebieten Ω_i zu lösen sind. Natürlich müssen letztendlich die beiden Lösungsanteile im Überlapp $\Omega_1 \cap \Omega_2$ übereinstimmen.

Das heute nach ihm benannte *alternierende Schwarz-Verfahren* konstruiert eine Folge $\{u_i\}$ von approximativen Lösungen

$$u_i(x) = \begin{cases} u_i^1(x), & x \in \Omega_1 \backslash \Omega_2, \\ u_i^2(x), & x \in \Omega_2 \end{cases}$$

gemäß der iterativen Vorschrift

$$\begin{array}{ll}
-\Delta u_i^1 = f & \text{in } \Omega_1, \\
u_i^1 = u_{i-1}^2 & \text{auf } \partial\Omega_2^1 = \partial\Omega_1 \cap \Omega_2, \\
u_i^1 = 0 & \text{auf } \partial\Omega_1 \backslash \partial\Omega_1^2,
\end{array}
\qquad
\begin{array}{ll}
-\Delta u_i^2 = f & \text{in } \Omega_2, \\
u_i^2 = u_i^1 & \text{auf } \partial\Omega_2^1 = \partial\Omega_2 \cap \Omega_1, \\
u_i^2 = 0 & \text{auf } \partial\Omega_2 \backslash \partial\Omega_2^1.
\end{array}$$

Wie wir später zeigen werden, konvergiert die Folge *linear* gegen die Lösung von (7.1), wobei die Konvergenzgeschwindigkeit von der Breite des Überlapps $\Omega_1 \cap \Omega_2$ abhängt. Die Grenzfälle sind vorab klar: (i) Bei vollständigem Überlapp, also für $\Omega_1 = \Omega_2 = \Omega$, liegt die exakte Lösung nach nur einem Schritt vor. (ii) Ohne Überlapp, also für $\Omega_1 \cap \Omega_2 = \emptyset$, konvergiert das Verfahren gar nicht, da auf der Trennlinie $\partial\Omega_1 \cap \partial\Omega_2$ stets $u_i = 0$ gilt.

Das alternierende Schwarz-Verfahren lässt sich direkt auf eine beliebige Anzahl von Teilgebieten Ω_i erweitern. Für diesen allgemeinen Fall werden wir in Kapitel 7.1.4

eine Konvergenztheorie auf Basis der anschließenden Kapitel 7.1.2 und 7.1.3 herleiten. Eine weitere Anwendung dieser abstrakten Theorie, auf Finite-Elemente-Methoden höherer Ordnung, geben wir in Kapitel 7.1.5 an.

Abstrakte Unterraum-Korrekturmethoden

Einen sehr flexiblen Rahmen zur Konvergenzanalyse sowohl für Gebietszerlegungsmethoden als auch für Mehrgittermethoden bilden die *Unterraum-Korrekturmethoden* (engl. *subspace correction methods*, hier abgekürzt: SC). Wir gehen aus von dem Variationsproblem für $u \in V$,

$$\langle Au, v \rangle = \langle f, v \rangle \quad \text{für alle } v \in V,$$

worin A nicht mehr eine symmetrisch positiv definite Matrix, sondern einen entsprechenden Operator $A : V \to V^*$ bezeichnet, dazu passend steht auf der rechten Seite $f \in V^*$. Diese Formulierung ist wieder äquivalent zur Minimierung des Variationsfunktionals

$$J(u) = \frac{1}{2}\langle Au, u \rangle - \langle f, u \rangle, \quad u \in V.$$

Bevor wir uns in späteren Kapiteln konkreten Unterraum-Korrekturmethoden zuwenden, wollen wir zunächst eine abstrakte Konvergenztheorie erarbeiten. Wir folgen dabei im Wesentlichen der Pionierarbeit von J. Xu [243] und dem wunderschön klaren Übersichtsartikel von H. Yserentant [248]. Die allen Unterraum-Korrekturmethoden zugrundeliegenden Ideen sind danach:

– *Zerlegung des Ansatzraums*

$$V = \sum_{k=0}^{m} V_k, \tag{7.2}$$

wobei die Summe im Allgemeinen nicht direkt sein muss, und
– *approximative Lösung* auf den Teilräumen V_k:

$$v_k \in V_k : \quad \langle B_k v_k, v \rangle = \langle f - A\tilde{u}, v \rangle \quad \text{für alle } v \in V_k. \tag{7.3}$$

Dabei ist $B_k : V_k \to V_k^*$ ein symmetrisch positiv definiter „Vorkonditionierer" und $\tilde{u}$ eine Näherungslösung.

Beispiel 7.2 (Matrixzerlegungsmethoden). Wir beginnen mit einer Raumzerlegung bezüglich der *Knotenbasis* $\{\varphi_k\}$ in einer FE-Diskretisierung; sie induziert eine direkte Zerlegung in eindimensionale Unterräume $V_k = \text{span}\,\varphi_k$, so dass der „Vorkonditionierer" sogar exakt gewählt werden kann:

$$B_k = \langle A\varphi_k, \varphi_k \rangle / \langle \varphi_k, \varphi_k \rangle \in \mathbb{R}.$$

In der Matrixschreibweise des Kapitel 5.2 sind die B_k gerade die positiven Diagonalelemente a_{kk}. Damit lässt sich das *Gauß–Seidel-Verfahren* aus Kapitel 5.2.2 als SC-Verfahren interpretieren, worin die skalaren Gleichungen (7.3) nacheinander, also *sequentiell*, gelöst werden. Aber auch das klassische *Jacobi-Verfahren* aus Kapitel 5.2.1 kann als SC-Verfahren aufgefasst werden, wobei allerdings die Teilprobleme (7.3) unabhängig voneinander, also *parallel*, gelöst werden.

Das Beispiel zeigt uns bereits, dass wir zwei unterschiedliche Varianten von Unterraum-Korrekturmethoden zu betrachten haben. Als Verallgemeinerung des Gauß-Seidel-Verfahrens gelangen wir zu *sequentiellen Unterraum-Korrekturmethoden* (engl. *sequential subspace correction*, abgekürzt: SSC). Entsprechend kommen wir vom Jacobi-Verfahren zu *parallelen Unterraum-Korrekturmethoden* (engl. *parallel subspace correction*, abgekürzt: PSC).

7.1.2 Sequentielle Unterraum-Korrekturmethoden

Als Verallgemeinerung des Gauß–Seidel-Verfahrens ergibt sich

Algorithmus 7.3 (Sequentielle Unterraum-Korrekturmethode).
$u^{v_{max}} := \mathrm{SSC}(u^0)$

for $v = 0$ **to** $v_{max} - 1$ **do**
    $w_{-1} := u^v$
    for $k = 0$ **to** m **do**
        bestimme $v_k \in V_k$ mit $\langle B_k v_k, v \rangle = \langle f - A w_{k-1}, v \rangle$ für alle $v \in V_k$
        $w_k := w_{k-1} + v_k$
    end for
    $u^{v+1} := w_m$
end for

In Abb. 7.2 geben wir eine geometrische Interpretation dieses Algorithmus für den Fall $m = 1$. Für den iterativen Fehler erhalten wir die folgende einfache Darstellung.

Lemma 7.4. *Mit* $T_k = B_k^{-1} A : V \to V_k$ *gilt für den SSC-Algorithmus 7.3*

$$u - u^{v+1} = (I - T_m)(I - T_{m-1}) \cdots (I - T_0)(u - u^v). \tag{7.4}$$

Vorab bemerken wir, dass T_k wohldefiniert ist: Wegen $V_k \subset V$ gilt $V^* \subset V_k^*$, wobei allerdings in V^* durchaus unterscheidbare Funktionale in V_k^* identisch sein können. Die Restriktion $V^* \subset V_k^*$ ist also nicht injektiv. In diesem Sinn ist der Ausdruck $B_k^{-1} A$ zu verstehen.

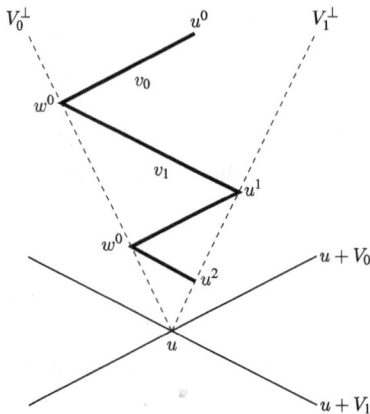

Abb. 7.2: Sequentielle Unterraum-Korrekturmethoden (Algorithmus 7.3 SSC). Geometrische Interpretation für zwei Unterräume V_0, V_1: sequentielle Orthogonalprojektion auf $V_0^\perp$, $V_1^\perp$ (gestrichelt). Die Fehler $u - u^\nu$ sind natürlich A-orthogonal zu den V_k, aus Gründen der geometrischen Darstellung jedoch als euklidisch orthogonal gezeichnet. Vergleiche Abb. 7.4 für PSC-Verfahren.

Beweis. Mit den oben eingeführten Bezeichnungen gilt hier

$$\langle B_k v_k, v \rangle = \langle f - A w_{k-1}, v \rangle = \langle A u - A w_{k-1}, v \rangle \quad \text{für alle } v \in V_k$$

und daher $v_k = B_k^{-1} A(u - w_{k-1}) = T_k(u - w_{k-1})$. Induktiv gilt dann

$$u - w_k = u - (w_{k-1} + v_k) = u - w_{k-1} - T_k(u - w_{k-1})$$
$$= (I - T_k)(u - w_{k-1}) = (I - T_k)(I - T_{k-1}) \cdots (I - T_0)(u - w_{-1}). \qquad \square$$

Wegen der Produktdarstellung (7.4) werden sequentielle Unterraum-Korrekturmethoden meist als *multiplikative* Verfahren bezeichnet.

Theoretische Annahmen

Für eine abstrakte Konvergenztheorie benötigen wir die folgenden drei Annahmen:

(A0) *Lokale Konvergenz.* Es existiert ein $\lambda < 2$, so dass gilt:

$$\langle A v_k, v_k \rangle \leq \lambda \langle B_k v_k, v_k \rangle \quad \text{für alle } v_k \in V_k.$$

(A1) *Stabilität.* Es existiert eine positive Konstante $K_1 < \infty$, so dass für jedes $v \in V$ eine Zerlegung $v = \sum_{k=0}^m v_k$ mit $v_k \in V_k$ und

$$\sum_{k=0}^m \langle B_k v_k, v_k \rangle \leq K_1 \langle A v, v \rangle \tag{7.5}$$

existiert.

(A2) *Verschärfte Cauchy–Schwarz-Ungleichung.* Es existiert eine echt obere Dreiecksmatrix $\gamma \in \mathbb{R}^{(m+1) \times (m+1)}$ mit $K_2 = \|\gamma\| < \infty$, so dass

$$\langle A w_k, v_l \rangle \leq \gamma_{kl} \langle B_k w_k, w_k \rangle^{1/2} \langle B_l v_l, v_l \rangle^{1/2}$$

gilt für $k < l$, alle $w_k \in V_k$ und $v_l \in V_l$.

(i) Annahme (A0) bedeutet, dass die Vorkonditionierer B_k konvergente Fixpunkt-iterationen für die Teilprobleme (7.3) bilden, denn es folgt sofort

$$\lambda_{\max}(B_k^{-1}A) \le \lambda < 2.$$

Vergleiche hierzu die Voraussetzung (5.5) in Satz 5.1 für symmetrisierbare Iterations-verfahren. Wegen der Positivität von A wie von B_k gilt dann für den Spektralradius des Iterationsoperators $\rho(I - B_k^{-1}A) < 1$.

(ii) Die Annahmen (A0) und (A2) stellen sicher, dass die B_k nicht „zu klein" sind, die Unterraumkorrekturen $B_k^{-1}(f - Au^\nu)$ also nicht weit über das Ziel hinausschießen. Demgegenüber besagt (A1), dass die B_k nicht „zu groß" sind, die Unterraumkorrek-turen also einen signifikanten Schritt in Richtung Lösung machen. In Abb. 7.3 ist il-lustriert, dass dies direkt mit den „Winkeln" zwischen den Teilräumen V_k zusammen-hängt.

(iii) Annahme (A2) mit $K_2 = \lambda\sqrt{m}$ folgt direkt aus (A0) und der Cauchy–Schwarz-Ungleichung. Die Verschärfung besteht hier also darin, $K_2 \ll \lambda\sqrt{m}$ zu zeigen.

(iv) Man beachte, dass (A2) von der *Reihenfolge der Zerlegung* abhängt, was struk-turell zu sequentiellen Unterraum-Korrekturmethoden passt – vergleiche etwa unsere Darstellung zum Gauß–Seidel-Verfahren in Kapitel 5.2.2. Wir werden weiter unten noch eine etwas stärkere Annahme (A2′) einführen, die von der Reihenfolge unabhän-gig ist; sie gehört strukturell zu parallelen Unterraum-Korrekturmethoden. Umgekehrt lässt sich für die sequentiellen Unterraum-Korrekturmethoden die Annahme (A2) noch etwas abschwächen (siehe etwa [248]), was wir hier aber gar nicht benötigen.

Konvergenz

Mit den Voraussetzungen (A0)–(A2) lässt sich nun die Konvergenz des SSC-Algo-rithmus 7.3 nachweisen.

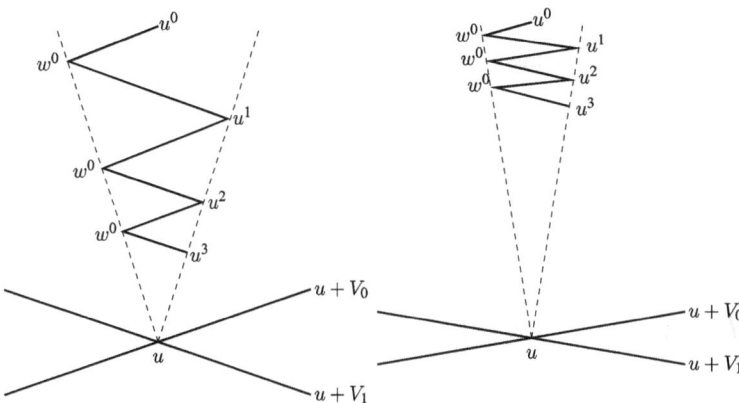

Abb. 7.3: Abhängigkeit der Konvergenzgeschwindigkeit sequentieller Unterraum-Korrekturmethoden von der Stabilität der Raumzerlegung V_k.

Lemma 7.5. *Unter der Voraussetzung* (A1) *gilt für eine entsprechende Zerlegung* $v = \sum_{k=0}^{m} v_k$ *mit* $v_k \in V_k$ *und für beliebige* $w_0, \ldots, w_m \in V$:

$$\sum_{k=0}^{m} \langle v_k, A w_k \rangle \leq \sqrt{K_1 \langle Av, v \rangle} \left(\sum_{k=0}^{m} \langle A T_k w_k, w_k \rangle \right)^{1/2}.$$

Beweis. Unter Verwendung der Cauchy–Schwarz-Ungleichung für das von B_k^{-1} auf V_k^* induzierte Skalarprodukt gilt

$$\sum_{k=0}^{m} \langle v_k, A w_k \rangle = \sum_{k=0}^{m} \langle B_k^{-1} B_k v_k, A w_k \rangle = \sum_{k=0}^{m} \langle B_k v_k, A w_k \rangle_{B_k^{-1}}$$

$$\leq \sum_{k=0}^{m} \langle B_k^{-1} B_k v_k, B_k v_k \rangle^{1/2} \langle B_k^{-1} A w_k, A w_k \rangle^{1/2}.$$

Es seien $\xi, \eta \in \mathbb{R}^{m+1}$ mit $\xi_k = \langle B_k v_k, v_k \rangle^{1/2}$ und $\eta_k = \langle A T_k w_k, w_k \rangle^{1/2}$. Dann lautet die obige Ungleichung

$$\sum_{k=0}^{m} \langle v_k, A w_k \rangle \leq \xi^T \eta \leq |\xi| |\eta|,$$

wobei wir die Cauchy–Schwarz-Ungleichung für das diskrete euklidische Skalarprodukt und die euklidische Vektornorm $| \cdot |$ verwendet haben. Mit (A1) folgt dann die Behauptung. □

Satz 7.6. *Es seien die Annahmen* (A0), (A1) *und* (A2) *erfüllt. Dann gilt für den SSC-Algorithmus 7.3:*

$$\|u - u^{\nu+1}\|_A^2 \leq \left(1 - \frac{2 - \lambda}{K_1 (1 + K_2)^2} \right) \|u - u^\nu\|_A^2. \tag{7.6}$$

Beweis. Wir führen den Beweis in zwei Schritten.

(I) Sei $v = \sum_{k=0}^{m} v_k$ eine Zerlegung gemäß (A1) und

$$E_k = (I - T_k) \cdots (I - T_0), \quad k = 0, \ldots, m, \quad E_{-1} = I.$$

Dann gilt

$$\langle Av, v \rangle = \sum_{l=0}^{m} \langle Av, v_l \rangle = \sum_{l=0}^{m} \langle A E_{l-1} v, v_l \rangle + \sum_{l=1}^{m} \langle A (I - E_{l-1}) v, v_l \rangle, \tag{7.7}$$

wobei wegen $E_{-1} = I$ der Summand für $l = 0$ in der rechten Summe entfällt. Die erste Summe der rechten Seite schätzen wir mit Lemma 7.5 ab:

$$\sum_{k=0}^{m} \langle A E_{k-1} v, v_k \rangle \leq \sqrt{K_1 \langle Av, v \rangle} \left(\sum_{k=0}^{m} \langle A T_k E_{k-1} v, E_{k-1} v \rangle \right)^{1/2}. \tag{7.8}$$

Für die zweite Summe erhalten wir durch Rekursion

$$E_l = (I - T_l)E_{l-1} = E_{l-1} - T_l E_{l-1} = E_{-1} - \sum_{k=0}^{l} T_k E_{k-1},$$

also

$$I - E_{l-1} = \sum_{k=0}^{l-1} T_k E_{k-1}.$$

Unter Verwendung von $w_k = T_k E_{k-1} v$ in (A2) folgt die Abschätzung

$$\sum_{l=1}^{m} \langle A(I - E_{l-1})v, v_l \rangle = \sum_{l=1}^{m} \sum_{k=0}^{l-1} \langle A w_k, v_l \rangle$$

$$\leq \sum_{l=1}^{m} \sum_{k=0}^{l-1} \gamma_{kl} \langle B_k w_k, w_k \rangle^{1/2} \langle B_l v_l, v_l \rangle^{1/2}$$

$$\leq K_2 \left(\sum_{k=0}^{m} \langle A T_k E_{k-1} v, E_{k-1} v \rangle \right)^{1/2} \left(\sum_{l=0}^{m} \langle B_l v_l, v_l \rangle \right)^{1/2}.$$

Die Stabilitätsbedingung (A1) führt dann auf

$$\sum_{l=1}^{m} \langle A(I - E_{l-1})v, v_l \rangle \leq \sqrt{K_1 \langle Av, v \rangle} K_2 \left(\sum_{k=0}^{m} \langle A T_k E_{k-1} v, E_{k-1} v \rangle \right)^{1/2}. \tag{7.9}$$

Einsetzen von (7.8) und (7.9) in (7.7), Zusammenfassen gleichartiger Terme, Quadrieren und Dividieren durch $\langle Av, v \rangle$ ergibt schließlich

$$\langle Av, v \rangle \leq K_1 (1 + K_2)^2 \sum_{k=0}^{m} \langle A T_k E_{k-1} v, E_{k-1} v \rangle. \tag{7.10}$$

(II) Nach dieser Vorbereitung wenden wir uns nun der eigentlichen Abschätzung (7.6) zu. Wegen $E_k = (I - T_k)E_{k-1}$ gilt für alle $v \in V$ rekursiv

$$\langle AE_m v, E_m v \rangle = \langle AE_{m-1} v, E_{m-1} v \rangle - 2\langle AT_m E_{m-1} v, E_{m-1} v \rangle + \langle AT_m E_{m-1} v, T_m E_{m-1} v \rangle$$

$$= \langle Av, v \rangle - \sum_{k=0}^{m} (2\langle AT_k E_{k-1} v, E_{k-1} v \rangle - \langle AT_k E_{k-1} v, T_k E_{k-1} v \rangle).$$

Setzen wir $w = E_{k-1} v \in V_k$, so können wir (A0) anwenden

$$\langle AT_k w, T_k w \rangle \leq \lambda \langle B_k T_k w, T_k w \rangle = \lambda \langle AT_k w, w \rangle.$$

Einsetzen dieser Beziehung liefert

$$\langle AE_m v, E_m v \rangle \leq \langle Av, v \rangle - (2 - \lambda) \sum_{k=0}^{m} \langle AT_k E_{k-1} v, E_{k-1} v \rangle.$$

Die Summe rechts können wir mittels (7.10) nach unten abschätzen. Wegen $2 - \lambda > 0$ gilt demnach

$$\|E_m v\|_A^2 \le \left(1 - \frac{2 - \lambda}{K_1(1 + K_2)^2}\right)\|v\|_A^2.$$

Insbesondere erhalten wir für $v = u - u^\nu$ die Behauptung (7.6) des Satzes. $\qquad\square$

Die Kontraktionsrate in (7.6) hängt wie (A2) von der Reihenfolge der Unterraum-korrekturen ab. Mit einer etwas stärkeren Voraussetzung lässt sich aber auch eine von der Reihenfolge der Unterräume unabhängige Kontraktionsrate zeigen, siehe Aufgabe 7.9.

7.1.3 Parallele Unterraum-Korrekturmethoden

In Verallgemeinerung des Jacobi-Verfahrens erhalten wir

Algorithmus 7.7 (Parallele Unterraum-Korrekturmethode).
$u^{\nu_{\max}} := \mathrm{PSC}(u^0)$

for $\nu = 0$ **to** $\nu_{\max}$ **do**
    for $k = 0$ **to** m **do**
        bestimme $v_k \in V_k$ mit $\langle B_k v_k, v\rangle = \langle f - Au^\nu, v\rangle$ für alle $v \in V_k$
    end for
    $u^{\nu+1} := u^\nu + \sum\limits_{k=0}^{m} v_k$
end for

In Abb. 7.4 geben wir eine geometrische Interpretation des obigen Algorithmus für $m = 1$. Für den iterativen Fehler erhalten wir die folgende einfache Darstellung.

Lemma 7.8. *Mit $T_k = B_k^{-1} A : V \to V_k$ gilt für den PSC-Algorithmus 7.7*

$$u - u^{\nu+1} = \left(I - \sum_{k=0}^{m} T_k\right)(u - u^\nu) = (I - B^{-1}A)(u - u^\nu), \qquad (7.11)$$

worin die Inverse

$$B^{-1} = \sum_{k=0}^{m} B_k^{-1} \qquad (7.12)$$

des Vorkonditionierers $B : V \to V^*$ symmetrisch und positiv ist.

Beweis. Im Rahmen der Interpretation von B_k^{-1} wie in Lemma 7.4 erhalten wir für den Iterationsfehler

$$\langle B_k v_k, v\rangle = \langle f - Au^\nu, v\rangle \quad \text{für alle } v \in V_k.$$

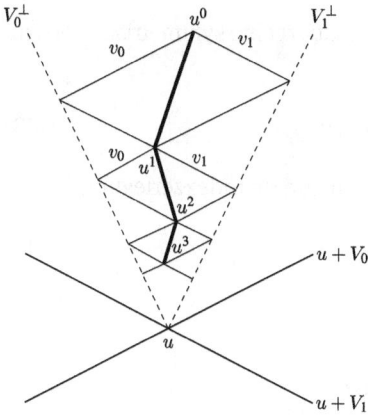

Abb. 7.4: Parallele Unterraum-Korrekturmethoden (Algorithmus 7.7 PSC). Geometrische Interpretation für zwei Unterräume V_0, V_1: parallele Orthogonalprojektion auf $V_0^\perp$, $V_1^\perp$ (gestrichelt) mit anschließender Zusammenfassung (Parallelogramme). Die einzelnen Komponenten des Fehlers $u - u^\nu$ sind natürlich A-orthogonal zu den V_k, aus Gründen der geometrischen Darstellung jedoch als euklidisch orthogonal gezeichnet. Vergleiche Abb. 7.2 für SSC-Verfahren.

Sei also $v_k = B_k^{-1} A(u - u^\nu) = T_k(u - u^\nu)$. Dann gilt

$$u - u^{\nu+1} = u - u^\nu - \sum_{k=0}^{m} v_k = \left(I - \sum_{k=0}^{m} T_k \right)(u - u^\nu).$$

Wegen der Symmetrie der B_k^{-1} ist B^{-1} selbst symmetrisch. Die Elliptizität der B_k führt zur Stetigkeit von B^{-1}. Zudem gilt aufgrund der Positivität der B_k^{-1} im Fall

$$0 = \langle B^{-1} w, w \rangle = \sum_{k=0}^{m} \langle B_k^{-1} w, w \rangle$$

auch $w = 0 \in V_k^*$ für alle k, also $\langle w, v_k \rangle = 0$ für alle $v_k \in V_k$. Wegen $V = \sum_{k=0}^{m} V_k$ ist damit auch $\langle w, v \rangle = 0$ für alle $v \in V$ und daher $w = 0$, was die Positivität von B^{-1} bestätigt. $\qquad\square$

Wegen der Summendarstellung (7.11) werden parallele Unterraum-Korrekturmethoden meist als *additive* Verfahren bezeichnet.

Theoretische Annahmen

Für eine abstrakte Konvergenztheorie genügen diesmal nur zwei Annahmen, wovon uns die erste schon in Form von (7.5) von den sequentiellen Unterraum-Korrekturmethoden geläufig ist:

(A1) *Stabilität.* Es existiert eine positive Konstante $K_1 < \infty$, so dass für jedes $v \in V$ eine Zerlegung $v = \sum_{k=0}^{m} v_k$ mit $v_k \in V_k$ und

$$\sum_{k=0}^{m} \langle B_k v_k, v_k \rangle \leq K_1 \langle Av, v \rangle$$

existiert.

(A2′) *Verschärfte Cauchy–Schwarz-Ungleichung.* Es existiert eine symmetrische Matrix $\gamma \in \mathbb{R}^{(m+1)\times(m+1)}$, so dass

$$\langle Aw_k, v_l \rangle \leq \gamma_{kl} \|w_k\|_{B_k} \|v_l\|_{B_l} \tag{7.13}$$

für alle $w_k \in V_k$ und $v_l \in V_l$. Für eine gegebene disjunkte Indexzerlegung

$$\mathcal{I}_0 \cup \cdots \cup \mathcal{I}_r = \{0, \ldots, m\} \tag{7.14}$$

mit $\gamma(\mathcal{I}_l) = (\gamma_{ij})_{i,j \in \mathcal{I}_l} \in \mathbb{R}^{|\mathcal{I}_l| \times |\mathcal{I}_l|}$ gelte

$$K_2 = \sum_{l=0}^{r} \|\gamma(\mathcal{I}_l)\| \leq \infty. \tag{7.15}$$

Verglichen mit den drei Annahmen für SSC-Verfahren, haben wir für PSC-Verfahren (A0) nicht mehr nötig. Außerdem haben wir die Annahme (A2), die von der Nummerierung abhängig ist, durch die Annahme (A2′) ersetzt, die davon unabhängig ist – was strukturell zu PSC-Methoden passt. Sie stellt ebenfalls sicher, dass die B_k nicht „zu klein" sind, wohingegen Annahme (A1) wieder besagt, dass die B_k nicht „zu groß" sind.

Konvergenz

Betrachten wir zunächst das Trivialbeispiel $m = 1$ mit $V_0 = V_1 = V$. Offenbar ist in diesem Fall zwar die *Richtung* des Iterationsschritts perfekt, nicht aber dessen *Länge* (die ist um den Faktor zwei zu groß), so dass der einfache PSC-Algorithmus 7.7 divergiert. Es besteht aber begründete Hoffnung, dass eine nachgeschaltete Schrittweitenwahl zu einem konvergenten Verfahren führen wird. Tatsächlich lassen sich PSC-Verfahren am sinnvollsten nicht als eigenständige Iteration auffassen, sondern als Vorkonditionierer B für ein Gradienten- oder CG-Verfahren. Für deren Konvergenz ist die Konditionsabschätzung aus dem folgenden Satz hinreichend.

Satz 7.9. *Es seien die Annahmen* (A1) *und* (A2′) *erfüllt. Dann gilt für die parallele Unterraum-Korrekturmethode 7.7*

$$\lambda_{\min}(B^{-1}A) \geq \frac{1}{K_1}, \quad \lambda_{\max}(B^{-1}A) \leq K_2$$

und daher

$$\kappa(B^{-1}A) \leq K_1 K_2. \tag{7.16}$$

Ist $K_2 < 2$, so konvergiert Algorithmus 7.7.

Beweis. Der vorkonditionierte Operator $T = B^{-1}A : V \to V$ ist symmetrisch bezüglich des von A induzierten Skalarprodukts $(\cdot, \cdot)_A = \langle A \cdot, \cdot \rangle$ auf V. Seine Kondition ist also durch das Verhältnis der Eigenwerte $\lambda_{\max}(T)/\lambda_{\min}(T)$ bestimmt.

(I) Wir beginnen mit einer Abschätzung von $\lambda_{\max}(T)$. Entsprechend der in (A2') vorausgesetzten Indexzerlegung sei

$$T(\mathcal{I}_j) = \sum_{k \in \mathcal{I}_j} B_k^{-1} A, \quad T = \sum_{j=0}^{r} T(\mathcal{I}_j).$$

Mit der verschärften Cauchy–Schwarz-Bedingung (7.13) gilt dann

$$
\begin{aligned}
\left(T(\mathcal{I}_j)v, T(\mathcal{I}_j)v\right)_A &= \sum_{k,l \in \mathcal{I}_j} \langle A T_k v, T_l v \rangle \\
&\leq \sum_{k,l \in \mathcal{I}_j} \gamma_{kl} \langle B_k T_k v, T_k v \rangle^{1/2} \langle B_l T_l v, T_l v \rangle^{1/2} \\
&= \sum_{k,l \in \mathcal{I}_j}^{m} \gamma_{kl} \langle A T_k v, v \rangle^{1/2} \langle A T_l v, v \rangle^{1/2} = \xi^T \gamma(\mathcal{I}_j) \xi
\end{aligned}
$$

mit $\xi \in \mathbb{R}^{|\mathcal{I}_j|}$, $\xi_k = (T_k v, v)_A^{1/2}$. Nun gilt

$$\xi^T \gamma(\mathcal{I}_j) \xi \leq \|\gamma(\mathcal{I}_j)\| \|\xi\|^2 = \|\gamma(\mathcal{I}_j)\| \sum_{k \in \mathcal{I}_j} (T_k v, v)_A = \|\gamma(\mathcal{I}_j)\| \left(T(\mathcal{I}_j)v, v\right)_A.$$

Zusammenfassen aller Abschätzungen ergibt dann

$$\left(T(\mathcal{I}_j)v, T(\mathcal{I}_j)v\right)_A \leq \|\gamma(\mathcal{I}_j)\| \left(T(\mathcal{I}_j)v, v\right)_A,$$

woraus sich sofort $\lambda_{\max}(T(\mathcal{I}_j)) \leq \|\gamma(\mathcal{I}_j)\|$ ableiten lässt. Summation über alle Indexmengen $\mathcal{I}_0, \dots, \mathcal{I}_r$ in (A2') bestätigt, mit $T = \sum_{j=0}^{r} T(\mathcal{I}_j)$, schließlich die Aussage $\lambda_{\max}(T) \leq K_2$.

(II) Für den minimalen Eigenwert betrachten wir eine Zerlegung von v gemäß (A1). Mit $w_k = v$ in Lemma 7.5 erhalten wir $(v,v)_A \leq K_1(Tv,v)_A$ und daher $\lambda_{\min}(T) \geq K_1^{-1}$. Die Kondition ist also beschränkt durch

$$\kappa(T) = \lambda_{\max}(T)/\lambda_{\min}(T) \leq K_1 K_2,$$

womit die Aussage (7.16) bewiesen ist.

(III) Der Spektralradius ρ des Iterationsoperators $I - T$ von Algorithmus 7.7 ist beschränkt durch $\rho \leq \max(|1 - \lambda_{\max}(T)|, |1 - \lambda_{\min}(T)|)$. Mit

$$\frac{1}{K_1} \leq \lambda_{\min}(T), \quad \lambda_{\max}(T) \leq K_2, \quad K_1 K_2 \geq 1$$

folgt dann $\rho \leq K_2 - 1$. Für $\rho < 1$ benötigen wir also $K_2 < 2$. $\square$

Zusammenfassend lässt sich sagen, dass die Konvergenztheorie für PSC-Verfahren deutlich einfacher ist als diejenige für SSC-Verfahren (weniger Annahmen, kürzere Beweise, leichtere Parallelisierung).

7.1.4 Überlappende Gebietszerlegung

Bei Gebietszerlegungsmethoden werden große Probleme *räumlich* zerlegt, d. h. das Gebiet Ω wird in mehrere Teilgebiete Ω_i zerlegt, die jeweils auf einzelne Rechnerknoten aufgeteilt werden, wobei die Rechnerknoten nur lose gekoppelt sind. Im Wesentlichen muss dann jeder Knoten nur eine Diskretisierung für sein zugehöriges Teilgebiet speichern und kann die Lösung darauf unabhängig berechnen. Die effiziente Zerlegung in Teilgebiete, die zu einem Rechnerknoten gehören, ist selbst wiederum eine interessante Aufgabe der Informatik und Graphentheorie. Kommunikation zwischen den Rechnerknoten ist nur für den Austausch der Daten im Überlapp erforderlich. Um nicht nur eine Verteilung der Daten zu erreichen, sondern auch die Berechnung zu beschleunigen, ist es vorteilhaft, die Teilprobleme *parallel* und unabhängig voneinander zu lösen. Erst dadurch lassen sich massiv parallele Hochleistungsrechner mit verteiltem Speicher zur Lösung von partiellen Differentialgleichungen effektiv nutzen. Als theoretischer Rahmen für eine Konvergenztheorie eignen sich die abstrakten parallelen Unterraum-Korrekturmethoden (PSC), die wir im vorigen Kapitel 7.1.3 bereitgestellt haben.

PSC-Verfahren

Wir gehen aus von einem Gebiet Ω, das in $m + 1$ Teilgebiete Ω_k zerlegt ist, d. h.

$$\Omega = \text{int}\left(\bigcup_{k=0}^{m} \overline{\Omega_k}\right),$$

wobei alle Teilgebiete der inneren Kegelbedingung A.13 genügen. Den maximalen Durchmesser der Teilgebiete bezeichnen wir mit

$$H = \max_{k=0,\ldots,m} \max_{x,y\in\Omega_k} |x - y|.$$

In diesem Kapitel behandeln wir den Fall, dass sich die Teilgebiete überlappen: Für den Überlapp definieren wir die um einen Saum der Breite ρH erweiterten Teilgebiete

$$\Omega_k' = \bigcup_{x\in\Omega_k} B(x;\rho H) \cap \Omega,$$

wobei $B(x;\rho H)$ eine Kugel mit Mittelpunkt $x \in \Omega_k$ und Radius ρH bezeichnet. Wir beschränken uns auf Probleme mit *Robin-Randbedingungen*, so dass der lineare Operator $A : H^1(\Omega) \to H^1(\Omega)^*$ stetig mit stetiger Inverser ist. Als Ansatzraum wählen wir hier der Einfachheit halber $V = H^1(\Omega)$. Über den erweiterten Teilgebieten Ω_k' definieren wir Teilräume

$$V_k = \{v \in V : \text{supp}\, v \subset \overline{\Omega_k'}\} \subset H^1(\Omega_k').$$

Dies definiert uns die Raumzerlegung (7.2). Wir nehmen an, dass keines der Ω'_k das ganze Gebiet Ω überdeckt, so dass alle V_k mindestens auf einem Teil von $\partial\Omega'_k$ homogene *Dirichlet-Randbedingungen* erfüllen, vergleiche unsere Darstellung am historischen Beispiel 7.1 von H. A. Schwarz, siehe auch Abb. 7.1.

Um das PSC-Verfahren über dieser Gebietszerlegung zu studieren, müssen wir die beiden Voraussetzungen (A1) und (A2′) des Satzes 7.9 nachweisen. Der Einfachheit halber gehen wir von einer exakten Lösung der Teilprobleme aus, d. h. $B_k = A|_{V_k}$. Wir beginnen mit der verschärften Cauchy–Schwarz-Bedingung (A2′). Dafür benötigen wir den Begriff der Nachbarschaft zweier Teilgebiete. Zwei Gebiete Ω_k und Ω_l heißen *benachbart*, wenn sich ihre Erweiterungen Ω'_k und Ω'_l überschneiden. Dementsprechend definieren wir die *Nachbarschaftsmenge*

$$\mathcal{N}(k) = \{l \in 0, \dots, m : \Omega'_k \cap \Omega'_l \neq \emptyset\}$$

und $N = \max_{k=0,\dots,m} |\mathcal{N}(k)|$, wodurch $N - 1$ die maximale Anzahl von echten Nachbarn eines Teilgebiets ist. Man beachte, dass diese Definition von der Breite ρH des Saumes abhängt.

Lemma 7.10. *Für die überlappende Gebietszerlegung, wie oben beschrieben, gilt die verschärfte Cauchy–Schwarz-Bedingung* (A2′) *mit* $K_2 = N - 1$.

Beweis. Es gilt $\langle Aw_k, v_l \rangle \leq \gamma_{kl} \langle Aw_k, w_k \rangle^{1/2} \langle Av_l, v_l \rangle^{1/2}$ für alle $w_k \in V_k$, $v_l \in V_l$ und $\gamma_{kl} = 1$, falls Ω_k und Ω_l benachbart sind, ansonsten $\gamma_{kl} = 0$. Weil aber jedes Gebiet höchstens $N - 1$ echte Nachbarn hat, gilt $\sum_{l=0, l \neq k}^{m} |\gamma_{kl}| \leq N - 1$ für alle k. Nach dem Satz von Gerschgorin ist der Spektralradius von γ durch die außerdiagonale Zeilensumme $N - 1$ beschränkt. $\square$

Größere Probleme bereitet die Stabilitätsbedingung (A1), insbesondere für glatte Funktionen. Zum besseren Verständnis konstruieren wir vorab ein Beispiel mit Raumdimension $d = 1$.

Beispiel 7.11. Wir betrachten das Laplace-Problem auf $\Omega = \,]0,1[$ mit Robin-Randbedingungen

$$\Delta u = 0, \quad -u'(0) + u(0) = 0 = u'(1) + u(1).$$

Das zugehörige Variationsfunktional (4.12) aus Satz 4.2 hat also hier die Form

$$\langle Au, u \rangle = \int_0^1 u'^2 \, dx + u^2(0) + u^2(1).$$

Die Teilgebiete definieren wir als uniforme Unterteilung $\Omega_k = \,]kH, (k+1)H[$ mit Durchmesser $H = 1/(m+1)$ und Überlapp $\rho H < H/2$. Als Prototyp einer glatten Funktion wählen wir der Einfachheit halber $v = 1$. Dies liefert sofort $\langle Av, v \rangle = 2$ unabhängig von der Unterteilung. Für diese Funktion definieren wir die Zerlegung $v = \sum_{k=0}^{m} v_k$ gemäß

$$
v_k(x) = \begin{cases} \frac{1}{2} + \frac{x - kH}{2\rho H}, & x \in \,]kH - \rho H, kH + \rho H[, \\ 1, & x \in \,]kH + \rho H, (k+1)H - \rho H[, \\ \frac{1}{2} + \frac{(k+1)H - x}{2\rho H}, & x \in \,](k+1)H - \rho H, (k+1)H + \rho H[\end{cases}
$$

für $k = 1, \dots, m - 1$. Wegen $\Omega_0 \cap \Omega_m = \emptyset$ für $m > 1$ sind die Funktionen v_0 und v_m auf den Randintervallen Ω_0' und Ω_m' damit eindeutig festgelegt, siehe Abb. 7.5.

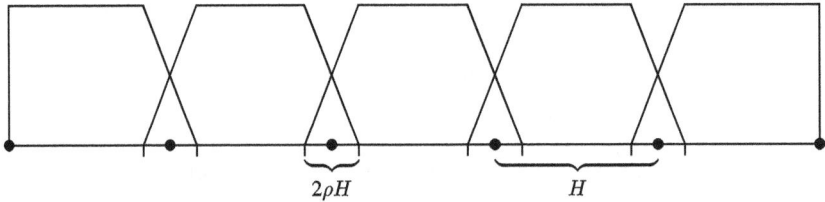

Abb. 7.5: Zerlegung der Eins auf uniformen Teilintervallen ($m = 4$).

Mit $B_k = A|_{V_k}$ in Annahme (A1) erhalten wir dann die folgende Abschätzung:

$$
\sum_{k=0}^{m} \langle B_k v_k, v_k \rangle = \sum_{k=0}^{m} \langle A v_k, v_k \rangle
$$

$$
= 2 + \sum_{k=0}^{m} \int_{\Omega_k'} v_k'(x)^2 \, \mathrm{d}x = 2 + \frac{m(m+1)}{\rho} = \mathcal{O}(m^2).
$$

Man beachte, dass wir für $\rho \to 0$, also im Grenzfall *ohne Überlapp*, für die Stabilitätskonstante $K_1 \to \infty$ erhalten. Unter der Annahme $\rho > 0$ erhalten wir $K_1 = \mathcal{O}(m^2)$. (Nebenbei bemerkt: Die gewählte *uniforme* Zerlegung liefert die kleinstmögliche Stabilitätskonstante K_1.) Mit Satz 7.9 und Lemma 7.10 führt dies schließlich zu der Konditionsabschätzung

$$
\kappa \le K_1 K_2 = \mathcal{O}(m^2). \tag{7.17}
$$

Die Konvergenzrate innerhalb eines PCG-Verfahrens würde also in unerwünschter Weise mit der Anzahl der Teilgebiete wachsen.

Das Resultat (7.17) bestätigt sich auch in Raumdimension $d \ge 1$ für allgemeine elliptische Operatoren A. Im Rückgriff auf Kapitel 5.4.3 definieren wir glatte Funktionen v über die Beziehung

$$
\|v\|_A^2 \le \sigma \|v\|_{L^2(\Omega)}^2
$$

für ein festes $\sigma \ge \lambda_{\min}(A)$. Mit Hilfe der Friedrichs-Ungleichung (A.26) folgt dann

$$\sum_{k=0}^{m} \langle B_k v_k, v_k \rangle = \sum_{k=0}^{m} \langle A v_k, v_k \rangle \geq \alpha_A \sum_{k=0}^{m} |v_k|^2_{H^1(\Omega_k')}$$

$$\geq \frac{\alpha_A}{(1+2\rho)^2 H^2} \sum_{k=0}^{m} \|v_k\|^2_{L^2(\Omega_k')} \geq \frac{\alpha_A}{N(1+2\rho)^2 H^2} \|v\|^2_{L^2(\Omega)}$$

$$\geq \frac{\alpha_A}{\sigma N(1+2\rho)^2 H^2} \|v\|^2_A = \mathcal{O}(m^{2/d}) \|v\|^2_A. \tag{7.18}$$

Damit haben wir also $K_1 = \mathcal{O}(m^{2/d})$ bewiesen. Die m-Abhängigkeit der Konditionsabschätzung tritt also zwingend auf.

Verglichen mit unserem obigen eindimensionalen Beispiel scheint der Fall $\rho \to 0$ hier harmlos zu sein. Dies liegt daran, dass für festes $H > 0$ nicht jede glatte Funktion den erwarteten Effekt erzielt (siehe Aufgabe 7.11). Da wir ja nur eine untere Schranke für K_1 bewiesen haben, können immer noch Funktionen existieren, für welche die Bedingung $\rho \geq \rho_0 > 0$ zwingend notwendig ist. Als Beispiel wählen wir wiederum $v = 1$ auf einem inneren Teilgebiet Ω_i mit der Zerlegung $v = \sum_{k=0}^{m} v_k$. Wie in Aufgabe 7.16 zu zeigen ist, existiert dann eine Konstante $c > 0$, so dass

$$|v_i|_{H^1(\Omega_i')} \geq \frac{c}{\rho}.$$

Auf der Basis dieses Beispiels gilt somit allgemein $K_1 \to \infty$ für $\rho \to 0$. Für *robuste* Gebietszerlegungsmethoden ist also ein Überlapp notwendig.

Einbeziehung eines Grobgitterraums

Wie oben ausgeführt, liegt die unbefriedigende Abhängigkeit der Konditionsschranke von m an der Darstellung glatter Funktionen als Summe von Teilfunktionen, bei der große Gradienten an den Teilgebietsrändern zwingend auftreten. Mit dem Ziel, auch räumlich niederfrequente Funktionen stabil repräsentieren zu können, erweitert man deshalb den Raum V um einen *Grobgitterraum* W. Als ein Beispiel einer solchen Erweiterung wollen wir hier eine additive *Agglomerationsmethode* [140] vorstellen.

Motiviert durch das eindimensionale Beispiel konstruieren wir den Grobgitterraum W aus einer Basis, die eine positive *Zerlegung der Eins* mit den folgenden Eigenschaften darstellt:
(a) supp $\phi_k \subset \overline{\Omega_k'}$,
(b) $0 \leq \phi_k \leq 1$,
(c) $\sum_{k=0}^{m} \phi_k = 1$.

Dies leistet z. B. die folgende Konstruktion

$$\hat{\phi}_k(x) = \max\left(0, 1 - \frac{\text{dist}(x, \Omega_k)}{\rho H}\right), \quad \phi_k = \frac{\hat{\phi}_k}{\sum_{k=0}^{m} \hat{\phi}_k}. \tag{7.19}$$

Für $d = 1$ und uniforme Unterteilung ist dies, ohne Festlegung der Skalierung, genau Abb. 7.5. Weil jeder Punkt $\xi \in \Omega$ im Abschluss mindestens eines Teilgebiets Ω_k liegt, ist der Nenner immer echt positiv, d. h.

$$s(\xi) = \sum_{k=0}^{m} \hat{\phi}_k(\xi) > 0. \tag{7.20}$$

Damit existieren die Ansatzfunktionen ϕ_k und wir können die Elemente des Grobgitterraums durch

$$w = \sum_{k=0}^{m} \alpha_k \phi_k \in W \tag{7.21}$$

definieren. Mit dieser Erweiterung der Raumzerlegung um den Grobgitterraum sehen wir uns nun erneut die Voraussetzungen (A1) und (A2′) von Satz 7.9 an. Wie zuvor ist die verschärfte Cauchy–Schwarz-Bedingung (A2′) einfacher nachzuweisen.

Lemma 7.12. *Für die überlappende Gebietszerlegung mit der Grobgittererweiterung $V = \sum_{k=0}^{m} V_k + W$ gilt die verschärfte Cauchy–Schwarz-Bedingung (A2′) mit der Konstanten $K_2 = N$.*

Beweis. Für die Indexzerlegung wählen wir $\mathcal{I}_m = \{0, \ldots, m\}$ und $\mathcal{I}_W$. Dann gilt $\gamma(\mathcal{I}_W) = 1$ und, wegen Lemma 7.10, $\|\gamma(\mathcal{I}_m)\| \le N - 1$, woraus wir direkt $K_2 = N$ erhalten. □

Etwas mehr Arbeit erfordert die Stabilitätsbedingung (A1).

Lemma 7.13. *Für die Grobgitter-Ansatzfunktionen ϕ_k, $k = 0, \ldots, m$, gilt*

$$\|\nabla \phi_k\|_{L^\infty(\Omega)} \le \frac{N}{\rho H}. \tag{7.22}$$

Beweis. Zunächst ist $\hat{\phi}_k$ Lipschitz-stetig mit Lipschitz-Konstante $L = (\rho H)^{-1}$. Sei nun $x \in \overline{\Omega}_i$. Mit (7.20) gilt für alle $y \in S(x, \rho H) \subset \Omega_i'$

$$
\begin{aligned}
|\phi_j(x) - \phi_j(y)| &= \left| \frac{\hat{\phi}_j(x)}{s(x)} - \frac{\hat{\phi}_j(y)}{s(y)} \right| \\
&\le \frac{|\hat{\phi}_j(x) - \hat{\phi}_j(y)|}{s(x)} + \left| \frac{\hat{\phi}_j(y)}{s(x)} - \frac{\hat{\phi}_j(y)}{s(y)} \right| \\
&\le L|x - y| + \hat{\phi}_j(y) \frac{|s(y) - s(x)|}{s(x)s(y)} \\
&\le L|x - y| + \sum_{k=0}^{m} |\hat{\phi}_k(y) - \hat{\phi}_k(x)|.
\end{aligned}
$$

In der Summe sind nur jene Summanden positiv, für die $\Omega_k \ne \Omega_i$ zu Ω_i benachbart ist, alle anderen verschwinden. Es treten also höchstens $N - 1$ Terme auf. Daher gilt

$$|\phi_j(x) - \phi_j(y)| \le NL|x - y|. \tag{7.23}$$

Zudem ist ϕ_j abseits einer Nullmenge, den Teilgebietsrändern, stetig differenzierbar und somit auf ganz Ω schwach differenzierbar. Wegen der Lipschitz-Schranke (7.23) gilt dann die Aussage (7.22). $\qquad\square$

Wir betrachten nun eine Zerlegung

$$v = \sum_{k=0}^{m} v_k + w, \quad v_k \in V_k$$

durch die explizite Konstruktion der v_k. Im Hinblick auf (7.18) und

$$\|v - w\|_{L^2(\Omega)} \le \sum_{k=0}^{m} \|v_k\|_{L^2(\Omega)}$$

wählen wir die Zerlegung derart, dass die obere Schranke möglichst klein ist. Dies wird durch die näherungsweisen L^2-Projektionen

$$v_k = (v - \bar v_k)\phi_k \quad \text{mit } \bar v_k = |\Omega_k'|^{-1} \int_{\Omega_k'} v \, dx, \ k = 0, \dots, m \tag{7.24}$$

erreicht (siehe Aufgabe 7.17). Mit der Darstellung (7.21) und der Zerlegung der Eins gilt dann

$$v = \sum_{k=0}^{m} v_k + w = \sum_{k=0}^{m} (v - \bar v_k)\phi_k + \sum_{k=0}^{m} \alpha_k(v)\phi_k = v + \sum_{k=0}^{m} (\alpha_k(v) - \bar v_k)\phi_k,$$

woraus wir sofort die Identität $\alpha_k(v) = \bar v_k$ erhalten. Mit diesen Vorarbeiten gelangen wir zu dem folgenden Lemma.

Lemma 7.14. *Für die Grobgitter-Projektion $Q : V \to W$ mit*

$$Qv = \sum_{k=0}^{m} \bar v_k \phi_k \tag{7.25}$$

existiert eine von H und N unabhängige Konstante c, so dass gilt:

$$|Qv|_{H^1(\Omega)} \le \frac{cN^3}{\rho} |v|_{H^1(\Omega)}.$$

Beweis. Für beliebige Konstanten c_k erhalten wir aufgrund der Linearität von Q und mit (7.22)

$$|Qv|_{H^1(\Omega)}^2 \le \sum_{k=0}^{m} |Qv|_{H^1(\Omega_k')}^2 = \sum_{k=0}^{m} |Qv - c_k|_{H^1(\Omega_k')}^2 \le \sum_{k=0}^{m} |Q(v - c_k)|_{H^1(\Omega_k')}^2$$

$$\le \sum_{k=0}^{m} \left\| \sum_{j \in \mathcal{N}_k} \alpha_j(v - c_k)\nabla\phi_j \right\|_{L^2(\Omega_k')}^2$$

$$\leq \left(\frac{N}{\rho H}\right)^2 \sum_{k=0}^m |\mathcal{N}_k| \sum_{j\in\mathcal{N}_k} \|\alpha_j(v-c_k)\|^2_{L^2(\Omega'_k\cap\Omega'_j)}.$$

Definieren wir $\hat{\Omega}_k = \bigcup_{j\in\mathcal{N}_k} \Omega'_j$ und

$$c_k = \frac{1}{|\hat{\Omega}_k|} \int_{\hat{\Omega}_k} v\,dx,$$

so gilt mit der Cauchy–Schwarz-Ungleichung und der Poincaré-Ungleichung (A.25) aus Satz A.16

$$\|\alpha_j(v-c_k)\|_{L^2(\Omega'_j)} = |\Omega'_j|^{1/2}|\alpha_j(v-c_k)| \leq |\Omega'_j|^{-1/2}\|v-c_k\|_{L^2(\Omega'_j)}\|1\|_{L^2(\Omega'_j)}$$

$$\leq \|v-c_k\|_{L^2(\hat{\Omega}_k)} \leq C_p H|v-c_k|_{H^1(\hat{\Omega}_k)} = C_p H|v|_{H^1(\hat{\Omega}_k)}.$$

Da $\hat{\Omega}_k$ höchstens $(N+1)^2$ Teilgebiete Ω_j überdeckt, erhalten wir

$$|Qv|^2_{H^1(\Omega)} \leq \frac{N^2(N+1)}{(\rho H)^2} \sum_{k=0}^m \sum_{j\in\mathcal{N}(k)} C_p^2 H^2 |v|^2_{H^1(\hat{\Omega}_k)}$$

$$\leq \frac{C_p^2 N^2(N+1)^4}{\rho^2}|v|^2_{H^1(\Omega)}. \qquad \square$$

Bemerkung 7.15. Im Fall homogener Dirichlet-Randbedingungen beschränkt man den Grobgitterraum W auf diejenigen Funktionen, die die Randbedingungen erfüllen, lässt im Allgemeinen also die an den Rand des Gebiets angrenzenden Grobgitter-Basisfunktionen einfach weg. Im Beweis von Lemma 7.14 muss auf den Randgebieten statt der Poincaré-Ungleichung (A.25) dann die Friedrichs-Ungleichung (A.26) verwendet werden.

Nach diesen Vorarbeiten können wir die Stabilitätskonstante K_1 unabhängig von m beschränken.

Satz 7.16. *Es existiert eine von m, ρ und N unabhängige Konstante $c < \infty$, so dass für die Zerlegung von $v \in V$ gemäß (7.19), (7.24) und (7.21) die Annahme (A1) mit*

$$K_1 = cN^6\rho^{-2}$$

erfüllt ist.

Beweis. Wegen der Elliptizität von A (siehe A.10), $B_k = A|_{V_k}$ und den zumindest partiellen Dirichlet-Randbedingungen der v_k gilt nach Anwendung der Friedrichs-Ungleichung (A.26)

$$\sum_{k=0}^m \langle B_k v_k, v_k\rangle + \langle B_W w, w\rangle \leq C_a C_F \sum_{k=0}^m |v_k|^2_{H^1(\Omega)} + C_a \|w\|^2_{H^1(\Omega)}. \qquad (7.26)$$

Für $k = 0, \ldots, m$ gilt nach (7.24) und Lemma 7.13

$$|v_k|_{H^1(\Omega)} = \|\nabla((v - \bar{v}_k)\phi_k)\|_{L^2(\Omega'_k)}$$

$$\leq \|(v - \bar{v}_k)\nabla\phi_k\|_{L^2(\Omega'_k)} + \|\nabla(v - \bar{v}_k)\phi_k\|_{L^2(\Omega'_k)}$$

$$\leq \frac{N}{\rho H}\|v - \bar{v}_k\|_{L^2(\Omega'_k)} + \|\nabla v\|_{L^2(\Omega'_k)}. \tag{7.27}$$

Den ersten Summanden schätzen wir mit Hilfe der Poincaré-Ungleichung (A.25) ab und erhalten insgesamt

$$|v_k|_{H^1(\Omega)} \leq \left(\frac{NC_P H}{\rho H} + 1\right)|v|_{H^1(\Omega'_k)} \leq \frac{cN}{\rho}|v|_{H^1(\Omega'_k)} \quad \text{für } k = 0, \ldots, m.$$

Zudem gilt $\|v_k\|_{L^2(\Omega)} \leq \|v\|_{L^2(\Omega'_k)}$. Die entsprechende Abschätzung für w liefert Lemma 7.14. Einsetzen in (7.26) führt dann wegen der Elliptizität von A auf

$$\sum_{k=0}^{m}\langle B_k v_k, v_k\rangle + \langle B_W w, w\rangle \leq C_a\left(\frac{c^2 N^6}{\rho^2}|v|^2_{H^1(\Omega)} + \frac{cN^2}{\rho^2}\sum_{k=0}^{m}|v|^2_{H^1(\Omega'_k)}\right)$$

$$\leq \frac{C_a}{\rho^2}(cN^6 + cN^3)|v|^2_{H^1(\Omega)} \leq \frac{C_a}{\alpha_a}\frac{cN^6}{\rho^2}\langle Av, v\rangle. \tag{7.28}$$

$\square$

Bemerkung 7.17. Neben den hier dargestellten überlappenden Gebietszerlegungsmethoden existieren auch, wie vom Namen her zu vermuten, *nichtüberlappende* Gebietszerlegungsmethoden (engl. *iterative substructuring methods*), die wir hier nicht darstellen, weil sie auf Sattelpunktsprobleme führen. Stattdessen verweisen wir interessierte Leser auf die umfassenden Monographien von Toselli/Widlund [217] und Quarteroni/Valli [188].

7.1.5 Finite Elemente höherer Ordnung

In diesem Kapitel geben wir zwei verwandte Beispiele für Unterraum-Korrekturmethoden, bei denen die Zerlegung einerseits als räumliche Gebietszerlegung aufgefasst werden kann, andererseits aber auch als Zerlegung des *Funktionenraums* nach Frequenzen. Dazu wenden wir die abstrakte Konvergenztheorie (aus Kapitel 7.1.3) für PSC-Methoden auf Finite-Elemente-Methoden mit polynomialen Elementen höherer Ordnung an, vergleiche dazu Kapitel 4.3.3.

Hierarchischer Fehlerschätzer

In Kapitel 6.1.4 waren wir den Beweis der Zuverlässigkeit des DLY-Fehlerschätzers (6.36) schuldig geblieben und wollen ihn hier nachholen. Wir können die Fehlerapproximation

$$[e_h] = B^{-1}(f - Au_h) = \sum_{\psi \in \Psi^\oplus} \frac{\langle f - Au_h, \psi\rangle}{\|\psi\|^2_A}\psi \in S_h^+ \subset H^1(\Omega) \tag{7.29}$$

auffassen als *einen* Schritt des PSC-Algorithmus 7.7 auf der direkten Raumzerlegung

$$S_h^+ = S_h \oplus \bigoplus_{\psi \in \Psi^\oplus} \operatorname{span} \psi,$$

wobei $\Psi^\oplus$ die Menge der quadratischen „Bubbles" über den Kanten bezeichnet und das Komplement $S_h^\oplus$ aufspannt. Den Vorkonditionierer B erhalten wir aus der exakten Lösung auf den so definierten Unterräumen, also gilt $B_k = A$. In diesem Rahmen wollen wir nun Satz 6.15 beweisen, den wir der Bequemlichkeit halber hier wiederholen.

Satz 7.18. *Unter der Sättigungsannahme* (6.22) *ist* (6.36), *also*

$$[\epsilon_h]^2 := \|[e_h]\|_B^2 = \sum_{\psi \in \Psi^\oplus} \frac{\langle f - Au_h, \psi \rangle^2}{\|\psi\|_A^2},$$

ein effizienter Fehlerschätzer: Es existieren zwei von h unabhängige Konstanten $K_1, K_2 < \infty$, so dass

$$\frac{[\epsilon_h]}{\sqrt{K_2}} \le \epsilon_h \le \sqrt{\frac{K_1}{1 - \beta^2}} [\epsilon_h]$$

gilt.

Beweis. Zur Anwendung von Satz 7.9 für parallele Unterraum-Korrekturmethoden müssen wir die Voraussetzungen (A1) und (A2′) überprüfen. Wir beginnen mit der Stabilitätsannahme (A1), in der die Zerlegung von $v \in S_h^+$ in

$$v = v_h + v_h^\oplus = v_h + \sum_{\psi \in \Psi^\oplus} v_\psi \psi$$

eindeutig ist. Wegen $\psi(\xi) = 0$ für alle $\psi \in \Psi^\oplus$ und $\xi \in \mathcal{N}$ ist $v_h = I_h v$ gerade durch die Interpolation an den Gitterknoten gegeben. Entsprechend erhalten wir $v_h^\oplus = (I - I_h)v$ und auf allen Elementen $T \in \mathcal{T}$ wegen Lemma 4.20 und der festen Dimension der Polynomräume auch

$$\|v_h^\oplus\|_{H^1(T)} \le c h_T \|v\|_{H^2(T)} \le c \|v\|_{H^1(T)}. \tag{7.30}$$

Dabei hängen die generischen Konstanten c nicht von h_T ab, sondern nur von den Innenwinkeln von T. Summation über $T \in \mathcal{T}$ liefert $\|v_h^\oplus\|_{H^1(\Omega)} \le c \|v\|_{H^1(\Omega)}$ und aus der Dreiecksungleichung und der Elliptizität des Operators A folgt dann sofort

$$\|v_h\|_A \le c \|v\|_A. \tag{7.31}$$

Wegen der Äquivalenz von Normen auf endlichdimensionalen Räumen erhalten wir aus (7.30) auch

$$\sum_{\psi \in \Psi^\oplus : T \subset \operatorname{supp} \psi} v_\psi^2 \|\psi\|_{H^1(T)}^2 \le c \|v_h^\oplus\|_{H^1(T)}^2.$$

Wieder hängt die Konstante c nicht von h_T ab, sondern nur von den Innenwinkeln. Summation über alle $T \in \mathcal{T}$ führt mit (7.30) und der Elliptizität von A zu

$$\sum_{\psi \in \Psi^\oplus} \|v_\psi \psi\|_A^2 \leq c \|v_h^\oplus\|_A^2 \leq c \|v\|_A^2. \tag{7.32}$$

Fassen wir (7.31) und (7.32) zusammen, erhalten wir

$$\|v_h\|_A^2 + \sum_{\psi \in \Psi^\oplus} \|v_\psi \psi\|_A^2 \leq K_1 \|v\|_A^2$$

mit einer von h unabhängigen Konstante K_1.

Wenden wir uns nun der verschärften Cauchy–Schwarz-Bedingung (A2′) zu. Dabei gehen nur quadratische „Bubbles" ein, deren Träger sich überlappen:

$$\langle \psi_i, A\psi_j \rangle \leq \gamma_{ij} \|\psi_i\|_A \|\psi_j\|_A \quad \text{mit } \gamma_{ij} = \begin{cases} 1, & \exists T \in \mathcal{T} : T \subset \operatorname{supp} \psi_i \cap \operatorname{supp} \psi_j, \\ 0, & \text{sonst.} \end{cases}$$

Bei beschränkten Innenwinkeln der Elemente T ist die Anzahl der so benachbarten ψ unabhängig von h beschränkt, so dass jede Zeile der Matrix γ nur beschränkt viele Einträge enthält. Aus dem Satz von Gerschgorin folgt dann $\|\gamma\|_2 \leq c$. Den Unterraum S_h betrachten wir in der Indexzerlegung (7.14) separat und erhalten so die von h unabhängige Konstante $K_2 = c + 1$.

Anwendung von Satz 7.9 ergibt nun einerseits

$$\|[e_h]\|_B^2 = \langle [e_h], B[e_h] \rangle = \langle A(u_h^+ - u_h), B^{-1}A(u_h^+ - u_h) \rangle \leq K_2 \|u_h^+ - u_h\|_A^2$$

und andererseits

$$\|[e_h]\|_B^2 \geq \frac{1}{K_1} \|u_h^+ - u_h\|_A^2.$$

Aus der Sättigungsannahme folgt nun sofort die Aussage. □

Bemerkung 7.19. Anstelle von (6.36) könnte man versucht sein, einen alternativen Fehlerschätzer gemäß $[e_h] = \|[e_h]\|_A$ zu definieren, was allerdings nicht empfehlenswert ist: Die Auswertung ist zum einen aufwändiger, zum anderen wird die Effizienzspanne größer. Es gilt nämlich, nochmals durch Anwendung von Satz 7.9:

$$\frac{\sqrt{1 - \beta^2}}{K_1} \|e_h\|_A \leq \|[e_h]\|_A = \|B^{-1}Ae_h\|_A \leq K_2 \|e_h\|_A.$$

Vorkonditionierer für FE höherer Ordnung

Hier wollen wir nun einen Vorkonditionierer konstruieren, der sowohl von der Gitterweite als auch von der Ansatzordnung $p > 1$ unabhängig ist. Wir betrachten (möglicherweise stark nichtuniforme) Dreiecks- bzw. Tetraedergitter $\mathcal{T}$ und wählen als Ansatzraum

$$V = S_h^p = \{v \in H^1(\Omega) : v|_T \in \mathbb{P}_p \text{ für alle } T \in \mathcal{T}\}.$$

Die überlappenden lokalen Teilgebiete Ω'_k werden in naheliegender Weise als Vereinigung benachbarter Elemente $T \in \mathcal{T}$ gebildet. Wie im vorigen Abschnitt wird ein Grobgitterraum benötigt, um glatte Funktionen mit einer von der Anzahl der Teilgebiete und damit der Gitterweite unabhängigen Stabilitätskonstante K_1 darstellen zu können. Dafür bietet sich in natürlicher Weise der Raum $W = S_h^1$ der *linearen* finiten Elemente an.

Für die konkrete Wahl der Teilgebiete kommen im Wesentlichen zwei einfache Konstruktionen in Frage, siehe Abb. 7.6: die Sterne (i) $\Omega'_i = \omega_{\xi_i}$ um Knoten $\xi_i \in \mathcal{N}$ oder (ii) $\Omega'_i = \omega_{E_i}$ um Kanten $E_i \in \mathcal{E}$ (vgl. Definition 4.14). In beiden Fällen ist klar, dass die Anzahl N der Nachbargebiete durch den *minimalen Innenwinkel* beschränkt ist. Analog zu Lemma 7.12 erhalten wir deshalb auch hier die Konstante $K_2 = N$ aus Annahme (A2').

Die Stabilität der Zerlegung $v = \sum_{k=0}^{m} v_k + w$ hängt jedoch von der Konstruktion der Teilgebiete ab. Für die Wahl (ii) ist notwendigerweise $w(\xi_i) = v(\xi_i)$ für alle Knoten $\xi_i \in \mathcal{T}$, und daher $w \in S_h^1$ eindeutig durch Interpolation bestimmt. Wegen $H^1(\Omega) \not\subset C(\Omega)$ (vgl. Satz A.14) hängt dann jedoch die Stabilitätskonstante K_1 von der Ordnung p ab, siehe Übung 7.12. Daher wählen wir hier

$$\Omega'_k := \omega_{\xi_k} = \bigcup_{T \in \mathcal{T}:\xi_k \in T} T \qquad (7.33)$$

und definieren wie zuvor die Zerlegung $v = \sum_{k=0}^{m} v_k + w$ durch (7.24) sowie (7.21). Die benötigte Zerlegung der Eins wird durch die Knotenbasis ϕ_k von S_h^1 gebildet, wie wir in Kapitel 4.3.2 ausgeführt haben.

Es sei H_k die Länge der längsten Kante in Ω'_k. Für ein $0 < \rho \le 1$, welches durch den minimalen Innenwinkel von 0 weg beschränkt wird, konstruieren wir eine Kugel $B(x_k; \rho H_k) \subset \Omega'_k$. Dann gilt

$$\|\nabla \phi_k\|_{L^\infty(\Omega)} \le (\rho H_k)^{-1}. \qquad (7.34)$$

Als Äquivalent zu Lemma 7.14 erhalten wir damit das folgende Lemma.

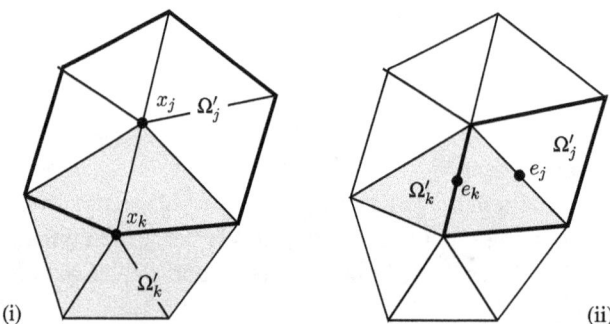

Abb. 7.6: Mögliche Konstruktionen überlappender Teilgebiete für $d = 2$.

Lemma 7.20. *Sei wieder* $Q : V \to W$ *die Grobgitter-Projektion* (7.25). *Dann existiert eine von* p, ρ *und* H_k *unabhängige Konstante* c, *so dass gilt:*

$$|Qv|_{H^1(\Omega)} \le \frac{c}{\rho^2} |v|_{H^1(\Omega)}.$$

Beweis. Der Beweis verläuft analog zum Beweis von Lemma 7.14, so dass wir uns hier auf die Darstellung der Unterschiede beschränken können, wobei wir die Bezeichnungen aus dem Beweis dort übernehmen. Aus (7.34) erhalten wir

$$|Qv|_{H^1(\Omega)}^2 \le \sum_{k=0}^{m} \rho^{-2} H_k^{-2} \sum_{k=0}^{m} |\mathcal{N}_k| \sum_{j \in \mathcal{N}_k} \|a_j(v - c_k)\|_{L^2(\Omega_k' \cap \Omega_j')}^2.$$

Der Durchmesser von $\hat{\Omega}_k$ ist beschränkt durch $2H_k(1 + 1/\rho)$, weshalb die Anwendung der Poincaré-Ungleichung (A.25) auf

$$\|a_j(v - c_k)\|_{L^2(\Omega_j')} \le 2C_p H_k \frac{\rho + 1}{\rho} |v|_{H^1(D_k)}$$

führt. Entsprechend erhalten wir

$$|Qv|_{H^1(\Omega)}^2 \le 4C_p^2 N^3 \frac{(1 + \rho)^2}{\rho^4} |v|_{H^1(\Omega)}^2. \qquad \square$$

Nach dieser Vorarbeit können wir nun die Stabilität der so konstruierten Zerlegung beweisen.

Satz 7.21. *Es existiert eine von* ρ, p *und* H_k *unabhängige Konstante* $c < \infty$, *so dass unter Verwendung der Knotenbasis* ϕ_k *für die Zerlegung von* $v \in V$ *gemäß* (7.24) *und* (7.21) *die Annahme* (A1) *mit*

$$K_1 = \frac{c}{\rho^4}$$

erfüllt ist.

Beweis. Hier gilt wegen (7.34) analog zu (7.27)

$$|v_k|_{H^1(\Omega)} \le \frac{1}{\rho H_k} \|v - \bar{v}_k\|_{L^2(\Omega_k')} + \|\nabla v\|_{L^2(\Omega_k')}.$$

Mit der Poincaré-Ungleichung (A.25) erhalten wir sodann

$$|v_k|_{H^1(\Omega)} \le \frac{c}{\rho} |v|_{H^1(\Omega_k')} \quad \text{für } k = 0, \dots, m.$$

Gemeinsam mit Lemma 7.20 führt dies analog zu (7.26) und (7.28) auf

$$\sum_{k=0}^{m} \langle B_k v_k, v_k \rangle + \langle B_W w, w \rangle \le \frac{C_a}{\alpha_a} \frac{c}{\rho^4} \langle Av, v \rangle. \qquad \square$$

Wir haben der Einfachheit halber stillschweigend angenommen, dass wie im vorigen Abschnitt die Lösung der Teilprobleme exakt erfolgt. Auf den lokalen Teilgebieten ist das wegen der beschränkten Problemgröße auch sehr vernünftig. Bei feinen Gittern wird allerdings die exakte Berechnung des Grobgitteranteils sehr aufwändig, weshalb man hier auf Näherungslösungen, also Vorkonditionierer $B_W \neq A$, zurückgreift. Dafür eignen sich besonders die *additiven* Mehrgittermethoden, siehe Kapitel 7.3.1.

Bemerkung 7.22. Diese Art von Vorkonditionierung für finite Elemente höherer Ordnung wurde von Pavarino für Spektralmethoden auf kartesischen Gittern vorgeschlagen [181] und erst kürzlich von Schöberl et al. [197] auf unstrukturierte Dreiecks- und Tetraedergitter übertragen. Wie oben dargelegt, ist der großzügige geometrische Überlapp (7.33) mit den Knoten der Triangulierung im Innern der Teilgebiete Ω'_k notwendig, um eine Definition des Grobgitteranteils durch Interpolation vermeiden zu können (Sobolev-Lemma). Dies hat allerdings einen großen Rechen- und Speicheraufwand zur Folge, da viele mittelgroße und weitgehend vollbesetzte lokale Steifigkeitsmatrizen gespeichert und faktorisiert werden müssen (für $d = 2$ jeweils etwa der Größe $3p(p-1) + 1$, in 3D noch größer). Man kann jedoch den *algebraischen* Überlapp, also die Dimension der Ansatzräume auf den Teilgebieten und damit die Größe der lokalen Steifigkeitsmatrizen, durch eine feinere Raumzerlegung deutlich reduzieren [197].

7.2 Hierarchische Raumzerlegungen

Hier bauen wir wieder auf dem theoretischen Rüstzeug von abstrakten Unterraum-Korrekturmethoden auf, die wir in Kapitel 7.1.2 und 7.1.3 bereitgestellt haben. Im Unterschied zu bisher zerlegen wir den Ansatzraum hierarchisch gemäß

$$S_j = \sum_{k=0}^{j} V_k \quad \text{und} \quad v = \sum_{k=0}^{j} v_k, \quad v_k \in V_k \tag{7.35}$$

in Unterräume V_k mit unterschiedlichen *räumlichen Frequenzen*, die durch adaptive Verfeinerung mittels Fehlerschätzern konstruiert worden sind. Als Unterraumlöser B_k greifen wir auf *glättende Iterationsverfahren* aus Kapitel 5.4 zurück. Wir beschränken uns wieder auf simpliziale Gitterhierarchien $(\mathcal{T}_k)_{k=0,\dots,j}$, von denen wir stets annehmen, dass sie durch rot-grüne Verfeinerung[2] entstanden und somit *formregulär* sind. Der Verfeinerungsprozess zur Erzeugung dieser Gitter wird deshalb in diesem Teilkapitel keine Rolle spielen – die Gitterhierarchie kann durch das grobe Anfangsgitter $\mathcal{T}_0$ und das feine Endgitter $\mathcal{T}_j$ eindeutig festgelegt werden. Im Unterschied zu Kapitel 5.5, wo wir uniforme Gitter vorausgesetzt hatten, wollen wir hier adaptive, nichtuniforme Gitter zugrunde legen.

---

2 Die im Folgenden hergeleiteten Konvergenzresultate gelten ebenso für Bisektion, allerdings sind einige Abschätzungen etwas technischer, und es treten andere Konstanten in den Beweisen auf.

Wie wir in den vorangegangenen Kapitel 7.1.2 und 7.1.3 ausgeführt haben, beruhen Beweise mittels Unterraum-Korrekturmethoden zuallererst auf einer geschickten Zerlegung in Unterräume. In den ersten beiden Teilkapiteln, Kapitel 7.2.1 und 7.2.2, wollen wir deshalb subtile Raumzerlegungen untersuchen, bei denen der Gesamtaufwand der Glätter B_k auf allen Unterräumen V_k im Wesentlichen durch $\mathcal{O}(N_j)$ beschränkt bleibt. Erst auf dieser Basis sind wir in der Lage, zwei Arten von Mehrgittermethoden im genaueren Detail zu untersuchen, die additiven (Kapitel 7.3.1) und die multiplikativen (Kapitel 7.3.2).

7.2.1 Zerlegung in hierarchische Basen

Besonders einfach ist die aus Kapitel 5.5.2 bekannte und in Abb. 7.7 gezeigte disjunkte Zerlegung der Knotenmenge $\mathcal{N}_j$ in

$$\mathcal{N}_j = \bigcup_{k=0}^{j} \mathcal{N}_k^{\mathrm{HB}}, \quad \mathcal{N}_k^{\mathrm{HB}} = \mathcal{N}_k \setminus \mathcal{N}_{k-1}, \quad \mathcal{N}_{-1} = \emptyset.$$

Sie entspricht der direkten Raumzerlegung

$$S_j = \bigoplus_{k=0}^{j} V_k^{\mathrm{HB}}, \quad V_k^{\mathrm{HB}} = \mathrm{span}\{\varphi_{k,\xi} : \xi \in \mathcal{N}_k^{\mathrm{HB}}\},$$

wobei die $\varphi_{k,\xi}$ wieder die Knotenbasisfunktionen von S_k sind.

Mit Hilfe von Interpolationsoperatoren $I_k : C(\overline{\Omega}) \to S_k$, definiert durch die Eigenschaft $(I_k u)(\xi) = u(\xi)$ für alle $\xi \in \mathcal{N}_k$, lässt sich diese Zerlegung im Rückgriff auf die

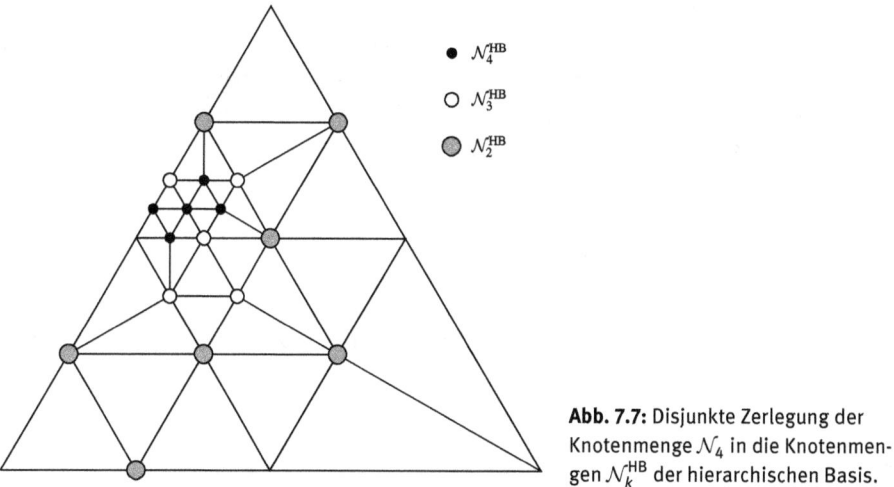

Abb. 7.7: Disjunkte Zerlegung der Knotenmenge $\mathcal{N}_4$ in die Knotenmengen $\mathcal{N}_k^{\mathrm{HB}}$ der hierarchischen Basis.

Bezeichnung (7.35) darstellen gemäß

$$v = \sum_{k=0}^{j} v_k = I_0 v + \sum_{k=1}^{j} (I_k - I_{k-1}) v \in S_j. \tag{7.36}$$

Auf diese Zerlegung wollen wir nun den Apparat der abstrakten Unterraum-Korrekturmethoden anwenden. Falls nicht ausdrücklich anders vermerkt, beschränken wir uns auf lineare finite Elemente.

Stabilitätsannahme (A1)

Zunächst wollen wir die Annahme (7.5) überprüfen, die wir sowohl für sequentielle (SSC) wie für parallele Unterraum-Korrekturmethoden (PSC) benötigen. Mit Hilfe eines Resultates von Yserentant [246] werden wir in zwei Raumdimensionen dafür kein optimales, aber immerhin ein suboptimales Resultat herleiten können.

Lemma 7.23. *Mit den soeben eingeführten Bezeichnungen existiert in Raumdimension $d = 2$ eine generische Konstante $C < \infty$, so dass*

$$|I_k v|^2_{H^1(\Omega)} \le C(j - k + 1)|v|^2_{H^1(\Omega)} \tag{7.37}$$

$$\|I_k v\|^2_{L^2(\Omega)} \le C(j - k + 1)\|v\|^2_{H^1(\Omega)} \tag{7.38}$$

für alle $v \in S_j$.

Beweis. Beide Aussagen basieren auf einer für $d = 2$ gültigen Abschätzung, die wir ohne Beweis aus [246] zitieren:

$$\frac{\|u\|_{L^1(B(0;r))}}{\pi r^2} \le \sqrt{\frac{\log \frac{R}{r} + \frac{1}{4}}{2\pi}} |u|_{H^1(B(0;R))} \quad \text{für alle } u \in H^1_0(B(0;R)). \tag{7.39}$$

Das logarithmische Wachstum im Verhältnis R/r entspricht der Greenschen Funktion der Poisson-Gleichung für $d = 2$, die gerade die H^1-Halbnorm induziert, vergleiche (A.13) in Anhang A.4.

Zuerst greifen wir Dreiecke $T \in \mathcal{T}_k$ heraus. Ist $B(\bar{x}; h_T/2)$ der Umkreis von T und $u \in H^1(T)$, so lässt sich u zu einer Funktion auf dem verdoppelten Umkreis $B(\bar{x}; h_T)$ fortsetzen, wobei $|u|_{H^1(B(\bar{x};h_T))} \le c_1 \|u\|_{H^1(T)}$ mit einer nur vom minimalen Innenwinkel von T abhängigen Konstante c_1 (siehe Aufgabe 7.13). Sei $t \in \mathcal{T}_j, t \subset T$ ein Dreieck mit Durchmesser h_t. Dann gilt nach (7.39)

$$\frac{4\|u\|_{L^1(t)}}{\pi h_t^2} \le c_1 \sqrt{\frac{\log \frac{2h_T}{h_t} + \frac{1}{4}}{2\pi}} \|u\|_{H^1(T)}.$$

Sei nun v linear auf t. Dann existiert wegen der Äquivalenz von Normen in endlichdimensionalen Räumen eine Konstante c_2, so dass

$$\|v\|_{L^\infty(t)} \le c_2 h_t^{-2} \|v\|_{L^1(t)} \le c_1 c_2 \frac{\pi}{4} \sqrt{\frac{\log \frac{2h_T}{h_t} + \frac{1}{4}}{2\pi}} \|v\|_{H^1(T)}$$

gilt. Wiederum hängt c_2 nur vom minimalen Innenwinkel von t ab. Ist $v \in S_j$, so ist v linear auf allen Dreiecken $t \in \mathcal{T}_j$. Wegen der rot-grünen Verfeinerung gilt dabei $h_t \geq 2^{k-j} h_T$, woraus sofort

$$\log \frac{2h_T}{h_t} + \frac{1}{4} \leq j - k + 1 + \frac{1}{4} \leq \frac{5}{4}(j - k + 1)$$

folgt. Bilden wir das Maximum über alle $t \in \mathcal{T}_j$, $t \subset T$, erhalten wir (ohne allzu scharf abzuschätzen)

$$\|v\|_{L^\infty(T)} \leq c_3 \sqrt{j - k + 1} \|v\|_{H^1(T)}.$$

So können wir uns schließlich der Interpolation zuwenden. Für $v \in S_j$ gilt

$$|I_k v|_{H^1(T)} \leq 2 \min_{z \in \mathbb{R}} \|I_k v - z\|_{L^\infty(T)} \leq 2 \min_{z \in \mathbb{R}} \|v - z\|_{L^\infty(T)} \tag{7.40}$$

$$\leq c_3 \sqrt{j - k + 1} \min_{z \in \mathbb{R}} \|v - z\|_{H^1(T)}.$$

Mit der Poincaré-Ungleichung (A.25) folgt daraus

$$\min_{z \in \mathbb{R}} \|v - z\|_{L^2(T)} \leq C_P h_T |v|_{H^1(T)}$$

und daher

$$|I_k v|^2_{H^1(T)} \leq c_3^2 (j - k + 1)(1 + C_P^2 h_T^2)|v|^2_{H^1(T)}.$$

Summation über alle Dreiecke $T \in \mathcal{T}_k$ führt zu (7.37). Zum Nachweis von (7.38) verfahren wir genauso, verwenden aber statt (7.40) die Ungleichung

$$\|I_k v\|_{L^2(\Omega)} \leq h_T \|I_k v\|_{L^\infty(T)}$$

und verzichten auf die Poincaré-Ungleichung. $\qquad\square$

Lemma 7.24. *Für $d = 2$ existiert eine von j unabhängige Konstante $C < \infty$, so dass für alle $v \in S_j$ gilt:*

$$\|v_0\|^2_{H^1(\Omega)} + \sum_{k=1}^{j} 4^k \|v_k\|^2_{L^2(\Omega)} \leq C(j + 1)^2 \|v\|^2_{H^1(\Omega)}. \tag{7.41}$$

Beweis. Zunächst betrachten wir für $T \in \mathcal{T}_{k-1}$ den endlichdimensionalen Raum $V_T^k = \{v_k|_T : v_k \in V^k\}$. Insbesondere sind die Ecken von T in $\mathcal{N}_{k-1}$ enthalten, so dass $v_k(\xi) = 0$ für alle $\xi \in \mathcal{N}_{k-1}$ und $v_k \in V_T^k$. Aus der allgemeinen Poincaré-Ungleichung (A.27) folgt nun $4^k \|v_k\|^2_{L^2(T)} \leq c |v_k|^2_{H^1(T)}$ für alle $v_k \in V_T^k$. Da wir Formregularität vorausgesetzt hatten, hängt die Konstante nicht von der Größe, sondern nur von den Innenwinkeln des Dreiecks T ab. Summation über alle Dreiecke in $\mathcal{T}_{k-1}$ führt sofort auf

$$4^k \|v_k\|^2_{L^2(\Omega)} \leq c |v_k|^2_{H^1(\Omega)} \quad \text{für alle } v_k \in V^k,$$

wobei wir der Einfachheit halber $c \geq 1$ annehmen dürfen. Unter Verwendung von (7.37) erhalten wir

$$|v_0|^2_{H^1(\Omega)} + \sum_{k=1}^{j} 4^k \|v_k\|^2_{L^2(\Omega)} \leq |I_0 v|^2_{H^1(\Omega)} + c \sum_{k=1}^{j} |I_k v - I_{k-1} v|^2_{H^1(\Omega)}$$

$$\leq |I_0 v|^2_{H^1(\Omega)} + 2c \sum_{k=1}^{j} \left(|I_k v|^2_{H^1(\Omega)} + |I_{k-1} v|^2_{H^1(\Omega)} \right)$$

$$\leq 4c \sum_{k=0}^{j} |I_k v|^2_{H^1(\Omega)}$$

$$\leq 4cC \sum_{k=0}^{j} (j - k + 1)|v|^2_{H^1(\Omega)}$$

$$\leq 2cC(j + 1)^2 |v|^2_{H^1(\Omega)}.$$

Damit liefert (7.38) für $k = 0$ die Aussage (7.41). $\qquad\square$

Mit diesen eher technischen Vorbereitungen lässt sich die Stabilitätsannahme (A1) der Unterraum-Korrekturmethoden elementar nachweisen.

Satz 7.25. *Es sei A ein $H^1(\Omega)$-elliptischer Operator auf $\Omega \subset \mathbb{R}^2$. Für die Vorkonditionierer, definiert gemäß $B_0 = A$ und $B_k : V_k^{\mathrm{HB}} \to (V_k^{\mathrm{HB}})^*$, gelte*

$$c^{-1} 2^k \|v_k\|_{L^2(\Omega)} \leq \|v_k\|_{B_k} \leq c 2^k \|v_k\|_{L^2(\Omega)} \quad \text{für alle } v_k \in V_k^{\mathrm{HB}}. \tag{7.42}$$

Dann existiert eine Konstante $K_1^{\mathrm{HB}} = c(j + 1)^2$, so dass für die Zerlegung (7.36) nach hierarchischen Basen gilt:

$$\sum_{k=0}^{j} \langle B_k v_k, v_k \rangle \leq K_1^{\mathrm{HB}} \langle Av, v \rangle. \tag{7.43}$$

Beweis. Annahme (7.42) und Lemma 7.25 liefern sofort

$$\sum_{k=0}^{j} \langle B_k v_k, v_k \rangle \leq c \left(\|v_0\|^2_{H^1(\Omega)} + \sum_{k=1}^{j} 4^k \|v_k\|^2_{L^2(\Omega)} \right) \leq cC(j + 1)^2 \|v\|^2_{H^1(\Omega)}.$$

Die Elliptizität von A ergibt dann (7.43). $\qquad\square$

Im Rahmen der Unterraum-Korrekturmethoden halten wir das Resultat

$$K_1^{\mathrm{HB}} = \mathcal{O}(j^2) \tag{7.44}$$

als wesentlich fest.

Verschärfte Cauchy–Schwarz-Ungleichung (A2′)

Als zweite Annahme im Rahmen der Unterraum-Korrekturmethoden überprüfen wir (7.13). Wir legen das erweiterte Poisson-Problem mit ortsabhängigem Diffusionskoeffizienten $\sigma(x)$ zugrunde.

Satz 7.26. *Zusätzlich zu den Voraussetzungen von Satz 7.25 sei σ stückweise konstant auf dem Grobgitter $\mathcal{T}_0$. Dann existiert eine nur von $\mathcal{T}_0$ und dem Operator A abhängige Konstante*

$$K_2^{\mathrm{HB}} = \mathcal{O}(1),$$

so dass die verschärfte Cauchy–Schwarz-Bedingung (A2′) gilt.

Beweis. Für $v_k \in V_k^{\mathrm{HB}}$ und $w_l \in V_l^{\mathrm{HB}}$, $k \leq l \leq j$ wollen wir zunächst das Hilfsresultat

$$\langle A v_k, w_l \rangle \leq \gamma_{kl} |v_k|_{H^1(\Omega)} \|w_l\|_{L^2(\Omega)} \quad \text{mit } \gamma_{kl} = c\sqrt{2}^{\,k-l} 2^l \tag{7.45}$$

sowie einer von j unabhängigen Konstante c zeigen. Aus (7.15) rufen wir in Erinnerung, dass

$$K_2 = \sum_{l=0}^{r} \|(\gamma_{kl})\|_2$$

gilt. Um eine Abschätzung für K_2 herzuleiten, betrachten wir (7.45) auf einem Dreieck $T \in \mathcal{T}_k \backslash \mathcal{T}_{k-1}$ und definieren

$$\chi(x) = \max(0, 1 - 2^l \mathrm{dist}(x, \partial T)).$$

Offenbar ist der Träger von χ ein Streifen der Breite 2^{-l} entlang von ∂T mit dem Volumen $|\mathrm{supp}\,\chi| \leq 2^{-l} h_T^{d-1}$.

Wegen $1 - \chi = 0$ auf ∂T gilt mit dem Greenschen Satz A.5

$$\langle A v_k, (1 - \chi) w_l \rangle_T = - \int_T (1 - \chi) w_l \, \mathrm{div}(\sigma \nabla v_k) \, \mathrm{d}x = 0,$$

da v_k linear und σ konstant ist. Auf den verbleibenden Anteil wenden wir die Cauchy–Schwarz-Ungleichung an:

$$\langle A v_k, w_l \rangle_T = \langle A v_k, \chi w_l \rangle_T = \int_{\mathrm{supp}\,\chi} \nabla v_k{}^T \sigma \nabla \chi w_l \, \mathrm{d}x \leq c |v_k|_{H^1(\mathrm{supp}\,\chi)} |\chi w_l|_{H^1(T)}.$$

Da ∇v_k auf T konstant ist, gilt

$$|v_k|_{H^1(\mathrm{supp}\,\chi)} \leq \sqrt{\frac{|\mathrm{supp}\,\chi|}{|T|}} |v_k|_{H^1(T)} \leq c\sqrt{2}^{\,k-l} |v_k|_{H^1(T)},$$

wobei die Konstante c vom minimalen Innenwinkel von T abhängt. Den anderen Faktor schätzen wir durch die inverse Ungleichung (7.76) ab:

$$|\chi w_l|_{H^1(T)} \leq \|\nabla \chi w_l\|_{L^2(T)} + \|\chi \nabla w_l\|_{L^2(T)}$$
$$\leq 2^l \|w_l\|_{L^2(T)} + \|\nabla w_l\|_{L^2(T)} \leq c2^l \|w_l\|_{L^2(T)}.$$

Damit gilt

$$\langle Av_k, w_l \rangle_T \leq c\sqrt{2}^{k-l} |v_k|_{H^1(T)} 2^l \|w_l\|_{L^2(T)}. \tag{7.46}$$

Für $T \in \mathcal{T}_k \cap \mathcal{T}_{k-1}$ gilt (7.46) wegen $v_k|_T = 0$ trivialerweise auch.

Die Cauchy–Schwarz-Ungleichung im Endlichdimensionalen ergibt dann

$$\langle Av_k, w_l \rangle = \sum_{T \in \mathcal{T}_k} \langle Av_k, w_l \rangle_T = c\sqrt{2}^{k-l} 2^l \sum_{T \in \mathcal{T}_k} |v_k|_{H^1(T)} \|w_l\|_{L^2(T)}$$

$$\leq c\sqrt{2}^{k-l} 2^l \left(\sum_{T \in \mathcal{T}_k} |v_k|^2_{H^1(T)} \right)^{1/2} \left(\sum_{T \in \mathcal{T}_k} \|w_l\|^2_{L^2(T)} \right)^{1/2}$$

$$= c\sqrt{2}^{k-l} 2^l |v_k|_{H^1(\Omega)} \|w_l\|_{L^2(\Omega)}.$$

Erneute Anwendung der inversen Ungleichung (7.76), diesmal für v_k, liefert

$$\langle Av_k, w_l \rangle \leq c\sqrt{2}^{k-l} 2^k \|v_k\|_{L^2(\Omega)} 2^l \|w_l\|_{L^2(\Omega)}.$$

Zusammen mit (7.42) und (7.45) erhalten wir

$$\langle Av_k, w_l \rangle \leq c\sqrt{2}^{k-l} 2^k (4^{-k} \langle B_k v_k, v_k \rangle)^{1/2} 2^l (4^{-l} \langle B_l w_l, w_l \rangle)^{1/2}$$
$$= c\sqrt{2}^{k-l} \|v_k\|_{B_k} \|w_l\|_{B_l}$$

mit einer von k und l unabhängigen Konstante c. Damit können wir die verschärfte Cauchy–Schwarz-Ungleichung (7.13) mit $\gamma_{kl} = c\sqrt{2}^{-|k-l|}$ erfüllen. Abschließend liefert der Satz von Gerschgorin eine von j unabhängige Schranke für den Spektralradius von γ, also eine obere Schranke für K_2. $\qquad \square$

Auswahl geeigneter Glätter

Bisher haben wir die Wahl der Vorkonditionierer B_k nicht spezifiziert, was wir nun nachholen wollen.

Lemma 7.27. *Der Jacobi-Glätter B_k^J mit*

$$\langle B_k^J \varphi_{k,l}, \varphi_{k,m} \rangle = \delta_{lm} \langle A\varphi_{k,l}, \varphi_{k,m} \rangle \tag{7.47}$$

für alle Basisfunktionen $\varphi_{k,l}, \varphi_{k,m}$ von V_k^{HB} erfüllt (7.42).

Beweis. Für $v_k \in V_k^{HB}$ erhalten wir

$$\langle B_k^J v_k, v_k \rangle = \sum_{\xi, \nu \in \mathcal{N}_k^{HB}} v_k(\xi) v_k(\nu) \langle B_k^J \varphi_{k,\xi}, \varphi_{k,\nu} \rangle = \sum_{\xi \in \mathcal{N}_k^{HB}} v_k(\xi)^2 \langle A\varphi_{k,\xi}, \varphi_{k,\xi} \rangle. \qquad (7.48)$$

Darüber hinaus ist

$$c^{-1} 2^{(d-2)k} \le \langle A\varphi_{k,\xi}, \varphi_{k,\xi} \rangle \le c 2^{(d-2)k}, \qquad (7.49)$$

wobei die generische Konstante c nur von den Innenwinkeln der Dreiecke im Träger von $\varphi_{k,\xi}$ und den Konstanten C_a, α_a des Operators A abhängt (siehe Aufgabe 4.14).

Für Knotenbasisfunktionen $\varphi_{k,\xi}$ von V_k^{HB} zum Knoten $\xi \in \mathcal{N}_k^{HB}$ hat der Träger supp $\varphi_{k,\xi} = \omega_{k,\xi}$ einen Durchmesser $h_{k,\xi}$ mit

$$c^{-1} 2^{-k} \le h_{k,\xi} \le c 2^{-k}.$$

Daher gilt

$$c^{-1} 2^{-dk} \le \|\varphi_{k,\xi}\|_{L^2(\Omega)}^2 \le c 2^{-dk},$$

und mit (7.48) und (7.49) folgt

$$c^{-1} 2^{2k} \sum_{\xi \in \mathcal{N}_k^{HB}} v_k(\xi)^2 \|\varphi_{k,\xi}\|_{L^2(\Omega)}^2 \le \|v_k\|_{B_k^J}^2 \le c 2^{2k} \sum_{\xi \in \mathcal{N}_k^{HB}} v_k(\xi)^2 \|\varphi_{k,\xi}\|_{L^2(\Omega)}^2.$$

Wegen der beschränkten Kondition der Massenmatrix (siehe Aufgabe 4.14) erhalten wir damit

$$c^{-1} 2^k \|v_k\|_{L^2(\Omega)} \le \|v_k\|_{B_k^J} \le c 2^k \|v_k\|_{L^2(\Omega)}. \qquad \square$$

Für $d = 3$ gilt zwar ebenfalls die verschärfte Cauchy–Schwarz-Ungleichung (A2′), nicht aber das Stabilitätsresultat (A1). Dahinter liegt eine tiefere Struktur: Die HB-Zerlegung (7.36) baut auf dem *Interpolationsoperator* auf, der $u \in C(\Omega)$ voraussetzt, während wir nur $u \in H^1(\Omega)$ voraussetzen können. Mit Definition A.12 und dem Sobolevschen Einbettungssatz A.14 erkennen wir, dass dies im allgemeinen Fall nur für $d < 2$ richtig ist, so dass die HB-Zerlegung in $d = 1$ unabhängig von j stabil ist – sie diagonalisiert sogar den Laplace-Operator. Der Grenzfall $d = 2$ lässt sich mit Hilfe des Lemmas 7.23 noch einfangen durch die logarithmische Singularität der Greenschen Funktion (für die Poisson-Gleichung), während für $d = 3$ (und höher) die Greensche Funktion eine nicht mehr behandelbare Singularität aufweist – siehe etwa (A.13). Als Folge wächst die Stabilitätskonstante K_1^{HB} für $d = 3$ dann nicht mehr logarithmisch, sondern linear mit der Gitterweite. Um diesen Mangel zu beheben, geben wir im nächsten Abschnitt eine Alternative an, die allerdings entsprechend mehr Aufwand erfordert.

7.2.2 L^2-orthogonale Zerlegung: BPX

Im vorangegangenen Kapitel 7.2.1 hatten wir ausgeführt, warum die HB-Zerlegung eine algorithmische Beschränkung auf den Fall $d = 2$ impliziert. Im nun folgenden Kapitel stellen wir eine Erweiterung der Raumzerlegung dar, die von J. Xu 1989 in seiner Dissertation [242] vorgeschlagen und ein Jahr später von Bramble, Pasciak und Xu in der grundlegenden Arbeit [46] publiziert worden ist – daher die inzwischen gebräuchliche Abkürzung BPX. Für uniform verfeinerte Gitter schlugen sie die Erweiterung $V_k = S_k$ vor und definierten die Zerlegung als

$$v = \sum_{k=0}^{j} v_k = Q_0 v + \sum_{k=1}^{j} (Q_k - Q_{k-1})v \qquad (7.50)$$

mit L^2-orthogonalen Projektoren $Q_k : H^1 \to S_k$ anstelle der Interpolationsoperatoren I_k in (7.36). Bei *adaptiven Gittern* ist diese maximale Erweiterung von $\mathcal{N}_k^{HB}$ allerdings nicht mehr aufwandsoptimal. Wir orientieren uns deshalb im Folgenden an einer spürbaren Verbesserung des Algorithmus (im adaptiven Fall) durch H. Yserentant [247], ebenfalls aus dem Jahre 1990.[3]

In der Tat lässt sich mit der Zerlegung (7.50) die Stabilitätskonstante K_1^{BPX} auch für $d > 2$ beschränken. In den Arbeiten [242, 46] wurde zunächst

$$K_1^{BPX} = \mathcal{O}(j), \quad \text{für } d \geq 2, \qquad (7.51)$$

gezeigt, was bereits eine Verbesserung verglichen mit K_1^{HB} nach (7.44) darstellt, das außerdem nur für $d = 2$ gilt. Im Jahre 1991 gelang es P. Oswald [180] unter Verwendung von Besov-Räumen, einer Verallgemeinerung von Sobolev-Räumen, das obige Resultat zu verbessern zu

$$K_1^{BPX} = \mathcal{O}(1) \quad \text{für } d \geq 2. \qquad (7.52)$$

Kurz darauf präsentierten Dahmen und Kunoth einen einfacheren Beweis [66]. Alle diese Beweise gehen jedoch im benötigten theoretischen Handwerkszeug deutlich über den Rahmen dieses Lehrbuches hinaus, weshalb wir uns im Folgenden damit begnügen wollen, das etwas schwächere Resultat (7.51) zu beweisen.

Unterraum-Erweiterung

In [242, 46] wurden, wie oben bereits erwähnt, die Unterräume V_k auf die vollen S_k erweitert. Hier wollen wir jedoch dem subtileren Vorschlag in [247] folgen: Ausgehend

---

3 Dieser Algorithmus könnte also auch mit Fug und Recht als BPXY-Algorithmus bezeichnet werden.

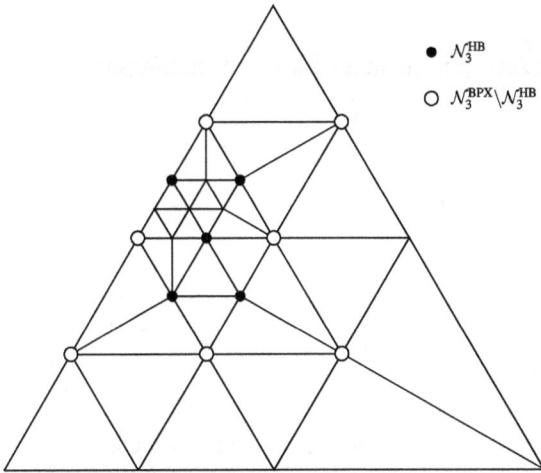

Abb. 7.8: Erweiterung der Knoten-menge $\mathcal{N}_3^{\mathrm{HB}}$ zu $\mathcal{N}_3^{\mathrm{BPX}}$.

von der Zerlegung in hierarchische Basen, erweitern wir, wie in Abb. 7.8 illustriert, nur „vorsichtig" um die Knoten-Basisfunktionen der zu $\mathcal{N}_k^{\mathrm{HB}}$ in $\mathcal{T}_k$ benachbarten Knoten:

$$\mathcal{N}_k^{\mathrm{BPX}} = \mathcal{N}_k \cap \bigcup_{T \in \mathcal{T}_k : T \cap \mathcal{N}_k^{\mathrm{HB}} \neq \emptyset} T, \quad V_k^{\mathrm{BPX}} = \mathrm{span}\{\varphi_{k,\xi} \mid \xi \in \mathcal{N}_k^{\mathrm{BPX}}\}, \quad k < j$$

$$\mathcal{N}_j^{\mathrm{BPX}} = \mathcal{N}_j, \qquad\qquad V_k^{\mathrm{BPX}} = S_j.$$

Damit ist $\mathcal{N}_k^{\mathrm{HB}} \subset \mathcal{N}_k^{\mathrm{BPX}}$ klar. Weil die Anzahl der zu einem Knoten inzidenten Elemente durch den minimalen Innenwinkel beschränkt ist, existiert für $k < j$ eine nur vom Grobgitter abhängige Konstante c mit $|\mathcal{N}_k^{\mathrm{BPX}}| \leq c|\mathcal{N}_k^{\mathrm{HB}}|$. Damit gilt

$$\sum_{k=0}^{j} |\mathcal{N}_k^{\mathrm{BPX}}| \leq c N_j,$$

und ein Schritt einer Unterraum-Korrekturmethode hat den optimalen Aufwand $\mathcal{O}(N_j)$.

Verschärfte Cauchy–Schwarz-Ungleichung (A2′)

Satz 7.26 und Lemma 7.27 gelten für die BPX-Zerlegung genauso wie für die HB-Zerlegung. Die Beweise verlaufen analog, nur können die Träger der Knoten-Basisfunktionen von V_k^{BPX} etwas größer sein – wegen der vorsichtigen Erweiterung allerdings nur um einen festen Faktor, so dass alle Abschätzungen mit etwas anderen Konstanten gelten.

Stabilitätsannahme (A1)

Für die Konstruktion einer stabilen Zerlegung definieren wir die Mittelungsoperatoren $M_k : S_j \to V_k^{\text{BPX}}$ durch

$$(M_k v)(\xi) = \frac{\langle v, \varphi_{k,\xi} \rangle}{\langle 1, \varphi_{k,\xi} \rangle}, \quad \xi \in \mathcal{N}_k,$$

und zerlegen $v \in S_j$ durch

$$v = M_0 v + \sum_{k=1}^{j-1} (M_k - M_{k-1}) v + (I_j - M_{j-1}) v. \tag{7.53}$$

Für $\xi \in \mathcal{N}_k \backslash \mathcal{N}_k^{\text{BPX}}$ gilt wegen der in den Gittern $\mathcal{T}_k$ und $\mathcal{T}_{k-1}$ übereinstimmenden Sterne um ξ gerade $\varphi_{k,\xi} = \varphi_{k-1,\xi}$ und daher $((M_k - M_{k-1})v)(\xi) = 0$. Demzufolge ist $(M_k - M_{k-1})v \in V_k^{\text{BPX}}$ und die Zerlegung (7.53) nutzbar für die Stabilitätsannahme (A1).

Lemma 7.28. *Es existiert eine nur vom Grobgitter $\mathcal{T}_0$ abhängige Konstante c, so dass*

$$\|M_0 v\|_{L^2(\Omega)} \leq c \|v\|_{L^2(\Omega)}, \tag{7.54}$$

$$|(M_k - M_{k-1})v|_{H^1(\Omega)} \leq c |v|_{H^1(\Omega)},$$

$$|(I_j - M_j)v|_{H^1(\Omega)} \leq c |v|_{H^1(\Omega)}$$

für alle $v \in S_j$.

Beweis. Wegen der beschränkten Kondition der Massenmatrix (siehe Aufgabe 4.14) und der Cauchy–Schwarz-Ungleichung gilt

$$\|M_0 v\|_{L^2(\Omega)}^2 \leq c \sum_{\xi \in \mathcal{N}_0} \frac{\langle v, \varphi_{0,\xi} \rangle^2}{\langle 1, \varphi_{0,\xi} \rangle^2} \|\varphi_{0,\xi}\|_{L^2(\Omega)}^2 \leq c \sum_{\xi \in \mathcal{N}_0} \|v\|_{L^2(\omega_\xi)}^2 \frac{\|\varphi_{0,\xi}\|_{L^2(\Omega)}^4}{\langle 1, \varphi_{0,\xi} \rangle^2}.$$

In ω_ξ sind nur endlich viele Elemente $T \in \mathcal{T}_0$ enthalten und treten in der Summe mehrfach auf, daher erhalten wir mit $\|\varphi_{0,\xi}\|_{L^2(\Omega)} \leq \langle 1, \varphi_{0,\xi} \rangle$ das Resultat (7.54).

Sei nun $T \in \mathcal{T}_k$. Weil M_k Konstanten exakt reproduziert, gilt für alle $\bar{v} \in \mathbb{R}$

$$|M_k v|_{H^1(T)} = |M_k(v - \bar{v})|_{H^1(T)} \leq \frac{c}{h_T} \|M_k(v - \bar{v})\|_{L^2(\Omega)},$$

wobei wir im zweiten Schritt verwendet haben, dass alle Normen auf endlichdimensionalen Räumen äquivalent sind. Die auftretende Konstante c hängt dabei nur von den Innenwinkeln von T ab, nicht aber vom Durchmesser h_T. Wie zuvor erhalten wir dann mit $U(T) = \bigcup_{\xi \in \mathcal{N}_k \cap T} \omega_\xi$ und der Poincaré-Ungleichung (A.25)

$$|M_k v|_{H^1(T)} \leq \frac{c}{h_T} \|v - \bar{v}\|_{L^2(U(T))} \leq c C_P |v|_{H^1(U(T))}.$$

Quadrieren und Summieren über $T \subset \mathcal{T}_k$ liefert dann eine Konstante c mit

$$|M_k v|^2_{H^1(\Omega)} \le c|v|^2_{H^1(\Omega)}, \tag{7.55}$$

weil wiederum jedes T nur von beschränkt vielen $U(T)$ überdeckt wird. Die restlichen beiden Aussagen des Lemmas folgen aus (7.55) durch Anwendung der Dreiecksungleichung. $\square$

Mit Lemma 7.28 haben wir die Grundlage zum Beweis der Stabilitätsaussage (A1).

Satz 7.29. *Es sei A ein $H^1(\Omega)$-elliptischer Operator, $B_0 = A$ und $B_k : V_k^{\mathrm{BPX}} \to (V_k^{\mathrm{BPX}})^*$ erfülle*

$$c^{-1}2^k\|v_k\|_{L^2(\Omega)} \le \|v_k\|_{B_k} \le c2^k\|v_k\|_{L^2(\Omega)} \quad \text{für alle } v_k \in V_k^{\mathrm{HB}}.$$

Dann existiert eine nur vom Grobgitter und vom Operator A abhängige Konstante K_1^{BPX}, so dass für alle $v = \sum_{k=0}^{j} v_k \in S_j$ gilt:

$$\sum_{k=0}^{j} \langle B_k v_k, v_k \rangle \le K_1^{\mathrm{BPX}} \langle Av, v \rangle \quad \text{mit } K_1^{\mathrm{BPX}} = c(j+1).$$

Beweis. Der Beweis erfolgt ganz analog zu Lemma 7.24 und Satz 7.25, nur dass jetzt Lemma 7.28 anstelle von Lemma 7.23 zur Anwendung kommt. $\square$

Der Satz bestätigt offenbar das oben schon erwähnte Resultat (7.51).

7.3 Randwertprobleme

In Kapitel 5.5 hatten wir bereits *nichtadaptive* Mehrgittermethoden zu fest vorgegebenem hierarchischen Gitter sowie die damit verwandte Methode der hierarchischen Basen vorgestellt. Die dort ausgeführten Beweise deckten nur W-Methoden auf uniformen Gittern ab und setzten H^2-reguläre Probleme voraus. Im nun folgenden Kapitel wollen wir diese Lücke schließen. Zudem wollen wir mehrere Klassen von adaptiven Mehrgittermethoden diskutieren: additive und multiplikative Mehrgittermethoden sowie einen Kompromiss zwischen diesen beiden Varianten, die kaskadischen Mehrgittermethoden.

7.3.1 Additive Mehrgittermethoden

Unter additiven Mehrgittermethoden versteht man eine Mehrgitter-Realisierung des *parallelen* Unterraum-Algorithmus 7.7 auf der Basis hierarchischer Raumzerlegungen. Wir beschränken uns hier auf die beiden wichtigsten, die HB- und die BPX-Zerlegung, die wir in den vorangegangenen Teilkapiteln untersucht haben. Als approximative Unterraumlöser B_k wählen wir die einfachste Variante, den Jacobi-Vorkonditionierer (also die Diagonale der spd-Matrix), siehe Kapitel 5.2.1. Als äußere Iteration bieten sich dann adaptive PCG-Verfahren an, siehe Kapitel 5.3.2 und 5.3.3.

HB-Vorkonditionierung

Diese spezielle additive Mehrgittermethode realisiert einen Vorkonditionierer B^{HB}, so dass für $d = 2$ die Kondition durch

$$\kappa((B^{\mathrm{HB}})^{-1}A) \leq c(j+1)^2 \tag{7.56}$$

beschränkt ist. Als Konsequenz daraus ergibt sich, dass bei Anwendung eines mit HB vorkonditionierten PCG-Verfahrens lediglich $m_j^{\mathrm{HB}} = \mathcal{O}(j)$ Iterationen nötig sind. Dies und die äußerst einfache Berechnung des Vorkonditionierers ist der Grund dafür, warum für $d = 2$ und bei realistischen Gittertiefen der HB-Vorkonditionierer die Methode der Wahl ist.

Summenformel

Im Folgenden wollen wir eine explizite Darstellung der Anwendung der HB-Vorkonditionierer auf ein Residuum $r = f - Au$ entwickeln. Zunächst gilt nach (7.12)

$$(B^{\mathrm{HB}})^{-1}r = \sum_{k=0}^{j} v_k = \sum_{k=0}^{j} (B_k^J)^{-1}r,$$

wobei $v_k = (B_k^J)^{-1}r \in V_k^{\mathrm{HB}}$ die Galerkin-Formulierung

$$\langle B_k^J v_k, \varphi_{k,\xi} \rangle = \langle r, \varphi_{k,\xi} \rangle \quad \text{für alle } \xi \in \mathcal{N}_k^{\mathrm{HB}}$$

erfüllt. Einsetzen der Darstellung in Knotenbasis

$$v_k = \sum_{\nu \in \mathcal{N}_k^{\mathrm{HB}}} v_{k,\nu} \varphi_{k,\nu}$$

führt nach (7.47) auf

$$\langle A\varphi_{k,\xi}, \varphi_{k,\xi} \rangle v_{k,\xi} = \langle r, \varphi_{k,\xi} \rangle.$$

Somit erhalten wir als explizite Darstellung

$$(B^{\mathrm{HB}})^{-1}r = B_0^{-1}r + \sum_{k=1}^{j} \sum_{\xi \in \mathcal{N}_k^{\mathrm{HB}}} \frac{\langle r, \varphi_{k,\xi} \rangle}{\langle A\varphi_{k,\xi}, \varphi_{k,\xi} \rangle} \varphi_{k,\xi}. \tag{7.57}$$

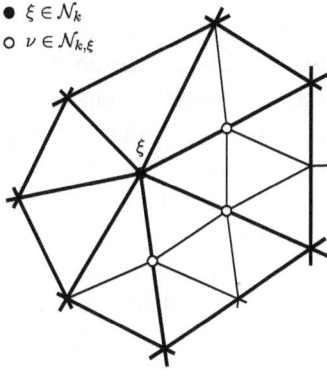

- $\xi \in \mathcal{N}_k$
- $\nu \in \mathcal{N}_{k,\xi}$

ξ

Abb. 7.9: Nachbarschaftsmenge $\mathcal{N}_{k,\xi}$.

Restriktion

Im Allgemeinen liegen die benötigten Werte $\langle r, \varphi_{k,\xi}\rangle$ und $\langle A\varphi_{k,\xi}, \varphi_{k,\xi}\rangle$ nicht direkt vor, da die Assemblierung ja gerade mit lokalen Ansatzfunktionen erfolgen sollte. Stattdessen liegen nur die Werte $\langle r, \varphi_{j,\xi}\rangle$ und $\langle A\varphi_{k,\nu}, \varphi_{k,\xi}\rangle$ für alle $\xi, \nu \in \mathcal{N}_j$ vor, so dass eine Umsetzung von (7.57) und (7.58) noch einen Basiswechsel erfordert – die aus Kapitel 5.5.1 bekannte Restriktion. Grundlage einer effizienten Berechnung ist die rekursive Darstellung von Ansatzfunktionen $\varphi_{k,\xi}$ auf dem nächstfeineren Gitter $\mathcal{T}_{k+1}$ (siehe Abb. 7.9):

$$\varphi_{k,\xi} = \varphi_{k+1,\xi} + \frac{1}{2}\sum_{\nu\in\mathcal{N}_{k,\xi}}\varphi_{k+1,\nu} \quad \text{mit} \quad \mathcal{N}_{k,\xi} = \text{int}\,\omega_{k,\xi}\cap\mathcal{N}_{k+1}\backslash\{\xi\}.$$

Damit gilt sofort

$$r_{k,\xi} := \langle r, \varphi_{k,\xi}\rangle = \langle r, \varphi_{k+1,\xi}\rangle + \frac{1}{2}\sum_{\nu\in\mathcal{N}_{k,\xi}}\langle r, \varphi_{k+1,\nu}\rangle$$

und

$$a_{k,\xi} := \langle A\varphi_{k,\xi}, \varphi_{k,\xi}\rangle = \langle A\varphi_{k+1,\xi}, \varphi_{k+1,\xi}\rangle + \sum_{\nu\in\mathcal{N}_{k,\xi}}\langle A\varphi_{k+1,\xi}, \varphi_{k+1,\nu}\rangle$$

$$+ \frac{1}{4}\sum_{\nu,\mu\in\mathcal{N}_{k,\xi}}\langle A\varphi_{k+1,\mu}, \varphi_{k+1,\nu}\rangle.$$

Während sich die Umrechnung der Residuen durch direktes Überschreiben (engl. *in place*) eines mit den Knoten $\xi \in \mathcal{N}_j$ indizierten Vektors $(r_\xi)_{\xi\in\mathcal{N}_j}$ realisieren lässt, ist die Berechnung der Energieprodukte der hierarchischen Basisfunktionen aufwändiger. Allerdings hängen sie auch nicht vom sich während der CG-Iteration ändernden Residuum ab, weshalb sie einmal im Voraus berechnet werden können. Als besonders einfache, bei glatten Diffusionskoeffizienten sogar äquivalente, Alternative bietet sich die skalierte Form

$$a_{k,\xi} = 2^{(d-2)(k-j)}\langle A\varphi_{j,\xi}, \varphi_{j,\xi}\rangle$$

an. Im allereinfachsten Fall kann man sogar $\text{diag}(A) = I$ unterstellen, was dann $a_{k,\xi} = 2^{(d-2)(k-j)}$ ergibt.

Prolongation

Schließlich muss die in der hierarchischen Basis dargestellte Lösung wieder in die Knotenbasis von S_j zurücktransformiert werden. Das ist die aus Kapitel 5.5.1 bekannte Prolongation. Wie bei den Residuen kann dies – diesmal in umgekehrter Richtung durch die Gitterhierarchie – effizient durch direktes Überschreiben der Koeffizienten erfolgen. Damit sind wir soweit, den HB-Algorithmus informell darstellen zu können.

Der einzige nichttriviale Teil sind die Nachbarschaftsmengen $\mathcal{N}_{k,\xi}$. Algorithmisch einfacher ist der Weg über die Elternknoten ξ_l, ξ_r zu $\xi \in \mathcal{N}_k$ mit $k > 0$. Während der Verfeinerung ist der Knoten ξ durch die Halbierung der Kante zwischen den Eltern-knoten entstanden, es gilt also $\xi = \frac{1}{2}(\xi_l + \xi_r)$ und zudem $\{\xi_l, \xi_r\} = \{v \in \mathcal{N}_{k-1} : \xi \in \mathcal{N}_{k-1,v}\}$.

Algorithmus 7.30 (HB-Vorkonditionierung).

$v := \mathrm{HB}(r)$

for $k = j$ **to** 1 **step** −1 **do**
    for $\xi \in \mathcal{N}_k^{\mathrm{HB}}$ **do**
        – Glätter auf Ebene k
        $v_\xi := r_\xi / a_{k,\xi}$
        – Restriktion des Residuums
        $r_{\xi_l} := r_{\xi_l} + \frac{1}{2} r_\xi$
        $r_{\xi_r} := r_{\xi_r} + \frac{1}{2} r_\xi$
    end for
end for

– direkte Grobgitterlösung auf $\mathcal{T}_0$
$(v_\xi)_{\xi \in \mathcal{N}_0} = B_0^{-1}(r_\xi)_{\xi \in \mathcal{N}_0}$

– Prolongation der Korrektur:
for $k = 1$ **to** j **do**
    for $\xi \in \mathcal{N}_k^{\mathrm{HB}}$ **do**
        $v_\xi := v_\xi + \frac{1}{2}(v_{\xi_l} + v_{\xi_r})$
    end for
end for

BPX-Vorkonditionierung

Für $d = 3$ eignet sich der BPX-Vorkonditionierer wesentlich besser als der HB-Vorkonditionierer, weil die Stabilitätskonstante K_1^{BPX} beschränkt bleibt, siehe (7.52). Dies gilt im Prinzip auch für $d = 2$. Allerdings ist der Rechenaufwand verglichen mit HB größer, so dass dieser Vorteil erst bei sehr stark verfeinerten Gittern zum Tragen kommt.

Summenformel

Die Erweiterung der Unterräume von V_k^{HB} nach V_k^{BPX} führt zu einer Erweiterung der HB-Summenformel (7.57) zu

$$(B^{BPX})^{-1}r = B_0^{-1}r + \sum_{k=1}^{j} \sum_{\xi \in \mathcal{N}_k^{BPX}} \frac{\langle r, \varphi_{k,\xi} \rangle}{\langle A\varphi_{k,\xi}, \varphi_{k,\xi} \rangle} \varphi_{k,\xi}. \tag{7.58}$$

Im Unterschied zum HB-Vorkonditionierer lässt sich der BPX-Vorkonditionierer nicht durch direktes Überschreiben von Koeffizientenvektoren realisieren, es wird also in geringem Umfang zusätzlicher Speicher benötigt. Die Ähnlichkeit der Summenformeln (7.58) und (7.57) täuscht etwas über die doch recht unterschiedliche Komplexität der Implementierung beider Formeln hinweg.

Algorithmus 7.31 (BPX-Vorkonditionierung).

$v := BPX(r)$

for $k = j$ **to** 1 **step** -1 **do**
    – Jacobi-Glätter
    for $\xi \in \mathcal{N}_k^{BPX}$ **do**
        $v_{k,\xi} := r_\xi / a_{k,\xi}$
    end for
    – Restriktion des Residuums
    for $\xi \in \{\eta \in \mathcal{N}_{k-1} : \mathcal{N}_{k-1,\eta} \neq \emptyset\}$ **do**
        $r_\xi := r_\xi + \frac{1}{2} \sum_{v \in \mathcal{N}_{k,\xi}} r_v$
    end for
end for

– direkte Lösung auf $\mathcal{T}_0$
$(v_\xi)_{\xi \in \mathcal{N}_j} = 0$
$(v_\xi)_{\xi \in \mathcal{N}_0} = B_0^{-1}(r_\xi)_{\xi \in \mathcal{N}_0}$

– Prolongation der Korrekturen
for $k = 1$ **to** j **do**
    for $\xi \in \{\eta \in \mathcal{N}_{k-1} : \mathcal{N}_{k-1,\eta} \neq \emptyset\}$ **do**
        for $v \in \mathcal{N}_{k-1,\xi}$ **do**
            $v_v := v_v + \frac{1}{2} v_\xi$
        end for
    end for
    for $\xi \in \mathcal{N}_k^{BPX}$ **do**
        $v_\xi := v_\xi + v_{k,\xi}$
    end for
end for

7.3.2 Multiplikative Mehrgittermethoden

Unter multiplikativen Mehrgittermethoden versteht man eine Mehrgitter-Realisierung des *sequentiellen* Unterraum-Algorithmus 7.3 auf der Basis hierarchischer Raumzerlegungen, die wir in Kapitel 7.2 vorgestellt haben. Auf der Grundlage der HB-Zerlegung aus Kapitel 7.2.1 ergibt sich der Hierarchische-Basis-Mehrgitteralgorithmus (engl. *hierarchical basis multigrid method*) nach Bank, Dupont und Yserentant [20]. Obwohl dieser Algorithmus, ebenso wie die additive Variante, eine nur fastoptimale Konvergenzrate aufweist, ist er, für $d = 2$ und realistischen Verfeinerungstiefen j, der effizienteste unter den multiplikativen Mehrgitteralgorithmen. Seit 1988 ist er in dem Programmpaket **PLTMG** realisiert. Für Einzelheiten verweisen wir auf die Originalliteratur [20]. Stattdessen wollen wir im Folgenden die BPX-Zerlegung mit $V_k = S_k$ aus Kapitel 7.2.2 zugrunde legen, die den klassischen Mehrgitteralgorithmus unter Einschluss der hier betrachteten adaptiven Variante abdeckt.

Konvergenz

In Kapitel 5.5.1 haben wir einen Konvergenzbeweis für die klassische Mehrgittermethode vorgeführt, der jedoch nur für W-Zyklen und uniforme Gitter ausgereicht hatte. Der in der Praxis häufiger benutzte V-Zyklus auf adaptiven Gittern wurde davon nicht abgedeckt. Dies wollen wir nun durch Anwendung der sequentiellen Unterraum-Korrekturmethoden aus Kapitel 7.1.2 nachholen. Im Vergleich mit additiven Mehrgittermethoden sind statt zwei nun die drei theoretischen Annahmen (A0), (A1) und (A2) zu verifizieren. Der Beweis für die Annahmen (A1) sowie (A2′) und damit (A2) bei BPX-Zerlegung ist in Kapitel 7.2.2 schon erbracht bzw. diskutiert worden. Es fehlt nur noch der Nachweis von Annahme (A0), die wir der einfacheren Lesbarkeit wegen hier wiedergeben: *Es existiert ein $\lambda < 2$, so dass gilt:*

$$\langle Av_k, v_k \rangle \leq \lambda \langle B_k v_k, v_k \rangle \quad \text{für alle } v_k \in V_k.$$

Diese Annahme ist äquivalent zur Voraussetzung (5.5) aus Satz 5.1, zu beweisen für Glätter in den endlichdimensionalen Unterräumen V_k. Für das *gedämpfte* Jacobi-Verfahren leistet dies Satz 5.3, wenn wir obiges λ mit 2ω identifizieren, so dass $\lambda < 2$ identisch $\omega < 1$ ist. Für das *symmetrische* Gauß–Seidel-Verfahren (SGS) ziehen wir das Resultat (5.15) aus dem Beweis von Satz 5.5 heran. Ein entsprechender Beweis für das (unsymmetrische) Gauß–Seidel-Verfahren (GS) ist unter der allgemeinen Voraussetzung von spd-Matrizen nicht gesichert, weshalb sich zunehmend SGS gegenüber GS als Glätter innerhalb von klassischen Mehrgittermethoden durchgesetzt hat.[4] Für das CG-Verfahren ist die Annahme nicht so einfach zu zeigen, weil das Verfahren nichtlinear ist. Mit Blick auf Satz 5.17 können wir jedoch – rein theoretisch zum Zweck

---

4 Dennoch lässt sich Mehrgitterkonvergenz auch für unsymmetrische Glätter zeigen, siehe [171].

der Konvergenzanalyse – auf jeder Gitterebene im Nachhinein eine spd-Matrix B_k formal definieren, deren Inverse gerade die Wirkung des CG-Verfahrens reproduziert und welche die Bedingungen (A0)–(A2') erfüllt. Für dieses hypothetische lineare Verfahren lässt sich nun die Kontraktionsrate zeigen. Nach Konstruktion liefert das Mehrgitterverfahren mit CG-Glätter das gleiche Ergebnis und hat damit die gleiche Kontraktionsrate.

Realisierung

Die Realisierung von adaptiven multiplikativen Mehrgittermethoden ist etwas komplizierter als bei den additiven Methoden. Wie aus Algorithmus 7.3 ersichtlich, muss das Residuum $r_k = f - Aw_k$ auf Gitterebene k nach der Addition der Korrektur $v_k = B_k^{-1} r_{k-1}$ berechnet werden. Das erfordert die Verfügbarkeit der ganzen Matrix A_k anstelle nur der Diagonaleinträge wie bei den additiven Methoden. Die algorithmische Struktur entspricht weitgehend dem klassischen Mehrgitterverfahren 5.18, für eine wirklich effiziente Implementierung sind jedoch komplexe Datenstrukturen erforderlich. Im Allgemeinen wird der aus Kapitel 5.5.1 bekannte V-Zyklus nachgebildet, nur diesmal ausgehend vom Grobgitter. In Kombination mit adaptiver Gitterverfeinerung ergibt sich dann eine geschachtelte Iteration (engl. *nested iteration2*), siehe Abb. 7.10.

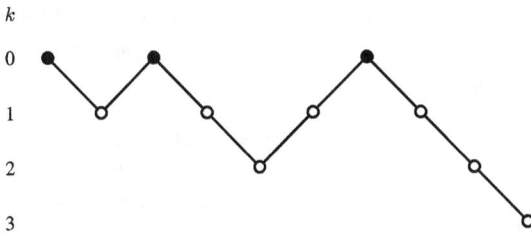

Abb. 7.10: *Adaptiver V-Zyklus* (engl. *nested V-cycle*): Kopplung von Mehrgittermethode mit adaptiver Gitterverfeinerung. Hierbei liegt das gröbste Gitter $k = 0$ als Ausgangsgitter oben, das feinste Gitter unten – das V „steht auf dem Kopf". Im Unterschied zu Abb. 5.10 stellen hier *absteigende* Linien Prolongationen (d. h. bei FE: Interpolationen) dar, *auf*steigende Restriktionen. Direkte Lösungen auf dem Ausgangsgitter sind wieder mit • markiert. Mit ∘ ist die fest vorgegebene Anzahl (v_1, v_2) an Vor- bzw. Nachglättungsschritten bezeichnet.

In order to reach the discretization error of $\epsilon_k \approx c N_k^{-1/d}$ in step k according to Corollary 6.18, an error reduction of

$$\frac{\epsilon_k}{\epsilon_{k-1}} \approx \left(\frac{N_{k-1}}{N_k} \right)^{1/d}$$

is required. Assuming the mesh refinement yields a geometric progression of nodes with $1 < q \leq N_k/N_{k-1} \leq 2^d$, we have $\epsilon_k/\epsilon_{k-1} \geq 2^{-d}$. From a mesh-independent contraction rate $\rho < 1$ of a multigrid method in refinement step k we infer that due to

$$\rho^{m_k} \leq 2^{-d} \quad \Rightarrow \quad m_k \leq cd$$

a constant number m_k of iterations is sufficient. The computational amount in step k is then $\mathcal{O}(N_k)$. Summing up over all refinement steps up to j yields an optimal total computational amount of $\mathcal{O}(N_j)$ due to the boundedness of the geometric series (compare also Exercise 5.9).

Bemerkung 7.32. Die Frage, ob multiplikative oder additive Mehrgitteralgorithmen schneller sind, ist nicht so einfach zu beantworten. In [26] wird an einfachen 1D-Modellproblemen nachgewiesen, dass die Kontraktionsraten im multiplikativen Fall kleiner sind, d. h. dass diese Verfahren *weniger Iterationen* benötigen; diese Analyse wird durch numerische Tests an einfachen 2D-Problemen experimentell bestätigt, sowohl über uniformen als auch über adaptiven Gittern. Allerdings benötigen additive Mehrgitteralgorithmen *pro Iteration deutlich weniger Rechenzeit*, so dass die Gesamtrechenzeiten dann eher kürzer ausfallen als bei multiplikativen Verfahren, siehe z. B. [73, Tab. 1.1]. Beide Typen von Mehrgittermethoden sind also bezüglich Rechenzeit in etwa vergleichbar. Hinzu kommt, dass bei ausreichend komplexen Anwendungsproblemen und problemangepassten Gittern die Hauptarbeit der numerischen Lösung in der Assemblierung der Matrizen steckt. Die Entscheidung sollte deshalb auf Grund anderer Kriterien gefällt werden, siehe etwa Kapitel 7.4.2, wo ein multiplikatives Verfahren die Monotonie von Eigenwert-Approximationen sicherstellt, während dies für ein additives Verfahren nicht erreicht werden könnte.

Bemerkung 7.33. Multiplikative Mehrgittermethoden eignen sich für zahlreiche weitere Problemklassen über die hier diskutierten Randwertprobleme hinaus. Interessierte Leser verweisen wir auf das Buch [220] von Trottenberg, Oosterlee und Schüller. Effiziente Mehrgittermethoden für die Navier–Stokes-Gleichungen wurden von G. Wittum [237, 238] vorgeschlagen. Auch im Gebiet der nichtdifferenzierbaren Optimierung spielen sie eine zunehmende Rolle, siehe dazu die Überblicksarbeit von Gräser/Kornhuber [115].

7.3.3 Kaskadische Mehrgittermethoden

Im Jahre 1993 versuchte P. Deuflhard, die tatsächlichen Rechenzeiten von adaptiven additiven Mehrgittermethoden bei verschiedenen Vorkonditionierungen an verschiedenen Testbeispielen zu ermitteln, insbesondere für HB und BPX, sowohl für $d = 2$ als auch für $d = 3$, um die Aussagekraft der theoretischen Komplexitätsresultate zu prüfen. Zum Vergleich verwendete er die simple Jacobi-Vorkonditionierung (also nur die Diagonalelemente von A_h). Zur Überraschung fast aller Fachkollegen ergab die simple Variante die mit Abstand kürzesten Rechenzeiten [72]. Kernidee dieses Verfahrens war allerdings eine Anpassung der Anzahl v_k der Glättungsschritte auf gröberen Niveaus k, die bewirkt, dass Fehler, die im Prozess der adaptiven Verfeinerung später auftreten könnten, bereits auf gröberen Gittern eliminiert werden. Der Autor benutzte zunächst die zugehörige PCG-Iteration als Glätter innerhalb der adaptiven Mehrgittermethode und leitete diese Variante als geschachteltes Galerkin-Verfahren her. Aus diesem Grund nannte er die Methode „kaskadisches" CG-Verfahren (engl. *cascadic conjugate gradient method*), abgekürzt CCG-Methode. Ersetzt man die PCG-Iteration durch einen allgemeineren Glätter, so erhält man „kaskadische" Mehrgittermethoden (engl. *cascadic multigrid methods*), abgekürzt CMG-Methoden.

Diese lassen sich von zwei Seiten her interpretieren:
– als *additive* Mehrgitterverfahren mit „abgemagerter" Vorkonditionierung: BPX → HB → Jacobi,
– als *multiplikative* Mehrgitterverfahren vom Typ V-Zyklus, aber *ohne* Grobgitterkorrektur, siehe das Schema in Abb. 7.11, zu vergleichen mit dem adaptiven V-Zyklus in Abb. 7.10.

Für die folgende Untersuchung führen wir die üblichen Bezeichnungen ein: Wir nehmen wieder an, dass durch adaptive Gitterverfeinerung in j Verfeinerungsschritten eine Gitterhierarchie $\{\mathcal{T}_k\}$, $k = 0, \ldots, j$ mit FE-Räumen $V_k = S^1_h(\mathcal{T}_k)$ erzeugt wird. Seien $u_k \in V_k$ die durch

$$a(u_k, v_k) = \langle f, v_k \rangle \quad \text{für alle } v_k \in V_k$$

definierten FE-Lösungen. Das kaskadische Mehrgitter produziert stattdessen approximative Lösungen $\hat{u}_k \in V_k$ durch v_k-malige Anwendung des Glätters G:

$$u_k - \hat{u}_k = G^{v_k}(u_{k-1} - \hat{u}_{k-1}).$$

Dies entspricht genau der graphischen Darstellung in Abb. 7.11, weshalb CMG auch als "Backslash-Algorithmus" bekannt ist.

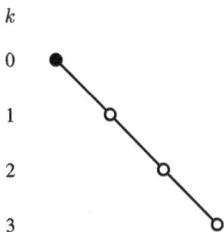

Abb. 7.11: *Kaskadische Mehrgittermethode:* Wie in Abb. 7.10 liegt das gröbste Gitter $k = 0$ als Ausgangsgitter oben, das feinste Gitter unten. Im Unterschied zu Abb. 7.10 treten nur *absteigende* Linien (bei FE: Interpolationen) auf, Grobgitterkorrekturen fehlen. Direkte Lösung auf dem Ausgangsgitter ist wieder mit • markiert. Mit ∘ ist eine stufenabhängige Anzahl v_k von Glättungsschritten bezeichnet.

Konvergenz

Im Unterschied zu additiven oder multiplikativen Mehrgitterverfahren ist hier kein klassisches Konvergenzresultat möglich. Stattdessen zielen wir darauf ab, den Gesamtfehler, d. h. Diskretisierungsfehler und algebraischen Fehler, auf eine vorab vorgegebene Toleranz TOL zu reduzieren. Dies ist offenbar eine sinnvolle Alternative für einen adaptiven Algorithmus.

Ein erster Konvergenzbeweis dieser Art für das CCG-Verfahren gelang dem russischen Mathematiker V. Shaidurov [203] im Jahre 1994. Er orientierte sich an dem Schema des Beweises für klassische Mehrgittermethoden auf uniformen Gittern, den wir in Kapitel 5.5.1 ausgeführt haben. Zentraler Baustein war der Glättungssatz 5.17 von V. P. Il'yin [137]. Auf dieser Basis fand F. Bornemann eine Verallgemeinerung des Beweises für allgemeine Glätter, immer noch unter der Annahme uniformer Gitter. Die Erweiterung dieses Beweises auf adaptive Gitter sowie die Herleitung einer ν_k-Steuerung wurde schließlich 1996 gemeinsam von Bornemann und Deuflhard [40] publiziert.

Anders als in diesen Arbeiten nehmen wir hier von vornherein eine explizit algorithmische Sichtweise ein. Bei der Berechnung von $\hat{u}_j$ durch einen Glätter ausgehend vom Startwert $\hat{u}_{j-1}$ spielt offenbar die Genauigkeit von $\hat{u}_{j-1}$ eine große Rolle für die Anzahl der benötigten Iterationen und damit für den Aufwand. Wir interessieren uns daher rekursiv für die Frage, wie genau die $\hat{u}_k$ berechnet werden sollten, und welcher Gesamtaufwand damit einhergeht.

Theoretischer Rahmen

Vorab sammeln wir alle theoretischen Annahmen, die wir in der folgenden Analyse benutzen werden.

– *Monotonie des Glätters*:

$$\left\| G(u_k - v) \right\|_A \leq \left\| u_k - v \right\|_A \quad \text{für alle } v \in V_k. \tag{7.59}$$

Diese Eigenschaft wird gleichermaßen vom Jacobi-, symmetrischen Gauß-Seidel- und CG-Verfahren erfüllt.

– *Glättungseigenschaft*:

$$\left\| G^{\nu_k}(u_k - u_{k-1}) \right\|_A \leq \frac{c_G}{\nu_k^{\gamma}} \| u_k - u_{k-1} \|_A \quad \text{für } k = 1, \ldots, j \tag{7.60}$$

mit $\gamma = 1/2$ (gedämpftes Jacobi- und SGS-Verfahren) oder $\gamma = 1$ (CG-Verfahren). Für *uniforme* Gitterhierarchien lässt sich diese Eigenschaft sofort aus der Glättungseigenschaft (5.51) und der Kontraktionseigenschaft (5.54) herleiten. Bei *adaptiven* nichtuniformen Gitterhierarchien lässt sie sich unter recht natürlichen Voraussetzungen an den Gitterverfeinerungsprozess zumindest für das CG-Verfahren rechtfertigen, siehe [40].

–   *Approximationseigenschaft*:

$$0 < \underline{c_f} \le \frac{\|u - u_k\|_A N_k^{1/d}}{\|f\|_{L^2(\Omega)}} \le \overline{c_f}. \tag{7.61}$$

Die obere Schranke folgt für H^2-reguläre Probleme aus Satz 6.17. Die untere Schranke beschreibt den generischen Fall – insbesondere der triviale Fall $u \in V_k$ wird damit ausgeschlossen.

–   *Hinreichend rasche Gitterverfeinerung*:

$$1 < \underline{q} \le \frac{N_k}{N_{k-1}} \le \overline{q} \le 2^d \quad \text{für } k = 1, \dots, j. \tag{7.62}$$

Grundidee

Die maximale Verfeinerungsstufe j ist vorab nicht explizit bekannt, sondern nur implizit festgelegt durch die Beschränkung

$$\|u - \hat{u}_j\|_A \le \text{TOL}$$

und das Streben nach minimalem Aufwand. Wie in (6.4) teilen wir den Gesamtfehler in den algebraischen und den Diskretisierungsfehler auf gemäß

$$\|u - \hat{u}_j\|_A^2 = \|u - u_j\|_A^2 + \|u_j - \hat{u}_j\|_A^2$$

und fordern für einen noch zu bestimmenden Faktor $0 < \beta < 1$:

$$\|u_j - \hat{u}_j\|_A \le \beta\,\text{TOL}, \|u - u_j\|_A \le \sqrt{1 - \beta^2}\,\text{TOL} < \|u - u_{j-1}\|_A. \tag{7.63}$$

Die Grundidee ist nun, Toleranzen für die algebraischen Fehler $\delta_k := \|u_k - \hat{u}_k\|_A$ auf Verfeinerungsstufe $k < j$ so zu bestimmen, dass der Gesamtaufwand zur Erreichung des Fehlerniveaus TOL minimal wird. Dazu benötigen wir ein Aufwandsmodell, das wir im Folgenden ausarbeiten und minimieren wollen.

Aufwandsminimierung

Der algorithmische Aufwand ist, wie bei allen Mehrgittermethoden, charakterisiert durch

$$W_j = \sum_{k=1}^{j} \nu_k N_k.$$

Die Dimensionsfolge $\{N_k\}$ ergibt sich aus der adaptiven Gitterkonstruktion, wobei wir hinreichend rasches Wachstum vorausgesetzt haben. Die benötigte Anzahl $\{\nu_k\}$ an Glättungsschritten lässt sich durch das folgende Lemma abschätzen (wobei wir die Ganzzahligkeit von ν_k vernachlässigen).

Lemma 7.34. *Unter der Annahme $\delta_k > \delta_{k-1}$ gilt mit den hier eingeführten Bezeichnungen*

$$v_k^y \leq \frac{c_G \overline{c_f} \, \overline{q}^{1/d} \|f\|_{L^2(\Omega)}}{(\delta_k - \delta_{k-1}) N_k^{1/d}}. \tag{7.64}$$

Beweis. Wir verwenden nacheinander eine Dreiecksungleichung, die Glättungseigenschaft (7.60) und die Monotonie-Eigenschaft (7.59) und gelangen so zu der Abschätzung

$$\begin{aligned}
\delta_k = \|u_k - \hat{u}_k\|_A = \left\|G^{v_k}(u_k - \hat{u}_{k-1})\right\|_A \\
\leq \left\|G^{v_k}(u_k - u_{k-1})\right\|_A + \left\|G^{v_k}(u_{k-1} - \hat{u}_{k-1})\right\|_A \\
\leq \frac{c_G}{v_k^y} \|u_k - u_{k-1}\|_A + \|u_{k-1} - \hat{u}_{k-1}\|_A \\
\leq \frac{c_G}{v_k^y} \|u - u_{k-1}\|_A + \delta_{k-1}.
\end{aligned}$$

Anwendung der Approximationseigenschaft (7.61) im adaptiven Fall und anschließende Einführung des Verfeinerungsfaktors (7.62) liefern sodann

$$0 < \delta_k - \delta_{k-1} \leq \frac{c_G}{v_k^y} \overline{c_f} \|f\|_{L^2(\Omega)} N_{k-1}^{-1/d} \leq \frac{c_G \overline{c_f} \, \overline{q}^{1/d}}{v_k^y} \|f\|_{L^2(\Omega)} N_k^{-1/d}$$

und somit die Aussage (7.64). □

Der Gesamtaufwand zur Berechnung von $\hat{u}_j$ lässt sich also abschätzen durch

$$W_j \leq \overline{W}_j := c \sum_{k=0}^{j} (\delta_k - \delta_{k-1})^{-1/y} N_k^{\frac{dy-1}{dy}}.$$

Wir wollen nun die obere Schranke $\overline{W}_j$ für den Gesamtaufwand W_j durch eine optimale Folge $\{v_k\}$ der Anzahl von Glättungsschritten minimieren. Mit Hilfe des obigen Lemmas lässt sich dies implizit erreichen durch eine optimale Wahl $\{\bar{\delta}_k\}$ für die algebraischen Fehler $\{\delta_k\}$. Für die folgenden Überlegungen führen wir statt der δ_k ihre (als positiv vorausgesetzten) Differenzen $s_k = \delta_k - \delta_{k-1}$ ein, woraus sich mit $\delta_0 = \bar{\delta}_0 = 0$ (direkte Lösung auf dem Ausgangsgitter) sofort

$$\delta_k = \sum_{i=1}^{k} s_i, \quad \delta_j \leq \bar{\delta}_j = \beta \, \text{TOL}$$

ergibt. Man beachte, dass die letzte Verfeinerungsstufe j hier nur implizit definiert ist. Dies führt uns auf das beschränkte Minimierungsproblem

$$\min_{s_k} \sum_{k=0}^{j} s_k^{-1/y} N_k^{\frac{dy-1}{dy}} \quad \text{unter der Nebenbedingung} \quad \sum_{k=1}^{j} s_k = \beta \, \text{TOL},$$

dessen optimale Lösung $\{\bar{s}_k\}$, $\{\bar{\delta}_k\}$ in dem folgenden Satz zusammengefasst ist.

Satz 7.35. *Bei optimaler Wahl der Schranken $\bar{\delta}_k$ für die algebraischen Fehler δ_k ist der Aufwand für die kaskadische Mehrgittermethode durch*

$$W_j \leq c \begin{cases} N_j, & d\gamma > 1, \\ j^{\frac{1+\gamma}{\gamma}} N_j, & d\gamma = 1, \end{cases}$$

beschränkt, wobei c eine von j unabhängige generische Konstante ist.

Beweis. Nach Anhang A.6 koppeln wir die Nebenbedingung durch einen (positiven) Lagrange-Multiplikator λ an und erhalten so die Gleichungen

$$-\frac{1}{\gamma} \bar{s}_k^{-\frac{1+\gamma}{\gamma}} N_k^{\frac{d\gamma-1}{d\gamma}} + \lambda = 0.$$

Daraus leiten wir die Darstellung

$$\bar{s}_k = \left(N_k^{\frac{d\gamma-1}{d\gamma}} (\lambda\gamma)^{-1} \right)^{\frac{\gamma}{1+\gamma}}$$

her. Bilden wir hier den Quotienten $\bar{s}_k / \bar{s}_j$, so kürzt sich der Lagrange-Multiplikator heraus und wir erhalten

$$\bar{s}_k = \bar{s}_j \left(\frac{N_k}{N_j} \right)^{\frac{d\gamma-1}{d(1+\gamma)}}. \tag{7.65}$$

Einsetzen in die Formel für den Aufwand liefert nach kurzer Zwischenrechnung

$$\overline{W}_j = c\bar{s}_j^{-1/\gamma} N_j^{\frac{d\gamma-1}{d\gamma}} \sum_{k=1}^{j} \left(\frac{N_k}{N_j} \right)^{\frac{d\gamma-1}{d(1+\gamma)}}$$

sowie die Nebenbedingung

$$\beta\,\mathrm{TOL} = \bar{s}_j \sum_{k=1}^{j} \left(\frac{N_k}{N_j} \right)^{\frac{d\gamma-1}{d(1+\gamma)}}.$$

An dieser Stelle benutzen wir das Anwachsen der Knotenanzahl, wie in (7.62) gefordert. Damit erhalten wir zunächst

$$\beta\,\mathrm{TOL} \leq \bar{s}_j \sum_{k=1}^{j} q^{\frac{(k-j)(d\gamma-1)}{d(1+\gamma)}}.$$

Zur Vereinfachung der Rechnung führen wir die Größe $b = q^{-\frac{d\gamma-1}{d(1+\gamma)}}$ ein. Offenbar gilt

$$d\gamma = 1 \quad \Rightarrow \quad b = 1, \, d\gamma > 1 \quad \Rightarrow \quad b < 1,$$

der Fall $dy < 1$ tritt bei den betrachteten Glättern nicht auf. So erhalten wir

$$\beta \, \text{TOL} \leq \begin{cases} \bar{s}_j/(1-b), & dy > 1, \\ j\bar{s}_j, & dy = 1, \end{cases}$$

woraus unmittelbar folgt

$$\bar{s}_j \geq \begin{cases} \beta \, \text{TOL}(1-b), & dy > 1, \\ \beta \, \text{TOL}/j, & dy = 1. \end{cases}$$

Nebenbei bemerken wir, dass in beiden Fällen $\bar{s}_j > 0$ gilt, woraus mit (7.65) sofort $\bar{s}_k > 0$, $k = 0, \ldots, j-1$ folgt; damit ist die Annahme $\delta_k > \delta_{k-1}$ in Lemma 7.34 zumindest für die optimale Wahl $\{\delta_k\}$ gesichert. Für $dy > 1$, $b < 1$ lässt sich der Aufwand durch die geometrische Reihe abschätzen gemäß

$$\overline{W}_j \leq c(\beta \, \text{TOL}(1-b))^{-1/\gamma} N_j^{\frac{dy-1}{dy}} (1-b)^{-1}.$$

Aus der Approximationsannahme (7.61) und der Genauigkeitsforderung (7.63) folgt

$$\sqrt{1-\beta^2} \, \text{TOL} \geq \frac{c_f \|f\|_{L^2(\Omega)}}{N_j^{1/d}} = cN_j^{-1/d}$$

und somit schließlich (mit generischen von β und j unabhängigen Konstanten)

$$\overline{W}_j \leq c\left(\frac{\sqrt{1-\beta^2}}{\beta(1-b)}\right)^{1/\gamma} \frac{N_j}{1-b}, \tag{7.66}$$

die erste Aussage des Satzes. Für $dy = 1$, $b = 1$ erhalten wir entsprechend

$$\overline{W}_j \leq c\left(\frac{j\sqrt{1-\beta^2}}{\beta}\right)^{1/\gamma} jN_j.$$

Zusammenfassen der Exponenten von j liefert sodann die zweite Aussage des Satzes.
□

Für $dy > 1$, d. h. für das CG-Verfahren in $d = 2, 3$ sowie Jacobi- und Gauß–Seidel-Verfahren in $d = 3$, liefert der obige Satz *optimale Komplexität* $\mathcal{O}(N_j)$. Für den Grenzfall $dy = 1$ erhalten wir nur die suboptimale Komplexität $\mathcal{O}(j^{(1+\gamma)/\gamma}N_j)$. Deshalb wollen wir uns im folgenden auf $dy > 1$ beschränken. Für diesen Fall können wir Satz 7.35 noch weiter nutzen, um den bisher unbestimmten Parameter β durch Minimierung des Aufwands festzulegen.

Satz 7.36. *Für dy > 1 gilt*

$$W_j \leq c\beta^{-1/\gamma}(1-\beta^2)^{\frac{1-dy}{2\gamma}}$$

mit einer von β und j unabhängigen Konstante c. Das Minimum der oberen Schranke wird angenommen für den Wert

$$\beta_{\min} = \frac{1}{\sqrt{dy}}. \tag{7.67}$$

Beweis. Um die reine Abhängigkeit des Aufwands vom Parameter β zu bekommen, ersetzen wir lediglich den Faktor N_j in (7.66) vermöge (7.62), (7.61) und (7.63) durch

$$N_j \leq \overline{q}N_{j-1} \leq \overline{q}\left(\frac{\overline{c_f}\|f\|_{L^2(\Omega)}}{\|u-u_{j-1}\|_A}\right)^d \leq \overline{q}\left(\frac{\overline{c_f}\|f\|_{L^2(\Omega)}}{\sqrt{1-\beta^2}\,\mathrm{TOL}}\right)^d$$

und erhalten

$$W_j \leq c\left(\frac{\sqrt{1-\beta^2}}{\beta}\right)^{1/\gamma}\left(\frac{1}{\sqrt{1-\beta^2}}\right)^d = c(1-\beta^2)^{\frac{1-dy}{2\gamma}}\beta^{-1/\gamma} =: \varphi(\beta).$$

Zu minimieren ist also die Funktion $\varphi(\beta)$. Mit $\varphi'(\beta) = 0$ sowie der Tatsache, dass $\varphi(0)$ und $\varphi(1)$ positiv unbeschränkt sind, leiten wir direkt die Beziehung (7.67) her. □

Der hier angegebene Wert $\beta_{\min}$ ist in die Genauigkeitsabfrage (7.63) einzusetzen.

Realisierung

Die algorithmische Umsetzung des kaskadischen Mehrgitterverfahrens beruht auf berechenbaren Schätzern $[\delta_k] \leq \delta_k$, wie sie etwa für das adaptive CG-Verfahren in Kapitel 5.3.3 vorgestellt wurden. Um eine optimale Verfeinerungstiefe j algorithmisch zu bestimmen, bei der die vorgegebene Genauigkeit TOL für den Gesamtfehler erreicht wird, fordern wir für den geschätzten algebraischen Fehler

$$[\delta_k] \leq \overline{\delta}_k = \sum_{i=1}^{k} \overline{s}_i \quad \Rightarrow \quad [\delta_j] \leq \overline{\delta}_j = \beta\,\mathrm{TOL}.$$

Natürlich wollen wir die Folge $\{[\delta_k]\}$ möglichst nahe an der optimalen Folge $\{\overline{\delta}_k\}$ führen, um keine unnötigen Glättungsschritte ausführen zu müssen, insbesondere auf den feinsten Stufen. Allerdings hängen die $\overline{s}_i$ noch von N_j ab, siehe (7.65), d. h. sie sind nicht explizit auswertbar. Zur Herleitung einer im Algorithmus auswertbaren oberen Schranke wollen wir so viel wie möglich explizit berechnen und erst möglichst spät auf Näherungen zurückgreifen. Zunächst erhalten wir aus dem Beweis von Satz 7.35

$$\overline{\delta}_k = \overline{\delta}_k\frac{\beta\,\mathrm{TOL}}{\overline{\delta}_j} = \frac{\beta\,\mathrm{TOL}\sum_{i=1}^{k}\overline{s}_i}{\sum_{i=1}^{j}\overline{s}_i} = \frac{\beta\,\mathrm{TOL}\,\overline{s}_j\sum_{i=1}^{k}(\frac{N_i}{N_j})^\alpha}{\overline{s}_j\sum_{i=1}^{j}(\frac{N_i}{N_j})^\alpha} = \beta\,\mathrm{TOL}\frac{\sum_{i=1}^{k}N_i^\alpha}{\sum_{i=1}^{j}N_i^\alpha}$$

mit $\alpha = (dy - 1)/(d(1 + y))$. Führen wir die Bezeichnungen

$$y_k := \sum_{i=1}^{k} N_i^{\alpha}, \quad z_k := \sum_{i=k+1}^{j} N_i^{\alpha}$$

ein, so lässt sich das obige Resultat schreiben in der Form

$$\bar{\delta}_k = \beta \, \text{TOL} \, \frac{y_k}{y_k + z_k}. \tag{7.68}$$

Im Schritt k des Algorithmus ist der Term y_k auswertbar, nicht aber der Term z_k. Wir müssen ihn also durch eine Schätzung $[z_k]$ ersetzen. Dazu nehmen wir – mangels genaueren Wissens – an, dass die aktuelle Gitterverfeinerungsrate auch für die nächsten Schritte beibehalten wird, und erhalten aus der endlichen geometrischen Reihe

$$z_k = N_k^{\alpha} \sum_{i=1}^{j-k} \left(\frac{N_{k+i}}{N_k} \right)^{\alpha} \approx N_k^{\alpha} \sum_{i=1}^{j-k} q_k^{i\alpha} = N_k^{\alpha} \frac{q_k^{(j-k)\alpha} - 1}{1 - q_k^{-\alpha}} \quad \text{mit } q_k := \frac{N_k}{N_{k-1}}.$$

Einzig unbekannt in diesem Ausdruck ist q_k^{j-k}. Das allerdings können wir durch

$$q_k^{j-k} \approx \frac{N_j}{N_k} = q_k^{-1} \frac{N_j}{N_{k-1}} \doteq q_k^{-1} \left(\frac{\|u - u_{k-1}\|_A}{\sqrt{1 - \beta^2 \, \text{TOL}}} \right)^d$$

schätzen und den Diskretisierungsfehler $\|u - u_{k-1}\|_A$ durch den schon für die Gitterverfeinerung von $\mathcal{T}_{k-1}$ nach $\mathcal{T}_k$ verwendeten Fehlerschätzer $[\epsilon_{k-1}]$ ersetzen. Insgesamt erhalten wir

$$z_k :\approx N_k^{\alpha} \frac{\left(\frac{[\epsilon_{k-1}]}{\sqrt{1-\beta^2 \, \text{TOL}}} \right)^{d\alpha} - q_k^{\alpha}}{q_k^{\alpha} - 1} =: [z_k].$$

Die Verwendung dieses Schätzers anstelle von $\bar{\delta}_k$ in (7.68) führt auf das implementierbare Abbruchkriterium

$$[\delta_k] \leq [\bar{\delta}_k] := \frac{\beta \, \text{TOL} \, y_k}{y_k + [z_k]} \quad \Rightarrow \quad [\delta_j] \leq [\bar{\delta}_j] = \beta \, \text{TOL}.$$

Da es für den Abbruch des CG-Verfahrens auf die Anfangsphase der Iteration ankommt, verwenden wir den Fehlerschätzer aus Kapitel 5.4.3, der insbesondere die anfängliche Glättungsphase berücksichtigt.

Damit haben wir alle Bausteine eines adaptiven kaskadischen Mehrgitterverfahrens beisammen.

Algorithmus 7.37 (Kaskadische Mehrgittermethode (CMG)).
$\hat{u}_j := \text{CMG}(f, \text{TOL})$

$\hat{u}_0 := A_0^{-1} f_0 = u_0$
for $k = 1, \dots$ **do**
    berechne Fehlerschätzer $[\epsilon_{k-1}]$
    if $[\epsilon_{k-1}] \le \sqrt{1 - \beta^2}\,\text{TOL}$ **then**
        $\hat{u}_j := \hat{u}_{k-1}$
        exit
    end if
    verfeinere das Gitter gemäß $[\epsilon_{k-1}]$
    $\hat{u}_k := \text{CG}(A_k, f_k, I_{k-1}^k \hat{u}_{k-1}; \beta\,\text{TOL}\,y_k/(y_k + [z_k]))$
end for

Der hier vorgestellte adaptive CMG-Algorithmus unterscheidet sich in einigen Details und in dem zugrunde gelegten theoretischen Konzept geringfügig von dem in [40] publizierten adaptiven CMG-Algorithmus. Für die dort vorgeschlagene Version zeigen wir in Abb. 7.12 ein typisches Muster der Anzahl $v_1, \dots, v_j$ an Glättungsschritten. Gelöst wurde ein Poisson-Problem über einem Schlitzgebiet ähnlich unserem Beispiel 6.24. Verglichen wurden die Glätter SGS und CG innerhalb des CMG-Algorithmus, wobei zu beachten ist, dass SGS zwei Matrixauswertungen pro Glättungsschritt benötigt, CG nur eine.

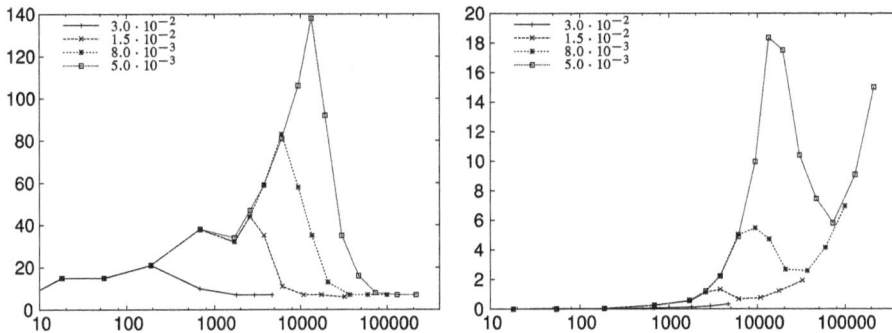

Abb. 7.12: *CCG-Verfahren für vorgeschriebene Toleranzen* TOL $= \{3.0 \cdot 10^{-2}, \dots, 5.0 \cdot 10^{-3}\}$. Horizontale Achse: Anzahl N_k der Knoten (logarithmisch) bei Verfeinerungsschritt k. *Links:* Anzahl Glättungsschritte v_k. Im Unterschied zur Originalarbeit [40] sind hier auch die für den CG-Fehlerschätzer zusätzlich verwendeten sechs Iterationen mitgezählt, was die asymptotische Konstante erklärt. *Rechts:* Rechenaufwand $10^{-5} v_k N_k$ je Verfeinerungsschritt.

Zusammenfassung

Im Vergleich mit additiven oder multiplikativen Mehrgittermethoden zeichnen sich kaskadische Mehrgittermethoden durch ihre *extreme Einfachheit* aus, was sich sowohl aus dem obigen Algorithmus als auch aus Abb. 7.10 ablesen lässt. Deshalb werden sie gerne als Unterprogramme in besonders komplexen Softwaresystemen eingesetzt (etwa in der Klimamodellierung [35]). Den Vorteilen der einfacheren Implementierung und des geringeren Rechenaufwandes steht allerdings gegenüber, dass die zu erreichende Genauigkeit TOL *im Voraus* zu wählen ist; ein einfaches Weiterrechnen, sollte das Ergebnis den Vorstellungen des Anwenders doch nicht genügen, ist nicht möglich. Darüber hinaus sichert unsere Theorie für kaskadische Mehrgitterverfahren eine Reduktion nur für den *Energiefehler*. Eine Erweiterung der Theorie auf eine Reduktion etwa der L^2-Fehler, wie sie bei multiplikativen oder BPX-vorkonditionierten additiven Mehrgittermethoden existiert, ist bei kaskadischen Mehrgitterverfahren prinzipiell nicht möglich, wie Bornemann und Krause in [42] gezeigt haben.

7.4 Eigenwertprobleme

In Kapitel 4.1.3 hatten wir schwache Lösungen für lineare selbstadjungierte Eigenwertprobleme diskutiert, in Kapitel 4.4.2 die zugehörige Approximationstheorie für finite Elemente ausgearbeitet. Gegenüber den früheren Kapiteln haben wir es nun mit einer *Folge* von endlichdimensionalen Eigenwertproblemen wachsender Dimension zu tun, weswegen wir die Bezeichnungen geringfügig ändern, um weniger Indizes mitführen zu müssen.

Zunächst betrachten wir nur den minimalen Eigenwert λ mit zugehöriger Eigenfunktion $u \in H_0^1(\Omega)$. Seien $\lambda_k, u_k \in S_k$, $k = 0, \ldots, j$ die exakten Eigenwerte und Eigenfunktionen zu den FE-Räumen $S_k \subset H_0^1$. Die zugehörigen diskreten Eigenwertprobleme lauten

$$a(u_k, v_h) = \lambda_k \langle u_k, v_h \rangle \quad \text{für alle } v_h \in S_k \in H_0^1(\Omega).$$

Nach (1.15) gilt dann mittels des Rayleigh-Quotienten

$$\lambda = \min_{v \in H_0^1} R(v) = R(u).$$

Durch Übergang zur schwachen Formulierung gilt analog

$$\lambda_k = \min_{v_h \in S_k} R(v_h) = R(u_k).$$

Da $S_0 \subset S_1 \subset \cdots S_j \subset H_0^1$, folgt über die Minimaleigenschaft sofort:

$$\lambda \leq \lambda_j \leq \lambda_{j-1} \leq \cdots \leq \lambda_0.$$

Durch Einsetzen einer Basis erhalten wir die algebraischen Eigenwertprobleme der Dimension $N_k = \dim(S_k)$

$$A_k u_k = \lambda_k M_k u_k, \tag{7.69}$$

worin die u_k nun als Koeffizientenvektoren bezüglich einer FE-Basis zu interpretieren sind und M_k als positiv definite (N_k, N_k)-Massenmatrix. Dem entspricht die algebraische Darstellung

$$\lambda_k = \min_{v_h \in S_k} \frac{v_h^T A_k v_h}{v_h^T M_k v_h} = \frac{u_k^T A_k u_k}{u_k^T M_k u_k} = R(u_k)$$

von der wir in diesem Teilkapitel vorrangig Gebrauch machen werden, wobei wir zur Vereinfachung der Schreibweise den Index h weglassen.

Zur numerischen Lösung von linearen Eigenwertproblemen gibt es zwei prinzipielle Zugänge, einen linearen und einen nichtlinearen, die wir nun diskutieren wollen.

7.4.1 Lineare Mehrgittermethode

Dieser algorithmische Zugang wurde 1979 von Hackbusch [121] vorgeschlagen und in seiner Monographie [123] weiter ausgearbeitet.

Vorab sei die *Grundidee* erläutert, zunächst noch ohne Mehrgitterkontext. Lineare Eigenwertprobleme lassen sich auffassen als *singuläre* lineare Gleichungssysteme

$$(A_k - \lambda_k M_k)u_k = 0, \quad u_k \neq 0 \tag{7.70}$$

mit einem Parameter λ_k, der bei Kenntnis von u_k aus dem Rayleigh-Quotienten als

$$\lambda_k = R(u_k) \tag{7.71}$$

berechnet werden kann. Als Algorithmus bietet sich prinzipiell eine zwischen (7.70) und (7.71) alternierende Fixpunkt-Iteration an, beginnend mit Näherungen $\tilde{\lambda}_k, \tilde{u}_k$. Bei der Lösung von (7.70) entsteht ein nichtverschwindendes *Residuum*

$$r_k = (A_k - \tilde{\lambda}_k M_k)\tilde{u}_k.$$

Um daraus Korrekturen zu gewinnen, definieren wir

$$\tilde{u}_k = u_k + \delta u_k, \quad \tilde{\lambda}_k = \lambda_k + \delta\lambda_k.$$

Einsetzen in den obigen Ausdruck liefert (in linearisierter Näherung)

$$(A_k - \lambda_k M_k)\delta u_k = r_k + \delta\lambda_k M_k(u_k + \delta u_k) \doteq r_k + \delta\lambda_k M_k u_k. \tag{7.72}$$

Offenbar ist dieses genäherte Gleichungssystem nur lösbar, wenn die rechte Seite im Bild von $A_k - \lambda_k M_k$ und damit orthogonal zum Nullraum $\mathcal{N}_k$ liegt. Im einfachsten Fall ist λ_k einfach und $\mathcal{N}_k = \{u_k\}$. Im Allgemeinen muss daher für die Lösbarkeit des Systems die rechte Seite in $\mathcal{N}_k^\perp$ projiziert werden:

$$r_k \to P_k^\perp(r_k + \delta\lambda_k M_k u_k) = P_k^\perp r_k = r_k - \frac{u_k^T M_k r_k}{u_k^T M_k u_k} u_k.$$

Da der exakte Eigenvektor u_k nicht bekannt ist, ersetzt man ihn durch die verfügbare Approximation $\tilde{u}_{k-1}$ und löst das *gestörte singuläre* lineare Gleichungssystem

$$(A_k - \tilde{\lambda}_k M_k)v_k = \tilde{P}_k^\perp r_k := r_k - \frac{\tilde{u}_k^T M_k r_k}{\tilde{u}_k^T M_k \tilde{u}_k} \tilde{u}_k. \tag{7.73}$$

Die Matrix in diesem System ist fastsingulär, also schlechtkonditioniert. Trotzdem ist die Lösung des Gleichungssystems gutkonditioniert, weil die rechte Seite im gestörten entarteten Spaltenraum der Matrix liegt. Um diesen Sachverhalt in Erinnerung zu rufen, holen wir Beispiel 2.33 aus Band 1 heran.

Beispiel 7.38. Wir betrachten das Gleichungssystem $Ax = b$ mit zwei verschiedenen rechten Seiten b_1 und b_2.

$$A := \begin{bmatrix} 1 & 1 \\ 0 & \varepsilon \end{bmatrix}, \quad b_1 = \begin{pmatrix} 2 \\ \varepsilon \end{pmatrix}, \quad b_2 = \begin{pmatrix} 0 \\ 1 \end{pmatrix},$$

wobei wir $0 < \varepsilon \ll 1$ als Eingabe auffassen. Die Kondition der Matrix ist

$$\kappa(A) = \|A^{-1}\|_\infty \|A\|_\infty \doteq \frac{2}{\varepsilon} \gg 1.$$

Als zugehörige Lösungen erhalten wir

$$x_1 = A^{-1}b_1 = \begin{pmatrix} 1 \\ 1 \end{pmatrix}, \quad x_2 = A^{-1}b_2 = \begin{pmatrix} 1/\varepsilon \\ 1/\varepsilon \end{pmatrix}.$$

Die Lösung x_1 ist unabhängig von ε, d. h. für diese rechte Seite ist das Gleichungssystem für alle ε gutkonditioniert, sogar im streng singulären Grenzfall $\varepsilon \to 0$. Die Lösung x_2 hingegen existiert im Grenzfall nicht (nur ihre Richtung). Diesen schlechtestmöglichen Fall, der aber in unserem Kontext nicht vorliegt, beschreibt die Kondition der Matrix.

Nach [123] erfolgt die näherungsweise Lösung des gestörten Systems (7.73) durch ein Mehrgitterverfahren, und zwar in der „nested"-Variante, wie wir sie beispielhaft in Abb. 7.10 für einen adaptiven V-Zyklus dargestellt haben. Dabei ist das Residuum auf jeder Gitterebene passend zu projizieren. Auf dem Grobgitter ($k = 0$) kann natürlich eines der in Band 1 vorgestellten direkten Verfahren zur direkten Lösung des

Eigenwertproblems verwendet werden. Für $k > 0$ liegt es nahe, den Startwert durch Prolongation vom nächstgröberen Gitter als

$$\tilde{u}_k = I_{k-1}^k \tilde{u}_{k-1} \tag{7.74}$$

zu definieren. Für die Grobgitterkorrektur gilt die konjugierte Transformation, jedoch mit der approximativen Projektion $\tilde{P}_{k-1}^\perp$.

Wegen der Linearisierung in (7.72) und der Differenz der Projektionen $P_k^\perp$ und $\tilde{P}_k^\perp$, $\tilde{P}_{k-1}^\perp$ ist eine Konvergenz der Fixpunktiteration nur bei „hinreichend guten" Startwerten $\tilde{u}_k$ gesichert. Dies wird in der Konvergenztheorie in [121] präzisiert. Sie beruht auf der klassischen Theorie für Randwertprobleme, die wir in Kapitel 5.5.1 vorgestellt haben. Wie bei Randwertproblemen ergibt sich auch hier eine Einschränkung auf mindestens W-Zyklen und zusätzlich noch eine Begründung, warum auf Nachglättungen verzichtet werden sollte. Ob die Wahl (7.74) allerdings einen „hinreichend guten" Startwert produziert, hängt von der Feinheit des Gitters $k-1$ ab. Mit dieser Methode haben S. Sauter und G. Wittum [192] die Eigenmoden des Bodensees berechnet, allerdings ausgehend von einem Startgitter, das die Feinheiten der Uferlinie schon ziemlich genau auflöst.

Zusammengefasst erfordert dieser Zugang relativ feine Grobgitter und ist deshalb nicht ausreichend robust, wie wir weiter unten an Beispiel 7.40 illustrieren wollen. Eine robustere Methode stellen wir im nun folgenden Teilkapitel vor.

7.4.2 Rayleigh-Quotienten-Mehrgittermethode

Der zweite Zugang erfolgt über die Minimierung des Rayleigh-Quotienten. Ein erster Mehrgitteralgorithmus auf dieser Basis wurde 1989 von J. Mandel und S. McCormick [163] ausgearbeitet und in der Monographie [166] in einem erweiterten Kontext vorgestellt. Wir stellen hier eine Version vor, bei der als Glätter die CG-Variante von Döhler [84] benutzt wird, siehe Kapitel 5.3.4. Die folgende Darstellung orientiert sich an der Dissertation [102].

Die *Monotonie* (5.39) des RQCG-Verfahrens aus Kapitel 5.3.4 hängt ganz offenbar an der iterativen *Raumerweiterung*, ihr Nachweis lässt sich formal schreiben als

$$\lambda_{k+1} = \min_{u \in \tilde{U}_{k+1}} R(u) \le R(u_k) = \lambda_k \quad \text{mit } \tilde{U}_{k+1} := \{u_k, p_{k+1}\}.$$

Dieses Prinzip lässt sich in natürlicher Weise übertragen auf geschachtelte Finite-Elemente-Räume $S_0 \subset S_1 \subset \cdots \subset S_j \subset H_0^1$.

Sei die Mehrgittermethode adaptiv realisiert, wie in Abb. 7.10 für den V-Zyklus schematisch dargestellt.[5] Dann lösen wir auf dem Grundgitter $k = 0$ das Eigenwert-

---

5 Das Verfahren funktioniert ebenso auf einem vorgegebenen hierarchischen Gitter, ausgehend vom Feingitter.

problem

$$(A_0 - \lambda_0 M_0)u_0 = 0$$

direkt. Betrachten wir als Nächstes die Verfeinerungsstufe $k > 0$. Als *Glätter* verwenden wir naturgemäßdas oben beschriebene RQCG-Verfahren im $\mathbb{R}^{N_k}$. Streng genommen existiert bisher kein Beweis, dass das RQCG-Verfahren auch tatsächlich ein Glätter ist. Gesichert ist dies für den asymptotischen Fall des CG-Verfahrens. Darüber hinaus gibt es eine erdrückende experimentelle Evidenz auch im Fall des RQCG. Wir verwenden also Algorithmus 5.13 sowohl zur ν_1-maligen Vorglättung als auch zur ν_2-maligen Nachglättung, wobei wir aus dem Mehrgitterkontext jeweils geeignete Startwerte finden können. Festzuhalten bleibt, dass alle Glättungsschritte zu einer monotonen Folge von Eigenwert-Approximationen führen.

Die Konstruktion einer *Grobgitterkorrektur* bedarf einer genaueren Überlegung. Dafür definieren wir die Unterräume

$$\tilde{U}_{k-1} := \operatorname{span}\{\tilde{u}_k\} \oplus S_{k-1} \subset S_k$$

sowie die zugehörigen $(N_k, N_{k-1} + 1)$-Matrizen

$$U_{k-1} := [\tilde{u}_k, I_{k-1}^k],$$

definiert zu geeigneten Basen von S_{k-1}. Analog zum endlichdimensionalen Fall machen wir den Ansatz

$$\hat{u}_k(\xi) := \hat{\sigma}_k(\tilde{u}_k + I_k^{k-1}\alpha) = \hat{\sigma}U_{k-1}\xi \quad \text{mit } \xi^T := (1, \alpha^T), \ \alpha \in \mathbb{R}^{N_{k-1}}.$$

Der zugehörige projizierte Rayleigh-Quotient ist

$$R_{k-1}^+(\xi) := \frac{\xi^T A_{k-1}^+ \xi}{\xi^T M_{k-1}^+ \xi}$$

mit den projizierten $(N_{k-1} + 1, N_{k-1} + 1)$-Matrizen

$$A_{k-1}^+ = U_{k-1}^T A_k U_{k-1}, \quad M_{k-1}^+ = U_{k-1}^T M_k U_{k-1}.$$

Da wir die Darstellung über die FE-Basen vorausgesetzt haben, hat die Matrix A_{k-1}^+ die partitionierte Gestalt

$$A_{k-1}^+ = \begin{bmatrix} \tilde{u}_k^T A_k \tilde{u}_k & (\tilde{u}_k^T A_k \tilde{u}_k)^T \\ \tilde{u}_k^T A_k \tilde{u}_k & (I_{k-1}^k)^T A_k I_{k-1}^k \end{bmatrix} = \begin{bmatrix} \tilde{\lambda}_k & \gamma_{k-1}^T \\ \gamma_{k-1} & A_{k-1} \end{bmatrix},$$

wobei wir Aufgabe 5.8 und $(I_{k-1}^k)^T = I_k^{k-1}$ benutzt haben, wie folgt

$$\tilde{u}_k^T A_k \tilde{u}_k = \tilde{\lambda}_k, \quad I_k^{k-1} A_k I_{k-1}^k = A_{k-1}, \quad \gamma_{k-1} = I_k^{k-1} A_k \tilde{u}_k.$$

Zur Realisierung der Restriktion von $A_k \tilde{u}_k$ nach $y_{k-1} \in \mathbb{R}^{N_{k-1}}$ verweisen wir auf Kapitel 5.5.2, wo wir deren effiziente Berechnung über die Gitterdatenstruktur im Detail beschrieben haben. Für die Matrix M_{k-1}^+ gilt eine analoge Partitionierung.

Diese beiden Matrizen geben wir als Input in den RQCG-Algorithmus 5.13. Als Startwerte für die Eigenfunktionsapproximationen nehmen wir

$$\hat{u}_k^{(0)}(\xi) := \tilde{u}_k, \quad \alpha^{(0)} = 0, \quad \xi^T := (1, 0).$$

Sei $\hat{v}_{k-1} = I_k^{k-1} \hat{\alpha}_{k-1} \in S_{k-1}$ die nach mehrmaliger Anwendung des RQCG-Algorithmus erzeugte Grobgitterkorrektur. Dann gilt wegen (5.39) auch hier *Monotonie* in der Form

$$\hat{\lambda}_k = R(\hat{u}_k) = R(\tilde{u}_k + \hat{v}_{k-1}) < R(\tilde{u}_k) = \tilde{\lambda}_k. \tag{7.75}$$

Wir haben in diesem Teilschritt des Algorithmus die Dimension N_k des ursprünglichen Problems *reduziert* auf die Dimension $N_{k-1}+1$. Rekursive Wiederholung der gerade ausgearbeiteten algorithmischen Teilschritte führt schließlich zu einer Folge von Eigenwertproblemen mit sukzessive niedrigerer Dimension bis hin zu einem direkt lösbaren Eigenwertproblem. Mit den hier eingeführten Bezeichnungen erhalten wir schließlich den folgenden Mehrgitteralgorithmus zur Minimierung des Rayleigh-Quotienten.

Algorithmus 7.39 (RQMGM-*Algorithmus* für FEM).
$(\tilde{\lambda}, \tilde{u}) = \text{RQMGM}_k(A, M, u^{(0)}, v_1, v_2)$

$(A_0 - \lambda_0 M_0) u_0 = 0 \quad \tilde{u}_0 = u_0.$
for $k = 1$ **to** $k_{\max}$ **do**
$\quad \tilde{u}_k^{(0)} = I_{k-1}^k \tilde{u}_{k-1}$
$\quad (\hat{\lambda}_k, \tilde{u}_k) = \text{RQCG}(A_k, M_k, \tilde{u}_k^{(0)}, v_1)$
$\quad (\hat{\lambda}_k, \hat{u}_k) = \text{RQMGM}_{k-1}(A_{k-1}^+, M_{k-1}^+, \tilde{u}_k, v_1, v_2)$
$\quad (\tilde{\lambda}_k, \tilde{u}_k) = \text{RQCG}(A_k, M_k, \hat{u}_k, v_2)$
end for
$(\tilde{\lambda}, \tilde{u}) = (\tilde{\lambda}_k, \tilde{u}_k)$

Erweiterung auf Eigenwertcluster
Wenn mehrere Eigenwerte $\lambda_1, \dots, \lambda_q$ simultan gesucht sind, so lässt sich die vorgestellte Mehrgittermethode in ähnlicher Weise übertragen, wie wir es am Ende von Kapitel 5.3.4 dargestellt haben: Es wird eine orthogonale Basis des zugehörigen invarianten Unterraums berechnet, siehe (4.25), die sich aus der Minimierung der Spur (4.26) anstelle des einzelnen Rayleigh-Quotienten ergibt. Eine Erweiterung auf nichtselbstadjungierte Eigenwertprobleme orientiert sich wieder an der Schurschen Normalform, siehe [102, 103].

Beispiel 7.40. Zum Vergleich der Rayleigh-Quotienten-Mehrgittermethode mit der weiter oben, in Kapitel 7.4.1, vorgestellten linearen Mehrgittermethode stellen wir ein elementares Beispiel in einer Raumdimension aus [76] vor. Zu lösen ist die Eigenwert-aufgabe

$$-u_{xx} - \epsilon u = \lambda u, \quad \text{in } \Omega = \,]-3, 3[, \quad u'(-3) = u'(3) = 0,$$

wobei der Materialparameter ϵ einen Sprung hat:

$$\epsilon(x) = \begin{cases} (3.2k_0)^2, & x \in \,]-3, -1[\,\cup\,]1, 3[, \\ (3.4k_0)^2, & x \in \,]-1, 1[. \end{cases}$$

mit einer Wellenzahl $k_0 = 2\pi/1.55$ (in den konkreten Einheiten von [76] entspricht dies Licht der Wellenlänge $1.55\,\mu m$ in Vakuum). Das Problem ist offenbar ein Helmholtz-Problem im kritischen Fall, siehe Kapitel 1.5. Beide Mehrgitteralgorithmen können diesen Typ von Problem behandeln. Als Grundgitter wurden die beiden Varianten

Grundgitter I: $\{-3, -1, 1, 3\}$, Grundgitter II: $\{-3, -2, -1, 0, 1, 2, 3\}$

gewählt. Als Glätter wurde bei beiden Mehrgittermethoden ein SGS-Verfahren verwendet. Als Fehlerindikator zur Erzeugung adaptiver Gitter wurde die relative Änderung des Rayleigh-Quotienten herangezogen, der ja in beiden Verfahren berechnet wird. In Abb. 7.13 ist die Anzahl an Mehrgitter-Iterationen für beide Grundgitter verglichen. Für das gröbere Grundgitter I konvergiert das lineare Mehrgitterverfahren zunächst nicht, es wurde nach 20 Mehrgitter-Iterationen abgebrochen und anschließend mit dieser Iterierten neu gestartet (also durch direkte Lösung auf mehr Knoten als Grundgitter I). Für das feinere Grundgitter II konvergieren beide Mehrgitterverfahren mit vergleichbarem Aufwand, da sie asymptotisch ineinander übergehen, vergleiche Kapitel 5.3.4. Um den niedrigsten Eigenwert $\lambda = -188.2913\ldots$ auf sieben Dezimalziffern genau zu erhalten, ergibt sich ein adaptives Gitter von 95 Knoten.

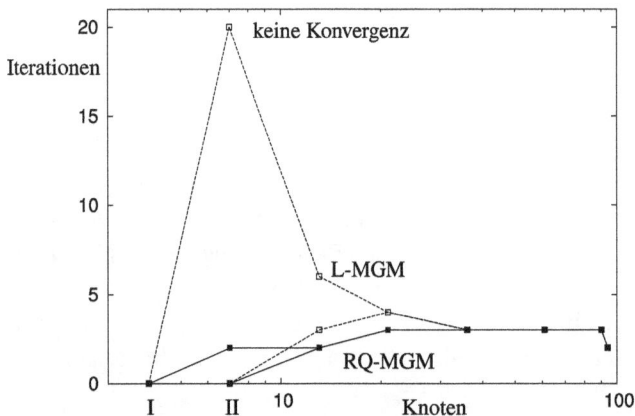

Abb. 7.13: Beispiel 7.40: Vergleich der linearen Mehrgittermethode (L-MGM) mit der Rayleigh-Quotienten-Mehrgittermethode (RQ-MGM) für zwei verschieden feine Grundgitter I und II.

7.5 Übungsaufgaben

Aufgabe 7.1. Zeigen Sie, dass für stückweise stetige f und für $f \in H^1(\Omega)$ mit der Definition 6.3 für die Oszillation gilt:

$$\operatorname{osc}(f; \mathcal{T}) = \mathcal{O}(h^s),$$

Geben Sie die Ordnung s für jeden der beiden Fälle an.

Aufgabe 7.2. Konstruieren Sie für äquidistante Gitter über $\Omega = \,]0,1[$ mit Gitterweite h rechte Seiten $f_h \neq 0$, so dass für die exakt berechenbaren Fehlerschätzer (6.17), (6.36) und (6.29) gilt: $[\epsilon_h] = 0$.

Aufgabe 7.3. Schätzen Sie für $d = 1, 2, 3$ das Verhältnis der Anzahl N_Q/N_L an Freiheitsgraden bei uniformer Diskretisierung eines Poisson-Problems mit linearen bzw. quadratischen finiten Elementen ab. Bestimmen Sie zudem das Verhältnis $\mathrm{nnz}_Q/\mathrm{nnz}_L$ der Einträge in der Steifigkeitsmatrix und quantifizieren Sie die Speicher- und Rechenzeiteinsparung bei Verwendung des DLY-Fehlerschätzers im Vergleich zu einem vollständigen hierarchischen Fehlerschätzer.

Aufgabe 7.4 (Inverse Ungleichung). Zeigen Sie die Existenz einer nur vom minimalen Innenwinkel abhängigen Konstante $c < \infty$, so dass

$$\|u_h\|_{H^1(\Omega)} \le ch^{-1}\|u_h\|_{L^2(\Omega)} \quad \text{für alle } u_h \in S_h^1 \tag{7.76}$$

gilt. Dabei ist h der minimale Durchmesser der Elemente in $\mathcal{T}$.

Aufgabe 7.5. Weshalb lässt sich der L^2-Fehler einer FE-Lösung auf adaptivem Gitter nach Satz 6.17 nicht analog zu Satz 4.23 abschätzen?

Aufgabe 7.6. Berechnen Sie die Gewichtsfunktion z der zielorientierten Fehlerschätzung für die Interessengröße $J(u) = u(\xi)$, $\xi \in \Omega$, des Problems $-\Delta u = f$ mit Dirichlet-Randbedingungen auf $\Omega = \,]0,1[$. Zeigen Sie damit die Interpolationseigenschaft linearer finiter Elemente für $d = 1$ auf dem Gitter $0 = x_0 < \cdots < x_n = 1$: $u_h(x_i) = u(x_i)$.

Aufgabe 7.7. Zeigen Sie die Schachtelung $\mathcal{N}_k \subset \mathcal{N}_{k+1}$ der Knotenmengen in Gitterhierarchien.

Aufgabe 7.8. Es werde die Greensche Funktion $u(s) = -\log|x|$ des Poisson-Problems in $\mathbb{R}^2$ auf der Einheitskugel $B(x; 1)$ mit linearen finiten Elementen durch *adaptive* Verfeinerung eines Grobgitters interpoliert. Die Verfeinerungstiefe sei j und N_j die Anzahl der Knoten des resultierenden Gitters. Bestimmen Sie die Ordnung des Wachstums von

$$W(j) = N_j^{-1} \sum_{k=0}^{j} N_k$$

in j. Vergleichen Sie das Ergebnis mit *uniformer* Verfeinerung.

Aufgabe 7.9. Zeigen Sie, dass unter der Voraussetzung (A2′) statt (A2) die Schranke (7.6) für die Kontraktionsrate der multiplikativen Unterraum-Korrekturmethode unabhängig von der Reihenfolge der Unterräume ist.

Aufgabe 7.10. Beweisen Sie die Konvergenz von Jacobi- und Gauß–Seidel-Verfahren mit den Techniken der Unterraum-Korrekturmethoden.

Aufgabe 7.11. Konstruieren Sie für festen Teilgebietsdurchmesser $H > 0$ eine glatte Funktion $v = \sum_{k=0}^{m} v_k$, so dass die Stabilitätskonstante

$$K(v) = \frac{\|v\|_A^2}{\sum_{k=0}^{m} \|v_k\|_A^2}$$

unabhängig von der relativen Breite ρ des Überlapps ist.

Hinweis: Die Konstante σ, die die Glattheit $\|v\|_A \leq \sigma\|v\|_{L^2(\Omega)}$ definiert, darf dabei von H abhängen.

Aufgabe 7.12. Zeigen Sie, dass ein Gebietszerlegungs-Vorkonditionierer für finite Elemente höherer Ordnung nur dann unabhängig von der Ordnung p sein kann, wenn die Gitterknoten x_k im Inneren der Teilgebiete Ω_k' liegen.

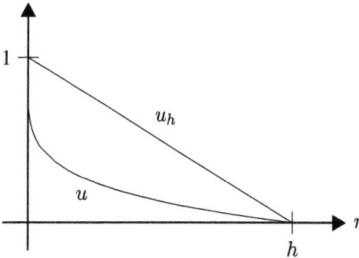

Abb. 7.14: Aufgabe 7.12: Querschnitt durch die lineare Interpolation der radialsymmetrischen Funktion $u(r) = 1 - (r/h)^t$ mit $0 < t \leq 1$. Für $d = 2$ gilt $|u|_{H^1}^2 = \pi t$ und $|u_h|_{H^1}^2 = \pi$.

Hinweis: Verwenden Sie die Approximation unstetiger Funktionen $u \in H^1(\Omega)$ mit kleiner Energie durch Finite-Elemente-Funktionen $u_h \in S_h^p$ und deren Interpolation $u_h^1 \in S_h^1$ zur Konstruktion von Beispielen, die keine von p unabhängig stabile Zerlegung gestatten (siehe Abb. 7.14).

Aufgabe 7.13. Sei $T \subset \mathbb{R}^2$ ein Dreieck mit Umkreis $B(x; h_T/2)$ und $u \in H^1(T)$. Zeigen Sie, dass u sich fortsetzen lässt zu $u \in H_0^1(B(x; h_T))$, so dass gilt

$$|u|_{H^1(B(x;h_T))} \leq c\|u\|_{H^1(T)},$$

wobei die Konstante c nur von der Formregularität, d. h. vom minimalen Innenwinkel von T, abhängt.

Hinweis: Betten Sie T in ein regelmäßiges Gitter aus kongruenten Dreiecken ein und setzen Sie u durch Spiegelung an Kanten fort.

Aufgabe 7.14. Zeigen Sie für uniform verfeinerte Gitterhierarchien, die Raumzerlegung $V_k = S_k$ und $v \in H^2(\Omega)$ die Unabhängigkeit der Stabilitätskonstanten K_1 in der Annahme (A1) von der Gittertiefe j.

Hinweis: Verwenden Sie eine H^1-orthogonale Zerlegung von v_h.

Aufgabe 7.15. Zeigen Sie analog zur Aufwandsanalyse des kaskadischen Mehrgitters in Kapitel 7.3.3 die Optimalität der geschachtelten Iteration aus Kapitel 7.3.2 für alle Raumdimensionen.

Aufgabe 7.16. Genüge $\Omega \subset \mathbb{R}^d$ der inneren Kegelbedingung A.13 sowie einer entsprechenden äußeren Kegelbedingung und sei

$$\Omega_s = \bigcup_{x \in \partial \Omega} B(x; \rho).$$

Zeigen Sie die Existenz einer von ρ unabhängigen Konstante $c > 0$, so dass für alle $v \in H^1$ mit $v = 0$ auf $\partial \Omega_s \cap (\mathbb{R}^d \backslash \Omega)$ und $v = 1$ auf $\partial \Omega_s \cap \Omega$ gilt:

$$|v|_{H^1} \geq \frac{c}{\rho}. \tag{7.77}$$

Hinweis: Zeigen Sie zunächst (7.77) für polygonale bzw. polyedrische Gebiete Ω.

Aufgabe 7.17. Leiten Sie die Beziehung (7.24) aus der Minimierung von $\|v_k\|_{L^2(\Omega)}$ her.

8 Adaptive Lösung nichtlinearer elliptischer Randwertprobleme

Nichtlineare elliptische Differentialgleichungen aus den Natur- und Ingenieurwissenschaften ergeben sich häufig im Zusammenhang mit einem *Minimierungsproblem*

$$f(u) = \min, \quad f : D \subset X \to \mathbb{R},$$

wobei wir f als *streng konvexes* Funktional über einem Banach-Raum X annehmen. Dieses Problem ist äquivalent zu der nichtlinearen elliptischen Differentialgleichung

$$F(u) := f'(u) = 0, \quad F : D \to X^*. \tag{8.1}$$

Die zugehörige Fréchet-Ableitung $F'(u) = f''(u) : X \to X^*$ ist wegen der strengen Konvexität von f ein *symmetrischer positiver* Operator.

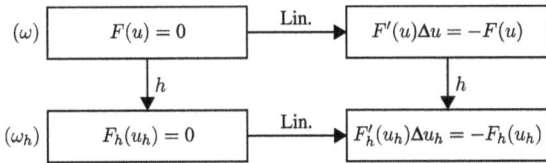

Abb. 8.1: *Diskrete* Newton-Methoden: erst Diskretisierung (*h*), dann Linearisierung. Links oben → links unten → rechts unten. *Kontinuierliche* oder auch *funktionenraumbasierte* Newton-Methoden: erst Linearisierung, dann Diskretisierung (*h*). Links oben → rechts oben → rechts unten.

Um die Gleichung (8.1) zu lösen, haben wir zwei prinzipielle Möglichkeiten, *diskrete* oder *kontinuierliche* Newton-Methoden, letztere oft auch als *funktionenraumbasierte* Newton-Methoden bezeichnet; sie sind in Abb. 8.1 in einem Diagramm gemeinsam dargestellt. Im Fall von *uniformer* Diskretisierung im Raum vertauscht das Diagramm. Bei adaptiver Diskretisierung allerdings spielt die Reihenfolge von Diskretisierung und Linearisierung eine wichtige Rolle. Wenn wir das Problem zuerst im Raum diskretisieren, erhalten wir ein endlichdimensionales nichtlineares Gleichungssystem, $F_h(u_h) = 0$. In jeder Newton-Iteration ist dann ein lineares Gleichungssystem mit einer symmetrischen positiv definiten Matrix zu lösen. Als adaptive algorithmische Bausteine kommen hier die Dämpfungsstrategie und gegebenenfalls ein inneres PCG-Verfahren ins Spiel. Diese Variante stellen wir in Kapitel 8.1 vor. Wenn wir jedoch die Operatorgleichung zuerst linearisieren, so erhalten wir eine kontinuierliche Newton-Iteration. Dabei ist in jedem Schritt ein lineares elliptisches Randwertproblem zu lösen, das wir zu diskretisieren haben. Als adaptive algorithmische Bausteine kommen hier zusätzlich noch die adaptive Gitterwahl sowie, darauf aufbauend, adaptive Mehrgittermethoden hinzu. Diese Variante führen wir im nachfolgenden Kapitel 8.2

https://doi.org/10.1515/9783110689655-008

aus. Im abschließenden Kapitel 8.3 geben wir als nichttriviales Problem die Operationsplanung in der Mund-Kiefer-Gesichts-Chirurgie an; dabei wird sich zeigen, dass wir den algorithmisch einfacheren Raum der konvexen Optimierung verlassen müssen.

Bemerkung 8.1. Für Spezialisten sei der theoretische Rahmen etwas genauer abgesteckt: Zunächst einmal nehmen wir den Banach-Raum als *reflexiv* an, d. h. $X^{**} = X$; dies ist eine Grundvoraussetzung der *Existenz* eines Minimums von f. Darüberhinaus schöpfen die Newton-Iterierten in der Regel nicht den ganzen Banach-Raum X aus, sondern verbleiben in einem „glatteren" Unterraum; sei dieser mit $\underline{X} \subset X$ bezeichnet. In diesem Unterraum ist dann $F'(u)$ ein symmetrischer streng positiver Operator. Die mit diesen Operatoren (nachfolgend) konstruierten lokalen Energienormen sind dann äquivalent zu den entsprechend definierten lokal gewichteten H^1-Normen. Der Einfachheit halber werden wir jedoch hier nicht unterscheiden zwischen $\underline{X}$ und X. Die Struktur wird jedoch aufscheinen im Kontext der numerischen Beispiele, mit denen wir die adaptiven Konzepte in Kapitel 8.2 illustrieren werden.

8.1 Diskrete Newton-Methoden für nichtlineare Gittergleichungssysteme

In diesem Kapitel setzen wir voraus, dass die nichtlineare elliptische Differentialgleichung bereits auf einem festen Gitter mit Dimension N diskretisiert worden ist, d. h. wir befassen uns mit nichtlinearen Gittergleichungssystemen. Zu ihrer numerischen Lösung behandeln wir *adaptive Newton-Methoden*, die in jedem Schritt die Lösung von linearen Gittergleichungssystemen erfordern. Löst man diese linearen Gleichungssysteme mit direkten Eliminationsmethoden, so spricht man von exakten Newton-Methoden, siehe Kapitel 8.1.1; löst man sie hingegen mit iterativen Methoden der linearen Algebra, so ergeben sich die sogenannten inexakten Newton-Methoden, siehe Kapitel 8.1.2. Zur Vereinfachung der Schreibweise lassen wir in diesem Kapitel das Suffix h weg, also F_h, u_h wird als F, u geschrieben. Wir gehen aus von einem diskreten Minimierungsproblem

$$f(u) = \min, \quad f : D \subset \mathbb{R}^N \to \mathbb{R}, \tag{8.2}$$

wobei f *konvex* ist. Dieses Problem ist äquivalent zu dem nichtlinearen Gleichungssystem

$$F(u) := f'(u)^T = 0, \quad F : D \to \mathbb{R}^N.$$

Die zugehörige Jacobi-Matrix $F'(u) = f''(u)$ ist wegen der Konvexität von f sicher *symmetrisch positiv semidefinit*. Nehmen wir darüber hinaus noch an, dass das Funktional f *streng* konvex ist, dann ist $F'(u)$ symmetrisch positiv definit.

Affininvarianz

In Band 1, Kapitel 4.2, hatten wir für allgemeine nichtlineare Systeme $F(u) = 0$ Invarianz gegen die Transformation $F \rightarrow G = AF$ für beliebige Matrix A gefordert. Hier liegt jedoch ein speziellerer Fall vor, weil das Gleichungssystem aus einem konvexen Minimierungsproblem abgeleitet ist. Angenommen, wir transformieren das Urbild von f gemäß

$$g(\bar{u}) = f(C\bar{u}) = \min, \quad u = C\bar{u},$$

wobei wir mit C (statt A in Band 1) eine beliebige nichtsinguläre Matrix bezeichnen, dann führt dies auf das transformierte nichtlineare Gleichungssystem

$$G(\bar{u}) = C^T F(C\bar{u}) = 0$$

und die transformierte zugehörige Jacobi-Matrix

$$G'(\bar{u}) = C^T F'(u)C.$$

Die affine Transformation der Jacobi-Matrix ist offenbar *konjugiert*, was zur Bezeichnung *affin-konjugiert* geführt hat. Mit $F'(u)$ sind zugleich alle G' symmetrisch positiv definit.

Nicht nur aus Gründen der mathematischen Ästhetik wollen wir sowohl in der Theorie als auch in den adaptiven Algorithmen nur Terme verwenden, die invariant gegen Affinkonjugation sind, d. h. Terme, die unabhängig von der Wahl der Matrix C sind, siehe [74]. Solche Terme sind z. B. die Werte des Funktionals f selbst, aber auch sogenannte *lokale Energieprodukte*

$$\langle w, z \rangle_{F'(u)} = w^T F'(u)z, \quad u, w, z \in D.$$

Deren Invarianz gegen die Wahl von C sieht man wie folgt: Transformieren wir

$$u, w, z \rightarrow u = C\bar{u}, \quad w = C\bar{w}, \quad z = C\bar{z},$$

so folgt

$$\langle \bar{w}, \bar{z} \rangle_{G'(\bar{u})} = \bar{w}^T C^T F'(u)C\bar{z} = \langle w, z \rangle_{F'(u)}.$$

Die Energieprodukte induzieren *lokale Energienormen*, die wir schreiben können in den Formen

$$\|w\|_{F'(u)} = \left(\langle w, w \rangle_{F'(u)} \right)^{1/2} = \left(w^T F'(u)w \right)^{1/2}.$$

Somit haben wir rein aufgrund von Invarianzbetrachtungen genau diejenigen Skalarprodukte erhalten, die wir bisher schon bei der numerischen Behandlung diskretisierter linearer elliptischer Differentialgleichungen benutzt haben. In diesem Rahmen passt auch eine *affin-konjugierte Lipschitz-Bedingung*, wie wir sie nachfolgend in Kapitel 8.1.1 und 8.1.2 einführen werden; sie ist von zentraler Bedeutung für die Konstruktion von *adaptiven* Newton-Methoden. Eine vertiefte Darstellung zu affin-invarianter Theorie und zugehörigen adaptiven Newton-Algorithmen findet sich in der Monographie [74].

8.1.1 Exakte Newton-Methoden

Zur Lösung von endlichdimensionalen nichtlinearen Systemen haben wir in Band 1, Kapitel 4.2, affin-invariante Newton-Methoden mit adaptiver Dämpfungsstrategie kennengelernt, in unserem Kontext zu schreiben in der Form ($k = 0, 1, \ldots$)

$$F'(u^k)\Delta u^k = -F(u^k), \quad u^{k+1} = u^k + \lambda_k \Delta u^k, \quad \lambda_k \in \,]0,1]. \tag{8.3}$$

Natürlich bezeichnet hier Δ nicht den Laplace-Operator, sondern charakterisiert die Newtonkorrektur, die als Lösung eines linearen Gleichungssystems definiert ist. Löst man dieses Gleichungssystem mit direkten Eliminationsmethoden (siehe Kapitel 5.1), so kann man (8.3) auch als *exakte* Newton-Methode bezeichnen. Wegen des zugrundeliegenden Minimierungsproblems (8.2) wird sich jedoch eine andere adaptive Dämpfungsstrategie als in Band 1, Kapitel 4.2, ergeben.

Wir beginnen mit einer Verkürzung von Satz 3.23 aus [74].

Satz 8.2. *Sei* $f : D \subset \mathbb{R}^N \to \mathbb{R}$ *streng konvexes* C^2-*Funktional. Sei das zu lösende nichtlineare Gittergleichungssystem* $F(u) = f'(u)^T = 0$ *mit symmetrisch positiv definiter Jacobi-Matrix* $F'(u) = f''(u)$. *Für Argumente* $u, v \in D$ *gelte die affin-konjugierte Lipschitz-Bedingung*

$$\left\| F'(u)^{-1}(F'(v) - F'(u))(v - u) \right\|_{F'(u)} \leq \omega \|v - u\|_{F'(u)}^2 \tag{8.4}$$

mit einer Lipschitz-Konstanten $0 \leq \omega < \infty$. *Für eine Iterierte* $u^k \in D$ *seien die folgenden Größen definiert:*

$$\epsilon_k = \|\Delta u^k\|_{F'(u^k)}^2, \quad h_k = \omega \|\Delta u^k\|_{F'(u^k)}. \tag{8.5}$$

Sei $u^k + \lambda \Delta u^k \in D$ *für* $\lambda \in [0, \lambda_{max}^k]$ *mit*

$$\lambda_{max}^k = \frac{4}{1 + \sqrt{1 + 8h_k/3}} \leq 2.$$

Dann gilt

$$f(u^k + \lambda \Delta u^k) \leq f(u^k) - t_k(\lambda)\epsilon_k, \tag{8.6}$$

wobei

$$t_k(\lambda) = \lambda - \frac{1}{2}\lambda^2 - \frac{1}{6}\lambda^3 h_k. \tag{8.7}$$

Als optimaler Dämpfungsfaktor im Sinne der Abschätzung ergibt sich

$$\lambda_{opt}^k = \frac{2}{1 + \sqrt{1 + 2h_k}} \leq 1. \tag{8.8}$$

Beweis. Wir lassen den Iterationsindex k weg. Anwendung des Mittelwertsatzes (in der Integralform) liefert nach kurzer Zwischenrechnung

$$f(u + \lambda \Delta u) - f(u)$$

$$= -\lambda \epsilon + \frac{1}{2}\lambda^2 \epsilon + \lambda^2 \int_{s=0}^{1} \int_{t=0}^{1} s \langle \Delta u, (F'(u + st\lambda \Delta u) - F'(u))\Delta u \rangle \, dt \, ds.$$

Hierauf wenden wir die Lipschitz-Bedingung (8.4) und die Cauchy–Schwarz-Ungleichung an und erhalten

$$f(u + \lambda \Delta u) - f(u) + \left(\lambda - \frac{1}{2}\lambda^2\right)\epsilon \leq \lambda^3 \int_{s=0}^{1} \int_{t=0}^{1} \omega s^2 t \|\Delta u\|_{F'(u)}^3 \, dt \, ds = \frac{1}{6}\lambda^3 h\epsilon.$$

Dies bestätigt (8.6) mit (8.7). Maximierung von t_k mittels $t_k' = 0$ und Lösung der entstehenden quadratischen Gleichung liefert sodann (8.8). Schließlich hat die kubische Gleichung

$$t_k = \lambda\left(1 - \frac{1}{2}\lambda - \frac{1}{6}\lambda^2 h_k\right) = 0$$

nur eine *positive* Wurzel, eben $\lambda_{\max}^k$. □

Damit haben wir eine *theoretisch optimale* Dämpfungsstrategie gefunden, die allerdings die rechnerisch unzugänglichen Größen h_k enthält, also nicht direkt realisierbar ist. Nebenbei führen wir noch den Spezialfall des *gewöhnlichen* Newton-Verfahrens ($\lambda_k = 1$) an, für den sich, unter geeigneten Zusatzvoraussetzungen, quadratische Konvergenz in der Form

$$\|u^{k+1} - u^k\|_{F'(u^k)} \leq \frac{1}{2}\omega \|u^k - u^{k-1}\|_{F'(u^{k-1})}^2 \tag{8.9}$$

beweisen lässt, siehe wiederum [74].

Adaptive Dämpfungsstrategie

Dennoch können wir auf der Basis von Satz 8.2 eine Dämpfungsstrategie entwickeln. Deren Grundidee ist denkbar einfach: Wir ersetzen die unzugängliche affinkonjugierte Größe $h_k = \omega \epsilon_k^{1/2}$ durch eine rechnerisch zugängliche, ebenfalls affinkonjugierte Schätzung $[h_k] = [\omega]\epsilon_k^{1/2}$, die wir in (8.8) einsetzen, um einen geschätzten optimalen Dämpfungsfaktor zu erhalten:

$$[\lambda_{\mathrm{opt}}^k] = \frac{2}{1 + \sqrt{1 + 2[h_k]}} \leq 1. \tag{8.10}$$

Für die Schätzung $[\omega]$ der Lipschitz-Konstanten ω können wir nur lokale Informationen einsetzen, woraus zwingend folgt, dass $[\omega] \le \omega$, und in der Konsequenz

$$[h_k] \le h_k \quad \Rightarrow \quad [\lambda_{opt}^k] \ge \lambda_{opt}^k.$$

Ein auf diese Weise gewählter Dämpfungsfaktor könnte also „zu groß" sein, so dass wir vorbereitet sein müssen, ihn zu reduzieren. Wir müssen deshalb sowohl eine *Prädiktorstrategie* als auch eine *Korrekturstrategie* entwickeln. Für $\lambda = [\lambda_{opt}^k]$ ist die folgende Reduktion des Funktionals garantiert:

$$f(u^k + \lambda\Delta u^k) \le f(u^k) - \frac{1}{6}\lambda(\lambda + 2)\epsilon_k.$$

Genau diesen „Monotonietest" werden wir benutzen um zu entscheiden, ob wir einen vorgeschlagenen Dämpfungsfaktor λ akzeptieren.

Schätzung der Lipschitz-Konstanten. Zur Definition von $[h_k] = [\omega]\epsilon_k^{1/2}$ gehen wir aus von der Ungleichung

$$E(\lambda) = f(u^k + \lambda\Delta u^k) - f(x^k) + \lambda\left(1 - \frac{1}{2}\lambda\right)\epsilon_k \le \frac{1}{6}\lambda^3 h_k\epsilon_k. \tag{8.11}$$

Bei der Auswertung von E ist Vorsicht wegen möglicher Auslöschung führender Ziffern geboten, die sorgfältig überprüft werden sollte. Falls $E(\lambda) \le 0$, so verhält sich die Newton-Methode lokal besser oder zumindest genau so gut, wie das quadratische Modell für den rein linearen Fall $h_k = 0$ vorhersagt; in diesem Fall lassen wir den alten Wert $[\lambda_{opt}^k]$ unverändert. Sei also $E(\lambda) > 0$. Für einen gegebenen Wert von λ definieren wir

$$[h_k] = \frac{6E(\lambda)}{\lambda^3\epsilon_k} \le h_k.$$

Einsetzen dieses Wertes in (8.10) für $[\lambda_{opt}^k]$ benötigt zumindest einen Testwert für λ bzw. für $f(u^k + \lambda\Delta u^k)$. Wir haben also mit dieser Schätzung eine *Korrekturstrategie* für $i \ge 0$ hergeleitet:

$$\lambda_k^{i+1} = \frac{2}{1 + \sqrt{1 + 2[h_k(\lambda_k^i)]}} . \tag{8.12}$$

Um einen theoretisch fundierten Startwert λ_k^0 zu finden, benutzen wir die Beziehung

$$h_{k+1} = \left(\frac{\epsilon_{k+1}}{\epsilon_k}\right)^{1/2} h_k,$$

die sich unmittelbar aus der Definition (8.5) ergibt. Dementsprechend definieren wir eine Schätzung

$$[h_{k+1}^0] = \left(\frac{\epsilon_{k+1}}{\epsilon_k}\right)^{1/2} [h_k^*],$$

worin $[h_k^*]$ die letzte berechnete Schätzung (8.12) aus Schritt k bezeichnet. Dies führt uns zu der *Prädiktorstrategie* für $k \geq 0$:

$$\lambda_{k+1}^0 = \frac{2}{1 + \sqrt{1 + 2[h_{k+1}^0]}} \leq 1. \tag{8.13}$$

Wir müssen noch einen Wert λ_0^0 setzen, für den wir auf die genannte Weise keine Information erhalten können. Als Standardoption hat sich $\lambda_0^0 = 1$ für „schwach nichtlineare" Probleme sowie $\lambda_0^0 = \lambda_{\min} \ll 1$ für „hochnichtlineare" Problem etabliert. Die so definierte Dämpfungsstrategie benötigt in aller Regel, auch in schwierigen Anwendungsproblemen, nur ein bis zwei Versuche pro Iteration; die theoretische Basis zeigt sich in der Effizienz der Methode.

Abbruch der Newton-Iteration

Falls das Problem keine Lösung hat oder die Startwerte u^0 „zu schlecht" waren, wird die obige Dämpfungsstrategie zu Vorschlägen $\lambda_k < \lambda_{\min}$ und damit zum Abbruch der Iteration ohne Lösung führen. Im Konvergenzfall wird die Iteration in das gewöhnliche Newton-Verfahren mit $\lambda_k = 1$ einmünden. In diesem Fall wird man die Iteration beenden, wenn der Energiefehler „klein genug" ist, d. h. wenn eines der beiden Kriterien

$$\epsilon_k^{1/2} \leq \text{ETOL} \quad \text{oder} \quad f(u^k) - f(u^{k+1}) \leq \frac{1}{2}\,\text{ETOL}^2 \tag{8.14}$$

für einen vom Benutzer vorgegebenen absoluten Genauigkeitsparameter ETOL erfüllt ist.

Software

Das hier beschriebene adaptive Newton-Verfahren ist in dem Programm NLEQ-OPT implementiert, siehe die Softwareliste am Ende des Buches.

8.1.2 Inexakte Newton-PCG-Methoden

Die in jedem Iterationsschritt des Newton-Verfahrens zu lösenden linearen Gleichungssysteme sind häufig so groß, dass es sich empfiehlt, sie selbst wieder iterativ zu lösen; dies führt zu den sogenannten *inexakten* Newton-Methoden. Dabei wird die Newton-Iteration als *äußere Iteration* ($k = 0, 1, \ldots$) realisiert gemäß

$$F'(u^k)\delta u^k = -F(u^k) + r^k, \quad u^{k+1} = u^k + \lambda_k \delta u^k, \quad \lambda_k \in \,]0,1], \tag{8.15}$$

oder in äquivalenter Form zu schreiben als

$$F'(u^k)(\delta u^k - \Delta u^k) = r^k, \quad u^{k+1} = u^k + \lambda_k \delta u^k, \quad \lambda_k \in \,]0,1]. \tag{8.16}$$

Hierin bezeichnet Δu^k die exakte (nicht berechnete) Newtonkorrektur und δu^k die inexakte (tatsächlich berechnete) Newtonkorrektur. Die äußere Iteration ist gekoppelt mit einer *inneren Iteration* ($i = 0, 1, \ldots, i_k$), in der die Residuen $r^k = r_i^k|_{i=i_k}$ mittels einer PCG-Iteration berechnet werden, siehe Kapitel 5.3.3. Nach Satz 4.4 gilt dann eine *Galerkin-Bedingung*, die in unserem Kontext lautet:

$$\langle \delta u_i^k, \delta u_i^k - \Delta u^k \rangle_{F'(u^k)} = \langle \delta u_i^k, r_i^k \rangle = 0. \tag{8.17}$$

Im Rückgriff auf Kapitel 5.3.3 definieren wir den relativen Energiefehler

$$\delta_i^k = \frac{\|\Delta u^k - \delta u_i^k\|_{F'(u^k)}}{\|\delta u_i^k\|_{F'(u^k)}}.$$

Die innere Iteration starten wir mit $\delta u_0^k = 0$, so dass die Größe δ_i^k monoton mit wachsendem Index i fällt, vergleiche (5.24); im generischen Fall gilt also

$$\delta_{i+1}^k < \delta_i^k.$$

Also kann eine vorgegebene obere Schranke $\bar{\delta}_k < 1$ im Laufe der PCG-Iteration unterschritten werden, d. h.

$$\delta_i^k|_{i=i_k} \leq \bar{\delta}_k \quad \text{oder kurz} \quad \delta^k \leq \bar{\delta}_k.$$

Dies definiert das Residuum $r^k = r_i^k|_{i=i_k}$ in der äußeren Newton-Iteration (8.15) bzw. (8.16).

Nach diesen Vorbereitungen untersuchen wir die Konvergenz der inexakten Newton-Iteration für Dämpfungsparameter $\lambda \in \,]0, 2]$ in Analogie zur exakten Newton-Iteration, wobei wir uns an [82, 74] orientieren.

Satz 8.3. *Die Aussagen von Satz 8.2 gelten für die inexakte Newton-PCG-Methode entsprechend, wenn man die exakten Newtonkorrekturen Δu^k ersetzt durch die inexakten Newtonkorrekturen δu^k und die Größen ϵ_k, h_k durch*

$$\begin{aligned}
\epsilon_k^\delta &:= \|\delta u^k\|_{F'(u^k)}^2 = \epsilon_k/(1 + \delta_k^2), \\
h_k^\delta &:= \omega\|\delta u^k\|_{F'(u^k)} = h_k/\sqrt{1 + \delta_k^2}.
\end{aligned} \tag{8.18}$$

Beweis. Lassen wir den Iterationsindex k weg, so modifiziert sich die erste Zeile des Beweises von Satz 8.2 zu

$$f(u + \lambda\delta u) - f(u)$$

$$= -\lambda\epsilon^\delta + \frac{1}{2}\lambda^2\epsilon^\delta + \lambda^2 \int_{s=0}^{1} s \int_{t=0}^{1} \langle \delta x, (F'(u + st\lambda\delta u) - F'(u))\delta u \rangle \mathrm{dt}\, \mathrm{ds} + \langle \delta u, r \rangle.$$

Der vierte Term auf der rechten Seite fällt weg wegen der Galerkin-Bedingung (8.17), so dass in der Tat nur Δu durch δu ersetzt werden muss, um den entsprechenden Beweis für den inexakten Fall zu führen. $\qquad\square$

Dämpfungsstrategie für äußere Newton-Iteration

Die in Kapitel 8.1.1 für das exakte Newton-Verfahren ausgearbeitete adaptive Dämpfungsstrategie lässt sich direkt übertragen, indem wir die Terme Δu^k durch δu^k, ϵ_k durch ϵ_k^δ und h_k durch h_k^δ ersetzen. In der tatsächlichen Rechnung kann die Orthogonalitätsbedingung (8.17) durch Rundungsfehler gestört sein, die in der Ausführung der Skalarprodukte innerhalb des PCG-Verfahrens entstehen. Deshalb sollte der zu (8.11) analoge Ausdruck $E(\lambda)$ explizit ausgewertet werden in der Form

$$E(\lambda) = f(u^k + \lambda \delta u^k) - f(u^k) - \lambda \langle F(u^k), \delta u^k \rangle - \frac{1}{2}\lambda^2 \epsilon_k^\delta \tag{8.19}$$

mit $\epsilon_k^\delta = \langle \delta u^k, F'(u^k)\delta u^k \rangle$. Es gilt analog

$$E(\lambda) \leq \frac{1}{6}\lambda^3 h_k^\delta \epsilon_k^\delta,$$

woraus sich, für $E(\lambda) \geq 0$, die Schätzung

$$[h_k^\delta] = \frac{6E(\lambda)}{\lambda^3 \epsilon_k^\delta} \leq h_k^\delta \tag{8.20}$$

gewinnen lässt. Auf der Basis dieser Schätzung lassen sich in analoger Weise die Prädiktorstrategie (8.13) und die Korrekturstrategie (8.12) modifizieren.

Genauigkeitssteuerung für innere PCG-Iteration

Um die oben dargestellte Dämpfungsstrategie umzusetzen, müssen wir noch die adaptive Wahl von $\bar{\delta}_k$ diskutieren. Aus [74] holen wir für die Dämpfungsphase (Begründung siehe dort)

$$\bar{\delta}_k = 1/4, \quad \text{falls} \quad \lambda_k < 1.$$

Nach Einmündung in die Phase des gewöhnlichen Newton-Verfahrens ($\lambda_k = 1$) bieten sich verschiedene Möglichkeiten an, die wir hier nur kurz skizzieren wollen, eine ausführlichere Darstellung findet sich in [81, 74]. Für die exakte gewöhnliche Newton-Iteration ($\lambda_k = 1$) gilt quadratische Konvergenz, die sich am einfachsten ablesen lässt an der Ungleichung

$$h_{k+1} \leq \frac{1}{2}h_k^2 \quad \text{mit } h_k = \omega \|\Delta u^k\|_{F'(u^k)}.$$

Eine analoge Herleitung, die wir ohne Beweis zitieren aus [81], führt auf die Abschätzung

$$h_{k+1}^\delta \leq \frac{1}{2}h_k^\delta(h_k^\delta + \bar{\delta}_k(h_k^\delta + \sqrt{4 + (h_k^\delta)^2})).$$

Je nach Wahl von $\bar{\delta}_k$ können wir hier asymptotisch (also für $h_k^\delta \to 0$) *lineare* oder *quadratische* Konvergenz erreichen. In [81, 74] wurde mit einem vereinfachten Komplexitätsmodell gezeigt, dass für endlichdimensionale nichtlineare Gittergleichungssysteme asymptotisch der *quadratische* Konvergenzmodus effizienter ist. Mit der speziellen Wahl

$$\bar{\delta}_k = \rho \frac{h_k^\delta}{h_k^\delta + \sqrt{4 + (h_k^\delta)^2}} \tag{8.21}$$

erhalten wir in der Tat

$$h_{k+1}^\delta \le \frac{1+\rho}{2} (h_k^\delta)^2,$$

also quadratische Konvergenz; der Faktor $\rho > 0$ ist darin noch frei wählbar, in der Regel $\rho < 1$. Um aus (8.21) eine rechnerisch zugängliche Größe $[\bar{\delta}_k]$ zu erhalten, ersetzen wir die Größe h_k^δ durch ihre numerische Schätzung $[h_k^\delta]$. Mit $\delta^k \le [\bar{\delta}_k]$ erhalten wir schließlich eine gemeinsame adaptive Strategie für Dämpfung und Genauigkeitssteuerung.

Abbruch der äußeren Newton-Iteration

Anstelle des Kriteriums (8.14) beenden wir die inexakte Newton-PCG-Iteration, unter Berücksichtigung von (8.18), wenn gilt:

$$((1 + (\delta^k)^2)\epsilon_k^\delta)^{1/2} \le \text{ETOL} \quad \text{oder} \quad f(u^k) - f(u^{k+1}) \le \frac{1}{2} \text{ETOL}^2. \tag{8.22}$$

Software

Das hier beschriebene adaptive Newton-Verfahren ist in dem Programm GIANT-PCG implementiert, siehe die Softwareliste am Ende des Buches.

8.2 Inexakte Newton-Mehrgittermethoden

In diesem Kapitel wenden wir uns erneut der numerischen Lösung von nichtlinearen elliptischen Differentialgleichungen zu. Im Unterschied zum vorangegangenen Kapitel 8.1 wollen wir hier elliptische Probleme als Operatorgleichungen im Funktionenraum direkt angehen, also *vor Diskretisierung*, wobei wir uns auf Kapitel 8.3 der Monographie [74] stützen. Wie zu Beginn von Kapitel 7 für den linearen Spezialfall lassen wir uns auch hier von der Vorstellung leiten, dass ein Funktionenraum charakterisiert ist durch das asymptotische Verhalten bei sukzessiver Ausschöpfung durch endlichdimensionale Teilräume, etwa im Grenzprozess $h \to 0$. Dieser Idee folgend genügt es nicht, ihn durch einen einzelnen Raum endlicher, wenn auch hoher Dimension abzubilden. Stattdessen wollen wir einen Funktionenraum durch eine *Folge endlichdimensionaler Teilräume wachsender Dimension* darstellen. In dieser Sichtweise kommen adaptive Mehrgittermethoden nicht nur aus Effizienzgründen, sondern auch als Mittel zur Analyse des zu lösenden Problems ins Spiel.

8.2.1 Hierarchische Gittergleichungssysteme

Wir kehren zurück zu dem konvexen Minimierungsproblem

$$f(u) = \min,$$

worin $f : D \subset X \rightarrow \mathbb{R}$ ein *streng konvexes* Funktional über einer offenen *konvexen* Teilmenge D eines reflexiven Banach-Raums X definiert. Es verbleibt die Wahl von X. Während lineare elliptische Differentialgleichungen im Funktionenraum $H^1(\Omega)$ leben, benötigen wir für nichtlineare elliptische Differentialgleichungen $X = W^{1,p}(\Omega)$ mit $1 < p < \infty$; diese allgemeinere Wahl ist mitunter für die Existenz einer Lösung des nichtlinearen Minimierungsproblems notwendig. Wir nehmen darüber hinaus an, dass eine Lösung in D existiert; andernfalls würde das Newton-Verfahren ohnehin nicht konvergieren. Wegen der strengen Konvexität ist die Lösung dann eindeutig. Wie im endlichdimensionalen Fall, den wir in Kapitel 8.1 behandelt hatten, ist das Minimierungsproblem äquivalent zu der nichtlinearen Operatorgleichung

$$F(u) = f'(u) = 0, \quad u \in D \subset W^{1,p}(\Omega). \tag{8.23}$$

Dies ist ein nichtlineares elliptisches Differentialgleichungsproblem. Zur Vereinfachung nehmen wir wiederum an, dass diese Differentialgleichung *streng* elliptisch ist, so dass die symmetrische Fréchet-Ableitung $F'(u) = f''(u)$ *streng positiv* ist. Für nicht allzu pathologische Argumente $u \in \underline{X} \subset X$ (vergleiche Bemerkung 8.1) existieren dann auch im Funktionenraum lokale Energieprodukte $\langle \cdot, F'(u) \cdot \rangle$. Sie induzieren wiederum *lokale* Energienormen

$$\| \cdot \|_{F'(u)} = \langle \cdot, F'(u) \cdot \rangle^{1/2},$$

die zu lokal gewichteten H^1-Normen äquivalent sind.

Asymptotische Gitterunabhängigkeit
Die zu (8.23) gehörige gewöhnliche Newton-Iteration (ohne Dämpfung) in $W^{1,p}$ lautet

$$F'(u^k)\Delta u^k = -F(u^k), \quad u^{k+1} = u^k + \Delta u^k, \quad k = 0, 1, \dots. \tag{8.24}$$

In jedem Newtonschritt ist eine Linearisierung der nichtlinearen Operatorgleichung zu lösen, also ein lineares elliptisches Differentialgleichungsproblem. Sei nun ω die zugehörige affin-konjugierte Lipschitz-Konstante, definiert analog zu (8.4) in Satz 8.2. Analog zu (8.9) erhalten wir damit lokale quadratische Konvergenz in der Form

$$\|u^{k+1} - u^k\|_{F'(u^k)} \le \frac{\omega}{2} \|u^k - u^{k-1}\|_{F'(u^{k-1})}^2.$$

Man beachte, dass auf beiden Seiten der obigen Abschätzung unterschiedliche lokale Normen stehen, ein darauf aufbauender Konvergenzbegriff stimmt also nicht unmittelbar mit der Konvergenz in $W^{1,p}(\Omega)$ überein. Stattdessen werden wir uns algorithmisch auf eine iterative Reduktion des Funktionals f konzentrieren.

In der tatsächlichen Rechnung können wir nur diskretisierte nichtlineare Differentialgleichungen endlicher Dimension lösen, im hier betrachteten Fall also eine Folge von nichtlinearen Gittergleichungssystemen

$$F_j(u_j) = 0, \quad j = 0, 1, \dots,$$

wobei F_j die endlichdimensionale nichtlineare Abbildung auf Stufe j eines hierarchischen Gitters bezeichne. Das hierzu gehörige gewöhnliche Newton-Verfahren lautet

$$F_j'(u_j^k)\Delta u_j^k = -F_j(u_j^k), \quad u_j^{k+1} = u_j^k + \Delta u_j^k, \quad k = 0, 1, \dots.$$

In jedem Newtonschritt ist ein lineares Gittergleichungssystem zu lösen. Sei nun ω_j die zur Abbildung F_j gehörige affin-konjugierte Lipschitz-Konstante, wie in (8.4) definiert. Dann erhalten wir wie in (8.9) lokale quadratische Konvergenz in der Form

$$\|u_j^{k+1} - u_j^k\|_{F'(u_j^k)} \le \frac{\omega_j}{2} \|u_j^k - u_j^{k-1}\|_{F'(u_j^{k-1})}^2.$$

Ohne Beweis zitieren wir aus [74, Lemma 8.4] bzw. [234] das asymptotische Resultat

$$\omega_j \le \omega + \sigma_j, \quad \lim_{j \to \infty} \sigma_j = 0. \tag{8.25}$$

Für immer feinere Gitter werden also die Gittergleichungssysteme immer ähnlicher, was sich in der (auch beobachtbaren) Tatsache niederschlägt, dass das Konvergenzverhalten der zugehörigen Newton-Verfahren asymptotisch gitterunabhängig wird.

Nichtlineare Mehrgittermethoden

Es gibt zwei prinzipielle Varianten von Mehrgitter-Methoden für nichtlineare Probleme, welche die oben charakterisierte Redundanz der asymptotischen Gitterunabhängigkeit ausnutzen:

– *Mehrgitter-Newton-Methoden*: In dieser Variante sind Mehrgittermethoden die äußere Schleife, endlichdimensionale Newton-Methoden die innere. Die Newton-Methoden operieren auf allen Gleichungssystemen $F_j(u_j) = 0$ für $j = 0, \dots, l$ simultan, d. h. auf fest vorgegebenen hierarchischen Triangulierungen $\mathcal{T}_0, \dots, \mathcal{T}_l$ mit festem Index l. Diese Variante gestattet keine adaptive Konstruktion der Gitter. Sie ist in dem Buch [124] von Hackbusch oder in dem neueren Überblicksartikel [145] von Kornhuber ausführlich dargestellt.

- *Newton-Mehrgittermethoden*: In dieser Variante ist die Newton-Iteration die äußere Schleife, die Mehrgittermethode die innere. Die Newton-Iteration wird auf der
  Operatorgleichung direkt realisiert, d. h. die auftretenden linearen Operatorgleichungen, also lineare elliptische Differentialgleichungsprobleme, werden mit adaptiven Mehrgittermethoden für lineare Probleme gelöst. Diese Variante gestattet,
  die hierarchischen Gitter *adaptiv* auf Basis der Konvergenztheorie für $j = 0, 1, \ldots$
  aufzubauen, also vom Grobgitter nach sukzessive feineren, im Allgemeinen nichtuniformen Gittern. Sie ist in [74, Kapitel 8.3] im Detail hergeleitet (siehe auch [81,
  82]).

Wegen ihrer Möglichkeit zu adaptiver Gitterverfeinerung wollen wir im Folgenden nur
die Newton-Mehrgitter-Variante ausführen.

8.2.2 Realisierung des adaptiven Algorithmus

Der hier dargestellte adaptive Newton-Mehrgitteralgorithmus realisiert drei ineinander geschachtelte Schleifen:
- *außen*: funktionenraumbasierte inexakte Newton-Methode (mit adaptiver Dämpfungsstrategie),
- *Mitte*: adaptive Gitterverfeinerung, und
- *innen*: PCG-Methode mit Mehrgitter-Vorkonditionierer (und mit adaptivem Abbruchkriterium, siehe Kapitel 5.3.3).

Zum Vergleich: Das inexakte Newton-PCG-Verfahren von Kapitel 8.1.2 realisiert nur
eine äußere (endlichdimensionale Newton-Iteration) und eine innere Schleife (PCG-
Iteration), die Gitter bleiben dabei fest.

Steuerung des Diskretisierungsfehlers

Eine numerische Lösung der Operatorgleichung (8.23) kann nicht realisiert werden
ohne *Approximationsfehler*. Das bedeutet, wir müssen statt der exakten Newton-
Methode (8.24) im Banach-Raum eine *inexakte* Newton-Methode im Banach-Raum als
theoretischen Rahmen wählen. Auf Stufe j eines hierarchischen Gitters definieren wir
demnach

$$F'(u_j^k)\, \delta u_j^k = -F(u_j^k) + r_j^k,$$

oder äquivalent

$$F'(u_j^k)(\delta u_j^k - \Delta u^k) = r_j^k.$$

Die unvermeidlichen Diskretisierungsfehler werden sowohl über die Residuen r_j^k als
auch über die Diskrepanz zwischen den (berechneten) inexakten Newtonkorrekturen

δu_j^k und den (nur formal mitgeführten) exakten Newtonkorrekturen Δu^k sichtbar. Unter den Diskretisierungsmethoden schränken wir uns auf *Galerkin-Methoden* ein, für die bekanntlich gilt (vgl. Satz 4.4):

$$\langle \delta u_j^k, \delta u_j^k - \Delta u^k \rangle_{F'(u_j^k)} = \langle \delta u_j^k, r_j^k \rangle = 0. \tag{8.26}$$

In völliger Analogie zu Kapitel 8.1.2 definieren wir den relativen Energiefehler

$$\delta_j^k = \frac{\|\Delta u^k - \delta u_j^k\|_{F'(u_j^k)}}{\|\delta u_j^k\|_{F'(u_j^k)}}.$$

Er hängt ab von der Stufe j des hierarchischen Gitters, das in dem adaptiven Mehrgitterverfahren für das lineare elliptische Problem entstanden ist. Im Kontext hier wählen wir $j = j_k$ derart, dass gilt

$$\delta^k = \delta_j^k|_{j=j_k} \leq 1. \tag{8.27}$$

Zu einer ausführlichen Begründung für die obere Schranke 1 verweisen wir wiederum auf [74].

Gewöhnliches Newton-Verfahren

Zunächst sehen wir uns das nur lokal konvergente gewöhnliche Newton-Verfahren an. In [81, 74] wurde mit einem vereinfachten Komplexitätsmodell gezeigt, dass für Newton-Mehrgittermethoden asymptotisch der *lineare* Konvergenzmodus effizienter ist. Das passt auch maßgeschneidert zu der obigen Bedingung (8.27). Zur Illustration führen wir zunächst ein Beispiel im Detail vor.

Beispiel 8.4. Als Modifikation eines Beispiels, das von R. Rannacher in [189] angegeben worden ist, betrachten wir das für $p > 1$ streng konvexe Funktional in Raumdimension $d = 2$

$$f(u) = \int_\Omega \left((1 + |\nabla u|^2)^{p/2} - gu \right) dx, \quad \Omega \subset \mathbb{R}^2, \, u \in W_D^{1,p}(\Omega).$$

Speziell wählen wir hier $g \equiv 0$. Das Funktional f ist stetig und koerziv im durch teilweise Dirichlet-Randbedingungen gegebenen affinen Unterraum $W_D^{1,p}(\Omega)$. Für dieses Funktional erhalten wir die folgenden Ableitungsausdrücke erster und zweiter Ordnung (im Sinne der dualen Paarung)

$$\langle F(u), v \rangle = \int_\Omega \left(p(1 + |\nabla u|^2)^{p/2-1} \nabla u^T \nabla v - gv \right) dx,$$

$$\langle w, F'(u)v \rangle = \int_\Omega p(1 + |\nabla u|^2)^{p/2-1} \nabla w^T \left(I + (p-2)\frac{\nabla u \nabla u^T}{1 + |\nabla u|^2} \right) \nabla v \, dx.$$

Man beachte, dass für $1 < p < 2$ der Diffusionstensor fast überall in Ω positiv definit ist, aber nur dann *gleichmäßig* positiv definit, wenn ∇u beschränkt ist. Dies ist offenbar eine Einschränkung auf einen „glatteren" Unterraum $\underline{X} \subset X$, wie wir sie in Bemerkung 8.1 diskutiert haben. Für konvexe Gebiete Ω und vollständige, glatte Dirichlet-Randbedingungen liegt diese Situation tatsächlich vor. Hier wählen wir aber ein etwas herausforderndes nichtkonvexes Gebiet und mit $p = 1.4$ einen willkürlichen Wert im kritischen Bereich.

Das inexakte Newton-Verfahren ist im FE-Paket **KASKADE** implementiert, wobei die auftretenden linearen elliptischen Probleme in jedem Newtonschritt durch adaptive Mehrgittermethoden gelöst werden. Die gewöhnliche Newton-Methode wurde im linearen Konvergenzmodus adaptiv gesteuert.

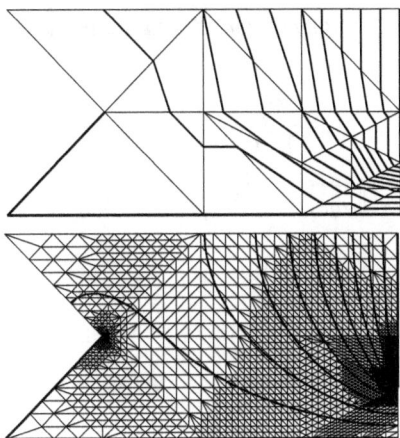

Abb. 8.2: Nichtlineares elliptisches Problem 8.4 mit $p = 1.4$: Inexakte Newton-Mehrgittermethode. Inhomogene Dirichlet-Randbedingungen: dicke Randlinien, homogene Neumann-Randbedingungen: dünne Randlinien. *Oben*: Niveaulinien des Newton-Startwerts u^0 auf Triangulierung $\mathcal{T}_0$ mit Verfeinerungsstufe $j_0 = 1$. *Unten*: Niveaulinien der Newton-Iterierten u^3 auf Triangulierung $\mathcal{T}_3$ mit Verfeinerungsstufe $j_3 = 14$.

In Abb. 8.2 ist, über dem angegebenen Gebiet Ω, der Startwert u^0 auf dem groben Gitter $\mathcal{T}_0$ (mit $j_0 = 1$) mit der Newton-Iterierten u^3 auf dem feineren Gitter $\mathcal{T}_3$ (mit $j_3 = 14$) dargestellt. Das feinere Gitter enthält $n_{14} = 2\,054$ Knoten. Es verdichtet sich deutlich sichtbar an den beiden kritischen Punkte am Rand des Gebietes Ω, nämlich an der einspringenden Ecke und am Unstetigkeitspunkt der Randbedingungen; dies illustriert die Effizienz der verwendeten lokalen Fehlerschätzer. Zum Vergleich: Auf Stufe $j = 14$ würde ein uniform verfeinertes Gitter $\bar{n}_{14} \approx 136\,000$ Knoten benötigen; da Mehrgittermethoden $\mathcal{O}(n)$ Operationen benötigen, wäre der Rechenaufwand um einen Faktor $\bar{n}_{14}/n_{14} \approx 65$ höher.

Adaptive Dämpfungsstrategie
Im Folgenden betrachten wir das global konvergente inexakte Newton–Galerkin-Verfahren

$$u^{k+1} = u^k + \lambda_k \delta u^k, \quad \lambda_k \in \,]0,1]$$

mit Iterierten $u^k \in W^{1,p}$, inexakten Newtonkorrekturen δu^k und Dämpfungsfaktoren λ_k, deren Wahl wir nun untersuchen wollen. In Kapitel 8.1.2 hatten wir bereits die endlichdimensionale Version diskutiert, die globalen Newton-PCG-Methoden. Ersetzen wir in Satz 8.3 die endlichdimensionale Galerkin-Bedingung (8.17) durch ihr unendlichdimensionales Pendant (8.26), so kommen wir direkt zu dem folgenden analogen Konvergenzsatz.

Satz 8.5. *Mit den hier eingeführten Bezeichnungen sei das Funktional $f : D \to \mathbb{R}$ streng konvex, zu minimieren über einem offenen konvexen Gebiet $D \subset W^{1,p}$. Es existiere $F'(x) = f''(x)$ und sei streng positiv im schwachen Sinn. Für $u, v \in D$ gelte die affin-konjugierte Lipschitz-Bedingung*

$$\left\| F'(u)^{-1}(F'(v) - F'(u))(v - u) \right\|_{F'(u)} \leq \omega \|v - u\|^2_{F'(u)} \tag{8.28}$$

mit $0 \leq \omega < \infty$. Für $u^k \in D$ seien die lokalen Energienormen ϵ_k^δ und die inexakten Kantorovich-Größen h_k^δ definiert wie folgt:

$$\epsilon_k = \left\| \Delta u^k \right\|^2_{F'(u^k)}, \qquad \epsilon_k^\delta = \left\| \delta u^k \right\|^2_{F'(u^k)} = \frac{\epsilon_k}{1 + \delta_k^2},$$

$$h_k = \omega \left\| \Delta u^k \right\|_{F'(u^k)}, \qquad h_k^\delta = \omega \left\| \delta u^k \right\|_{F'(u^k)} = \frac{h_k}{\sqrt{1 + \delta_k^2}}.$$

Ferner sei $u^k + \lambda \delta u^k \in D$ für $0 \leq \lambda \leq \lambda_{\max}^k$ mit

$$\lambda_{\max}^k := \frac{4}{1 + \sqrt{1 + 8 h_k^\delta/3}} \leq 2.$$

Dann gilt

$$f(u^k + \lambda \Delta u^k) \leq f(u^k) - t_k(\lambda) \epsilon_k^\delta \tag{8.29}$$

mit

$$t_k(\lambda) = \lambda - \frac{1}{2}\lambda^2 - \frac{1}{6}\lambda^3 h_k^\delta.$$

Optimale Wahl des Dämpfungsfaktors ist

$$\bar{\lambda}_k = \frac{2}{1 + \sqrt{1 + 2 h_k^\delta}} \leq 1.$$

Um aus diesem Satz eine theoretisch fundierte algorithmische Strategie zu erhalten, ersetzen wir, wie im endlichdimensionalen Fall, h_k^δ und δ_k durch rechnerisch bequem zugängliche Schätzungen $[h_k^\delta]$ und $[\delta_k]$. Dazu berechnen wir wiederum die Ausdrücke $E(\lambda)$ aus (8.19) und erhalten so die zu (8.20) völlig analoge Formel

$$[h_k^\delta] = \frac{6 E(\lambda)}{\lambda^3 \epsilon_k^\delta} \leq h_k^\delta.$$

Der Unterschied zu (8.20) besteht lediglich in der Bedeutung der Terme. Auf dieser Basis realisieren wir eine Korrektur-Strategie (8.12), wobei h_k ersetzt wird durch $[h_k^\delta]$, und eine Prädiktor-Strategie (8.13), wobei h_{k+1} ersetzt wird durch $[h_{k+1}^\delta]$. In allen diesen Formeln geht die iterative Schätzung δ_k der Diskretisierungsfehler gemäß (8.27) ein. Die Dämpfungsstrategie und die Steuerung des Diskretisierungsfehlers (also auch die iterative Steuerung der Verfeinerungstiefe der Triangulierungen) sind also gekoppelt.

Abbruch-Kriterium

Zur Beendigung der inexakten Newton-Mehrgitter-Iteration übernehmen wir von (8.22) das Kriterium

$$((1+(\delta_j^k)^2)\epsilon_k^\delta)^{1/2} \leq \text{ETOL} \quad \text{oder} \quad f(u_j^k) - f(u_j^{k+1}) \leq \frac{1}{2}\text{ETOL}^2.$$

8.2.3 Ein elliptisches Problem ohne Lösung

Zur Illustration des oben hergeleiteten Algorithmus stellen wir hier ein kritisches Beispiel in genaueren Einzelheiten dar.

Beispiel 8.6. Wir kehren zu Beispiel 8.4 zurück, diesmal allerdings für den kritischen Wert $p = 1$. Man beachte, dass $W^{1,1}$ kein reflexiver Banach-Raum ist, weshalb schon die Existenz einer Lösung des Minimierungsproblems nicht garantiert ist; sie hängt vom Gebiet und den Randbedingungen ab.

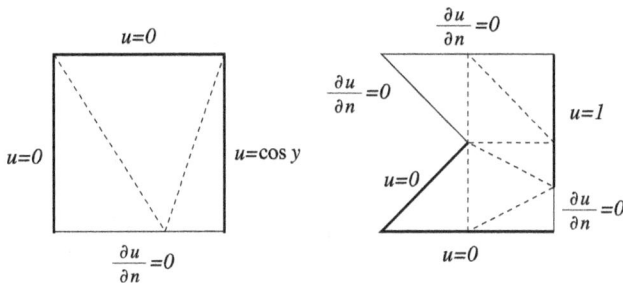

Abb. 8.3: Nichtlineares elliptisches Problem 8.4 im kritischen Fall $p = 1$. Inhomogene Dirichlet-Randbedingungen: dicke Randlinien, homogene Neumann-Randbedingungen: dünne Randlinien. *Links*: Problem mit eindeutiger Lösung (Beispiel 8.6a). *Rechts*: Problem ohne Lösung (Beispiel 8.6b).

In Abb. 8.3 geben wir die Spezifikationen für zwei unterschiedliche Probleme an: Im linken Fall (Beispiel 8.6a) existiert eine eindeutige Lösung, die wir berechnet haben, hier aber nicht darstellen; das Beispiel dient nur zum Vergleich, siehe Tab. 8.1 unten.

Unser Hauptinteresse ist auf das rechte Beispiel 8.6b gerichtet, bei dem *keine (physikalische) Lösung existiert*. Als Anfangswert u^0 für die Newton-Iteration wählen wir die vorgeschriebenen Dirichlet-Randdaten und ansonsten Nulldaten.

An Beispiel 8.6b wollen wir das unterschiedliche Verhalten von zwei Newton-Algorithmen vergleichen, nämlich:

– unseren *funktionenraumbasierten* Zugang, den wir hier als adaptive inexakte Newton-Mehrgittermethode ausgearbeitet haben, und

– einen *endlichdimensionalen* Zugang, wie er typischerweise in Mehrgitter-Newton-Methoden implementiert ist; hier haben wir ebenfalls unsere adaptiven Methoden implementiert, jedoch mit Mehrgittermethode als äußerer Schleife.

Bei dem endlichdimensionalen Zugang wird das diskrete nichtlineare Finite-Elemente-Problem sukzessive auf jeder Verfeinerungsstufe j eines hierarchischen Gitters gelöst; die Dämpfungsfaktoren werden also gegen 1 laufen, sobald das Problem auf dieser Stufe gelöst ist. Im Gegensatz dazu zielt unser funktionenraumbasierter Zugang auf die Lösung der Operatorgleichung, wobei Information aus allen Verfeinerungsstufen zugleich herangezogen wird. Falls also eine eindeutige Lösung der Operatorgleichung existiert, werden die Dämpfungsparameter simultan mit der Verfeinerung gegen den asymptotischen Wert 1 laufen; falls jedoch keine eindeutige Lösung existiert, werden die Dämpfungsparameter gegen den Wert 0 tendieren.

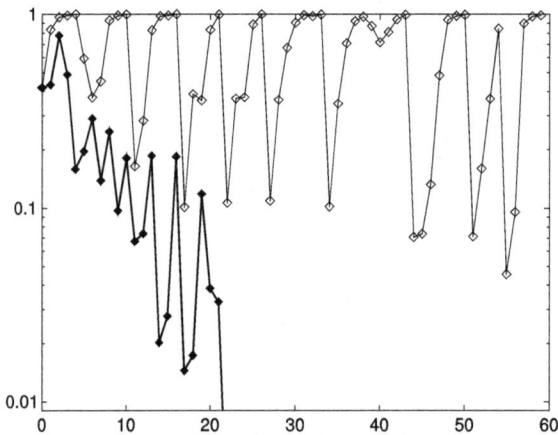

Abb. 8.4: Nichtlineares elliptisches Problem 8.6b (ohne Lösung): Vergleich der Dämpfungsstrategien für adaptive Mehrgitter-Newton-Iteration (◊) verglichen mit adaptiver Newton-Mehrgittermethode (♦).

Ein solches Verhalten ist in Abb. 8.4 im Vergleich illustriert. In der Tat erweckt die Mehrgitter-Newton-Methode nach 60 Iterationen den Eindruck, dass das Problem eindeutig lösbar ist. Dagegen bricht die Newton-Mehrgittermethode nach 20 Iterationen mit $\lambda < \lambda_{min} = 0.01$ ab. Zum genaueren Verständnis vergleichen wir in Tab. 8.1 (nach [74, 234]) die numerischen Schätzungen der affin-konjugierten Lipschitz-Konstanten

Tab. 8.1: Schätzungen $[\omega_j]$ der affin-konjugierten Lipschitz-Konstanten auf Verfeinerungsstufe j. *Beispiel* 8.6a: eindeutige Lösung existiert, asymptotische Gitterunabhängigkeit (vgl. (8.25)). *Beispiel* 8.6b: keine eindeutige Lösung, Anwachsen der Lipschitz-Konstanten.

j	Beispiel 8.6a # Unbekannte	$[\omega_j]$	Beispiel 8.6b # Unbekannte	$[\omega_j]$
0	4	1.32	5	7.5
1	7	1.17	10	4.2
2	18	4.55	17	7.3
3	50	6.11	26	9.6
4	123	5.25	51	22.5
5	158	20.19	87	50.3
6	278	19.97	105	1 486.2
7	356	9.69	139	2 715.6
8	487	8.47	196	5 178.6
9	632	11.73	241	6 837.2
10	787	44.21	421	12 040.2
11	981	49.24	523	167 636.0
12	1 239	20.10	635	1 405 910.0

$[\omega_j] \leq \omega_j$ für beide Beispielprobleme. In Beispiel 8.6a (mit eindeutiger Lösung) beobachten wir die weiter oben ausgeführte *asymptotische Gitterunabhängigkeit*, wohingegen in Beispiel 8.6b (ohne Lösung) die Lipschitz-Schätzungen mit der Verfeinerung der Gitter anwachsen. Man beachte, dass ein Anwachsen der unteren Schranken $[\omega_j]$ in Tab. 8.1 zugleich ein Anwachsen der Lipschitz-Konstanten ω_j nach sich zieht – für dieses Phänomen liegen die lokalen Schätzungen auf der „richtigen" Seite.

Interpretation. Die Resultate des Algorithmus legen nahe, dass in diesem Beispiel für die Lipschitz-Konstanten gilt:

$$\lim_{j \to \infty} \omega_j = \infty.$$

Für die Konvergenzradien $\rho_j \sim 2/\omega_j$ aus Satz 4.10, Band 1, gilt dann entsprechend

$$\lim_{j \to \infty} \rho_j = 0.$$

In der Tat schrumpfen im Prozess der Gitterverfeinerung die Konvergenzradien (geschätzt) von $\rho_1 \sim 1$ bis zu $\rho_{22} \sim 10^{-6}$. Obwohl also das Problem auf jeder Gitterstufe j eine eindeutige endlichdimensionale Lösung besitzt, hat die Operatorgleichung trotzdem keine Lösung in $W^{1,1}$.

Bemerkung 8.7. Die hier geschilderte Klasse von Problemen in $W^{1,1}$ wurde in dem Buch [91, Kapitel V] analytisch genau untersucht. Dort wird ein verallgemeinerter Lösungsbegriff vorgeschlagen, bei dem allerdings nicht garantiert werden kann, dass die Dirichlet-Randbedingungen eingehalten werden. Dies ist nur unter restriktiven Annahmen an die Glattheit des Gebietes und der Randbedingungen gewährleistet. Offensichtlich sind diese Bedingungen bei Beispiel 8.6b verletzt.

Software

Das hier beschriebene adaptive Newton-Verfahren ist im Finite-Elemente-Paket **KAS-KADE** implementiert, siehe die Softwareliste am Ende des Buches.

8.3 Operationsplanung in der Mund-Kiefer-Gesichtschirurgie

Menschen mit angeborenen Knochenfehlbildungen im Kieferbereich (siehe Abb. 8.5, links) leiden im Allgemeinen unter der reduzierten sozialen Akzeptanz, die mit ihrem Erscheinungsbild einhergeht. Damit verbunden sind oft funktionelle Einschränkungen wie Atembeschwerden, Anfälligkeit gegen Infektionen und Verdauungsprobleme aufgrund mangelhaften Kauvermögens. Solche Fehlbildungen können durch Mund-Kiefer-Gesichtschirurgie (oft auch nur kurz: MKG-Chirurgie) korrigiert werden: Im Verlauf von mehrstündigen Operationen werden Ober- bzw. Unterkiefer zersägt und um mehrere Zentimeter verschoben. Aus medizinischer Sicht gibt es in der Regel mehrere therapeutisch sinnvolle und chirurgisch durchführbare Positionierungen, die jedoch bezüglich des postoperativen Aussehens sehr unterschiedlich sein können. Fragt man *vor* der Operation, wie ein Patient *nach* geglückter Operation aussehen wird, so führt dies auf ein mathematisches Problem, bei dem die effiziente numerische Lösung partieller Differentialgleichungen von zentraler Bedeutung ist [83, 235]. Folgendes dreistufige Grundmuster hat sich in der virtuellen Medizin etabliert (vergleiche etwa [73]):

- Zunächst wird ein ausreichend genaues individuelles geometrisches 3D-Modell des Patienten zusammen mit den „Materialeigenschaften" von Knochen und Weichgewebe im Computer aufgebaut, der sogenannte *virtuelle Patient*.
- Auf diesem patientenspezifischen Modell werden Simulationen durchgeführt, d. h. partielle Differentialgleichungen numerisch gelöst und verschiedene chirurgische Optionen studiert.
- Die im *virtuellen OP* gefundenen chirurgischen Optionen können anschließend in die Realität umgesetzt werden.

In Kenntnis dieser Optionen, unterstützt durch realitätsnahe Visualisierungen, kann die Operationsplanung von Arzt und Patient *gemeinsam* besprochen und entschieden werden.

Mathematische Modellierung

Die Vorhersage des postoperativen Erscheinungsbildes, also der Verformung der Haut bei vorgegebener Verschiebung von Knochenfragmenten, ist ein Problem der *Elastomechanik* des Weichgewebes, siehe Kapitel 2.3. Die Knochenverschiebungen gehen als Dirichlet-Randbedingungen ein. Es ist nur der postoperative Zustand von Interesse, nicht aber die Bewegung während der Operation. Wir können uns daher auf die Berechnung eines *stationären* Zustands beschränken. Die Verzerrungen des elastischen Weichgewebes Ω sind, insbesondere in Knochennähe, meist so groß, dass die *lineare* Elastomechanik, wie wir sie in Kapitel 2.3.2 dargestellt haben, keine gute Approximation ist. Das Weichgewebe – Muskeln, Haut, Fett und Bindegewebe – sollte als hyperelastisches Medium modelliert werden, mangels konkreter Daten über die Faserrichtung des Gewebes üblicherweise isotrop. Eine umfassende Übersicht über Materialmodelle der *Biomechanik* findet sich in [105]. Die Biomechanik ordnet sich also allgemein in die *nichtlineare* Elastomechanik ein, die wir in Kapitel 2.3.1 behandelt haben.

Das postoperative Erscheinungsbild bei Mund-Kiefer-Gesichtsoperationen wird also durch ein Variationsproblem vom Typ

$$\min_{u \in H^1(\Omega)} f(u), \quad u|_{\Gamma_D} = u_D \quad \text{mit } f(u) = \int_\Omega \Psi(u_x)\, dx \tag{8.30}$$

beschrieben, wobei wir aus Gründen des Zusammenhangs mit dem vorigen Kapitel 8.2 die Bezeichnung f für die innere Energie W aus Kapitel 2.3.1 gewählt haben.

Modifikation der adaptiven Newton-Mehrgittermethode

Auf den ersten Blick sieht das Problem (8.30) wie eines der in diesem Kapitel bisher behandelten konvexen Minimierungsprobleme aus, so dass wir das in Kapitel 8.2.2 ausgearbeitete affin-konjugierte Newton-Mehrgitterverfahren anwenden könnten. Leider wissen wir aus Kapitel 2.3.1, dass f in der *nichtlinearen* Elastomechanik *nicht konvex* sein kann (siehe auch Aufgabe 8.3). Daraus folgt sofort, dass die zweite Ableitung $f'' = F'$ zwar immer noch symmetrisch, aber nicht mehr positiv ist; sie induziert deshalb keine Norm und eignet sich damit nicht zur Steuerung des Verfahrens. Die wesentliche Konsequenz der Nichtkonvexität ist, dass die Newtonrichtung, sofern sie überhaupt existiert, keine Abstiegsrichtung zu sein braucht – das Newton-Verfahren kann statt gegen ein lokales Minimum auch gegen einen Sattelpunkt oder ein lokales Maximum der Energie konvergieren. Erst in einer Umgebung der Lösung kann man davon ausgehen, dass ein gedämpftes Newton-Verfahren zum Ziel führt.

Wir werden deshalb hier eine adaptive Newton-Mehrgittermethode nach [231] skizzieren, die asymptotisch einmündet in den Algorithmus aus Kapitel 8.2.2 und sich in unserem Anwendungskontext bewährt hat. Was die zweite Ableitung anbetrifft, nutzen wir die Tatsache, dass der zur *linearen* Elastomechanik gehörige Operator $F'(0)$, also die Linearisierung um die Ausgangskonfiguration $u = 0$, symmetrisch positiv ist und deshalb eine affin-konjugierte Norm $\| \cdot \|_{F'(0)}$ induziert. Vor diesem Hintergrund modifizieren wir die Definition (8.28) der affin-konjugierten Lipschitz-Konstanten ω zu

$$\left\| F'(0)^{-1}(F'(v) - F'(u))(v - u) \right\|_{F'(0)} \leq \omega_0 \|v - u\|_{F'(0)}^2. \tag{8.31}$$

Anstelle der kubischen Abschätzung (8.6) mit (8.7) für das gedämpfte Newton-Verfahren erhalten wir dann hier die Abschätzung

$$f(u + \delta u) \leq f(u) + \langle F(u), \delta u \rangle + \frac{1}{2} \langle \delta u, F'(u)\delta u \rangle + \frac{1}{6}\omega_0 \|\delta u\|^3_{F'(0)}, \tag{8.32}$$

wobei die Newtonrichtung in (8.6) durch eine allgemeinere Abweichung δu ersetzt ist.

Um die Newtonrichtung durch eine bessere Korrektur zu ersetzen, machen wir eine Anleihe aus der hoch-, aber endlichdimensionalen Optimierung [207, 216]. Ungeachtet der möglichen Nichtkonvexität von f benutzen wir ein PCG-Verfahren als innere Iteration, das ja eigentlich nur für symmetrisch positiv definite lineare Systeme geeignet ist. Trifft der Algorithmus 5.10 zur Berechnung der Newtonkorrektur δu auf eine Suchrichtung q_k mit negativer Krümmung, also mit $\langle q_k A q_k \rangle \leq 0$, so bricht das Verfahren ab; das Energiefunktional ist dort lokal nichtkonvex (TCG, *truncated CG*). Diese Information wird außerhalb der PCG-Iteration zusätzlich genutzt: Statt nur entlang der bis dahin berechneten Iterierten δu_{k-1} eine Schrittweite durch Minimierung der oberen Schranke (8.29) zu bestimmen, wird der Suchraum erweitert zu dem *zweidimensionalen Suchraum*

$$U = \text{span}\{\delta u_{k-1}, q_k\}$$

und eine Korrektur δu als Minimierer der oberen Schranke (8.32) bestimmt. Ganz analog zur Konstruktion des reinen Newton-Verfahrens wird dabei wieder die unzugängliche Größe ω_0 durch eine algorithmisch bequem berechenbare Schätzung $[\omega_0]$ ersetzt. Der Rest der adaptiven Mehrgittermethode kann analog realisiert werden. Per Konstruktion wird diese Variante in der Umgebung der Lösung in ein Newton-Verfahren einmünden, weil der PCG-Algorithmus nicht mehr auf eine Richtung mit negativer Krümmung treffen wird.

Für Probleme mit großen Verzerrungen sind die vom TCG-Verfahren erzeugten Suchrichtungen oft sehr rau. Auch wenn sie im Hinblick auf die Minimierung der quadratischen Energieapproximation vorteilhaft sind, führen ihre in der L^∞-Norm großen Deformationsgradienten schnell zu lokaler Selbstdurchdringung, also $\det(I + u_x) < 0$, und damit zu kleinen Newtonschritten. In diesem Fall führt eine einfache Modifikation [194] zu einem robusteren Verhalten. Anstatt das nichtkonvexe Minimierungsproblem anzugehen, wird die quadratische Energieapproximation mit einem hinreichend großen Vielfachen von $F'(0)$ versehen, um ein konvexes Problem

$$\min_{\delta u} \langle F(u), \delta u \rangle + \frac{1}{2} \langle \delta u, (F'(u) + \alpha F'(0))\delta u \rangle$$

zu erhalten. Dieses kann dann mit dem PCG-Algorithmus bis auf die vorgeschriebene Toleranz gelöst werden. Der Faktor α muss adaptiv so gewählt werden, dass im Falle eines schon konvexen Problems $\alpha = 0$ verwendet wird. Im Gegensatz zu den Suchrichtungen aus dem TCG ist die resultierende Suchrichtung δu meist deutlich glatter, was zu längeren Newtonschritten führt. Durch die Verwendung von $F'(0)$ (oder einem passenden Vorkonditionierer, siehe Aufgabe 8.4) bleiben die Invarianzeigenschaften erhalten. Wegen größerer Iterationszahlen und möglichen Neustarts bei zu kleinem α hat jeder Schritt dieses Verfahrens einen höheren Rechenaufwand als die TCG-Schritte. Dies wird jedoch im allgemeinen durch die meist deutlich kleinere Anzahl an Newtonschritten mehr als ausgeglichen.

Ein Beispiel

Die oben beschriebene Methode wird in der Operationsplanung in zunehmendem Maße eingesetzt. In Abb. 8.5 zeigen wir ein typisches Resultat, speziell bei einem damals 27-jährigen Patienten: Links ist der Zustand vor der Operation zu sehen, das mittlere Bild zeigt den Patienten einige Wochen nach offenbar geglückter Operation. Das rechte Bild zeigt eine Überlagerung von

(I) dem wirklichen Aussehen,

(II) dem virtuellen Aussehen, das mit der oben beschriebenen adaptiven modifizierten Newton-Mehrgittermethode vorausberechnet worden war, und

(III) dem darunter liegenden Knochengerüst des operierten Schädels, wobei der Knorpel unter der Nase durch das bildgebende Verfahren nur zum Teil korrekt erfasst wurde.

Das adaptive Raumgitter hatte etwa $N = 250\,000$ Knoten. Die Übereinstimmung der mathematischen Prognose (II) mit dem klinischen Resultat (I) ist frappierend: Obwohl die Operation im Kieferknochenbereich Verschiebungen um bis zu 3 cm erforderte, lag die Prognose nur um maximal 0.5 mm (unter und über der Nase) daneben – eine für medizinische Zwecke vollkommen ausreichende Genauigkeit.

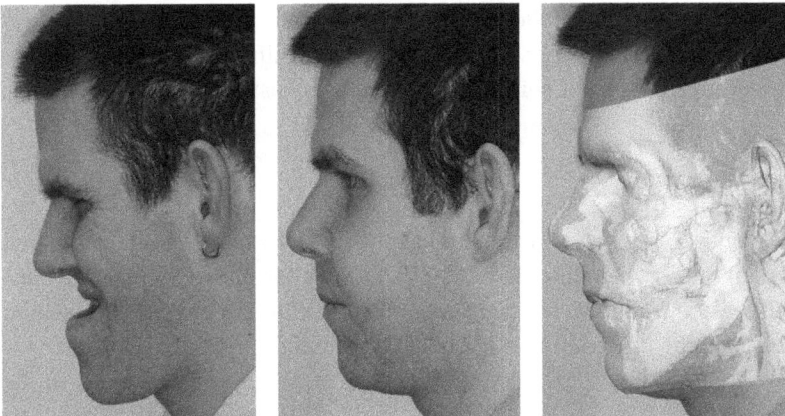

Abb. 8.5: MKG-Operation [83]. *Links*: Patient *vor* der Operation. *Mitte*: Patient *nach* der Operation. *Rechts*: Überlagerung der mathematischen Prognose (vor der Operation) mit dem Bild des realen Patienten (nach der Operation); zugleich ist das darunter liegende operierte Knochengerüst des Schädels zu sehen.

8.4 Übungsaufgaben

Aufgabe 8.1. Zeigen Sie, dass die hierarchische Fehlerschätzung nach (6.36) mit der Addition der Newtonkorrektur δu^k vertauscht, dass also der geschätzte Fehler für die Systeme

$$F'(u_j^k)\Delta u^k = -F(u_j^k)$$

und

$$F'(u_j^k)u_j^{k+1} = F'(u_j^k)u_j^k - F(u_j^k)$$

identisch ist. Warum gilt dies nicht für den residuenbasierten Fehlerschätzer (6.12) und die Gradientenverbesserung (6.29)? Welche algorithmische Bedeutung hat diese Eigenschaft?

Aufgabe 8.2. Es sei $\mathcal{T}_0$ eine Triangulierung von $\Omega \subset \mathbb{R}^2$ und w_0 eine gegebene Finite-Elemente-Funktion über $\mathcal{T}_0$ mit $w_0|_{\partial\Omega} = 1$. Betrachte die Finite-Elemente-Lösung von

$$\Delta u = \Delta w_0 \quad \text{in } \Omega,$$
$$u|_{\partial\Omega} = 0 \quad \text{auf } \partial\Omega.$$

Begründen Sie, welche Konvergenzrate α des Energiefehlers $\|u - u_h\|_a = ch^\alpha$ bei fortgesetzter Verfeinerung von $\mathcal{T}_0$ zu erwarten ist.

Aufgabe 8.3. Zeigen Sie, dass eine Energiedichte $\Psi : \mathbb{R}^{3\times 3} \to \mathbb{R}$, die (2.21) erfüllt, nicht konvex sein kann.

Aufgabe 8.4. Sei A eine symmetrisch indefinite Matrix und B^{-1} ein symmetrisch positiv definiter Vorkonditionierer. Üblicherweise ist die Anwendung von B auf einen Vektor nicht effizient implementierbar. Mitunter ist es aber hilfreich, etwa in nichtkonvexen Minimierungsproblemen bei nichtlinearen hyperelastischen Materialien, das System

$$(A + \nu B)x = f,$$

zu lösen, wobei $\nu \geq 0$ so gewählt wird, dass $(A + \nu B)$ positiv definit ist. Konstruieren Sie eine Variante des vorkonditionierten CG-Verfahrens für dieses System, die *ohne* Anwendung von B auskommt. Für diese Modifikation wird ein zusätzlicher Vektor, aber keine zusätzliche Anwendung von A oder B^{-1} benötigt.

9 Adaptive Integration parabolischer Anfangsrandwertprobleme

Im einführenden Kapitel 1 haben wir einige elementare zeitabhängige partielle Differentialgleichungen kennengelernt: in Kapitel 1.2 die Diffusionsgleichung, in Kapitel 1.3 die Wellengleichung und in Kapitel 1.4 die Schrödinger-Gleichung. Sie lassen sich als *abstrakte Cauchy-Probleme* schreiben, im linearen Spezialfall etwa als

$$u' = Au, \quad u(0) = u_0, \tag{9.1}$$

wobei A ein unbeschränkter räumlicher Operator ist, in den der Differentialoperator und die Randbedingungen eingehen. Klassischer Prototyp einer parabolischen Differentialgleichung ist die Diffusionsgleichung. Darin ist der Operator $-A$ elliptisch und hat ein Spektrum auf der positiven reellen Halbachse mit Häufungspunkt im Unendlichen. Für die Schrödinger-Gleichung liegt das Spektrum auf der imaginären Achse, ebenfalls mit Häufungspunkt im Unendlichen. Am Muster dieser beiden elementaren Gleichungen wollen wir zunächst einige wichtige Aspekte der Zeitdiskretisierung diskutieren, die auch für allgemeinere Fälle von Bedeutung sind.

9.1 Zeitdiskretisierung bei steifen Differentialgleichungen

In den ersten beiden Kapiteln 9.1.1 und 9.1.2 behandeln wir – in einem Steilkurs – die Diskretisierung von Anfangswertproblemen bei *gewöhnlichen* Differentialgleichungen; eine ausführlichere Abhandlung dieses Themas findet sich etwa in Band 2. Erst in Kapitel 9.1.4 werden wir den Übergang zu parabolischen partiellen Differentialgleichungen diskutieren.

Vor dem Hintergrund des obigen Cauchy-Problems (9.1) interessieren wir uns insbesondere für „steife" Differentialgleichungen. Zur Erläuterung dieses Begriffs studieren wir das folgende skalare nichtautonome Beispiel:

$$u' = g'(t) + \lambda(u - g(t)), \quad u(0) = g(0) + \epsilon_0. \tag{9.2}$$

Als analytische Lösung ergibt sich sofort:

$$u(t) = g(t) + \epsilon_0 \exp \lambda t. \tag{9.3}$$

Offenbar ist $g(t)$ die *Gleichgewichtslösung*, die wir als vergleichsweise glatt voraussetzen wollen. In Abb. 9.1 sind die beiden Fälle $\lambda \ll 0$ und $\lambda \gg 0$ für ein g graphisch dargestellt. Wenn $\Re(\lambda) \ll 0$, wird nach kleiner Auslenkung ϵ_0 die Gleichgewichtslösung rasch wieder erreicht; das ist gerade der Fall von „steifen" Anfangswertproblemen, oft einfach auch als steife Differentialgleichungen bezeichnet. In der *transienten Phase*, bis nach einer Auslenkung die Gleichgewichtslösung wieder erreicht ist, ist

https://doi.org/10.1515/9783110689655-009

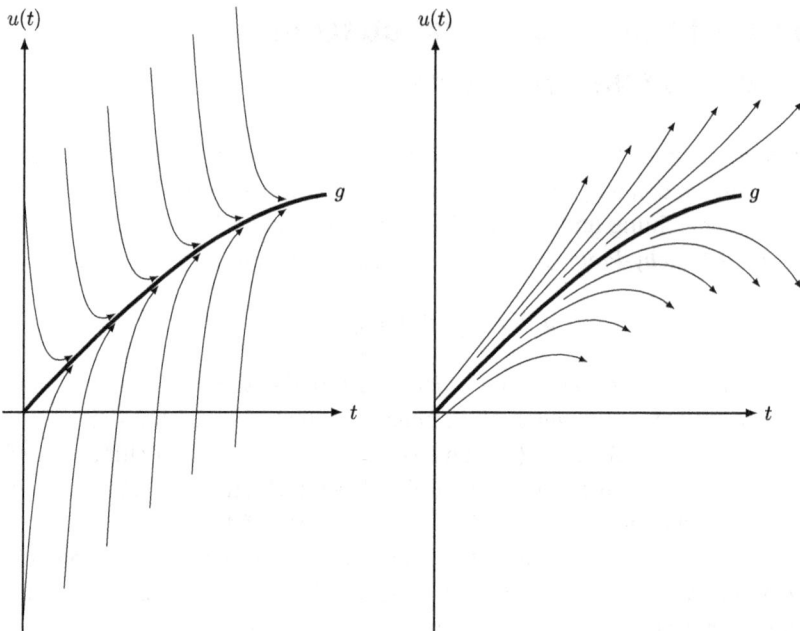

Abb. 9.1: Beispiel (9.3) für Gleichgewichtslösung $g = \sin(t)$, $t \in [0, 1.5]$. *Links*: „Steifes" Problem: $\lambda = -16$, $\epsilon_0 = 1$. *Rechts*: Inhärent instabiles Problem: $\lambda = 3$, $\epsilon_0 = 0.05$.

das Problem allerdings nicht „steif". Für $\mathfrak{R}(\lambda) \gg 0$ werden Auslenkungen rasch verstärkt, man spricht von *inhärent instabilen* Anfangswertproblemen, oft auch einfach von instabilen Differentialgleichungen, die von steifen Differentialgleichungen wohl zu unterscheiden sind (obwohl gerade die klassische Arbeit von Curtiss und Hirschfelder [64] aus dem Jahr 1952, in der die Bezeichnung „steife Differentialgleichung" eingeführt worden ist, in diesem Punkt ungenau ist).

9.1.1 Lineare Stabilitätstheorie

Nach dem einfachen Beispiel untersuchen wir nun das allgemeine Anfangswertproblem für N gewöhnliche Differentialgleichungen

$$u' = F(u), \quad u(0) = u_0, \tag{9.4}$$

wobei wir, zur Vorbereitung auf spätere Kapitel, gleich den nichtlinearen Fall ins Auge fassen. Sei nun g eine ausgewählte nominale Lösung von (9.4), als hinreichend glatt vorgestellt, und u eine davon abweichende Lösung. Für die Abweichung

$$\delta u(t) = u(t) - g(t)$$

gilt dann – in linearisierter Form – die *Variationsgleichung*

$$\delta u' = F'(g(t))\,\delta u, \quad \delta u(0) = \delta u_0$$

zu vorgegebener „Anfangsauslenkung" δu_0. Dies ist eine im allgemeinen Fall nicht-autonome (d. h. die Zeit explizit enthaltende) lineare Differentialgleichung mit zeit-abhängiger Jacobimatrix $J(t) = F_u(g(t))$ der Dimension N. Die Analyse nichtautono-mer linearer Systeme ist jedoch fast so kompliziert wie die allgemeiner nichtlinearer Systeme.

Zur Vereinfachung unserer Untersuchung ersetzen wir sie deshalb durch die au-tonome Differentialgleichung

$$\delta u' = J\,\delta u, \quad \delta u(0) = \delta u_0 \tag{9.5}$$

mit *konstanter* Matrix J. Gleichgewichtslösung ist hier $\delta u(t) \equiv 0$. Um Einsicht in die Struktur der Problemklasse zu bekommen, transformieren wir (analog zu Kapitel 8.1) die Variable

$$\delta u = C\,\overline{\delta u}$$

mit einer *beliebigen* nichtsingulären Matrix C. Damit erhalten wir die transformierte Differentialgleichung

$$\overline{\delta u}' = \overline{J}\,\overline{\delta u}, \quad \overline{J} = C^{-1}JC.$$

Invarianten dieser Ähnlichkeitstransformation sind die Eigenwerte $\lambda(J)$, Repräsentant aller so definierten Matrizen ist die *Jordansche Normalform*. In einer weiteren Verein-fachung nehmen wir nun an, dass J diagonalisierbar sei.[1] Dann zerfällt das lineare System (9.5) in N entkoppelte skalare Differentialgleichungen der Form

$$y' = \lambda y, \quad y(0) = y_0, \quad \lambda \in \mathbb{C}. \tag{9.6}$$

Dahlquistsche Testgleichung
Wählen wir $y_0 = 1$ in (9.6), so gelangen wir zu einer Testgleichung, die von Dahlquist 1956 zur unterscheidenden Untersuchung von Diskretisierungsmethoden vorgeschla-gen wurde [65]. Sei $\tau > 0$ eine vorgegebene Zeitschrittweite. Dann folgt aus (9.6) sofort die Beziehung

$$y(\tau) = e^z \quad \text{mit } z = \lambda\tau \in \mathbb{C}.$$

---

1 Die folgende Theorie gilt auch für nichtdiagonalisierbare Matrizen, siehe Aufgabe 9.1.

Vorab stellen wir einige Eigenschaften der komplexen Exponentialfunktion zusammen. Die imaginäre Achse ist eine Trennlinie im folgenden Sinn:

$$
\begin{aligned}
|e^z| \geq 1 &\quad\Leftrightarrow\quad \mathbb{R}(z) \geq 0,\\
|e^z| \leq 1 &\quad\Leftrightarrow\quad \mathbb{R}(z) \leq 0,\\
|e^z| = 1 &\quad\Leftrightarrow\quad \mathbb{R}(z) = 0.
\end{aligned}
\tag{9.7}
$$

Für unsere Stabilitätsuntersuchung ist diese Eigenschaft bezüglich der Frage wichtig, ob Auslenkungen von der Gleichgewichtslösung wieder auf diese zurückführen. Darüber hinaus hat die Funktion im Punkt $z = \infty$ eine *wesentliche Singularität*, d. h. bei Annäherung an diesen Punkt hängt der Wert vom Pfad der Annäherung ab. Speziell gilt:

$$
z \to \infty: \quad |e^z| \to \begin{cases} \infty & \text{für } \mathbb{R}(z) > 0,\\ 0 & \text{für } \mathbb{R}(z) < 0,\\ 1 & \text{für } \mathbb{R}(z) = 0. \end{cases}
\tag{9.8}
$$

Diese Eigenschaft ist vor allem für große Schrittweiten $\tau \gg |\lambda|^{-1}$ wichtig.

Einschrittverfahren

Wir wollen nun untersuchen, was durch Zeitdiskretisierung der Testgleichung (9.6) aus diesen beiden Eigenschaften wird. Unter den Diskretisierungen schränken wir uns auf Einschrittverfahren ein, weil diese bezogen auf zeitabhängige partielle Differentialgleichungen vorzuziehen sind (siehe etwa die ausführliche Darlegung in Band 2). Bei Einschrittverfahren müssen wir stets nur einen Schritt mit Zeitschrittweite τ betrachten; wir lassen daher den Laufindex der Zeitschritte weg und starten immer bei u_0. Als Muster wählen wir vier elementare Diskretisierungen, zunächst angewendet auf die allgemeine Differentialgleichung $y' = f(y)$, wobei wir die Kurzbezeichnung y_1 für das Resultat nach einem Schritt sowie $z = \lambda\tau \in \mathbb{C}$ benutzen:

– Explizites Euler-Verfahren (EE):

$$
y_1 = y_0 + \tau f(y_0) \quad\Rightarrow\quad y_1 = 1 + z.
$$

– Implizites Euler-Verfahren (IE):

$$
y_1 = y_0 + \tau f(y_1) \quad\Rightarrow\quad y_1 = \frac{1}{1 - z}.
$$

– Implizite Trapezregel (ITR):

$$
y_1 = y_0 + \tau \frac{f(y_1) + f(y_0)}{2} \quad\Rightarrow\quad y_1 = \frac{1 + z/2}{1 - z/2}.
$$

– Implizite Mittelpunktsregel (IMP):

$$
y_1 = y_0 + \tau f\left(\frac{y_1 + y_0}{2}\right) \quad\Rightarrow\quad y_1 = \frac{1 + z/2}{1 - z/2}.
$$

Bezogen auf rein lineare Probleme sind ITR und IMP identisch. Allerdings erhält IMP im nichtlinearen Fall quadratische Funktionale wie etwa die diskrete *Energie* (siehe Aufgabe 9.2), weshalb sie bei konkreten Problemen in aller Regel vorzuziehen ist. Aus unseren elementaren Beispielen wird klar, dass alle denkbaren Einschrittverfahren sich unter dem allgemeinen Schema

$$y_1 = R(z)$$

einordnen lassen, wobei R eine *meromorphe* Funktion bezeichnet, die also höchstens Pole in $\mathbb{C}$ hat.

Ordnung

Für „kleine" $z \to 0$ eignet sich der Begriff der Ordnung p gemäß

$$R(z) = e^z + \mathcal{O}(z^{p+1}).$$

Man rechnet leicht nach, dass $p = 1$ für EE und IE, $p = 2$ für ITR und IMP gilt.

A-Stabilität

Wenn wir die Trenneigenschaft (9.7) exakt ins Diskrete vererben wollen, so bleiben von unseren vier Musterdiskretisierungen lediglich ITR und IMP übrig. Deshalb hat G. Dahlquist [65] 1956 das Konzept der A-Stabilität eingeführt, um wenigstens einen Teil der wichtigen Eigenschaft (9.7) auch für andere Diskretisierungen retten zu können. Ein Einschrittverfahren heißt A-stabil, wenn gilt:

$$|R(z)| \leq 1 \quad \text{für } \mathbb{R}(z) \leq 0.$$

Allerdings wird mit diesem Konzept das Verhalten für $z \to \infty$ nur ungenügend eingefangen. Unter Berücksichtigung der Tatsache, dass meromorphe Funktionen in $\mathbb{C}$ eindeutig sind, kommen wir im Vergleich mit (9.8) zu der folgenden Unterscheidung:

$$z \to \infty: \quad |R(z)| \to \begin{cases} \infty & \text{für EE,} \\ 0 & \text{für IE,} \\ 1 & \text{für ITR und IMP.} \end{cases}$$

Wie zu erwarten, gelingt es nicht, die wesentliche Singularität $z = \infty$ der komplexen Exp-Funktion durch eine einzige meromorphe Funktion abzubilden. Man muss sich also entscheiden, welchem Grenzwert man im konkreten Beispiel den Vorzug geben will. Offenbar wird man für Probleme wie die Schrödinger-Gleichung, mit Eigenwerten auf der imaginären Achse, Diskretisierungen vom Typ IMP wählen. Für inhärent instabile Probleme oder auch für steife Differentialgleichungen in der transienten Phase kommt eine explizite Diskretisierung wie EE in Betracht. Für steife Differentialgleichungen in einer Umgebung der Gleichgewichtslösung bietet sich der Typ IE an.

L-Stabilität

Dieses Konzept wurde von B. L. Ehle [90] 1969 eingeführt, um den speziell für steife Differentialgleichungen passenden Grenzwert auszuwählen. Ein Einschrittverfahren heißt L-stabil, wenn es A-stabil ist und zusätzlich gilt:

$$R(\infty) = 0.$$

Die zusätzliche Bedingung filtert unter den vier elementaren Kandidaten nur die implizite Euler-Diskretisierung (IE) heraus. Diese hat allerdings den Nachteil, dass sie entlang der imaginären Achse zu stark dämpft, weshalb man auch von unerwünschter *„Superstabilität"* spricht.

Stabilitätsgebiete

Die bisherige Darstellung hat klar gemacht, dass bei der Beurteilung von Diskretisierungsmethoden Kompromisse gefragt sind. Als nützliches Hilfsmittel definiert man das Stabilitätsgebiet S eines Einschrittverfahrens durch die Vorschrift

$$S = \{z \in \mathbb{C} : |R(z)| \leq 1\}.$$

Offenbar lässt sich A-Stabilität charakterisieren durch die Bedingung

$$\mathbb{C}^- \subset S.$$

In Abb. 9.2 zeigen wir beispielhaft die Stabilitätsgebiete der oben genannten elementaren Einschrittverfahren.

Zum besseren Verständnis des Konzeptes geben wir in Abb. 9.3 einige Beispiele der diskreten Lösungen $y_k = (R(z))^k$ im Vergleich mit der kontinuierlichen Lösung $y_k = (e^z)^k$ für ausgewählte Punkte z an.

A(α)- und L(α)-Stabilität.

Bei der Konstruktion von Verfahren der Ordnung $p > 1$ bemüht man sich, eine möglichst gute Approximation der negativen Halbebene $\mathbb{C}^-$ durch das Stabilitätsgebiet S zu erreichen. Um die Qualität der Approximation in einer Zahl messen zu können, führt für $\alpha \in [0, \pi/2]$ man die Bezeichnung

$$\overline{S}(\alpha) = \{z \in \mathbb{C} : |\arg(-z)| \leq \alpha\}$$

für das Winkelfeld um die negative reelle Halbachse ein und erweitert die beiden Begriffe A-Stabilität und L-Stabilität: Ein Einschrittverfahren heißt A(α)-*stabil*, falls gilt:

$$\overline{S}(\alpha) \subset S.$$

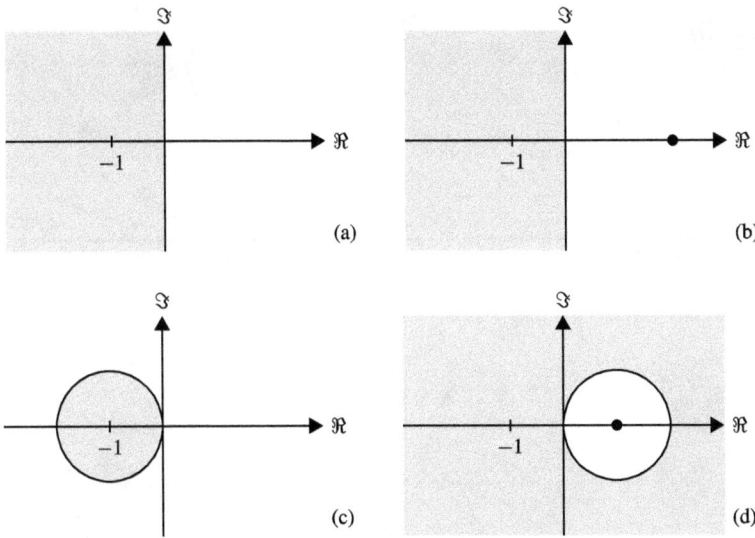

Abb. 9.2: Stabilitätsgebiete in $\mathbb{C}$ (mit Polen •) für (a) Lösung e^z, (b) implizite Trapezregel (ITR) äquivalent zu impliziter Mittelpunktsregel (IMP), (c) explizite Euler-Diskretisierung (EE), (d) implizite Euler-Diskretisierung (IE).

Offensichtlich ist A-Stabilität äquivalent zu A$(\pi/2)$-Stabilität. Entsprechend heißt ein Einschrittverfahren L(α)-*stabil*, falls

$$\overline{S}(\alpha) \subset S \quad \text{und} \quad R(\infty) = 0.$$

Analog ist L-Stabilität äquivalent zu L$(\pi/2)$-Stabilität. In beiden Konzepten gilt wegen $\overline{S}(\alpha_1) \subset \overline{S}(\alpha_2)$ für $\alpha_1 \leq \alpha_2$: je größer der Winkel, umso „stabiler" die Diskretisierung. Für weitergehende Ausführungen sei auf Band 2 oder das Lehrbuch von Hairer/Wanner [126] verwiesen.

9.1.2 Linear-implizite Einschrittverfahren

In diesem Kapitel geben wir einen kurzen Überblick über adaptive steife Integratoren. Zum allgemeinen Hintergrund für gewöhnliche Differentialgleichungen sei speziell auf Band 2, Kapitel 6.4, verwiesen; eine vertiefte Behandlung findet sich in der Monographie [211] von K. Strehmel und R. Weiner.

Wir kehren zurück zum Anfangswertproblem (9.4) bei N gewöhnlichen Differentialgleichungen, hier in der Form

$$Mu' = F(u), \quad u(0) = u_0, \tag{9.9}$$

worin B eine invertierbare (N, N)-Matrix ist. Ist (9.9) aus der räumlichen Diskretisierung einer parabolischen Differentialgleichung entstanden, so ist N im Allgemeinen

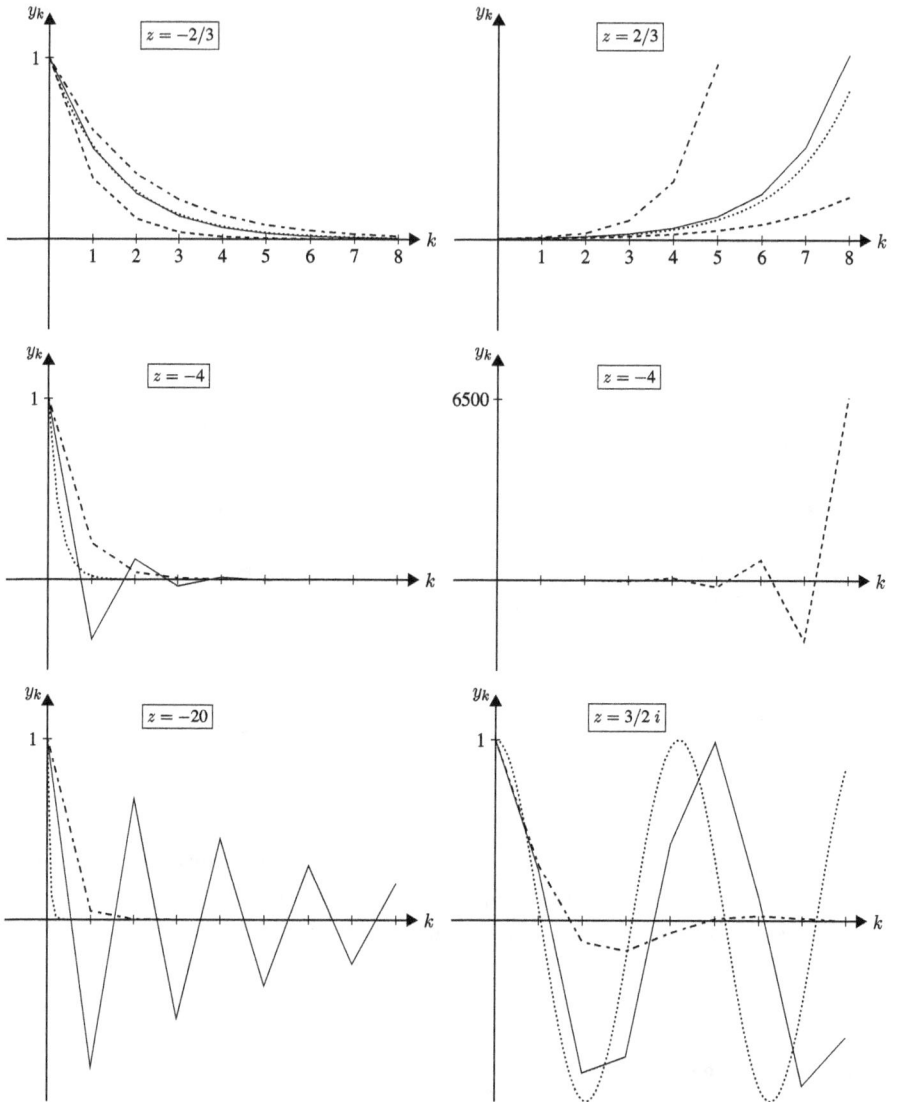

Abb. 9.3: Lösung $y_k = (e^z)^k$ im Vergleich mit drei diskreten Lösungen $y_k = (R(z))^k$. Bezeichnungen: ··············· Lösung, - - - - - - EE, - · - · - · IE, ——— IMP. *Oben*: Für kleine $z \in \mathbb{C}$ zahlt sich offenbar die höhere Ordnung von IMP gegenüber EE und IE aus. *Mitte und unten links*: Im Modellfall „steife" Differentialgleichung liefert nur IE eine qualitativ richtige diskrete Lösung, IMP liefert schwache, EE starke Oszillationen (die für $z = -20$ die Skala der Abbildung verlassen würden). *Unten rechts*: Entlang der imaginären Achse repräsentiert die kontinuierliche Lösung ungedämpfte Oszillationen, die durch IE unrichtig gedämpft werden („Superstabilität"), während sie durch IMP qualitativ richtig erfasst werden, allerdings mit Phasenverschiebung (was etwa für die Schrödinger-Gleichung unerwünscht ist, siehe Kapitel 1.4).

groß und das System „steif". Bei Differenzenmethoden als räumliche Diskretisierung gilt in der Regel $M = I$, bei Galerkin-Methoden ist M dann die symmetrisch positiv definite Massenmatrix. Für die Jacobi-Matrix $J(u) = F'(u)$ wollen wir ein nach oben beschränktes Spektrum voraussetzen, also $v^T J v \leq \lambda_{max} |v|$. Bei Finite-Elemente-Diskretisierungen sind die Matrizen J und M dünnbesetzt. In jedem Schritt einer solchen Diskretisierung treten große lineare Gleichungssysteme der Dimension N von der Form

$$(M - \gamma\tau J)v = w, \quad \gamma > 0 \tag{9.10}$$

auf. Die Frage ihrer numerischen Lösung sei zunächst einmal zurückgestellt.

Implizite Integratoren

Bevor wir uns dem eigentlichen Thema dieses Teilkapitels, den linear-impliziten Einschrittverfahren, zuwenden, wollen wir die Klasse der rein impliziten Ein- und Mehrschrittverfahren quasi in einem Schnelldurchgang durchmustern.

- *Implizite Einschrittverfahren*: Zu dieser Klasse gehören *Runge–Kutta-Verfahren* (siehe etwa Band 2, Kapitel 6.2 und 6.3), deren Koeffizienten durch Lösung eines Satzes von algebraischen Bedingungsgleichungen festgelegt werden. Implizite Runge–Kutta-Verfahren verlangen pro Zeitschritt die Lösung von *mehreren nichtlinearen* Gleichungssystemen, deren Anzahl abhängig von der Stufenzahl s ist. Newton-artige Iteration zu ihrer Lösung führt auf lineare Gleichungssysteme vom Typ (9.10). Als besonders effizient gelten *Radau*-Verfahren (siehe Band 2, Kapitel 6.3), das sind spezielle L-stabile Kollokationsverfahren, wie sie etwa in dem adaptiven Programm **Radau53** von E. Hairer und G. Wanner [126] realisiert sind. Als voll-implizite Runge–Kutta-Verfahren führen sie jedoch auf nichtlineare Gleichungssysteme der Dimension sN, wobei s die Stufenzahl des Verfahrens ist, und stehen daher im Ruf, für parabolische Differentialgleichungen zu aufwendig zu sein.

  Formal sind *Extrapolationsverfahren* eine spezielle Unterklasse von Runge–Kutta-Verfahren. Sie entstehen allerdings nicht durch Lösung der algebraischen Bedingungsgleichungen für die Koeffizienten, sondern aus einer einfachen Basisdiskretisierung durch Extrapolation bezüglich der Zeitschrittweite τ. Implizite Extrapolationsverfahren, basierend etwa auf der impliziten Trapezregel oder der impliziten Mittelpunktsregel, spielen für parabolische Differentialgleichungen keine wichtige Rolle, sehr wohl allerdings für die Schrödinger-Gleichung.

- *Implizite Mehrschrittverfahren*. Unter ihnen ist die *BDF-Methode* (siehe Band 2, Kapitel 7.3.2 und 7.4.2) aus theoretischen und praktischen Gründen sicher die populärste. Eine adaptive Implementierung ist z. B. in dem Programm **DASSL** von L. Petzold [185] realisiert. Diese Methode erfordert in jedem Zeitschritt die numerische Lösung *eines nichtlinearen* Gleichungssystems, was mit einer Newton-artigen Iteration erfolgt, also auf lineare Gleichungen vom Typ (9.10) führt. Mehrschrittverfahren gewinnen ihre Effizienz durch Nutzung der „Vergangenheit", erfordern also eine gewisse Glattheit über mehrere Zeitschritte hinweg; dies ist zugleich ihre Schwäche in unserem Kontext, weil durch zeitabhängige Anpassung räumlicher Gitter (siehe das folgende Kapitel 9.2) gerade diese Glattheit nicht gewährleistet ist.

Struktur linear-impliziter Einschrittverfahren

Dieser Typ von Verfahren beruht auf der simplen Idee, in (9.9) beiderseits einen linear-autonomen Term Ju abzuziehen, also

$$Mu' - Ju = F(u) - Ju, \tag{9.11}$$

und nur den linken Teil der Differentialgleichung implizit zu diskretisieren, den rechten Teil dagegen explizit. Das bedeutet natürlich eine strukturelle Vereinfachung gegenüber impliziten Verfahren. Für diesen Typ von Verfahren gibt es zwei Varianten:

– *Methoden mit exakter Jacobi-Matrix*, also mit $J = F'(u_0)$: Diese Variante ist in *Rosenbrock-Wanner-Methoden* (abgekürzt: *ROW-Methoden*) realisiert; die Information der exakten Jacobi-Matrix geht ein in die Bedingungsgleichungen der Verfahren.

– *Methoden mit inexakter Jacobi-Matrix*, also mit $J \approx F'(u_0)$: Diese Variante ist in sogenannten *W-Methoden* realisiert. *Linear-implizite Extrapolationsverfahren* sind formal eine Unterklasse solcher Methoden, obwohl sie historisch unabhängig davon entstanden sind. Da der Term Ju auf beiden Seiten von (9.11) gleichermaßen vorkommt, ist die Wahl von J relativ frei. Insbesondere gilt: Falls man genauere Einsicht in die Kopplung der verschiedenen dynamischen Anteile der Differentialgleichung hat, so kann man in diesem Verfahrenszweig „schwache" Kopplungen innerhalb des Differentialgleichungssystems, die ja in der Jacobi-Matrix als „kleine" Elemente auftreten, gezielt auf null setzen (engl. *deliberate sparsing*); natürlich ist die Skalierung genau zu beachten, um zu entscheiden, was „kleine" Elemente sind.

Wenn die linearen Gleichungssysteme (9.10) so groß sind, dass sie nur noch einer iterativen numerischen Lösung zugänglich sind, benötigen linear-implizite Einschrittverfahren nur *zwei* geschachtelte Schleifen (*außen*: Zeitdiskretisierung, *innen*: Iteration für lineare Gleichungssysteme) gegenüber *drei* Schleifen bei impliziten Ein- oder Mehrschrittverfahren (*außen*: Zeitdiskretisierung, *Mitte*: Newton-artige Iteration, *innen*: Iteration für lineare Gleichungssysteme). Bei sehr großen Systemen ist dies ein wichtiger Vorteil.

Linear-implizite Runge–Kutta-Verfahren

Unter dieser Klasse verstehen wir sowohl ROW- als auch W-Methoden. Sie werden konstruiert, indem man N_p algebraische Bedingungsgleichungen für die Koeffizienten des RK-Diskretisierungsschemas in Abhängigkeit von der Ordnung p aufstellt; eine genauere Untersuchung zeigt, dass bei *exakter* Jacobi-Matrix die Anzahl der Bedingungsgleichungen gegenüber den Runge–Kutta-Verfahren gleich bleibt, während sich deren Struktur sehr wohl ändert: Die Information über die Jacobi-Matrix geht in die Bedingungsgleichungen direkt ein. Die Anzahl der Koeffizienten hängt von der Stufenzahl s ab, sie ist in der Regel größer als die Anzahl der Gleichungen. Man hat es also mit unterbestimmten algebraischen Gleichungen zu tun, d. h. es können noch zusätzliche Wünsche erfüllt werden wie etwa: Die Stufenanzahl s sollte möglichst gering sein, das konstruierte Verfahren sollte robust gegenüber inkonsistenten Startdaten sein und auch für singulär gestörte Differentialgleichungen (siehe etwa Band 2, Kapitel 2.5) bzw. differentiell-algebraische Probleme mit Index 1 taugen (siehe etwa Band 2, Kapitel 6). Weitere zusätzliche Bedingungen zielen auf eine Vermeidung von Ordnungsreduktion bei nichtlinearen parabolischen Differentialgleichungen, siehe das folgende Kapitel 9.1.4.

ROW-Methoden

In Band 2, Kapitel 6.4.1 haben wir diese Klasse von linear-impliziten Runge–Kutta-Verfahren diskutiert. Mit den hier eingeführten Bezeichnungen lässt sich ein Schritt dieses Verfahrenstyps schreiben in der Form

(i) $J = F'(u_0)$,

(ii) $i = 1, \ldots, s$:

$$(M - \gamma_{ii}\tau J)k_i = \tau \sum_{j=1}^{i-1}(\gamma_{ij} - \alpha_{ij})Jk_j + F\left(u_0 + \tau \sum_{j=1}^{i-1}\alpha_{ij}k_j\right), \tag{9.12}$$

(iii) $u_1 = u_0 + \tau \sum_{i=1}^{s} b_i k_i$.

Man beachte, dass sich die Unbekannten $k_1, \ldots, k_s$ nacheinander abarbeiten lassen. Setzt man, wie üblich, zusätzlich

$$\gamma_{ii} = \gamma > 0, \quad i = 1, \ldots, s,$$

so sind alle oben auftretenden Matrizen gleich, weshalb eine einzige LR-Zerlegung ausreicht. (Bei iterativer Lösung tritt dieser Vorteil etwas in den Hintergrund, da, anders als bei Faktorisierungen, der Aufbau eines Vorkonditionierers ähnlich teuer ist wie der Lösungsprozess.)

Zur Bestimmung der Koeffizienten ergeben sich die gestaffelten Ordnungsbedingungen (beispielhaft für $p \le 4$)

$$p = 1: \quad \sum_{i=1}^{s} b_i = 1, \qquad\qquad p = 4: \quad \sum_{i=1}^{s} b_i \alpha_i^3 = \frac{1}{4},$$

$$p = 2: \quad \sum_{i,k=1}^{s} b_i a_{ik} = \frac{1}{2}, \qquad\qquad \sum_{i,k,l=1}^{s} b_i \alpha_{ik} a_{kl} \alpha_i^2 = \frac{1}{8},$$

$$p = 3: \qquad \sum_{i=1}^{s} b_i \alpha_i^2 = \frac{1}{3}, \qquad\qquad \sum_{i,k,l,m=1}^{s} b_i a_{ik} \alpha_{kl} \alpha_{km} = \frac{1}{12},$$

$$\sum_{i,k,l=1}^{s} b_i a_{ik} a_{kl} = \frac{1}{6}, \qquad\qquad \sum_{i,k,l,m=1}^{s} b_i a_{ik} a_{kl} a_{lm} = \frac{1}{24}.$$

Hierin haben wir zur Vereinfachung der Schreibweise

$$\alpha_{ij} = 0, \quad j \geq i, \qquad \gamma_{ij} = 0, \quad j > i$$

gesetzt sowie die folgenden Abkürzungen benutzt:

$$
\begin{aligned}
a_{ij} &= \alpha_{ij} + \gamma_{ij}, & \mathcal{A} &= (a_{ij})_{i,j=1}^{s}, \\
b &= (b_1, \ldots, b_s)^T, & \mathbf{e} &= (1, \ldots, 1)^T \in \mathbb{R}^s, \\
\alpha_i &= \sum_{j=1}^{i-1} \alpha_{ij}, & a^k &= (a_1^k, \ldots, a_s^k), & \gamma_i &= \sum_{j=1}^{i} \gamma_{ij}.
\end{aligned}
\tag{9.13}
$$

Für höhere Ordnung wächst die Anzahl an Bedingungsgleichungen rasch, wie Tab. 9.1 zeigt.

Insbesondere bei der Lösung parabolischer Probleme muss man damit rechnen, dass die Stufenwerte k_i nicht exakt berechnet werden, sondern mit Abbruchfehlern bei iterativer Lösung oder mit Diskretisierungsfehlern behaftet sind. Ist über die Struktur dieser Fehler nichts bekannt als ihre Größe $\epsilon_i \leq \bar{\epsilon}$, so bleibt für den Gesamtfehler ϵ lediglich die Fehlerschranke

$$\epsilon \leq \tau \sum_{i=1}^{s} |b_i| \epsilon_i \leq \tau \bar{\epsilon} \sum_{i=1}^{s} |b_i| =: \tau \bar{\epsilon} \Lambda_b. \tag{9.14}$$

Analog zur Lebesgue-Konstante der Polynominterpolation (siehe Band 1, Kapitel 7.1) beschreibt Λ_b die Fehlerverstärkung durch das ROW-Verfahren. Daher sind Verfahren mit kleinem Λ_b vorzuziehen. Wegen der ersten Ordnungsbedingung gilt aber stets $\Lambda_b \geq 1$, mit Gleichheit genau dann, wenn alle b_i nichtnegativ sind. Man wird also im allgemeinen den Fehler aus den einzelnen Stufen k_i nicht wieder los. Die Abschätzung (9.14) ist allerdings grob vereinfacht, da sie den Einfluss der Fehler der Stufen k_i aufeinander in der Annahme $\epsilon_i \leq \bar{\epsilon}$ versteckt. Um diese Bedingung einzuhalten, genügt es nämlich nicht, (9.12) jeweils auf Genauigkeit $\bar{\epsilon}$ zu lösen. Dennoch kann man schon aus dieser einfachen Betrachtung sinnvolle Erkenntnisse gewinnen.

In den letzten Jahren haben sich, durch subtile Untersuchungen der Lösungsstruktur der Ordnungsbedingungen, die folgenden adaptiven ROW-Integratoren herausgemendelt:

- **ROS3P** nach Lang/Verwer [152]: Dieses 2001 publizierte Verfahren hat Ordnung $p = 3$ und Stufenzahl $s = 3$, ist A-stabil, geeignet bis Index 1 und erleidet keine Ordnungsreduktion für nichtlineare parabolische Differentialgleichungen (ein Thema, das wir erst weiter unten in Kapitel 9.1.4 behandeln wollen); es wurde

2008 verbessert durch Lang/Teleaga [151] zu **ROS3PL** mit $p = 3$ und $s = 4$, das L-stabil und robuster gegen Approximationsfehler der Jacobi-Matrix ist;
- **RODAS**, einer der klassischen Integratoren von Hairer/Wanner [126], hat Ordnung $p = 4$ und Stufenzahl $s = 6$, erleidet jedoch Ordnungsreduktion; das Verfahren wurde 2001 durch Steinebach/Rentrop [208] verbessert zu **RODASP**, das, allerdings nur für lineare parabolische Differentialgleichungen, keine Ordnungsreduktion aufweist.

W-Methoden

Keines der oben genannten linear-impliziten RK-Verfahren ist eine W-Methode, also unabhängig von der Wahl der Matrix J. Im Kontext von parabolischen Differentialgleichungen ist jedoch die „Jacobi-Matrix" als räumliche Diskretisierung der Fréchet-Ableitung unvermeidlich mit Diskretisierungsfehlern behaftet, weshalb W-Methoden für diese Problemklasse zunächst einmal strukturell im Vorteil zu sein scheinen. Gegenüber ROW-Methoden wächst allerdings die Anzahl von Bedingungsgleichungen für die Koeffizienten signifikant, siehe Tab. 9.1. Theoretischer Grund für dieses stärkere Anwachsen ist, dass nun Terme der Bauart $F'F$ und JF zu unterscheiden sind, was zu mehr „elementaren Differentialen" und damit zu mehr Bedingungsgleichungen führt. Entsprechend wird dann auch die benötigte Stufenzahl höher. Vor diesem Hintergrund wird verständlich, warum dieser Strang von Methoden von der Forschung bisher immer noch etwas vernachlässigt worden ist. Eine Alternative dazu sind die im Anschluss behandelten linear-impliziten Extrapolationsmethoden und insbesondere Defektkorrekturmethoden, die – auf Grund ihrer Konstruktion – bequem zu höheren Ordnungen ausgebaut werden können.

Tab. 9.1: Linear-implizite RK-Verfahren: Anzahl Bedingungsgleichungen zu Ordnung p.

p	1	2	3	4	5	6	7	8
N_p (ROW-Methoden)	1	2	4	8	17	37	85	200
N_p (W-Methoden)	1	3	8	21	58	166	498	1 540

Schrittweitensteuerung

Wie bei Ortsdiskretisierungen in Kapitel 6.2.1 wird ein optimales Verhältnis von Aufwand und Fehler durch Zeitschrittweiten erreicht, bei denen die lokalen Fehlerbeiträge *äquilibriert* sind. Zur Konstruktion solch adaptiver Zeitgitter brauchen wir daher einen lokalisierten Fehlerschätzer und einen Verfeinerungsmechanismus.

Fehlerschätzer. Zur lokalen Fehlerschätzung werden zwei diskrete Lösungen u_τ, $\hat{u}_\tau$ der Ordnungen $p + 1$ und p nebeneinander her berechnet, so dass

$$u_\tau(\tau) = u(\tau) + \mathcal{O}(\tau^{p+2}), \quad \hat{u}_\tau(\tau) = u(\tau) + \mathcal{O}(\tau^{p+1}).$$

Dann ist

$$[\hat{\epsilon}_\tau] := \left\|u_\tau(\tau) - \hat{u}_\tau(\tau)\right\| \doteq \hat{\epsilon}_\tau = \left\|u(\tau) - \hat{u}_\tau(\tau)\right\| \doteq C\tau^{p+1} \tag{9.15}$$

ein Schätzer des in einer geeigneten Norm $\|\cdot\|$ gemessenen tatsächlichen Konsistenzfehlers $\hat{\epsilon}_\tau$ von $\hat{u}_\tau(\tau)$.

Verfeinerung. Anders als bei Ortsgittern werden die Zeitschritte hier nicht durch Unterteilung bestimmt. Es ist effizienter, für den folgenden Schritt gleich eine nahezu optimale Schrittweite vorzuschlagen. Dabei nutzt man aus, dass die optimale Schrittweite sich meist nur langsam ändert.

Sei nun τ die aktuell gewählte Schrittweite. Gesucht wird eine „optimale" Schrittweite τ^*, für die gilt

$$\hat{\epsilon}_{\tau^*} = \text{TOL}_\tau.$$

Setzen wir die Formel (9.15) sowohl für τ als auch für τ^* ein, so ergibt sich die Schätzformel

$$\tau^* = \sqrt[p+1]{\frac{\rho\,\text{TOL}_\tau}{[\hat{\epsilon}_\tau]}}\,\tau \tag{9.16}$$

mit einem Sicherheitsfaktor $\rho \approx 0.9$. Falls $[\hat{\epsilon}_\tau] \leq \text{TOL}_\tau$, wird der aktuelle Schritt akzeptiert und τ^* im nächsten Schritt benutzt; andernfalls wird der aktuelle Schritt verworfen und mit Schrittweite τ^* wiederholt. Im Erfolgsfall wird natürlich der genauere Wert $u_\tau(\tau)$ als Ausgangspunkt für den nächsten Schritt verwendet.

Im Kontext parabolischer Differentialgleichungen werden in der Regel *eingebettete* Verfahren benutzt. Dabei berechnet man aus gemeinsamen Stufenwerten $k_1, \ldots, k_s$ nach (9.12) die zwei unterschiedlichen Lösungen

$$u_\tau(\tau) = u_0 + \tau \sum_{i=1}^{s} b_i k_i,$$

$$\hat{u}_\tau(\tau) = u_0 + \tau \sum_{i=1}^{s} \hat{b}_i k_i.$$

Dann gilt offenbar

$$[\hat{\epsilon}_\tau] = \left\|u_\tau(\tau) - \hat{u}_\tau(\tau)\right\| = \tau\left\|\sum_{i=1}^{s}(b_i - \hat{b}_i)k_i\right\|.$$

Linear-implizite Extrapolationsverfahren

Als erstes solches Verfahren wurde die *semi-implizite Mittelpunktsregel* (heute allgemein bezeichnet als *linear-implizite Mittelpunktsregel*) von G. Bader und P. Deuflhard [17] als Erweiterung der expliziten Mittelpunktsregel vorgeschlagen. Diese Methode führt jedoch in Zwischenschritten zu $|R(\infty)| = 1$, weshalb sie für Index 1 ungeeignet und für parabolische Differentialgleichungen nicht empfehlenswert erscheint. Stattdessen hat sich allgemein das Extrapolationsverfahren LIMEX [77, 80] durchgesetzt, das auf der linear-impliziten Euler-Diskretisierung

$$(M - \tau J)(u_{k+1} - u_k) = \tau F(u_k), \quad k = 0, 1, \ldots \tag{9.17}$$

als Basisdiskretisierung beruht. Es ist, wie schon erwähnt, formal eine spezielle W-Methode, die jedoch nicht aus der Lösung eines algebraischen Gleichungssystems für die Koeffizienten konstruiert wird, sondern durch τ-Extrapolation aus der Basis-Diskretisierung (9.17). Falls J die exakte Jacobi-Matrix $F'(u_k)$ ist, dann lässt sich dieses Verfahren in (9.12) mit

$$\gamma_{ii} = \frac{1}{n_i}$$

einordnen, wobei $\mathcal{F} = \{n_1, n_2, \ldots\}$ die gewählte Unterteilungsfolge des Extrapolationsverfahrens ist. In der Praxis hat sich die simple harmonische Folge

$$\mathcal{F}_H = \{1, 2, 3, \ldots\}$$

bewährt. Per Konstruktion ist dieser Typ von Verfahren eingebettet, so dass eine Schrittweitensteuerung gemäß (9.16) elementar realisierbar ist; sie kann in einfacher Weise durch eine adaptive Ordnungssteuerung ergänzt werden, siehe Band 2, Kapitel 6.4.2. In dem Integrator LIMEX wird meist eine maximale Ordnung $p_{max} = 5$ vorgegeben.

Nebenbei sei angemerkt, dass sich in diesem Rahmen W-Methoden höherer Ordnung p bequem konstruieren lassen, ohne die hochkomplexen (und vielen!) algebraischen Gleichungen für die Koeffizienten lösen zu müssen. Dafür sind solche Verfahren nicht optimiert bezüglich der Anzahl von Stufen. Sie sind jedoch $L(\alpha)$-stabil mit $\alpha \approx \pi/2$ auch für höhere Ordnung und lassen sich auch auf differentiell-algebraische Systeme anwenden, zu Details siehe [77]. Algorithmisch attraktiv ist zudem die im Vergleich zu sonstigen Runge–Kutta-Verfahren ausgeprägte Parallelisierbarkeit von Extrapolationsmethoden [144].

Ein für partielle Differentialgleichungen gravierender Nachteil von Extrapolationsverfahren ist jedoch die mit der Ordnung schnell wachsende Fehlerverstärkung Λ_b, siehe Tab. 9.2. Da die Information der höheren Ordnung im *Unterschied* zwischen Lösungen unterschiedlicher Schrittweite steckt, werden bei der Extrapolation Differenzen der Stufen k_i gebildet, was zu negativen b_i und einem exponentiellen Anwachsen des Fehlerverstärkungsfaktors Λ_b führt. Dies hat zur Folge, dass die einzelnen Stufenwerte k_i mit einer Genauigkeit von $\epsilon_i \approx \epsilon/\Lambda_b$ berechnet werden müssen – eine erhebliche Anforderung, die für linear konvergente iterative Löser noch erfüllbar sein kann, für Diskretisierungen aber zu einem nicht vertretbaren Aufwand führt. Da-

Tab. 9.2: Fehlerverstärkung Λ_b (siehe (9.14)) bei Extrapolation mit der harmonischen Folge $\mathcal{F}_H$.

p	1	2	3	4	5	6	7	8	9	10
Λ_b	1.0	3.0	9.0	28.3	91.7	301.9	1007.2	3391.9	11506.4	39260.8

her spielen Extrapolationsverfahren für die Lösung parabolischer Probleme praktisch keine Rolle.

Exponentielle Integratoren

Diese spezielle Klasse von numerischen Integratoren wurde von Hochbruck/Lubich [130, 131] vorgeschlagen. Ähnlich wie bei linear-impliziten Integratoren geht man auch hier aus von der Form (9.11) der Differentialgleichung, also

$$u' - Ju = F(u) - Ju, \quad u(0) = u_0,$$

wobei wir zur Vereinfachung der Darstellung $M = I$ gesetzt haben. Die Grundidee ist nun, die linke Seite *exakt* zu integrieren, was für *lineares* F und $J = F'$ zu

$$u(t) = \exp(Jt)u_0$$

führen würde. Für *nichtlineares* F macht man einen Ansatz analog der „Variation der Konstanten", d. h.

$$u(t) = \exp(Jt)v(t), \quad u(0) = u_0.$$

Nach kurzer Zwischenrechnung erhält man die Differentialgleichung

$$\exp(Jt)v' = F(\exp(Jt)v) - J\exp(Jt)v.$$

Ausgehend von einer Diskretisierung der Differentialgleichung für v und Rücktransformation auf u konstruieren die beiden Autoren Diskretisierungsmethoden bezüglich u. Der einfachste Kandidat ist die *exponentiell angepasste Euler-Methode*

$$u_1 = u_0 + \tau\varphi(J\tau)F(u_0), \tag{9.18}$$

wobei

$$\varphi(z) = \frac{e^z - 1}{z}$$

und $\varphi(0) = 1$. Die Methode ist von der Ordnung $p = 2$. Für höhere Ordnung arbeiten die Autoren ROW-Methoden für *exakte* Jacobi-Matrix $J = F'(u_0)$ sowie W-Methoden für *inexakte* Jacobi-Matrix $J \approx F'(u_0)$ aus. In beiden Fällen tritt die Matrixexponentielle auf in der Form $\varphi(\gamma\tau J)$, wobei der Parameter γ geeignet anzupassen ist. Für (9.18) gilt offenbar $\gamma = 1$. In [131] wurde das Programm exp4 zur Ordnung $p = 4$ mit Stufenzahl $s = 7$ und $\gamma = 1/3$ vorgeschlagen, in das ein Verfahren der Ordnung $p = 3$ eingebettet ist und somit eine adaptive Zeitschrittwahl erlaubt (siehe Band 2, Kapitel 5.4). Für differentiell-algebraische Probleme (mit Index 1) reduziert sich die Ordnung auf $p = 3$, für inexakte Jacobi-Matrix mit

$$J = F'(u_0) + \mathcal{O}(\tau)$$

auf die Ordnung $p = 2$. Insgesamt ist das Verfahren nicht nur adaptiv, sondern auch ziemlich robust.

Der Pfiff dieses Zugangs kommt allerdings erst bei hoher Dimension N zum Tragen, wenn man nämlich die Matrix-Exponentielle durch Krylov-Methoden approximiert (vergleiche etwa Band 1, Kapitel 8.3 und 8.5). In [130] ist gezeigt, dass die Krylov-Approximation von $\varphi(\gamma J\tau)w$ (angewandt auf einen gegebenen Vektor w) im Allgemeinen sogar schneller konvergiert als die von $(I - \gamma\tau J)^{-1}w$, die man in (9.10) benötigen würde. Die Verfahren eignen sich insbesondere für „schwach steife" Probleme und für Probleme mit Eigenwerten entlang der imaginären Achse. Im Kontext partieller Differentialgleichungen ist jedoch zu beachten, dass die Krylov-Methoden zu *fester* Dimension N gehören, sich also mit adaptiven Mehrgittermethoden „beißen": Bei Erweiterung der Diskretisierungsräume von einem groben nach einem feineren Gitter kann die Information der Krylovbasis nicht einfach übernommen werden – was definitiv ein struktureller Nachteil dieses Typs von Methoden ist.

Transiente Phase

Wie schon am einfachen Testproblem (9.2) ausgeführt, ist das Problem in der transienten Phase nicht „steif", da man noch nicht auf der glatten Lösung g ist; als Konsequenz ist sogar eine explizite Diskretisierung effizient, die sich formal innerhalb einer W-Methode durch $J = 0$ ausdrücken lässt. Dazu braucht es allerdings ein verlässliches Kriterium zur Umschaltung zwischen „steif" und „nichtsteif". Die Umschaltung von „steif" nach „nichtsteif" benutzt dabei Information der Jacobi-Matrix, die also schon vorher ausgewertet worden sein muss; deshalb kann diese Variante nicht allzu viel an Rechenzeit und Speicherplatz einsparen, allenfalls bei direkter Lösung der Gleichungssysteme (9.10). Die Umschaltung von „nichtsteif" nach „steif" hingegen kann nur Information über die rechte Seite der Differentialgleichung nutzen, um zu erkennen, ob adaptiv vorgeschlagene Schrittweiten durch Stabilitätsbedingungen eingeschränkt sind; eine solche Strategie wurde mehrfach vorgeschlagen, scheint aber in Tests nicht ausreichend robust zu sein. Insgesamt wird deshalb oft aus der Einsicht in das zu lösende Problem vorab entschieden, ein „steifes" Problem in der transienten Phase explizit mit entsprechend kleinen Zeitschritten zu diskretisieren. Beim Vergleich der Methoden ist dann die erhöhte Anzahl an Zeitschritten ins Verhältnis zu setzen mit dem reduzierten Aufwand pro Zeitschritt.

9.1.3 Defektkorrekturmethoden

Einen etwas abstrakteren Zugang ermöglichen inexakte Newton-Verfahren im Funktionenraum, siehe [71] sowie die Monographie [74], Kapitel 6.2.2. Dazu schreiben wir das Anfangswertproblem (9.11) (der notationellen Einfachheit halber für $M = I$) als Operatorgleichung in der Form

$$u' - F(u) = 0 \qquad\qquad (9.19)$$

und wenden das Newton-Verfahren darauf an. Die Newtonkorrektur Δu erfüllt offenbar das lineare nichtautonome Anfangswertproblem

$$\Delta u' - F'(u)\Delta u = F(u) - u', \quad \Delta u(0) = 0. \qquad\qquad (9.20)$$

Klassische Defektkorrektur

Die Korrekturgleichung kann nun approximativ mit einem weitgehend beliebigen, insbesondere auch einem einfachen, Integrator gelöst werden. Dies führt auf eine Klasse von Verfahren, die seit 1968 unter dem Namen „deferred correction methods" (DC) bekannt sind [183, 249], mitunter auch als „defect correction methods". Häufig werden die Verfahren jedoch nicht als Newton-Verfahren interpretiert, sondern mit einer festen Anzahl von Iterationen als implizite oder linear-implizite Runge–Kutta-Verfahren aufgefasst.

Zur Auswertung der rechten Seite ist dabei die Berechnung von u' zu verschiedenen Zeitpunkten notwendig, was – mindestens implizit – die Darstellung der Näherungslösung u über einem ganzen Zeitschritt erfordert, etwa als Interpolationspolynom $u \in \mathbb{P}_s$ zu den Stützstellen $0 = \tau_0 < \cdots < \tau_s \leq \tau$.

Die Formulierung von Defektkorrekturmethoden gestaltet sich am einfachsten unter Verwendung der spektralen Differentiationsmatrix

$$D_{ik} = (L_k)'(\tau_i) \in \mathbb{R}^{(s+1)\times(s+1)}, \quad 0 \leq i, k \leq s,$$

wobei L_k das k-te Lagrange-Polynom zu den Stützstellen τ_i ist. Mit der Darstellung $u(t) = \sum_{i=0}^{s} u_i L_i(t)$ gilt dann $u'(\tau_i) = (Du)_i$. Das linear-implizite Euler-Verfahren als Basisdiskretisierung angewendet auf (9.20) ergibt mit $\delta\tau_i = \tau_i - \tau_{i-1}$ das folgende geschachtelte Verfahren:

Algorithmus 9.1 (Klassisches Defektkorrekturverfahren).

$u_i^0 = u(0), \quad i = 0, \ldots, s$

for $k = 0, \ldots$ **do**

$\quad \Delta u_0^k = 0$

$\quad$ **for** $i = 1, \ldots, s$ **do**

$\quad\quad$ solve $(I - \delta\tau_i F'(u_i^k))\Delta u_i^k = \Delta u_{i-1}^k + \delta\tau_i(F(u_i^k) - (Du^k)_i)$

$\quad$ **end**

$\quad u^{k+1} = u^k + \Delta u^k$

end

Man beachte, dass der Startwert u_0 zwar im Lösungvektor u enthalten ist, die Iteration aber nur die restlichen Komponenten $u_1, \ldots, u_s$ ändert.

Schließlich kann, sofern $\tau_s < \tau$, der Startwert für das folgende Integrationsintervall durch $u(\tau) = \sum_{i=0}^s u_i L_i(\tau)$ berechnet werden. Die häufig als „sweep" bezeichnete innere Schleife über i hat die Struktur einer gewöhnlichen Integration mit dem Euler-Verfahren über mehrere Zeitschritte bei lediglich veränderter rechter Seite, was die implementierungstechnische Attraktivität gerade für große PDE-Systeme ausmacht.

Bemerkung 9.2. Natürlich kann man alternativ auch das voll implizite Euler-Verfahren direkt auf (9.19) anwenden, muss dann aber iterativ in jedem Euler-Schritt ein nichtlineares Gleichungssystem lösen. Weil aber im Laufe der Defektkorrekturiteration die Korrekturen Δu_i^k und damit auch der Linearisierungsfehler $F(u_i^k + \Delta u_i^k) - F(u_i^k) + F'(u_i^k)\Delta u_i^k$ schnell kleiner werden, ergeben sich allenfalls präasymptotische Unterschiede, so dass sich eine voll nichtlineare Variante selten lohnen dürfte. Ausnahmen sind nichtlineare Probleme mit sich schnell ändernden Eigenvektoren [9, 10].

Wie man am linear-impliziten Euler-Schritt in Algorithmus 9.1 sofort sieht, gilt $\Delta u^k = 0$ genau dann, wenn $(u^k)'(\tau_i) = (Du^k)_i = F(u_i^k)$ für $i = 1, \ldots, s$. Die Fixpunkte der Defektkorrekturiteration realisieren also gerade ein Kollokationsverfahren (vgl. Band 2, Kapitel 6.3). Abhängig von dem Zeitgitter $(\tau_i)_{1 \leq i \leq s}$ lassen sich also recht einfach hohe Diskretisierungsordnungen erzielen, was ähnlich wie bei Extrapolationsverfahren die algorithmische Attraktivität der Verfahren ausmacht.

Eine wirklich umfassende Konvergenztheorie für die Defektkorrekturiteration ist bisher nicht bekannt. Für äquidistante Stützstellen τ_i lässt sich aber ein Kontraktionsfaktor $\mathcal{O}(\tau)$ zeigen [195] – man gewinnt daher mit jeder Iteration eine Konvergenzordnung der Zeitdiskretisierung, bis schließlich die Ordnung des Kollokationsansatzes erreicht ist. Ein Defektkorrekturverfahren mit $s + 1$ äquidistanten Stützstellen und s Iterationen bildet damit ein s^2-stufiges diagonal implizites Runge–Kutta-Verfahren der Ordnung s, siehe Aufgabe 9.6.

Leider ist die äquidistante Interpolation für höhere Ordnungen instabil, und erreicht als Kollokationsverfahren auch nur Ordnung s bei $s + 1$ Stützstellen. In beiderlei Hinsicht sind Gauß-Knoten, und insbesondere die zu L-stabilen Verfahren führenden

Radau-Knoten, wesentlich attraktiver für parabolische Probleme mit dominanter Diffusion – nur ist damit die Konvergenz der Iteration langsamer und insbesondere der Kontraktionsfaktor für $\tau \to 0$ endlich, so dass bei fester Iterationszahl immer nur ein Verfahren der Ordnung 1 vorliegt.

Spektrale Defektkorrektur

In einem vielbeachteten Artikel haben dann Dutt, Greengard und Rokhlin [88] eine alternative Formulierung von (9.20) unter dem Namen „spektrale Defektkorrektur"[2] (SDC) in Form einer äquivalenten Picard-Gleichung vorgeschlagen:

$$\Delta u(t) - \int_{r=\tau_{i-1}}^{t} F'(u)\Delta u \, dr = \int_{r=\tau_{i-1}}^{t} F(u) \, dr - (u(t) - u(\tau_{i-1})).$$

Wie zuvor lassen sich approximative Lösungen durch die Verwendung von einfachen Quadraturverfahren, etwa der Rechteckregel, auf Stützstellen τ_i für das linke Integral berechnen, während die auf ganz $[0, \tau]$ bekannte rechte Seite mit komplexeren Quadraturformeln behandelt werden kann. Unter Verwendung der spektralen Integrationsmatrix

$$S_{ik} = \int_{r=\tau_{i-1}}^{\tau_i} L_k(r) \, dr \in \mathbb{R}^{s \times s}, \quad 1 \le i, k \le s,$$

erhalten wir die folgende Iteration, die sich von Algorithmus 9.1 tatsächlich nur in den rechten Seiten der linear-impliziten Euler-Schritte unterscheidet:

Algorithmus 9.3 (Spektrale Defektkorrektur (SDC)).
$u_i^0 = u(0), \quad i = 1, \dots, s$
for $k = 0, \dots$ **do**
    $\Delta u_0^k = 0$
    for $i = 1, \dots, s$ **do**
$$\text{solve } (I - \delta\tau_i F'(u_i^k))\Delta u_i^k = \Delta u_{i-1}^k + (SF(u^k))_i - (u_i^k - u_{i-1}^k) \tag{9.21}$$
    end
    $u^{k+1} = u^k + \Delta u^k$
end

Man beachte, dass auch hier nur die Ableitungen an den Stützstellen $\tau_1, \dots, \tau_s$ eingehen. Daher ist die Integrationsmatrix S kleiner als die Differentiationsmatrix D, die auch den Anfangswert u_0 einbeziehen muss.

---

2 Die Benennung von „klassischer" und „spektraler" ist eigentlich irreführend, denn auch bei der klassischen Defektkorrektur wird mit „spektraler" Genauigkeit, also hoher Ordnung, gearbeitet. Allerdings gibt es ohnehin eine ganze Reihe von Varianten dieser Verfahren mit leider generell vielfältiger und inkonsistenter Nomenklatur. Für einen aktuellen Überblick verweisen wir auf [178].

Ein interessanter Querbezug zu exponentiellen Integratoren ist die alternative Darstellung

$$\delta u(\tau) = u(0) + \int_{r=0}^{\tau} \exp(J(\tau - r))(F(u) - u')\, dr.$$

Die formale Diskretisierung des Integrals durch Polynominterpolation von $F(u) - u'$ führt dann auf eine etwas andere Methodenklasse, deren erste Iteration durch das exponentiell angepasste Euler-Verfahren gegeben ist [52].

Kontraktionsfaktor von Defektkorrekturverfahren

Der wesentliche Unterschied zwischen den beiden angegebenen Algorithmen offenbart sich, wenn man für die Dahlquist'sche Testgleichung (9.6) mit $\tau = 1$ den Spektralradius der jeweiligen Iterationsmatrizen $G_D(\lambda)$ und $G_S(\lambda)$ betrachtet [229]. Setzen wir $\hat{D} = (D_{ij})_{1 \le i,j \le s} \in \mathbb{R}^{s \times s}$ und $\hat{d} = (D_{i0})_{1 \le i \le s} \in \mathbb{R}^s$, so lässt sich Algorithmus 9.1 in Matrixform als

$$(I - \lambda \delta \tau)\Delta u^k = E \Delta u^k + \delta \tau ((\lambda I - \hat{D})u^k - \hat{d})$$

schreiben. Dabei ist

$$E = \begin{bmatrix} 0 & & & \\ 1 & 0 & & \\ & \ddots & \ddots & \\ & & 1 & 0 \end{bmatrix} \in \mathbb{R}^{s \times s}$$

die Indexverschiebung und $\delta \tau$ die Diagonalmatrix mit Einträgen $\delta \tau_i$. Auf der Ebene der Lösungen u^k führt das zur Fixpunktiteration

$$u^{k+1} = u^k + (I - E - \lambda \delta \tau)^{-1} \delta \tau ((\lambda I - \hat{D})u^k - \hat{d})$$

mit der Iterationsmatrix

$$G_D(\lambda) = I - (\delta \tau^{-1}(I - E) - \lambda I)^{-1}(\hat{D} - \lambda I).$$

Dabei erkennen wir in $\delta \tau^{-1}(I - E)$ die zum Euler-Verfahren gehörende approximative Differentiationmatrix wieder. Offenbar gilt $G_D(\lambda) \to 0$ für $\lambda \to -\infty$. Für sehr steife Systeme konvergiert die Defektkorrekturiteration also extrem schnell. Für $\lambda \to 0$, was in der Dahlquist'schen Testgleichung aufgrund der Vertauschbarkeit von λ und τ auch $\tau \to 0$ entspricht, gilt dagegen $G_D(\lambda) \to I - (I - E)^{-1}\delta \tau \hat{D}$, was im Allgemeinen einen Spektralradius $\rho(G_D(\lambda)) > 0$ aufweist. Daher hat die klassische Defektkorrektur für $\tau \to 0$ einen festen Kontraktionsfaktor $\rho_0 > 0$, siehe Abb. 9.4. Für vier Radau-Knoten, mithin eine Diskretisierungsordnung 7, erhalten wir für nichtsteife Komponenten eine

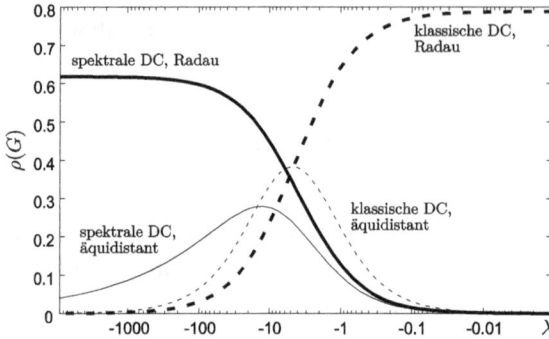

Abb. 9.4: Kontraktionsfaktoren $\rho(G)$ verschiedener Defektkorrekturverfahren mit vier Kollokationspunkten ($s = 4$) für die Dahlquist'sche Testgleichung mit $\tau = 1$ in Abhängigkeit vom Eigenwert λ.

recht unbefriedigende Kontraktion von $\rho_0 \approx 0.8$, während hochfrequente Fehleranteile schnell herausgedämpft werden. Mit äquidistantem Gitter verhält sich der Kontraktionsfaktor $\rho(G_D(\lambda))$ nicht nur asymptotisch für $\lambda \to 0$ und $\lambda \to -\infty$ gut, sondern er liegt sogar für alle Fehleranteile unter 0.4, was eine akzeptable Konvergenzgeschwindigkeit ergibt – allerdings bei kleinerer Diskretisierungsordnung 4.

Ganz analog führt die spektrale Defektkorrektur mit $e_1 = [1, 0, \dots]^T \in \mathbb{R}^s$ auf

$$(I - \lambda\delta\tau)\Delta u^k = E\Delta u^k + (\lambda S - I + E)u^k + e_1,$$

entsprechend der Fixpunktiteration

$$u^{k+1} = u^k + (I - E - \lambda\delta\tau)^{-1}((\lambda S - I + E)u^k + e_1)$$

mit Iterationsmatrix

$$G_S(\lambda) = I - (I - E - \lambda\delta\tau)^{-1}(I - E - \lambda S).$$

Hier erkennen wir sofort $G_S(\lambda) \to 0$ für $\lambda \to 0$ und sogar $\rho(G_S(\lambda)) = \mathcal{O}(\lambda)$, siehe Abb. 9.4. Daher ist der Iterationsfehler nach k Iterationen aufgrund der Austauschbarkeit von τ und λ auf $\mathcal{O}(\tau^k)$ gefallen – mit jedem Schritt des Verfahrens gewinnen wir eine Konvergenzordnung in der Zeit, wie es von klassischen Defektkorrekturmethoden nur bei äquidistanten Gittern erreicht wird. Dies ist der wesentliche Grund, weshalb SDC-Verfahren seit dem Artikel [88] intensiv untersucht werden.

Als Nachteil bleibt, dass hochfrequente Fehleranteile in parabolischen Problemen, also solche zu $\lambda \ll 0$, von der SDC-Iteration nur langsam gedämpft werden. Mit fester Anzahl von Iterationen sind SDC-Verfahren daher nicht L-stabil, es sei denn, man startet nicht von $u_i^0 = u_0^0$, sondern konstruiert eine Startiterierte mit einem L-stabilen Verfahren [153]. Die fehlende L-Stabilität ist bei parabolischen Problemen anders als bei differentiell-algebraischen Gleichungen aber meist verschmerzbar: Zum einen ist der Kontraktionsfaktor $\rho_{-\infty} \approx 0.6$ (Radau, vier Knoten) nicht wirklich schlecht, zum anderen werden aber in den folgenden Zeitschritten diese hochfrequenten Fehleranteile erneut gedämpft. Die langsame Konvergenz der spektralen Defektkorrektur in diesem Bereich betrifft also nur den Konsistenzfehler des Integrationsverfahrens, aber kaum den Konvergenzfehler. Auch hier weisen äquidistante Gitter eine schnellere Konvergenz der SDC-Iteration auf, mit $\rho(G_S(\lambda)) \leq 0.3$ sogar besser als bei klassischer Defektkorrektur, allerdings wieder bei niedrigerer Diskretisierungsordnung.

Nilpotente DIRK-Sweeps

Die algorithmische und implementierungstechnische Attraktivität der SDC-Verfahren hängt an der einfachen Struktur der Sweeps, die dem normalen Euler-Verfahren entspricht. Diese Struktur ändert sich aber auch nicht, wenn statt des Euler-Verfahrens (bzw. der Rechteck-Quadraturformel) andere Formeln verwendet werden, solange nur auf die schon berechneten Korrekturen zugegriffen wird. Der wesentliche Schritt des SDC-Algorithmus 9.3 ändert sich dann lediglich zu

$$(I - \hat{a}_{ii}F'(u_i^k))\Delta u_i^k = \sum_{j=1}^{i-1} \hat{a}_{ij}\Delta u_j^k + (SF(u^k))_i - (u_i^k - u_{i-1}^k), \tag{9.22}$$

wobei die weitgehend frei wählbaren Koeffizienten $\hat{a}_{ij}$ eine untere Dreiecksmatrix $\hat{A} \in \mathbb{R}^{n \times n}$ bilden. Damit wird ein Euler-Sweep zu einem diagonal-impliziten Runge–Kutta (DIRK) Verfahren verallgemeinert. Letztlich ist aber nicht die Diskretisierungsqualität des DIRK-Sweeps als Zeitschrittverfahren für die Wahl der Koeffizienten $\hat{a}_{ij}$ relevant, sondern die Konvergenz der SDC-Iteration.

Eine ebenso wirkungsvolle wie verblüffend einfache Idee zur expliziten Konstruktion dieser Koeffizienten besteht darin, eine rasche Konvergenz für $\lambda \to -\infty$, also $\rho(G_S(-\infty)) = 0$, dadurch zu erzwingen, dass $G_S(-\infty)$ nilpotent wird [133, 229]. In Matrixform ist der DIRK-Sweep (9.22)

$$(I - \lambda\hat{A})\Delta u^k = (\lambda S - I + E)u^k + e_1$$

und führt auf die Iterationsmatrix

$$G_S(\lambda) = I - (I - \lambda\hat{A})^{-1}(I - E - \lambda S) \to I - \hat{A}^{-1}S$$

für $\lambda \to -\infty$. Faktorisieren wir $S^T = LU$ und wählen $\hat{A} = U^T$, so gilt $G_S(-\infty) = I - U^{-T}U^T L^T = I - L^T$. Da die Diagonaleinträge von L alle 1 sind, ist $G_S(\lambda)$ eine echt obere Dreiecksmatrix und daher nilpotent.

Der Erfolg dieser in der Literatur als LU-Trick bekannten [34] kleinen Änderung ist in Abb. 9.5 ersichtlich. Nicht nur wird die Konvergenzrate für sehr steife Fehlerkomponenten von über 0.6 auf unter 0.1 gedrückt, sondern es ergibt sich schon für mild steife Komponenten, die etwa an der Stabilitätsgrenze expliziter Runge–Kutta-Verfahren liegen, eine signifikante Konvergenzbeschleunigung. Insbesondere ist der maximale Kontraktionsfaktor kleiner als 0.2, noch deutlich unter demjenigen der spektralen Defektkorrektur auf äquidistanten Gittern, siehe Abb. 9.4. Trotz des verschwindenden Spektralradius $\rho(G_S(-\infty))$ ist ein solches SDC-Verfahren erst nach s Iterationen L-stabil, denn es gilt $G_S(-\infty)^{s-1} \neq 0$.

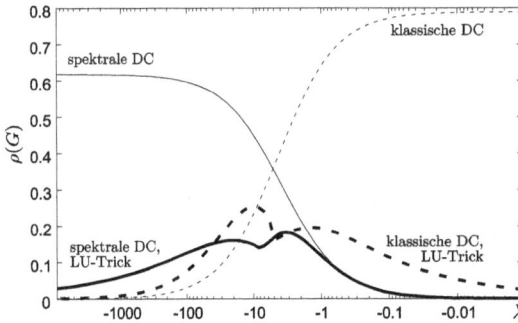

Abb. 9.5: Kontraktionsfaktoren $\rho(G)$ verschiedener Defektkorrekturverfahren mit vier Radau-Kollokationspunkten ($n = 4$) für die Dahlquist'sche Testgleichung mit $\tau = 1$ in Abhängigkeit vom Eigenwert λ.

Die gleiche Konstruktion lässt sich auch für klassische Defektkorrekturverfahren durchführen, mit ähnlichem Erfolg, siehe Abb. 9.5. Leider führt dies nicht dazu, dass wie bei äquidistanten Gittern oder der spektralen Defektkorrektur eine Zeitdiskretisierungsordnung pro Sweep gewonnen wird: Es lässt sich nur die Abschätzung

$$\|G_D(\lambda)^k\| \le c|\lambda|^{k/s}$$

zeigen [229]. Es wird daher nur alle s Sweeps eine Ordnung gewonnen. Da in parabolischen Systemen die nichtsteifen Komponenten das langfristige Lösungsverhalten dominieren, ist auch bei Verwendung des LU-Tricks die spektrale Defektkorrektur vorzuziehen.

Schrittweitensteuerung

Wie Extrapolationsverfahren sind auch spektrale Defektkorrekturmethoden eingebettete Verfahren, bis die Ordnung p der zugrundeliegenden Kollokationsdiskretisierung erreicht ist. Daher kann $[\hat{\epsilon}_\tau]_k := \|\Delta u^k\|$ für $k < p$ direkt als Fehlerschätzer für die Zeitdiskretisierung verwendet werden. Damit lässt sich die Schrittweitensteuerung (9.16) direkt übernehmen. Aufgrund der Darstellung von u^k als Polynom kann bei der Wiederholung mit kleinerer Schrittweite durch Interpolation eine sehr gute Startiterierte konstruiert werden, die jedoch maximal Ordnung s hat statt $2s - 1$ wie bei Radau-Verfahren. Alternativ lässt sich wie bei Extrapolationsverfahren die Ordnung erhöhen, um auf dem gleichen Zeitschritt doch noch die Toleranz einzuhalten. Auch hier erhält man durch Interpolation auf das feinere Kollokationsgitter eine sehr gute Startiterierte, allerdings wiederum nur von Ordnung s.

Auch für $k > p$ verringert sich mit dem Iterationsfehler meist auch noch der Gesamtfehler, weil Kollokationsverfahren im Allgemeinen eine kleinere Fehlerkonstante aufweisen als die durch spektrale Defektkorrektur realisierten diagonal linear-impliziten Runge–Kutta-Verfahren. Aufgrund der robusten linearen Konvergenz lässt sich der Iterationsfehler dabei leicht über die geometrische Reihe schätzen, jedoch schwer mit dem Diskretisierungsfehler der Kollokation vergleichen.

Inexakte Defektkorrekturmethoden

Prinzipiell sind Defektkorrekturmethoden Fixpunktiterationen für Kollokationssysteme. Bei ausreichend kleinen Kontraktionsfaktoren beeinträchtigen kleine relative Fehler in den Korrekturen die Konvergenzrate kaum. Bei parabolischen Problemen, wo durch die adaptive Wahl der Ortsgitter oder die Iterationsanzahl iterativer linearer Löser das Verhältnis von Rechenaufwand und Genauigkeit fein gesteuert werden kann, lässt sich daher der Gesamtaufwand für einen Zeitschritt erheblich reduzieren [232]. Auch die Verwendung einer einheitlichen Jakobimatrix $J = F'(u_0)$ anstelle von $F'(u_i^k)$ ist eine Quelle von Inexaktheit. Anders als bei linear-impliziten Runge–Kutta-Verfahren hat aufgrund der Fixpunkteigenschaft die Fehlerfortpflanzung aber eine besondere Struktur, die zu sehr kleinen Fehlern im Endergebnis führt.

Insbesondere in Verbindung mit adaptiver Gitterverfeinerung sind Defektkorrekturverfahren trotz höherer Stufenzahl damit sehr attraktiv im Vergleich zu ROW-Methoden und besonders Extrapolationsverfahren. Diesem Aspekt wenden wir uns im Abschnitt 9.2.2 genauer zu.

9.1.4 Ordnungsreduktion

Beim Übergang von steifen gewöhnlichen Differentialgleichungen zu parabolischen partiellen Differentialgleichungen ergibt sich für Zeitdiskretisierungen eine wichtige Einschränkung: Anstelle der Ordnung p der Verfahren erhält man eine *effektive* Ordnung $p^* \leq p$. Grund dafür ist, dass das Spektrum der räumlichen Differentialoperatoren unbeschränkt ist, während gewöhnliche Differentialgleichungen nur ein beschränktes Spektrum aufweisen. Zur Verdeutlichung beginnen wir mit einem einfachen Testproblem.

Beispiel 9.4. Betrachtet werde die skalare lineare parabolische Differentialgleichung

$$u_t = u_{xx} \quad \text{für } x \in \Omega =]0, \pi[\tag{9.23}$$

zu homogenen Dirichlet-Randbedingungen $u(0,t) = u(\pi,t) = 0$ und zum Startwert $u(x,0) = u_0(x)$. Wie in Kapitel 1.2 ausgeführt, zerfällt (9.23) in unabhängige Fourier-

Moden

$$u(x,t) = \sum_{k=1}^{\infty} a_k e^{\lambda_k t} \sin(kx) \quad \text{zu Eigenwerten } \lambda_k = -k^2. \tag{9.24}$$

Betrachten wir das Problem im Funktionenraum, so haben wir hier „räumliche Moden" (Eigenfunktionen) $\{\sin(kx)\} \in L^2(\Omega)$ mit zeitabhängigen Koeffizienten $a_k e^{\lambda_k t}$. Diese Koeffizienten erfüllen jeweils die Dahlquistsche Testgleichung. Diskretisieren wir das Problem zunächst nur bezüglich der Zeit mittels eines (linear-)impliziten Runge–Kutta-Verfahrens, so erhalten wir aufgrund der Linearität eine zu (9.24) analoge Zerlegung der Form

$$u_1 = \sum_{k=1}^{\infty} a_k R(\lambda_k \tau) \sin(kx),$$

wobei R die rationale Stabilitätsfunktion des gewählten Einschrittverfahrens bezeichnet (vergleiche Kapitel 9.1.1). Als Konsistenzfehler ergibt sich daraus punktweise

$$\epsilon(\tau) = u(x,\tau) - u_1 = \sum_{k=1}^{\infty} a_k (e^{\lambda_k \tau} - R(\lambda_k \tau)) \sin(kx).$$

Sei nun das Einschrittverfahren L-stabil ($R(\infty) = 0$). Dann hat die stetige Funktion $|e^z - R(z)|$ auf der negativen reellen Achse $]-\infty, 0]$ ein Maximum an einer Stelle $\bar{z} < 0$, siehe Abb. 9.6. Für Schrittweiten $\tau_k = \bar{z}/\lambda_k$ gilt somit

$$\|\epsilon(\tau_k)\|_{L^2(\Omega)}^2 = \frac{\pi}{2} \sum_{l=1}^{\infty} a_l^2 (e^{\lambda_l \tau_k} - R(\lambda_l \tau_k))^2 \geq a_k^2 (e^{\bar{z}} - R(\bar{z}))^2 = \mathcal{O}(a_k^2),$$

wobei wir die L^2-Orthogonalität der Eigenfunktionen genutzt haben und einen Term der Summe herausgegriffen haben, bei dem der Klammerausdruck maximal ist. Man

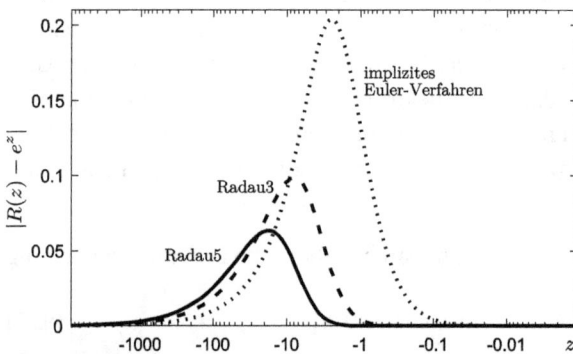

Abb. 9.6: Abweichung $|R(z) - e^z|$ der rationalen Stabilitätsfunktion R verschiedener Runge–Kutta-Verfahren von der Exponentialfunktion.

beachte, dass dieses Resultat unabhängig von der Konsistenzordnung $p + 1$ des Verfahrens ist.

Als Anfangsbelegung wählen wir nun $u_0(x) = x(\pi - x)$. Hierfür erhalten wir die Koeffizienten

$$a_k = \frac{8}{\pi k^3} = \frac{8}{\pi |\bar{z}|^{3/2}} \tau_k^{3/2} \quad \text{für ungerade } k,$$

sowie $a_k = 0$ für gerade k. Einsetzen liefert sodann

$$\|\epsilon(\tau_k)\|_{L^2(\Omega)} \geq \mathcal{O}(\tau_k^{3/2}). \tag{9.25}$$

Zum Vergleich: Für die Konsistenzordnung von Runge–Kutta-Verfahren gilt $p \geq 1$, im Fall gewöhnlicher Differentialgleichungen würden wir $\mathcal{O}(\tau^{p+1})$ als Konsistenzfehler erhalten. Das Resultat (9.25) stellt also eine lokale Reduktion auf eine effektive Ordnung $p^* = 1/2$ für die gesamte Klasse von Runge–Kutta-Verfahren dar. Bemerkenswert ist zudem, dass die Beschränkung der Konsistenzordnung auch für die sehr glatten Startwerte auftritt, die wir hier gewählt haben. Der Grund für die Ordnungsreduktion liegt offenbar darin, dass das Spektrum des Laplace-Operators, im Unterschied zum Fall gewöhnlicher Differentialgleichungen, unbeschränkt und über die ganze negative reelle Achse verteilt ist.

Ein Anklang dieses Effektes wird bereits bei differentiell-algebraischen Problemen beobachtet; sie haben jedoch eine große „Lücke" im Spektrum zwischen dem beschränkten gewöhnlichen Anteil und dem algebraischen Anteil $\lambda \to -\infty$, weswegen die Konsistenzordnung L-stabiler Verfahren mit $e^z - R(z) \to 0$ für $z \to -\infty$ erhalten bleibt (siehe Band 2, Kapitel 6.4.2).

Das Phänomen der Ordnungsreduktion wurde wohl zuerst von Strehmel/Weiner im Zuge von B-Konvergenzuntersuchungen entdeckt und 1992 in ihrer Monographie [211] dargestellt; es stellte sich jedoch heraus, dass die so erhaltenen Ordnungsschranken nicht scharf waren. Wir geben deshalb hier eine kurze Zusammenfassung der Resultate, die 1993 von Ostermann/Roche [179] sowie 1995 von Lubich/Ostermann [160, 159] bewiesen wurden. Dabei spielt zunächst Adaptivität weder im Raum noch in der Zeit eine Rolle; die zitierten theoretischen Resultate sind mit Blick auf *uniforme* Raum- und Zeitgitter hergeleitet worden. Ausgangspunkt dieser Analysen ist die Einsicht, dass bei sukzessive verfeinerter Raumdiskretisierung asymptotisch die Struktur des zugrundeliegenden abstrakten Cauchy-Problems im Funktionenraum zum Vorschein kommen wird. Dementsprechend wurden in [179, 160, 159] die Bedingungsgleichungen für Runge–Kutta-Verfahren in Hilberträumen untersucht. Zugleich wurde vorausgesetzt, dass man sich bereits auf der glatten Gleichgewichtslösung befindet, also nach Ablauf der transienten Phase (siehe oben).

In unserem einfachen linearen Beispiel (9.23) hatten wir nur die Konsistenzfehler, also die *lokalen* Fehler, betrachtet; die darin enthaltenen hochfrequenten Moden werden jedoch im Zeitverlauf schnell herausgedämpft und fallen deshalb im *globalen*

Fehler nicht ins Gewicht. Als Konsequenz wird sich in diesem Beispiel die Beschränkung der Konsistenzordnung nicht auf eine Beschränkung der Konvergenzordnung auf festen Zeitintervallen auswirken. Dieser Dämpfungseffekt verschwindet allerdings bei Problemen, in denen die hochfrequenten Moden im Zeitverlauf immer wieder neu „angefacht" werden. Eine solche Kopplung von Moden tritt auf bei linearen nichtautonomen oder bei nichtlinearen Problemen; die Resultate der zugehörigen Theorie wollen wir im Folgenden kurz zusammenfassen, ohne jedoch in die technischen Details zu gehen.

Lineare nichtautonome parabolische Differentialgleichungen

In [179] wurden ROW-Methoden (9.12) für abstrakte Cauchy-Probleme des Typs

$$u' = Au + f(t) \tag{9.26}$$

betrachtet, wobei der Operator $-A$, der auch die Randbedingungen mit enthält, als elliptisch angenommen ist. Für die Theorie wurde angenommen, dass man sich mit dem Startwert u_0 bereits auf der stationären Lösung befindet, was in der Realität des wissenschaftlichen Rechnens nicht unbedingt erfüllt ist – vergleiche etwa das elektrokardiologische Beispiel, das in Kapitel 9.3 ausgearbeitet ist. Unter dieser Annahme ergibt sich die effektive Ordnung

$$p^* = \min\{p, s + 2 + \beta\}, \tag{9.27}$$

worin s die Stufenzahl ist und die Größe $\beta > 0$ sich aus dem zugrundeliegenden räumlichen elliptischen Problem bestimmen lässt. Nach [160] gilt (mit $\varepsilon > 0$ beliebig klein)

$$\beta = \begin{cases} 3/4 - \varepsilon & \text{für homogene Dirichlet-Randbedingungen,} \\ 5/4 - \varepsilon & \text{für natürliche Randbedingungen} \quad (d = 1), \\ 1/4 - \varepsilon & \text{für natürliche Randbedingungen} \quad (d > 1). \end{cases} \tag{9.28}$$

Interessant ist, dass für *periodische* Randbedingungen keinerlei Ordnungsreduktion zu erwarten ist. Im Fall realistischer Anwendungsprobleme besteht allerdings kaum Hoffnung, an den Wert für β heranzukommen, so dass in diesen Fällen die wesentliche Botschaft $\beta > 0$ ist.

Im Unterschied zur adaptiven Steuerung bei Einschrittverfahren, bei der nur *lokale* Fehler eingehen, geben die Autoren eine *globale* Konvergenzanalyse für konstante Schrittweiten τ über einem festen Intervall $T = n\tau$. Darüber hinaus arbeiten sie weitere Bedingungsgleichungen aus, die eine Erweiterung der Rosenbrock-Methoden auf Ordnung $p \geq 3$ erlauben. Um die Schranke (9.27) zu durchbrechen und etwa Ordnung $p^* = 3$ unabhängig von der räumlichen Regularität zu erzielen, müssen die folgenden Bedingungen (in der Notation (9.13))

$$b^T A^j (2A^2 \mathbf{e} - \alpha^2) = 0 \quad \text{für } 1 \leq j \leq s - 1 \tag{9.29}$$

zusätzlich erfüllt sein; man beachte, dass sie von der Stufenzahl s abhängen. Diese Bedingungsgleichungen decken sich mit denen aus [211].

Beispiel 9.5. An dem einfachen Beispiel

$$u_t = u_{xx} + xe^{-t}, \quad x \in {]0, 1[}, \quad t \in [0, 0.1] \tag{9.30}$$

mit homogenen Dirichlet-Randbedingungen $u(0, t) = u(1, t) = 0$ führten Ostermann/Roche numerische Experimente durch. Dazu wählten sie eine Raumgitterweite $h = 1/N$ zu festem $N = 1000$ und Zeitschrittweiten $\tau = 0.1/n$ zu variablem $n = 2, 4, \ldots, 128$. Stationäre Anfangswerte erzeugten sie durch die Bedingung $u'|_{t=0} = 0$, was zu $u(x, 0) = \frac{1}{6}x(1 - x^2)$ führt. Für das populäre Rosenbrock-Verfahren GRK4T von Kaps/Rentrop [143] ergab sich eine Reduktion der klassischen Ordnung $p = 4$ auf $p^* = 3.25$, während ein Verfahren von Scholz [198],[3] das Erweiterungen der Zusatzbedingungen (9.29) berücksichtigt, die Ordnung $p^* = p = 4$ erreicht.

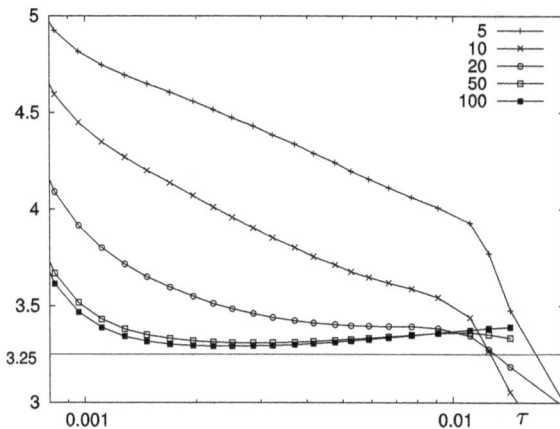

Abb. 9.7: Testproblem (9.30): *Numerisch geschätzte Konvergenzordnung des ROW-Integrators* GRK4T. Räumliche Gitterweite $h = 1/N$ für $N = 5, \ldots, 100$, uniforme Zeitschrittweiten $\tau = 0.1/n$ für $n = 2, 4, \ldots, 128$. Erwartete Ordnung $p = 5$, effektive Ordnung $p^* = 3.25$.

In Abb. 9.7 analysieren wir die Situation noch etwas genauer für verschieden feine Ortsgitter. Wie in [179] betrachten wir nur den Fehler zum Endzeitpunkt. Aufgrund der Dämpfung der Fehler aus Zwischenschritten erwartet man zum Endzeitpunkt einen Konvergenzfehler $\mathcal{O}(\tau^5)$. Dieser wird auch erreicht, allerdings erst bei ausreichend kleinen Zeitschrittweiten, korrespondierend zu der Feinheit der Ortsdiskretisierung. Der in [179] gewählte Wert $N = 1000$ würde zu den gewählten Zeitschrittweiten τ nahe an der effektiven Ordnung $p^* = 3.25$ entlang verlaufen.

---

[3] Für eine Korrektur der Druckfehler bzgl. der Koeffizienten siehe jedoch [179].

Quasilineare parabolische Differentialgleichungen

Diese Problemklasse schreiben wir wieder als abstraktes Cauchy-Problem

$$u' = A(u)u + f(x,t), \quad u(0) = u_0, \quad x \in \Omega \subset \mathbb{R}^d, d \geq 1.$$

Der nichtlineare Operator A enthält wieder die Randbedingungen. Diese nichtlineare Differentialgleichung gilt als parabolisch, wenn die zugehörige Variationsgleichung, die ja bekanntlich i. a. nichtautonom ist, parabolisch im Sinne von (9.26) ist.

Beispiel 9.6. Sei $\Omega \subset \mathbb{R}^d$ ein einfach zusammenhängendes glatt berandetes Gebiet (wohlgemerkt: keine einspringenden Ecken, keine Löcher). Die partielle Differentialgleichung habe die Gestalt

$$u_t = \text{div}(a(u)\nabla u) + f, \quad x \in \Omega, \ 0 \leq t \leq T,$$

mit symmetrischer Diffusionsmatrix $a(u) \in \mathbb{R}^{d \times d}$ und zugehörigen natürlichen Randbedingungen

$$n^T a(u)\nabla u = 0, \quad x \in \partial\Omega, \ 0 \leq t \leq T,$$

worin n wieder den Normaleneinheitsvektor des Randes $\partial\Omega$ bezeichnet.

Auf diese Problemklasse angewandt, liefert die Theorie [160] für *implizite Runge–Kutta-Verfahren* eine effektive Ordnung

$$p^* = \min\{p, s + 1 + \beta\} \tag{9.31}$$

mit β wie in (9.28). In [159] wurde die Theorie modifiziert für den Fall *linear-impliziter Runge–Kutta-Verfahren*. Hier ergibt sich die noch stärkere Einschränkung

$$p^* = \min\{p, 2 + \beta\},$$

ebenfalls mit β wie in (9.28). Für *ROW-Methoden* ist, ebenso wie im linearen Fall, eine Erhöhung der effektiven Ordnung möglich, wenn Zusatzbedingungen der Art (9.29) erfüllt werden können.

Für *W-Methoden* jedoch ist eine solche Ordnungserhöhung *nicht* möglich, hier bleibt man im Wesentlichen an der Schranke $p^* = 2$ hängen. Dies gilt damit auch für das linear-implizite Extrapolationsverfahren auf Basis der linear-impliziten Euler-Diskretisierung (LIMEX). Dieses Resultat schien zunächst im Widerspruch zu der in schwierigen Problemen erprobten hohen Effizienz dieses Verfahrens zu stehen. Eine genauere Analyse in [159] förderte das überraschende Resultat zu Tage, dass für dieses Verfahren zwar die Ordnung eingeschränkt ist, aber die Koeffizienten zur zweiten Ordnung mit jedem Extrapolationsschritt signifikant kleiner werden. Auf Basis dieser genauen Untersuchungen schlugen die Autoren vor, die harmonische Unterteilungsfolge $\mathcal{F}_H = \{1,2,3,\ldots\}$ durch die Folge $\mathcal{F}_H^+ = \{2,3,\ldots\}$ zu ersetzen. Umfangreiche numerische Tests haben jedoch gezeigt, dass die damit gewonnene Reduktion der Koeffizienten nicht den erhöhten Aufwand von $\mathcal{F}_H^+$ gegenüber $\mathcal{F}_H$ kompensiert.

Zeitschrittsteuerung

In Band 2, Kapitel 6.4, wurde Ordnungsreduktion theoretisch bereits für Extrapolationsverfahren und, allgemeiner, implizite und linear-implizite Runge–Kutta-Verfahren beschrieben: Sie trat auf bei der numerischen Integration von singulär gestörten Differentialgleichungssystemen der Bauart

$$u' = f(u, v), \quad \epsilon v' = g(u, v) \quad \text{für } \epsilon \to 0.$$

Die Frage, dort wie hier, ist: Welche Ordnung soll in Formel (9.16) verwendet werden, um die Zeitschritte adaptiv zu steuern? In der Praxis der Extrapolationsmethoden hat sich gezeigt, dass die robuste Reglereigenschaft der Zeitschrittsteuerung (ausgearbeitet etwa in Band 2, Kapitel 5.2) durchaus erlaubt, die adaptiven Algorithmen mit der jeweils höchsten erreichbaren Ordnung p effizient zu implementieren. Für parabolische Differentialgleichungen empfiehlt Lang [150] allerdings eine Modifikation. Wir gehen wieder aus von einer *Fehlerschätzung* im Zwischenschritt $t_n \to t_{n+1} = t_n + \tau_n$, geschrieben als

$$[\epsilon_\tau]_{n+1} \doteq \|u_{n+1}^{p+1} - u_{n+1}^p\| \doteq C_n \tau_n^{p+1}.$$

Formel (9.16) war hergeleitet worden auf Basis der Modellannahme $C_{n+1} = C_n$. Will man daraus eine effektive Ordnung p^* schätzen, so erhält man

$$p^* + 1 \doteq \log \frac{[\epsilon_\tau]_{n+1}}{[\epsilon_\tau]_n} / \log \frac{\tau_n}{\tau_{n-1}}$$

und ersetzt in Formel (9.16) den Wert p durch obiges p^*. Offenbar geht hierbei die Information der beiden vergangenen Zeitschritte ein. Eine alternative Strategie, die von Gustafsson/Lundh/Söderlind [119] vorgeschlagen worden ist, benutzt die Modellannahme

$$\frac{C_{n+1}}{C_n} = \frac{C_n}{C_{n-1}}.$$

Damit ergibt sich als Schätzformel für eine „optimale" Schrittweite

$$\tau^* = \frac{\tau_n}{\tau_{n-1}} \sqrt[p+1]{\frac{\rho \, \mathrm{TOL}_\tau [\epsilon_\tau]_n}{[\epsilon_\tau]_{n+1}^2}} \tau_n$$

mit dem Sicherheitsfaktor $\rho < 1$. Auch hierbei wird die Information der beiden letzten Diskretisierungsschritte einbezogen, allerdings mit etwas mehr Freiheit in den Koeffizienten C_n.

Konvergenz spektraler Defektkorrekturmethoden

Ein der Ordnungsreduktion eng verwandtes Phänomen tritt bei Defektkorrekturmethoden auf. Ähnlich wie das Maximum des Konsistenzfehlers $|e^z - R(z)|$ bei $\bar{z}$

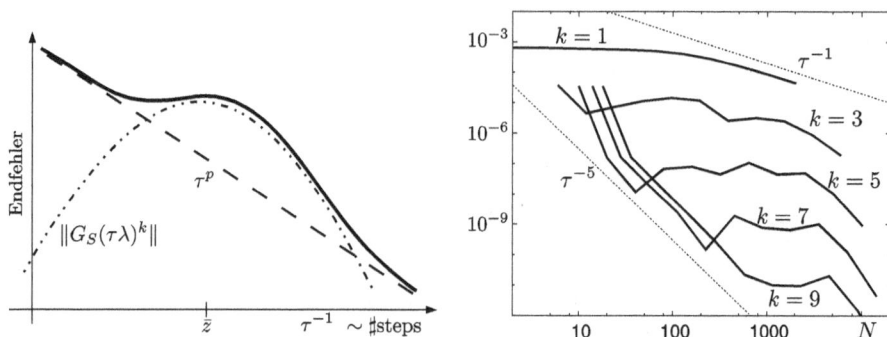

Abb. 9.8: Komplexes Konvergenzverhalten von Defektkorrekturmethoden mit konstanter Iterationszahl k in Abhängigkeit von der Zeitschrittweite τ. *Links:* Zustandekommen des Verhaltens. *Rechts:* Numerisch beobachtete Konvergenz am Beispiel (9.2). Gezeigt ist der Endfehler $|y_\tau(1) - y(1)|$ gegen die Gesamtzahl $N = k/\tau$ der durchgeführten Sweeps auf drei Radau-Knoten.

in Abb. 9.6 die effektive Ordnung beschränkt, bestimmt die SDC-Kontraktionsrate $\rho(G_S(z))$ aus Abb. 9.4 den Iterationsfehler des SDC-Verfahrens. Wenn wie in Beispiel 9.4 für $\tau \to 0$ die skalierten Eigenwerte $z_i = \tau\lambda_i$ der Fehlermoden über den Maximierer $\bar{z}$ rutschen, führt das zu einem nur langsam fallenden Gesamt-Iterationsfehler. Trotz Reduktion der Zeitschrittweite fällt der Fehler nicht wesentlich, siehe Abb. 9.8 links. Je nachdem, ob der Diskretisierungsfehler des Kollokationsverfahrens oder der Abbruchfehler der Defektkorrekturiteration überwiegt, ergibt sich ein unterschiedliches Gesamtfehlerverhalten. Das lässt sich sehr deutlich in Abb. 9.8, rechts erkennen [229]. Die Kollokationsordnung von $\mathcal{O}(\tau^5)$ wird erreicht, sofern ausreichend viele Iterationen gemacht werden. In einem Zwischenbereich stagniert jedoch der Fehler, um dann bei noch kleineren Schrittweiten wieder überproportional abzufallen.

Ganz offensichtlich reicht der asymptotische Begriff der „Ordnung" nicht aus, um das tatsächlich zu beobachtende Konvergenzverhalten von komplexen Zeitschrittverfahren wie Defektkorrektur bei parabolischen oder anderweitig steifen Problemen umfassend zu beschreiben.

9.2 Raum-Zeit-Diskretisierung bei parabolischen Differentialgleichungen

Zeitabhängige partielle Differentialgleichungen sind sowohl bezüglich der Zeit als auch bezüglich des Raumes zu diskretisieren. Diskretisiert man *zuerst den Raum*, was die derzeit immer noch populärste Variante ist, dann ergibt sich ein i. A. großes blockstrukturiertes *Anfangswertproblem bei gewöhnlichen Differentialgleichungen*, siehe die schematische Darstellung in Abb. 9.9, links. Diese Herangehensweise heißt *Linienmethode* (engl. *method of lines*) und wird in Kapitel 9.2.1 dargestellt. Bei diesem Zugang

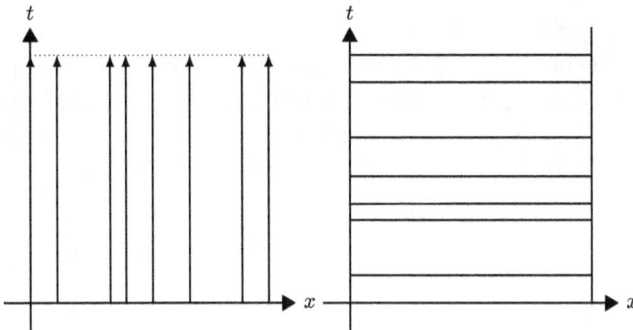

Abb. 9.9: Reihenfolge bei Raum-Zeit-Diskretisierung. *Links: Linienmethode.* Anfangswertproblem bei gewöhnlichen Differentialgleichungen. *Rechts: Zeitschichtenmethode* oder auch *Rothe-Methode.* Folge von Randwertproblemen bei stationären Differentialgleichungen.

ist Adaptivität bezüglich der Zeit (als Schrittweiten- und Ordnungssteuerung) fast so einfach wie bei gewöhnlichen Differentialgleichungen implementierbar. Dagegen ist Adaptivität bezüglich des Raumes nur eingeschränkt realisierbar, in effektiver Weise allenfalls in Raumdimension $d = 1$.

Diskretisiert man *zuerst die Zeit,* dann ergibt sich eine Folge von *Randwertproblemen bei stationären gewöhnlichen ($d = 1$) bzw. partiellen ($d > 1$) Differentialgleichungen,* was wir in Abb. 9.9, rechts, schematisch dargestellt haben. Diese Herangehensweise heißt *Zeitschichtenmethode* oder auch *Rothe-Methode.* Vorab sei schon gesagt, dass dieser Zugang eine natürliche Verbindung von adaptiver Zeitintegration mit adaptiven Mehrgitter-Methoden gestattet. Dies wird in Kapitel 9.2.2 ausgeführt.

Beide Zugänge haben wir in Abb. 9.10 in einem gemeinsamen Diagramm zusammengestellt, wobei M_h wieder die schon früher eingeführte *Massenmatrix* bezeichnet. Schränkt man die Diskretisierung auf *uniforme feste Raumgitter und konstante Zeitschritte* ein, was in der Ingenieurswelt immer noch üblich ist, dann vertauscht das Diagramm. Bei *adaptiven* Diskretisierungen hingegen, wie sie in diesem Buch behandelt werden, spielt die Reihenfolge eine wesentliche Rolle.

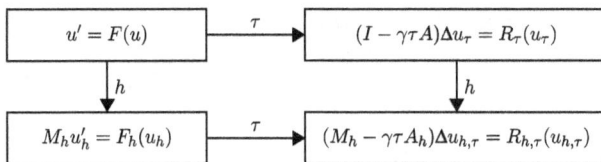

Abb. 9.10: *Linienmethode:* erst Raumdiskretisierung (h), dann Zeitdiskretisierung (τ), links oben $\rightarrow$ links unten $\rightarrow$ rechts unten. *Zeitschichten-* oder *Rothe-Methode:* erst Zeitdiskretisierung (τ), dann Raumdiskretisierung (h), links oben $\rightarrow$ rechts oben $\rightarrow$ rechts unten.

Bemerkung 9.7. Der wohl populärste Kandidat einer gekoppelten Raum-Zeit-Diskretisierung mit konstanten Orts- und Zeitschritten ist das *Crank–Nicolson-Schema* [63], das in der Zeit eine implizite Trapezregel, im Raum ein einfaches Differenzenverfahren realisiert. Es soll hier, weil nicht adaptiv, nicht weiter betrachtet werden; zu beachten ist allerdings, dass dieses Schema die zeitlichen Instabilitäten der Trapezregel erbt, vergleiche Abb. 9.3, unten links.

9.2.1 Adaptive Linienmethode

In diesem Zugang wird zunächst die Raumdiskretisierung vorgenommen, bei hinreichend großen Anwendungsproblemen mittels eines Gittergenerators. Mit *Differenzenmethoden* erhält man dann *Anfangswertprobleme* für große Differentialgleichungssysteme der festen Dimension N (zur Vereinfachung der Schreibweise lassen wir in diesem Abschnitt das Suffix h weg)

$$u' = F(u), \quad u(0) = u_0. \tag{9.32}$$

Mit *Galerkin-Methoden* ergeben sich große linear-implizite Differentialgleichungssysteme

$$Mu' = F(u), \quad u(0) = u_0, \tag{9.33}$$

wobei M die dabei auftretende (N, N)-Massenmatrix bezeichnet, die in der Regel dünnbesetzt ist. In beiden Fällen, (9.32) wie (9.33), führt die Raumdiskretisierung zu blockstrukturierten Differentialgleichungssystemen. Im Prinzip können sie mit irgendeinem effizienten steifen Integrator mit adaptiver Schrittweitensteuerung gelöst werden. Allerdings hat sich speziell bei der Linienmethode gezeigt, dass linear-implizite Integratoren niedriger Ordnung vorzuziehen sind, siehe obiges Kapitel 9.1.2 (zur Vertiefung siehe Band 2, Kapitel 6.4.2 unter dem Stichwort „Linienmethoden").

Dynamische Gitteranpassung (*dynamic regridding*)
Für Probleme, in denen wandernde Fronten (engl. *travelling waves*) ein Charakteristikum der Lösung sind, empfiehlt sich eine Transformation in ein „mitbewegtes" Gitter, also eine Erweiterung $x \rightarrow x(t)$, wobei die Anzahl N an Knoten fest bleibt und eine eindeutige Zuordnung der Knoten über alle Zeitschritte hinweg existiert; in diesem Rahmen entstehen keine Interpolationsfehler durch Wechsel der Gitter (im Unterschied zu statischer Gitteranpassung, siehe weiter unten). Diese Methode wird oft als *r*-Adaptivität (engl. *relocation*) bezeichnet – im Unterschied zu *h*-Adaptivität für hierarchische Gitterverfeinerung oder *hp*-Adaptivität für zusätzliche Ordnungsanpassung. Aus Gründen der einfacheren Darstellung beschränken wir uns zunächst auf eine skalare partielle Differentialgleichung in einer Raumdimension $d = 1$.

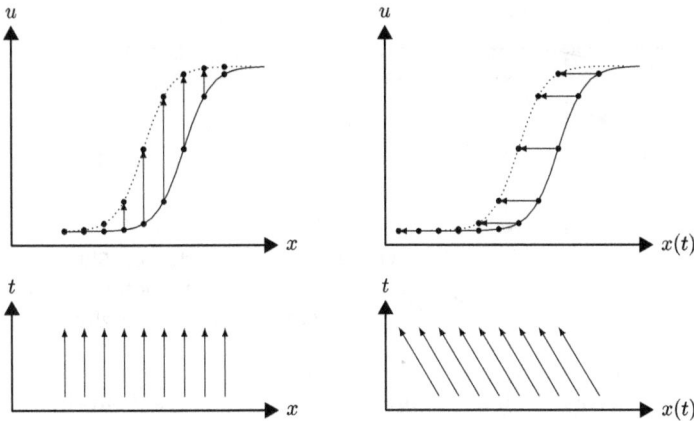

Abb. 9.11: Wandernde Front einer Lösung u, ein Zeitschritt (nach [176]). *Links*: Festes Gitter, Lösung variiert stark. *Rechts*: Mitbewegtes Gitter, Lösung bleibt nahezu konstant.

In Abb. 9.11 haben wir die Grundidee bei wandernden Fronten graphisch dargestellt: Bei Integration auf einem festen Gitter ändern sich die Werte an allen in der Front liegenden Knoten, das Problem scheint eine hohe Dynamik zu besitzen. In mitbewegten Koordinaten jedoch bleiben die Werte der Lösung nahezu konstant. Für die Zeitschrittsteuerung werden sich also bei festem Gitter „kleine" Zeitschritte, bei mitbewegtem Gitter „große" Zeitschritte ergeben. In mitbewegten Koordinaten gilt für die Lösung $v(t) = u(x(t), t)$ die Zeitableitung

$$v' = u_x x' + u',$$

woraus sich die um einen Konvektionsterm angereicherte Differentialgleichung (9.33) ergibt als

$$M(v' - u_x x') = F(v). \tag{9.34}$$

Offenbar benötigen wir hier noch eine zusätzliche Gleichung zur Bestimmung von x'. Zu ihrer Herleitung gibt es eine Fülle von Vorschlägen, von denen wir im Folgenden lediglich zwei herausgreifen wollen.

Gemeinsame Grundidee bei allen adaptiven Linienmethoden ist, die „physikalische" Raumvariable $x \in [a, b]$ zu transformieren auf eine „virtuelle" Raumvariable $\xi \in [0, 1]$, in der ein *uniformes* Gitter mit konstanter Gitterweite $\Delta\xi = 1/N$ eingeführt wird. Die Transformation ist dabei derart zu wählen, dass zur Funktion $x = x(\xi)$ eine Umkehrfunktion $\xi = \xi(x)$ existiert. Durch Rücktransformation entsteht dann ein i. A. *nichtuniformes* Gitter in x. In Abb. 9.12 haben wir die Situation graphisch dargestellt, wobei die gewählte Abbildung $x(\xi)$ offenbar monoton ist.

Monitorfunktion. Hierzu folgen wir der 2009 erschienenen Überblicksarbeit von Budd, Huang und Russell [50]. Die dort ausführlich beschriebene Methode geht aus

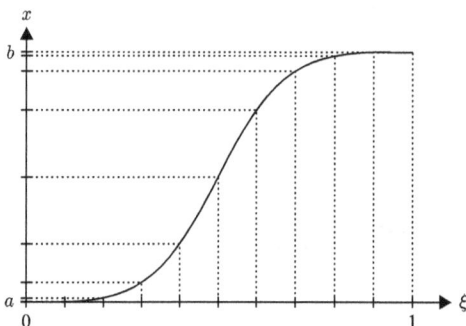

Abb. 9.12: Uniformes „virtuelles" Gitter in $\xi \in [0,1]$ transformiert auf nichtuniformes „physikalisches" Gitter in $x \in [a,b]$.

von einer Äquilibrierung bezüglich einer *Monitorfunktion* $\mu(\xi, t)$, was auf eine Bedingung der Form

$$\mu x_\xi = \theta(t) = \frac{\int_{\Omega_x} \mu(x,t)\, dx}{\int_{\Omega_\xi} d\xi}$$

führt, worin die Gebiete Ω_x, Ω_ξ in den jeweiligen Koordinatenräumen existieren. Wird hierin $\mu > 0$ gewählt, dann gilt $x_\xi > 0$, d. h. die Abbildung $x(\xi)$ ist monoton und es existiert eine eindeutige Umkehrfunktion. Differentiation nach ξ liefert dann das nichtlineare Randwertproblem

$$\mu_\xi x_\xi^2 + \mu x_{\xi\xi} = 0, \quad x(0) = a, \quad x(1) = b. \tag{9.35}$$

Es verbleibt also nur noch eine Festlegung von μ aus einem übergeordneten Prinzip. Eine intuitive Wahl ist die *Bogenlänge*, also

$$\mu = \sqrt{1 + u_x^2}.$$

Sie ist bekanntermaßen nicht invariant unter Reskalierung der Variablen $x \to x/\sigma$, so dass der Ansatz verallgemeinert wird gemäß

$$\mu = \sqrt{1 + \sigma^2 u_x^2}$$

mit einer dem Benutzer in die Hand gegebenen Skalierungsgröße σ. Setzt man μ in das Randwertproblem (9.35) ein, so ergibt sich mit (9.34) ein differentiell-algebraisches System mit nichtlinearer algebraischer Nebenbedingung. Im Kontext von *Differenzenmethoden* ($M = I$ in (9.33)) eignet sich die Methode von Pearson [182], die auf dem nichtuniformen Raumgitter in x aufsetzt, siehe weiter oben in Kapitel 3.3.1. Damit ist eine zeitabhängige Anpassung des Raumgitters festgelegt.

Hier fehlt allerdings noch eine Strategie zur Wahl der virtuellen Gitterweite $\Delta\xi$ bzw. der Knotenanzahl N – diese muss aus einer Schätzung des räumlichen Diskretisierungsfehlers kommen. Wenn keine brauchbare Schätzmethode für den Diskretisierungsfehler verfügbar ist, wird ersatzweise der Interpolationsfehler geschätzt. Sowie jedoch N verändert wird, müssen auch die Werte der Lösung von einem aktuellen Gitter auf ein neues Gitter übertragen werden, womit sich dann schließlich doch wieder Interpolationsfehler einschleichen.

Das hier vorgestellte Konzept lässt sich prinzipiell übertragen auf höhere Raumdimension $d > 1$. In [50] sind eine Reihe von Arbeiten zitiert, in denen dies mit Erfolg geschehen ist. Die in der Arbeit selbst ausgeführten Beispiele für die Wahl einer Monitorfunktion μ sind allerdings mehr zu Illustrationszwecken gewählt, so dass sich aus ihnen die Effizienz im allgemeinen Fall nicht ableiten lässt.

Minimierungsproblem. In diesem Teil stellen wir Vorschläge von Hyman [135] und Petzold [186] im Rahmen der Differenzenmethode dar, also aufsetzend auf (9.32). Mit dem Ziel, möglichst große Zeitschrittweiten τ zu erreichen, wird in diesem Zugang die Forderung

$$\|v'\|_2^2 = (u' + u_x x')^T (u' + u_x x') = \min$$

aufgestellt. Minimierung bezüglich x' führt auf die partielle Differentialgleichung

$$(u' + u_x x')^T u_x = u_x^T v' = 0.$$

Zusammenfassung mit (9.32) liefert das gekoppelte Differentialgleichungssysteme

$$M(v' - u_x x') = F(v),$$
$$u_x^T v' = 0. \tag{9.36}$$

Räumliche Diskretisierung nach Pearson [182] führt sodann auf ein gewöhnliches Differentialgleichungssystem in $2N$ Variablen.

Die Erfahrung hat allerdings gezeigt, dass durch diesen Zugang eine *Überkreuzung von Knoten* nicht systematisch vermieden wird. Zur Erläuterung des Phänomens gehen wir aus von Nachbarknoten $x_i < x_{i+1}$ mit lokalen Geschwindigkeiten x'_i, x'_{i+1}, die aus dem obigen Differentialgleichungssystem berechnet worden sind. Sei $x'_{i+1} < x'_i$. Um sicherzustellen, dass im nächsten Zeitschritt die Bedingung

$$x_i + \tau x'_i < x_{i+1} + \tau x'_{i+1}$$

gilt, darf eine maximale Zeitschrittweite

$$\tau_{\max} < \frac{x_{i+1} - x_i}{x'_i - x'_{i+1}} \tag{9.37}$$

nicht überschritten werden. Deshalb wurde in [168, 186] vorgeschlagen, noch ein weiteres Funktional anzukoppeln, das quasi als „Abstoßungsterm" der Kreuzung von Knoten entgegenwirken soll. Mit Blick auf (9.37) wird deshalb zusätzlich

$$\sum_{i=2}^{N} \left\| \frac{x'_i - x'_{i-1}}{x_i - x_{i-1}} \right\|_2^2 = \min \tag{9.38}$$

eingeführt. Dies führt auf die $N - 2$ Zusatzbedingungen

$$\frac{x'_i - x'_{i-1}}{(x_i - x_{i-1})^2} - \frac{x'_{i+1} - x'_i}{(x_{i+1} - x_i)^2} = 0, \quad i = 2, \ldots, N - 1.$$

Diese Gleichungen lassen sich interpretieren als räumliche Diskretisierung der partiellen Differentialgleichung $-x'_{xx} = 0$. Koppelt man diese mit einem Lagrange-Multiplikator $\lambda > 0$ an, so erhalten wir anstelle von (9.36) alternativ

$$M(v' - u_x x') = F(v),$$
$$u_x^T v' + \lambda x'_{xx} = 0, \quad \lambda > 0.$$

Räumliche Diskretisierung liefert dann wieder ein System von $2N$ gekoppelten gewöhnlichen Differentialgleichungen, das mit einem steifen Integrator numerisch gelöst werden kann. Der Parameter λ muss allerdings für jedes neue Beispiel durch Versuch und Irrtum neu gewählt werden, eine beispielunabhängige robuste Wahl ist nicht bekannt. Immerhin wird auf diese Weise auch der Fall sich kreuzender wandernder Fronten behandelbar, wie Abb. 9.13 zu einem hier nicht näher ausgeführten Beispiel illustriert, siehe [176].

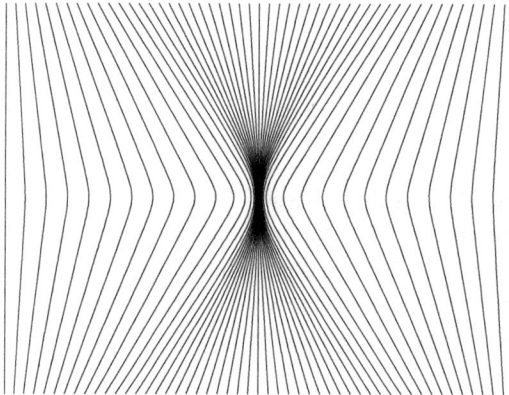

Abb. 9.13: *Adaptive Linienmethode* [176]: dynamische Gitteranpassung mit „Abstoßungsfunktional" (9.38) bei sich kreuzenden Fronten. Vergleiche auch Abb. 9.17.

Auch dieser Zugang zu dynamischer Gitteranpassung lässt sich auf Raumdimension $d > 1$ verallgemeinern. Für einen Überblick zur Thematik verweisen wir auf den Artikel [157]. Allerdings, wie in [169] dokumentiert, ist ein „Verwickeln" von Gittern (engl. *grid tangling*) trotz Hinzunahme des „Abstoßungsfunktionals" nicht wirklich auszuschließen. Wohl deshalb hat sich die Methode bisher nicht allgemein durchgesetzt.

Statische Gitteranpassung (*static regridding*)

In dieser Methodik wird in jeder Zeitschicht (oder eventuell nach einer festen Anzahl von Zeitschichten) ein neues Gitter konstruiert. Die Anzahl N an Knoten ist dabei nicht mehr konstant, sondern variiert innerhalb vorgegebener Grenzen $N_{min} \leq N(t) \leq N_{max}$. Dabei treten zwangsläufig Interpolationsfehler auf, die neben den Diskretisierungsfehlern sorgfältig kontrolliert werden müssen. Dazu werden in [176] zwei auch allgemein verwendbare Strategien vorgeschlagen:

- Um Interpolationsfehler möglichst zu vermeiden, werden global zwei Gitter nebeneinander her geführt, ein grobes Gitter G zur virtuellen Gitterweite $\Delta\xi$ und ein feineres Gitter G^+ zur Gitterweite $\Delta\xi/2$. Bei lokaler Verfeinerung kann somit als einzufügender Wert gerade der Wert auf G^+ genommen werden. Bei Vergröberung genügt ohnehin das grobe Gitter G.
- Um eine global monotone Abbildung $x(\xi)$ sicherzustellen, wird die kubische Hermite-Interpolation nach [104] derart modifiziert, dass sie lokal monoton bleibt. Die übliche kubische Hermite-Interpolation (siehe etwa Band 1, Kapitel 7.1.2) über dem Intervall $I_i = [x_i, x_{i+1}]$ benötigt als Input die Funktionswerte und ihre Ableitungen an den Intervallrändern, d. h. jeweils innerhalb einer Zeitschicht die Werte $u(x_i)$, $u_x(x_i)$, $u(x_{i+1})$, $u_x(x_{i+1})$. Bei Differenzenmethoden liegen jedoch anstelle der Ableitungen an den Rändern nur *Differenzenquotienten* als Approximation vor, was die Approximationsordnung von $p = 3$ reduziert auf ein mageres $p = 1$; als Trostpflaster kann gelten, dass in den jeweiligen Intervallmittelpunkten $x_{i+1/2} = x(\xi_i + \Delta\xi/2)$ Superkonvergenz auftritt, d. h. punktweise $p = 2$. Diese Knoten werden gerade zusätzlich in G^+ mitgeführt.

Ziel der statischen Gitteranpassung ist, den globalen Diskretisierungsfehler mit Hilfe der Knotenwahl derart zu äquilibrieren, dass in jedem Knoten in etwa der gleiche lokale Fehler anfällt. Die Konstruktion adaptiver Gitter erfolgt schrittweise mittels der folgenden beiden algorithmischen Bausteine:

(i) In jedem Knoten x_i wird der Diskretisierungsfehler geschätzt, sei etwa $[\epsilon_i^x]$ eine algorithmisch zugängliche Schätzung des lokalen Diskretisierungsfehlers ϵ_i^x. Falls keine gute Schätzung für den Diskretisierungsfehler verfügbar ist, wird sie durch eine Schätzung des Interpolationsfehler ersetzt, die i. A. leicht erhältlich ist.

(ii) Sei TOL_h eine vom Benutzer gesetzte globale obere Schranke und $\sigma^{\pm}$ algorithmisch festzulegende lokale Schranken für den räumlichen Fehler. Dann entsteht das neue Gitter $G(t+\tau)$ aus dem aktuellen Gitter $G(t)$ gemäß den folgenden *Regeln*:

  - Falls $[\epsilon_i^x] < \sigma^-$, so wird der Knoten x_i, falls er nicht Randknoten ist, eliminiert.
  - Falls $[\epsilon_i^x] \geq \sigma^-$, so wird der Knoten x_i behalten.
  - Falls $[\epsilon_i^x] \geq \sigma^+$, so werden zwei zusätzliche neue Knoten $x_{i\pm1/2}$ eingefügt.
  - Global wird darauf geachtet, dass das neue Gitter *quasi-uniform* bleibt, d. h. dass benachbarte Teilintervalle sich nur innerhalb vorgegebener Grenzen in ihrer Länge unterscheiden. Dies führt zu der Vorschrift $h_i/h_{i+1} \in [1/\alpha, \alpha]$ für einen (eventuell vom Benutzer zu modifizierenden) Parameter $\alpha \approx 2 - 3$.

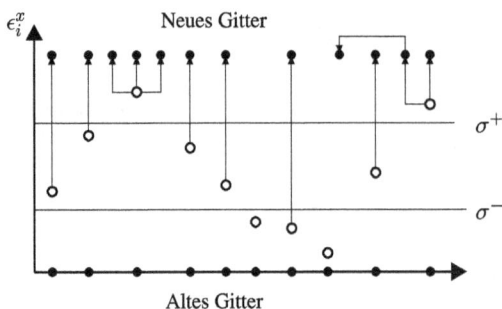

Abb. 9.14: *Linienmethode*: Verfeinerungs- und Vergröberungsregeln bei statischer Gitteranpassung.

Dadurch hofft man, die Güte der zu berechnenden Approximationen in etwa zu kontrollieren. Zur Veranschaulichung illustrieren wir die Anwendung dieser Regeln in Abb. 9.14.

Software

In [176] hat U. Nowak eine effektive adaptive Linienmethode für parabolische Differentialgleichungssysteme in einer Raumdimension ausgearbeitet. Er kombiniert darin die oben vorgestellten Konzepte der dynamischen und der statischen Gitteranpassung mittels geschickt gewählter Heuristiken. Zur Schätzung der räumlichen Fehler verwendet er ein gekoppeltes Extrapolationsverfahren in Raum und Zeit, das auf einer (mathematisch allerdings nicht gesicherten) asymptotischen Entwicklung in Raum und Zeit aufbaut, vergleiche etwa Band 2, Kap 4.3 und 6.4.2 zu Extrapolationsverfahren. In Ingenieurkreisen steht das Programm **PDEX1M** [177] wegen seiner Effizienz zu Recht in hohem Ansehen, als ein Beispiel siehe etwa [98].

Beispiel 9.8. Dieses 1D-Testproblem aus der Verbrennungschemie [184] beschreibt eine mit stark variierender Geschwindigkeit wandernde Verbrennungsfront auf dem Gebiet $\Omega = {]}{-}25, 10{[}$ für $t \in [0, 15]$. Das System

$$T_t = T_{xx} + R(T, Y),$$

$$Y_t = \frac{1}{L} Y_{xx} - R(T, Y)$$

partieller Differentialgleichungen beschreibt die Evolution der Temperatur T und der Brennstoffkonzentration Y mit den Anfangs- und Randbedingungen

$$T(x, 0) = \min(e^x, 1), \qquad T(-25, t) = 0, \quad T(10, t) = 0,$$

$$Y(x, 0) = \max(1 - e^{Lx}, 0), \quad Y(-25, t) = 1, \quad Y(10, t) = 0.$$

Dabei ist

$$R(T, Y) = \frac{\beta^2}{2L} Y \exp\left(-\frac{\beta(1 - T)}{1 - \alpha(1 - T)}\right)$$

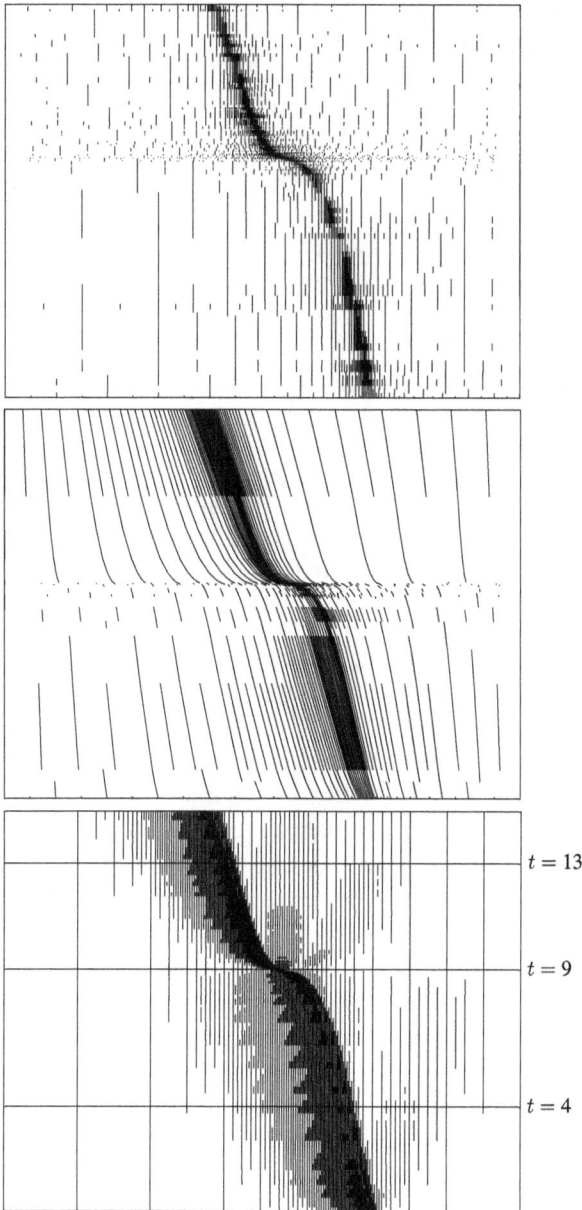

$t = 13$

$t = 9$

$t = 4$

Abb. 9.15: Knotenfluss in Beispiel 9.8. *Oben*: Adaptive Linienmethode [176]: statisch angepasstes Gitter. *Mitte*: Adaptive Linienmethode [176]: gemischt statisch-dynamisch angepasstes Gitter. *Unten*: Adaptive Zeitschichtenmethode [78]. Temperaturprofile für $t = 4, 9, 13$ siehe Abb. 9.16.

die Reaktionsrate und $\alpha = 0.8$ (Wärmefreigabe), $\beta = 20$ (Aktivierungsenergie) und $L = 2.0$ (Lewis-Zahl) sind dimensionslose Parameter.

Mit nichtadaptiven Linienmethoden konnte das Problem nicht auf ausreichende Genauigkeit gelöst werden. In Abb. 9.15, oben und Mitte, illustrieren wir die Lösung mit adaptiven Linienmethoden nach U. Nowak [176]. Zum Vergleich geben wir vorab

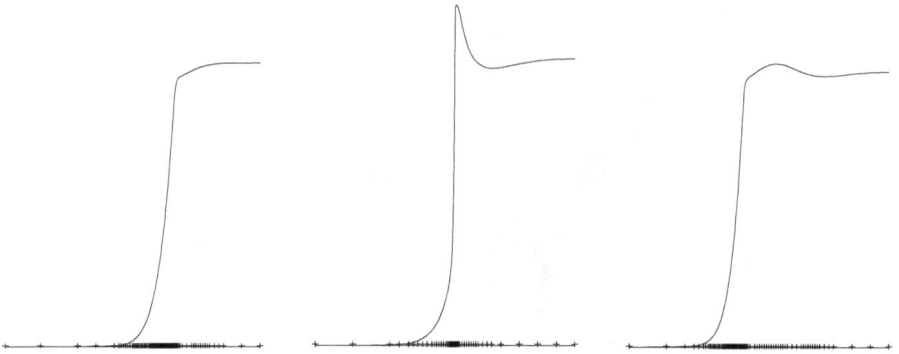

Abb. 9.16: Beispiel 9.8, vergleiche Abb. 9.15. Temperaturprofile $T(x,t)$ zu Zeitpunkten $t = 4, 9, 13$ mit zugehöriger Knotenwahl.

schon den algorithmischen Knotenfluss der Zeitschichtenmethode (siehe nachfolgendes Kapitel 9.2.2) an. Um die Schwierigkeit des Problems sichtbar zu machen, zeigen wir zusätzlich in Abb. 9.15 die Temperaturprofile in kritischen Zeitschichten.

In [162] hat der Verbrennungschemiker U. Maas numerische Vergleichssimulationen an schwierigen Problemen aus der motorischen Verbrennung publiziert, siehe auch die Monographie [48]. Seine Vergleiche bezüglich Geschwindigkeit und Genauigkeit konzentrierten sich auf das Extrapolationsverfahren LIMEX und das Mehrschrittverfahren DASSL von L. Petzold [185], wobei das Einschrittverfahren deutlich besser abschnitt. Der Grund dafür ist, dass Mehrschrittverfahren nach einem Gitterwechsel im Standardmode eine neue „Ordnungsrampe" hochfahren müssen (siehe dazu Band 2, Kapitel 7.4, unter dem Stichwort „Anlaufrechnung"); als Alternative wurde ein sogenannter „warmer Restart" vorgeschlagen (siehe etwa [157]), bei dem allerdings keine ausreichende Kontrolle über die Interpolationsfehler möglich ist. Als weitere Variante wurde ein Neustart mit einem Einschrittverfahren höherer Ordnung diskutiert, was jedoch bei häufig wechselnden Gittern zur nahezu ausschließlichen Verwendung eben dieses Einschrittverfahrens führt. Für Probleme mit einer hohen räumlichzeitlichen Dynamik führt diese strukturelle Eigenschaft von adaptiven Mehrschrittverfahren (wie DASSL) zu einer drastischen Verlangsamung der Rechnungen; dies gilt besonders für Raumdimension $d > 1$.

9.2.2 Adaptive Zeitschichtenmethode

Diese Methode wird auch als *adaptive Rothe-Methode* bezeichnet, weil um 1930 E. Rothe [191] eine solche Methode – für uniforme Raum- und Zeitgitter – als Technik für einen Existenzbeweis für die Lösung der Diffusionsgleichung benutzte. Um 1989 erkannte F. Bornemann [37], dass sie den idealen *algorithmischen* Rahmen abgibt, um *volle Adaptivität in Raum und Zeit* für parabolische Differentialgleichungen zu realisieren.

Vorüberlegungen

Wir gehen aus von der Situation, wie sie in Abb. 9.10 dargestellt ist, d. h. vom abstrakten Cauchy-Problem

$$u' = F(u), \quad u(0) = u_0 \in H^1(\Omega), \quad F : H^1(\Omega) \to H^1(\Omega)^*. \tag{9.39}$$

Als parabolisch bezeichnen wir ein solches Problem, wenn seine Linearisierung, also die lineare (i. A. nichtautonome) Variationsgleichung, parabolisch ist. Diskretisieren wir das Problem zunächst bezüglich der Zeit, so erhalten wir eine Folge von linearen Randwertproblemen mit Lösungen $\{u_\tau(t), t = t_0, t_1, \ldots\} \subset H^1(\Omega)$.

Wie wir im Kapitel 9.1.2 ausgeführt haben, gilt im endlichdimensionalen Fall gewöhnlicher Differentialgleichungen: Falls die exakte Jacobi-Matrix $J = F'(u_0)$ auswertbar ist, so kann man ROW-Methoden konstruieren, andernfalls W-Methoden bzw. linear-implizite Extrapolationsmethoden. Im hier vorliegenden unendlichdimensionalen Fall ist jedoch eine exakte Funktionalableitung $F'(u_0)$ nicht verfügbar, sondern im Kontext von FE-Methoden allenfalls eine Projektion auf den FE-Unterraum S_h bzw. eine Approximation davon. Wenn wir also die Zeitintegration innerhalb der Zeitschichtenmethode wie in Kapitel 9.1.4 als *Verfahren im Funktionenraum* interpretieren, so kommen entweder W-Methoden in Betracht oder aber ROW-Methoden, bei denen die zu berechnenden Größen durch adaptive Gitterverfeinerung *hinreichend genau* approximiert werden, um die Ordnung des Zeitschrittverfahrens zu erhalten. Nach (9.31) haben wir bei W-Methoden eine effektive Ordnung von maximal $p^* = 2$ zu erwarten. In der bisherigen Entwicklung der Zeitschichtenmethoden dominieren daher ROW-Methoden, bei denen adaptive Gitterverfeinerung die hinreichend genaue Approximation von $F'(u_0)$ realisiert. Durch Erfüllen der Zusatzbedingungen (9.29) kann dabei die in Kapitel 9.1.4 ausgeführte Ordnungsreduktion vermieden werden, so dass Zeitintegratoren mit hoher effektiver Ordnung implementiert werden können.

Zeitschrittsteuerung

Nach (9.16) erhält man eine optimale Zeitschrittweite durch die Formel

$$\tau^* = \sqrt[p+1]{\frac{\rho \, \mathrm{TOL}_\tau}{[\hat{\epsilon}_\tau]}} \, \tau \tag{9.40}$$

mit $\rho < 1$ und

$$[\hat{\epsilon}_\tau] = \|u_\tau(\tau) - \hat{u}_\tau(\tau)\| \doteq C_p \tau^{p+1},$$

wobei in unserem Kontext nun $u_\tau, \hat{u}_\tau \in H_0^1(\Omega)$. Die Norm $\|\cdot\|$ lassen wir zunächst noch unspezifiziert. Die zugehörige Genauigkeitsabfrage wäre

$$[\hat{\epsilon}_\tau] \leq \mathrm{TOL}_\tau . \tag{9.41}$$

Offenbar ist die Formel so nicht auswertbar: Die Norm der Differenz $[\hat{\epsilon}_\tau]$ kann allenfalls approximiert werden durch

$$[\hat{\epsilon}_\tau]_h = \|u_{h,\tau}(\tau) - \hat{u}_{h,\tau}(\tau)\|, \quad u_{h,\tau} \in S_h \subset H_0^1(\Omega) \tag{9.42}$$

von Diskretisierungen $u_{h,\tau}$ und $\hat{u}_{h,\tau}$. Um die Adaptivität des Algorithmus bezüglich der Zeit verlässlich zu realisieren, muss also sichergestellt werden, dass

$$[\hat{\epsilon}_\tau] \approx [\hat{\epsilon}_\tau]_h \leq \mathrm{TOL}_\tau \,.$$

Dies ist in Verbindung mit adaptiven Mehrgittermethoden machbar, wie wir weiter oben in Kapitel 6.1 ausgeführt haben.

Bereits vorab sei darauf hingewiesen, dass bei der expliziten Auswertung von $[\hat{\epsilon}_\tau]_h$ besonderes Augenmerk auf mögliche *numerische Auslöschung* zu richten ist. Berechnet man etwa u_τ und $\hat{u}_\tau$ unabhängig voneinander auf unterschiedlichen Gittern, so führt die Auswertung der obigen Differenz zu einer massiven Verstärkung der unterschiedlichen Diskretisierungsfehler.[4] Um dieses Problem in den Griff zu bekommen, wurden zwei unterschiedliche Strategien entwickelt, die wir im Folgenden darstellen wollen.

Lineare Probleme

Bornemann arbeitete die Rothe-Methode für lineare nichtautonome parabolische skalare Differentialgleichungen aus, zunächst in einer Raumdimension [37, 38], später in zwei Raumdimensionen [39]. Wir betrachten deshalb diesen speziellen Fall vorab und gehen aus von dem abstrakten linearen Cauchy-Problem

$$u' = Au + f(t), \quad u(0) = u_0 \tag{9.43}$$

mit $u \in H_0^1(\Omega)$ und $-A(\cdot)$ elliptischer Operator. Als Zeitdiskretisierung benutzte er anfangs das extrapolierte linear-implizite Euler-Verfahren (Code **LIMEX**, siehe Kapitel 9.1.2), wobei er allerdings keine Kopplung der Gitter zu diskreten Lösungen benachbarter Ordnung bezüglich τ vorsah und die hohen Fehlerverstärkungsfaktoren Λ_i aus Tab. 9.2 durch entsprechende Gitterverfeinerung zu kompensieren hatte.

Dennoch wurde bereits in dieser ersten Realisierung der prinzipielle Vorteil einer adaptiven Zeitschichtenmethode sichtbar: Im Unterschied zur Linienmethode ist die räumliche Diskretisierung nicht über alle Zeitschichten fixiert, so dass etwa eine Kreuzung wandernder Fronten hier keinerlei Problem darstellt. Zur Illustration sei ein von Bietermann und Babuška [32] vorgeschlagenes Testproblem vorgestellt.

---

4 In Analogie zu „variational crime" [49] und „inverse crime" [142] hat ein solches Vorgehen eigentlich den Namen „differential crime" verdient.

Beispiel 9.9. In diesem Beispiel besteht die Lösung u aus zwei Komponenten

$$u = u^{(1)} + u^{(2)},$$

wobei

$$u^{(1)}(x, t) = 0.25(1 + \tanh(100(x - 10t))),$$
$$u^{(2)}(x, t) = 0.25(1 + \tanh(80(1 - x - 30t))).$$

Offensichtlich modellieren die beiden Lösungsanteile zwei gegenläufige „wandernde Wellen" mit unterschiedlichen Geschwindigkeiten (10 und 30). In der partiellen Differentialgleichung

$$u_t = u_{xx} + f(t), \quad t > 0, \; x \in [0, 1]$$

werden Dirichlet-Randbedingungen und die Funktion $f(t)$ derart gewählt, dass die obige Superposition als eindeutige Lösung herauskommt. In Abb. 9.17 zeigen wir den Knotenfluss, der sich mit der adaptiven Zeitschichtenmethode bei Verwendung von LIMEX (siehe Kapitel 9.1.2) ergibt; in jeder Zeitschicht wurde eine adaptive Mehrgittermethode verwendet.

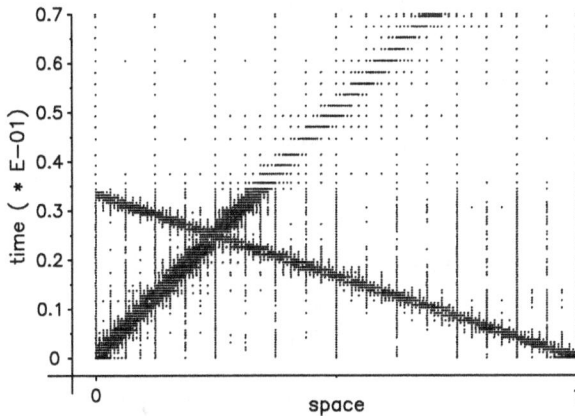

Abb. 9.17: *Adaptive Zeitschichtenmethode* [37]: Knotenfluss bei sich kreuzenden wandernden Fronten. Vergleiche auch Abb. 9.13.

Um das oben schon erwähnte Problem der unerwünschten Verstärkung räumlicher Diskretisierungsfehler zu umgehen, entwickelte Bornemann [38, 39] zwei spezielle Klassen von Zeitdiskretisierungen, zunächst nur für *autonome* Quellterme f: Seien, für wachsende Ordnung p, Lösungen $u_\tau^p \in H^1(\Omega)$ definiert gemäß

$$u_\tau^{p+1} = u_\tau^p + \Delta u_\tau^p, \quad p = 0, 1, \dots.$$

Die spezielle Idee hierbei ist, die Differenzen $\Delta u_\tau^0, \Delta u_\tau^1, \ldots$ *multiplikativ* auseinander zu berechnen.

In einem linearen Stabilitätsmodell für steife Differentialgleichungen (siehe obiges Kapitel 9.1.1) entspricht diese Idee rationalen Funktionen $r_p(z)$, rekursiv berechnet gemäß

$$r_{p+1}(z) = r_p(z) + \rho_p(z), \quad \rho_{p+1}(z) = \gamma_p \frac{z}{1-z} \rho_p(z), \quad p = 0, 1, \ldots,$$

worin $z = \lambda\tau \in \mathbb{C}$ zu Eigenwerten $\lambda(A)$ gehört. Als zugehörige Startwerte ergeben sich $r_0(z) = \rho_0(z) = 1$. Im gegebenen Kontext interessieren wir uns für den speziellen Fall $\mathbb{R}(z) < 0$, weshalb die Verfahren mit einem impliziten Euler-Schritt gestartet werden, entsprechend

$$r_1(z) = \frac{1}{1-z}.$$

Eine genauere Analyse zeigt, dass für die Wahl von ρ_1 nur zwei sinnvolle Möglichkeiten existieren,

$$\rho_1^A(z) = -\frac{1}{2} \frac{z^2}{(1-z)^2} \quad \text{und} \quad \rho_1^L(z) = -\frac{1}{2} \frac{z^2}{(1-z)^3},$$

die auf $A(\alpha)$-stabile und $L(\alpha)$-stabile Verfahren führen. Neben der auf diese Weise automatisch vermiedenen Fehlerverstärkung Λ_b von Extrapolationsverfahren bei der Differenzberechnung ist auch noch die geringe Stufenzahl $s = p$ attraktiv.

Eine Übertragung auf den linearen *nichtautonomen* Fall, also mit $f(t)$ in (9.43), ist in [38] allerdings nur für die ersten beiden Schritte der A-stabilen Diskretisierung ausgearbeitet, also bis $s = p = 2$. (Man beachte, dass der nichtautonome Fall im allgemeinen nichtlinearen Fall enthalten ist, wenn man den üblichen Autonomisierungstrick einbezieht, siehe Band 2).

Bemerkung 9.10. Für die numerische Lösung abzählbarer Differentialgleichungen (in etwa: diskreter partieller Differentialgleichungen) ist die Zeitschichten-Methode im Kontext *diskreter* Galerkin-Methoden ebenfalls von zentraler Bedeutung. Für diese Problemklasse hat M. Wulkow [240] eine Übertragung der eben genannten Methode vom nichtautonomen Fall auf den allgemeinen *nichtlinearen* Fall vorgeschlagen. Diese Methode hat sich seit vielen Jahren in der Praxis bewährt, siehe etwa [241]; allerdings existiert für den allgemeinen Fall immer noch keine Konsistenztheorie, weshalb wir sie hier nicht weiter verfolgen.

Nichtlineare Probleme

Erst 2001 gelang es J. Lang [150], die adaptive Zeitschichten-Methode effizient auf nichtlineare parabolische Probleme (9.39) zu erweitern. Er stützt sich dabei auf ROW-Methoden als linear-implizite Zeitdiskretisierung, wobei er eine Ordnungsreduktion (siehe Kapitel 9.1.4) durch Erfüllung der Zusatzbedingungen (9.29) vermeidet.

Nach (9.12) verlangen ROW-Methoden die Lösung eines formal nichtlinearen Systems in jedem Schritt, hier als Operatorgleichung geschrieben,

$$i = 1, \ldots, s:$$

$$(I - \gamma\tau A)k_i = \tau \sum_{j=1}^{i-1}(\gamma_{ij} - \alpha_{ij})Ak_j + F\left(u_0 + \tau \sum_{j=1}^{i-1}\alpha_{ij}k_j\right). \tag{9.44}$$

Dabei sind die Eigenwerte λ_i des Operators $-A = -F'(u_0)$ als durch $\Re(\lambda_i) \leq C$ für ein $C > 0$ beschränkt vorausgesetzt; wegen $\gamma\tau > 0$ ist dann der Operator $I - \gamma\tau A$ für hinreichend kleine Schrittweiten $\tau < 1/\gamma C$ elliptisch. Wegen der speziellen Struktur von ROW-Methoden ist das obige System (9.44) gestaffelt, d. h. die $k_1, \ldots, k_s \in H_0^1(\Omega)$ können nacheinander durch die Lösung *linearer elliptischer Randwertprobleme* berechnet werden. Dies ist der Grund, warum bei nichtlinearen parabolischen Differentialgleichungen überwiegend linear-implizite Zeitintegratoren Verwendung finden.

In einem *eingebetteten* ROW-Verfahren (siehe Kapitel 9.1.2) lassen sich aus diesen Zwischengrößen zwei diskrete Lösungen zu benachbarten Ordnungen bestimmen wie folgt:

$$u_\tau(\tau) = u_0 + \tau \sum_{i=1}^{s} b_i k_i \in H_0^1(\Omega), \quad \text{Ordnung } p + 1,$$

$$\hat{u}_\tau(\tau) = u_0 + \tau \sum_{i=1}^{s} \hat{b}_i k_i \in H_0^1(\Omega), \quad \text{Ordnung } p.$$

Als Fehlerschätzer bezüglich der Zeit erhält man rein formal

$$[\hat{\epsilon}_\tau] = \left\| u_\tau(\tau) - \hat{u}_\tau(\tau) \right\| = \tau \left\| \sum_{i=1}^{s}(b_i - \hat{b}_i)k_i \right\| \doteq C_p \tau^{p+1}.$$

Keine dieser Formeln ist numerisch direkt auswertbar. Stattdessen müssen ausreichend genaue räumliche Approximationen z. B. mittels adaptiver Multilevel-Methoden berechnet werden.

Wir gehen deshalb über zur schwachen Formulierung in einem Finite-Elemente-Raum $S_h \subset H_0^1(\Omega)$. Für die Approximationen $k_{h,1}, \ldots, k_{h,s} \in S_h$ erhalten wir dann das gestaffelte System

$$i = 1, \ldots, s:$$

$$\langle(I - \gamma\tau A)k_{h,i}, v\rangle \tag{9.45}$$

$$= \tau \sum_{j=1}^{i-1}(\gamma_{ij} - \alpha_{ij})\langle Ak_{h,j}, v\rangle + \left\langle F\left(u_0 + \tau \sum_{j=1}^{i-1}\alpha_{ij}k_{h,j}\right), v\right\rangle, \quad v \in S_h.$$

In dieser FE-Approximation gilt nun

$$u_{h,\tau}(\tau) = u_0 + \tau \sum_{i=1}^{s} b_i k_{h,i} \in S_h,$$

$$\hat{u}_{h,\tau}(\tau) = u_0 + \tau \sum_{i=1}^{s} \hat{b}_i k_{h,i} \in S_h.$$

Den Ortsdiskretisierungsfehler bestimmen wir näherungsweise durch eine hierarchische Erweiterung $S_h^+ = S_h \oplus S_h^\oplus$, $S_h^\oplus = \text{span}(\varphi_l)_{l=1,\dots,n}$ und definieren

$$k_{h,i}^\oplus = \sum_l \eta_{h,i,l} \varphi_l \in S_h^\oplus$$

über einen hierarchischen Fehlerschätzer (etwa den DLY-Schätzer, siehe Kapitel 6.1.4):

$$\langle (I - \gamma\tau A)\varphi_l, \varphi_l \rangle \eta_{h,i,l} = \tau \sum_{j=1}^{i-1} (\gamma_{ij} - \alpha_{ij}) \langle A k_{h,j}^+, \varphi_l \rangle \tag{9.46}$$

$$+ \left\langle F\left(u_0 + \tau \sum_{j=1}^{i-1} \alpha_{ij} k_{h,j}^+\right), \varphi_l \right\rangle - \langle (I - \gamma\tau A)k_{h,i}, \varphi_l \rangle.$$

Damit lassen sich $k_{h,i}^+ = k_{h,i} + k_{h,i}^\oplus$ und

$$u_{h,\tau}^+(\tau) = u_0 + \tau \sum_{i=1}^{s} b_i k_{h,i}^+ \in S_h^+,$$

$$\hat{u}_{h,\tau}^+(\tau) = u_0 + \tau \sum_{i=1}^{s} \hat{b}_i k_{h,i}^+ \in S_h^+$$

definieren. Zur Erleichterung der Übersicht sind alle vier Bezeichnungen in Tab. 9.3 zusammengefasst.

Tab. 9.3: Vier unterschiedliche Approximationen der Lösung $u(\tau) \in H_0^1(\Omega)$.

Ort	Zeit Ordnung p	Ordnung $p + 1$
S_h	$\hat{u}_{h,\tau}$	$u_{h,\tau}$
S_h^+	$\hat{u}_{h,\tau}^+$	$u_{h,\tau}^+$

Für den Akzeptanztest (9.41) verwenden wir anstelle der nicht ausführbaren Schätzung $[\hat{e}_\tau]$ die genaueste verfügbare räumliche Schätzung

$$[\hat{e}_\tau]_h^+ = \|u_{h,\tau}^+ - \hat{u}_{h,\tau}^+\| = \tau \left\| \sum_{i=1}^{s} (b_i - \hat{b}_i) k_{h,i}^+ \right\| \leq \text{TOL}_\tau, \tag{9.47}$$

die wir auch in die Schrittweitenwahl (9.40) einsetzen.

Zusätzlich zum reinen Zeitdiskretisierungsfehlers $\hat{e}_\tau$ erhalten wir noch den Ortsdiskretisierungsfehler

$$\hat{e}_h = \|\hat{u}_\tau - \hat{u}_{h,\tau}\| = \tau \left\| \sum_{i=1}^{s} \hat{b}_i (k_i - k_{h,i}) \right\| \tag{9.48}$$

und beschränken den passenden Schätzer durch

$$[\hat{e}_h] = \|\hat{u}_{h,\tau}^+ - \hat{u}_{h,\tau}\| = \tau \left\| \sum_{i=1}^{s} \hat{b}_i k_{h,i}^{\oplus} \right\| \le \mathrm{TOL}_h. \tag{9.49}$$

Für die Schätzung des Gesamtfehlers ersetzen wir $u(\tau) \in H_0^1(\Omega)$ durch die beste verfügbare Approximation $u_{h,\tau}^+ \in S_h^+$ gemäß

$$\hat{e}_{h,\tau} = \|u(\tau) - \hat{u}_{h,\tau}\| \approx \|u_{h,\tau}^+ - \hat{u}_{h,\tau}\| =: [\hat{e}_{h,\tau}]$$

und erhalten so die erwünschte Beschränkung

$$\begin{aligned}
[\hat{e}_{h,\tau}] &= \|u_{h,\tau}^+ - \hat{u}_{h,\tau}\| \\
&\le \|u_{h,\tau}^+ - \hat{u}_{h,\tau}^+\| + \|\hat{u}_{h,\tau}^+ - \hat{u}_{h,\tau}\| = [\hat{e}_\tau]_h^+ + [\hat{e}_h] \le \mathrm{TOL}_\tau + \mathrm{TOL}_h \le \mathrm{TOL}
\end{aligned}$$

mit einer vom Benutzer vorgegebenen Toleranz TOL.

Aufwandsmodell
Wie in [39] zerlegen wir die verlangte Genauigkeit in ihren Zeit- und Ortsanteil

$$\mathrm{TOL}_\tau = \sigma \mathrm{TOL}, \quad \mathrm{TOL}_h = (1 - \sigma) \mathrm{TOL}$$

mit einem noch zu bestimmenden Parameter $0 < \sigma < 1$. Die Wahl von σ hat zwar keinen direkten Einfluss auf die Größe des Gesamtfehlers, wohl aber auf den Aufwand.
Insbesondere ist eine Reduktion des Ortsfehlers meist mit deutlich größerem Rechenaufwand verbunden als eine entsprechende Reduktion des Zeitfehlers.

Zur genaueren Analyse verwenden wir das folgende einfache Modell. Wir gehen
davon aus, dass die lokalen Zeitschrittweiten durch Zeitschrittsteuerung gewählt worden sind. In Band 1, Kapitel 9.5.3, hatten wir die lokale Zeitschrittsteuerung (am einfachen Beispiel der numerischen Integration) auf der Basis eines Modells hergeleitet,
in dem der *lokale Aufwand pro lokalem Zeitschritt* minimiert und damit global äquilibriert wurde. Dieses Modell beschreibt jedes Evolutionsproblem, d. h. auch unseren
Fall hier. Unter Verwendung eines optimalen Mehrgitterlösers hängt der lokale Gesamtaufwand W pro Zeitschritt τ linear von der Anzahl $N_h = \dim S_h$ der räumlichen
Freiheitsgrade ab:

$$W \sim N_h / \tau.$$

Man beachte, dass dieses Resultat auch im *zeitadaptiven* Fall äquivalent ist zu dem
Modell

$$W \sim N_h N_\tau, \quad \text{mit } N_\tau \sim 1/\tau.$$

Bei *raumadaptiven* Gittern gilt asymptotisch genau wie im quasiuniformen Spezialfall

$$\text{TOL}_h \approx \hat{\epsilon}_h \sim N_h^{-q/d} \|\hat{u}_\tau - \hat{u}_{h,\tau}\|_A,$$

wobei die Konvergenzordnung q der finiten Elemente sowohl von der Ansatzordnung des Raums S_h als auch von der gewählten Norm abhängt, also für lineare finite Elemente $q = 1$ für die Energienorm (Satz 4.21), $q = 2$ für die L^2-Norm (Satz 4.23). Wegen $\hat{u}_0 - \hat{u}_{h,0} = 0$ gilt $\|\hat{u}_\tau - \hat{u}_{h,\tau}\|_A \sim \tau$, woraus dann

$$(1 - \sigma)\,\text{TOL} = \text{TOL}_h \sim N_h^{-q/d}\tau \quad \Rightarrow \quad N_h \sim \left(\frac{\tau}{(1 - \sigma)\,\text{TOL}}\right)^{d/q}$$

folgt. Eine genauere Überlegung führt zu der Einsicht, dass TOL nicht unabhängig von der Zeitschrittweite τ verstanden werden sollte. Bei Integration über ein festes Zeitintervall der (hier nicht weiter zu diskutierenden) Länge T werden nämlich die lokalen Fehler der Größenordnung TOL zu einer Zielgenauigkeit $\epsilon(T)$ führen, was wir in Band 2, Kapitel 5.5, ausführlich diskutiert haben. Bei parabolischen Problemen, die ja dissipativ sind, werden die lokalen Fehler in der stationären Phase herausgedämpft, wodurch sich dann $\epsilon(T) \approx \text{TOL}$ ergibt. Dagegen führt in der transienten Phase die Zeitschrittsteuerung dazu, dass *bei fixierter Zielgenauigkeit* die Beziehung

$$\epsilon(T) \approx N_\tau\,\text{TOL} \quad \Rightarrow \quad \text{TOL} \sim \tau$$

gilt. Für die lokalen Zeitschritte hat man

$$\tau^{p+1} \sim \text{TOL}_\tau = \sigma\,\text{TOL} \sim \sigma\tau \quad \Rightarrow \quad \tau \sim \sigma^{1/p}.$$

Dies liefert schließlich die funktionale Abhängigkeit

$$W \sim (1 - \sigma)^{-d/q}\sigma^{-1/p} =: \varphi(\sigma).$$

Da $\varphi(0)$ und $\varphi(1)$ unbeschränkt positiv sind, ergibt $\varphi'(\sigma) = 0$ das Minimum in

$$\sigma_{\min} = \frac{q}{q + dp}. \tag{9.50}$$

Erwartungsgemäß liefert (9.50) für größere Raumdimensionen, höhere Ordnung in der Zeit und niedrigere Ordnung im Ort ein kleineres σ und erlaubt damit einen größeren Ortsanteil im Gesamtfehler.

Seien als Beispiel lineare finite Elemente betrachtet, also $q = 2$ in der L^2-Norm bzw. $q = 1$ in der Energienorm. Für die implizite Euler-Diskretisierung ($p = 1$) erhält man dann $\sigma_{\min} = 1/(1 + d/2)$ (fast das Resultat in [39]) bzw. $\sigma_{\min} = 1/(1 + d)$. Für ROW-Verfahren der Ordnung $p = 4$ und in Raumdimension $d = 3$ liefert (9.50) den Wert

$\sigma_{\min} = 1/13$ und daher $\text{TOL}_\tau \approx \text{TOL}_h/12$. Der niedrige Wert ist Ausdruck dessen, dass eine Reduktion des Ortsfehlers wesentlich mehr Aufwand verursacht als eine Verringerung des Zeitfehlers. Bei diesem Genauigkeitsunterschied ist allerdings fraglich, ob der für (9.47) verwendete hierarchische Ortsfehlerschätzer überhaupt eine zuverlässige Bestimmung des Zeitfehlers ermöglicht – er hängt schließlich mit einem nicht allzu großen Faktor noch vom Parameter β der Sättigungsannahme (siehe Definition 6.7) ab. In der Praxis sollte daher σ hinreichend groß gewählt werden, etwa durch die Beschränkung $\sigma \geq 1/4$.

Adaptiver Algorithmus
Auf der Basis der bisherigen Überlegungen geben wir im Folgenden zwei Versionen einer adaptiven Zeitschichtenmethode an:

Algorithmus 9.11 (Adaptive Zeitschichtenmethode I).
$(u_{h,\tau}^+, \tau, \tau^*) := \text{AZM}_1(u, \tau^*, \text{TOL}, \sigma)$
repeat
    $\tau := \tau^*$
    for $i := 1, \ldots, s$ **do**
        bestimme $k_{h,i}$ und $k_{h,i}^\oplus$ nach (9.45) und (9.46)
    end
    $[\hat{e}_h] := \tau \sum_{i=1}^s \hat{b}_i k_{h,i}^\oplus$
    if $[\hat{e}_h] \geq \text{TOL}_h$ **then**
        verfeinere das Gitter, wo $|[\hat{e}_h]|$ groß ist
    end
    berechne τ^* nach (9.40)
until $[\hat{e}_\tau]_h^+ \leq \text{TOL}_\tau$ *und* $[\hat{e}_h] \leq \text{TOL}_h$

Ein Nachteil dieses einfachen Zugangs ist die erforderliche Neuberechnung *aller* Stufenwerte $k_{h,i}$ und $k_{h,i}^\oplus$, falls (9.49) durch unzureichende Gitterverfeinerung verletzt wird.

Eine effizientere Alternative könnte sein, die Stufenwerte $k_{h,i}$ von vornherein hinreichend genau zu berechnen, möglicherweise auf geschachtelten Gittern. Voraussetzung ist jedoch die Definition einer passenden Toleranz für die Ortsfehler der einzelnen Stufen k_i.

Lemma 9.12. *Für eingebettete ROW-Verfahren definieren wir*

$$\Lambda_b = \sum_{j=1}^s |b_j| \geq 1, \quad \hat{\Lambda}_b = \sum_{j=1}^s |\hat{b}_j|.$$

Es seien die Genauigkeitsabfragen

$$\tau \|k_{h,i}^\oplus\| \leq \Lambda_b^{-1} \text{TOL}_h \quad bzw. \quad \tau \|k_{h,i}^\oplus\| \leq \hat{\Lambda}_b^{-1} \text{TOL}_h \tag{9.51}$$

erfüllt. Dann gilt

$$[\epsilon_h] \le \mathrm{TOL}_h \quad bzw. \quad [\hat{\epsilon}_h] \le \mathrm{TOL}_h.$$

Beweis. Wegen $\sum_{i=1}^{s} b_i = 1$ für jedes ROW-Verfahren ist $\Lambda_b \ge 1$ klar. Mit

$$[\epsilon_h] = \tau \left\| \sum_{i=1}^{s} b_i k_{h,i}^{\oplus} \right\| \le \tau \sum_{i=1}^{s} |b_i| \, \|k_{h,i}^{\oplus}\| \le \mathrm{TOL}_h$$

ist die zweite Aussage eine direkte Konsequenz der Dreiecksungleichung. Der Beweis für $\hat{\Lambda}_b$ verläuft natürlich analog. □

Im Hinblick auf (9.51) sind ROW-Verfahren mit $\Lambda_b = \hat{\Lambda}_b = 1$, also nichtnegativen b_i und $\hat{b}_i$, besonders attraktiv. In Tab. 9.4 haben wir Werte für einige gängige ROW-Verfahren zusammengestellt. Im Gegensatz zu Extrapolationsverfahren (siehe Tab. 9.2) sind die Faktoren Λ_b und $\hat{\Lambda}_b$ hier moderat. Zu beachten ist allerdings, dass ein Faktor 1.5 bei linearen finiten Elementen in 3D bereits zu einer Erhöhung des Aufwands um den Faktor 3.4 führen kann.

Tab. 9.4: Verstärkungsfaktoren Λ_b und $\hat{\Lambda}_b$ für verschiedene ROW-Verfahren.

Verfahren	Λ_b	$\hat{\Lambda}_b$
ROS2	1	1
ROS3P	1	1
ROS3PL	1.5384	1.3480
ROWDA3	1.1824	1
RODAS3	1.6667	1.5

Algorithmus 9.13 (Adaptive Zeitschichtenmethode II).

$(u_{h,\tau}^+, \tau, \tau^*) := \mathrm{AZM}_2(u, \tau^*, \mathrm{TOL}, \sigma)$
repeat
    $\tau := \tau^*$
    for $i := 1, \ldots, s$ **do**
        repeat
            bestimme $k_{h,i}$ und $k_{h,i}^{\oplus}$ nach (9.45) und (9.46)
            if $\tau \|k_{h,i}^{\oplus}\| > \hat{\Lambda}_b^{-1} \mathrm{TOL}_h$ **then**
                verfeinere das Gitter, wo $|k_{h,i}^{\oplus}|$ groß ist
            end
        until $\tau \|k_{h,i}^{\oplus}\| \le \hat{\Lambda}_b^{-1} \mathrm{TOL}_h$
    end
    berechne τ^* nach (9.40)
until $[\hat{e}_\tau]_h^+ \le \mathrm{TOL}_\tau$

Offenbar ist hier im Gegensatz zur Variante I eine Neuberechnung der Stufen $k_{h,j}, j < i$, nicht erforderlich, wenn zur Berechnung von $k_{h,i}$ das Gitter verfeinert werden muss. Dafür ist die Toleranzvorgabe aufgrund des Faktors $\hat{\Lambda}_b \geq 1$ und der Anwendung der Dreiecksungleichung etwas strenger.

Gittervergröberung

Bisher haben wir nur von Gitter*verfeinerung* gesprochen. Gerade für nichtlineare zeitabhängige Gleichungen ist aber eine Verlagerung der räumlichen Lösungsstruktur mit der Zeit typisch. Beschränkt man sich wie in den Algorithmen 9.11 und 9.13 auf die Verfeinerung bei unzureichender Genauigkeit, füllt sich ein großer Teil des Gebiets mit kleinen Elementen, die für die Lösungsdarstellung nur zu einem früheren Zeitpunkt erforderlich waren. Das beeinträchtigt zwar die Genauigkeit der Lösung nicht, wohl aber die Effizienz. Daher ist die *Vergröberung* von Gittern dort, wo kleine Elemente nicht mehr benötigt werden, eine wesentliche Zutat effizienter Algorithmen. Im Kontext nichtlinearer parabolischer Gleichungen haben sich zwei Vergröberungsverfahren etabliert.

A-priori-Vergröberung. Hierbei wird das Gitter vor Berechnung eines Zeitschritts vergröbert, entweder global um eine Gitterebene oder nur lokal dort, wo der Fehlerschätzer des vorigen Zeitschritts besonders kleine Fehlerindikatoren $[\epsilon_T]$ geliefert hat. Die adaptive Gitterverfeinerung im anschließenden Zeitschritt erzeugt dann die für die geforderte Genauigkeit passenden Gitter. Um keinen Informations- und damit Genauigkeitsverlust durch die Vergröberung zu erleiden, wird der Anfangswert u des Schrittes auf dem feineren Gitter beibehalten, was allerdings wegen des Vorhaltens zweier verschiedener Gitter die Implementierung deutlich komplizierter macht.

A-posteriori-Vergröberung. Hierin wird die Toleranz etwas verringert und der so gewonnene Spielraum zur nachträglichen Vergröberung der Lösung verwendet. Weil bei dieser Vergröberung die vollständige Information vorliegt, kann der dabei erzeugte Fehler im Voraus exakt bestimmt und der Vergröberungsprozess so gesteuert werden. Bei dieser Variante genügt die Verwendung nur einer Gitterdatenstruktur, dafür fallen die zu lösenden Systeme etwas größer aus.

Bemerkung 9.14. Vom Rechenaufwand her besonders attraktiv ist die gelegentlich verwendete Variante, die Gitterverfeinerung nur für die erste Stufe eines ROW-Verfahrens, die häufig einem Euler-Schritt entspricht, durchzuführen, und das so erhaltene Gitter dann für alle weiteren Stufen zu verwenden. Dies erfordert Fehlerschätzung und wiederholte Berechnung nur für eine Stufe und vermeidet zudem die Verstärkung des Diskretisierungsfehlers durch $\Lambda_b \geq 1$. Dieser optimistische Ansatz unterstellt aber, dass die Lösungsstruktur aller Stufen sehr ähnlich ist und daher das für die erste Stufe ausreichend verfeinerte Gitter auch für die folgenden Stufen genügt. Gerade bei Verfahren höherer Ordnung kann diese Annahme aber grundfalsch sein, wie wir im Abschnitt 9.3.2 sehen werden.

Adaptive Defektkorrekturmethoden

Wie schon in Abschnitt 9.1.3 angedeutet, wird man bei Defektkorrekturmethoden, anders als bei ROW-Methoden, Fehler aus früheren Stufen k_i im Laufe der konvergenten Iteration wieder los, sofern nur die späteren Stufen ausreichend genau berechnet werden. Daher bietet es sich an, adaptive Gitterverfeinerung und spektrale Defektkorrekturiteration zu verschachteln. So kann man die ersten Sweeps schnell auf gröberen Gittern durchführen und hat für die aufwendigen Feingitter-Sweeps einen sehr guten Startwert. In einem – allerdings nicht adaptiven – theoretischen Modell dieser Herangehensweise lässt sich die Effizienz klar zeigen [232].

Fehlerschätzer

Wir haben es hier mit drei verschiedenen Fehlerquellen zu tun: dem Abbruchfehler der SDC-Iteration, dem Ortsdiskretisierungsfehler und dem Zeitdiskretisierungsfehler. Aufgrund relativ schnellen linearen Konvergenz der SDC-Iteration mit LU-Trick bei Kontraktionsfaktoren von zumeist $\rho < 0.3$, siehe Abb. 9.5, lässt sich der Iterationsfehler $\epsilon_i = \|u^k - u^*\|$ einfach durch die Größe der Korrektur abschätzen als

$$[\epsilon_k] = \frac{\rho}{1-\rho}\|\Delta u^k\|.$$

Den Ortsfehler $\hat{\epsilon}_h$ aus (9.48) können wir analog zu (9.49) durch einen Sweep im Erweiterungsraum $S_h^\oplus$ schätzen.

Der Zeitdiskretisierungsfehler ist hier allerdings schwieriger zu schätzen. Beim Verfeinern des Ortsgitters kann man nicht unbedingt davon ausgehen, weiterhin mit jedem Sweep eine Ordnung (entsprechend einer Fehlerreduktion um den Faktor τ) zu gewinnen, denn es kommen Fehleranteile dazu, die, anders als die Grobgitterfehler, bisher nicht durch die SDC-Iteration reduziert wurden. Daher kann, anders als bei den exakten SDC-Verfahren in Abschnitt 9.1.3, die Korrektur Δu^{p-1} nicht direkt für die Schätzung des Zeitdiskretisierungsfehlers herangezogen werden. Stattdessen betrachten wir als einfachste Möglichkeit die Interpolation der gegenwärtigen, erweiterten Kollokationslösung $u_{h,\tau}^{k,+} \in \mathbb{P}_s$ durch ein Polynom $\hat{u}_{h,\tau}^{k,+} \in \mathbb{P}_{s-1}$ niedrigeren Grades auf dem entsprechenden Kollokationsgitter und wählen

$$[\hat{\epsilon}_\tau]_{h,k} = \|u_{h,\tau}^{k,+} - \hat{u}_{h,\tau}^{k,+}\|.$$

Da die Kollokationsordnung $p = 2s - 1$ für Radau-Verfahren nur am Endpunkt τ_s erreicht wird, ist der Fehlerschätzer durch Interpolation der Iterierten an den s Punkten eines Kollokationsgitters zur Stufenzahl $s - 1$ im Allgemeinen höchstens von der Ordnung $s < p$. Die adaptiv gewählten Schrittweiten werden also auch nur zu einem Verfahren der Ordnung $s - 1$ passen – allerdings ist ja aufgrund der hinzukommenden Ortsfehleranteile die Ordnung p ohnehin nicht gesichert.

Die auf den ersten Blick attraktive Alternative, auf einem feineren Kollokationsgitter mit $s + 1$ Stufen einen Sweep durchzuführen und dessen Größe als Zeitfehlerschätzung heranzuziehen, führt ebenfalls nicht zu einem Zeitfehlerschätzer der Ordnung p, denn die durch Interpolation erzeugte Startiterierte auf dem feineren Zeitgitter weist einen Fehler der Ordnung $s + 1$ auf. Daher hat dann auch der erste Sweep diese Ordnung. Um tatsächlich die Ordnung p zu sehen, müssten s Sweeps durchgeführt werden, was aber deutlich zu aufwändig ist.

Adaptiver Algorithmus

Im Sinne einer Fehleräquilibrierung adressieren wir nur den jeweils größten Fehleranteil durch einen weiteren Sweep, durch Ortsgitterverfeinerung oder durch Zeitgitterverfeinerung. Dies führt auf folgenden Algorithmus:

Algorithmus 9.15 (Adaptive Defektkorrektur).

$(u_{h,\tau}^+, \tau, \tau^*) := \mathrm{AZM}_3(u, \tau^*, \mathrm{TOL}, \sigma)$

repeat

  $\tau := \tau^*$

  for $i = 1, \ldots, n$ **do**

      bestimme $\Delta u_{h,i}$, $\Delta u_{h,i}^\oplus$ und entsprechend $u_{h,i}$, $u_{h,i}^\oplus$ nach (9.21)

  end

  bestimme $[\epsilon_k]$, $[\hat{e}_h]$ und $[\hat{e}_\tau]$

  if $[\hat{e}_h] > \max([\epsilon_k], [\hat{e}_\tau])$ **then**

      verfeinere das Gitter, wo $|\Delta u_h^\oplus|$ groß ist

  else if $[\hat{e}_\tau] \geq \max([\hat{e}_h], [\epsilon_i])$ **then**

      erhöhe die Stufenanzahl zu $s := s + 1$

      verfeinere das Kollokationsgitter und interpoliere die Lösung u_h

  end

until $[\epsilon_i] + [\hat{e}_h] + [\hat{e}_\tau] \leq \mathrm{TOL}_\tau$

berechne τ^* nach (9.40)

9.2.3 Zielorientierte Fehlerschätzung

Wie in Kapitel 6.1.5 lassen sich auch für parabolische Probleme zielorientierte Fehlerschätzer für Interessengrößen $J(u) = \langle j, u \rangle$ über Gewichtsfunktionen z ausdrücken, die als Lösungen adjungierter Probleme berechnet werden. Im Unterschied zu elliptischen Gleichungen ist der Informationsfluss hier aber zeitlich gerichtet, was zu einer interessanten Struktur der zielorientierten Fehlerschätzung führt.

Zur einfacheren Herleitung der Gewichtsfunktion betrachten wir das Modellproblem

$$u' = \Delta u + f(u) + r \quad \text{auf } \Omega \times [0, T], \qquad u|_{t=0} = u_0, \quad u|_{\partial\Omega} = 0 \qquad (9.52)$$

in abstrakter Notation $c(u, r) = 0$, wobei r wieder ein Residuum darstellt. Zu jedem r gehört damit eine Lösung $u(r)$ mit $c(u(r), r) \equiv 0$. Ableiten nach r führt auf

$$c_u(u(r), r)u_r(r) + I = 0, \quad \text{also} \quad u_r = -c_u^{-1}.$$

Sei $u = u(0)$ die exakte Lösung und $u_h = u(r)$ eine Approximation. Dann gilt in erster Näherung

$$\epsilon_h = \langle j, u_h - u \rangle \approx \langle j, u_r(r)\, r \rangle = \langle -c_u(u_h)^{-*}j, r \rangle.$$

Die Gewichtsfunktion $z = -c_u(u_h)^{-*}j$ ist daher wieder Lösung des adjungierten Problems

$$c_u(u_h)^* z = -j, \tag{9.53}$$

das sich konkret als parabolische Gleichung rückwärts in der Zeit schreiben lässt (siehe Aufgabe 9.9):

$$-z' = \Delta z + f'(u_h)z - j \quad \text{auf } \Omega \times [0, T], \qquad z|_{t=T} = 0, \quad z|_{\partial\Omega} = 0. \tag{9.54}$$

Passend zum Vorzeichen der Zeitableitung ist hier ein Endwert vorgegeben (siehe Kapitel 1.2). Der zielorientierte Fehlerschätzer wird dann analog zum elliptischen Fall als

$$[\epsilon_h] = \langle z, r \rangle, \quad [\epsilon_T] = \langle z|_T, r \rangle \tag{9.55}$$

definiert. Für Punktauswertungen $J(u) = u(\hat{x}, \hat{t})$ und einfache Diffusion mit $f'(u_h) = 0$ ist die Gewichtsfunktion gerade die Fundamentallösung (A.18), allerdings in zeitlicher Rückwärtsrichtung. Insbesondere gilt $z(x, t) \equiv 0$ für $t > \hat{t}$ – in Übereinstimmung mit der kausalen Anschauung, dass zeitlich nach $\hat{t}$ auftretende Fehler keinerlei Einfluss auf den Wert $u(\hat{x}, \hat{t})$ haben können.

Anders als bei reiner Diffusion muss bei *nichtlinearen* parabolischen Gleichungen die zu einer Punktauswertung J gehörende Gewichtsfunktion z nicht schnell abfallen, wie das folgende Beispiel zeigt.

Beispiel 9.16. Wir betrachten die Gleichung

$$u_t = 10^{-3}u_{xx} + af(u) \quad \text{auf } \Omega \times [0, T] = {]0, 1[} \times [0, 10] \tag{9.56}$$

mit $f(u) = u(u - 0.1)(1 - u)$ und dem Startwert $u_0 = \max(0, 1 - 2x)$ zu homogenen Neumann-Randbedingungen. Für $a = 0$ erhalten wir die aus Kapitel 1.2 bekannte lineare Diffusionsgleichung. Für $a = 10$ dagegen ist (9.56) ein einfaches Modell für anregbare Medien. Der Reaktionsterm $f(u)$ hat zwei stabile Fixpunkte 0 (die „Ruhelage") und 1 (der „angeregte Zustand") sowie einen instabilen Fixpunkt 0.1. Durch Diffusion werden Bereiche in Ruhe von benachbarten angeregten Bereichen über den instabilen Fixpunkt gehoben und streben dann aufgrund der Reaktion dem angeregten Zustand

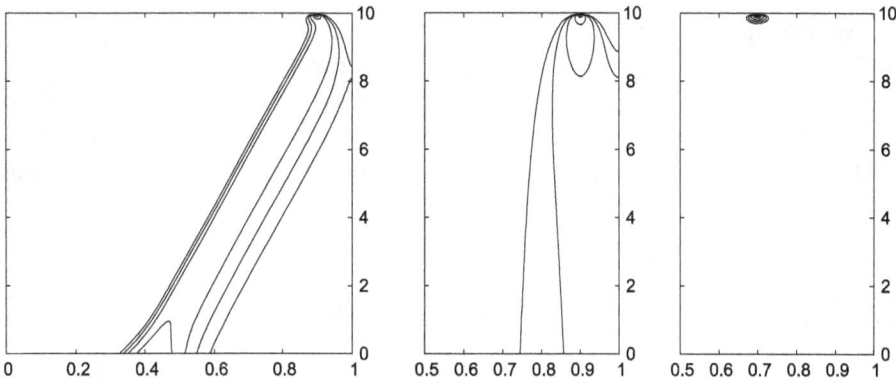

Abb. 9.18: Isolinien der Gewichtsfunktionen z für die Gleichung (9.56) bei Punktauswertung. Die Höhe der Isolinien ist 50, 100, 200, 500, 1000. Links: $a = 10$, $J = u(0.9, T)$. Mitte: $a = 0$, $J = u(0.9, T)$. Rechts: $a = 10$, $J = u(0.8, T)$.

zu. Auf diese Art breitet sich die Anregung im Gebiet in Form einer wandernden Welle aus – beim gewählten Startwert von links nach rechts. In einem unbeschränkten Gebiet stellen sich Lösungen der Form $u(x, t) = w(x - vt)$ ein, was näherungsweise auch auf beschränkten Gebieten gilt, solange Randeffekte keinen dominanten Einfluss haben. Die *Gestalt* der Lösung ist stabil in dem Sinn, dass kleine Störungen, insbesondere hochfrequente, schnell gedämpft werden. Nicht stabil ist dagegen die *Position* der Lösung. Positionsfehler bleiben dauerhaft erhalten, denn sowohl $u(x, t) = w(x - vt)$ als auch die verschobene Variante $u(x, t) = w(x - vt + \epsilon)$ sind Lösungen von (9.56). Sofern Störungen einen Einfluss auf die Position der Lösung haben, werden sie nicht herausgedämpft. Dies erkennt man deutlich an der Gewichtsfunktion z in Abb. 9.18 links, wo Residuen entlang der ganzen Wellenfront im Raum-Zeit-Gebiet einen weitgehend konstanten Einfluss auf die Punktauswertung $u(0.9, T)$ haben. Der Grund für dieses Verhalten liegt darin, dass für $0.05 \le u \le 0.68$ die Reaktionsableitung $f'(u)$ positiv ist, der Differentialoperator $10^{-3}\Delta + f'(u)$ in der adjungierten Gleichung (9.54) also auch positive Eigenwerte hat.

Im Gegensatz dazu beschränkt sich der Einfluss von Störungen bei der reinen Diffusion (Abb. 9.18 mitte) auf räumlich und zeitlich nahegelegene Punkte. Dies gilt sogar in noch stärkerem Maße beim nichtlinearen Problem, sofern die auszuwertende Lösung sich in einem stabilen Fixpunkt der Reaktion befindet (Abb. 9.18 rechts), wo Störungen zusätzlich gedämpft werden.

Wie dieses Beispiel zeigt, weisen nichtlineare parabolische Probleme häufig einen signifikanten globalen Fehlertransport auf. Anders als bei elliptischen Problemen mit stark lokaler Auswirkung von Residuen führt hier eine Gitterverfeinerung anhand des lokalen Residuums oder des lokal geschätzten Fehlers im Allgemeinen nicht zu optimal dem Problem angepassten Gittern.

Wollen wir daher (9.55) zur Gitterverfeinerung verwenden, müssen wir die Gewichtsfunktion z nach (9.54) berechnen, wobei die Lösung u_h in (9.54) und das zugehörige Residuum r in (9.55) eingeht. Es muss also u_h auf dem gesamten Raum-Zeit-Gebiet $\Omega \times [0, T]$ verfügbar sein, was für $d = 3$ einen wesentlichen Speicheraufwand bedeuten kann. Zur Verringerung des Speicherbedarfs bieten sich verschiedene Ansätze wie Checkpointing [116] oder verlustbehaftete Kompression [233] an.

9.3 Elektrische Erregung des Herzmuskels

Zum Abschluss dieses Kapitels wollen wir ein parabolisches Problem aus der medizinischen Anwendung vorstellen, die Simulation der Herzmuskelerregung. Wie sich zeigen wird, geht es in seiner Komplexität weit über die bisher in diesem Kapitel zur Illustration herangezogenen Modellprobleme hinaus. Es verdeutlicht jedoch, wie sich die in diesem Buch vorgeschlagenen adaptiven algorithmischen Bausteine in einem solchen Anwendungskontext auf die Effizienz der numerischen Lösung auswirken.

9.3.1 Mathematische Modelle

Um ausreichend Blut durch den Körper zu pumpen, ist eine über lange Zeiten gleichmäßige, kohärente Kontraktion des Herzmuskels erforderlich. Diese wird durch ein Wechselspiel von elastomechanischen und elektrischen Prozessen bewirkt. Die Elastomechanik wollen wir hier ausklammern und uns auf die Elektrokardiologie beschränken.

Physiologisches Modell. Anders als in der Skelettmuskulatur werden beim Herzen die Muskelzellen nicht einzeln durch Nervenfasern angeregt. Vielmehr läuft die elektrische Erregung in Form einer Depolarisationswelle durch das Muskelgewebe. Im Zuge der Depolarisation wechselt die Transmembranspannung zwischen Zellinnerem und Zelläußerem von ihrem Ruhewert –85 mV auf das Erregungspotential von rund 20 mV. Die daraufhin erfolgende Ausschüttung von Ca^{2+} führt zur Kontraktion der Muskelzellen. Beim gesunden Herzschlag wird diese Welle durch einen regelmäßig wiederkehrenden elektrischen Impuls aus dem Sinusknoten ausgelöst, siehe Abb. 9.19, links. Bei manchen Arten der Arrhythmie (Herzrhythmusstörungen) kommen noch außerphasige Impulse hinzu, die das raum-zeitliche Muster völlig verändern, siehe Abb. 9.19, rechts. Die Fortpflanzung der Depolarisationsfront beruht auf dem Zusammenspiel von einerseits passiver Ionendiffusion und andererseits aktivem Ionenaustausch zwischen Zellinnerem und Zelläußerem. Ionendiffusion findet sowohl außerhalb der Zellen als auch innerhalb und zwischen den Zellen statt. Der Ionentransport zwischen den Zellen, also durch die Zellmembran, erfolgt über Ionenkanäle. Diese können, abhängig von der Transmembranspannung und inneren Zuständen, offen oder geschlossen sein und, durch Einsatz der chemischen Substanz

Adenosintriphosphat (ATP), Ionen sogar entgegen der Potentialdifferenz transportieren sowie unterschiedliche Ionenarten austauschen.

Um die Vielzahl der Zellen nicht einzeln beschreiben zu müssen, werden *kontinuierliche* mathematische Modelle verwendet. Die wesentlichen Größen sind dabei:
- die elektrischen Potentiale ϕ_i im Zellinneren und ϕ_e im Zelläußeren,
- die Transmembranspannung $u = \phi_i - \phi_e$ sowie
- die inneren Zustände w der Ionenkanäle.

Membranmodelle

Der Ionenstrom I_{ion} durch die Kanäle sowie die zeitliche Entwicklung R der inneren Zustände wird durch eines der zahlreichen Membranmodelle beschrieben, siehe etwa [174]. Physiologisch orientierte Membranmodelle enthalten Beschreibungen der Dynamik realer Ionenkanäle sowie der Konzentrationen der verschiedenen Ionenarten (Na^+, K^+, Ca^{2+}). Die mathematische Formulierung dieser Zusammenhänge führt zu einem System von partiellen Differentialgleichungen sowie zusätzlich zwischen einer und 100 gewöhnlichen Differentialgleichungen, die jedoch an jedem Punkt des Volumens ansetzen.

Bidomain-Modell

Dieses Modell ist das umfangreichste unter den gängigen elektrokardiologischen Modellen. Es besteht aus zwei partiellen Differentialgleichungen und einem Satz von gewöhnlichen Differentialgleichungen:

$$\chi C_m u' = \text{div}(\sigma_i \nabla(u + \phi_e)) - \chi I_{\text{ion}}(u, w), \tag{9.57}$$

$$0 = \text{div}(\sigma_i \nabla u) + \text{div}((\sigma_i + \sigma_e)\nabla \phi_e) + I_e, \tag{9.58}$$

$$w' = R(u, w).$$

Die hierin verwendeten physikalischen Größen haben die folgende Bedeutung:
- χ: Membranfläche pro Volumen,
- C_m: elektrische Kapazität pro Membranfläche,
- $\sigma_i, \sigma_e \in \mathbb{R}^{d \times d}$: Leitfähigkeiten des zellinneren und zelläußeren Mediums, die aufgrund der Faserstruktur des Herzmuskels anisotrop (und deshalb Tensoren) sind,
- I_e: externer Anregungsstrom.

Die elliptische Gleichung (9.58) hat offenbar die Funktion einer algebraischen Nebenbedingung – dabei liegt ein partiell-differentiell-algebraisches System vom Index 1 vor (vgl. Band 2, Kapitel 2.6). Meist geht man aus von isolierenden Randbedingungen

$$n^T \sigma_i \nabla u = -n^T \sigma_i \phi_e,$$

$$n^T \sigma_e \nabla \phi_e = 0.$$

Aufgrund der hohen Komplexität des Bidomain-Modells werden häufig vereinfachte Modelle verwendet (über deren Limitierungen man sich aber im Klaren sein muss).

Monodomain-Modell

Sind die Diffusionstensoren σ_i und σ_e skalare Vielfache voneinander, so lässt sich die zweite Gleichung (9.58) in die erste (9.57) einsetzen, woraus sich das folgende Differentialgleichungssystem ergibt:

$$\chi C_m u' = \operatorname{div}(\sigma_m \nabla u) - \chi I_{\text{ion}}(u, w), \tag{9.59}$$

$$w' = R(u, w). \tag{9.60}$$

Auch wenn die dieser Vereinfachung zugrunde liegende Annahme im Allgemeinen nicht zutrifft, wird dieses Modell für viele Fragestellungen als ausreichend gute Approximation angesehen, ist aber auch wegen seiner geringeren rechnerischen Komplexität beliebt.

Änderungen der normalen Erregungsausbreitung durch genetische Defekte, lokale Gewebeschäden als Folge von Infarkten, Stromschläge oder Einnahme von Drogen können die kohärente Kontraktion empfindlich stören und zu schweren Krankheiten wie Herzinsuffizienz oder Tachykardie sowie zum tödlichen Kammerflimmern führen. Zum grundlegenden Verständnis der Wirkungsweisen sowie zur Vorhersage der Auswirkungen von Therapien werden verlässliche numerische Simulationen der Erregungsausbreitung in der Zukunft eine zunehmende Rolle spielen.

9.3.2 Numerische Simulation

Die numerische Lösung der oben aufgeführten mathematischen Modellgleichungen ist eine wirkliche Herausforderung, siehe auch die Monographie [212]. Wesentliche Gründe dafür sind:

- *Starke Spreizung der Ortsskalen.* Während ein menschliches Herz rund 10 cm Durchmesser hat, liegt die Breite der Depolarisationsfront bei etwa 1 mm. Um eine auch nur annähernd akzeptable Genauigkeit der Darstellung zu erhalten, muss die räumliche Gitterweite an der Frontposition weniger als 0.5 mm betragen.
- *Starke Spreizung der Zeitskalen.* Ein gesunder Herzschlag dauert etwa 1 s, der Wechsel der Transmembranspannung vom Ruhewert zum Erregungspotential erfolgt aber innerhalb von 2 ms. Für eine halbwegs akzeptable Genauigkeit darf eine äquidistante Zeitschrittweite 1 ms nicht überschreiten.
- *Große Systeme.* Neuere Membranmodelle, die verschiedene Ionenarten sowie deren Konzentrationen in mehreren Organellen in den Zellen und eine große Auswahl verschiedener Ionenkanäle berücksichtigen, enthalten bis zu 100 Variablen (in w) mit sehr unterschiedlicher Dynamik.
- *Komplexe Geometrie und Anisotropie.* Die längliche Form der Muskelzellen und ihre Anordnung in Lagen führen zu einer ausgeprägten, ortsabhängigen und unterschiedlichen Anisotropie der Leitfähigkeiten σ_i und σ_e. Die Geometrie des Herzens ist zudem sehr komplex: Es ist von Adern durchzogen, die den Erregungsreiz nicht

leiten, umgekehrt sind die Herzkammern von fadenförmigen Strukturen durchzogen, die sehr wohl die Depolarisationsfront weiterleiten. Spezielle Leitungsfasern (His-Bündel und Purkinje-System) weisen eine deutlich schnellere Reizleitung auf.

Die numerische Simulation dieses offenkundig schwierigen Problems wurde in zwei Stufen angegangen. Da bis dahin international nur uniforme Raumgitter verwendet worden waren, wurde in [59] zunächst der Effekt der räumlichen und zeitlichen Adaptivität bei Lösung des Problems über einem quaderförmigen Gewebestück getestet. Es ergaben sich 200 adaptive Zeitschritte gegenüber 10 000 äquidistanten Zeitschritten, die bei konstanter Zeitschrittweite τ nötig gewesen wären. In den Raumgittern konnte etwa ein Faktor 200 eingespart werden. Diese Resultate ermutigten dazu, das Problem mit realistischer Raumgeometrie anzugehen, siehe [75]: Das 3D-Grundgitter des Herzmuskels wurde [154] entnommen, es besteht aus 11 306 Knoten für 56 581 Tetraeder. Die Simulation erfolgte mit dem adaptiven Finite-Elemente-Code **KARDOS** nach Lang [150], der ein adaptives Zeitschichtenverfahren realisiert. Für die Zeitdiskretisierung wurde der erst jüngst entwickelte linear-implizite Integrator ROS3PL [151] eingesetzt, siehe Kapitel 9.1.2. Für die Raumdiskretisierung wurden lineare finite Elemente gewählt. Die adaptiven Gitter wurden mit dem hierarchischen DLY-Fehlerschätzer konstruiert, siehe Kapitel 6.1.4. Die numerische Lösung der auftretenden riesigen Gleichungssysteme wurde durch Anwendung des iterativen Lösers **BI-CGSTAB** von [225] mit ILU-Vorkonditionierung durchgeführt,[5] siehe die Bemerkung 5.12. Diese Vorkonditionierung ist eine unsymmetrische Erweiterung der unvollständigen Cholesky-Zerlegung, die wir in Kapitel 5.3.2 vorgestellt haben; die Effizienz von ILU-Vorkonditionierern ist allerdings bisher nicht bewiesen.

In Abb. 9.19 sind typische Transmembranspannungen der Monodomain-Gleichungen mit Aliev–Panfilov-Membranmodell für einen gesunden Herzschlag (links) und für den Fall des Kammerflimmerns (Fibrillation) gezeigt. Das einfache Aliev–Panfilov-Modell ist insbesondere zur mathematischen Beschreibung von *Herzrhythmusstörungen* (im medizinischen Fachjargon: *Arrhythmie*) entwickelt worden. Deutlich zu erkennen ist die lokale Verfeinerung der Gitter entlang der Fronten. Mit der Bewegung der Fronten durch das Gebiet verschiebt sich auch die Position der Gitterverfeinerung. Im Fall des Kammerflimmerns mit dem an vielen Stellen des Gebiets verfeinerten Gitter wurden in zeitlichen Zwischenschritten bis zu 2 100 000 Knoten benötigt. Ein äquidistantes Gitter mit der gleichen lokalen Auflösung hätte mit rund 310 Millionen Knoten 150 mal mehr Freiheitsgrade zur Ortsdiskretisierung benötigt.

Trotz der deutlichen Verringerung der Anzahl an Freiheitsgraden durch adaptive Verfahren bleibt die Simulation der elektrischen Herzerregung eine Herausforderung.

---

5 was aus Mehrgittersicht noch nicht das letzte Wort sein mag.

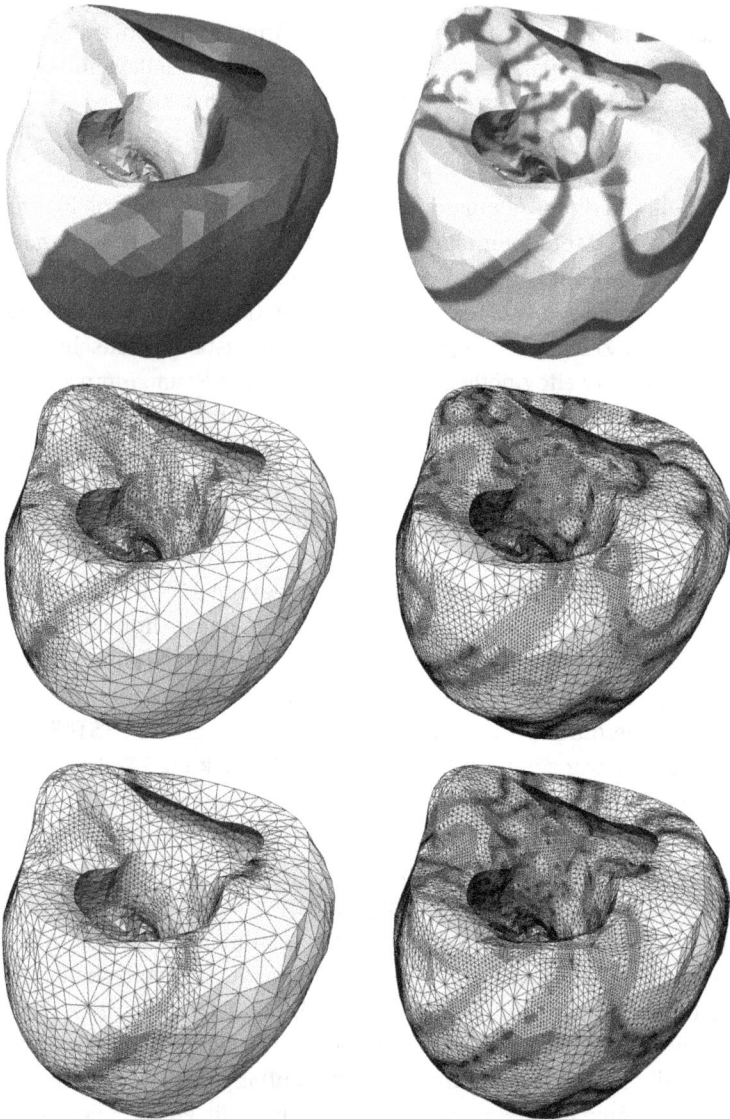

Abb. 9.19: *Adaptive Zeitschichtenmethode*: Wandernde Depolarisationsfronten bei der elektrischen Erregung des Herzens. *Links*: Normaler Herzschlag: *Oben*: Visualisierung der Lösung zum Zeitpunkt $t = 40$ ms, *Mitte*: zugehöriges Raumgitter mit Front, *Unten*: Raumgitter bei $t = 55$ ms. *Rechts*: Fibrillation: *Oben*: Visualisierung der Lösung bei $t = 710$ ms, *Mitte*: zugehöriges Raumgitter mit vielfachen Fronten, *Unten*: Raumgitter bei $t = 725$ ms.

Dies liegt nicht zuletzt auch an dem im Vergleich zu Verfahren mit festem Gitter zusätzlichen Aufwand, den die Adaptivität erfordert: die Berechnung von Fehlerschätzern, die Gittermanipulation selbst und ganz besonders die nach jeder Gitteranpassung erforderliche erneute Assemblierung der Massen- und Steifigkeitsmatrizen.

Am Beispiel der Monodomaingleichung wollen wir zuletzt noch auf Bemerkung 9.14 zurückkommen. Während bei der Monodomaingleichung (9.59) viele, insbesondere räumlich hochfrequente, Fehleranteile schnell herausgedämpft werden, bleibt aufgrund der Nichtlinearität des Problems jeder Positionsfehler der Depolarisationsfront erhalten. Insbesondere kann eine ungenaue Zeitdiskretisierung, wie sie durch die erste Stufe eines ROW-Verfahrens oder den ersten Sweep einer SDC-Methode erzeugt wird, einen signifikanten Frontpositionsfehler aufweisen. Eine Gitterverfeinerung, die sich lediglich an dieser ersten Stufe orientiert, kann völlig ungeeignete Gitter produzieren. In Abb. 9.20 ist genau dies zu sehen: Während die geschachtelte Iteration aus SDC-Sweep und Gitterverfeinerung erwartungsgemäß ein an der Frontposition verfeinertes Gitter liefert, resultiert die Berücksichtigung nur des ersten Sweeps eine der Front nachlaufende Verfeinerung, die zudem auch noch ein feineres Gitter erzeugt. Der Grund ist die unzureichende Genauigkeit der Zeitdiskretisierung des ersten Sweeps u^1, die in der Abbildung rechts ersichtlich ist: Die im ersten Sweep berechnete Front liegt gegenüber der Lösung u^p hoher Ordnung deutlich zurück und weist einen Überschwinger auf, der zu größeren zweiten Ortsableitungen und damit zu einem feineren Gitter führt. Ganz offenbar ist hier die optimistische Annahme, die erste Stufe oder der erste Sweep sei eine ausreichende Grundlage für die Ortsgitterverfeinerung, nicht gerechtfertigt.

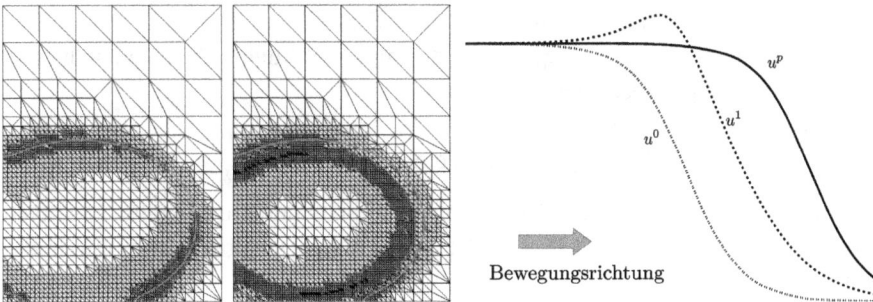

Abb. 9.20: Adaptive Gitterverfeinerung für eine sich ausbreitende Herzerregung im Monodmain-Modell (9.59) auf einem Radau-Kollokationsgitter mit $s = 3$. Die Position der Front ist durch die durchgezogene Linie markiert. *Links:* Verfeinerung gemäß Algorithmus 9.15. *Mitte:* Verfeinerung nur für den ersten SDC-Sweep. *Rechts:* Verlauf der Transmembranspannung u senkrecht zur Front.

9.4 Übungsaufgaben

Aufgabe 9.1. Zu untersuchen ist das Konzept der *A-Stabilität* für den Fall nichtdiagonalisierbarer Matrizen. Dazu betrachten wir eine lineare Differentialgleichung $y' = Ay$ und ein zugehöriges Einschrittverfahren $y_{k+1} = R(\tau A)y_k$ mit Stabilitätsfunktion

$R(z), z \in \mathbb{C}$. Es gelte

$$|R(z)| \leq 1 \quad \text{für } \Re(z) \leq 0.$$

Zeigen Sie:

Wenn das Differentialgleichungssystem asymptotisch stabil ist, dann ist die Folge der $\{y_k\}$ eine Nullfolge.

Hinweis: Transformiere A auf Jordansche Normalform; konstruiere eine von einem hinreichend kleinen Parameter ε abhängige Ähnlichkeitstransformation für die einzelnen Jordankästchen derart, dass die Nebendiagonalelemente beliebig klein werden.

Aufgabe 9.2. Sei $\mathcal{E}$ ein erstes Integral der Differentialgleichung $u' = f(u)$, d. h. es gilt

$$\mathcal{E}(u(t)) = \mathcal{E}(u(0)).$$

Mit den Bezeichnungen $u_0 = u(0)$, $u_k = u_\tau(k\tau)$, $k = 0, \ldots$ betrachten wir die beiden Einschrittverfahren:

- die implizite Mittelpunktsregel: $u_{k+1} = u_k + \tau f(\frac{1}{2}(u_k + u_{k+1}))$, und
- die implizite Trapezregel: $u_{k+1} = u_k + \frac{\tau}{2}(f(u_k) + f(u_{k+1}))$.

Zeigen Sie:

(a) Für die Invariante muss gelten: $\text{grad}\,\mathcal{E}(u(t))^T f(u(t)) = 0$.

(b) Die Beziehung $\mathcal{E}(u_\tau(\tau)) = \mathcal{E}(u_0)$ gilt für die implizite Mittelpunktsregel, nicht aber für die implizite Trapezregel.

Hinweis: Führe die Größe $g(\theta) := \mathcal{E}(u_\tau(\theta\tau))$ ein.

Aufgabe 9.3. Stellen Sie für $z = i\sigma$ die kontinuierliche und die diskreten Lösungen für die Einschrittverfahren EE, IE und IMP der Dahlquistschen Testgleichung in der komplexen Ebene dar.

Aufgabe 9.4. Wir gehen aus von einer parabolischen Differentialgleichung in der abstrakten Cauchy-Form

$$u' = F(u) = -f_u(u), \quad u(0) = u_0,$$

worin f eine streng konvexe Funktion bezeichne. Zeigen Sie, dass f entlang der Trajektorie $u(t)$ monoton fällt.

Aufgabe 9.5. Sei der Aufwand zur approximativen Berechnung eines linear-impliziten Euler-Schritts mit der Genauigkeit ϵ etwa $-\log \epsilon$ (wie etwa bei linear konvergenten Iterationsverfahren). Untersuchen Sie ein Extrapolationsverfahren der Ordnung $p = 5$ mit Zielgenauigket TOL unter Verwendung der harmonischen Folge $\mathcal{F}_H$, der quadratischen Folge $\mathcal{F}_Q = \{1, 4, 9, \ldots\}$ und der Romberg-Folge $\mathcal{F}_R = \{1, 2, 4, 8, \ldots\}$. Mit welcher

Genauigkeit müssen die Euler-Schritte jeweils berechnet werden? Welche Folge führt zum geringsten Rechenaufwand?

Aufgabe 9.6. Formulieren Sie ein voll-implizites Defektkorrekturverfahren analog zu Algorithmus 9.1. Zeigen Sie, dass das Verfahren für feste Iterationszahl k ein diagonal implizites Runge–Kutta-Verfahren ist und geben Sie für $n = k = 2$ das Butcher-Tableau an.

Aufgabe 9.7. Implementieren Sie ein geschachteltes Defektkorrekturverfahren variabler Ansatzordnung n und bestimmen Sie numerisch die Konvergenzordnung sowie die Stabilitätsgebiete.

Aufgabe 9.8. Konstruieren Sie mit dem LU-Trick einen DIRK-Sweep, so dass die SDC-Iteration für ein endliches λ^* besonders schnell konvergiert, also $\rho(G_S(\lambda^*)) = 0$ gilt.

Aufgabe 9.9. Zeigen Sie unter Annahme hinreichender Regularität, dass die Lösung z des zu (9.52) adjungierten Problems (9.53) gerade die parabolische Gleichung (9.54) erfüllt.

Aufgabe 9.10. Wir betrachten den Fall, dass in einer adaptiven Zeitschichtenmethode lediglich der *lokale* Fehler in jedem Zeitschritt durch eine vorgegebene Toleranz TOL unabhängig von τ kontrolliert wird. Leiten Sie eine Aufteilung des Gesamtfehlers aus Zeit- und Ortsanteil her.

Aufgabe 9.11. Entwerfen Sie analog zum Aufwandsmodell für adaptive ROW-Methoden (Seite 399) ein Aufwandsmodell für adaptive Defektkorrektur (Algorithmus 9.15), um die drei Fehlerbeiträge $[\epsilon_i]$, $[\hat{\epsilon}_h]$ und $[\hat{\epsilon}_\tau]$ optimal gegeneinander zu gewichten.

A Anhang

A.1 Fourieranalyse und Fouriertransformation

Die Fourieranalyse vermittelt zwischen der Darstellung einer Funktion durch ihre Werte in Abhängigkeit von Ort oder Zeit und der Darstellung als Überlagerung von Sinus- und Cosinusfunktionen unterschiedlicher Frequenz. Dabei lassen sich periodische Funktionen durch diskrete Frequenzen darstellen, während nichtperiodische Funktionen im Allgemeinen auf ein kontinuierliches Frequenzspektrum führen.

Grundlage der kompakten Notation ist die Eulersche Identität

$$e^{iy} = \cos y + i \sin y,$$

weshalb die Fourieranalyse meist in komplexen Zahlen formuliert wird.

Fourierreihen

Zu einer gegebenen periodischen Funktion $f : [0, T] \to \mathbb{C}$ bestimmt die *Fourieranalyse* die Fourierkoeffizienten

$$\hat{f}_k = \frac{1}{\sqrt{2\pi}} \int\limits_{[0,T]} f(t)\, e^{-i2\pi kt/T}\, dt, \quad k \in \mathbb{Z}.$$

Umgekehrt lässt sich aus den Koeffizienten $\hat{f}_k$ die Funktion f durch die *Fouriersynthese* wieder rekonstruieren:

$$f(t) = \frac{\sqrt{2\pi}}{T} \sum_{k \in \mathbb{Z}} \hat{f}_k\, e^{i2\pi kt/T}.$$

Für reelle Funktionen gilt wegen $e^{-iy} = \overline{e^{iy}}$ auch $\hat{f}_{-k} = \overline{\hat{f}_k}$, so dass man sich auf $k \in \mathbb{N}$ beschränken kann.

Kontinuierliche Fouriertransformation

Zu einer möglicherweise nichtperiodischen Funktion $f : \mathbb{R}^d \to \mathbb{C}$ ist die *Fouriertransformierte* durch

$$\hat{f}(\omega) = \frac{1}{\sqrt{2\pi}} \int\limits_{\mathbb{R}^d} f(x)\, e^{-i\omega^T x}\, dx$$

definiert. Für $d > 1$ ist die Frequenz ω nun ein Frequenzvektor, der für verschiedene Raumrichtungen unterschiedliche Frequenzen haben kann. Die *inverse Fouriertransformation*

$$f(x) = \frac{1}{\sqrt{2\pi}} \int\limits_{\mathbb{R}^d} \hat{f}(\omega)\, e^{-i\omega^T x}\, d\omega$$

rekonstruiert die ursprüngliche Funktion.

https://doi.org/10.1515/9783110689655-010

Die Fouriertransformation ist eine lineare Isometrie des Lebesgue-Raums $L^2(\mathbb{R}^d)$, lässt sich aber auch auf größere Räume, etwa Distributionen, erweitern.

A.2 Differentialoperatoren im $\mathbb{R}^3$

In der Welt der partiellen Differentialgleichungen aus Naturwissenschaft und Technik haben sich historisch eine Reihe äußerst brauchbarer Abkürzungen für Differentialoperatoren eingebürgert, die wir hier kurz einführen wollen. Ihre suggestiven Namen erklären sich nicht schon aus der Definition, sondern erst aus ihren Zusammenhängen über Integralsätze, die wir in Anhang A.3 darstellen werden.

Ableitung und Gradient

Für skalare Funktionen $u : \mathbb{R}^d \to \mathbb{R}$ ordnet die Ableitung u_x jedem Punkt die Linearisierung von u zu, ist also eine Abbildung $u_x : \mathbb{R}^d \to (\mathbb{R}^d)^*$ in den Dualraum $(\mathbb{R}^d)^*$ von $\mathbb{R}^d$, so dass $u(x+\delta x) = u(x) + \langle u_x(x), \delta x \rangle + o(|\delta x|)$. Die Darstellung von Funktionalen aus $(\mathbb{R}^d)^*$ erfolgt am praktischsten als *Zeilenvektor* (oder Matrix aus $\mathbb{R}^{1\times d}$), so dass die duale Paarung als Matrixmultiplikation geschrieben werden kann: $\langle u_x(x), \delta x \rangle = u_x(x)\delta x$.

Häufig ist es nützlich, die Ableitung nicht als lineares Funktional in $(\mathbb{R}^d)^*$, sondern als *Spaltenvektor* aus $\mathbb{R}^d$ zu interpretieren. Da $\mathbb{R}^d$ mit dem euklidischen Skalarprodukt ein Hilbert-Raum ist, lässt er sich mit seinem Dualraum über den Riesz-Isomorphismus identifizieren. In diesem Sinn definiert man den *Gradienten* $\nabla u(x) \in \mathbb{R}^d$ als Adjungierte der Ableitung. Die Umrechnung gestaltet sich hier besonders einfach, denn es gilt

$$\nabla u = u_x^T = \begin{bmatrix} u_{x_1} \\ \vdots \\ u_{x_d} \end{bmatrix}.$$

Der Gradientenoperator ∇ heißt auch *Nabla-Operator*.

Geometrische Interpretation: Der Gradient steht bezüglich des euklidischen Skalarprodukts senkrecht (orthogonal, normal) auf allen *Niveauflächen* $u = $ const.

Beweis. Wir betrachten eine beliebige Kurve $x(s)$ innerhalb der Niveaufläche (parametrisiert mit einer Variablen s). Für sie muss gelten

$$u(x(s)) \equiv \text{const},$$

woraus folgt:

$$u_s = u_x x_s = \nabla u^T x_s = 0.$$

Man beachte, dass die Ableitung x_s in natürlicher Weise ein Spaltenvektor ist, und zwar ein beliebiger Tangentialvektor an die Niveaufläche, woraus die geometrische Interpretation folgt. $\square$

Der Gradient zeigt in Richtung wachsender Werte von u. Der auf Länge 1 normierte *Normaleneinheitsvektor* der Niveauflächen ergibt sich zu

$$n = \frac{\nabla u}{|\nabla u|}, \tag{A.1}$$

wobei $|\cdot|$ die euklidische Norm ist.

Die Unterscheidung von Ableitung und Gradient dient im $\mathbb{R}^d$ nur der notationellen Klarheit, ist aber in unendlichdimensionalen Funktionenräumen entscheidend. Insbesondere hängt der Gradient im Gegensatz zur Ableitung vom gewählten Skalarprodukt ab.

Divergenz

Für Vektorfelder $q : \mathbb{R}^d \to \mathbb{R}^d$ definiert sich die Divergenz als

$$\operatorname{div} q = \sum_{i=1}^{d} \frac{\partial q_i}{\partial x_i},$$

mitunter auch salopp als „Skalarprodukt" $\nabla \cdot q$ geschrieben. Ihre physikalische Interpretation ist „Quellstärke".

Rotation

Für Vektorfelder $q : \mathbb{R}^3 \to \mathbb{R}^3$, in euklidischen Koordinaten

$$q(x, y, z) = \begin{bmatrix} q_1(x, y, z) \\ q_2(x, y, z) \\ q_3(x, y, z) \end{bmatrix},$$

definiert sich die Rotation (engl.: curl, die Locke, der Wirbel)

$$\operatorname{rot} q = \operatorname{curl} q = \begin{bmatrix} q_{3y} - q_{2z} \\ q_{1z} - q_{3x} \\ q_{2x} - q_{1y} \end{bmatrix}.$$

Ihre physikalische Interpretation ist „Wirbelstärke". Eine Erweiterung auf mehr als drei Raumdimensionen ist nichttrivial. In zwei Raumdimensionen (x, y) lässt sich die Rotation durch die Einbettung in den $\mathbb{R}^3$ mit $z = 0$ als Vektor $\operatorname{rot} q = [0, 0, q_{2x} - q_{1y}]$ senkrecht zur Einbettungsebene definieren. Wegen der trivialen ersten Komponenten wird die Rotation aber meist als Skalar aufgefasst.

Laplace-Operator

Mit den oben definierten Differentialoperatoren lässt sich der Laplace-Operator, wiederum in euklidischen Koordinaten, darstellen als

$$\Delta u = \text{div}\, \nabla u = \sum_{i=1}^{d} u_{x_i x_i},$$

wie sich durch einfaches Nachrechnen mit obigen Definitionen zeigen lässt.

Zusammenhänge

Die eingeführten Differentialoperatoren genügen elementaren Zusammenhängen, die sich wie ein roter Faden durch die Analysis von partiellen Differentialgleichungen aus Naturwissenschaften und Technik ziehen:

Lemma A.1. *Für hinreichend glatte Vektorfelder q und skalare Funktionen u gilt:*

$$\text{div}\, \text{rot}\, q = 0, \quad \text{rot}\, \nabla u = 0. \tag{A.2}$$

Sei speziell u ein physikalisches „Potential" mit zugehörigem „Potentialfeld" $q = \nabla u$. Dann lassen sich die beiden obigen Aussagen interpretieren als:

Wirbelfelder sind quellenfrei; Potentialfelder sind wirbelfrei.

Die Eigenschaften (A.2) sind elementar nachzurechnen durch Einsetzen der Definitionen.

Nützliche Umformung

Im Kontext des Buches benutzen wir immer wieder

$$\text{rot}\, \text{rot}\, H = \nabla\, \text{div}\, H - \Delta H, \quad H : \mathbb{R}^3 \to \mathbb{R}^3, \tag{A.3}$$

wobei der Laplace-Operator Δ als komponentenweise angewendet zu verstehen ist.

A.3 Integralsätze

In diesem Abschnitt stellen wir eine Auswahl klassischer Integralsätze zusammen, die in der mathematischen Analyse von partiellen Differentialgleichungen zentral wichtig sind und die wir deshalb an vielen Stellen dieses Lehrbuchs benötigen.

Definition A.2 (Gebiet). Eine Menge $\Omega \subset \mathbb{R}^d$ heißt *Gebiet*, wenn sie offen, nichtleer und zusammenhängend ist.

Satz A.3 (Satz von Gauß). *Sei $\Omega \subset \mathbb{R}^d$ ein beschränktes Gebiet mit stückweise glattem Rand. Dann gilt für stetig differenzierbare Vektorfelder $q : \Omega \to \mathbb{R}^d$:*

$$\int_{\Omega} \text{div}\, q \, dx = \int_{\Gamma = \partial\Omega} q^T n \, ds, \tag{A.4}$$

wobei n der äußere Normaleneinheitsvektor zu $\partial\Omega$ ist.

Vor dem Beweis wollen wir noch zum besseren Verständnis der Aussage eine physikalisch motivierte Interpretation geben. Beschreibt das Vektorfeld q einen Massenfluss, so gibt die Divergenz div q das Vorhandensein von lokalen Quellen oder Senken an (siehe Abb. A.1). Die linke Seite von (A.4) ist also die dem Gebiet Ω durch Quellen oder Senken insgesamt hinzugefügte Masse. Der Massenfluss über den Rand $\partial\Omega$ wird gerade durch $q^T n$ beschrieben. Die rechte Seite entspricht also der Masse, die dem Gebiet Ω durch Fluss über den Rand insgesamt entnommen wird. Somit ist der Satz von Gauß gerade die Massenerhaltung.

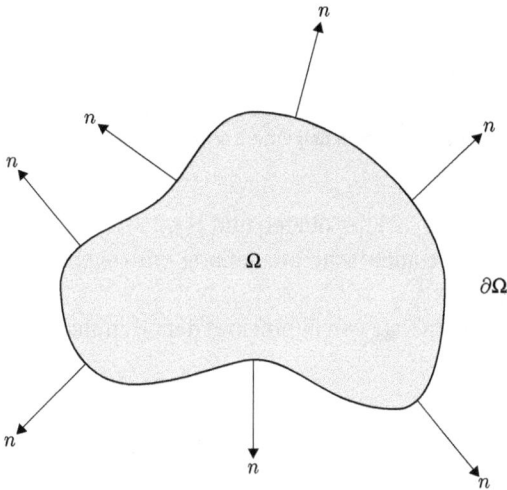

Abb. A.1: Die Divergenz als Indikator für Quellen und Senken eines Vektorfeldes.

Beweis. Um Verwechselungen zu vermeiden schreiben wir hier dΩ für das differentielle Volumenelement und dΓ für das differentielle Oberflächenelement. Sei zunächst angenommen, dass die Fläche $\partial\Omega$ von jeder Parallelen zur x_d-Koordinatenachse in höchstens zwei Punkten getroffen wird. Die Fläche $\partial\Omega$ besteht also aus zwei Teilflächen, einer „oberen" Teilfläche

$$\overline{\partial\Omega} = \{x \in \partial\Omega : n^T e_d \geq 0\}, \tag{A.5}$$

und einer „unteren" Teilfläche

$$\underline{\partial\Omega} = \{x \in \partial\Omega : n^T e_d < 0\}, \tag{A.6}$$

wobei e_d der Einheitsvektor in x_d-Koordinatenrichtung ist. Wir definieren noch die „Grundfläche"

$$\Omega_0 = \{x \in \mathbb{R}^{d-1} : \exists z \in \mathbb{R} : (x,z) \in \Omega\}$$

x_d

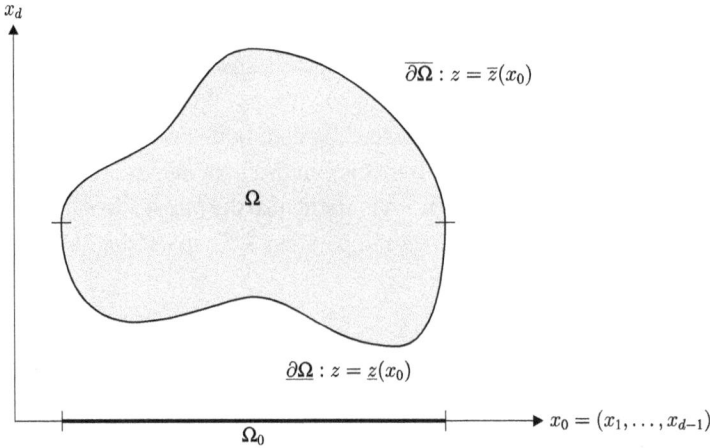

$$\overline{\partial\Omega} : z = \overline{z}(x_0)$$

$$\Omega$$

$$\underline{\partial\Omega} : z = \underline{z}(x_0)$$

$$x_0 = (x_1, \ldots, x_{d-1})$$

$$\Omega_0$$

Abb. A.2: Projektion des Oberflächenelements dΓ auf die obere und untere Teilfläche.

und die „Höhe" $\overline{z}(x_0) = \max\{z \in \mathbb{R} : (x_0, z) \in \partial\Omega\}$ der oberen und $\underline{z}(x_0) = \min\{z \in \mathbb{R} : (x_0, z) \in \partial\Omega\}$ der unteren Teilfläche. Eine geometrische Darstellung mit zugehörigen Bezeichnungen ist in Abb. A.2 gegeben.

Mit diesen Bezeichnungen gilt nach dem Satz von Fubini und dem Hauptsatz der Differential- und Integralrechnung

$$\int_\Omega \frac{\partial q_d}{\partial x_d}\, d\Omega = \int_{\Omega_0} \int_{\underline{z}(x_0)}^{\overline{z}(x_0)} \frac{\partial q_d}{\partial x_d}\, dz d\Omega_0 = \int_{\Omega_0} \left(q_d(x_0, \overline{z}(x_0)) - q_d(x_0, \underline{z}(x_0)) \right) d\Omega_0.$$

Die zugehörigen Flächenelemente $d\Omega_0$ sind jeweils Projektionen des Oberflächenelements dΓ, also gilt

$$d\Omega_0 = \cos\gamma\, d\Gamma = \left| n^T e_n \right| d\Gamma,$$

wobei γ der Winkel zwischen dem Normalenvektor n und der x_d-Achse ist. Mit der Vorzeichenstruktur von (A.5) und (A.6) folgt unmittelbar

$$\int_\Omega \frac{\partial q_d}{\partial x_d}\, d\Omega = \int_{\overline{\partial\Omega}} q_d \left| n^T e_d \right| d\Gamma - \int_{\underline{\partial\Omega}} q_d \left| n^T e_d \right| d\Gamma = \int_{\partial\Omega} q_d n^T e_d\, d\Gamma.$$

Die analoge Überlegung für die Koordinaten $x_1, \ldots, x_{d-1}$ und Summation über alle Koordinaten liefert sodann

$$\int_\Omega \operatorname{div} q\, d\Omega = \sum_{i=1}^d \int_\Omega \frac{\partial q_i}{\partial x_i}\, d\Omega = \sum_{i=1}^d \int_\Gamma q_i n^T e_i\, d\Gamma = \int_\Gamma n^T q\, d\Gamma.$$

Der Vollständigkeit halber sei noch erwähnt: Falls $\partial\Omega$ in mehr als zwei Teilflächen aufgespalten werden muss, so ist eine Zerlegung in mehrere Teilintegrale vonnöten, was jedoch zum gleichen Endergebnis führt. □

Bemerkung A.4. Der Satz von Gauß gestattet eine alternative Definition der Divergenz:

$$\operatorname{div} q := \lim_{r \to 0} \frac{1}{|B(x;r)|} \int\limits_{\partial B(x;r)} n^T q \, ds.$$

Sie wird in der numerischen Mathematik als Idee für eine räumliche Diskretisierung verwendet (Finite-Volumen-Methode). Diese spielt insbesondere bei Problemen der Strömungsdynamik eine Rolle, auf die wir jedoch in diesem Buch nicht näher eingehen.

Durch spezielle Wahl des Vektorfeldes q im obigen Satz von Gauß wird man zu dem folgenden Satz geführt:

Satz A.5 (Sätze von Green). *Sei $\Omega \subset \mathbb{R}^d$ beschränkt. Dann gilt für skalare Funktionen $u, v \in C^2(\Omega)$:*
1. Integralsatz von Green:

$$\int\limits_{\Omega} u \Delta v \, dx = \int\limits_{\partial \Omega} u n^T \nabla v \, ds - \int\limits_{\Omega} \nabla u^T \nabla v \, dx, \tag{A.7}$$

2. Integralsatz von Green (*oder auch schlichtweg* Integralsatz von Green):

$$\int\limits_{\Omega} (u \Delta v - v \Delta u) \, dx = \int\limits_{\partial \Omega} (u n^T \nabla v - v n^T \nabla u) \, ds. \tag{A.8}$$

Beweis. Wir wählen speziell $q = u \operatorname{grad} v$ in (A.4) mit skalaren Funktionen u, v und erhalten

$$\operatorname{div}(u \nabla v) = \sum_{i=1}^{d} (u v_{x_i})_{x_i} = \sum_{i=1}^{d} (u_{x_i} v_{x_i} + u v_{x_i x_i}) = \nabla u^T \nabla v + u \Delta v.$$

Wir fassen dies zusammen zu dem Zwischenresultat

$$\int\limits_{\Omega} u \Delta v \, dx = \int\limits_{\Omega} \operatorname{div}(u \nabla v) \, dx - \int\limits_{\Omega} \nabla u^T \nabla v \, dx.$$

Anwendung des Gaußschen Integralsatzes auf den ersten der beiden rechten Terme liefert

$$\int\limits_{\Omega} \operatorname{div}(u \nabla v) \, dx = \int\limits_{\partial \Omega} u \nabla v^T n \, ds.$$

Einsetzen dieses Terms führt uns direkt zu dem Resultat (A.7).

Als nächstes vertauschen wir u und v in (A.7) und subtrahieren die beiden Resultate: dabei fällt der symmetrische zweite Term rechts heraus, was uns unmittelbar die Aussage (A.8) des Satzes liefert. □

Aus dem 1. Greenschen Satz folgt sofort ein Hilfsresultat, das zum Beweis der Eindeutigkeit der Lösung der Poisson-Gleichung gute Dienste leistet.

Satz A.6 (Energie-Identität). *Für jede skalare Funktion $u \in C^2(\Omega)$ gilt*

$$\int_\Omega u\Delta u \mathrm{d}x + \int_\Omega (\nabla u)^2 \mathrm{d}x = \int_{\partial\Omega} u\frac{\partial u}{\partial n} \mathrm{d}s, \tag{A.9}$$

Beweis. Wir gehen aus vom 1. Greenschen Integralsatz (A.7) und wählen darin $v = u$, was uns unmittelbar zur obigen Identität führt. ◻

Im letzten in der Reihe der klassischen Integralsätze wird die Rolle des Differentialoperators rot klar.

Satz A.7 (Satz von Stokes). *Sei Ω zweidimensionale Fläche im $\mathbb{R}^3$, begrenzt von der geschlossenen, stückweise C^1-Kurve Γ. Sei t stückweise stetiger Tangentialvektor an Γ, orientiert derart, dass t die Fläche im positiven Sinn umläuft, und n Normaleneinheitsvektor an Ω. Dann gilt:*

$$\int_\Omega n^T \operatorname{rot} q \, \mathrm{d}x = \int_\Gamma q^T t \, \mathrm{d}s.$$

Dieser Satz ist besonders in der Elektrodynamik von Bedeutung.

Bemerkung A.8. Integralsätze wie die von Gauß und von Stokes gelten auch in höheren Raumdimensionen. Einen übersichtlichen Zugang hierzu liefert der von Cartan entwickelte *äußere Diffentialkalkül*, für den wir auf die Speziliteratur verweisen. In diesem Kalkül sind die beiden Sätze sogar ähnlicher als in der Formulierung mit den Differentialoperatoren rot, div.

A.4 Delta-Distribution und Greensche Funktionen

Greensche Funktionen sind Lösungen von linearen Differentialgleichungen zu punktweisen Daten in $x_0 \in \mathbb{R}^d$ und insbesondere wichtig bei der Betrachtung lokaler Störungen in Randdaten oder Quelltermen. Wir beschränken uns hier auf translationsinvariante Probleme auf ganz $\mathbb{R}^d$ und setzen daher meist $x_0 = 0$, d. h. wir lassen x_0 weg.

Delta-Distribution

Unter einer lokalen Funktion verstehen wir eine Funktion ϕ mit beschränktem Träger. Wir interessieren uns für den Grenzfall der Lokalität, bei dem der Träger nur noch aus einem Punkt besteht. Dazu betrachten wir die Dirac-Folge

$$\phi_\epsilon(x) = \begin{cases} \frac{1}{\epsilon^d V_d}, & \|x\| < \epsilon, \\ 0, & \|x\| \geq \epsilon, \end{cases}$$

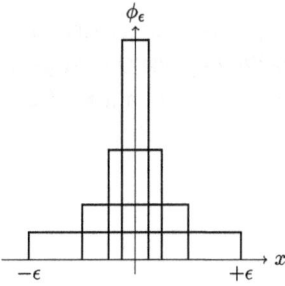

Abb. A.3: Geschachtelte Zuspitzung der charakteristischen Funktionen $\phi_\epsilon(x)$ für $\epsilon \to 0$.

wobei $V_d = \frac{\pi^{d/2}}{\Gamma(d/2+1)}$ das Volumen der d-dimensionalen Einheitskugel S^d ist (vgl. [250, 0.1.6]) und Γ die Gamma-Funktion. Offenbar gilt für jedes $f \in C(\mathbb{R}^d)$

$$\int_{\mathbb{R}^d} \phi_\epsilon(x)f(x)\,dx = \frac{1}{\epsilon^d V_d} \int_{\epsilon S^d} f(x)\,dx \to f(0).$$

Man beachte dazu die Schachtelung in Abb. A.3. Daher ist der Grenzwert

$$\delta = \lim_{\epsilon \to 0} \phi_\epsilon$$

im Dualraum $C(\mathbb{R}^d)^*$ der stetigen Funktionen, also den Maßen, durch $\langle \cdot, \cdot \rangle$ gegeben als

$$\langle \delta, f \rangle = \int_{\mathbb{R}^d} f\,d\delta = f(0).$$

Wir werden hier den Integrationsbegriff derart erweitern, dass wir schreiben können:

$$\int_{\mathbb{R}^d} f(x)\delta(x - x_0)\,dx = f(x_0).$$

Speziell ergibt sich damit auch, dass die Fouriertransformierte der δ-Distribution konstant ist,

$$k \mapsto \int_{\mathbb{R}^d} e^{\pm ik^T x}\delta(x)\,dx = 1,$$

d. h. alle Frequenzen k treten gleichgewichtig auf („weißes Rauschen").

Poisson-Gleichung

Die Greensche Funktion G_P des Laplace-Operators in $\mathbb{R}^d$ ist definiert als Lösung der Poisson-Gleichung

$$\Delta u(x) = \delta(x) \quad \text{auf } \mathbb{R}^d,$$

wobei wir uns aufgrund der Radialsymmetrie auch nur für radialsymmetrische Lösungen $u(x) = u(r)$ mit $r = \|x\|$ interessieren. Die Darstellung des Laplace-Operators in radialen Koordinaten (vgl. Aufgaben 1.1 und 1.2) führt wegen $\delta(r) = 0$ für alle $r > 0$ auf

$$\frac{1}{r^{d-1}} \frac{\partial}{\partial r}\left(r^{d-1} \frac{\partial}{\partial r} u(r)\right) = 0, \quad r > 0$$

und nach Multiplikation mit r^{d-1} auf

$$r^{d-1} \frac{\partial}{\partial r} u(r) = c_d \in \mathbb{R}. \tag{A.10}$$

Zurück in kartesischen Koordinaten erhalten wir für den Gradienten von u

$$\nabla u(x) = \frac{c_d}{r^d} x.$$

Anwendung des Gaußschen Integralsatzes A.3 auf der d-dimensionalen Einheitskugel $\Omega = S^d$ führt zu

$$1 = \int_\Omega \delta(x)\,dx = \int_\Omega \Delta u(x)\,dx = \int_{\partial\Omega} \frac{c_d}{r^d} n^T x\,ds.$$

Wir haben den Satz von Gauß zwar nur für stetig differenzierbare Vektorfelder gezeigt, er lässt sich aber auf weniger glatte Funktionen und insbesondere Distributionen verallgemeinern. Für $x \in \partial S^d$ gilt nun $n^T x = 1$ und $r = 1$, wodurch wir

$$1 = c_n \int_{\partial\Omega} ds = c_d O_d \tag{A.11}$$

erhalten. Die Oberfläche O_d von S^d lässt sich durch die Gamma-Funktion Γ ausdrücken (vgl. [250, 0.1.6]):

$$O_d = \frac{2\pi^{d/2}}{\Gamma(d/2)}. \tag{A.12}$$

Aus (A.11) und (A.12) erhalten wir damit die Normierungsfaktoren

$$c_1 = \frac{1}{2}, \quad c_2 = \frac{1}{2\pi}, \quad c_3 = \frac{1}{4\pi}.$$

Schließlich ergibt die Integration von (A.10) bis auf die additive Konstante die Lösungen

$$G_P(x) = \begin{cases} r/2, & d = 1 \\ \frac{\ln r}{2\pi}, & d = 2 \\ \frac{r^{2-d}}{4\pi(2-d)}, & d \geq 3, \end{cases} \quad \text{mit } r = \|x\|. \tag{A.13}$$

Diffusionsgleichung

Bei der Diffusionsgleichung mit konstanter, skalarer Diffusion $\sigma \in \mathbb{R}$ interessieren wir uns für Punktstörungen der Anfangswerte und definieren die Greensche Funktion daher als Lösung von

$$(G_D)_t = \sigma \Delta G_D \quad \text{in } \mathbb{R} \times \mathbb{R}_+, \qquad G_D(x) = \delta(x) \quad \text{für } t = 0 \,. \tag{A.14}$$

Wie in Kapitel 1.2 stellen wir G_D durch eine Fourierreihe mit zeitabhängigen Koeffizienten dar, wobei wir aufgrund der Nichtperiodizität aber die kontinuierliche inverse Fouriertransformation verwenden:

$$G_D(x,t) = \frac{1}{\sqrt{2\pi}} \int_{\mathbb{R}} A(\omega,t) e^{i\omega x} \, d\omega. \tag{A.15}$$

Wie zuvor sind die Exponentialfunktionen Eigenfunktionen des Laplace-Operators,

$$\left(e^{i\omega x}\right)_{xx} = -\omega^2 e^{i\omega x},$$

so dass (A.14) auf

$$\frac{1}{\sqrt{2\pi}} \int_{\mathbb{R}} A_t(\omega,t) e^{i\omega x} \, d\omega = -\frac{\sigma}{\sqrt{2\pi}} \int_{\mathbb{R}} A(\omega,t) \omega^2 e^{i\omega x} \, d\omega$$

führt. Wegen der Orthogonalität der Ansatzfunktionen gilt $A_t(\omega,t) = -\omega^2 \sigma A(\omega,t)$ für alle $\omega \in \mathbb{R}$ und $t \in \mathbb{R}_+$. Die Lösung dieser linearen Differentialgleichungen liefert

$$A(\omega,t) = e^{-\omega^2 \sigma t} A(\omega,0). \tag{A.16}$$

Nun berechnen wir noch die Fouriertransformierte des Anfangswerts δ als

$$A(\omega,0) = \frac{1}{\sqrt{2\pi}} \int_{\mathbb{R}} \delta(x) e^{-i\omega x} \, dx = \frac{1}{\sqrt{2\pi}}. \tag{A.17}$$

Einsetzen von (A.17) und (A.15) in (A.16) ergibt

$$G_D(x,t) = \frac{1}{2\pi} \int_{\mathbb{R}} e^{-\sigma\omega^2 t} e^{i\omega x} \, d\omega = \frac{1}{\sqrt{4\pi\sigma t}} \frac{1}{\sqrt{2\pi}} \int_{\mathbb{R}} \sqrt{2\sigma t} \, e^{-\sigma t \omega^2} e^{i\omega x} \, d\omega.$$

Die Fouriertransformierte der Gaußschen Glockenkurve $e^{-x^2/4a}$ ist gerade $\sqrt{2a} \, e^{-\omega^2/a}$, womit die Greensche Funktion direkt abgelesen werden kann. Analog erhält man für alle Raumdimensionen d die allgemeine Form

$$G_D(x,t) = \frac{e^{-\frac{x^2}{4\sigma t}}}{\sqrt{2\pi}(2\sigma t)^{d/2}}. \tag{A.18}$$

Helmholtz-Gleichung

Für die Helmholtz-Gleichung ist die Greensche Funktion G_H definiert als Lösung von

$$\Delta G_H(x) + k^2 G_H(x) = \delta(x) \quad \text{auf } \mathbb{R}^d, \tag{A.19}$$

wobei k sogar komplex sein darf. Analog zum Vorgehen bei der Poisson-Gleichung machen wir den radialsymmetrischen Ansatz $G_H(x) = u(\|x\|)$ und erhalten

$$\frac{1}{r^{d-1}} \frac{\partial}{\partial r} \left(r^{d-1} \frac{\partial}{\partial r} u(r) \right) + k^2 u(r) = 0, \quad r > 0. \tag{A.20}$$

Die Lösung dieser gewöhnlichen Differentialgleichung ist allerdings etwas schwieriger als im Fall der Poisson-Gleichung. Wir betrachten daher die Dimensionen $d = 1, 2, 3$ im Folgenden getrennt. Wie zuvor werden Normierungskonstanten durch Einsetzen in (A.19) bestimmt. Wir erhalten hier

$$1 = \int_{\epsilon S^d} \delta(x) \, dx = \int_{\epsilon S^d} (\Delta G_H + k^2 G_H) \, dx$$

$$= \int_{\epsilon \partial S^d} n^T \nabla G_H \, ds + k^2 \int_{\epsilon S^d} G_H \, dx$$

für alle $\epsilon > 0$. Insbesondere gilt

$$\int_{\epsilon S^d} G_H \, dx \to 0 \quad \text{für } \epsilon \to 0$$

und daher

$$1 = \lim_{\epsilon \to 0} \int_{\epsilon \partial S^n} n^T \nabla G_H \, ds = \lim_{\epsilon \to 0} \epsilon^{d-1} O_d u_r(\epsilon). \tag{A.21}$$

Im eindimensionalen Fall reduziert sich (A.20) zu $u_{rr} + k^2 u = 0$. Für den Fourier-Ansatz $u(r) = c_s \sin kr - c_c \cos kr$ erzwingt (A.21) $c_s = 1/k$. Dagegen kann c_c frei gewählt werden, da $\cos kr$ die homogene Helmholtz-Gleichung löst. Wir sind an möglichst lokalen Lösungen interessiert, insbesondere an solchen, die für $r \to \infty$ nicht anwachsen. Im Kapitel 1.5 sind nur Wellenzahlen k mit $\mathfrak{I}(k^2) \le 0$ aufgetreten, daher beschränken wir die Betrachtung auf $-\pi/2 \le \arg k \le 0$. Für reelle Wellenzahl wählen wir einfach $c_c = 0$ und erhalten die reelle Greensche Funktion

$$G_H(x) = \frac{\sin k\|x\|}{k} \quad \text{für } d = 1, k > 0.$$

Andernfalls muss wegen $\mathfrak{R}(ik) > 0$,

$$\sin z = \frac{e^{iz} - e^{-iz}}{2i} \quad \text{und} \quad \cos z = \frac{e^{iz} + e^{-iz}}{2}$$

muss in der Summe $c_s \sin kr + c_c \cos kr$ der Term e^{ikr} verschwinden. Wir wählen also $c_c = -ic_s$ und erhalten

$$G_H(x) = \frac{1}{k}(\sin k\|x\| + i\cos k\|x\|) \quad \text{für } d = 1, \mathfrak{J}(k) < 0.$$

Für $d = 2$ und $d = 3$ wird (A.20) ausdifferenziert und mit r^2 multipliziert. Skalierung der radialen Koordinate als $\rho = kr$ führt auf die homogenen Besselschen Differential-gleichungen

$$\rho^2 u_{\rho\rho} + (d-1)\rho u_\rho + \rho^2 u = 0.$$

Die linear unabhängigen Lösungen sind die Bessel-Funktion $J_0(\rho)$ und die Neumann-Funktion $Y_0(\rho)$ für $d = 2$ und die sphärischen Bessel- und Neumann-Funktionen $j_0(\rho) = \sin(\rho)/\rho$ und $y_0(\rho) = -\cos(\rho)/\rho$ für $d = 3$, siehe [1]. Die Greensche Funktion wird daher durch

$$u(r) = c_J J_0(kr) + c_Y Y_0(kr) \quad \text{für } d = 2 \quad \text{und}$$
$$u(r) = c_j j_0(kr) + c_y y_0(kr) \quad \text{für } d = 3$$

definiert. Hier erfüllen J_0 und j_0 jeweils die homogene Helmholtz-Gleichung, so dass nur die Normierungsfaktoren $c_Y = 1/4$ und $c_y = k/(4\pi)$ durch (A.21) bestimmt sind. Die Freiheit in der Wahl von c_J und c_j nutzen wir wieder dazu, asymptotisch für $r \to \infty$ abfallende Lösungen zu erhalten. Mit reellen Wellenzahlen wählen wir wieder $c_J = c_j = 0$ und erhalten die reellen Greenschen Funktionen

$$G_H(x) = \frac{Y_0(kr)}{4} \quad \text{für } d = 2, k > 0,$$
$$G_H(x) = -\frac{\cos kr}{4\pi r} \quad \text{für } d = 3, k > 0.$$

Andernfalls verschwinden anwachsende Terme durch die Wahl von

$$G_H(x) = \frac{Y_0(kr) + iJ_0(kr)}{4} \quad \text{für } d = 2, \mathfrak{J}(k) < 0,$$
$$G_H(x) = -\frac{\cos kr - i\sin kr}{4\pi r} \quad \text{für } d = 3, \mathfrak{J}(k) < 0.$$

A.5 Sobolev-Räume

Die Analysis von partiellen Differentialgleichungen, insbesondere vom elliptischen und parabolischen Typ, basiert zum großen Teil auf Sobolev-Räumen. Wir stellen hier in gebotener Kürze die funktionalanalytischen Grundbegriffe zusammen.

Definition A.9. Ein Vektorraum V, der bezüglich einer darauf definierten Norm $\|\cdot\|$ vollständig ist, heißt *Banach-Raum*. Wird die Norm von einem Skalarprodukt $(\cdot, \cdot)$ erzeugt, so handelt es sich um einen *Hilbert-Raum*.

Wichtige Banach-Räume von Funktionen über einem Gebiet $\Omega \subset \mathbb{R}^d$ sind die Lebesgue-Räume $L^p(\Omega) = \{u : \Omega \to \mathbb{R} : \|u\|_{L^p(\Omega)} < \infty\}$, die durch die Normen

$$\|u\|^p_{L^p(\Omega)} = \int_\Omega u^p \, \mathrm{d}x, \quad \text{für } p \in [1, \infty[\quad \text{und} \quad \|u\|_{L^\infty(\Omega)} = \operatorname*{ess\,sup}_{x \in \Omega} |u(x)|$$

definiert werden. Weil bei der Integration Nullmengen keine Rolle spielen, bestehen die Lebesgue-Räume streng genommen aus Äquivalenzklassen von Funktionen, die sich nur auf Nullmengen unterscheiden. Für $p = 2$ erhält man den Hilbert-Raum $L^2(\Omega)$.

Für die Theorie elliptischer partieller Differentialgleichungen ist besonders wichtig, dass sich auf Hilbert-Räumen symmetrische, positive Bilinearformen studieren lassen.

Definition A.10. Eine symmetrische Bilinearform $a : V \times V \to \mathbb{R}$ auf einem Hilbertraum V heißt *elliptisch*, wenn Konstanten $0 < \alpha_a \leq C_a < \infty$ existieren, so dass a sowohl stetig

$$a(u, v) \leq C_a \|u\|_V \, \|v\|_V \quad \text{für alle } u, v \in V$$

als auch koerziv (stabil)

$$a(u, u) \geq \alpha_a \|u\|^2_V \quad \text{für alle } u \in V$$

ist.

Geometrisch betrachtet ist C_a der Umkugelradius und α_a der Inkugelradius zum Niveauellipsoid $a(u, u) = 1$. Die für die Theorie wesentliche Eigenschaft elliptischer Bilinearformen ist die Äquivalenz von durch die Bilinearform induzierter Energienorm $\|v\|^2_a := a(v, v)$ und der Norm des Raums V.

Der von einer elliptischen Bilinearform a durch

$$\langle Av, w \rangle = a(v, w) \quad \text{für alle } w \in V$$

induzierte stetige Operator $A : V \to V^*$ ist symmetrisch und positiv definit. Man beachte, dass ein Banach-Raum, auf dem ein stetiger, symmetrischer und positiv definiter Operator definiert ist, immer auch ein Hilbert-Raum ist.

Satz A.11 (Satz von Lax–Milgram). *Sei $a : V \times V \to \mathbb{R}$ elliptisch auf einem Hilbertraum V und $b \in V^*$. Dann existiert ein eindeutiger Minimierer u des Funktionals*

$$J(v) = \frac{1}{2} a(v, v) - \langle b, v \rangle.$$

Dieser erfüllt die schwache Gleichung

$$a(u, v) = \langle b, v \rangle \quad \text{für alle } v \in V \tag{A.22}$$

und ist beschränkt durch

$$\|u\|_V \leq \frac{\|b\|_{V^*}}{\alpha_a}. \tag{A.23}$$

Beweis. Wegen $J(v) \geq \alpha_a \|v\|^2 - \|b\| \|v\|$ ist J nach unten beschränkt. Sei $(v_n)_{n \in \mathbb{N}}$ eine Minimalfolge mit $\lim_{n \to \infty} J(v_n) = J_{\min} = \inf_{v \in V} J(v)$. Aus der starken Konvexität von J folgern wir nun, dass $(v_n)_n$ eine Cauchy-Folge ist. Zunächst gilt analog zur skalaren Gleichung $(x - y)^2 = x^2 + y^2 - 2xy = 2x^2 + 2y^2 - (x + y)^2$ für $v, w \in V$

$$\alpha \|v - w\|^2 \leq a(v - w, v - w) = 2a(v, v) + 2a(w, w) - a(v + w, v + w)$$
$$= 2a(v, v) + 2a(w, w) - 4a\left(\frac{v + w}{2}, \frac{v + w}{2}\right).$$

Addition der linearen Terme $\langle b, \cdot \rangle$ führt dann auf

$$\alpha \|v - w\|^2 \leq 4J(v) + 4J(w) - 8J\left(\frac{v + w}{2}\right) \leq 4J(v) + 4J(w) - 8J_{\min}. \tag{A.24}$$

Für die Minimalfolge $(v_n)_n$ folgt daraus $\|v_n - v_m\| \to 0$ für $n, m \to \infty$, so dass der Grenzwert $u = \lim_{n \to \infty} v_n \in V$ existiert. Aus der Stetigkeit von J folgt $J(u) = J_{\min}$. Die Eindeutigkeit folgt aus der starken Konvexität. Sind u_1 und u_2 Minimierer, so gilt wegen (A.24) $u_1 = u_2$.

Da u Minimierer ist, verschwinden notwendigerweise alle Richtungsableitungen $0 = \langle J'(u), v \rangle = a(u, v) - \langle b, v \rangle$, so dass (A.22) erfüllt ist. Die Wahl $v = u$ führt auf

$$\alpha_a \|u\|_V^2 \leq a(u, u) = \langle b, u \rangle \leq \|b\|_{V^*} \|u\|_V$$

und damit zur Normabschätzung (A.23). □

Der Satz von Lax–Milgram ist eine wesentliche Motivation, die Theorie und Numerik von elliptischen Differentialgleichungen auf der schwachen Formulierung aufzubauen und nicht auf klassische Lösungen $u \in C^2(\Omega) \cap C(\bar{\Omega})$ zu beschränken. Der Laplace-Operator Δ als Prototyp von Diffusionsgleichungen ist gerade nicht elliptisch auf $C^2(\Omega) \cap C(\bar{\Omega})$, so dass die Existenz von klassischen Lösungen nicht gewährleistet ist. Insbesondere bei Gebieten mit einspringenden Ecken, unstetigen Koeffizienten im Differentialoperator, und wenig glatten rechten Seiten existieren denn auch tatsächlich keine klassischen Lösungen.

Aus der Forderung der Elliptizität lässt sich aber ein passender Funktionenraum direkt konstruieren. Definieren wir ein Skalarprodukt $(u, v)_a = a(u, v)$, so ist die Elliptizität trivial gegeben. Den zugehörigen Funktionenraum erhält man durch Vervollständigung bezüglich der induzierten Energienorm:

$$V = \overline{\{v \in C^\infty(\Omega) : \|v\|_a < \infty\}}^{\|\cdot\|_a}.$$

Die zum Operator $\Delta + I$ gehörende Bilinearform

$$a(u, v) = \int_\Omega (\nabla u^T \nabla v + uv) \, \mathrm{d}x$$

erzeugt auf diese Art den *Sobolev-Raum* $H^1(\Omega)$. Allgemeiner und auch für höhere Ableitungen definiert man die Sobolev-Räume am einfachsten rekursiv.

Definition A.12. Für $m \geq 0$ und $1 \leq p < \infty$ sind die *Sobolev-Normen* durch

$$\|u\|^p_{W^{m,p}(\Omega)} = \|\nabla u\|^p_{W^{m-1,p}(\Omega)} + \|u\|^p_{L^p(\Omega)}, \quad \|u\|_{W^{0,p}(\Omega)} = \|u\|_{L^p(\Omega)}$$

gegeben. Die induzierten Banach-Räume

$$W^{m,p}(\Omega) = \overline{\left\{v \in C^\infty(\Omega) : \|v\|_{W^{m,p}(\Omega)} < \infty\right\}}^{\|\cdot\|_{W^{m,p}(\Omega)}}$$

heißen *Sobolev-Räume*. Für $p = 2$ sind sie Hilbert-Räume und werden mit $H^m(\Omega) = W^{m,2}(\Omega)$ bezeichnet.

In Approximationsabschätzungen für Finite-Elemente-Methoden finden häufig die *Halbnormen* $|u|_{H^m} = \|\nabla^m u\|_{L^2(\Omega)}$ Verwendung. Es lässt sich direkt ablesen, dass $H^1(\Omega)$ deutlich weniger glatte Funktionen enthält als der klassische Lösungsraum $C^2(\Omega) \cap C(\bar{\Omega})$, denn die Gradienten dürfen unstetig sein.

Für viele Aussagen über Sobolev-Räume muss eine gewisse Regularität des Gebiets Ω vorausgesetzt werden, die glücklicherweise in praktisch relevanten Situationen fast immer gegeben ist. Eine solche Voraussetzung ist die folgende Kegelbedingung.

Definition A.13 (Kegelbedingung). Ein Gebiet $\Omega \subset \mathbb{R}^d$ erfüllt die *Kegelbedingung*, wenn ein Öffnungswinkel $\alpha > 0$ und eine Länge $l > 0$ und zu jedem $x \in \partial\Omega$ ein $\xi(x) \in \mathbb{R}^d$ existieren, so dass für alle $y \in \mathbb{R}^d$ mit $0 < \|y\| < l$ gilt:

$$y^T\xi \geq \cos\alpha\|y\|\|\xi\| \Rightarrow x + y \in \Omega.$$

Anschaulich besagt die Kegelbedingung, dass ein fester offener Kegel existiert, der mit seiner Spitze an jeden Punkt des Randes geschoben werden kann, ohne dass er aus dem Gebiet herausragt (siehe Abb. A.4).

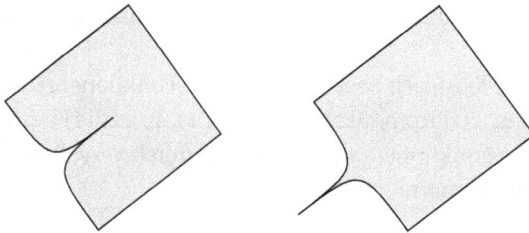

Abb. A.4: Illustration der Kegelbedingung A.13. Das linke Gebiet erfüllt die Kegelbedingung, das rechte nicht.

Über die Glattheit der in den Sobolev-Räumen H^m enthaltenen Funktionen gibt der folgende Satz Auskunft (siehe [2]).

Satz A.14 (Sobolevscher Einbettungssatz). *Sei $\Omega \subset \mathbb{R}^d$ ein Gebiet, das die Kegelbedingung erfüllt, und $mp > d$. Dann gilt*

$$W^{m,p}(\Omega) \subset C(\Omega) \cap L^\infty(\Omega).$$

Für die Vorgabe von homogenen Dirichlet-Randbedingungen $u|_{\partial\Omega} = 0$ oder Robin-Randbedingungen $n^T \nabla u + \alpha u = \beta$ müssen auch für möglicherweise unstetige $u \in H^1(\Omega)$ die Werte von u auf dem Rand wohldefiniert sein. Glücklicherweise ist für Funktionen aus $H^1(\Omega)$ die Restriktion auf den Rand in einem integralen Sinn stetig, wenn auch nicht punktweise (siehe etwa [43]).

Satz A.15 (Spursatz). *Sei $\Omega \subset \mathbb{R}^d$ ein beschränktes Gebiet mit stückweise glattem Rand, das die Kegelbedingung A.13 erfüllt. Dann existiert ein stetiger linearer Operator T : $H^1(\Omega) \to L^2(\partial\Omega)$ mit $Tu = u|_{\partial\Omega}$ für $u \in C^1(\Omega)$ und $\|T\| \leq C_S \sqrt{h}$, wobei C_S eine nur von der Form des Gebiets, nicht aber von dessen Durchmesser h abhängige Konstante ist.*

Für $u \in H^1(\Omega)$ wird dann die Spur als Restriktion $u|_{\partial\Omega} = Tu$ definiert, und es gilt

$$\|u\|_{L^2(\partial\Omega)} \leq C_S \sqrt{h} \, \|u\|_{H^1(\Omega)}.$$

Bei Robin-Randbedingungen treten die Randintegrale

$$\int_{\partial\Omega} \beta v \, dx \quad \text{und} \quad \int_{\partial\Omega} \alpha u v \, dx, \quad v \in H^1(\Omega),$$

in der schwachen Formulierung auf. Diese Randbedingungen sind also mindestens für $\alpha \in L^\infty(\partial\Omega)$ und $\beta \in L^2(\partial\Omega)$ wohldefiniert. Tatsächlich lässt sich A.15 noch verschärfen, so dass weniger reguläre Randdaten α, β genügen – dies führt aber auf weniger anschauliche Sobolev-Räume mit gebrochenen Indizes.

Für homogene Dirichlet-Randbedingungen wird jetzt nur $u|_{\partial\Omega} = 0$ fast überall gefordert, was der Gleichheit in $L^2(\partial\Omega)$ entspricht. Die Randbedingungen werden durch die Einschränkung des Raumes erzwungen. Dafür definiert man im Sinne des Spursatzes $H_0^1(\Omega) = \{u \in H^1(\Omega) : u|_{\partial\Omega} = 0\}$ und formuliert das Variationsproblem über H_0^1 anstelle von H^1. Analog geht man vor, wenn Dirichlet-Bedingungen nur auf einem Teil $\partial\Omega_D$ des Randes gefordert werden. Dann wird das Variationsproblem über $H_D^1(\Omega) = \{u \in H^1(\Omega) : u|_{\partial\Omega_D} = 0\}$ formuliert. Dass die so vom Laplace-Operator gebildeten Energienormen äquivalent zur H^1-Norm sind, besagen die Ungleichungen von Poincaré und Friedrichs.

Satz A.16 (Poincaré- und Friedrichs-Ungleichung). *Es genüge das beschränkte Gebiet $\Omega \subset \mathbb{R}^d$ der inneren Kegelbedingung. Dann existieren von der Form von Ω, nicht aber vom Durchmesser h abhängige Konstanten C_P, C_F, so dass*

$$\|u - \bar{u}\|_{L^2(\Omega)} \leq C_P h |u|_{H^1(\Omega)}, \quad \bar{u} = \frac{1}{|\Omega|} \int_\Omega u \, dx \qquad (A.25)$$

und

$$\|u\|_{L^2(\Omega)} \leq C_F h |u|_{H^1(\Omega)} \quad \text{für alle } u \in H_D^1(\Omega) . \qquad (A.26)$$

Im Fall $\partial\Omega_D = \partial\Omega$ gilt $C_F = 1$.

Beide Aussagen sind direkte Konsequenzen des folgenden Satzes, für dessen Beweis wir auf [4, 5.15] verweisen.

Satz A.17 (Allgemeine Poincaré-Ungleichung). *Sei $\Omega \subset \mathbb{R}^d$ ein beschränktes Gebiet mit Lipschitz-Rand und $M \subset W^{1,p}(\Omega)$ konvex und abgeschlossen mit $1 < p < \infty$. Ferner existiere $u_0 \in M$ und $C_0 < \infty$, so dass für alle $\xi \in \mathbb{R}$ gilt:*

$$u_0 + \xi \in M \Rightarrow |\xi| \leq C_0.$$

Dann existiert eine Konstante $C_{AP} < \infty$, so dass

$$\|u\|_{L^p(\Omega)} \leq C_{AP}(\|\nabla u\|_{L^p(\Omega)} + 1)$$

für alle $u \in M$ gilt. Ist M zusätzlich ein Kegel (also $\mathbb{R}_+ M = M$), so gilt

$$\|u\|_{L^p(\Omega)} \leq C_{AP}\|\nabla u\|_{L^p(\Omega)}. \tag{A.27}$$

Wählt man hier $M = \{u \in H^1(\Omega) \mid \|u\|_{L^2(\partial\Omega_D)} \leq 1\}$ ergibt sich bei Skalierung beliebiger Funktionen $u \in H^1(\Omega)$ mit $\|u\|_{L^2(\partial\Omega_D)}^{-1}$ auch sofort das folgende

Korollar A.18. *Ist $\Omega \subset \mathbb{R}^d$ ein beschränktes Gebiet mit Lipschitz-Rand und $\partial\Omega_D \subset \partial\Omega$ eine Nicht-Nullmenge, dann existiert eine Konstante $C_{AP} < \infty$, so dass*

$$\|u\|_{L^2(\Omega)} \leq C_{AP}(|u|_{H^1(\Omega)} + \|u\|_{L^2(\partial\Omega_D)}).$$

Während die Sobolev-Räume und ihre Normen für die Analysis elliptischer Differentialgleichungen einen hervorragenden Rahmen abgeben, sind sie für die numerische Lösung konkreter Probleme weniger geeignet. Im Gegensatz zur Energienorm sind die Sobolev-Normen nicht dem konkreten Problem angepasst. Sie unterscheiden nicht zwischen Robin- und Neumann-Randbedingungen und kennen keine ortsabhängigen Koeffizienten. Insbesondere sind sie, anders als die Energienorm, nicht skalierungsinvariant: Die Norm ändert sich, wenn die Gebiete in anderen Längeneinheiten beschrieben werden.

Eine wesentliche Konsequenz des Unterschieds zwischen Sobolev-Norm und Energienorm ist, dass Galerkin-Lösungen in Sobolev-Räumen im Allgemeinen keine Bestapproximationen mehr darstellen, sondern nur noch quasi-optimal sind, wie das folgende Lemma zeigt.

Lemma A.19 (Céa-Lemma). *Sei a eine V-elliptische Bilinearform mit $V = H^m(\Omega)$ oder $V = H_0^m(\Omega)$. Ferner seien u bzw. u_h die Lösungen der zugehörigen Variationsaufgabe in V bzw. $S_h \subset V$. Dann gilt*

$$\|u - u_h\|_V \leq \sqrt{\frac{C_a}{\alpha_a}} \inf_{v_h \in S_h} \|u - v_h\|_V.$$

Beweis. Aufgrund der Elliptizität von a und der Bestapproximationseigenschaft in der Energienorm gilt

$$\alpha_a \|u - u_h\|_V^2 \le \|u - u_h\|_a^2 \le \|u - v_h\|_a^2 \le C_a \|u - v_h\|_V^2$$

für alle $v_h \in S_h$. □

Bemerkung A.20. Lax–Milgram- und Céa-Lemma gelten auch allgemeiner für nicht-symmetrische Bilinearformen, dann allerdings mit C_a/α_a statt $\sqrt{C_a/\alpha_a}$, siehe [49].

Dass dennoch die Sobolev-Räume eine wesentliche Rolle spielen, liegt unter anderem daran, dass die Interpolationsfehlerabschätzungen aus Kapitel 4.4 sich allgemein in Sobolev-Normen formulieren lassen.

A.6 Optimalitätsbedingungen

Die Lösungen x beschränkter Optimierungsprobleme der Form

$$\text{minimiere } J(\xi) \quad \text{unter der Nebenbedingung } c(\xi) = 0$$

erfüllen unter bestimmten Regularitätsannahmen an das Kostenfunktional J und die Nebenbedingung c die Karush–Kuhn–Tucker-Bedingungen.

Satz A.21. *Es seien X und Y Hilbert-Räume, $J : X \to \mathbb{R}$ differenzierbar und $c : X \to Y$ Fréchet-differenzierbar mit surjektiver Ableitung c'. Gilt $c(x) = 0$ und $J(x) \le J(\xi)$ für alle ξ mit $c(\xi) = 0$, so existiert ein Lagrange-Multiplikator $\lambda \in Y^*$, so dass die adjungierte Gleichung gilt:*

$$J'(x) - c'(x)^* \lambda = 0.$$

Software

Zu den in diesem Buch beschriebenen adaptiven Algorithmen existieren meist ausgereifte Softwarepakete, die über das Internet öffentlich zugänglich sind. Die Komplexität dieser Softwaresysteme ist aufgrund der erforderlichen Datenstrukturen und der großen Bandbreite abgedeckter Problemklassen nicht zu unterschätzen – eine intensive Einarbeitung ist in jedem Fall erforderlich. Hier eine unvollständige(!) Aufzählung.

Adaptive Finite-Elemente-Codes

ALBERTA Ein in C implementiertes adaptives Finite-Elemente-Paket für simpliziale Gitter mit Verfeinerung durch residuenbasierte Fehlerschätzer und Bisektion.
http://www.alberta-fem.de/

deal.II Ein adaptives FE-Paket für nichtkonforme hexaedrische Gitter mit hängenden Knoten.
http://www.dealii.org/

DUNE Eine C++ Bibliothek, welche die Grundbausteine für Finite-Elemente-Codes (Schnittstellen zu verschiedenen Gitterimplementierungen, Formfunktionen, Quadratur, iterative Löser) zur Verfügung stellt. Unterstützt verteiltes Rechnen.
http://www.dune-project.org/

FEniCS Eine Sammlung von C++- und Python-Komponenten zur Lösung von PDEs; bietet einfache Python-Interfaces und Codeerzeugung zur Effizienz.
http://fenicsproject.org/

KARDOS Ein in C implementierter FE-Code für parabolische Probleme auf der Basis früherer KASKADE-Versionen.
http://www.zib.de/de/numerik/software/kardos.html

KASKADE Eine Familie von adaptiven Finite-Elemente-Codes zur Lösung partieller Differentialgleichungen. Die aktuelle Version 7 ist ein auf der Basis von DUNE in C++ implementiertes flexibles Finite-Elemente-Paket zur Lösung linearer und nichtlinearer, stationärer und zeitabhängiger Probleme.
http://www.zib.de/projects/kaskade7-finite-element-toolbox

mfem Eine C++-Bibliothek zur Lösung verschiedener partieller Differentialgleichungen; bietet reichhaltige Diskretisierungsmöglichkeiten und Parallelisierung.
https://code.google.com/p/mfem/

PLTMG Ein in FORTRAN implementiertes adaptives FE-Paket für $d = 2$ mit Dreiecksgittern und rot-grüner Verfeinerung.
http://ccom.ucsd.edu/~reb/software.html

UG Ein in C implementiertes adaptives FE-Paket für allgemeine unstrukturierte Gitter mit rot-grüner Verfeinerung. Unterstützt verteiltes Rechnen.
http://atlas.gcsc.uni-frankfurt.de/~ug/

https://doi.org/10.1515/9783110689655-011

Stanford University Unstructured (SU^2) Ein modularisiertes C++-Paket zur adaptiven Lösung partieller Differentialgleichungen und Formoptimierung, insbesondere in der Strömungsdynamik.
http://adl.stanford.edu/docs/display/SUSQUARED/SU2+Home

Kommerzielle Software wie z. B. **ABAQUS** (http://www.simulia.com/), **ANSYS** (http://www.ansys.com/) und **NASTRAN** (http://www.mscsoftware.com/) zeichnet sich im Allgemeinen eher durch umfangreiche Vor- und Nachbearbeitungsmöglichkeiten (engl. *pre- and postprocessing*) sowie durch die Anpassung an viele konkrete Problemstellungen als durch besonders ausgefeilte numerische Algorithmen aus.

Direkte Löser

MUMPS Mehrfrontenmethode Akronym für **MU**ltifrontal **M**assively **P**arallel **S**olver), siehe etwa [7].
http://mumps.enseeiht.fr/

PARDISO Ein robustes Programmpaket für große symmetrische und unsymmetrische Systeme auf shared-memory-Multiprozessoren [193].
http://www.pardiso-project.org/

SuperLU Für große dünnbesetzte nichtsymmetrische Systeme auf HPC-Rechnern [70], geschrieben in C.
http://crd.lbl.gov/~xiaoye/SuperLU/

TAUCS Für große dünnbesetzte symmetrische und nichtsymmetrische Systeme, mit unvollständigen Zerlegungen, in C.
http://www.tau.ac.il/~stoledo/taucs/

UMFPACK Für dünnbesetzte nichtsymmetrische Systeme [68], in C.
http://www.cise.ufl.edu/research/sparse/umfpack/

Literatur

[1]   ABRAMOWITZ, M. und I. A. STEGUN (Herausgeber): *Handbook of Mathematical Functions with Formulas, Graphs, and Mathematical Tables*. Wiley, 1972.

[2]   ADAMS, R. A. und J. J. F. FOURNIER: *Sobolev Spaces*. Academic Press, 2. Auflage, 2003.

[3]   AINSWORTH, M. und J. T. ODEN: *A unified approach to a posteriori error estimation using element residual methods*. Numer. Math., 65:23–50, 1993.

[4]   ALT, H. W.: *Lineare Funktionalanalysis*. Springer, 5. Auflage, 2008.

[5]   AMESTOY, P. R., A. BUTTARI, I. S. DUFF, A. GUERMOUCHE, J.-Y. L'EXCELLENT und B. UÇAR: *The multifrontal method*. In: PADUA, DAVID (Herausgeber): *Encyclopedia of Parallel Computing*. Springer, New York, 2011.

[6]   AMESTOY, PATRICK R., ALFREDO BUTTARI, IAIN S. DUFF, ABDOU GUERMOUCHE, JEAN-YVES L'EXCELLENT und BORA UÇAR: *MUMPS*. In: PADUA, DAVID (HERAUSGEBER): *ENCYCLOPEDIA OF PARALLEL COMPUTING*. Springer, New York, 2011.

[7]   AMESTOY, P. R., I. S. DUFF, J. KOSTER und J.-Y. L'EXCELLENT: *A fully asynchronous multifrontal solver using distributed dynamic scheduling*. SIAM J. Matrix Anal. Appl., 23(1):15–41, 2001.

[8]   AUBIN, J. P.: *Behaviour of the error of the approximate solution of boundary value problems for linear elliptic operators by Galerkin's and finite difference methods*. Ann. Sc. Norm. Super. Pisa, 21:599–637, 1967.

[9]   AUZINGER, W., H. HOFSTÄTTER, W. KREUZER und E. WEINMÜLLER: *Modified defect correction algorithms for ODEs. Part I: general theory*. Numer. Algorithms, 36(2):135–156, 2004.

[10]   AUZINGER, W., H. HOFSTÄTTER, W. KREUZER und E. WEINMÜLLER: *Modified defect correction algorithms for ODEs. Part II: stiff initial value problems*. Numer. Algorithms, 40(3):285–303, 2005.

[11]   BABUŠKA, I.: *The finite element method with penalty*. Math. Comput., 27(122):221–228, 1973.

[12]   BABUŠKA, I. und A. K. AZIZ: *Survey lectures on the mathematical foundations of the finite element method*. In: Aziz, A. K. (Herausgeber): *Mathematical Foundations of the Finite Element Method with Applications to Partial Differential Equations*, Seiten 1–359. Academic Press, New York, 1972.

[13]   BABUŠKA, I. und A. K. AZIZ: *On the angle condition in the finite element method*. SIAM J. Numer. Anal., 13:214–226, 1976.

[14]   BABUŠKA, I. und A. MILLER: *A feedback finite element method with a posteriori error estimation. Part I: the finite element method and some basic properties of the a posteriori error estimator*. Comput. Methods Appl. Mech. Eng., 61(3):1–40, 1987.

[15]   BABUŠKA, I. und J. E. OSBORN: *Estimates for the errors in eigenvalue and eigenvector approximation by Galerkin methods, with particular attention to the case of multiple eigenvalues*. SIAM J. Numer. Anal., 24:1249–1276, 1987.

[16]   BABUŠKA, I. und W. C. RHEINBOLDT: *Error estimates for adaptive finite element computations*. SIAM J. Numer. Anal., 15:736–754, 1978.

[17]   BADER, G. und P. DEUFLHARD: *A semi-implicit mid-point rule for stiff systems of ordinary differential equations*. Numer. Math., 41:373–398, 1983.

[18]   BANGERTH, W. und R. RANNACHER: *Adaptive Finite Element Methods for Differential Equations*. Lectures in Mathematics. Birkhäuser, 2003.

[19]   BANK, R. E.: *PLTMG: A Software Package for Solving Elliptic Partial Differential Equations. Users' Guide 8.0*. Frontiers in Applied Mathematics. SIAM, 1998.

[20]   BANK, R. E., T. DUPONT und H. YSERENTANT: *The hierarchical basis multigird method*. Numer. Math., 52(4):427–458, 1988.

[21]   BANK, R. E., A. H. SHERMAN und A. WEISER: *Some refinement algorithms and data structures for regular local mesh refinement*. In: STEPLEMAN, R. S. (Herausgeber): *Scientific Computing*.

https://doi.org/10.1515/9783110689655-012

Applications of Mathematics and Computing to the Physical Sciences, Seiten 3–17. North-Holland, Amsterdam, 1983.

[22] BANK, R. E. und A. WEISER: *Some a posteriori error estimators for elliptic partial differential equations*. Math. Comput., 44(170):283–301, 1985.

[23] BANK, R. E. und J. XU: *Asymptotically exact a posteriori error estimators. I: grids with superconvergence*. SIAM J. Numer. Anal., 41(6):2294–2312, 2003.

[24] BANK, R. E. und J. XU: *Asymptotically exact a posteriori error estimators. II: general unstructured grids*. SIAM J. Numer. Anal., 41(6):2313–2332, 2003.

[25] BARTELS, S., C. CARSTENSEN und G. DOLZMANN: *Inhomogeneous Dirichlet conditions in a priori and a posteriori finite element error analysis*. Numer. Math., 99:1–24, 2004.

[26] BASTIAN, P., W. HACKBUSCH und G. WITTUM: *Additive and multiplicative multigrid – a comparison*. Computing, 60:345–368, 1998.

[27] BECKER, R., M. BRAACK und R. RANNACHER: *Adaptive finite element methods for flow problems*. In: DEVORE, R. A., A. ISERLES und E. SÜLI (Herausgeber): *Foundations of Computational Mathematics*, Seiten 21–44. Cambridge University Press, 2001.

[28] BECKER, R., H. KAPP und R. RANNACHER: *Adaptive finite element methods for optimal control of partial differential equations: basic concepts*. SIAM J. Control Optim., 39:113–132, 2000.

[29] BECKER, R., und R. RANNACHER: *An optimal control approach to a posteriori error estimation in finite element methods*. Acta Numer., 10:1–102, 2001.

[30] BERINI, P.: *Plasmon-polariton waves guided by thin lossy metal films of finite width: bound modes of symmetric structures*. Phys. Rev. B, 61(15):10484–10503, 2000.

[31] BEY, J.: *Tetrahedral grid refinement*. Computing, 55(4):355–378, 1995.

[32] BIETERMANN, M. und I. BABUŠKA: *An adaptive method of lines with error control for parabolic equations of the reaction-diffusion type*. J. Comput. Phys., 63(1):33–66, 1986.

[33] BINEV, P., W. DAHMEN und R. DEVORE: *Adaptive finite element methods with convergence rates*. Numer. Math., 97(2):219–268, 2004.

[34] BOLTEN, M., D. MOSER und R. SPECK: *A multigrid perspective on the parallel full approximation scheme in space and time*. Numer. Linear Algebra Appl., e2110, 2017.

[35] BONAVENTURA, L. und G. ROSATTI: *A cascadic conjugate gradient algorithm for mass conservative, semi-implicit discretization of the shallow water equations on locally refined structured grids*. Int. J. Numer. Methods Fluids, 40(1–2):217–230, 2002.

[36] BORNEMANN, F. A.: *Die Maximalwinkelbedingung für Finite Elemente*. http://www-m3.ma.tum.de/Allgemeines/FolkmarBornemannPublications, 1993.

[37] BORNEMANN, F. A.: *An adaptive multilevel approach to parabolic equations. I: general theory and 1D implementation*. IMPACT Comput. Sci. Eng., 2(4):279–317, 1990.

[38] BORNEMANN, F. A.: *An adaptive multilevel approach to parabolic equations. II: variable-order time discretization based on a multiplicative error correction*. IMPACT Comput. Sci. Eng., 3(2):93–122, 1991.

[39] BORNEMANN, F. A.: *An Adaptive Multilevel Approach to Parabolic Equations in Two Space Dimensions*. Dissertation, Freie Universität Berlin, Institut für Mathematik, 1991.

[40] BORNEMANN, F. A. und P. DEUFLHARD: *The cascadic multigrid method for elliptic problems*. Numer. Math., 75(2):135–152, 1996.

[41] BORNEMANN, F. A., B. ERDMANN und R. KORNHUBER: *A posteriori error estimates for elliptic problems in two and three space dimensions*. SIAM J. Numer. Anal., 33:1188–1204, 1996.

[42] BORNEMANN, F. A. und R. KRAUSE: *Classical and cascadic multigrid – a methodical comparison*. In: BJØRSTAD, P., M. ESPEDAL und D. KEYES (Herausgeber): *Proc. 9th Int. Conference on Domain Decomposition Methods 1996*, Seiten 64–71. Domain Decomposition Press, Ullensvang, Norway, 1998.

[43] BRAESS, D.: *Finite Elemente. Theorie, schnelle Löser und Anwendungen in der Elastizitätstheorie*. Springer, 4. Auflage, 2007.

[44] BRAESS, D. und W. HACKBUSCH: *A new convergence proof for the multigrid method including the V-cycle*. SIAM J. Numer. Anal., 20(5):967–975, 1983.

[45] BRAKHAGE, H.: *Über die numerische Behandlung von Integralgleichungen nach der Quadraturformelmethode*. Numer. Math., 2:183–196, 1960.

[46] BRAMBLE, J. H., J. E. PASCIAK und J. XU: *Parallel multilevel preconditioners*. Math. Comput., 55(191):1–22, 1990.

[47] BRANDT, A.: *Multi-level adaptive technique (MLAT) for fast numerical solution to boundary value problems*. In: CABANNES, H. und R. TEMAMALEI (Herausgeber): *Proc. of the Third Int. Conf. on Numerical Methods in Fluid Mechanics*, Band 18 der Reihe *Lecture Notes in Physics*, Seiten 82–89. Springer, Berlin, 1973.

[48] BRENAN, K. E., S. L. CAMPBELL und L. R. PETZOLD: *Numerical solution of initial-value problems in differential-algebraic equations*, Band 14 der Reihe *Classics in Applied Mathematics*. SIAM, 1995.

[49] BRENNER, S. C. und L. R. SCOTT: *The Mathematical Theory of Finite Element Methods*. Springer, 2002.

[50] BUDD, C. J., W. HUANG und R. D. RUSSELL: *Adaptivity with moving grids*. Acta Numer., 18:111–241, 2009.

[51] BURGER, S., L. ZSCHIEDRICH, J. POMPLUN, F. SCHMIDT, B. KETTNER und D. LOCKAU: *3D finite-element simulations of enhanced light transmission through arrays of holes in metal films*. In: *Numerical Methods in Optical Metrology, Proc. SPIE*, Band 7390, Seite 73900H, 2009.

[52] BUVOLI, T.: *A class of exponential integrators based on spectral deferred correction*. SIAM J. Sci. Comput., 42(1):A1–A27, 2020.

[53] CANUTO, C., M. Y. HUSSAINI, A. QUARTERONI und T. A. ZANG: *Spectral Methods: Fundamentals in Single Domains*. Springer, 2006.

[54] CANUTO, C., M. Y. HUSSAINI, A. QUARTERONI und T. A. ZANG: *Spectral Methods: Evolution to Complex Geometries and Applications to Fluid Dynamics*. Springer, 2007.

[55] CARSTENSEN, C.: *Reliable and efficient averaging techniques as universal tool for a posteriori finite element error control on unstructured grids*. Int. J. Numer. Anal. Model., 3(3):333–347, 2006.

[56] CHORIN, A. J. und J. E. MARSDEN: *A Mathematical Introduction to Fluid Mechanics*. Springer, 3. Auflage, 1993.

[57] CIARLET, P. G.: *The Finite Element Method for Elliptic Problems*. SIAM, 2002.

[58] CIARLET, P. G. und P.-A. RAVIART: *General Lagrange and Hermite interpolation in $\mathbb{R}^n$ with applications to finite element methods*. Arch. Ration. Mech. Anal., 46(3):177–199, 1972.

[59] COLLI FRANZONE, P., P. DEUFLHARD, B. ERDMANN, J. LANG und L. PAVARINO: *Adaptivity in space and time for reaction-diffusion systems in electrocardiology*. SIAM J. Sci. Comput., 28(3):942–962, 2006.

[60] COOLS, R.: *Constructing cubature formulae: the science behind the art*. Acta Numer., 6:1–54, 1997.

[61] COURANT, R.: *Variational methods for the solution of problems of equilibrium and vibrations*. Bull. Am. Math. Soc., 49:1–23, 1943.

[62] COURANT, R. und D. HILBERT: *Methoden der Mathematischen Physik II*. Springer, 1968.

[63] CRANK, J. und P. NICOLSON: *A practical method for numerical evaluation of solutions of partial differential equations of the heat-conduction type*. Proc. Camb. Philos. Soc., 43:50–67, 1947.

[64] CURTISS, C. F. und J. O. HIRSCHFELDER: *Integration of stiff equations*. Proc. Natl. Acad. Sci. USA, 38:235–243, 1952.

[65]   DAHLQUIST, G.: *Convergence and stability in the numerical integration of ordinary differential equations*. Math. Scand., 4:33–53, 1956.

[66]   DAHMEN, W. und A. KUNOTH: *Multilevel preconditioning*. Numer. Math., 63:315–344, 1992.

[67]   DARCY, H.: *Les Fontaines Publiques de la Ville de Dijon*, Kapitel Appendix D, Seiten 559–603. Dalmont, Paris, 1856.

[68]   DAVIS, T. A.: *A column pre-ordering strategy for the unsymmetric-pattern multifrontal method*. ACM Trans. Math. Softw., 30(2):165–195, 2004.

[69]   DAVIS, T. A.: *Direct Methods for Sparse Linear Systems*. SIAM, 2006.

[70]   DEMMEL, J. W., S. C. EISENSTAT, J. R. GILBERT, X. S. LI und J. W. H. LIU: *A supernodal approach to sparse partial pivoting*. SIAM J. Matrix Anal. Appl., 20(3):720–755, 1999.

[71]   DEUFLHARD, P.: *Uniqueness theorems for stiff ODE initial value problems*. In: GRIFFITHS, D. F. und G. A. WATSON (Herausgeber): *Proceedings 13th Biennial Conference on Numerical Analysis 1989*, Seiten 74–88, Harlow, Essex, UK, 1990. Longman.

[72]   DEUFLHARD, P.: *Cascadic conjugate gradient methods for elliptic partial differential equations: algorithm and numerical results*. Contemp. Math., 180:29–42, 1994.

[73]   DEUFLHARD, P.: *Differential equations in technology and medicine: computational concepts, adaptive algorithms, and virtual labs*. In: BURKARD, R., P. DEUFLHARD, A. JAMESON, J.-L. LIONS und G. STRANG (Herausgeber): *Computational Mathematics Driven by Industrial Problems*, Seiten 69–125. Springer, Berlin, Heidelberg, New York, 2000.

[74]   DEUFLHARD, P.: *Newton Methods for Nonlinear Problems. Affine Invariance and Adaptive Algorithms*. Springer, 2. Auflage, 2006.

[75]   DEUFLHARD, P., B. ERDMANN, R. ROITZSCH und G. T. LINES: *Adaptive finite element simulation of ventricular fibrillation dynamics*. Comput. Vis. Sci., 12:201–205, 2009.

[76]   DEUFLHARD, P., T. FRIESE, F. SCHMIDT, R. MÄRZ und H.-P. NOLTING: *Effiziente Eigenmodenberechnung für den Entwurf integriert-optischer Chips*. In: HOFFMANN, K.-H., W. JÄGER, T. LOHMANN und H. SCHUNK (Herausgeber): *Mathematik. Schlüsseltechnologie für die Zukunft*, Seiten 267–279. Springer, 1997.

[77]   DEUFLHARD, P., E. HAIRER und J. ZUGCK: *One-step and extrapolation methods for differential–algebraic systems*. Numer. Math., 51:501–516, 1987.

[78]   DEUFLHARD, P., J. LANG und U. NOWAK: *Adaptive algorithms in dynamical process simulation*. In: NEUNZERT, H. (Herausgeber): *Progress in Industrial Mathematics at ECMI 94*, Seiten 122–137. Wiley, Teubner, Chichester, Stuttgart, 1996.

[79]   DEUFLHARD, P., P. LEINEN und H. YSERENTANT: *Concepts of an adaptive hierarchical finite element code*. Impact Comput. Sci. Eng., 1:3–35, 1989.

[80]   DEUFLHARD, P. und U. NOWAK: *Extrapolation integrators for quasilinear implicit ODEs*. In: DEUFLHARD, P. und B. ENGQUIST (Herausgeber): *Large Scale Scientific Computing*, Seiten 37–50. Birkhäuser, Boston, Basel, Stuttgart, 1987.

[81]   DEUFLHARD, P. und M. WEISER: *Local inexact Newton multilevel FEM for nonlinear elliptic problems*. In: BRISTEAU, M.-O., G. ETGEN, W. FITZGIBBON, J.-L. LIONS, J. PERIAUX und M. WHEELER (Herausgeber): *Computational Science for the 21st Century*, Seiten 129–138. Wiley-Interscience-Europe, 1997.

[82]   DEUFLHARD, P. und M. WEISER: *Global inexact Newton multilevel FEM for nonlinear elliptic problems*. In: HACKBUSCH, W. und G. WITTUM (Herausgeber): *Multigrid Methods*, Band 3 der Reihe *Lecture Notes in Computational Science and Engineering*, Seiten 71–89. Springer International, 1998.

[83]   DEUFLHARD, P., M. WEISER und S. ZACHOW: *Mathematics in facial surgery*. Not. Am. Math. Soc., 53:1012–1016, 2006.

[84]   DÖHLER, B.: *Ein neues Gradientenverfahren zur simultanen Berechnung der kleinsten oder größten Eigenwerte des allgemeinen Eigenwertproblems*. Numer. Math., 40:79–91, 1982.

[85]   DÖRFLER, W.: *A convergent adaptive algorithm for Poisson's equation*. SIAM J. Numer. Anal., 33(1106–1124), 1996.

[86]   DÖRFLER, W. und R. H. NOCHETTO: *Small data oscillation implies the saturation assumption*. Numer. Math., 91:1–12, 2002.

[87]   DUFF, I. und J. A. SCOTT: *A frontal code for the solution of sparse positive-definite symmetric systems arising from finite-element applications*. ACM Trans. Math. Softw., 25(4):404–424, 1999.

[88]   DUTT, A., L. GREENGARD und V. ROKHLIN: *Spectral deferred correction methods for ordinary differential equations*. BIT Numer. Math., 40(2):241–266, 2000.

[89]   DZIUK, G.: *Theorie und Numerik partieller Differentialgleichungen*. De Gruyter, 2010.

[90]   EHLE, B. L.: *On Padé Approximations to the Exponential Function and A-Stable Methods for the Numerical Solution of Initial Value Problems*. Research Report CSRR 2010, Dept. AACS, Univ. Waterloo, Ontario, Canada, 1969.

[91]   EKELAND, I. und R. TÉMAM: *Convex Analysis and Variational Problems*. Nummer 28 in *Classics in Applied Mathematics*. SIAM, 1999.

[92]   FARINA, D., Y. JIANG und O. DÖSSEL: *Acceleration of FEM-based transfer matrix computation for forward and inverse problems of electrocardiography*. Med. Biol. Eng. Comput., 47(12):1229–1236, 2009.

[93]   FEDORENKO, R. P.: *The speed of convergence of an iterative process* (Russisch). USSR Comput. Math. Math. Phys., 4(3):227–235, 1964.

[94]   FEDORENKO, R. P.: *Iterative methods for elliptic difference equations*. Russ. Math. Surveys, 28(2):129–195, 1973.

[95]   FENG, K.: *Difference schemes based on variational principle* (Chinesisch). J. Appl. Comput. Math., 2(4):238–262, 1965.

[96]   FEYNMAN, R. P., R. B. LEIGHTON und M. SANDS: *The Feynman Lectures on Physics. The Definitive and Extended Edition*, Band 2. Benjamin-Cummings, 2. Auflage, 2005.

[97]   FOX, L.: *Solution by relaxation methods of plane potential problems with mixed boundary conditions*. Q. Appl. Math., 2:251–257, 1944.

[98]   FRAUHAMMER, J., H. KLEIN, G. EIGENBERGER und U. NOWAK: *Solving moving boundary problems with an adaptive moving grid method: rotary heat exchangers with condensation and evaporation*. Chem. Eng. Sci., 53(19):3393–3411, 1998.

[99]   FREUDENTHAL, H.: *Simplizialzerlegungen von beschränkter Flachheit*. Ann. Math., 43(3):580–582, 1942.

[100] FREY, P. J. und P.-L. GEORGE: *Mesh Generation*. Wiley, 2. Auflage, 2008.

[101] FRIESE, T.: *Eine adaptive Spektralmethode zur Berechnung periodischer Orbits*. Diplomarbeit, Freie Universität Berlin, 1994.

[102] FRIESE, T.: *Eine Mehrgitter-Methode zur Lösung des Eigenwertproblems der komplexen Helmholtz-Gleichung*. Dissertation, Freie Universität Berlin, Institut für Mathematik, 1998.

[103] FRIESE, T., P. DEUFLHARD und F. SCHMIDT: *A multigrid method for the complex Helmholtz eigenvalue problem*. In: *Eighth International Conference on Domain Decomposition*, Seiten 18–26. DDM.org, 1999.

[104] FRITSCH, F. N. und J. BUTLAND: *A method for constructing local monotone piecewise cubic interpolants*. SIAM J. Sci. Comput., 5:300–304, 1984.

[105] FUNG, Y. C.: *Biomechanics: Mechanical Properties of Living Tissues*. Springer, 1993.

[106] GENTRY, A.: *The Origins of Lift*. http://www.arvelgentry.com/techs/origins_of_lift.pdf, 2006.

[107] GEORGE, A. und J. W.-H. LIU: *Computer Solution of Large Sparse Positive Definite Systems*. Prentice-Hall, 1981.

[108] GILBARG, D. und N. S. TRUDINGER: *Elliptic Partial Differential Equations of Second Order*. Springer, 2. Auflage, 2001.

[109] Go Ong, M. E.: *Hierachical Basis Preconditioners for Second Order Elliptic Problems in Three Dimensions*. Dissertation, Washington University, Seattle, USA, 1989.

[110] Godunov, S. K. und G. P. Prokopov: *On the solution of the Laplace difference equation* (Russian). Zh. Vychisl. Mat. Mat. Fiz., 9:462–468, 1969.

[111] Golub, G. H. und C. F. van Loan: *Matrix Computations*. The Johns Hopkins University Press, 1996.

[112] Götschel, S., A. Schiela und M. Weiser: *Kaskade 7 – a flexible finite element toolbox*. Comput. Math. Appl., 2020.

[113] Götschel, S., M. Weiser und A. Schiela: *Solving optimal control problems with the Kaskade 7 finite element toolbox*. In: Dedner, A., B. Flemisch und R. Klöfkorn (Herausgeber): *Advances in DUNE*, Seiten 101–112. Springer, 2012.

[114] Gottlieb, D., M. Y. Hussaini und S. Orszag: *Introduction: theory and applications of spectral methods*. In: Voigt, R. G., D. Gottlieb und M. Y. Hussaini (Herausgeber): *Spectral Methods for Partial Differential Equations*, Seiten 1–54. SIAM, 1984.

[115] Gräser, C. und R. Kornhuber: *Multigrid methods for obstacle problems*. J. Comput. Math., 27(1):1–44, 2009.

[116] Griewank, A. und A. Walther: *Evaluating Derivatives*. SIAM, 2. Auflage, 2008.

[117] Grisvard, P.: *Elliptic Problems in Nonsmooth Domains*, Band 24 der Reihe *Monographs and Studies in Mathematics*. Pitman, 1985.

[118] Gudi, T.: *Babuška's penalty method for inhomogeneous Dirichlet problem: error estimates and multigrid algorithms*. Int. J. Numer. Anal. Model. Ser. B, 5(4):299–316, 2014.

[119] Gustafsson, K., M. Lundh und G. Söderlind: *A PI stepsize control for the numerical solution of ordinary differential equations*. BIT Numer. Math., 28:270–287, 1988.

[120] Hackbusch, W.: *Ein iteratives Verfahren zur schnellen Auflösung elliptischer Randwertprobleme*. Report 76–12, Universität zu Köln, 1976.

[121] Hackbusch, W.: *On the computation of approximate eigenvalues and eigenfunctions of elliptic operators by means of a multigrid method*. SIAM J. Numer. Anal., 16:201–215, 1979.

[122] Hackbusch, W.: *Survey of convergence proofs for multi-grid iterations*. In: Frehse, J., D. Pallaschke und U. Trottenberg (Herausgeber): *Special Topics of Applied Mathematics, Proc., Bonn, Oct. 1979*, Band 18, Seiten 151–164. North-Holland, Amsterdam, 1980.

[123] Hackbusch, W.: *Multi-Grid Methods and Applications*, Band 4 der Reihe *Computational Mathematics*. Springer, 1985.

[124] Hackbusch, W.: *Theorie und Numerik elliptischer Differentialgleichungen*. Teubner, 1986.

[125] Hackbusch, W. und U. Trottenberg: *Multigrid Methods*. Springer, 1982.

[126] Hairer, E. und G. Wanner: *Solving Ordinary Differential Equations II. Stiff and Differential–Algebraic Problems*. Springer, 2. Auflage, 1996.

[127] Heaviside, O.: *On the forces, stresses and fluxes of energy in the electromagnetic field*. Philos. Trans. R. Soc., 183A:423ff, 1892.

[128] Henrici, P.: *Applied and Computational Analysis*, Band 3. J. Wiley, New York, 1986.

[129] Hestenes, M. R. und E. Stiefel: *Methods of conjugate gradients for solving linear systems*. J. Res. Nat. Bur. Stand., 49:409–436, 1952.

[130] Hochbruck, M. und C. Lubich: *On Krylov subspace approximations to the matrix exponential operator*. SIAM J. Numer. Anal., 34(5):1911–1925, 1997.

[131] Hochbruck, M., C. Lubich und H. Selhofer: *Exponential integrators for large systems of differential equations*. SIAM J. Sci. Comput., 19(5):1552–1574, 1998.

[132] Holzapfel, G. A.: *Nonlinear Solid Mechanics*. Wiley, 2000.

[133] Houwen, P. J. van der und J. J. B. de Swart: *Triangularly implicit iteration methods for ODE-IVP solvers*. SIAM J. Sci. Comput., 18(1):41–55, 1997.

[134] Hsu, L.-C. und C. Mavriplis: *Adaptive meshes for the spectral element method*. In: Bjørstad, P. E., M. S. Espedal und D. E. Keyes (Herausgeber): *9th International Conference on Domain Decomposition Methods*, Seiten 374–381. DDM.org, 1998.

[135] Hyman, J. M.: *Moving mesh methods for partial differential equations*. In: Goldstein, L., S.'Rosencrans und G. Sod (Herausgeber): *Mathematics Applied to Science*, Seiten 129–153. Academic Press, 1988.

[136] Hörmander, L.: *The Analysis of Linear Partial Differential Operators i*, Band 256 der Reihe *Grundl. Math. Wissenschaft*. Springer, 2003.

[137] Il'yin, V. P.: *Some estimates for conjugate gradient methods*. USSR Comput. Math. Math. Phys., 16:22–30, 1976.

[138] Jakobsen, B., und F. Rosendahl: *The Sleipner platform accident*. Struct. Eng. Int., 4(3):190–193, 1994.

[139] Jamet, P.: *Estimations d'erreur pour des elements finis droits presque degeneres*. R. A. I. R. O. Anal. Numér., 10:43–60, 1976.

[140] Jenkins, E. W., C. E. Kees, C. T. Kelley und C. T. Miller: *An aggregation-based domain decomposition preconditioner for groundwater flow*. SIAM J. Sci. Comput., 23(2):430–441, 2001.

[141] John, F.: *Partial Differential Equations*. Springer, 1982.

[142] Kaipio, J. und E. Somersalo: *Statistical and Computational Inverse Problems*. Springer, 2005.

[143] Kaps, P. und P. Rentrop: *Generalized Runge–Kutta methods of order four with stepsize control for stiff ordinary differential equations*. Numer. Math., 33:55–68, 1979.

[144] Ketcheson, D. und U. bin Waheed: *A comparison of high-order explicit Runge–Kutta, extrapolation, and deferred correction methods in serial and parallel*. Commun. Appl. Math. Comput. Sci., 9(2):175–200, 2014.

[145] Kornhuber, R.: *Nonlinear multigrid techniques*. In: Blowey, J. F., J. P. Coleman und A. W. Craig (Herausgeber): *Theory and Numerics of Differential Equations*. Springer Universitext, Seiten 179–229. Heidelberg, New York, 2001.

[146] Křížek, M.: *On the maximum angle condition for linear tetrahedral elements*. SIAM J. Numer. Anal., 29(2):513–520, 1992.

[147] Kröger, T. und T. Preusser: *Stability of the 8-tetrahedra shortest-interior-edge partitioning method*. Numer. Math., 109(3):435–457, 2008.

[148] Kröner, D.: *Numerical Schemes for Conservation Laws*. J. Wiley and Teubner, 1997.

[149] Kröner, D., M. Ohlberger und C. Rohde: *An Introduction to Recent Developments in Theory and Numerics for Conservation Laws*, Band 5 der Reihe *Lecture Notes in Computational Science and Engineering*. Springer, 1999.

[150] Lang, J.: *Adaptive Multilevel Solution of Nonlinear Parabolic PDE Systems*, Band 16 der Reihe *Lecture Notes in Computational Science and Engineering*. Springer, 2001.

[151] Lang, J. und D. Teleaga: *Towards a fully space-time adaptive FEM for magnetoquasistatics*. IEEE Trans. Magn., 44(6):1238–1241, 2008.

[152] Lang, J. und J. Verwer: *ROS3P – an accurate third-order Rosenbrock solver designed for parabolic problems*. BIT Numer. Math., 41:730–737, 2001.

[153] Layton, A. T. und M. L. Minion: *Implications of the choice of quadrature nodes for Picard integral deferred corrections methods for ordinary differential equations*. BIT Numer. Anal., 45:341–373, 2005.

[154] LeGrice, I., P. Hunter, A. Young, und B. Smaill: *The architecture of the heart: a data-based model*. Philos. Trans. R. Soc. Lond. A, 359(1783):1217–1232, 2001.

[155] Lehoucq, R. B. und D. C. Sorensen: *Deflation techniques for an implicitly re-started Arnoldi iteration*. SIAM J. Matrix Anal. Appl., 17:789–821, 1996.

[156] LeVeque, R. J.: *Finite Volume Methods for Hyperbolic Problems*. Cambridge University Press, 2002.

[157] Li, S., L. Petzold und J. M. Hyman: *Solution adapted mesh refinement and sensitivity analysis for parabolic partial differential equation systems*. In: Biegler, L. T., O. Ghattas, M. Heinkenschloss und B. van Bloemen Waanders (Herausgeber): *Large-Scale PDE-Constrained Optimization*, Band 30 der Reihe *Lecture Notes in Computational Science and Engineering*. Springer, Heidelberg, 2003.

[158] Longsine, D. E. und S. F. McCormick: *Simultaneous Rayleigh-quotient minimization methods for Ax = λBx*. Linear Algebra Appl., 34:195–234, 1980.

[159] Lubich, C. und A. Ostermann: *Linearly implicit time discretization of non-linear parabolic equations*. IMA J. Numer. Anal., 15(4):555–583, 1995.

[160] Lubich, C. und A. Ostermann: *Runge–Kutta approximation of quasi-linear parabolic equations*. Math. Comput., 64:601–627, 1995.

[161] Lyness, J. N. und R. Cools: *A survey of numerical cubature over triangles*. In: Gautschi, W. (Herausgeber): *Mathematics of Computation 1943–1993: A Half-Century of Computational Mathematics. Mathematics of Computation 50th Anniversary Symposium*, Band 48 der Reihe *American Mathematical Society. Proc. Symp. Appl. Math.*, Seiten 127–150, 1994.

[162] Maas, U. und J. Warnatz: *Ignition processes in carbon monoxide-hydrogen-oxygen mixtures*. Proc. Combust. Inst., 22(1):1695–1704, 1989.

[163] Mandel, J. und S. F. McCormick: *A multilevel variational method for Au = λBu on composite grids*. J. Comput. Phys., 80:442–452, 1989.

[164] Mavriplis, C.: *A posteriori error estimators for adaptive spectral element techniques*. In: Wesseling, P. (Herausgeber): *Proc. 8th GAMM-Conference on Numerical Methods in Fluid Mechanics*, Band 29, Seiten 333–342. Vieweg, Braunschweig, 1990.

[165] Maxwell, J. C.: *A dynamical theory of the electromagnetic field*. Roy. Soc. Trans., 155:459–512, 1865.

[166] McCormick, S. F.: *Multilevel Projection Methods for Partial Differential Equations*, Band 62 der Reihe *CBMS-NSF*. SIAM, Philadelphia, 1992.

[167] Meijerink, J. A. und H. A. van der Vorst: *An iterative solution method for linear systems of which the coefficient matrix is a symmetric M-matrix*. Math. Comput., 31:148–162, 1977.

[168] Miller, K.: *Moving finite elements II*. SIAM J. Numer. Anal., 18(6):1033–1057, 1981.

[169] Miller, K. und R. N. Miller: *Moving finite elements I*. SIAM J. Numer. Anal., 18(6):1019–1032, 1981.

[170] Nédélec, J. C.: *Mixed finite elements in* $\mathbb{R}^3$. Numer. Math., 35:315–341, 1980.

[171] Neuss, N.: *V-cycle convergence with unsymmetric smoothers and application to an anisotropic model problem*. SIAM J. Numer. Anal., 35(3):1201–1212, 1998.

[172] Nitsche, J.: *Über ein Variationsprinzip zur Lösung von Dirichlet-Problemen bei Verwendung von Teilräumen, die keinen Randbedingungen unterworfen sind*. Abh. Math. Semin. Univ. Hambg., 36(1), 1971.

[173] Nitsche, J. A.: *Ein Kriterium für die Quasioptimalität des Ritzschen Verfahrens*. Numer. Math., 11:346–348, 1968.

[174] Noble, D. und Y. Rudy: *Models of cardiac ventricular action potentials: iterative interaction between experiment and simulation*. Philos. Trans. R. Soc. Lond. A, 359:1127–1142, 2001.

[175] Nochetto, R. H., K. G. Siebert und A. Veeser: *Theory of adaptive finite element methods: an introduction*. In: DeVore, R. A. und A. Kunoth (Herausgeber): *Multiscale, Nonlinear and Adaptive Approximation*, Seiten 409–542. Springer, 2009.

[176] Nowak, U.: *Adaptive Linienmethoden für nichtlineare parabolische Systeme in einer Raumdimension*. Dissertation, Freie Universität Berlin, Institut für Mathematik, 1993.

[177] Nowak, U.: *PDEX1M – a software package for the numerical simulation of parabolic systems in one space dimension.* In: Keil, F., W. Mackensalei, H. Voss und J. Werther (Herausgeber): *Scientific Computing in Chemical Engineering*, Seiten 163–169. Springer, 1996.

[178] Ong, B. W. und R. J. Spiteri: *Deferred correction methods for ordinary differential equations.* J. Sci. Comput., 83:60, 2020.

[179] Ostermann, A. und M. Roche: *Rosenbrock methods for partial differential equations and fractional order of convergence.* SIAM J. Numer. Anal., 30(4):1084–1098, 1993.

[180] Oswald, P.: *On discrete norm estimates related to multilevel preconditioners in the finite element method.* In: *Proc. Conf. – Constructive Theory of Functions*, Varna, 1991.

[181] Pavarino, L. F.: *Additive Schwarz methods for the p-version finite element method.* Numer. Math., 66(1):493–515, 1994.

[182] Pearson, C. E.: *On a differential equation of boundary layer type.* J. Math. Phys., 47:134–154, 1968.

[183] Pereyra, V.: *Iterated deferred correction for nonlinear boundary value problems.* Numer. Math., 11:111–125, 1968.

[184] Peters, N. und J. Warnatz: *Numerical Methods in Laminar Flame Propagation*, Band 6 der Reihe *Notes in Numerical Fluid Dynamics*. Vieweg, 1982.

[185] Petzold, L. R.: *A description of DASSL: a differential-algebraic system solver.* In: R. S. Stepleman et al. (Herausgeber): *Scientific Computing*, Seiten 65–68. North-Holland, Amsterdam, 1983.

[186] Petzold, L. R.: *Observations on an adaptive moving grid method for one-dimensional systems of partial differential equations.* Appl. Numer. Math., 3:347–360, 1987.

[187] Prandtl, L.: *Über Flüssigkeitsbewegung bei sehr kleiner Reibung.* In: *Verhandlungen des dritten Internationalen Mathematiker-Kongresses*, Seiten 484–491, Heidelberg, 1904.

[188] Quarteroni, A. und A. Valli: *Domain Decomposition Methods for Partial Differential Equations.* Oxford University Press, 1999.

[189] Rannacher, R.: *On the convergence of the Newton–Raphson method for strongly nonlinear finite element equations.* In: Wriggers, P. und W. Wagneralei (Herausgeber): *Nonlinear Computational Mechanics – State of the Art*, Seiten 11–30. Springer, 1991.

[190] Rivara, M.-C.: *Mesh refinement process based on the generalized bisection of simplices.* SIAM J. Numer. Anal., 21(3):604–613, 1984.

[191] Rothe, E.: *Zweidimensionale parabolische Randwertaufgabe als Grenzfall eindimensionaler Randwertaufgaben.* Math. Ann., 102:650–670, 1930.

[192] Sauter, S. und G. Wittum: *A multigrid method for the computation of eigenmodes of closed water basins.* Impact Comput. Sci. Eng., 4:124–152, 1992.

[193] Schenk, O., M. Bollhöfer und R. Römer: *On large-scale diagonalization techniques for the Anderson model of localization.* SIAM Rev., 50(1):91–112, 2008.

[194] Schiela, A.: *A flexible framework for cubic regularization algorithms for nonconvex optimization in function space.* Numer. Funct. Anal. Optim., 40(1):85–118, 2019.

[195] Schild, K. H.: *Gaussian collocation via defect correction.* Numer. Math., 58(4):369–386, 1990.

[196] Schmidt, A., und K. Siebert: *Albert – software for scientific computations and applications.* Acta Math. Univ. Comenianae, Proc. Algoritmy 2000, LXX:105–122, 2001.

[197] Schöberl, J., J. M. Melenk, C. Pechstein und S. Zaglmayr: *Additive Schwarz preconditioning for p-version triangular and tetrahedral finite elements.* IMA J. Numer. Anal., 28(1):1–24, 2008.

[198] Scholz, S.: *Order barriers for the B-convergence of ROW methods.* Computing, 41(3):219–235, 1989.

[199] Schwab, C.: *p- and hp-Finite Element Methods. Theory and Applications in Solid and Fluid Mechanics.* Oxford University Press, 1998.

[200] SCHWARZ, H. A.: *Über einen Grenzübergang durch alternierendes Verfahren.* Vierteljahrsschrift der Naturforschenden Gesellschaft in Zürich, 15:272–286, 1870. In: *Gesammelte Mathematische Abhandlungen, Band 2*, 133–134. Springer, 1890.

[201] SCHWARZ, H. R.: *Methode der finiten Elemente.* Teubner, 3. Auflage, 2000.

[202] SCOTT, L. R. und S. ZHANG: *Finite element interpolation of non-smooth functions satisfying boundary conditions.* Math. Comput., 54:483–493, 1990.

[203] SHAIDUROV, V. V.: *Some estimates of the rate of convergence for the cascadic conjugate-gradient method.* Comput. Math. Appl., 31(4–5):161–171, 1996.

[204] SHEWCHUK, J. R.: *Triangle: engineering a 2D quality mesh generator and Delaunay triangulator.* In: LIN, M. C. und D. MANOCHA (Herausgeber): *Applied Computational Geometry: Towards Geometric Engineering*, Band 1148 der Reihe *Lecture Notes in Computer Science*, Seiten 203–222. Springer, 1996.

[205] ŠOLÍN, P., K. SEGETH und I. DOLEŽEL: *Higher-Order Finite Element Methods.* Studies in Advanced Mathematics. Chapman & Hall, 2004.

[206] STALLING, D., M. WESTERHOFF und H.-C. HEGE: *Amira: a highly interactive system for visual data analysis.* In: HANSEN, C. D. und C. R. JOHNSON (Herausgeber): *The Visualization Handbook*, Kapitel 38, Seiten 749–767. Elsevier, 2005.

[207] STEIHAUG, T.: *The conjugate gradient method and trust regions in large scale optimization.* SIAM J. Numer. Anal., 20(3):626–637, 1983.

[208] STEINEBACH, G. und P. RENTROP: *An adaptive method of lines approach for modelling flow and transport in rivers.* In: WOUVER, A. V., P. SAUCEZ und W. E. SCHIESSER (Herausgeber): *Adaptive Method of Lines*, Seiten 181–205. Chapman Hall/CRC, Boca Raton, FL, 2001.

[209] STEVENSON, R.: *Optimality of a standard adaptive finite element method.* Found. Comput. Math., 7(2):245–269, 2007.

[210] STRANG, G. und G. J. FIX: *An Analysis of the Finite Element Method.* Cambridge University Press, 2. Auflage, 2008.

[211] STREHMEL, K. und R. WEINER: *Linear-implizite Runge–Kutta-Methoden und ihre Anwendung.* Teubner, Stuttgart, 1992.

[212] SUNDNES, J., G. T. LINES, X. CAI, B. F. NIELSEN, K.-A. MARDAL und A. TVEITO: *Computing the Electrical Activity in the Heart*, Band 1 der Reihe *Monographs in Computational Science and Engineering*. Springer, 2006.

[213] SYNGE, J. L.: *The Hypercircle in Mathematical Physics.* Cambridge University Press, 1957.

[214] TAYLOR, M. A., B. A. WINGATE und R. E. VINCENT: *An algorithm for computing Fekete points in the triangle.* SIAM J. Numer. Anal., 38(5):1707–1720, 2000.

[215] TISSEUR, F. und K. MEERBERGEN: *The quadratic eigenvalue problem.* SIAM Rev., 43(2):235–286, 2001.

[216] TOINT, P. L.: *Towards an efficient sparsity exploiting Newton method for minimization.* In: DUFF, I. S. (Herausgeber): *Sparse Matrices and Their Uses*, Seiten 57–88. Academic Press, 1981.

[217] TOSELLI, A. und O. B. WIDLUND: *Domain Decomposition Methods – Algorithms and Theory*, Band 34 der Reihe *Computational Mathematics*. Springer, 2005.

[218] TREFETHEN, L. N. und M. EMBREE: *Spectra and Pseudospectra: The Behavior of Nonnormal Matrices and Operators.* Princeton University Press, 2005.

[219] TREFETHEN, L. N., A. E. TREFETHEN, S. C. REDDY und T. A. DRISCOLL: *Hydrodynamic stability without eigenvalues.* Science, 261:578–584, 1993.

[220] TROTTENBERG, U., C. OOSTERLEE und A. SCHÜLLER: *Multigrid.* Academic Press, 2001.

[221] TURNER, M. J., R. M. CLOUGH, H. C. MARTIN und L. J. TOPP: *Stiffness and deflection analysis of complex structures.* J. Aeronaut. Sci., 23:805–823, 854, 1956.

[222] VAINIKKO, G. M.: *Asymptotic error estimates for projective methods in the eigenvalue problem* (Russisch). Zh. Vychisl. Mat., 4:404–425, 1964.

[223] VARGA, R.: *Matrix Iterative Analysis*. Prentice Hall, 1962.

[224] VERFÜRTH, R.: *A Review of A-Posteriori Error Estimation and Adaptive Mesh-Refinement Techniques*. Wiley-Teubner, New York, Stuttgart, 1996.

[225] VORST, H. A. VAN DER: *Bl-CGSTAB: a fast and smoothly converging variant of Bl-CG for the solution of nonsymmetric linear systems*. SIAM J. Sci. Stat., 13(2):631–644, 1992.

[226] WARBURTON, T.: *An explicit construction of interpolation nodes on the simplex*. J. Eng. Math., 56(3):247–262, 2006.

[227] WATERS, L. K., G. J. FIX und C. L. COX: *The method of Glowinski and Pironneau for the unsteady Stokes problem*. Comput. Math. Appl., 48:1191–1211, 2004.

[228] WEISER, M.: *On goal-oriented adaptivity for elliptic optimal control problems*. Optim. Methods Softw., 28(13):969–992, 2013.

[229] WEISER, M.: *Faster SDC convergence on non-equidistant grids with DIRK sweeps*. BIT Numer. Anal., 55(4):1219–1241, 2015.

[230] WEISER, M.: *Inside Finite Elements*. de Gruyter, 2016.

[231] WEISER, M., P. DEUFLHARD und B. ERDMANN: *Affine conjugate adaptive Newton methods for nonlinear elastomechanics*. Optim. Methods Softw., 22(3):413–431, 2007.

[232] WEISER, M. und S. GHOSH: *Theoretically optimal inexact spectral deferred correction methods*. Commun. Appl. Math. Comput. Sci., 13(1):53–86, 2018.

[233] WEISER, M. und S. GÖTSCHEL: *State trajectory compression for optimal control with parabolic PDEs*. SIAM J. Sci. Comput., 34(1):A161–A184, 2012.

[234] WEISER, M., A. SCHIELA und P. DEUFLHARD: *Asymptotic mesh independence of Newton's method revisited*. SIAM J. Numer. Anal., 42(5):1830–1845, 2005.

[235] WEISER, M., S. ZACHOW und P. DEUFLHARD: *Craniofacial surgery planning based on virtual patient models*. Inf. Technol., 52(5):258–263, 2010.

[236] WERNER, D.: *Funktionalanalysis*. Springer, 5. Auflage, 2007.

[237] WITTUM, G.: *Multi-grid methods for Stokes and Navier–Stokes equations with transforming smoothers: algorithms and numerical results*. Numer. Math., 54:543–563, 1989.

[238] WITTUM, G.: *On the convergence of multi-grid methods with transforming smoothers*. Numer. Math., 57:15–38, 1990.

[239] Wohlmuth, B. I. und R. H. KRAUSE: *Monotone multigrid methods on nonmatching grids for nonlinear multibody contact problems*. SIAM J. Sci. Comput., 25:324–347, 2003.

[240] WULKOW, M.: *Numerical Treatment of Countable Systems of Ordinary Differential Equations*. Dissertation, Freie Universität Berlin, Institut für Mathematik, 1990.

[241] WULKOW, M.: *The simulation of molecular weight distributions in polyreaction kinetics by discrete Galerkin methods*. Macromol. Theory Simul., 5(3):393–416, 1996.

[242] XU, J.: *Theory of Multilevel Methods*. Dissertation, Pennsylvania State University, University Park, USA, 1989.

[243] XU, J.: *Iterative methods by space decomposition and subspace correction*. SIAM Rev., 34(4):581–613, 1992.

[244] YANG, H.: *Conjugate gradient methods for the Rayleigh quotient minimization of generalized eigenvalue problems*. Computing, 51(1):79–94, 1993.

[245] YOUNG, D. M.: *Iterative Solution of Large Linear Systems*. Computer Science and Applied Mathematics. Academic Press, New York, 1971.

[246] YSERENTANT, H.: *On the multi-level splitting of finite element spaces*. Numer. Math., 49(4):379–412, 1986.

[247] YSERENTANT, H.: *Two preconditioners based on the multilevel splitting of finite element spaces*. Numer. Math., 58:163–184, 1990.

[248] YSERENTANT, H.: *Old and new convergence proofs for multigrid methods*. Acta Numer., 2:285–326, 1993.

[249] ZADUNAISKY, P. E.: *On the estimation of error propagated in the numerical integration of ordinary differential equations.* Numer. Math., 27:21–39, 1976.

[250] ZEIDLER, E. (Herausgeber): *Teubner-Taschenbuch der Mathematik.* Teubner, 2003.

[251] ZHANG, S.: *Successive subdivisions of tetrahedra and multigrid methods on tetrahedral meshes.* Houst. J. Math., 21(3):541–556, 1995.

[252] ZIENKIEWICZ, O. C., R. L. TAYLOR und J. Z. ZHU: *The Finite Element Method. Its Basis & Fundamentals, Band 1.* Elsevier, 5. Auflage, 2005.

[253] ZIENKIEWICZ, O. C. und J. Z. ZHU: *A simple error estimator and adaptive procedure for practical engineering analysis.* Int. J. Numer. Methods Eng., 24(2):337–357, 1987.

[254] ZÖCKLER, M., D. STALLING und H.-C. HEGE: *Interactive visualization of 3D-vector fields using illuminated streamlines.* In: *IEEE Visualization 1996*, Seiten 107–113, 1996.

[255] ZÖLLNER, F.: *Leonardo da Vinci. Sämtliche Gemälde und Zeichnungen.* Verlag Taschen, Köln, 2003.

[256] ZUMBUSCH, G.: *Symmetric hierarchical polynomials and the adaptive h-p-version.* In: ILIN, A. V. und L. R. SCOTT (Herausgeber): *Proc. of the Third Int. Conf. on Spectral and High Order Methods, ICOSAHOM'95, Houst. J. Math.*, Seiten 529–540, 1996.

Stichwortverzeichnis

www.ingramcontent.com/pod-product-compliance
Lightning Source LLC
Chambersburg PA
CBHW080128220326
41598CB00032B/4999